高等院校 EDA 系列教材

Multisim 14 电子系统仿真与设计

第3版

张新喜　主编

丁岩松　张嘉曦　李嘉麒　副主编

石海滨　赵梓旭　朱宁龙　杨　苒　参编

机　械　工　业　出　版　社

本书系统地介绍了 Multisim 14 电路仿真软件的特点和使用方法，对该软件的操作环境、基本操作、虚拟仪器、仿真分析等内容进行了详细介绍，并结合实例介绍了 Multisim 14 电路仿真软件在模拟电路设计、数字电路设计、电力电子系统设计、高频电子线路设计、单片机系统设计和电路故障诊断中的应用。

本书在上一版的基础上进行了修订和优化，可作为大专院校专科生、本科生、研究生学习电类课程的教材或参考书，也可作为电子系统设计领域工程技术人员或电子设计爱好者的参考书。

本书配有授课电子课件教学视频、仿真源文件等资源，需要的教师可登录 www. cmpedu. com 免费注册，审核通过后下载，或联系编辑索取（微信：18515977506，电话：010-88379753）。

图书在版编目（CIP）数据

Multisim 14 电子系统仿真与设计 / 张新喜主编．3 版．-- 北京 ：机械工业出版社，2024.9．--（高等院校 EDA 系列教材）．-- ISBN 978-7-111-76814-2

Ⅰ. TN702

中国国家版本馆 CIP 数据核字第 2024FX4461 号

机械工业出版社（北京市百万庄大街 22 号　邮政编码 100037）

策划编辑：尚　晨　　责任编辑：尚　晨　汤　枫

责任校对：龚思文　张　薇　　责任印制：常天培

北京机工印刷厂有限公司印刷

2025 年 1 月第 3 版第 1 次印刷

184mm×260mm · 20 印张 · 496 千字

标准书号：ISBN 978-7-111-76814-2

定价：79. 00 元

电话服务　　网络服务

客服电话：010-88361066　　机　工　官　网：www. cmpbook. com

010-88379833　　机　工　官　博：weibo. com/cmp1952

010-68326294　　金　书　网：www. golden-book. com

封底无防伪标均为盗版　　机工教育服务网：www. cmpedu. com

前　言

EDA 是电子设计自动化（Electronic Design Automation）的英文缩写，是在 20 世纪 90 年代初计算机辅助设计（CAD）、计算机辅助制造（CAM）、计算机辅助测试（CAT）和计算机辅助工程（CAE）等概念的基础上发展而来的。借助先进的计算机技术，EDA 技术已能依靠 EDA 软件平台完成各类电子系统的设计、仿真直至完成特定目标芯片的设计。NI Multisim 是一款特别适合电子系统仿真分析与设计的 EDA 工具软件，已受到国内外教师、科研人员和工程师的广泛认可，成为业界一流的先进 SPICE（Simulation Program with Intergrated Circuit Emphasis）仿真标准环境。Multisim 软件操作便捷、功能强大，不仅可以作为大学生学习电路分析、模拟电子技术、数字电子技术、电工学、电力电子技术、高频电子线路、单片机应用等课程的重要辅助软件，也可以用于电子工程师进行实际电子线路设计的辅助工具，帮助工程师优化电路性能、减少设计错误并缩短开发时间。

Multisim 14 进一步完善了以前版本的基本功能，同时增加一些新的功能，其特点和优势包括：

1. 完备的元器件库，新版本借助领先半导体制造商的新版和升级版仿真模型，扩展了模拟和混合模式应用，元器件数量多达 20000 个。

2. 功能强大的 SPICE 仿真标准环境，能对模拟电路、数字电路、数模混合电路和射频（RF）电路等进行交互式仿真；新版本借助来自 NXP 和美国国际整流器公司开发的全新 MOSFET 和 IGBT，可搭建先进的电源电路。

3. 虚拟仪器测试和分析功能，20 余种虚拟仪器和分析功能为电路性能的测试和分析提供了强有力的支持；新版本全新的主动分析模式可让用户更快速获得仿真分析结果。

4. 支持微控制器（MCU）仿真，能实现基于 MCU 的单片机系统仿真；全新的 MPLAB 教学应用程序集成了 Multisim 14，可用于实现微控制器和外设仿真。

5. 支持用梯形图语言编程设计的系统仿真，增加了对工业控制系统仿真的支持。

6. 具有 PCB 文件的转换功能，可将仿真电路导出到 PCB 设计验证平台 Ultiboard。

7. 配置了虚拟 ELVIS，以帮助初学者快速掌握实验技能，模拟真实实验环境，达到与搭建实物电路相似的效果。

8. 与 NI ELVIS 原型设计板配套，提供了用真实元器件搭接电路和进行电路测试的环境，通过相关接口设计，实现了虚拟仿真与实际电路之间的无缝连接。

9. 针对 iPad 开发的 Multisim Touch，使用户可以在 iPad 上进行交互式电路仿真和分析。

10. 基于 NI 技术，建立了 Multisim 与外部真实电路的数据接口，实现了 Multisim 与 NI 虚拟仪器的联合仿真；通过 LabVIEW SignalExpress 软件，实现了软件仿真与实际电路的交互，在实际工程应用中具有重要的意义。

与其他 EDA 工具软件相比，Multisim 14 界面直观、操作方便，创建电路需要的元器件及电路仿真需要的测试仪器均可直接从软件界面中抓取，且元器件和仪器的图形与实物外形接近，仪器的操作开关、按键也与实际仪器极为相似。特别是 Multisim 14 中增设的与实物完全一样的实验面包板，更增加了学生对电路的感性认识，激发了学生的学习热情与兴趣。同时，Multisim 14 针对教师和学生特别设计和建立了强大的教学功能，可以协助教师用崭新且有创意的方式来传达课程内容。

Multisim 14 软件的引入在促进电子技术教学的同时，也推动了电类学科的建设和发展。众所周知，电类学科是一门实践性很强的学科，只有通过实验才能培养出学生的工程素质、动手能力和创新能力。但目前国内高校的实验场地和实验仪器等资源都十分有限，这在某种程度上制约了学生工程素质、动手能力和创新能力的培养。然而，有了 Multisim 14 软件和计算机，就相当于有了一个现代化的“虚拟电子实验室”，在这种不拘场合、不拘时间的“虚拟电子实验室”中，用“以虚代实、以软代硬”的方法做实验，既具有容易设计、容易修改和容易实现等优点，又可以有效地提高教学效率、降低教学成本，扩展了电子技术实验室的空间，为学生参加课外电子设计活动奠定了物质基础。同时，在电路的故障诊断等工程实际中，Multisim 14 也发挥了巨大的作用。工程实际中常用的电路故障诊断方法是故障字典法，通常故障字典的建立需要通过大量的电路实验收集各种标准数据和故障数据，时间长、成本高，但利用 Multisim 14 强大的电路仿真能力可以很好地解决这一问题。在仿真环境中，用户可以设置各种故障状态甚至各种极限状态，利用虚拟仪表进行检测，把故障数据收集到故障字典中。利用 Multisim 14 仿真工具进行故障数据的收集是一种快速、经济、可靠的建立故障字典的新方法，可以广泛用于各类电子电路的故障诊断和分析。

全书共 13 章。第 1 章为绪论，第 2 章对 Multisim 14 进行入门导航；第 3 章介绍 Multisim 14 操作环境；第 4 章介绍 Multisim 14 的主要操作方法；第 5 章介绍虚拟仪器的使用方法；第 6、7 章介绍 Multisim 14 的仿真分析方法及其在电路分析中的应用；第 8~11 章结合实例分别介绍 Multisim 14 在模拟电路、数字电路、电力电子电路、高频电子电路仿真中的应用；第 12 章介绍 MultiMCU 单片机仿真应用；第 13 章介绍 Multisim 14 在电路故障诊断中的应用。

本书是在前期版本的基础上修订而来，删除了原有部分章节内容，也新增了部分章节内容及融入思政元素的各章小结内容。具体修订或编写分工为：第 1、2、8、12、13 章由张新喜负责，第 3、4 章由丁岩松负责，第 5 章由石海滨负责，第 6、7 章由杨茜负责，第 9 章由朱宁龙负责，第 10 章由张嘉曦负责，第 11 章由李嘉麒负责，配套电子资源整理工作由赵梓旭负责，全书由张新喜统稿。

本书中涉及的元器件符号由于软件原因，部分保留了原有符号，以便和软件相统一。如果读者需要，请参阅国家相关标准文献。

王新忠、许军、韩菊、任锐等老师为本书前期版本的编写提供了大量帮助，NI 公司网站在线提供了 Multisim 14 评估版软件，在此表示衷心感谢！

由于编者水平有限，缺点错误在所难免，恳请读者批评指正。

编　者

目　录

第1章 绪　　论

1.1 电子技术的教与学

电子技术课程是大多数工科院校的必修课程，该课程传统的教学方法是：先学习理论知识，然后做实验验证所学的理论知识。当理论知识和实践经验积累到一定程度后，学生才能自己动手画电路原理图，并购买元器件搭接电路，搭接完电路后，再用仪器仪表测量电路参数，看能否达到预期的效果。若没有达到预期效果，则需反复做实验、反复测量，直到电路参数达到预期效果为止。显然，为了确保电路设计的成功，消除潜在的危险，必须付出代价，这是一种高成本、低效率的方法。

随着计算机技术的发展，通过软件对电路进行仿真，帮助学生学习和设计电路，已取得很好效果。在学习和设计过程中加入仿真，可以更好地理解和预测电路的行为，优化电路的结构和参数，对假设的情形方便地进行实验，对难以测量的电路属性进行深入探索和研究，从而大幅缩短了电子技术课程的学习时间，也减少了设计错误。但是，在学习和设计过程中加入仿真，并不能完全代替实际电路实验的测量结果。实际中还必须用真实的电子元器件搭接硬件电路，通过仪器观察、测量、记录数据，才能确认实际的电路参数能否满足预期的要求。工程上必须通过实际电路测量结果与计算机仿真结果的比较，找出实际电路与理论电路存在差别的原因，才能避免理论设计转化为实际产品后出现的问题，节约设计时间，降低设计风险。然而，采集真实电路的电参数设置是一个非常烦琐的过程。为了让学生快速建立一个从设计仿真到工程应用的完整认识过程，减少在电参数测试与采集等烦琐过程上的时间投入，迫切希望能有一个仿真电路与实际电路的衔接平台，用于将实际电路的测试结果与仿真电路的结果进行比较，最终实现电路的设计。显然，这样的平台无论对电子技术的理论学习，还是对动手能力的培养都具有十分重要的意义。

针对目前电子技术教与学面临的困难和需求，美国国家仪器有限公司（NI）提供了一个强大的集成化解决方案，即 NI 电子学教育平台（Electronics Education Platform，EEP），如图 1-1 所示。

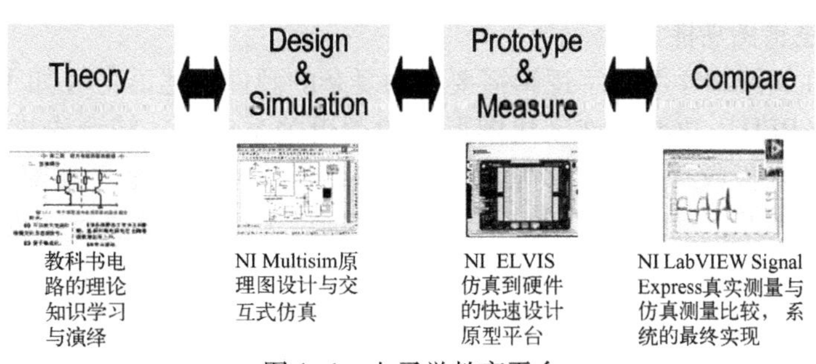

图 1-1　电子学教育平台

1.2　Multisim 14 的新特点

Multisim 14 是由美国 NI 公司于 2015 年发布，目前最新版本为 Multisim 14.3，在该版本中进一步增强了强大的仿真技术，可以协助教师发现崭新而有创意的方式来讲授课程内容。新增加的功能包括全新的探针功能、可编程逻辑图和新的嵌入式硬件的集成等。用户还可以在 iPad 上轻松实现交互式仿真。

（1）用新探针精确评估电路

Multisim 14 对探针功能进行了重新设计，可以帮助使用者更加快速、方便地获取电路的性能。新的电压、电流、功率和数字探针具有如下功能：

- 被测结点的参数自动显示在注释框中，如图 1-2 中黄色矩形注释框所示。

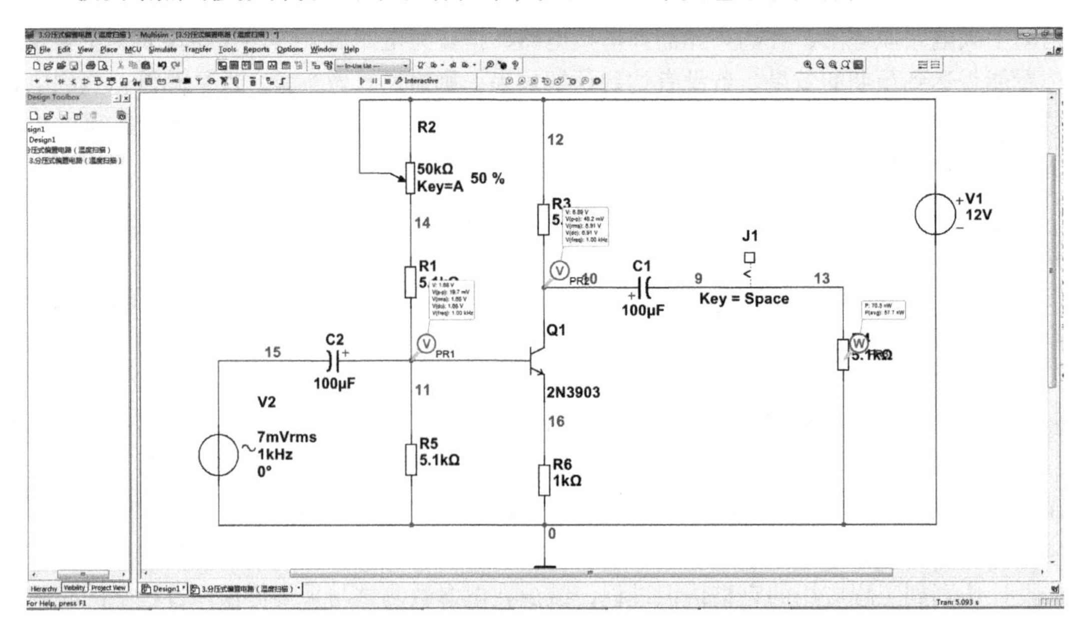

图 1-2　结点参数自动显示在注释框中

- 对电路进行分析时，放置探针的结点自动出现在“分析与仿真”对话框的“Output”页中，如图 1-3 所示。操作步骤如下：选择 Simulation→Analysis and Simulation→AC Sweep→Output，可以看见放置了探针的结点被自动添加到右侧文本框中。单击“Run”按钮，则直接显示相应结点的电压波形，如图 1-4 所示。

（2）可编程逻辑图功能

一般来说，在实践中学习数字逻辑需要借助复杂的硬件描述语言（如 VHDL），Multisim 的可编程逻辑图（PLD）功能允许创建图形化的逻辑关系电路，结合先进的智能教学硬件（如 NI 数字系统开发板或其他智能教学板），可以使学生学习起来更加简单。Multisim PLD 框图集成了仿真和硬件，可以在 Multisim 环境中直接对 Xilinx 芯片进行编程，在理论和硬件之间建立起了更加便捷的联系。Multisim 14 教育版增加了支持 NI 数字系统开发板和其他智能教学板的接口，这个接口包括了一个 PLD 的配置文件和一个约束文件（在 Xilinx ISE 中为 UCF，在 Vivado 中为 XDC），在配置文件中定义了 Multisim PLD 设计中使用的端口连接器的名称和特性，约束文件则用来映射信号和 FPGA 引脚之间的关系。

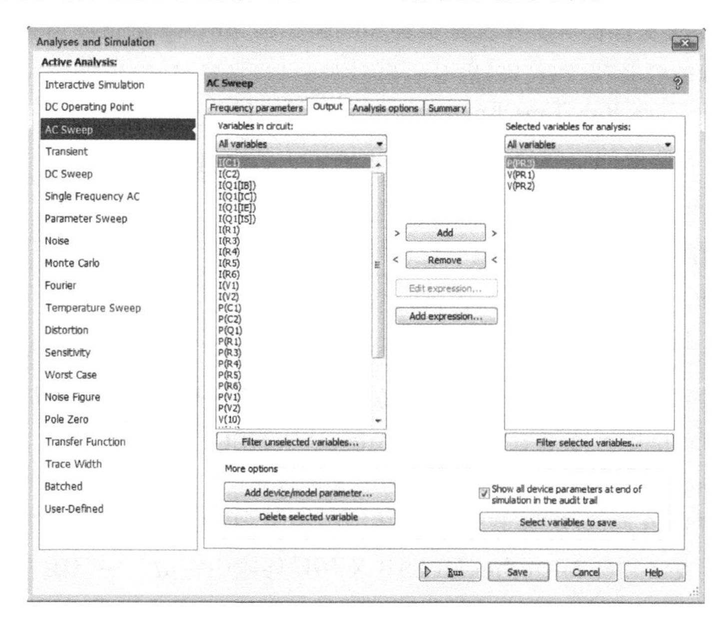

图 1-3 待测结点自动添加到分析仿真的输出页面

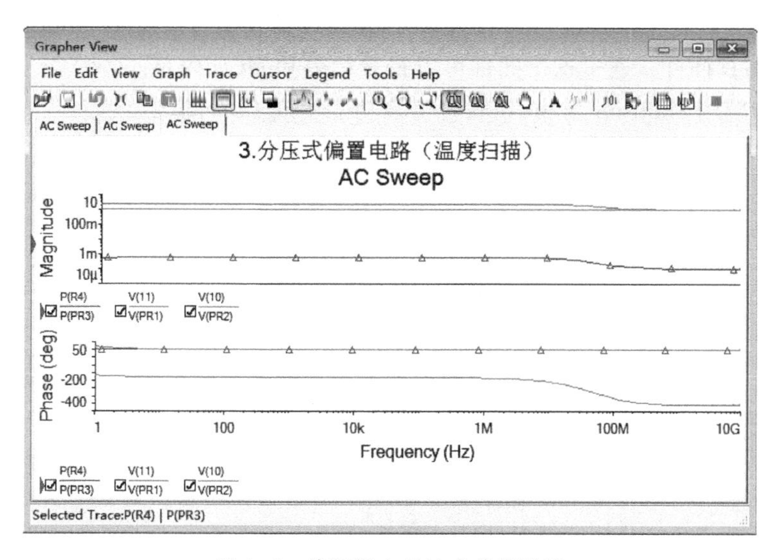

图 1-4 待测结点的输出信号波形

注意：要对 FPGA 进行编程，必须在计算机上安装智能驱动和 Xilinx 软件，如 Xilinx ISE 或 Vivado。

（3）Multisim 和 MPLAB 联合仿真

Multisim 14 增加了一个新的接口，可以实现与 MPLAB 的联合仿真，从而可以在 Multisim 中对含有 PIC 微处理器的整个电路进行仿真。通过联合仿真可以实现以下功能：

- 学生能够学习工程应用的高级内容，如脉宽调制和 LCD 显示等。
- 在一个软件环境中可以实现模拟电子、数字电路和嵌入式系统与微处理器的结合。

• 帮助设计者更快地实现从概念产品到上市成品的开发。

在 Multisim 14 的发行版本中并没有安装 Multisim 和 MPLAB 进行联合仿真的功能，需要单独安装以下项目：

• Windows X86 Java Run Time Environment（JRE）v1.7。

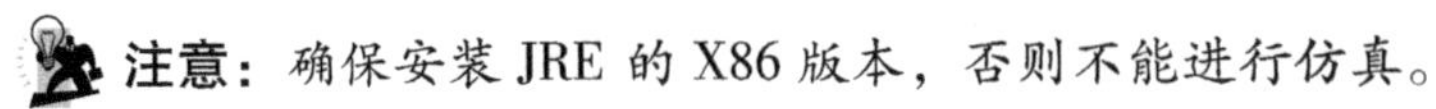

注意： 确保安装 JRE 的 X86 版本，否则不能进行仿真。

• Microchip MPLAB X IDE。

• Microchip MPLAB XC Compilers（XC8，XC16，XC32）。

• Microchip MCU Simulator Plug-in. msi。

• NI Multisim database of Microchip MCUs。

注意： 手动安装该数据库的步骤如下：打开 Multisim 菜单中的 Options ≫ Global Options，将 User database 改变为计算机上的 Microchip MCUs User Database. usr 文件。

• MCU Co-simulation Sample Files. zip。

Multisim 与 MPLAB 联合仿真对于微处理器功能的开发非常重要。为了实现 MCU 联合仿真，所有的代码开发必须在 Microchip MPLAB X IDE 环境中完成，一旦编程结束，代码即会在 MPLAB X 中由相应的微处理器编译器进行编译，之后生成一个 ELF 或 CPF 文件（文件类型依赖于所使用的编译器），这个 ELF/CPF 文件被用来在 Multisim 中对 MCU 进行配置，配置完成后，就可以在 Multisim 中对设计好的电路进行仿真了。运行 Multisim 仿真将启动 MCU 微处理器仿真插件，通过这个插件可以查看代码和 MCU 内存。

以下实例为应用 Multisim 与 MCU 联合仿真功能实现 LCD 图像显示。

在本实例中，通过在 PIC32MX250 上编程来驱动 LCD 显示简单信息，仿真界面如图 1-5所示。图 1-6 为仿真插件窗口，该窗口显示了编译代码，并可执行 step in、step over、暂停和运行功能，也可以插入断点，以调试代码。

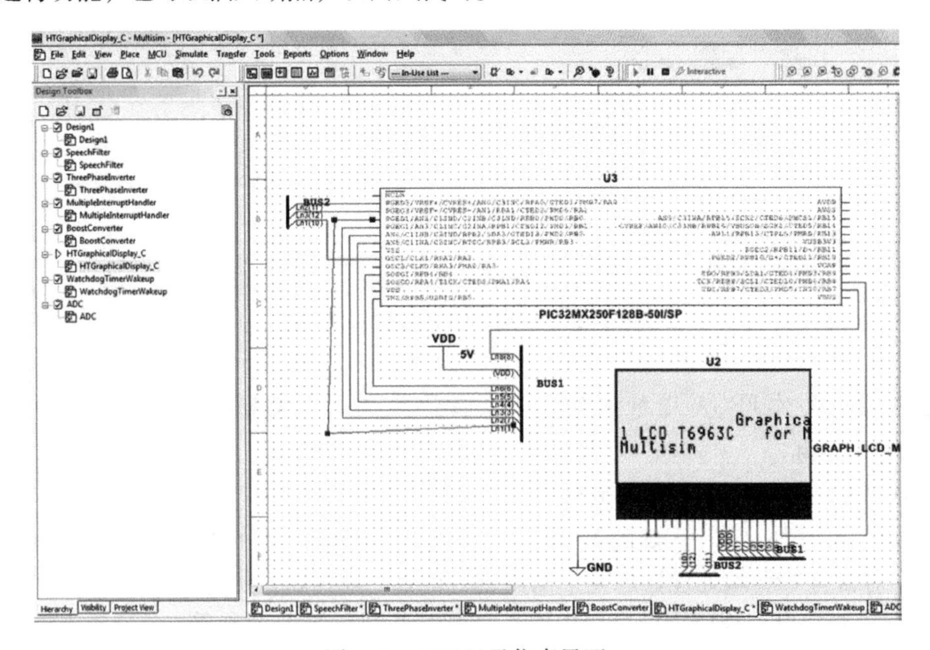

图 1-5　LCD 显示仿真界面

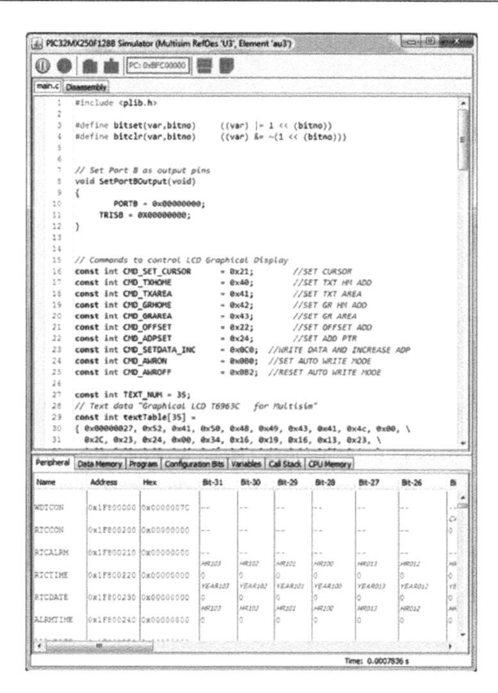

图1-6 联合仿真插件窗口

(4) 在iPad上实现交互式仿真

Multisim Touch是一款针对iPad的完全原创的应用程序。用户可以在iPad上进行交互式电路仿真和分析，搭配交互式LED指示灯、开关、灯泡、电位计及探头，如同置身真实的实验室里一般。业界标准的SPICE仿真也可在iPad上实现，通过使用与台式仿真仪器完全一样的技术仿真电子设备，会获得同样的结果。作为专门为iPad开发的全新环境，Multisim Touch为用户提供了可触摸界面来设计电路，并且可以通过Dropbox和电子邮件的集成来实现与其他Multisim Touch或Multisim台式机用户的共享，便于用户之间的协作或进行更高级的电路分析。

第2章　快速入门

2.1　NI Multisim 14 套件概况

NI Multisim 14 设计套件由一组 EDA 工具软件构成，其中包含 Multisim、Ultiboard、Multisim MCU，以及用于教学的 Multisim 虚拟面包板、Virtual ELVIS、Ladder Diagrams 等，可以辅助实施电路设计流程中的各主要步骤。认识、熟悉 NI Multisim 14 电路设计套件，对电子技术教与学会产生积极的、深远的意义。

2.2　NI Multisim 14 原理图的输入和仿真

Multisim 14 功能强大，在进行深入了解和学习 Multisim 14 之前，有必要先了解一下该软件的基本操作流程和基本功能。

为了叙述方便，本章通过一个简单的例子，介绍在 Multisim 14 软件中完成从电路设计到仿真完成的全过程。

本例设计的电路功能是采集一个小的模拟信号，模拟信号由正弦波发生器产生，输出电压为0.2V。再经过运算放大器放大到逻辑门电路（Transistor-Transistor Logic，TTL）芯片能接受的电压值，用一位十进制计数器进行计数，并显示其脉冲数量。

2.2.1　原理图的输入

在本节中讲述在 Multisim 14 工作平台上如何放置元器件，并在各元器件间连线，创建一个如图 2-1 所示的电路原理图。

1. 创建原理图

（1）打开 Multisim 14 工作平台

1）单击“开始”→“所有程序”→“NI Multisim 14”命令。

2）双击 Multisim 14 应用程序快捷方式图标。

这两种方法均能打开一个空白文档，该电路（文件）的名称默认为“Design1”。

（2）更改电路名称

默认电路名称为“Design1”，也可由用户重新命名，本例中命名为“实验电路”如图 2-1 所示。

在菜单栏中选择“File”→“Save As”命令，系统弹出标准的 Windows 存储对话框，提示用户此文件存于什么路径，用什么文件名。本例中，文件名称由“Circuit1”改为“实验电路.ms14”，然后单击“Save”按钮。

为了防止数据意外丢失，单击“Options”→“Global Options”命令，在弹出的对话框中设定定时存储文件时间间隔，如图 2-2 所示。

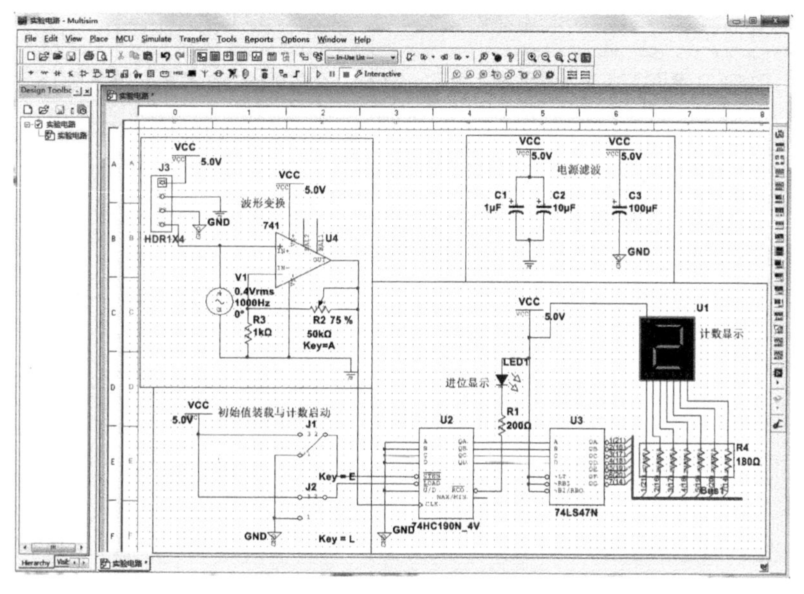

图 2-1　Multisim 14 工作平台

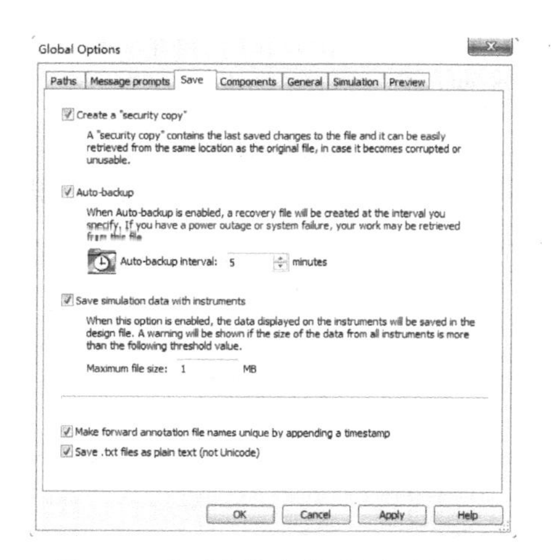

图 2-2　定时存储文件时间间隔设定

（3）打开一个已存在的文件

选择"File"→"Open"命令，找到已存在的文件存放的路径，选中此文件，单击"Open"按钮即可打开文件。Multisim 14 也可以直接打开早期 Multisim 版本的文件或其他仿真软件的文件。

2. 放置元器件

（1）打开"实验电路 . ms14"文件

首先打开上文建立的文件"实验电路 . ms14"，如图 2-3 所示。

（2）寻找所要的元器件

选择"Place"→"Component"命令，系统弹出"Select a Component"对话框，或者在工作平台上单击鼠标右键，系统弹出一个菜单栏，选择"Place"→"Component"命令，系统弹出"Select a Component"对话框，如图 2-4 所示。

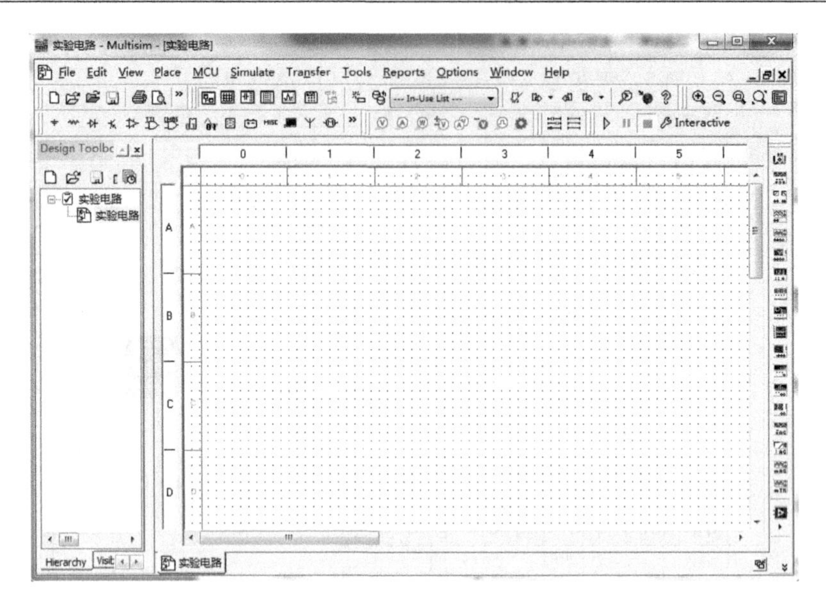

图 2-3　打开“实验电路 . ms14”

Multisim 14 中的元器件库划分为 Group（组），每个 Group 又划分为 Family（族），每个 Family 下面又有 Component（元器件）类型。

首先寻找本例中需要的元器件 SEVEN_SEG_COM_A_BLUE。

1）Group：Group 下拉菜单中罗列了如电源、TTL 等，共 19 个 Group。选择 Indicators 并单击鼠标左键，如图 2-4 所示。

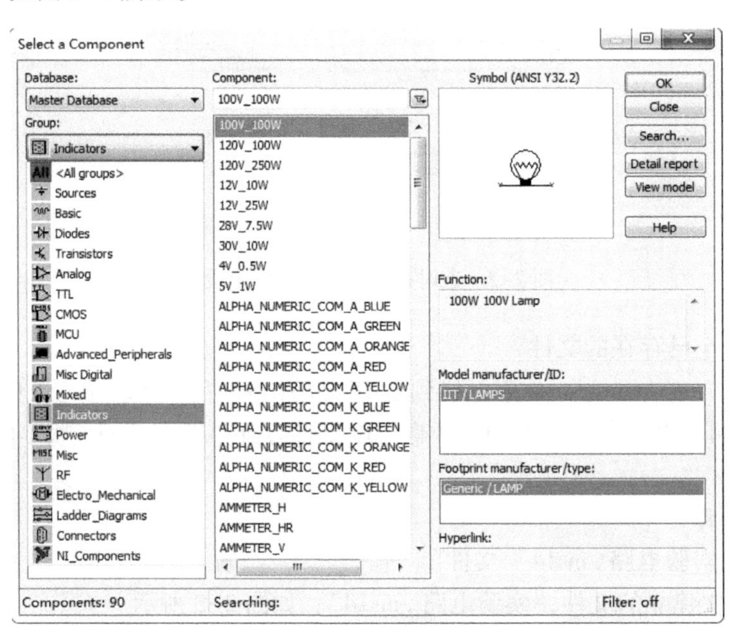

图 2-4　“Select a Component”对话框

2）Family 族：在 Group 中选择了 Indicators（指示器）以后，在 Family 族中罗列了 Indicators 组中的所有指示器，选择名为 HEX_DISPLAY 族，并单击鼠标，如图 2-5 所示。

3）Component 元器件型号：每个指示器族中又有各种 Component 型号。各种 Component 型号在中间的 Component 列表框中罗列。在本例中需要 7 段数码管，选择其中的 SEVEN_SEG_COM_A_BLUE 一种即可，详见图 2-5 的中间框中深色部分。

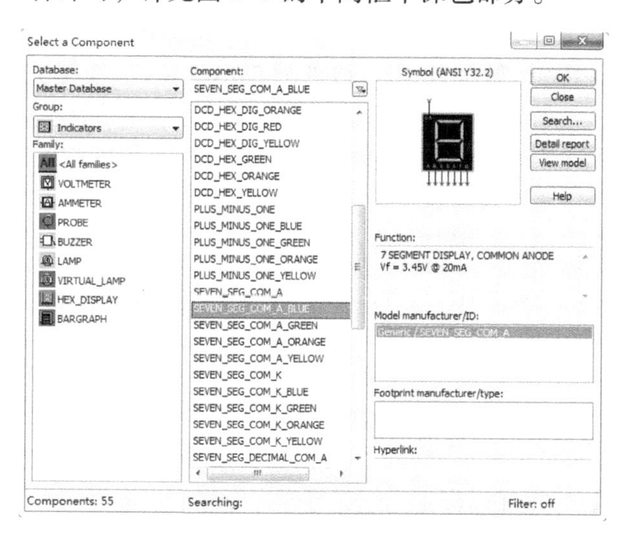

图 2-5　Indicators 组中包含的族及 HEX_DISPLAY 族中的 Component

（3）把 SEVEN_SEG_COM_A_BLUE 放到工作台上

单击“OK”按钮后，被选中的 SEVEN_SEG_COM_A_BLUE 随鼠标移动，到达工作区相应的位置单击鼠标，此器件被放到工作台上。

注意：此元器件在“实验电路 . ms14”文件中的参考序列号（RefDes）为“U1”。

（4）RLC 元器件

在“Select a Component”窗口中，Group 选择“basic”，如电阻、电感、电容等所有的基本元件全部都在这个分类中，按照放置 SEVEN_SEG_COM_A_BLUE 的方法将如图 2-1 所示电路中所需的基本元件和计数显示部分的芯片放置到工作台上。

注意：当放置 RLC（电阻、电感或电容）3 种元件到桌面工作区时，被选择 RLC 元件的“Select a Component”对话框与选择其他元器件对话框有所不同。根据电路原理需要，在“Select a Component”对话框中，可改变 RLC 的类型、数值、误差范围、封装和厂商。

如果要做 PCB（印制电路板），则原理图上的各种元器件必须打印出清单，而清单上的各种元器件，无论是类型、数值、数值误差范围、封装和厂商，必须是市场上买得到的真实元器件。

（5）元器件旋转

以电路中单刀双掷开关 SPDT 为例，首先用鼠标选中 SPDT，然后按住〈Ctrl〉键，单击〈R〉键一次，顺时针旋转元器件 90°。单击〈R〉键两次，元器件旋转了 180°，以此类推。另有一种操作是：用鼠标右键单击要改变方向的元器件，在弹出的菜单中选择不同的翻转命令即可实现不同角度的旋转。

按住〈Ctrl+Shift〉组合键后，再按〈R〉键一次，元器件逆时针旋转 90°。

（6）元器件的参数设置

运算放大器部分电路如图 2-1 所示。其中，交流信号源的参数设置操作如下：选中交流信号源，双击鼠标左键，系统弹出“AC_POWER”对话框，可以对交流信号源电压、频率、相位等 13 项参数进行设置，本例中要求交流信号源输出电压值由原来的 120 V 改变为 0.2 V，频率由原来的 1 Hz 改变为 1 kHz，改变后单击“OK”按钮关闭对话框，如图 2-6 所示。

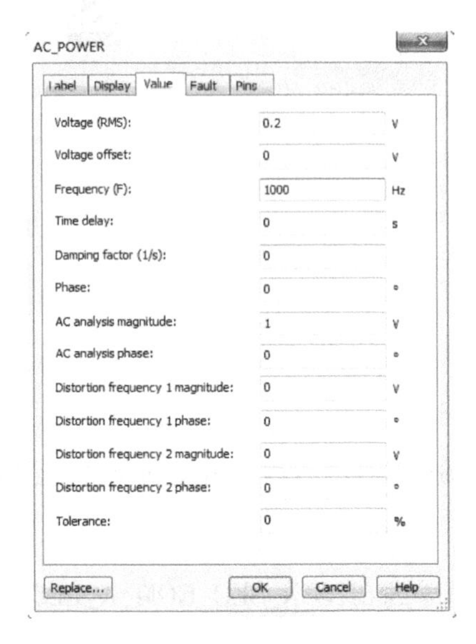

图 2-6　“AC_POWER”对话框

（7）元器件的 RefDes

实验电路 . ms14 文件中元器件的 RefDes 参考序列号为“U1”“U2”…，是按选取元器件放置到工作区的先后顺序自动生成的。如果摆放到实验电路 . ms14 原理图中的元器件先后顺序变了，则其参考序列号就和原先不一样了，但是可重新设置。

（8）复制元器件

放置相同元器件时，可以先选中要复制的元器件，选择“Edit”→“Copy”命令，然后再用“Edit”→“Paste”命令，则可以省去到元器件库中寻找的麻烦。同样，也可以到“In Use List”库中去寻找。凡放置在工作台上的元器件都能在“In Use List”库中找到，再把其拖放到工作台上，这样做的目的是为了提高绘制电路图的工作效率。

图 2-1 所示电路中所有元器件放置完成后，元器件与元器件之间需连线，才能成为电路。

3. 电路连线

这一节中讲述关于元器件与元器件之间、元器件与仪器等其他设备之间的连线。

（1）✦（十字形）鼠标

当鼠标箭头移近元器件引脚或仪器接线柱时，鼠标箭头自动变为✦（十字形），这样便于定位。移动鼠标使✦对准要接线引脚，单击鼠标则此引脚就连上线了，也就是连线的起始点。此时移动鼠标，使✦移动到要连接的线的另一端，再单击鼠标左键，则一条电路连线就完成了。

（2）连接线排列调整

已连接好的、排列不符合要求的连接线，可以重新调整。步骤是：把鼠标移动到要改变的连线旁，单击鼠标右键，选中此线后的鼠标变成双向箭头，按箭头方向适当平移到合适的位置。如果连接点有错，如一根连接线终端应接到电源正极，却接到了电源负极，则必须改正。具体方法：把鼠标指示器移到电源负极接线端，鼠标指示器变成⟹✕形式，单击鼠标左键，原本已固定的线头跟着鼠标走，移动到电源正极的接点，再单击鼠标左键即可。

（3）总线连接

接线连接完成后的数字电路部分如图 2-7 所示。在图 2-7 中的 U3 与 R4 之间可以用总线相连接，这样使电路图更简洁、明了。采取总线连接的方法如下：选择“Place”→“Bus”命令，在电路编辑窗口中的合适位置单击鼠标左键，拖动鼠标即可看见绘制了一条较粗的总线，在合适的位置双击鼠标总线绘制完成。接下来需要将 U3 和 R4 所有的引脚均连接到总线上，连线方法与上述内容一致，但每接好一个引脚，均出现一个“总线入口连接”编辑窗口，如图 2-8 所示，在该窗口中需要定义该连线的名称，如可以把 U3 的 QA 管脚与总线相连的线定义为“1”，单击“OK”按钮，则在该连线旁出现名称“1”，同时在名称后面的括号中显示该结点在整个电路中的标号，U3 所有引脚均连接了总线之后，在“总线入口连接”编辑窗口的“Available bus lines”文本框中会出现定义的所有连接线的名称和结点标号，在连接 R4 各引脚到总线上时，需使 R4 与 U3 各相应引脚名称一致，才能保证正确的连接关系。要确保 R4 与 U3 各相应引脚名称一致，可以在 R4 各引脚的“总线入口连接”编辑窗口中直接双击“Available bus lines”文本框中列出的相应的 U3 引脚名称。改用总线连接的数字电路如图 2-9 所示。

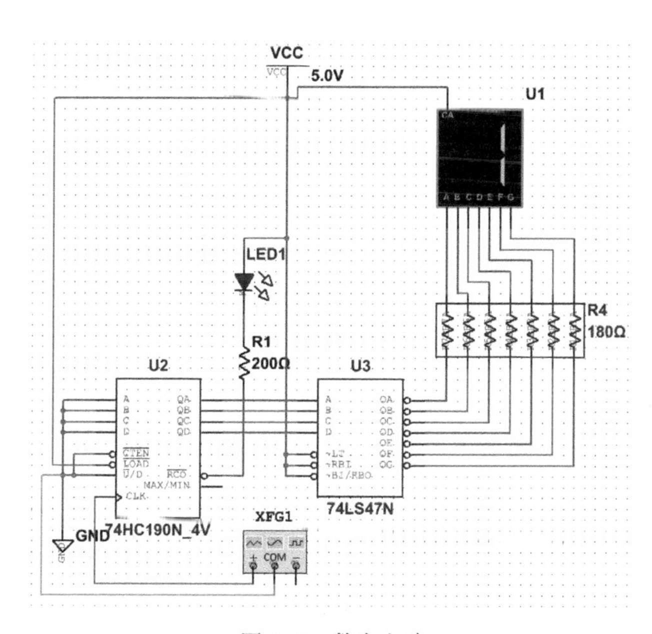

图 2-7　数字电路

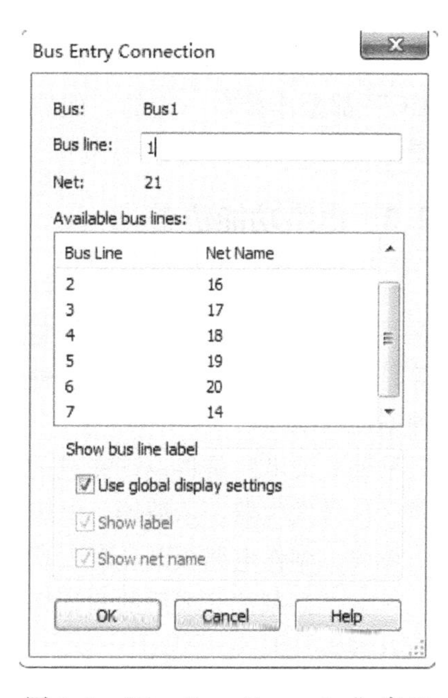

图 2-8　“Bus Entry Connection”窗口

一个复杂的电子系统，电路往往由多个单元电路组成，单元电路与单元电路之间必然有许多连接线，复杂的连线容易造成混乱，对电路原理的解读不利。为了让各个单元电路看上

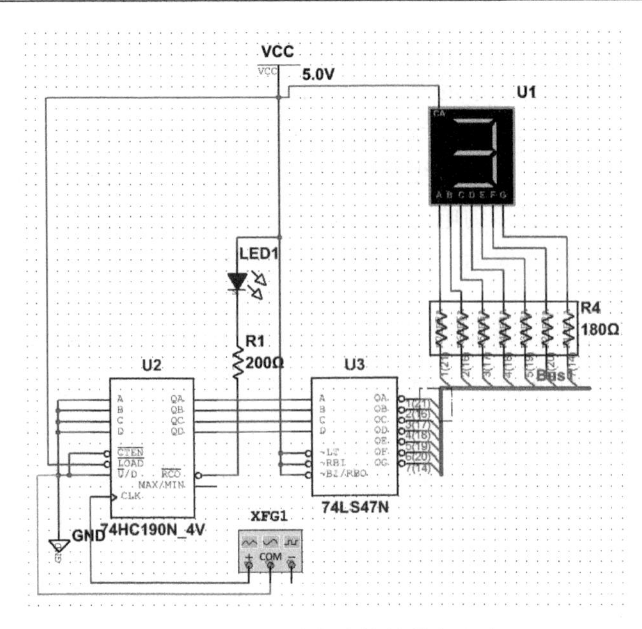

图 2-9　改用总线连接的数字电路

去相对独立，而物理上又相互连接，就要用到“网络名称”了。当放置好一个元器件之后，用连线连接到其他元件上，软件会自动分配一个网络名称，双击连线打开网络属性编辑对话框可以看见该网络名称，也可以自定义名称，但某些元器件连线的网络名称是不能自定义的，只能使用软件分配好的名称，如“电源”和“地”等。将希望连接到一起的导线采用同样的网络名称，则电路就连接在一起了，但表面上看仍然是独立的。例如图 2-1 中，在各个单元电路中，连接“VCC”的导线的网络名称全部是“VCC”，因此所有的“VCC”都是连接在一起的，但看起来好像是独立的。图 2-1 所示是本例完整的电路原理图。

2.2.2　电路功能仿真

一个完整电路原理图已经设计出来了，但此电路系统在功能、精度等方面是否满足设计预想要求，就必须要对电路系统进行仿真。而在 Multisim 14 中，电路仿真、测试电路各参数等是一件非常容易的事情。这种经由软件验证的做法，可以克服早期验证电路方法带来的种种不便与缺点。

早期验证电路是将设计完成的电路图接成面包板、万用板或制成 PCB 电路，然后使用电源、信号发生器、示波器、电表等电子仪器加以测量。这种做法有以下几个缺点。

首先，制作电路板既耗时、费力，又浪费材料。

其次，当制作完成后的验证结果有错误时，需要花费大量的时间弄清是设计有误，还是制板有误。

软件验证的做法，可以事先排除大部分在设计阶段造成的失误，使得工程师们可以更直接地将精力集中在设计层次方面。使用软件验证电路的做法可以使整体设计的周期大幅缩短。

1. 虚拟仪器

本节中将用虚拟示波器对电路仿真。打开文件“实验电路 . ms14”。

（1）交互式的元器件

所谓交互式的元器件，就是在电路仿真时，元器件的状态或参数可以随时改变。

在实验电路.ms14中，交互式的元器件为J1、J2和R2。

在电路仿真时，开关J1、J2可以随时接到高电平或接到低电平，R2则可随时改变其阻值。

为了操作方便，交互式的元器件J1、J2和R2必须在计算机键盘上设置相应操作键。先把鼠标移至元器件参考序列号（RefDes）上，双击鼠标，系统弹出如图2-10所示的“SPDT”对话框，设置〈E〉键代表J1，单击“OK”按钮，这时J1开关可用键盘上的〈E〉键来控制。同理，将〈L〉键代表J2，将〈A〉键代表R2。

图2-10 “SPDT”对话框

电路仿真时，交互式仿真的元器件，除用计算机键盘上的键来控制外，也可用鼠标控制，如本例中按〈E〉键可以让计数器计数，再按〈E〉键可以让计数器停下不计数。这项工作也可以用鼠标来完成，用鼠标点击J1的开关，JI可以由一种状态变换到另一种状态。

R2也一样，每按一次〈A〉键，阻值变大5%，按住〈Shift+A〉组合键一次，阻值变小5%（每按一次键，电位器阻值的变化量也可以在电位器编辑对话框中调节，默认值是5%）。这项功能也可以用鼠标来完成，当鼠标接近R2时，Key=A下面多了滑动块。用鼠标单击滑动块右边，阻值增大，单击滑动块左边，阻值降低。

（2）示波器

把示波器放到工作台上有两种方法：

1）选择“Simulate”→“Instruments”→“Oscilloscope”命令，单击鼠标，示波器图标跟着鼠标移动，移动到工作台适当位置上，再单击鼠标，示波器接线图标就放置在工作台上了。若发现拖出的仪器不是所要的示波器，单击鼠标右键，仪器图标消失。

2）在工作台右边的仪器工具栏中找到示波器图标，其余操作同上。

放到工作台的示波器图标为，称为接线图标。

示波器输入通道连接到电路中需要测试的结点上，连线方法同上节元器件引脚之间的连线相同。如图2-11所示，示波器接线图标与运算放大器的输入信号、输出信号相连接。用鼠标双击接线图标，打开示波器测试与设置的面板，如图2-12所示。

（3）连接线颜色

接到测试电路中的是双踪示波器，其中A通道连接运算放大器输入信号、B通道连接运算放大器输出信号，为了让输入/输出信号在示波器中显示有所区别，可以改变接到A、B通道的接线颜色。

把鼠标箭头移动到连接A通道的连线上，单击鼠标右键，系统弹出一个菜单，选中“Segment Color”命令，选择一种不同于B通道的连线颜色，单击“OK”按钮，则此接线就变成被选颜色的线了，同时示波器上相应接线处的波形也变成了相同的颜色，输入/输出信号波形一目了然。

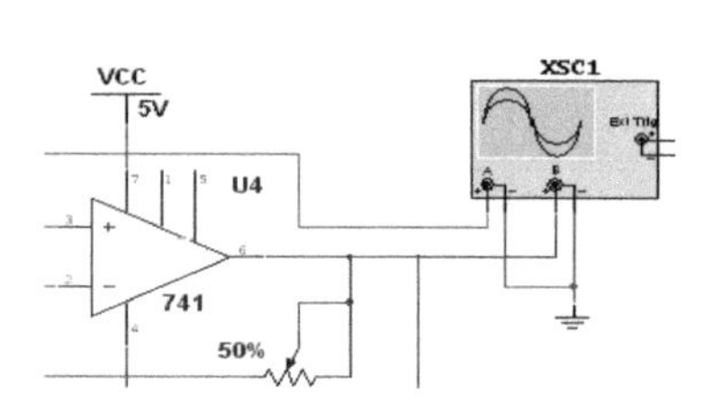

图 2-11　示波器连接到测试点

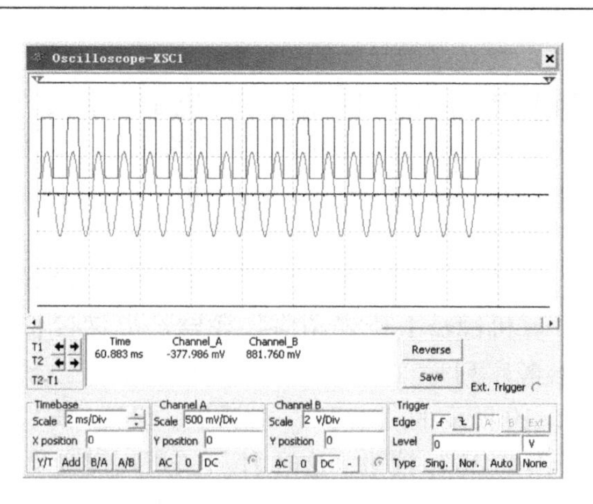

图 2-12　示波器测试与设置面板

（4）仿真

选择“Simulate”→“Run”命令或按下▶按钮，仿真开始。调整示波器扫描时基到 2 ms/Div和 A 通道的比例刻度为 500 mV/Div，就会看到图 2-12 所示的仿真结果了。仿真时，7 段数码管向上计数，LED（发光二极管）在每 10 个脉冲后闪烁一次。

2. 电路分析

本例中，用 AC Analysis（交流分析）对电路进行分析，检测运算放大器输出信号的频率响应。

（1）被分析网络的命名

运算放大器输出信号是第 6 引脚，移动鼠标箭头到第 6 引脚连接线上双击左键，系统弹出“Net Properties”对话框，如图 2-13 所示。本例中把网络名称改为“analogout”。

（2）AC Analysis 设置

选择“Simulate”→“Analysis and Simulation”→“AC Sweep”命令，系统弹出“AC Sweep”对话框，如图 2-14 所示。

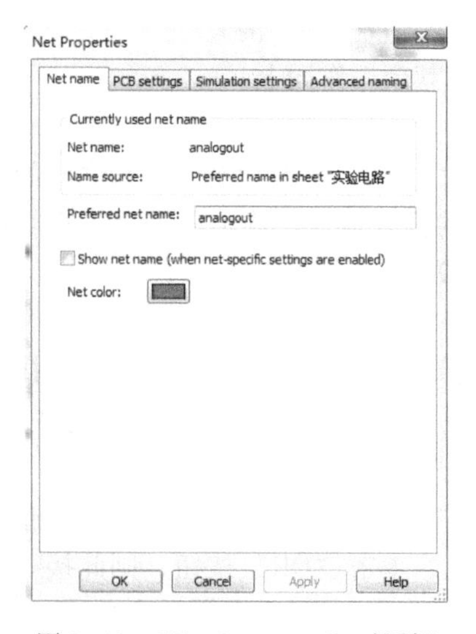

图 2-13　“Net Properties”对话框

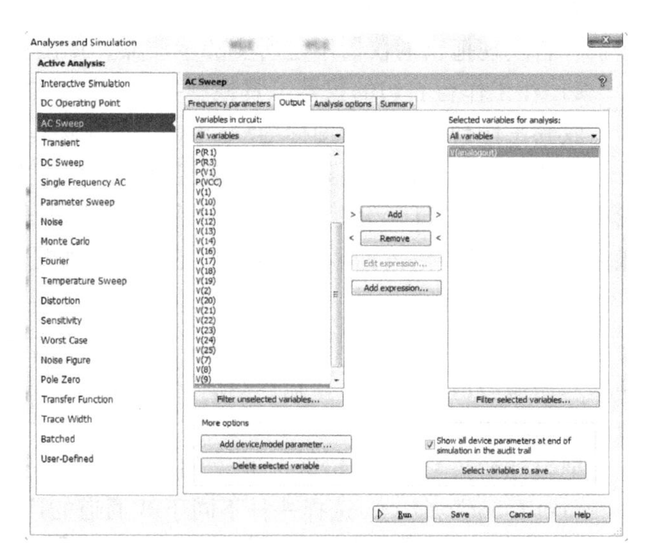

图 2-14　“AC Sweep”对话框

（3）“Output” 选项卡

在如图 2-14 所示左边的电路参数选项中选中 “V[analog-out]” 选项，则 analog_out 变亮了。再单击 “Add” 按钮，把 analog_out 移到右边的被选择电路参数分析框中去。

（4）“Run” 按钮

单击 “Run” 按钮，分析结果显示在图示仪中。

运算放大器输出信号的频率响应分析结果已显示出来，如图 2-15 所示。图 2-15 上半部分是幅频响应曲线，下半部分是相频响应曲线。如果不合设计要求，可以对电路中元器件的参数作适当调整，直到满意为止。

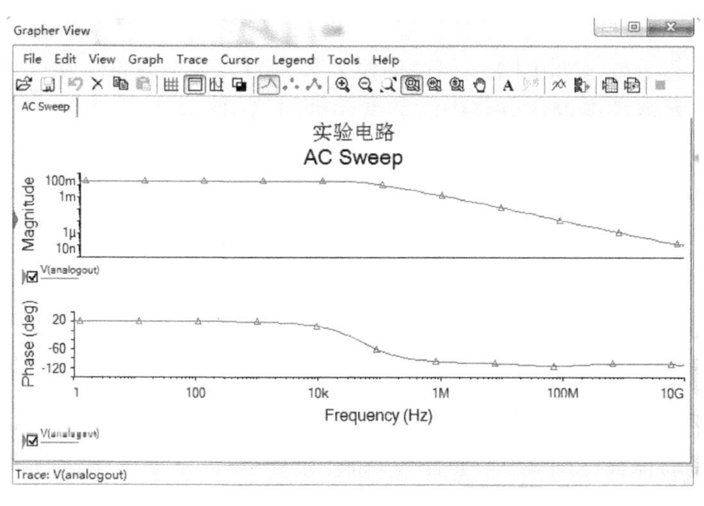

图 2-15　AC Analysis 分析结果显示

3. 后处理

选择 “Simulate” → “Postprocesser” 命令，打开后处理对话框，可以对电路分析结果的数据进行后处理，后处理对话框如图 2-16 所示。后处理就是利用数学函数再作处理，把电路要分析的具体对象，用图表或数据表格等凸现出来，一般可用代数函数、三角函数、关联函数、逻辑函数、指数函数、复函数、向量函数、常数函数等函数类型进行再处理。

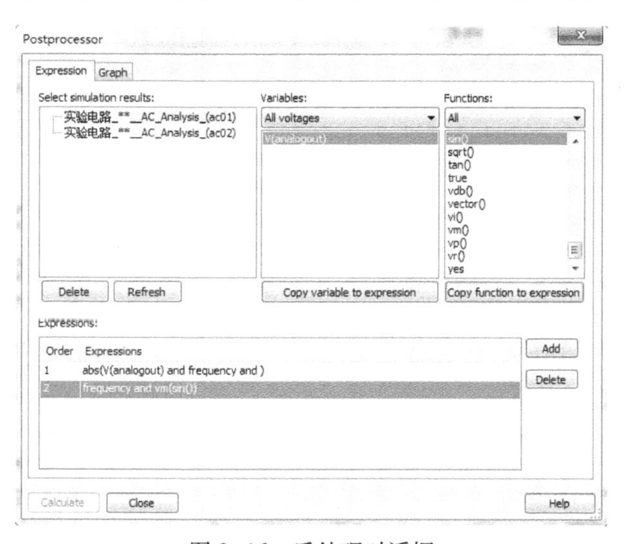

图 2-16　后处理对话框

2.2.3　报告输出

Multisim 14 允许电路产生各种报告，如元器件的材料清单（BOM）、元器件的详细信息列表、网表、电路图统计表、空闲逻辑门和对照报告。下面以“实验电路 . ms14”文件为例进行介绍。

（1）材料清单表格

材料清单（BOM）表格是一个罗列了设计电路中所有器件的摘要性报告，对制造电路板非常重要。该报告提供元器件的信息如下：

- 提供某一种元器件的数量。
- 提供元器件的类型（如电阻）和标称值（5.1 kΩ，在本软件中用 5.1 kΩ）。
- 提供每一个元器件在设计电路中的参考序列号 RefDes。
- 提供每一个元器件的封装。

（2）创建 BOM 表格

创建 BOM 表格的具体操作步骤如下：

在主菜单中单击“Reports”下拉菜单，在下拉菜单中选择“Bill of Materials”命令，系统弹出 BOM 表格，如图 2-17 所示。

注意： 材料清单表格打印，见图 2-17 中的打印图标，单击打印图标，系统弹出与 Windows 中标准打印窗口一样的窗口，从中可选择打印机型号、纸型、打印份数等。

材料清单表格的保存：图 2-17 中有一个保存图标，只要单击保存图标，系统就会弹出一个与 Windows 中标准保存窗口一样的窗口，在保存对话框中可指定路径和命名文件。

这个材料清单表格中的元器件不包括电源和虚拟的元器件（理想的、数值可以改变的、市场上买不到的元器件均称虚拟的元器件）。

若要了解设计电路包含多少虚拟的元器件，只要单击图 2-17 中的虚拟图标，系统就会弹出虚拟材料清单表格，如图 2-18 所示。

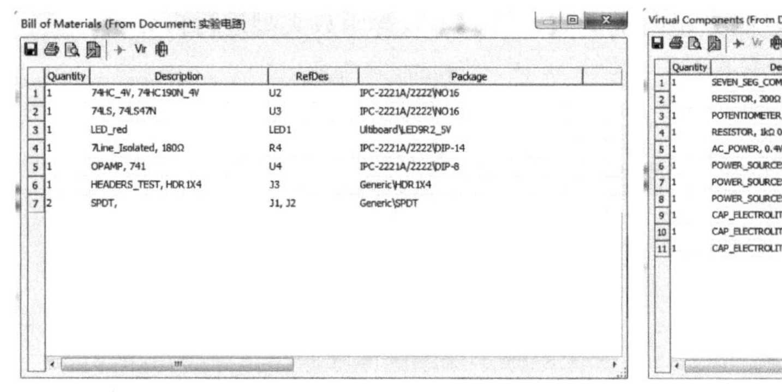

Bill of Materials (From Document: 实验电路)

	Quantity	Description	RefDes	Package
1	1	74HC_4V, 74HC190N_4V	U2	IPC-2221A/2222\NO16
2	1	74LS, 74LS47N	U3	IPC-2221A/2222\NO16
3	1	LED_red	LED1	Ultiboard\LED9R2_5V
4	1	7Line_Isolated, 180Ω	R4	IPC-2221A/2222\DIP-14
5	1	OPAMP, 741	U4	IPC-2221A/2222\DIP-8
6	1	HEADERS_TEST, HDR1X4	J3	Generic\HDR1X4
7	2	SPDT,	J1, J2	Generic\SPDT

图 2-17　材料清单（BOM）表格

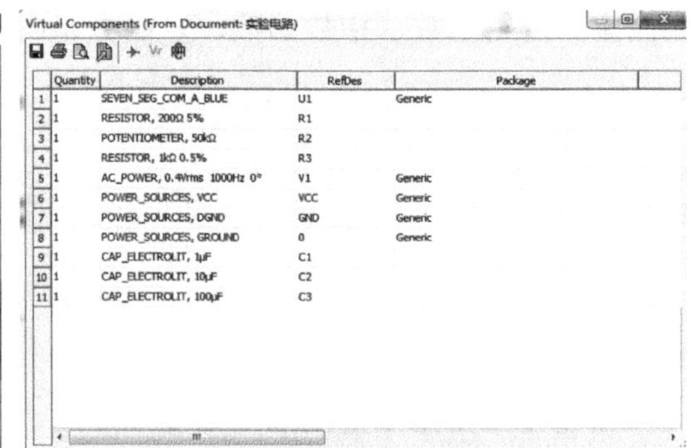

Virtual Components (From Document: 实验电路)

	Quantity	Description	RefDes	Package
1	1	SEVEN_SEG_COM_A_BLUE	U1	Generic
2	1	RESISTOR, 200Ω 5%	R1	
3	1	POTENTIOMETER, 50kΩ	R2	
4	1	RESISTOR, 1kΩ 0.5%	R3	
5	1	AC_POWER, 0.4Vrms 1000Hz 0°	V1	Generic
6	1	POWER_SOURCES, VCC	VCC	Generic
7	1	POWER_SOURCES, DGND	GND	Generic
8	1	POWER_SOURCES, GROUND	0	Generic
9	1	CAP_ELECTROLIT, 1μF	C1	
10	1	CAP_ELECTROLIT, 10μF	C2	
11	1	CAP_ELECTROLIT, 100μF	C3	

图 2-18　虚拟材料清单表格

2.3　本章小结

在进行深入了解和学习 Multisim 14 之前，本章通过一个简单例子介绍了在 Multisim 14

中从电路设计到完成仿真的全过程，包括：原理图输入、电路功能仿真、报告输出等，以此来了解该软件的基本操作流程和功能。初学者通过本章的学习，能够达到快速入门的效果。

Multisim 14 不仅能够提高实验效率，采用 Multisim 仿真软件进行实验还能在一定程度上降低真实实验的风险，缩减成本，促进资源的合理利用。强大的仿真功能不仅可以有效增强读者对知识的理解能力，还能锻炼读者的实践动手能力，对实验的质量以及技术提高有着重要的促进作用。

第3章　操作环境

本章主要介绍 Multisim 14 的基本操作，包括主界面菜单和各子菜单的功能。

3.1　主界面菜单命令

运行 Multisim 14 主程序后，出现 Multisim 14 主工作界面，如图 3-1 所示。Multisim 软件以图形界面为主，采用菜单、工具栏和热键相结合的方式，具有一般 Windows 应用软件的界面风格。Multisim 14 主工作界面主要由菜单栏、工具栏、设计工具箱、电路编辑窗口、仪器仪表栏和设计信息显示窗口等组成，模拟了一个实际的电子工作台。

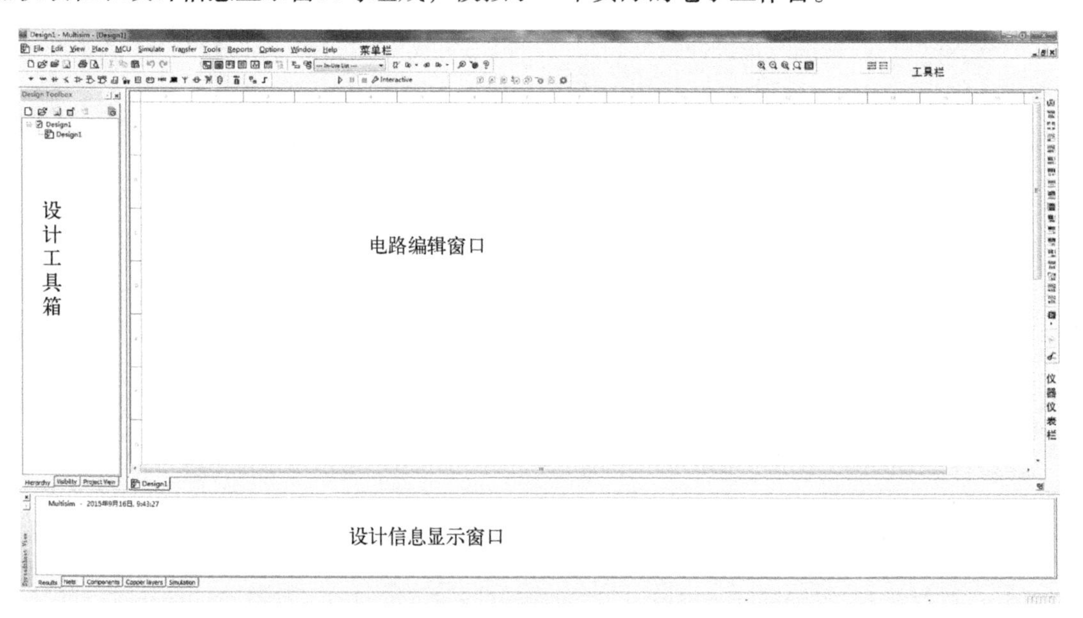

图 3-1　Multisim 14 主工作界面

Multisim 14 的菜单栏（Menus）位于主窗口的最上方，包括 File、Edit、View、Place、MCU、Simulate、Transfer、Tools、Reports、Options、Window 和 Help 共 12 个主菜单。通过菜单，可以对 Multisim 14 的所有功能进行操作。每个主菜单下都包含若干个子菜单。工具栏中包含系统工具栏、设计工具栏和元件库工具栏。电路编辑窗口用来设计需要仿真的电路。下面首先介绍各主菜单及其子菜单的功能。

3.1.1　文件菜单

文件（File）菜单主要用于管理所创建的电路文件。各子菜单的功能如图 3-2 所示。

3.1.2 编辑菜单

编辑（Edit）菜单包括一些最基本的编辑操作命令（如 Cut、Copy、Paste、Undo 等命令），以及元器件的位置操作命令，如对元器件进行旋转和对称操作的定位（Orientation）等命令，如图 3-3 所示。

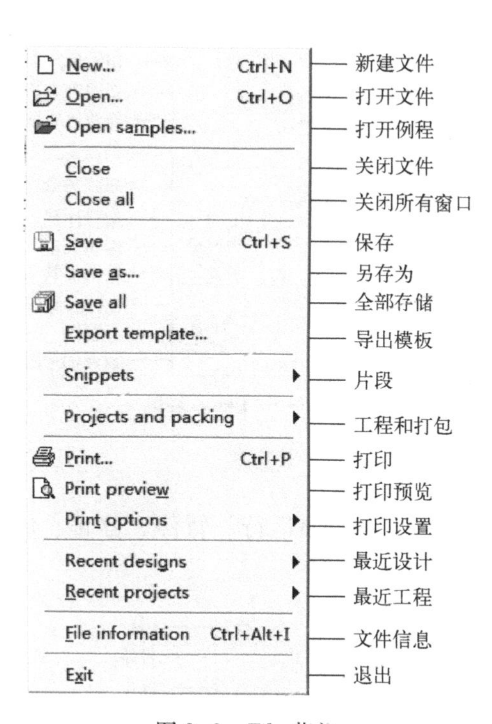

图 3-2 File 菜单

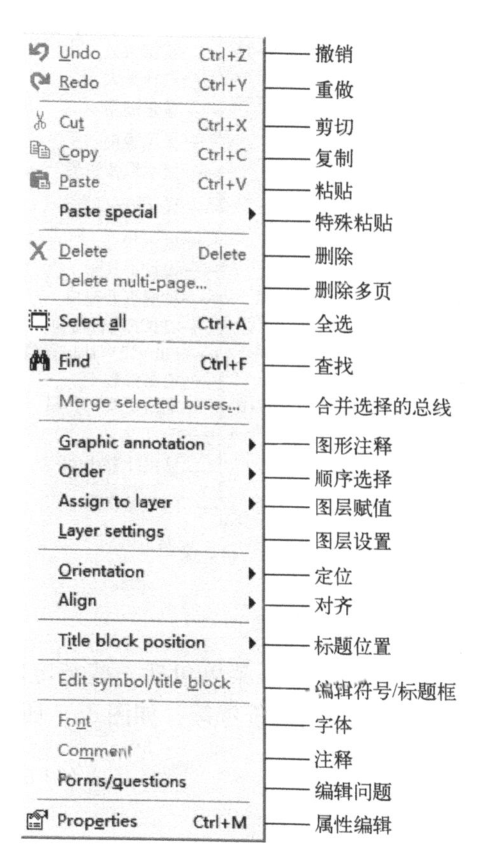

图 3-3 Edit 菜单

3.1.3 视图菜单

视图（View）菜单包括调整窗口视图的命令，用于添加或隐藏工具条、元件库栏和状态栏。在窗口界面中显示网格，以提高在电路搭接时元器件相互位置的准确度。此外，还包括放大或缩小视图的尺寸，以及设置各种显示元素等命令，如图 3-4 所示。

3.1.4 放置菜单

放置（Place）菜单包括放置元器件、结点、线、文本、标注等常用的绘图元素，同时包括创建新层次模块、层次模块替换、新建子电路等关于层次化电路设计的选项，如图 3-5 所示。

3.1.5 MCU 菜单

微控制器（MCU）菜单包括一些与 MCU 调试相关的选项，如调试视图格式、MCU 窗口等。该选项还包括一些调试状态的选项，如单步调试的部分选项，如图 3-6 所示。

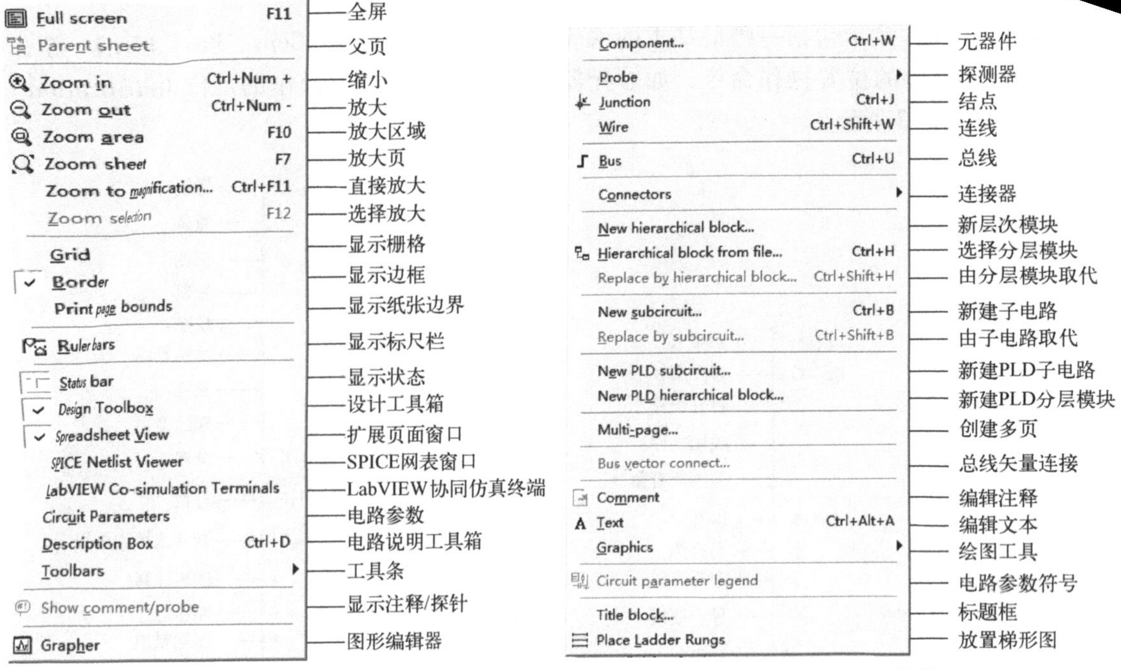

图 3-4　View 菜单　　图 3-5　Place 菜单

3.1.6　仿真菜单

仿真（Simulate）菜单包括一些与电路仿真相关的选项，如运行、暂停、停止、仪表、误差设置、交互仿真设置等，如图 3-7 所示。

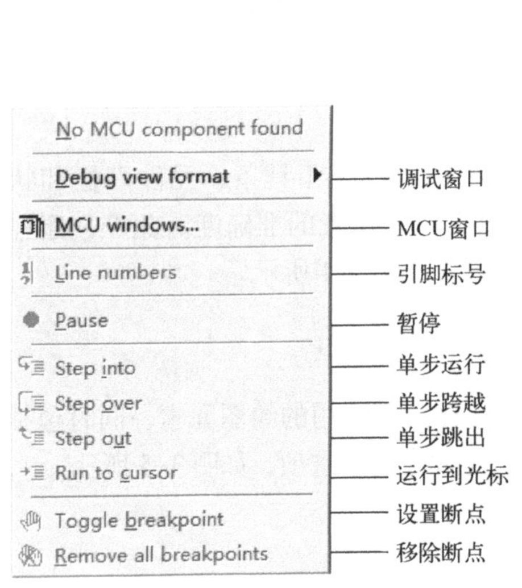

图 3-6　MCU 菜单

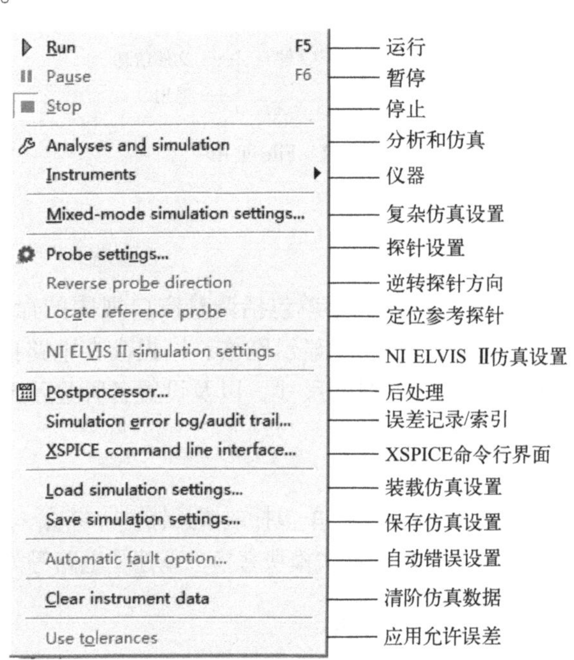

图 3-7　Simulate 菜单

3.1.7 文件传输菜单

文件传输（Transfer）菜单用于将所搭建电路及分析结果传输给其他应用程序，如 PCB、MathCAD 和 Excel 等，如图 3-8 所示。

3.1.8 工具菜单

工具（Tools）菜单用于创建、编辑、复制、删除元器件，可管理、更新元器件库等，如图 3-9 所示。

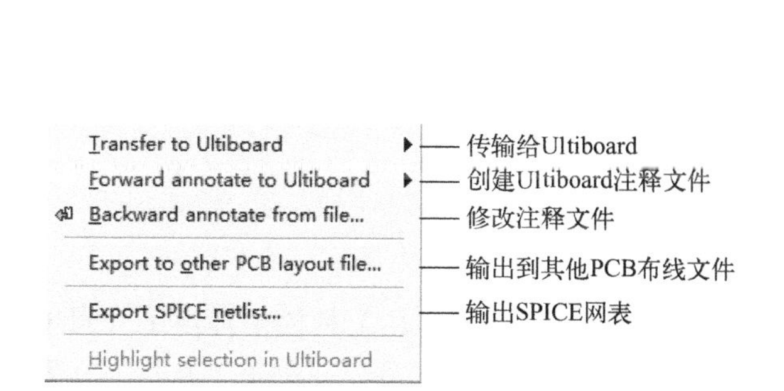

图 3-8 Transfer 菜单

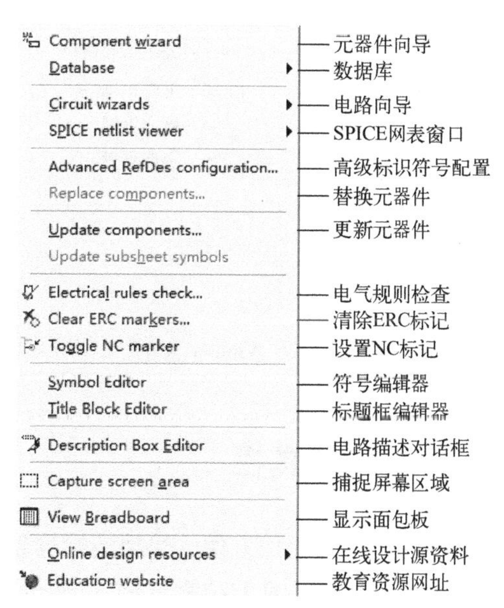

图 3-9 Tools 菜单

3.1.9 报表菜单

报表（Reports）菜单包括与各种报表相关的选项，如图 3-10 所示。

3.1.10 选项菜单

选项（Options）菜单可对程序的运行和界面进行设置，如图 3-11 所示。

图 3-10 Reports 菜单

图 3-11 Options 菜单

3.1.11　窗口菜单

窗口（Window）菜单包括与窗口显示方式相关的选项，如图 3-12 所示。

3.1.12　帮助菜单

帮助（Help）菜单提供帮助文件，按下键盘上的〈F1〉键也可获得帮助，如图 3-13 所示。

图 3-12　Window 菜单

图 3-13　Help 菜单

3.2　常用工具栏

为了使用户更加方便、快捷地操作软件和设计电路，Multisim 在工具栏中提供了大量的工具按钮。根据工具的功能，可以将它们分为标准工具栏、主要工具栏、浏览工具栏、元器件工具栏、仿真工具栏、探针工具栏、梯形图工具栏和仪器库工具栏等。

3.2.1　标准工具栏

标准工具栏（Standard toolbar）包括新建、打开、打印、保存、放大、剪切等常见的功能按钮，如图 3-14 所示。

图 3-14　标准工具栏

3.2.2　主要工具栏

主要工具栏（Main toolbar）是 Multisim 14 的核心，包含 Multisim 的一般性功能按钮，如界面中各个窗口的取舍、后处理、元器件向导、数据库管理器等（虽然菜单栏中也已包含了这些设计功能，但使用该设计工具栏进行电路设计将会更方便、快捷）。元器件列表（In Use List）列出了当前电路使用的全部元器件，以供检查或重复调用。主要工具栏如图 3-15 所示。

图 3-15　主要工具栏

3.2.3　浏览工具栏

浏览工具栏（View toolbar）包含了放大、缩小等调整显示窗口的按钮。浏览工具栏如图 3-16 所示。

图 3-16　浏览工具栏

3.2.4　元器件工具栏

元器件工具栏（Component toolbar）实际上是用户在电路仿真中可以使用的所有元器件符号库，它与 Multisim 14 的元器件模型库对应，共有 18 个分类库，每个库中放置着同一类型的元器件。在取用其中的某一个元器件符号时，实质上是调用了该元器件的数学模型，如图 3-17 所示，

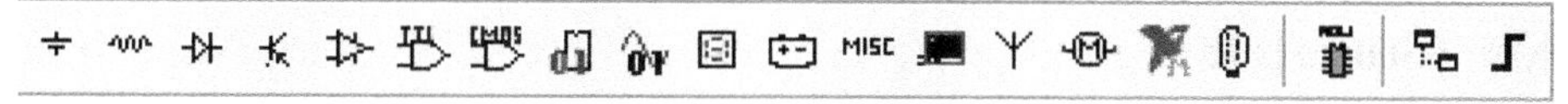

图 3-17　元器件工具栏

单击每个元器件组，都会显示出一个窗口，各类元器件窗口所展示的信息基本相似。现以基础（Basic）元器件组为例，说明该窗口的内容，如图 3-18 所示。

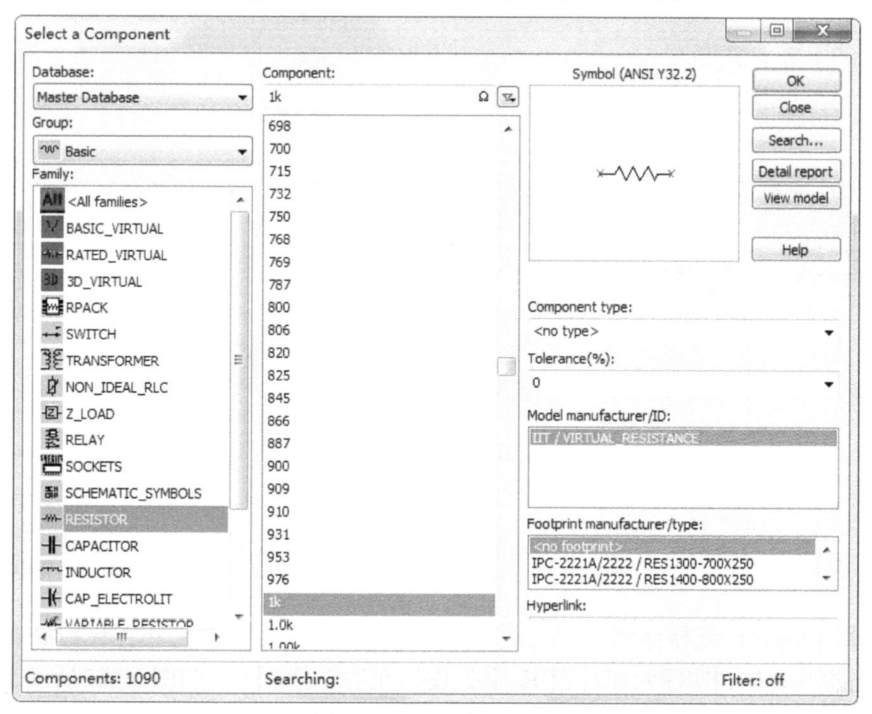

图 3-18　元器件组界面

注意：在元器件组界面中，主数据库（Master Database）是默认的数据库，如果希望从 Corporate Database 或者 User Database 中选择一个元器件，必须单击数据库下拉菜单里

的数据库，并选择一个元器件。

选择和放置元器件时，只需单击“Component”下拉列表框中相应的元器件组，然后从对话框中选择一个元器件，当确定找到了所要的元器件后，单击对话框中的“OK”按钮即可。如果要取消放置元器件，则单击“Close”按钮。元器件组界面关闭后，鼠标移到电路编辑窗口后将变成需要放置的元器件的图标，这表示元器件已准备被放置。

如果放置的元器件是由多个相同部分组成的复合元器件（通常针对集成电路），就会显示一个对话框，从对话框中可以选择具体放置的部分。对话框如图 3-19 所示。

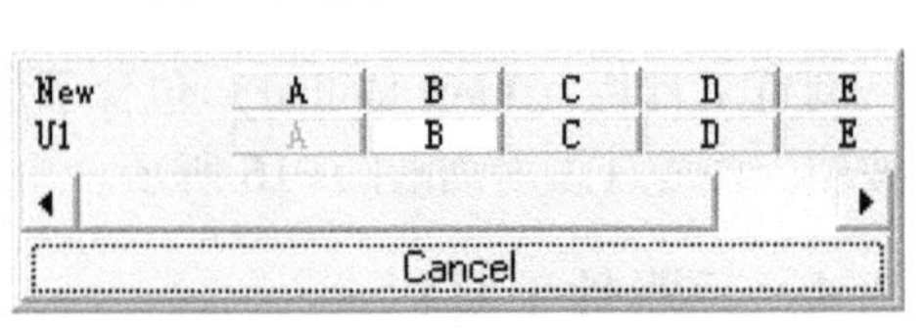

图 3-19　对话框

如要对放置的元器件进行角度旋转，当拖动正在放置的元器件时，按住以下键即可进行相应操作。

- Ctrl+R：元器件顺时针旋转 90°。
- Ctrl+Shift+R：元器件逆时针旋转 90°。

或者选中元器件，单击鼠标右键进行相应操作。

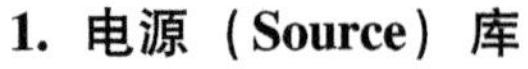

1. 电源（Source）库

电源库对应元器件系列（Family），如图 3-20 所示。电源库中包含电路必需的各种形式的电源、信号源以及接地符号，一个待仿真的电路必须含有接地端，否则仿真时会报错。所有电源类型如图 3-21 所示。

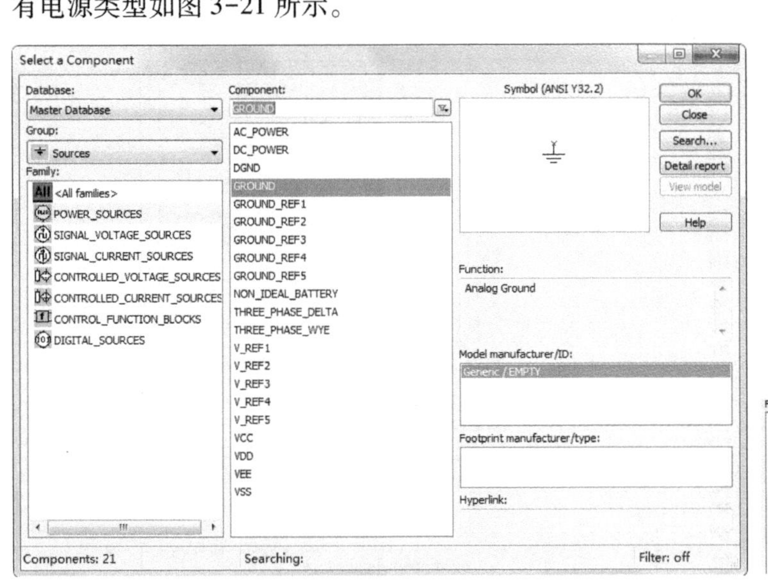

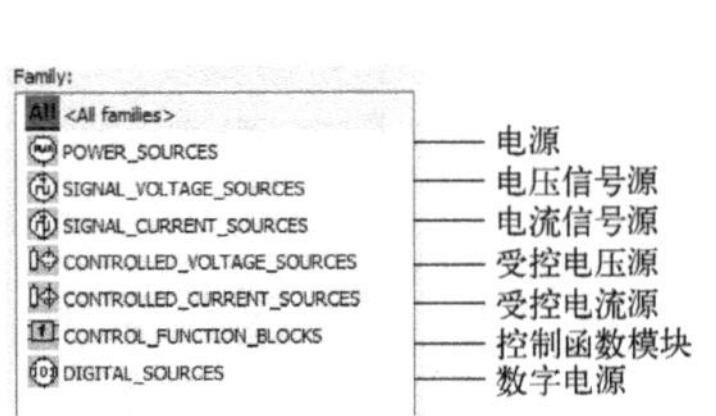

图 3-20　电源库　　　　图 3-21　所有电源类型

2. 基本（Basic）元器件库

基本元器件库包含实际元器件箱 17 个，虚拟元器件箱 3 个，如图 3-22 所示。虚拟元器件箱中的元器件（带绿色衬底）不需要选择，直接调用，然后再通过其属性对话框设置其参数值。不过，选择元器件时，应该尽量到实际元器件箱中去选取，这不仅是因为选用实际元器件能使仿真更接近于实际情况，还因为实际的元器件都有元器件封装标准，可将仿真后的电路原理图直接转换成 PCB 文件。但在实际元件库中找不到相应参数的元件时，或者要进行温度扫描或参数扫描等分析时，就需要选用虚拟元器件了。

基本元器件系列如图 3-23 所示。

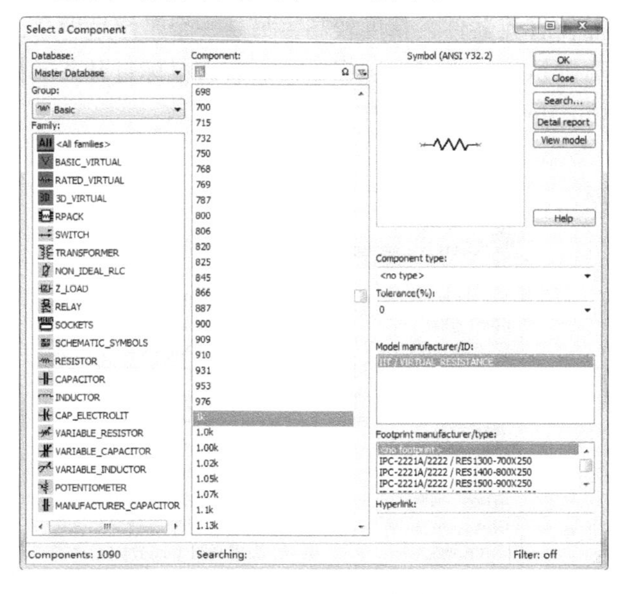

图 3-22　基本元器件库

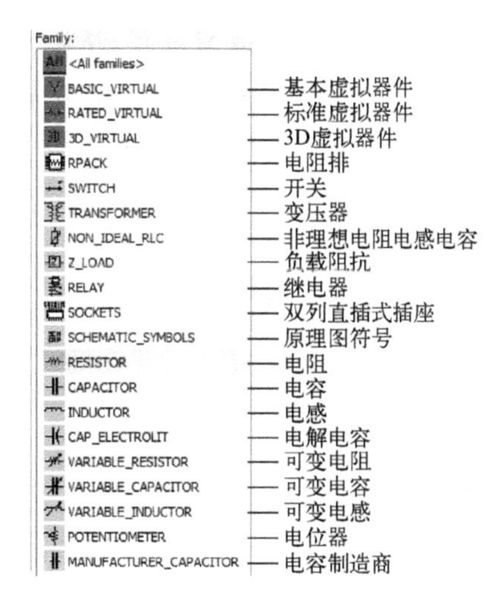

图 3-23　基本元器件系列

基本元器件库中的元器件可通过其属性对话框对其参数进行设置。实际元器件和虚拟元器件的选取方式有所不同。

3. 二极管（Diode）

二极管元器件库中包含 14 个元器件箱和 1 个虚拟元器件箱，如图 3-24 所示。

发光二极管有 6 种颜色，使用时应注意，该元器件只有正向电流流过时，才产生可见光，其正向压降比普通二极管大。发光颜色不同的二极管正向压降也各不相同，如红色 LED 正向压降为 1.1~1.2 V，绿色 LED 的正向压降为 1.4~1.5 V。

二极管的类型如图 3-25 所示。

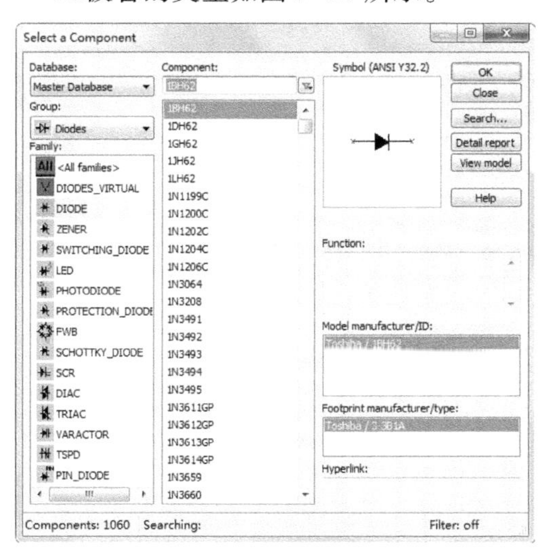

图 3-24　二极管元器件库

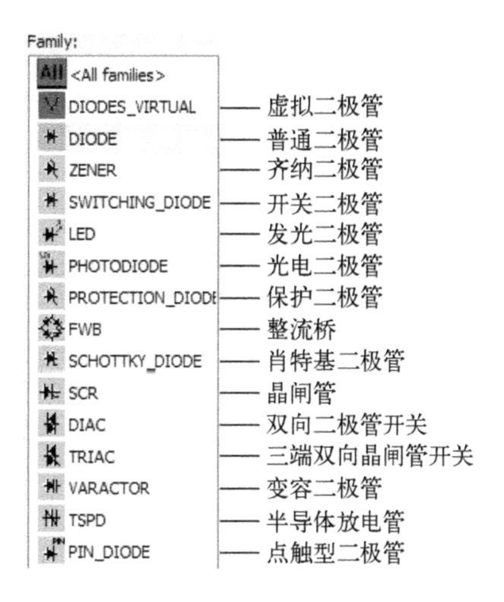

图 3-25　二极管的类型

4. 晶体管（Transistors）元器件库

晶体管元器件库共有 21 个元器件箱，如图 3-26 所示。其中，20 个实际元器件箱中的元器件模型对应世界主要厂家生产的众多晶体管元器件，精度较高。另外一个带绿色背景的虚拟晶体管相当于理想晶体管，其参数具有默认值，也可在理想原件上右击鼠标打开其属性对话框，单击“Edit Model”按钮，在“Edit Model”对话框中对参数进行修改。

晶体管元器件系列如图 3-27 所示。

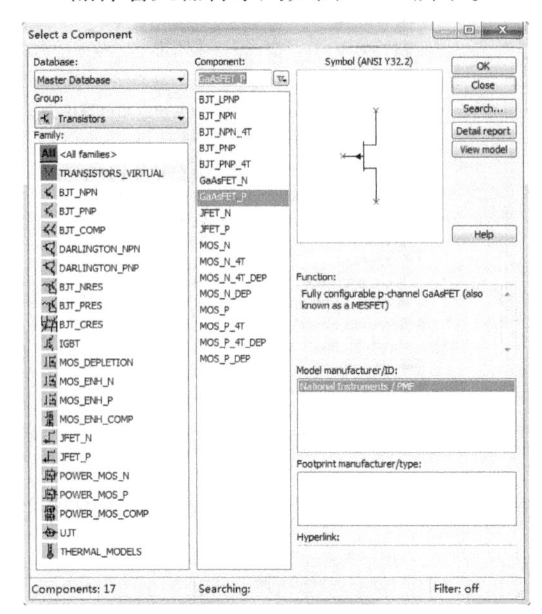

图 3-26　晶体管元器件库

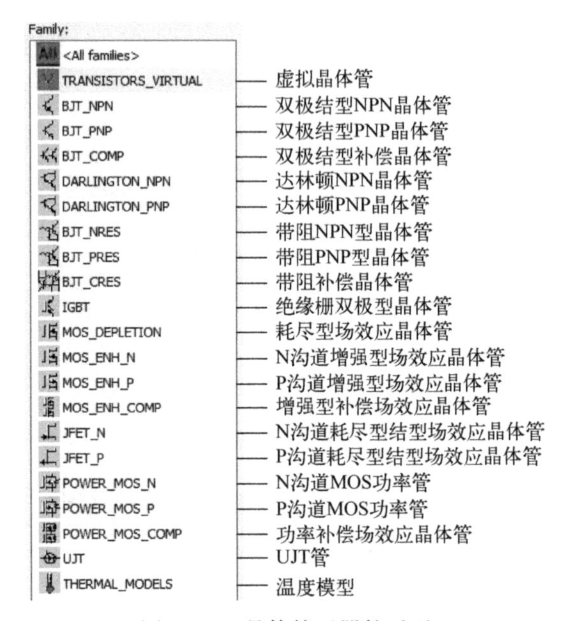

图 3-27　晶体管元器件系列

5. 模拟元器件（Analog Components）库

模拟元器件库如图 3-28 所示。

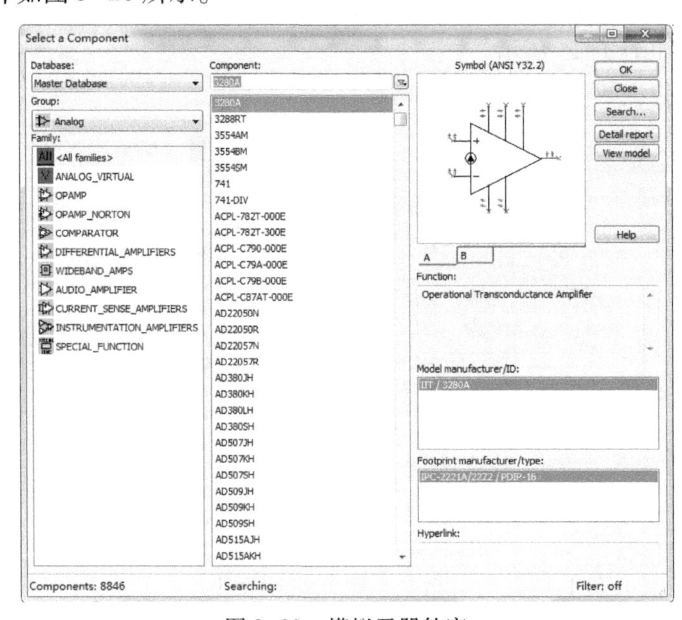

图 3-28　模拟元器件库

模拟元器件系列如图 3-29 所示。

6. TTL 元器件库

TTL 元器件库如图 3-30 所示。使用 TTL 元器件库时，器件逻辑关系可查阅相关手册或利用 Multisim 14 的帮助文件。有些器件是复合型结构，在同一个封装里有多个相互独立的对象，如 7400N，有 A、B、C、D 这 4 个功能完全相同的两输入与非门，可在选用器件时弹出的下拉列表框中任意选取。

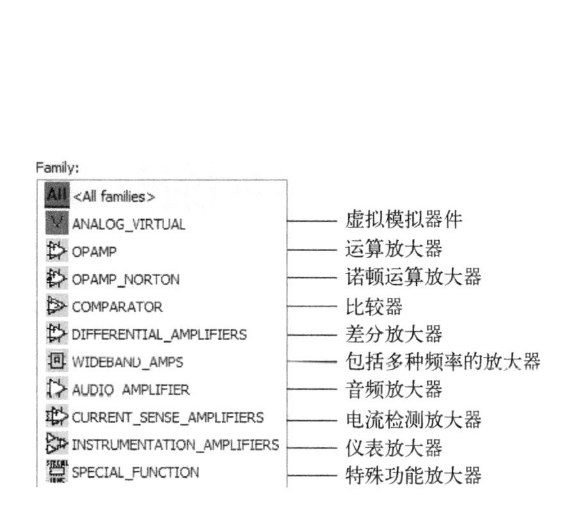

图 3-29　模拟元器件系列

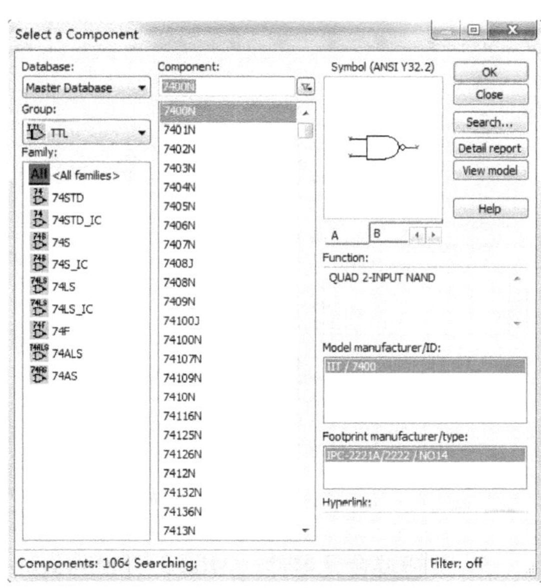

图 3-30　TTL 元器件库

7. CMOS 元器件库

CMOS 元器件库如图 3-31 所示。

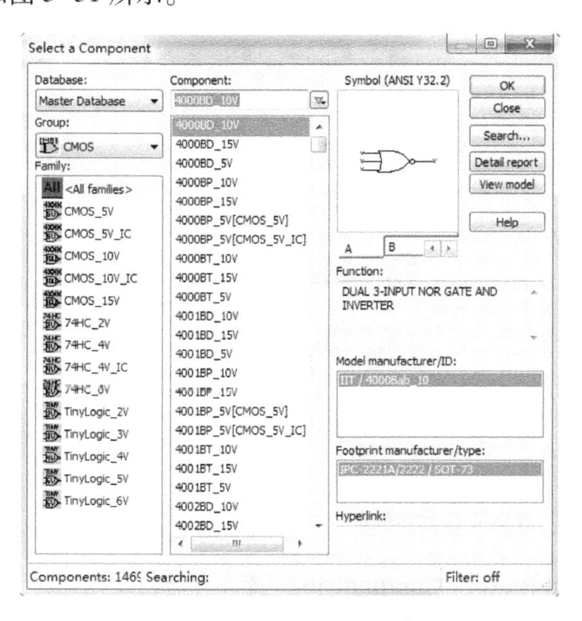

图 3-31　CMOS 元器件库

8. 集成数字芯片（Misc Digital Components）库

这个库中包含了集成的数字芯片，集成芯片是相对于分离元件来说的，集成芯片能实现需要大量分离元件完成的功能，是目前电子技术应用领域的发展主流。如图 3-32 所示。

集成数字元器件系列如图 3-33 所示。

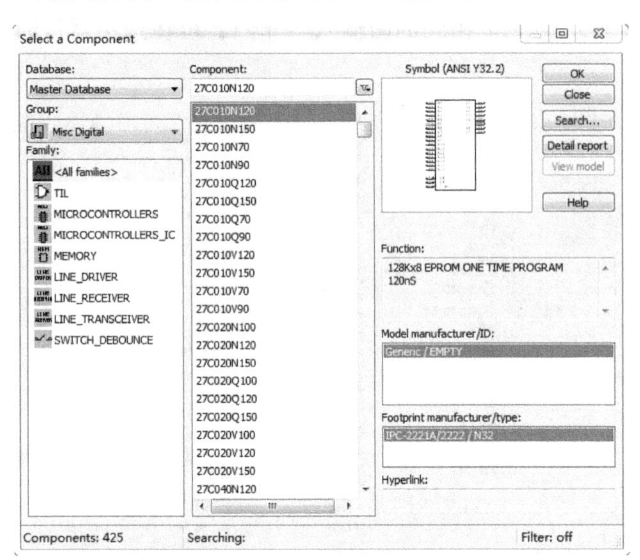

图 3-32　集成数字芯片库

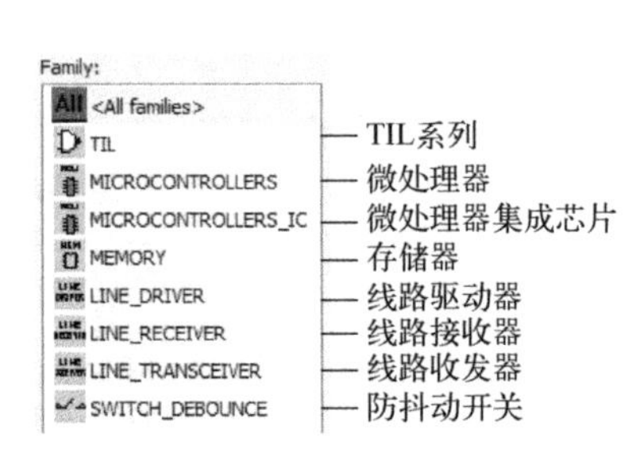

图 3-33　集成数字元器件系列

9. 数模混合元器件（Mixed Components）库

这个库包含了将数字电路和模拟电路集成在一起的集成芯片，如图 3-34 所示。数模混合元器件系列如图 3-35 所示。

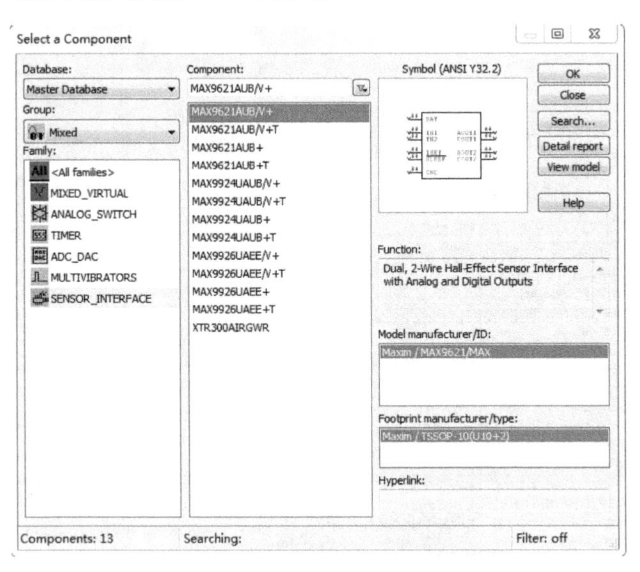

图 3-34　数模混合元器件库

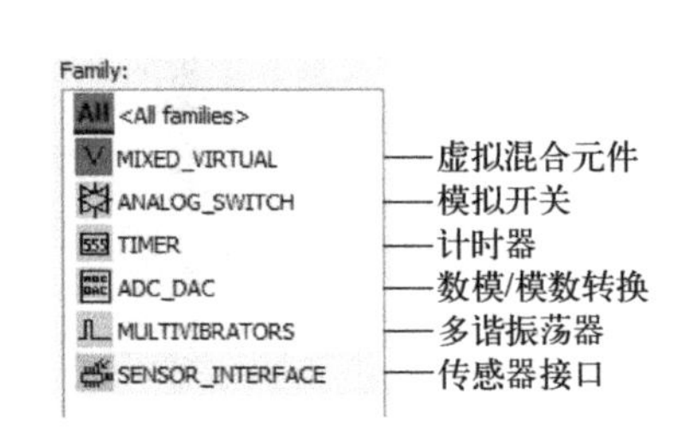

图 3-35　数模混合元器件系列

10. 指示元器件（Indicators Components）库

指示元器件如图 3-36 所示，含有 8 种交互式元器件，是用来显示电路仿真结果的显示器件。交互式元器件不允许用户从模型进行修改，只能在其属性对话框中设置其参数。指示元器件系列如图 3-37 所示。

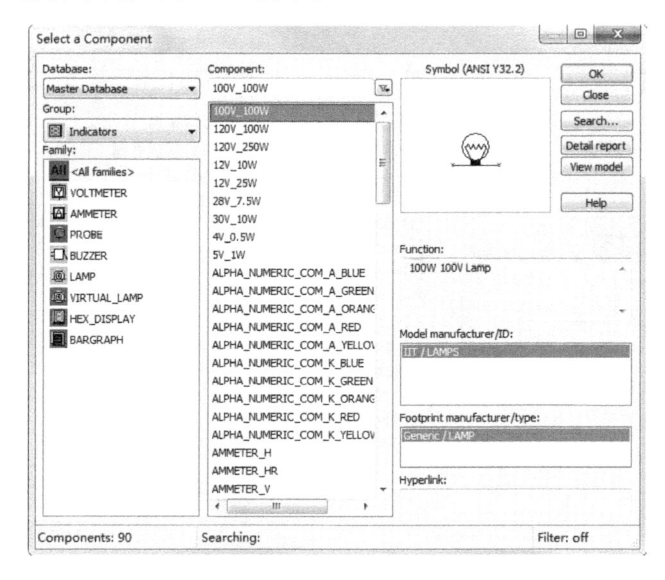

图 3-36　指示元器件库

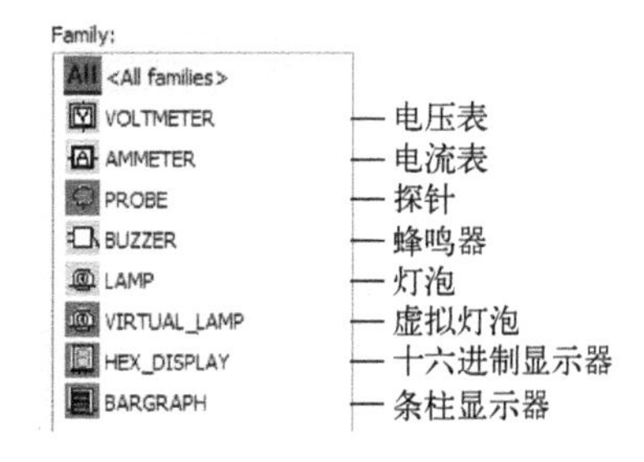

图 3-37　指示元器件系列

11. 电源（Power）元器件库

电源元器件库如图 3-38 所示。电源元器件系列如图 3-39 所示。

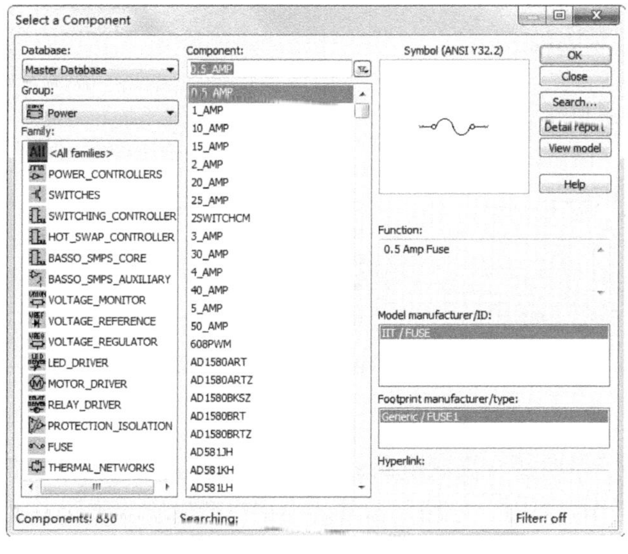

图 3-38　电源元器件库

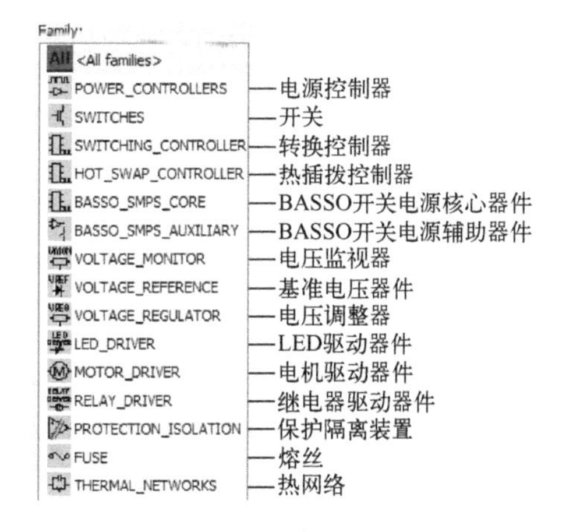

图 3-39　电源元器件系列

12. 混合项（Misc）元器件库

混合项元器件库中包含了不能明确归类的一些元器件，如晶振、传输线、滤波器等，如图 3-40 所示。对应元器件系列如图 3-41 所示。

13. 高级外设（Advanced_ peripherals）元器件库

高级外设元器件库如图 3-42 所示，对应元器件系列如图 3-43 所示。

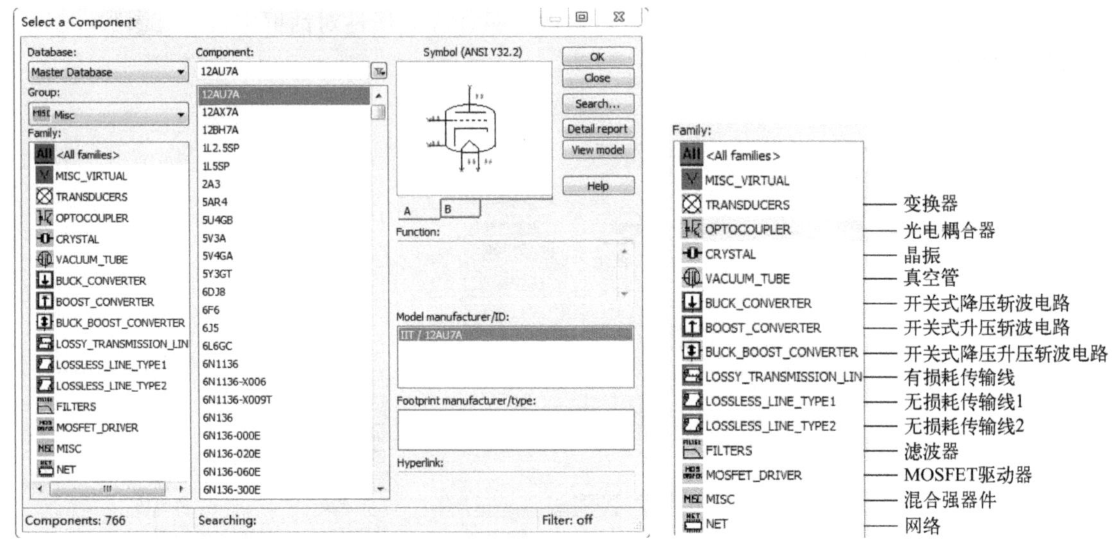

图 3-40　混合项元器件库　　　图 3-41　混合项元器件系列

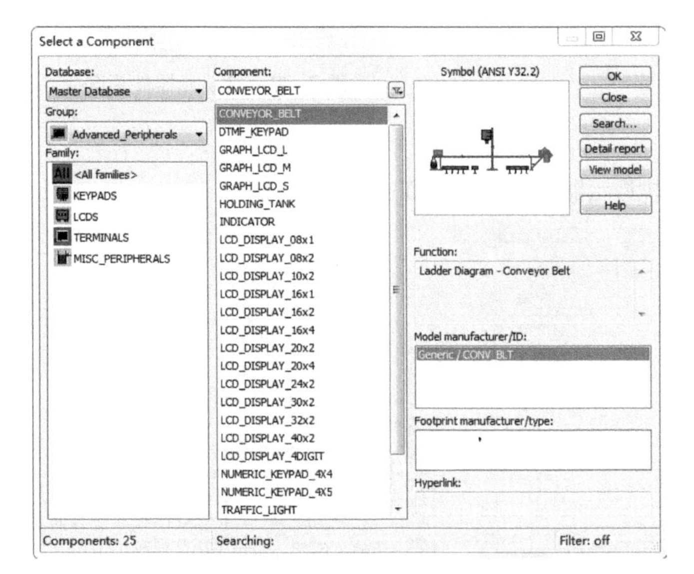

图 3-42　高级外设元器件库

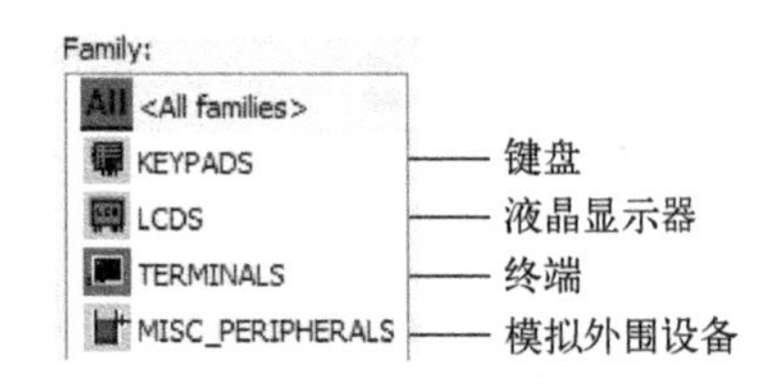

图 3-43　高级外设元器件系列

14. 射频元器件（RF Components）库

射频元器件库如图 3-44 所示，提供了一些适合高频电路的元器件，这是目前众多电路仿真软件所不具备的。当信号处于高频工作状态时，电路元器件的模型要产生质的改变。对应元器件系列如图 3-45 所示。

15. 机电类元器件（Electro-Mechanical Components）库

该库共包含 9 个元器件箱，除线性变压器外，都属于虚拟的电工类元器件，如图 3-46 所示。对应元器件系列如图 3-47 所示。

16. NI 元器件（NI Component）库

这个库中存放了由 NI 公司自己开发的器件，既有虚拟器件，也有与之对应的实际器件，如图 3-48 所示。

3.2.6 探针工具栏

探针工具栏包含了在设计电路时放置各种探针的按钮，还能对探针进行设置，如图3-53所示。

3.2.7 梯形图工具栏

梯形图工具栏提供了绘制梯形图的按钮，可以方便地设计PLC控制系统和继电器控制系统，如图3-54所示。

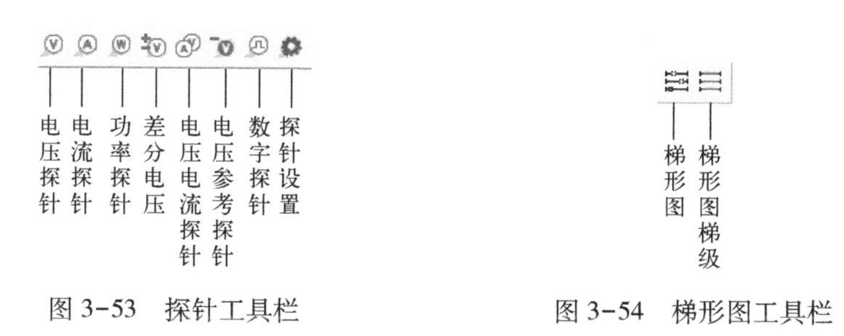

图3-53 探针工具栏

图3-54 梯形图工具栏

3.2.8 仪器库工具栏

Multisim 14提供了21种用来对电路工作状态进行测试的仪器、仪表，这些仪表的使用方法和外观与真实仪表相当，就像实验室使用的仪器。仪器库工具栏是进行虚拟电子实验和电子设计仿真最快捷，而又形象的特殊窗口。在仪器库中，除为用户提供了实验室常用仪器仪表外，还有一类比较特殊的虚拟仪器——NI ELVIEmx仪器，该仪器包含了8种实验室常用仪器，与NI公司的硬件——myDAQ结合使用，可以通过myDAQ实现用NI ELVIEmx仪器测量实际的硬件电路。关于仪器仪表的具体使用方法，请参见第5章“虚拟仪器”。

3.2.9 其他功能

“.com”按钮：这是提供给Multisim 14用户的一个Internet入口，通过它可以访问1000多万个元器件的CAPSXpert数据库，并可直接把有关元器件的Spice模型及信息资料下载到用户的数据库中。

电路窗口（Circuit Window），又称为Workspace，相当于一个现实工作中的操作平台。电路图的编辑绘制、仿真分析、波形数据显示等都将在此窗口中进行。

状态条（Status Line），显示有关当前操作，以及鼠标所指条目的有用信息。

3.3 本章小结

本章主要学习了Multisim 14软件主界面菜单和各子菜单功能的基本操作。对包括“文件”“编辑”“视图”“放置”“仿真”“工具”“报表”等十二大主界面菜单命令加以深入讲解和展示。此外，通过对Multisim工具栏中提供的大量工具按钮（如：标准工具栏、主要工具栏、浏览工具栏、元器件工具栏、仿真工具栏、探针工具栏、梯形图工具栏和仪器库工具栏等）用法的学习，使用户能够方便快捷地操作软件和设计电路。

对于 Multisim 14 操作环境，需要掌握的命令菜单和常用工具都比较多，学习起来既要具备耐心和细心，还要注意主次分明、条理清晰。由于元器件是构成电路的基本元素，故针对“元器件工具栏（Component toolbar）”相应内容的学习才是重中之重。元器件工具栏是与 Multisim 14 的元器件模型库相对应的，18 个分类库中各放置着同一类型的元器件。对于初学者在本章的学习过程中，尤其将主要的时间和精力放在此部分内容的掌握上，做到熟记于心，这在后续创建电路时，快速查找元器件能够信手拈来，节省了很多时间和精力。

第4章 基本操作

4.1 创建电路窗口

运行 Multisim 14，软件自动打开一个空白的电路窗口。电路窗口是用户放置元器件、创建电路的工作区域，用户也可以通过单击工具栏中的按钮（或按〈Ctrl+N〉组合键），新建一个空白的电路窗口。

注意： 可利用工具栏中的缩放工具，在不同比例模式下查看电路窗口，鼠标滑轮也可实现电路窗口的缩放；按住〈Ctrl〉键同时滚动鼠标滑轮，可以实现电路窗口的上下滚动。鼠标滑轮动作模式可在“Options”→“Preferences”→“Parts”对话框中进行设置。

Multisim 14 允许用户创建符合自己要求的电路窗口，其中包括界面的大小；网格、页数、页边框、纸张边界及标题框是否可见；符号标准（美国标准或欧洲标准）。

初次创建一个电路窗口时，使用的是默认选项。用户可以对默认选项进行修改，新的设置会和电路文件一起保存，这就可以保证用户的每一个电路都有不同的设置。如果在保存新的设置时设定了优先权，即选中了“Set as default”复选框，那么当前的设置不仅会应用于正在设计的电路，而且还会应用于此后将要设计的一系列电路中。

4.1.1 设置界面大小

1）选择菜单“Options”→“Sheet Properties”→“Workspace”（或者在电路窗口内单击鼠标右键选择“Properties”→“Workspace”选项）命令，系统弹出“Sheet Properties”对话框，如图 4-1 所示。

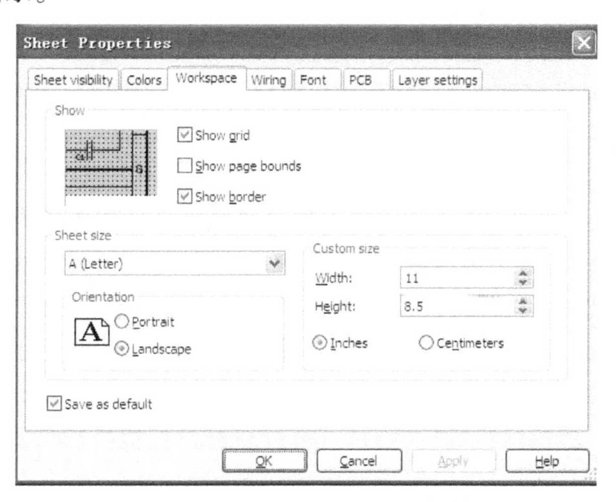

图 4-1 “Sheet Properties”对话框

2）从“Sheet size”下拉列表框中选择界面尺寸。这里提供了几种常用型号的图纸供用户选择。选定下拉框中的纸张型号后，与其相关的宽度、高度将显示在右侧“Custom size”选项组中。

3）若想自定义界面的尺寸，可在“Custom size”选项组内设置界面的宽度和高度值，根据用户习惯单位可选择 Inches（英尺）或 Centimeters（厘米）；另外，在“Orientation”选项组内，可设置纸张放置的方向为横向或者竖向。

4）设置完毕后，单击“OK”按钮确认，若取消设置，则单击“Cancel”按钮。选中“Set as default”复选框，可将当前设置保存为默认设置。

4.1.2　显示/隐藏表格、标题框和页边框

Multisim 14 的电路窗口中可以显示或者隐藏背景网格、页边界和边框。更改了设置的电路窗口的示意图显示在选项左侧的“Show”选项组中。选择菜单“Options”→“Sheet Properties”→“Workspace”命令，如图 4-1 所示。

1）选中“Show grid”选项，电路窗口中将显示背景网格。用户可以根据背景网格对元器件进行定位。

2）选中“Show page bounds”选项，电路窗口中将显示纸张边界。纸张边界决定了界面的大小，为电路图的绘制限制了一个范围。

3）选中“Show border”选项，电路窗口中将显示电路图边框。该边框为电路图提供了一个标尺。

注意：也可以用下列两种方法之一为当前电路设置这些选项：

1）激活菜单选项 View/Show Grid、View/Show Border 或者 View/Show Page Bounds。

2）在电路窗口中单击鼠标右键，从弹出的菜单中选择 Show Grid、Show Border 或者 Show Page Bounds。

4.1.3　选择符合标准

Multisim 14 允许用户在电路窗口中使用美国标准或欧洲标准的符号。选择“Option”→“Global Options”→“Components”命令，系统弹出“Global Options”对话框，如图 4-2 所示。在“Symbol standard”选项组内选择，其中 ANSI 为美国标准，IEC 为欧洲标准。

4.1.4　元器件放置模式设置

在图 4-2 的“Place component mode”（元器件放置模式）选项组内选中“Return to Component Browser after placement”复选框，在需要放置多个同类型元器件时，放置一个元器件后自动返回元器件浏览窗口，继续选择下一元器件，而不需要再去工具箱中抓取。

若选中“Continuous placement［ESC to quit］单选按钮，则取用相同的元器件时，可以连续放置，而不需要再去工具箱中抓取。

4.1.5　选择电路颜色

选择“Options”→“Sheet Properties”→“Colors”命令，系统弹出“Sheet Properties”

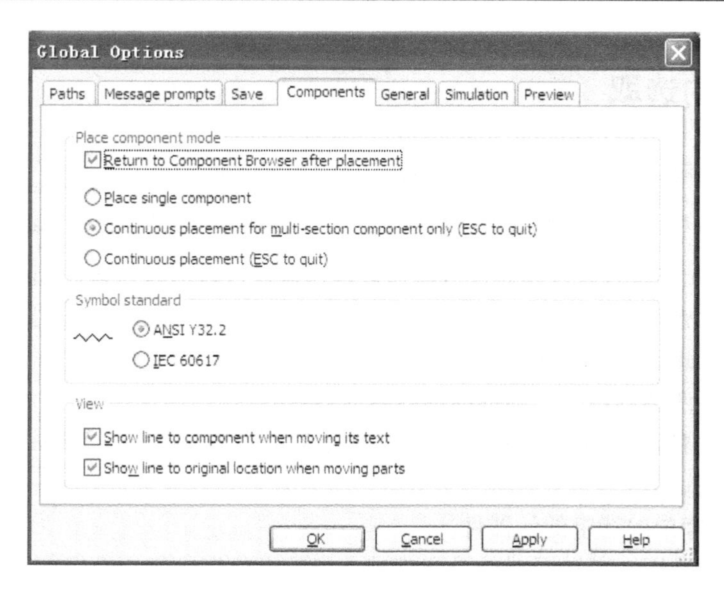

图 4-2　“Global Options”对话框

对话框，如图 4-3 所示。用户可以在“Color scheme”选项组内的下拉列表框中选取一种预设的颜色配置方案，也可以选择下拉列表框中的“Custom”选项，自定义一种自己喜欢的颜色配置。

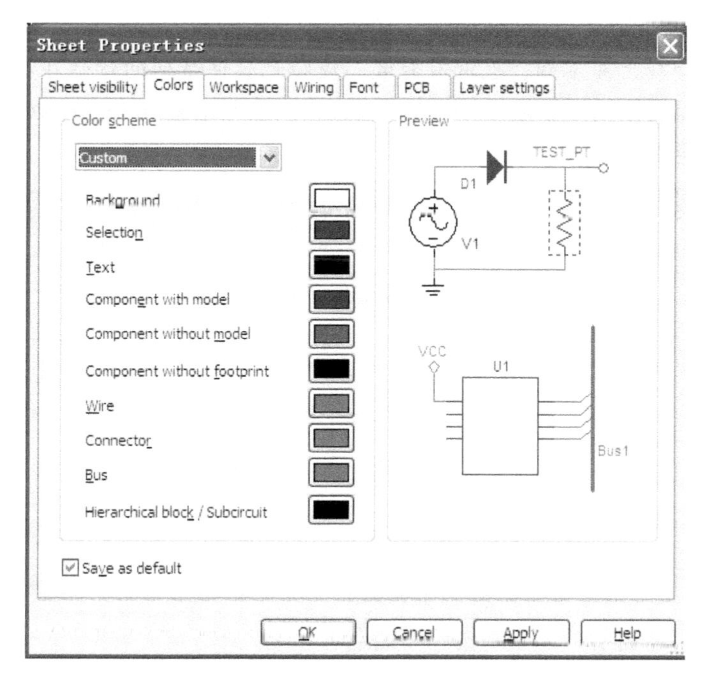

图 4-3　“Sheet Properties”对话框

4.1.6　为元器件的标识、标称值和名称设置字体

选择“Options”→“Sheet Properties”→“Font”（或者在电路窗口内单击鼠标右键选择“Font”项）命令，可以为电路中显示的各类文字设置大小和风格。

4.2　元器件的选取

原理图设计的第一步是在电路窗口中放入合适的元器件。

注意：Multisim 14 的元器件分别存放在 3 个数据库中：“Master Database”“Corporate Database”和“User Database”。Master Database 是厂商提供的元器件库；Corporate Database 是用户自行向各厂商索取的元器件库；User Database 是用户自己建立的元器件库。详细参见 Tools/Database/Database Manager。

可以通过以下两种方法在元器件库中找到元器件：

1）通过电路窗口上方的元器件工具栏或选择菜单“Place”→“Component”命令浏览所有的元器件系列。

2）查询数据库中的特定的元器件。

第一种方法最常用。各种元器件系列都被进行逻辑分组，每一个组由元器件工具栏中的一个图标表示。这种逻辑分组是 Multisim 14 的优点，可以节约用户的设计时间，减少失误。

每一个元器件工具栏中的图标与一组功能相似的元器件相对应，在图标上单击鼠标，可以打开这一系列的元器件浏览窗口。例如，单击元器件工具栏中的“Place Basic”选项，打开元器件浏览窗口，如图 4-4 所示。

注意：“Multisim 14”为虚拟元器件提供了独特的概念。虚拟元器件不是实际元器件，也就是说，在市场上买不到，也没有封装。虚拟元器件系列的按钮在浏览窗口“Family”列表框中呈绿色，名称中均加扩展名“_ VIRTUAL”。在电路窗口中，虚拟元器件的颜色与其他元器件的默认颜色相同。

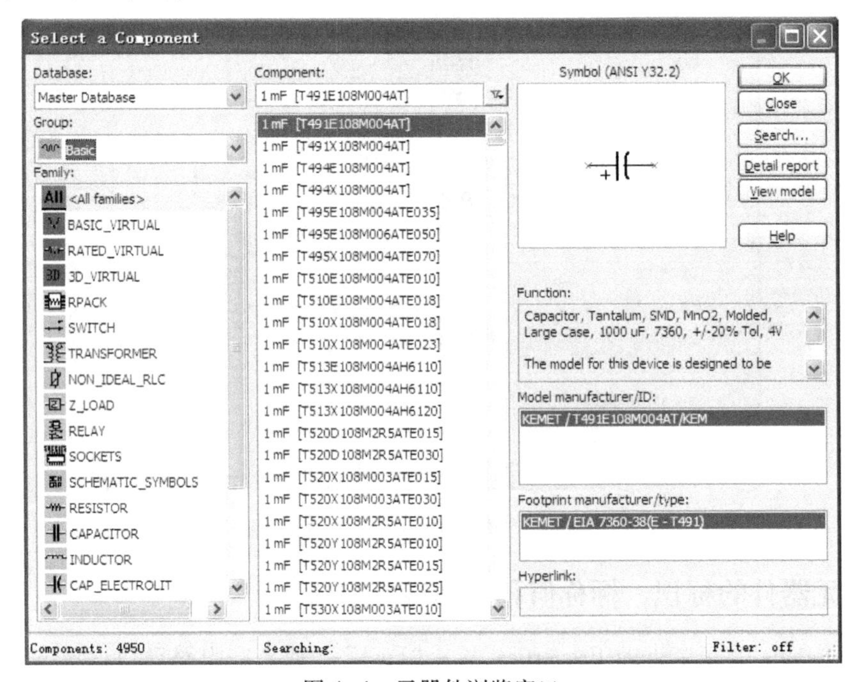

图 4-4　元器件浏览窗口

若电路设计过程中经常使用某一类型的元器件，可以打开“View”→“Toolbars”菜单，选中所需类型的对应项，此时该类型元器件的工具箱显示在工作区域，便于用户频繁取用某一元器件。例如，选中“View”→“Toolbars”→“Basic”选项，打开Basic工具箱，如图4-5所示。

图4-5 “Basic”工具箱

4.3 放置元器件

4.3.1 选择元器件和使用浏览窗口

默认情况下，元器件设计工具栏图标按钮是可见的。单击工具栏图标，打开元器件浏览窗口，如图4-4所示。窗口中各栏功能如下。

- Database：元器件所在的库。
- Group：元器件的类型。
- Family：元器件的系列。
- Component：元器件名称。
- Symbol：显示元器件的示意图。
- Function：元器件功能简述。
- Model manufacturer/ID：元器件的制造厂商/编号。
- Footprint manufacturer/type：元器件封装厂商/模式。
- Hyperlink：超链接文件。

从“Component”列表框中选择需要的元器件，它的相关信息也将随之显示；如果选错了元器件系列，可以在浏览窗口的“Component”下拉列表框中重新选取，其相关信息也将随之显示。

选定元器件后，单击“OK”按钮，浏览窗口消失，在电路窗口中，被选择的元器件的影子跟随光标移动，说明元器件处于等待放置的状态，如图4-6所示。

移动光标，元器件将跟随光标移到合适的位置。如果光标移到了工作区的边界，工作区会自动滚动。

选好位置后，单击鼠标即可在该位置放下元器件。每个元器件的流水号都由字母和数字组成，字母表示元器件的类型，数字表示元器件被添加的先后顺序。例如，第一个被添加的电源的流水号为“U1”，第二个被添加的电源的流水号为“U2”，依此类推。

注意：

如果放置的是虚拟元器件，它与实际元器件的颜色不同，其颜色可以在“Options”→“Sheet Properties”→“Colors”窗口中更改。

此外，浏览窗口右侧按钮也提供元器件的信息。

1）Search按钮：本按钮的功能是搜索元器件，单击该按钮，系统弹出“Component Search”对话框，如图4-7所示。在文本框中输入元器件的相关信息即可查找到需要的元器件。例如，输入“74”，搜索结果如图4-8所示。

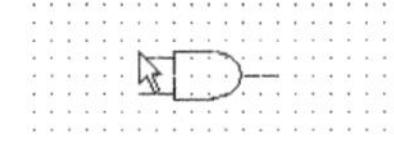

图 4-6　元器件的影子随鼠标移动

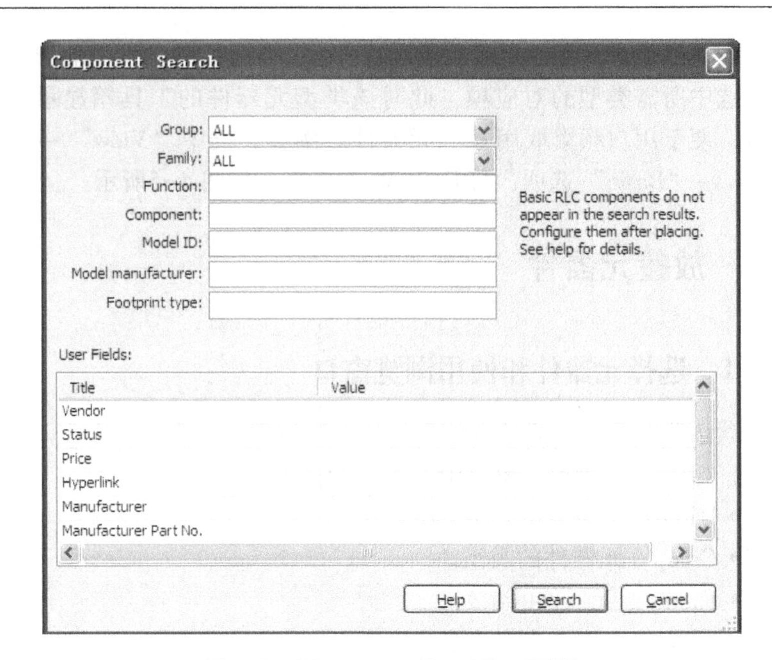

图 4-7　“Component Search” 对话框

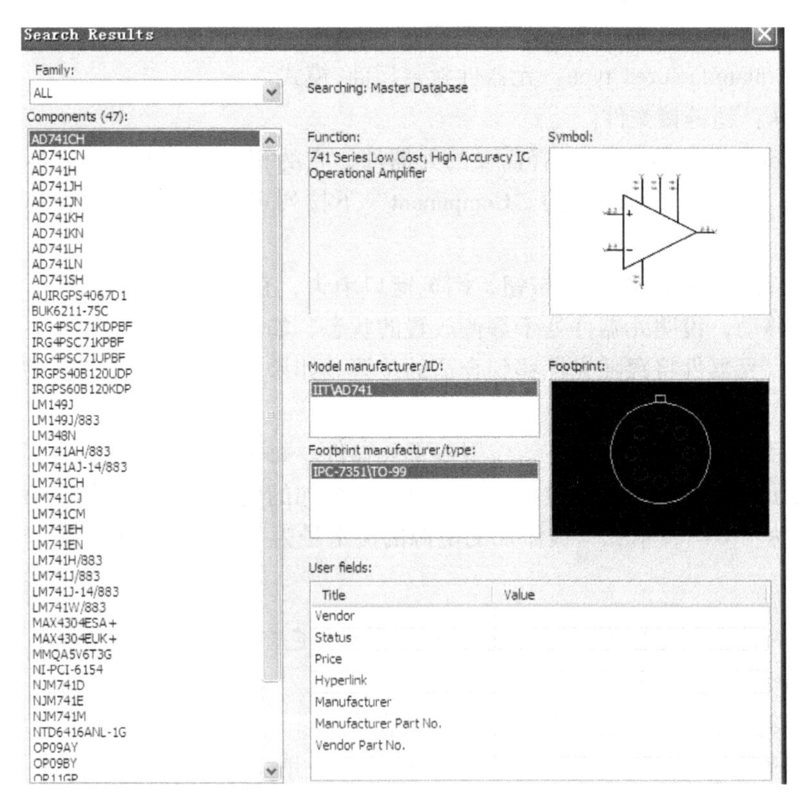

图 4-8　元器件搜索结果

2）Detail report 按钮：元器件详细列表。本按钮的功能是列出此元器件的详细列表，单击该按钮，出现如图 4-9 所示的 “Report Window” 窗口。

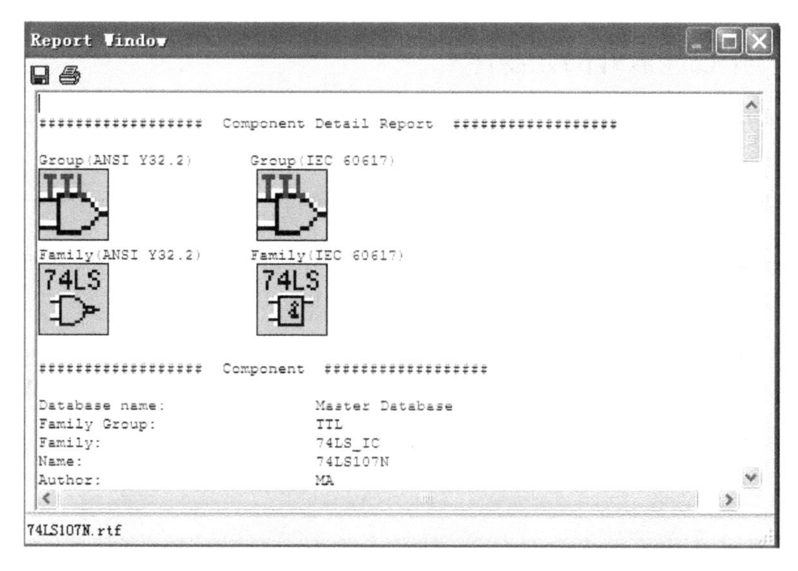

图 4-9　“Report Window”窗口

3）View model 按钮：元器件的性能指标。本按钮的功能是列出此元器件的性能指标，单击该按钮，出现如图 4-10 所示的“Model Data Report”窗口。

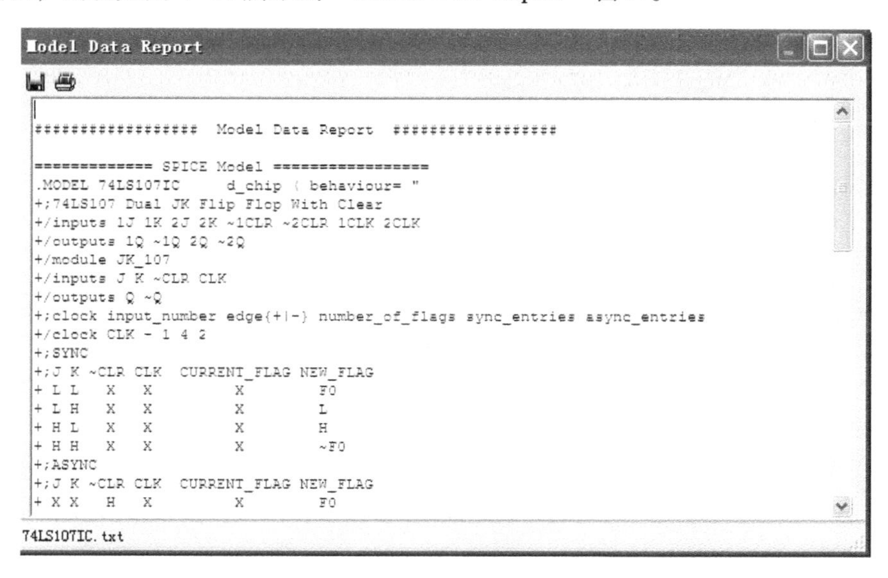

图 4-10　“Model Data Report”窗口

4.3.2　使用“In-Use List”

每次放入元器件或子电路时，元器件和子电路都会被“记忆”，并被添加进正在使用的元器件清单——“In-Use List”中，如图 4-11 所示，为再次使用提供了方便。要复制当前电路中的元器件，只需在“In-Use List”中选中，被复制的元器件就会出现在电路窗口的顶端，用户可以把它移到任何位置。

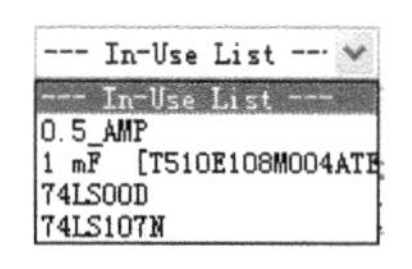

图 4-11　使用的元器件清单

4.3.3　移动一个已经放好的元器件

可以用下列方法之一将已经放好的元器件移到其他位置：

1）用鼠标拖动这个元器件。

2）选中元器件，按住键盘上的箭头键可以使元器件上下左右移动。

注意：元器件的图标和标号可分别移动，也可作为整体一起移动。如果想移动元器件，一定要选中整个元器件，而并非仅仅是它的图标。

打开“Options”→“Global Options”→“General”对话框，选中“Autowire component on move, if number of connections is fewer than”选项，则在移动元器件的同时，将自动调整连接线的位置，如图 4-12 所示。

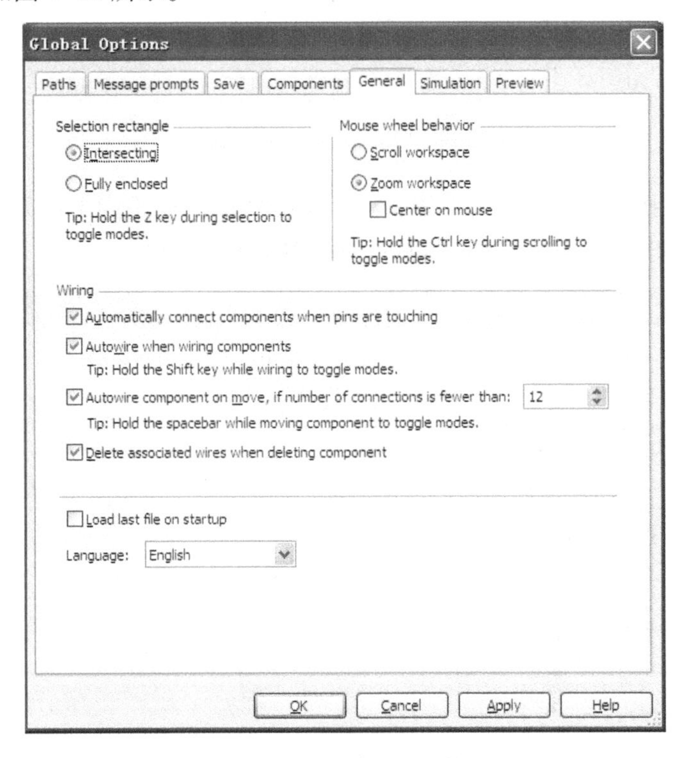

图 4-12　自动调整连线

若元器件连接线超过一定数量，移动元器件时自动调整连线效果有时不理想。这种情况下，对于超过一定连接数量的元器件，用户可以选择手动布线。用户可以根据实际情况设定该数量，如图 4-12 所示，默认值为 12。

注意：元器件的图标和标号可分别移动，也可以作为整体一起移动。如果想移动元器件，一定要选中整个元器件，而并非仅仅是它的图标。

4.3.4　复制/替换一个已经放置好的元器件

（1）复制已放置好的元器件

选中此元器件，然后选择菜单“Edit”→“Copy”命令，或者单击鼠标右键，从弹出的菜单中选择“Copy”命令；选择菜单“Edit”→“Paste”命令，或者单击鼠标右键，在弹出的菜单中选择“Paste”命令；被复制的元器件的影像跟随光标移动，在合适的位置单击鼠标放下元器件。一旦元器件被放下，还可以用鼠标把它拖到其他位置，或者通过快捷键剪切〈Ctrl+X〉、复制〈Ctrl+C〉和粘贴〈Ctrl+V〉。

（2）替换已放好的元器件

选中此元器件，选择菜单“Edit”→“Properties”命令(〈Ctrl+M〉快捷键)，出现“元器件属性”对话框，如图4-13所示；在将被替换的元器件上双击，也会出现图4-13所示元器件属性对话框。使用窗口左下方的“Replace”按钮，可以很容易地替换已经放好的元器件。

图4-13 “元器件属性”对话框

单击“Replace”按钮，出现元器件浏览窗口；在浏览窗口中选择一个新的元器件，单击“OK”按钮，新的元器件将代替原来的元器件。

4.3.5 设置元器件的颜色

元器件的颜色和电路窗口的背景颜色可以打开“Option”→“Sheet Properties”→“Colors”窗口进行设置。

更改一个已放好的元器件的颜色：在该元器件上单击鼠标右键，在弹出的菜单中选择“Colors”选项，从调色板上选取一种颜色，再单击“OK”按钮，元器件变成该颜色。

更改背景颜色和整个电路的颜色配置：在电路窗口中单击鼠标右键，在弹出的菜单中选择“Properties”选项，在出现窗口的“Colors”选项中设定颜色。

4.4　连线

把元器件在电路窗口中放好后，就需要用线把它们连接起来。所有的元器件都有引脚，可以选择自动连线或手动连线，通过引脚用连线将元器件或仪器仪表连接起来。自动连线是 Multisim 14 的一项特殊的功能。也就是说，Multisim 14 能够自动找到避免穿过其他元器件或覆盖其他连线的合适路径；手动连线允许用户控制连线的路径。设计同一个电路时，也可以把两种方法结合起来。例如，可以先用手动连线，然后再转换成自动连线。专业用户和高级专业用户还可以在电路窗口中为相距较远的元器件建立虚拟连线。

4.4.1　自动连线

在两个元器件之间自动连线，把光标放在第一个元器件的引脚上（此时光标变成一个“+”符号），单击鼠标，移动鼠标，就会出现一根连线随光标移动；在第二个元器件的引脚上单击鼠标，Multisim 14 将自动完成连接，自动放置导线，而且自动连成合适的形状（此时必须保证“Global Options”→“General”选项卡的“Autowire when wiring components”复选框被选中），如图 4-14 所示。

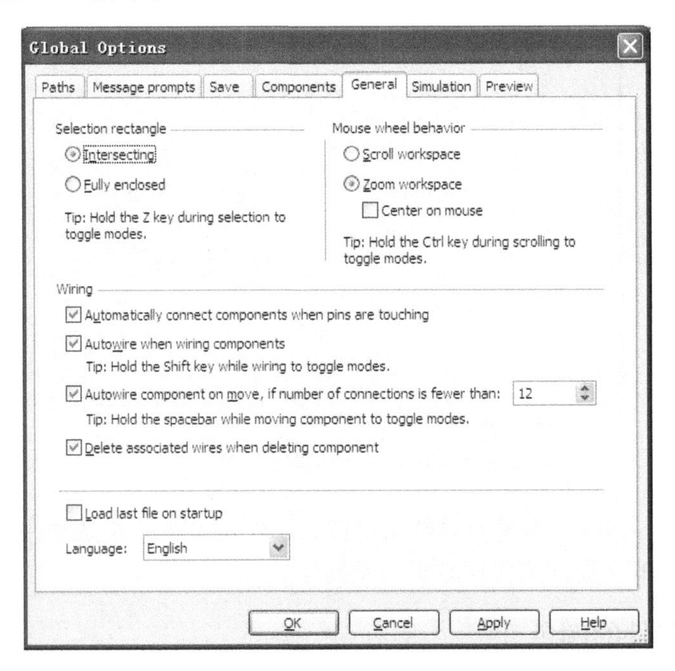

图 4-14　自动连线设置对话框

注意：

1）如果连线失败，可能是元器件离得太近，稍微移动一下位置，或用手动连线即可。

2）若想在某一时刻终止连线，按下〈Esc〉键即可。

3）当被连接的两个元器件中间有其他元器件时，连线将自动跨过中间的元器件，如果在拖动鼠标的同时按住〈Shift〉键，则连线将穿过中间的元器件。

删除一根连线：选中它，然后按〈Delete〉键或者在连线上单击鼠标右键，再从弹出的菜单中选择〈Delete〉命令。

4.4.2　手动连线

如果未选中“Autowire wihen wiring components”复选框，元器件连接时需要手动连线。

连接两个元器件：把光标放在第一个元器件的引脚上（此时光标变成“+”符号），单击鼠标左键，移动鼠标，就会出现一根连线跟随鼠标延伸；在移动鼠标的过程中，通过单击鼠标来控制连线的路径；在第二个元器件的引脚上单击鼠标完成连线，连线按用户的要求进行布置。

注意： 若想在某一时刻终止连线，可按〈Esc〉键。

4.4.3　自动连线和手动连线相结合

可以把这两种连线方法结合起来使用。Multisim 14 默认的是自动连线，如果在连线的过程中按下了鼠标，相当于把导线锁定到了这一点（这就是手动连线），然后 Multisim 14 继续进行自动连线。这种方法使用户大部分时间能够自动连线，而只是在一些路径比较复杂的连线过程中，才使用手动连线。

4.4.4　定制连线方式

用户可以按自己的意愿设置如何让 Multisim 14 来控制自动连线。

1）在“Global Options”→“General”选项卡的 Wiring 选项组中有两个选项：“Autowire when wiring components”和“Autowire component on move”复选框。选中“Autowire when wiring components”，Multisim 14 在连接两个元器件时将自动选择最佳路径，若不选中此复选框，用户在连线时可以更自由地控制连线的路径；选中“Autowire component on move”复选框，当用户移动一个已经连入电路中的元器件时，Multisim 14 自动把连线改成合适的形状，不选中此选项组，连线将和元器件移动的路径一样，如图 4-15 所示。

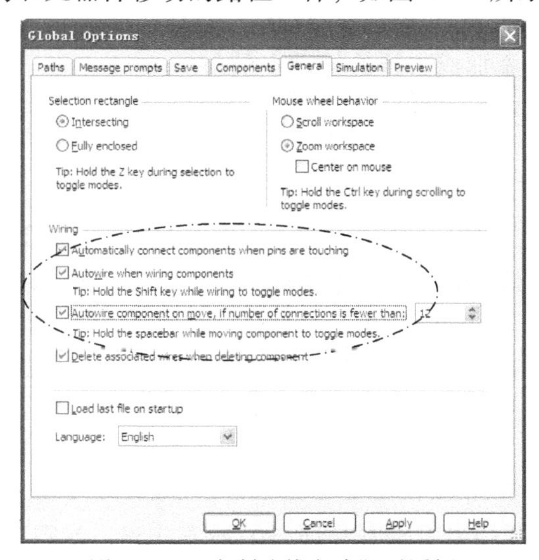

图 4-15　“定制连线方式”对话框

2）选择“Options”→“Sheet Properties”→“Wiring”选项卡，在“Drawing Option”选项组中可以为当前电路和以后将要设计的电路中的连线和总线设置宽度；单击“OK”按钮保存设置，或是选中“Save as default”复选框，再单击“OK”按钮为当前电路和以后设计的电路保存设置。

3）在图 4-16 所示的“制图布线设置”对话框“Busline Mode”选项组中，可以对总线模式进行设置。Multisim 14 提供了 Net Mode 和 Busline Mode 两种总线布线模式，实际布线效果如图 4-16 所示。实际布线效果如图 4-17 所示。

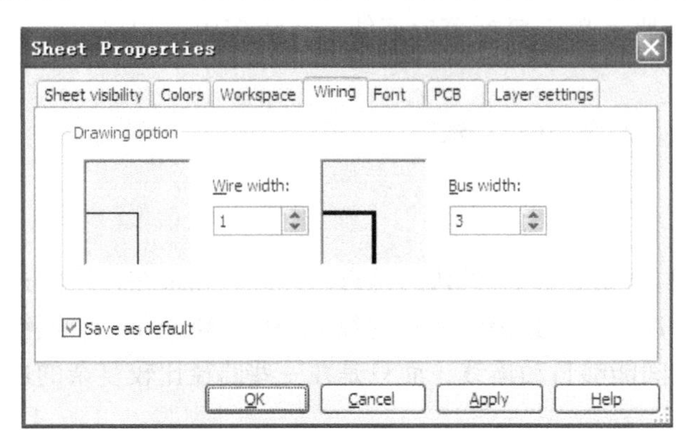

图 4-16　“制图布线设置”对话框

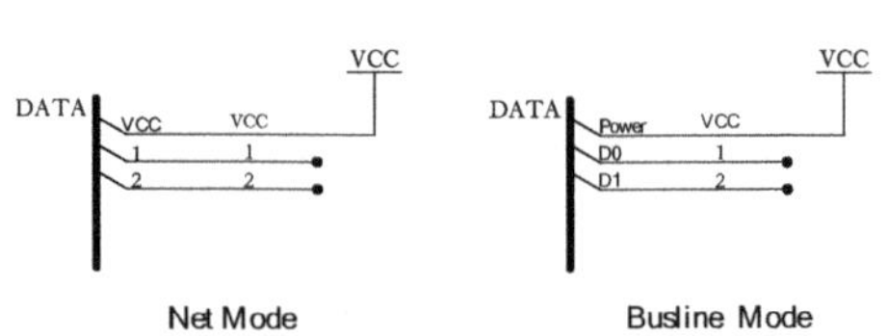

图 4-17　总线布线模式

4.4.5　修改连线路径

改变已经画好的连线的路径：选中连线，在线上会出现一些拖动点；把光标放在任一点上，按住鼠标左键拖动此点，可以更改连线路径，或者在连线上移动鼠标箭头，当它变成双箭头时按住左键并拖动，也可以改变连线的路径。用户可以添加或移走拖动点，以便更自由地控制导线的路径：按〈Ctrl〉键，同时单击想要添加或去掉的拖动点的位置，如图 4-18 所示。

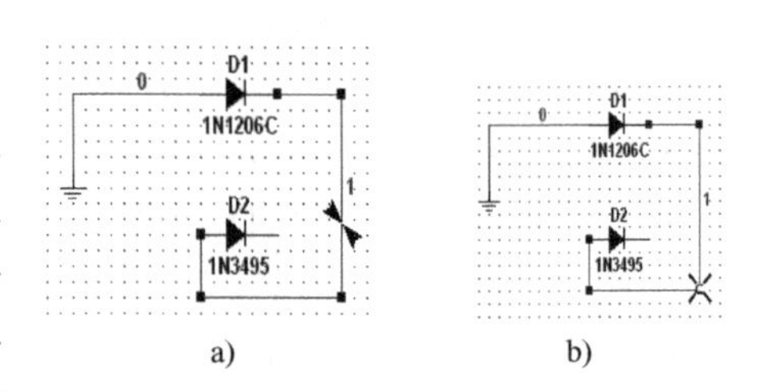

图 4-18　拖动点操作示意图

a）添加拖动点　b）去除拖动点

4.4.6　设置连线颜色

连线的默认颜色是在“Options”→“Sheet Properties”→“Colors”窗口中设置的。改变已设置好的连线颜色，可以在连线上单击鼠标右键，然后在弹出的菜单中选择“Net Color”命令，从调色上选择颜色，再单击“OK”按钮。只改变当前电路的颜色配置（包括连线颜色），在电路窗口单击鼠标右键，可以在弹出的菜单中更改颜色配置。

4.5　手动添加结点

如果从一个既不是元器件引脚也不是结点的地方连线，就需要添加一个新的结点（连接点）。当两条线连接起来时，Multisim 14 会自动在连接处增加一个结点，以区分简单的连线交叉的情况。

手动添加一个结点：

1）选择菜单“Place”→“Place Junction”命令，鼠标箭头的变化表明准备添加一个结点；也可以通过单击鼠标右键，在弹出的菜单中选择“Place Schematic”命令。

2）单击连线上想要放置结点的位置，在该位置出现一个结点。

与新的结点建立连接：把光标移近结点，直到它变为“+”形状；单击鼠标，可以从结点到希望的位置画出一条连线。

4.6 旋转元器件

使用弹出式菜单或“Edit”菜单中的命令可以旋转元器件。下面只介绍弹出式菜单的使用方法。旋转元器件：在元器件上单击鼠标右键；从弹出菜单中选择旋转元器件：在元器件上单击鼠标右键；从弹出菜单中选择“Rotate 90° Clockwise”（顺时针旋转90°）命令，或“Rotate 90° Counter Clockwise”（逆时针旋转90°）命令。如图4-19所示。

注意：与元器件相关的文本，如标号、标称值和其他元器件信息将随着元器件的旋转而更换位置，引脚标号会随着引脚一起旋转，与元器件相连的线也会自动改变路径。

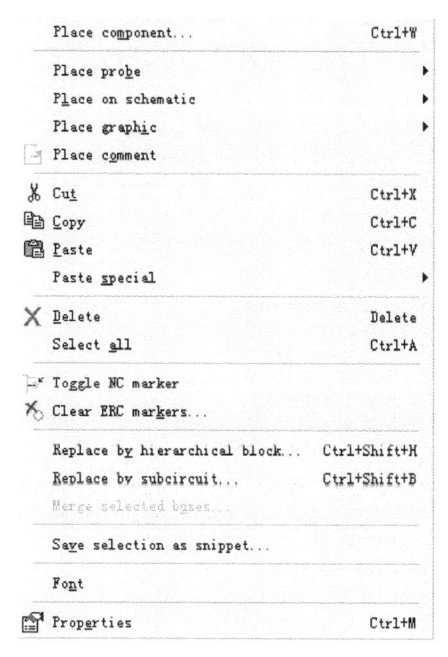

图4-19 旋转元器件

4.7 设置元器件属性

每个被放置在电路窗口中的元器件还有一些其他属性，这些属性决定着元器件的各个方面，但这些属性仅仅影响该元器件，并不影响其他电路中的相同电阻元件或同一电路中的其他元器件。依元器件类型不同，这些属性决定了下列方面的部分或全部：

1）在电路窗口中显示元器件的识别信息和标号。

2）元器件的模型。

3）对某些元器件，如何把它应用于分析中。

4）应用于元器件结点的故障。

这些属性也显示了元器件的标称值、模型和封装。

4.7.1 显示已被放置的元器件的识别信息

可用以下两种方法设置元器件的识别信息：

1）用户在“Options”→“Sheet Properties”→“Sheet Visibility”选项组中的设置（见图4-20），将决定在电路中是否显示元器件的某个识别信息，如元器件标识、流水号、标称值和属性等；也可以在电路窗口中单击鼠标右键，在弹出的窗口中，仅为当前的电路进行设置。

2）为已放置的元器件设置显示识别信息：在元器件上双击，或者选中元器件后单击“Edit”→“Properties”命令，系统弹出元器件的属性对话框；选择“Display”选项卡，如图 4-21 所示。默认状态下，选中“Use sheet visibility settings”复选框，元器件按照预先指定的电路设置显示识别信息（图中灰色区域选项）；若取消对此复选框的选取，图 4-21 中灰色区域变为有效，选中需要显示的元器件信息项，单击“OK”按钮保存设置，元器件将按用户指定的模式显示其识别信息。

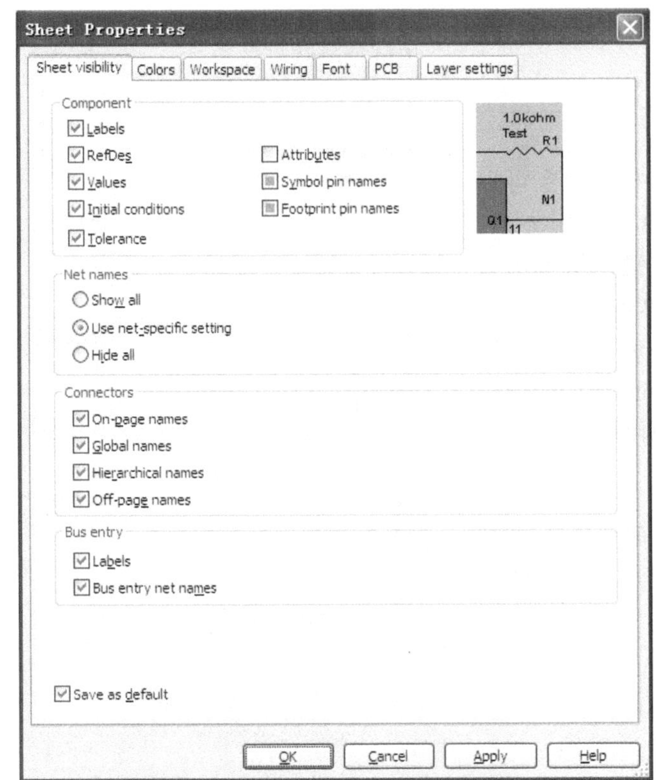

图 4-20　元器件识别信息设置对话框

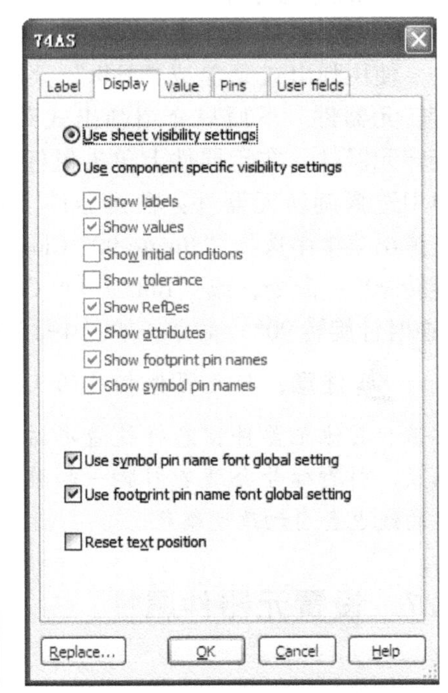

图 4-21　已放置的元器件识别信息设置对话框

4.7.2　查看已放置的元器件的标称值或模型

选择菜单“Edit”→“Properties”命令，或在元器件上双击，系统弹出“元器件属性”对话框，在“Value”选项卡中显示了当前元器件的标称值或模型。根据元器件的种类，可以看到两种“Value”选项卡：实际器件的“Value”选项卡如图 4-22 所示，实际元器件的标称值不能改动；而虚拟元器件的标称值可以改动，其“Value”选项卡如图 4-23 所示。

用户可以修改任何一个选项，要取消更改，单击“Cancel”按钮；保存更改，单击“OK”按钮。

注意：

这种更改标称值或模型的功能只适用于虚拟元器件。首先，重要的是要理解这些元器件，虚拟元器件并不是真正的元器件，是用户不可能提供或买到的，它们只是为了方便而提供的。虚拟元器件与实际元器件的区别表现在以下两个方面：第一，在元器件列表中，虚拟元器件与实际元器件的默认颜色不同，同时也是为了提醒用户，它们不是实际器件，所以不能把它们输出到外挂的 PCB 软件上；第二，既然用户可以随意修改虚拟器件的标称值或模型，所以也就不需要再从“Component Browser”窗口中选择了。

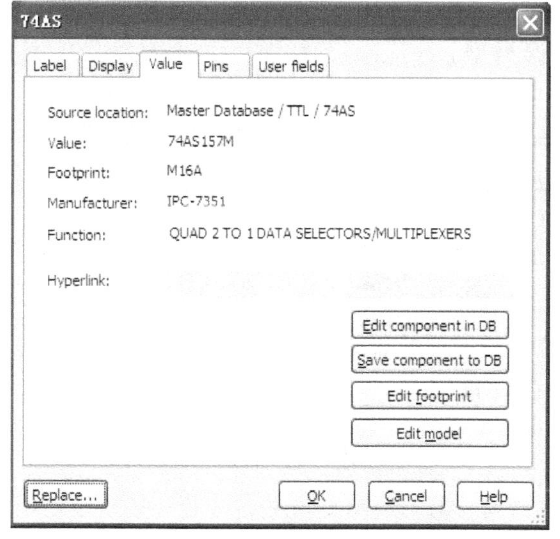

图 4-22　实际元器件的标称值或模型

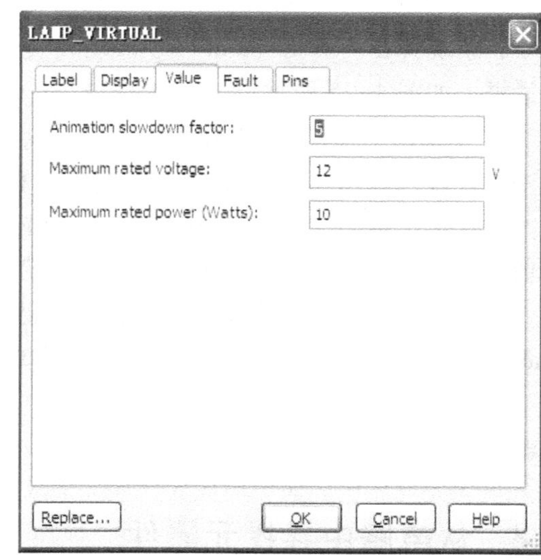

图 4-23　虚拟元器件设置值

虚拟元器件包括电源、电阻、电感、电容等，虚拟元器件也包括其他和理论相对应的理想器件，如理想的运算放大器。

4.7.3　为放置好的元器件设置错误类型

用户可以在“Properties”窗口的“Fault”选项卡中为元器件的接线端设置错误。

双击元器件，系统弹出元器件的“Properties”窗口；选择“Fault”选项卡，如图 4-24 所示。

选择要设置错误类型的引脚；为引脚设置错误类型。错误类型的描述见表 4-1；退出更改，单击“Cancel”按钮；保存更改，单击“OK”按钮。

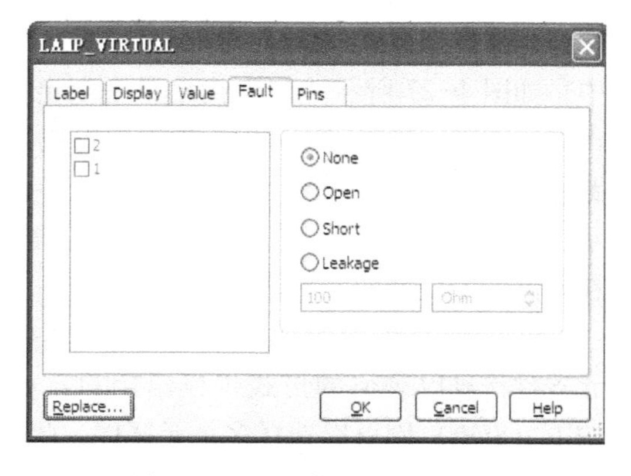

图 4-24　元器件错误类型设置

表 4-1　错误类型的描述

选　　项	描　　述
None	无错误
Open	给接线端分配一个阻值很高的电阻，就像接线端断开一样
Short	给接线端分配一个阻值很低的电阻，以至于对电路没有影响，就像短路一样
Leakage	在选项的下方指定一个电阻值，与所选接线端并联，这样电流将不经过此元器件，而直接泄露至另一接线端

4.7.4　自动设置错误类型

当用户使用自动设置错误类型选项时，必须指明错误的个数，或指明每一种错误的个数。

使用自动设置选项：

1）选择菜单“Simulate”→“Auto Fault Option”命令，系统弹出“Auto Fault”（自动设置错误类型）对话框，如图 4-25 所示。

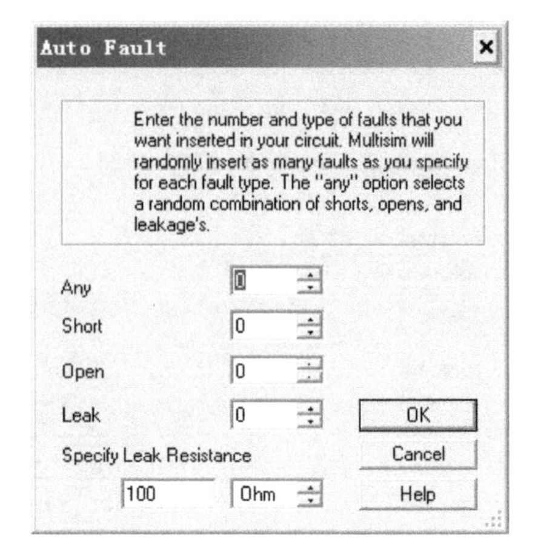

图 4-25　自动设置错误类型

2）使用上下箭头可以在 Short、Open、Leak 文本框中直接输入数值，Multisim 14 将随机为相应的错误类型设置指定数目的错误。在“Any”文本框中输入数值，Multisim 14 将随机设置某一类型的错误。

3）如果选择的错误类型是 Leak，则需要在“Specify Leak Resistance”文本框中输入电阻的数值和单位。

4）退出更改，单击“Cancel”按钮；保存设置，单击“OK”按钮。

4.8　从电路中寻找元器件

在电路窗口中快速查找元器件：选择菜单“Edit”→“Find”命令，系统弹出“Find”对话框，如图 4-26 所示。

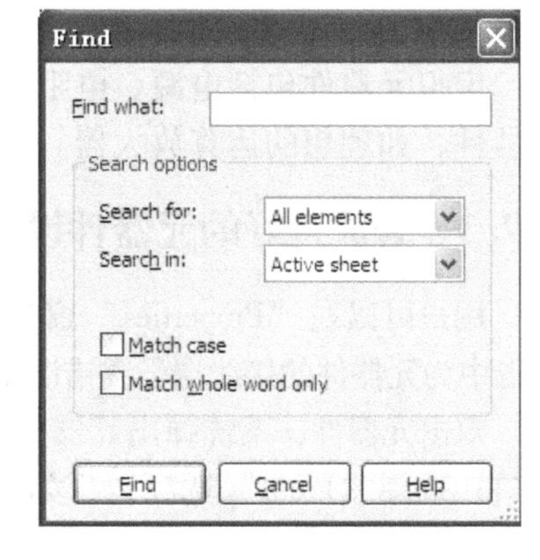

图 4-26　“Find”对话框

在对话框内输入要查找的元器件名称，单击“Find”按钮，查找结果将显示在电路窗口下方出现的扩展页栏中，如图 4-27 所示。在查找结果中双击查找结果，或单击鼠标右键，选择“Go to”选项，查找到的器件将在电路图中突出显示出来，而电路图其他部分则变为灰色显示，如图 4-28 所示。若需要电路图恢复正常显示状态，在电路图中任意地方单击鼠标即可。

在扩展栏的“Components”选项卡中，当前电路中的元器件信息以表格的形式提供给用户，如图 4-29 所示。按下〈Shift〉键可以选择多个元器件，此时所有被选中的元器件在电路窗口中也将被选中。

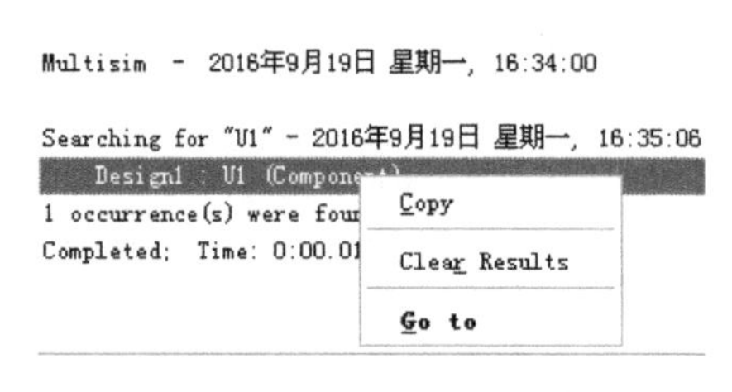

图 4-27　元器件查找结果信息

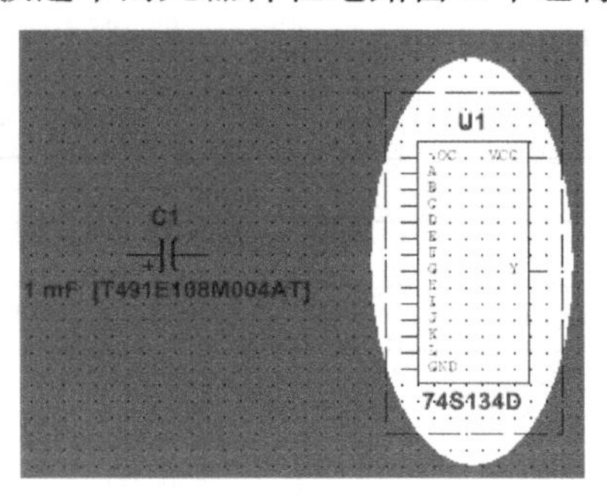

图 4-28　突出显示查找到的元器件

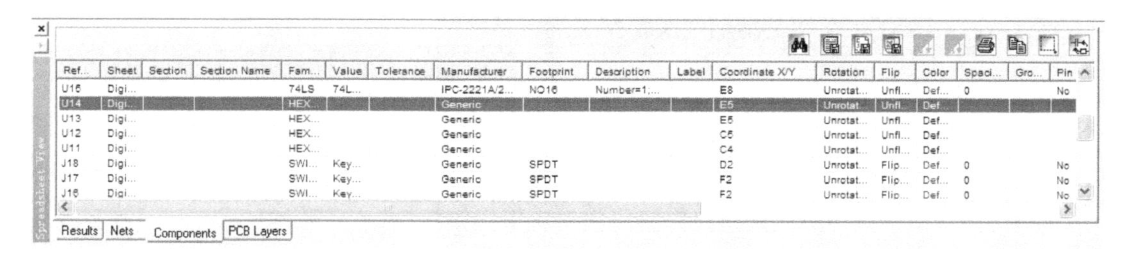

图4-29　当前电路元器件信息表

注意： 查找元器件时，输入的是元器件的名称，如U7、R5等。

4.9　标识

Multisim 14为元器件、网络和引脚分配了标识。用户也可以更改、删除元器件或网络的标识。这些标识可在元器件编辑窗口中设置。除此之外，还可以为标识选择字体风格和大小。

4.9.1　更改元器件标识和属性

对大多数的元器件来讲，标识和流水号由Multisim 14分配给元器件，也可以在元器件的“Properties”对话框中的“Label”选项卡中指定。

为调用的元器件指定标识和流水号：双击元器件，出现元器件属性对话框；单击“Label”选项卡，如图4-30所示。可在“RefDes”文本框和“Label”文本框中输入或修改标识和流水号（只能由数字和字母构成——不允许有特殊字符或空格）；可在“Attributes”列表框中输入或修改元器件特性（可以任意命名和赋值）。例如，可以给元器件命名为制造商的名字，也可以是一个有意义的名称。例如，“新电阻”或“5月15日修正版”等；在“Show”复选框中可以选择需要显示的属性，相应的属性即和元器件一起显示出来了。退出修改，单击“Cancel”按钮；保存修改，单击“OK”按钮。

注意： 如果用户对多个元器件指定了相同的流水号，Multisim 14会提醒这将不会得到理想的结果。对于专业或高级专业用户来说，如果继续，Multisim 14将在元器件和相同的流水号之间建立一个虚拟的连接。如果不是专业或高级专业用户，则不允许为多个元器件指定相同的流水号。

4.9.2　更改网络编号

Multisim 14自动为电路中的网络分配网络编号，用户也可以更改或移动这些网络编号。更改网络编号：双击导线，出现网络属性对话框，如图4-31所示。可以在此对网络进行设置；保留设置，单击“OK”按钮；否则，单击“Cancel”按钮。

注意：

1）在更改网络编号时要格外谨慎，因为对于仿真器和外挂PCB软件来说，网络编号是非常重要的。

2）选中网络编号，并把它拖到新的位置即可移动网络编号。

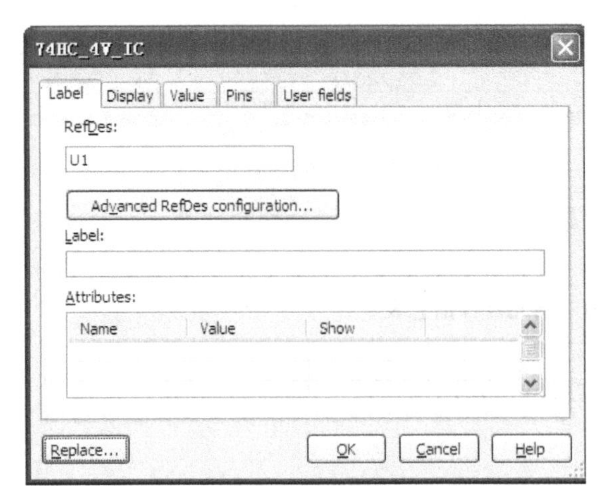

图 4-30　更改元器件标识和属性

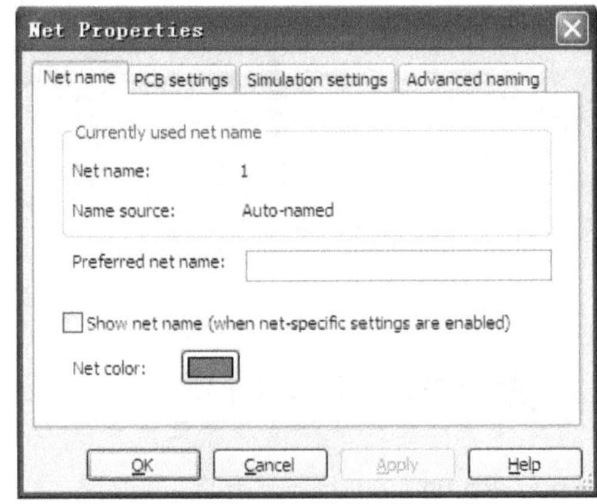

图 4-31　更改网络编号

4.9.3　添加标题框

用户可以在标题框对话框中为电路输入相关信息，包括标题、描述性文字和尺寸等。

为电路添加标题框：

1）选择“Place”→“Title Block”命令，在出现的对话框内选择标题框模板，单击将标题框放置在电路图中。

2）选中标题框，利用鼠标拖动标题框到指定位置，或者选择“Edit”→“Title Block Position”命令，将标题框定位到 Multisim 14 提供的预设位置。

3）双击标题框，在出现的标题框对话框中输入电路的相关信息，如图 4-32 所示。单击“OK”按钮，电路图标题框添加完成。

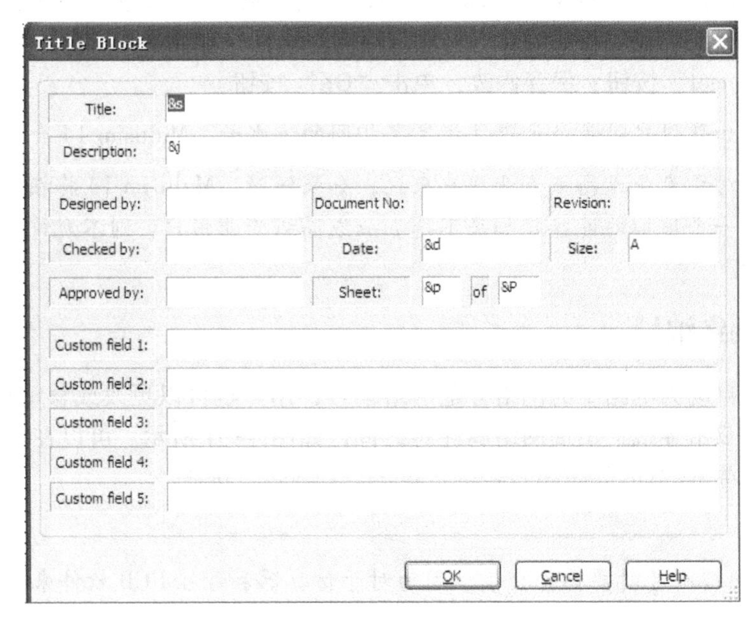

图 4-32　添加标题框

注意： Multisim 14 向用户提供了对话框模式修改功能，选中当前电路标题框，选择 “Edit” → “Edit Symbol/title Block” 选项，在 “Title Block Editor” 中可按要求对标题框模式进行修改。

4.9.4　添加备注

Multisim 14 允许用户为电路添加备注，如说明电路中的某一特殊部分等。

添加备注的步骤如下：选择菜单 “Place” → “Place Text” 命令，单击想要放置文本的位置，出现光标；在该位置输入文本；单击电路窗口的其他位置结束文本输入。

注意：

1）删除文本：在文本框上单击鼠标右键，从弹出的快捷菜单中选择〈Delete〉键或直接按〈Delete〉键。

2）更改文本的颜色和字体：在文本框上单击鼠标右键，从弹出的快捷菜单中选择 “Pen Color” 命令，在调色板中选择理想的颜色；从弹出的快捷菜单中选择 “Font” 选项，在 “字体” 对话框中设置用户所需的字体样式。

4.9.5　添加说明

除了给电路的特殊部分添加文字说明外，还可以为电路添加一般性的说明内容，这些内容可以被编辑、移动或打印。“说明” 是独立存放的文字，并不出现在电路图里，其功能是对整张电路图的说明，所以在一张电路图里只有一个说明。添加说明的步骤如下：

1）选择菜单 “Tools” → “Description Box Editor” 命令，出现添加文字说明的对话框，如图 4-33 所示。

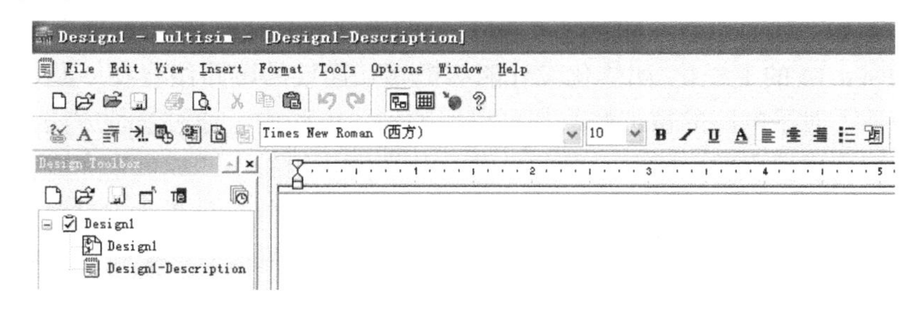

图 4-33　文字说明对话框

2）在对话框中直接输入文字。

3）输入完成后，单击图 4-33 所示的关闭按钮退出文字说明编辑窗口，返回电路窗口；单击电路窗口页直接切换到电路窗口，无须关闭文字说明编辑窗口。

注意：

1）在文字说明编辑窗口中可打印说明。

2）仅查看当前电路说明时，可选择菜单 “View” → “Description Box” 命令。

4.10　虚拟连线

更改元器件的网络编号，使其具有相同的数值，可在元器件间建立虚拟连接（仅供专业或高级专业用户使用)。Multisim 14 将帮助用户进一步确认是否希望继续进行修改工作，如图 4-34所示。单击“Yes”按钮，Multisim 14 会在具有相同流水号的元器件之间建立虚拟连接。

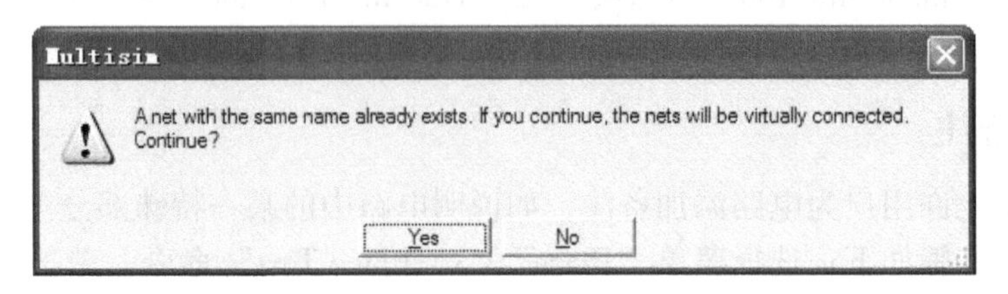

图 4-34　建立虚拟连接提示框

4.11　子电路和层次化

4.11.1　子电路与层次化概述

Multisim 14 允许用户把一个电路内嵌于另一个电路中。为了使电路的外观简化，被内嵌的电路，或者说子电路在主电路中仅仅显示为一个符号。

对于工程化/团体化设计来说，子电路的功能还可以扩展到层次化设计。在这种情况下，子电路被保存为可编辑的、独立的略图文件。子电路和主电路的连接是一种活动连接。也就是说，如果把电路 A 作为电路 B 的子电路，可以单独打开 A 进行修改，而这些修改会自动反映到电路 B 中，以及其他用到电路 A 的电路中，这种特性称为层次化设计。

Multisim 14 的层次化设计功能允许用户为内部电路建立层次，以增加子电路的可重复利用性和保证设计者们所设计电路的一致性。例如，可以建立一个库，把具有公共用途的子电路存入库中，就可以利用这些电路组成更加复杂的电路，也可以作为其他电路的另一个层次。因为 Multisim 14 的工程化/团体化设计能够把相互连接的电路组合在一起，并可以自动更新，这就保证了对子电路的精细修改都可以反映到主电路中。通过这种方法，用户可以把一个复杂的电路分成较小的、相互连接的电路，分别由小组的不同成员来完成。

对于没建层次的用户来说，子电路将成为主电路的一部分，只在此主电路中，才能打开并修改子电路，而不能直接打开子电路。同时，对子电路的修改只会影响此主电路。保存主电路时，子电路将与它一起被保存。

4.11.2　建立子电路

在电路中接入子电路之前，需要给子电路添加输入/输出结点，当子电路被嵌入主电路时，该结点会出现在子电路的符号上，以便使设计者能看到接线点。

（1）在电路窗口中设计一个电路或电路的一部分

创建一个用与非门组成的 RS 触发器作为子电路，如图 4-35 所示。

（2）给电路添加输入/输出结点。

1）选择菜单“Place”→“Connectors”→“Output connector”命令，出现输入/输出结点的影子随光标移动。

2）在放置结点的理想位置单击鼠标，放下结点，Multisim 14 自动为结点分配流水号。

3）结点被放置在电路窗口中后，就可以像连接其他元器件一样，将结点接入电路中，如图 4-36 所示。

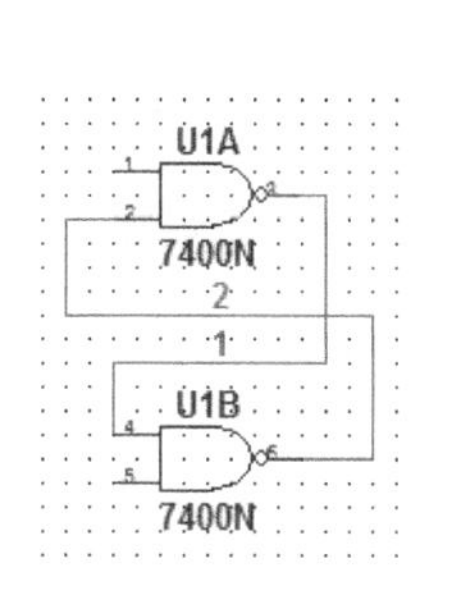

图 4-35　建立子电路

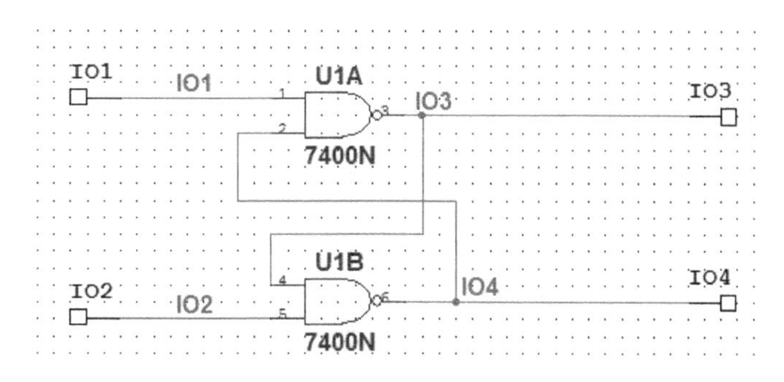

图 4-36　结点接入电路

4）保存子电路。

4.11.3　为电路添加子电路

添加子电路的步骤如下：

1）选择菜单命令“Place”→“New Subcircuit”，在出现的对话框中为子电路输入名称。单击“OK”按钮，子电路的影子跟随鼠标移动，在主电路窗口中单击将子电路放置到主电路中，如图 4-37 所示。此时在设计工具箱中主电路文件下加入了子文件“Sub1(X1)”，如图 4-38 所示。

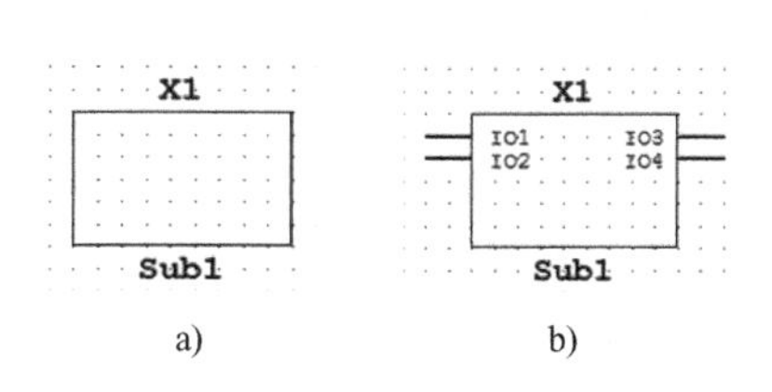

图 4-37　添加子电路

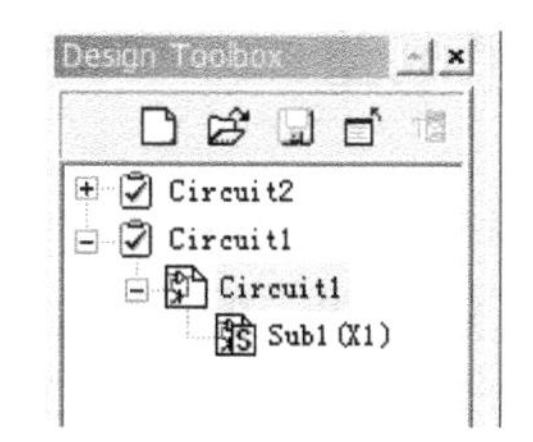

图 4-38　子电路文件

2）双击打开“Sub1(X1)”子文件，此时子电路窗口为空白窗口；复制或剪切需要的电路或电路的一部分到子电路窗口中；关闭子电路窗口返回主电路窗口，子电路图标变为图 4-37b 所示，子电路添加完成。

用子电路替代其他元器件：

1）在主电路中选中需要被替换的元器件。

2）选择菜单命令“Place”→“Replace by Subcircuit”，在出现的对话框中为子电路输入新的名称，如图 4-39 所示。单击“OK”按钮，则在电路窗口中被选中的部分被移走，出现子电路的影子跟随鼠标移动，表明该子电路（该子电路为选中部分的子电路）处于等待放置的状态。

3）在主电路中合适的位置单击鼠标，放下子电路，则子电路以图标的形式显示在主电路中，同时，其名称也显示在它的旁边。

注意：子电路名称与其他元器件名称一起出现在“In Use”列表中。子电路的符号也可以像其他元器件一样操作，如旋转和更改颜色等。

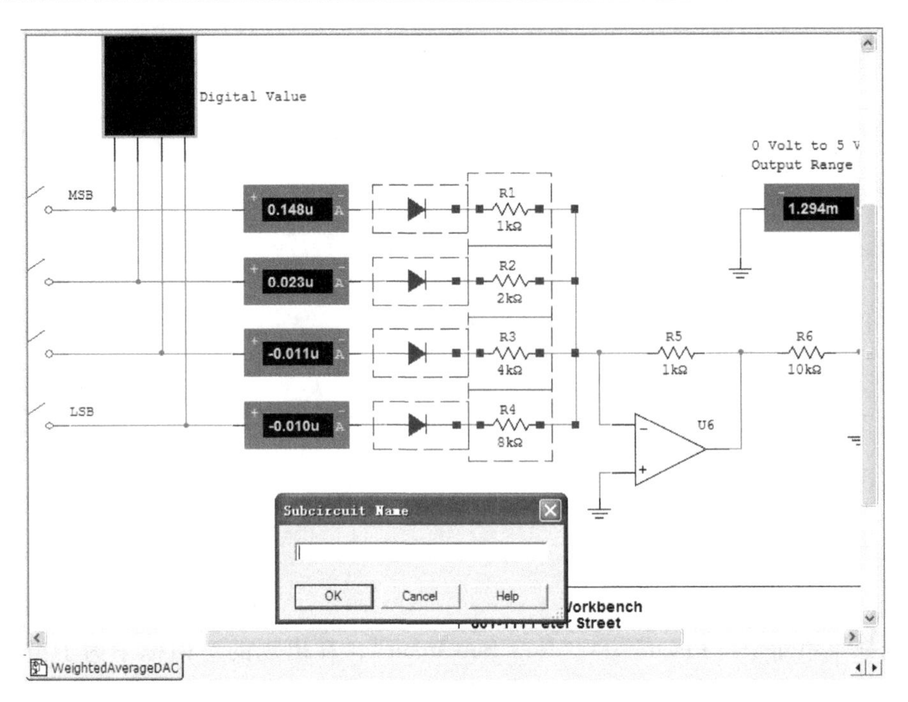

图 4-39　子电路替换元器件

4.12　打印电路

Multisim 14 允许用户控制打印的一些具体方面，包括是彩色输出，还是黑白输出；是否有打印边框；打印的时候是否包括背景；设置电路图比例，使之适合打印输出。

选择菜单命令“File”→“Print Options”→“Print Sheet Setup”，为电路设置打印环境。打印设置对话框如图 4-40 所示。

通过选择复选框，来设置对话框右下角的部分。电路打印选项说明见表 4-2。

表 4-2　电路打印选项说明

打印选项	描　述
In Black/White	黑白打印，不选此项，则打印的电路中彩色的元器件为灰色
Instruments	在分开的纸张上打印电路和仪表
Background	连同背景一起打印输出，用于彩色打印
Current Circuit	工作区内当前激活窗口中的电路
Current and Subcircuits	当前激活窗口电路及其所属子电路
Entire Design	所有当前激活窗口所属的设计模块，包括主电路、子电路、模块电路、分页电路

选择菜单“File”→“Print Options”→“Print Instruments”命令，可以选中当前窗口中的仪表并打印出来，打印输出结果为仪表面板。电路运行后，打印输出的仪表面板将显示仿真结果。

选择菜单“File”→“Print”命令，为打印设置具体的环境。要想预览打印文件，选择

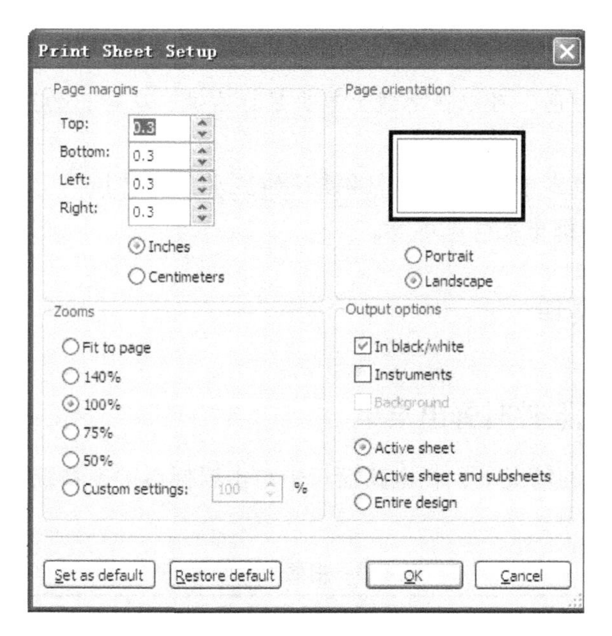

图 4-40　打印设置对话框

菜单“File”→“Print Preview”命令，电路出现在预览窗口中。在预览窗口中可以随意缩放，逐页翻看，或发送给打印机。

4.13　放置总线

总线是电路图上的一组并行路径，它们是连接一组引脚与另一组引脚的相似路径。例如，在 PCB 板上，实际上它只是一根铜线或并行传输字的几位二进制位的电缆。

选择“Place”→“Place Bus”命令，在总线的起点单击鼠标，在总线的第二点单击鼠标，继续单击鼠标直到画完总线，在总线的终点双击鼠标，完成总线的绘制。总线的颜色与虚拟元器件一样，在总线的任何位置双击连线，将自动弹出总线属性对话框，如图 4-41 所示。

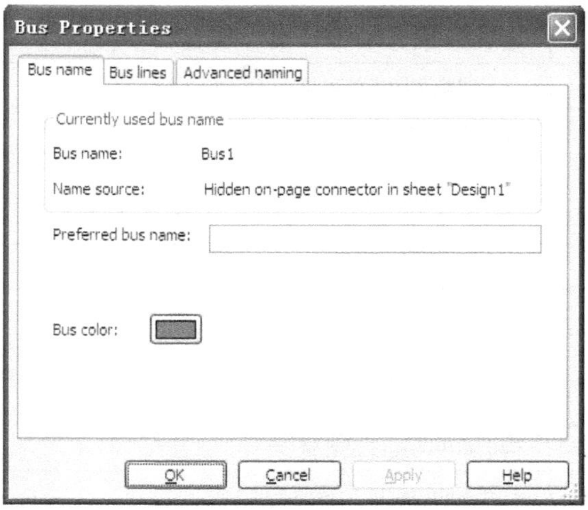

图 4-41　总线属性对话框

注意：

1）欲更改总线的颜色，可以在总线上单击鼠标右键，从弹出的菜单中选择“Bus color”命令。

2）欲更改总线的流水号（Multisim 14 默认的流水号为“Bus”），在总线上双击，在弹出的“总线属性”对话框中更改流水号。

4.14 使用弹出菜单

4.14.1 没有选中元器件时弹出菜单

在没有选中元器件的情况下，在电路窗口中单击鼠标右键，系统弹出属性命令菜单，主要命令说明见表 4-3。

表 4-3 主要命令说明

命令	说明
Place Component	浏览元器件，添加元器件
Place Junction	添加连接点
Place Wire	添加连线
Place Bus	添加总线
Place Input/Output	为子电路添加输入/输出结点
Place Hierarchical Block	打开子电路文件
Place Text	在电路上添加文字
Cut	把电路中的元器件剪切到剪贴板
Copy	复制
Paste	粘贴
Place as Subcircuit	在电路中放置子电路
Place by Subcircuit	由子电路取代被选中的元器件
Show Grid	显示或隐藏网格
Show Page Bounds	显示或隐藏图纸的边界
Show Title Block and Border	显示或隐藏电路标题块和边框
Zoom In	放大
Zoom Out	缩小
Find	显示电路中元器件的流水号的列表
Color	设置电路的颜色
Show	在电路中显示或隐藏元器件信息
Font	设置字体
Wire Width	为电路中的连线设置宽度
Help	打开 Multisim 14 的帮助文件

4.14.2　选中元器件时弹出菜单

在选中的元器件或仪器上单击鼠标右键，系统弹出属性命令菜单，主要命令说明见表 4-4。

表 4-4　主要命令说明

命　令	说　明
Cut	剪切被选中的元器件、电路或文字
Copy	复被选中的元器件、电路或文字
Flip Horizontal	水平翻转
Flip Vertical	垂直翻转
90 Clockwise	顺时针旋转 90°
90 CounterCW	逆时针旋转 90°
Color	更改元器件的颜色
Help	打开 Multisim 14 的帮助文件

4.14.3　菜单来自于选中的连线

在选中的连线上单击鼠标右键，系统弹出属性命令菜单，命令说明如下：

- Delete：删除选中的连线。
- Color：更改连线的颜色。

4.15　本章小结

本章介绍了 Multisim 14 软件的基本操作，内容比较重要。以“创建电路→选取、放置元器件→连线→添加结点→旋转元器件→设置元器件属性→标识→虚拟连线→建立子电路→打印电路→放置总线”等一系列操作讲解，使读者掌握 Multisim 14 软件创建一个完整电路的全流程。在学习的过程中，要注意各部分具体的操作细节。

借助 Multisim 14 软件菜单和常用工具栏便捷高效的优势，能够进行模块化电路设计，使得设计花费少、效率高、周期短。通过 Multisim 14 仿真软件设计出各个单元模块并搭建成一个具体功能电路，调试验证了设计所要求完成的功能。设计复杂的电子电路时，可借助 Multisim 14 等仿真工具运用分层、分块设计的思想，使得设计、仿真、测试更为便捷，具有更高的设计效率，进而提高团队分工协作和解决实际问题的能力。

第5章　虚拟仪器

5.1　虚拟仪器概述

NI Multisim 14 软件中提供许多虚拟仪器，与仿真电路同处在一个桌面上。用虚拟仪器来测量仿真电路中的各种电参数和电性能，就像在实验室使用真实仪器测量真实电路一样，这是 NI Multisim 14 软件最具特色的地方。用虚拟仪器检验和测试电路是一种最简单、最有效的途径，能起到事半功倍的作用。虚拟仪器不仅能测试电路参数和性能，而且可以对测试的数据进行分析、打印和保存等。

在 NI Multisim 14 软件中，除了有与实验室中常规的传统真实仪器外形相似的虚拟仪器，还可以根据测量环境的需求设计合理的具有个性化的仪器，或称自定义仪器。设计自定义仪器，需要有 NI LabVIEW 图形化编程软件支持。

5.1.1　认识虚拟仪器

虚拟仪器在仪器栏中以图标方式显示，而在工作桌面上又有另外两种显示：一种形式是仪器接线符号，仪器接线符号是仪器连接到电路中的桥梁；另一种形式是仪器面板，仪器面板上能显示测量结果。为了更好地显示测量信息，可对仪器面板上的量程、坐标、显示特性等进行交互式设定。以万用表为例，图 5-1 展示了仪器图标、仪器接线符号、仪器面板。

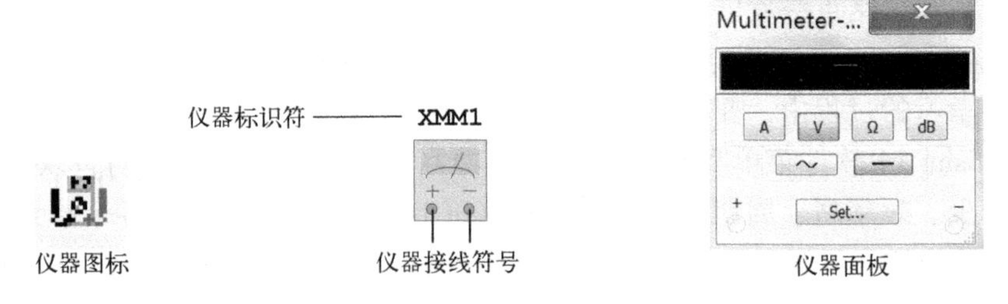

图 5-1　虚拟仪器表示形式

1. 接虚拟仪器到电路图中

1）用鼠标单击仪器栏中需要使用的仪器图标后松开，移动鼠标到电路设计窗口中，再单击鼠标，仪器图标变成了仪器接线符号在设计窗口中显示。各仪器图标在仪器工具栏中排列，如图 5-2 所示。

图 5-2　仪器工具栏

若 NI Multisim 14 界面中没有仪器栏显示，则可用鼠标单击主菜单上的“View”（视图）→“Toolbars”（工具）→“Instruments”（仪器）命令，或用鼠标单击主菜单上的“Simulate”（仿真）→“instruments”（仪器）命令，仪器栏就会出现。

如图5-2所示，仪器栏中各仪器图标排序为：万用表、函数信号发生器、功率表、双通道示波器、四通道示波器、波特图仪、频率计、字发生器、逻辑转换仪、逻辑分析仪、伏安分析仪、失真度分析仪、频谱分析仪、网络分析仪、Agilent函数发生器、Agilent万用表、Agilent示波器、Tektornix示波器、LabVIEW测试仪、NI ELVIS测试仪、电流探针。具备了这些仪器，就拥有了一个现代化的电子实验室。

2）仪器接线符号上方的标识符用于标识仪表的种类和编号。比如，电路中使用的第一个万用表被标为“XMM1”，使用的第二个万用表被标为“XMM2”，依此类推。这个编号在同一个电路中是唯一的。当新建了另一个电路时，使用第一个万用表时还是被标为“XMM1”。

3）用鼠标左键单击仪器接线符号的接线柱，并拉出一条线，即可连接到电路中的引脚、引线、结点上去。若要改变接线的颜色，可在仪器接线符号上方用鼠标右键单击，系统弹出下拉菜单后选择“Segment Color”选项，在出现的对话框中选择想要的颜色后单击“OK”按钮即可。

4）若要使用LabVIEW仪器，可单击鼠标LabVIEW仪器下的小三角，再单击子菜单中的仪器，放入工作台面上。

以上只说明如何把仪器从库中提出并接到电路上，下面说明如何操作这些仪器。

2. 操作虚拟仪器

1）双击仪器接线符号即可弹出仪器面板。可以在测试前或测试中更改仪器面板的相关设置，如同实际仪器一样。更改仪器面板的设置，一般是更改量程、坐标、显示特性、测量功能等。仪器面板设置的正确与否对电路参数的测试非常关键，如果设置不正确，很可能导致仿真结果出错或难以读数。

不是所有的仪器面板上的参数都可以修改，当鼠标指针在面板上移动时，鼠标由箭头符号变成“小手”形状，表示它是可修改的，否则不可以修改。

2）“激活”电路：用鼠标单击仿真按钮或按钮，也可在菜单中选择“Simulate”（仿真）→“Run”命令进行仿真。电路进入仿真，与仪器相连的电路上那个点上的电路特性和参数就被显示出来了。

在电路被仿真的同时，可以改变电路中元器件的标值，也可以调整仪器参数设置等，但在有些情况下必须重新启动仿真，否则显示的一直是改变前的仿真结果。

暂停仿真，单击仿真暂停按钮，也可在菜单中选择“Simulate”→“Pause”命令，暂停仿真。

结束仿真：用鼠标单击仿真按钮，也可在菜单中选择“Simulate”→“Stop”命令。

5.1.2 使用虚拟仪器的注意事项

1）在仿真过程中电路的元器件参数可以随时改变，也可以改变接线。

2）一个电路中可允许多个不同仪器与多个同样的仪器同时使用。

3）可以以电路文件方式对某一测试电路的仪器设置与仿真数值进行保存。

4）可以在图示仪上改变仿真结果显示。

5）可以改变仪器面板的尺寸大小。

6）仿真结果易于以.TXT、.LVM和.TDM形式输出。

5.1.3 虚拟仪器分类

NI Multisim 14 虚拟仪器分 6 大类：

1）模拟（AC 和 DC）仪器。

2）数字（逻辑）仪器。

3）射频（高频）仪器。

4）电子测量技术中的真实仪器，如 Agilent、Tektronix 仪器模拟。

5）测试探针。

6）LabVIEW 仪器。

5.2 模拟仪器

5.2.1 数字万用表

NI Multisim 14 提供的数字万用表外观和操作方法与实际的设备十分相似，主要用于测量直流或交流电路中两点间的电压、电流、分贝和阻抗。数字万用表是自动修正量程仪表，所以在测量过程中不必调整量程。测量灵敏度根据测量需要，可以修改内部电阻来调整。数字万用表有正极和负极两个引线端。如图 5-3 所示是数字万用表的图标、接线符号与仪器面板。

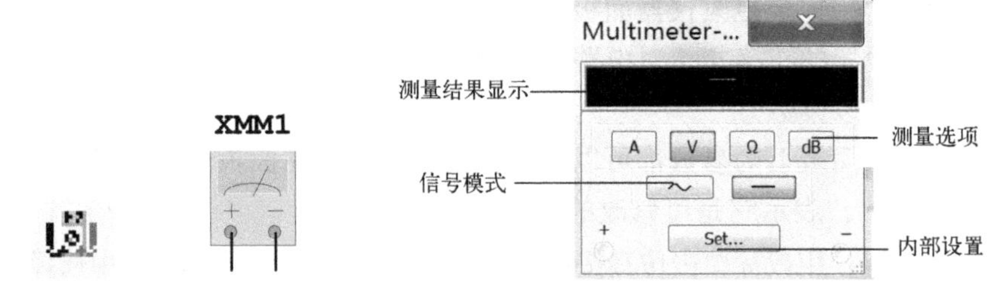

图 5-3　数字万用表的图标、接线符号与仪器面板

1. 选择测量项目

测量内容共有 4 项，用 4 个按键来控制，图 5-4 中选择了电阻值的测量。使用中可根据需要选择需要测量的项目，方法是移动鼠标到需要测量项目的按钮上单击鼠标。

（1）电流测量

单击仪器面板上的 A 按钮，选择电流测量。这个选项用来测量电路中某一支路的电流，将万用表串联到电路中去，其操作与实际中电流表的操作一样，如图 5-5 所示。

若要测量另外一个支路的电流，可把另一个万用表串联到电路中，再开始仿真。当万用表作为电流表使用的时候，它的内阻很低。

若要改变电流表内阻，可单击“Set”按钮。

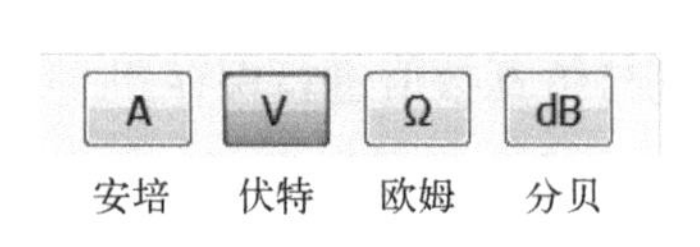

图 5-4　数字万用表测量选项

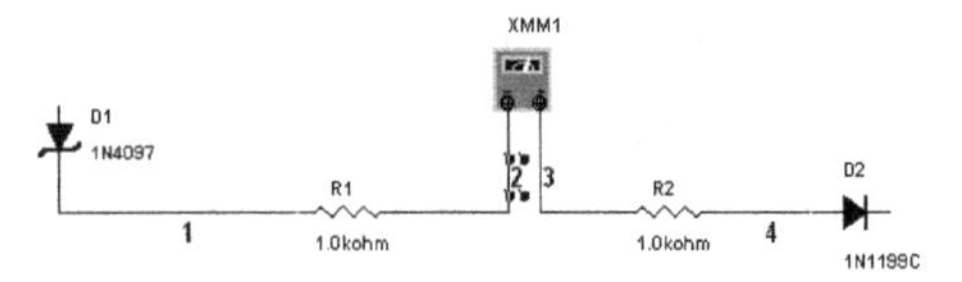

图 5-5　数字万用表测量电流

（2）电压测量

单击仪器面板中的 V 按钮，选择电压测量。这个选项用来测量电路中两点之间的电压，把测试笔并联到要测试的元器件两端，如图 5-6 所示。测试笔可以移动，以测量另外两点间的电压。当万用表作为电压表使用时，它的内阻很高。

单击“Set” 按钮，可以改变万用表的内阻。

（3）电阻测量

单击仪器面板中的 Ω 按钮，选择电阻测量。这个选项用来测量电路中两点之间的阻抗。电路中两点间的所有元器件被称为“网络组件”。要测量阻抗，就要把测试笔与网络组件并联，如图 5-7 所示。

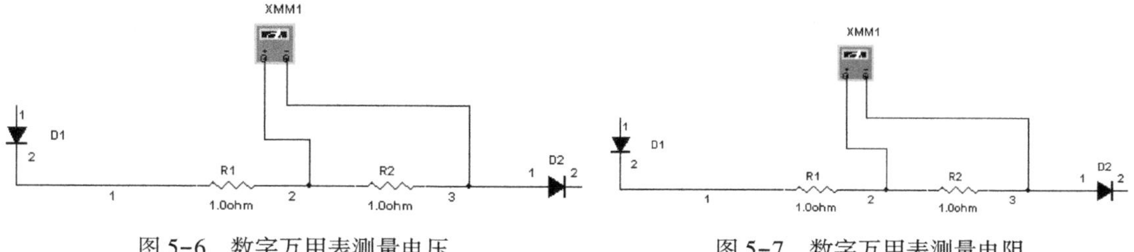

图 5-6　数字万用表测量电压　　图 5-7　数字万用表测量电阻

要精确测量组件和“网络组件”阻抗，必须满足以下 3 点：

1）网络组件中不包括电源。

2）组件或网络组件是接地的。

3）组件或网络组件不与其他组件并联。

（4）dB（分贝）测量

单击仪器面板中的 dB 按钮，选择 dB 量程。这个选项用来测量电路中两点之间的电压增益或损耗。图 5-8 是万用表测试 dB 时与电路的连接，两测试笔应与电路并联。

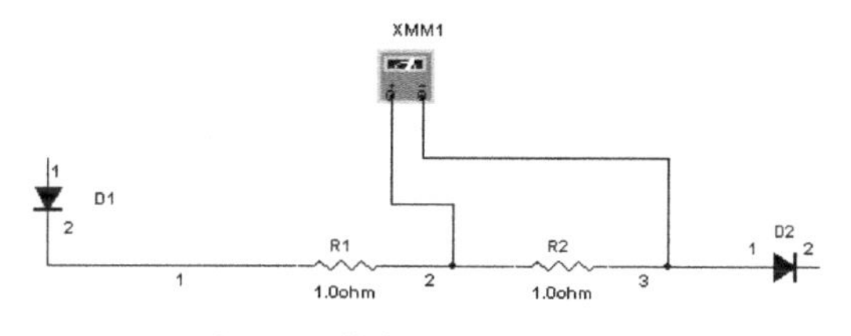

图 5-8　数字万用表测量分贝

1）dB 是工程上的计量单位，无量纲。电子工程领域里也借用这个计量单位，公式为 dB = 20lg（Vout/Vin）（Vout 为电路中某点的电压，Vin 为参考点的电压）。例如，电子学中放大器的电压放大倍数就是输出电压与输入电压的比值，计量单位是“倍”，如 10 倍放大器和 100 倍放大器。而在工程领域里的放大 10 倍、100 倍的放大器，也被称为增益是 20 dB、40 dB 的放大器。

2）dBm 是一个表示功率的绝对值，计算公式为 dBm = 10lgP（功率值/1 mw）。1 mw 的定义是在 600 Ω 负载上产生 1 mW 功率（或 754. 597 mV 电压）为 0 dBm。

3）使用 dB、dBm 的好处在于使数值变小（10000 倍的放大器，被称为增益为 80 dB 的放大器），读写、运算方便。例如，若用倍率做单位，如某功率放大器前级是 100 倍（40 dBm），后级是 20 倍（13 dBm），级联的总功率是各级相乘，则 100×20 = 2000 倍；用分贝做单位时，总增益就是相加，为 40 dBm+13 dBm = 53 dBm。

在 NI Multisim 14 提供的数字万用表中，计算 dB 的参考电压默认值为 754. 597 mV。

2. 信号模式（AC 或 DC）

单击仪器面板中的[～]按钮，测量正弦交流信号的电压或电流。任何直流信号都被剔除掉了，数字万用表上显示的是有效值。

单击仪器面板中的[—]按钮，测量直流电压或电流。

注意： 若要同时测量交流与直流电压的有效值，可将交流电压表与直流电压表同时接到两个结点上，分别测量交流与直流的情况。然后，用下面的公式计算交流与直流状况下的电压有效值。注意，这个公式不是普遍使用的，只能与万用表联用。

$$RMS_{voltage} = (V_{DC}^2 + V_{AC}^2)^{1/2}$$

3. 内部设置

理想的仪表对电路的测量应没有影响，如电压表的阻抗应无限大，当它接入电路时不会产生电流的分流，电流表对电路来说应该是没有阻抗的。真实电压表的阻抗是有限大，真实电流表的阻抗也不等于零。真实仪器的读数值总是非常接近理论值，但永远不等于理论值。

NI Multisim 14 的万用表模拟实际中的万用表，电流表阻抗可设置得小到接近 0，电压表的阻抗可设置得大到接近无穷大，所以测量值与理想值几乎一致。但在一些特殊情况下，需要改变它的状态，使它对电路产生影响（设置阻抗大于或小于某一个值）。比如，要测量阻抗很高的电路两端的电压，就要调高电压表的内阻抗。如果要测量阻抗很低的电路的电流，就要调低电流表的内阻抗。内阻很低的电流表在高阻抗的电路中可能引起短路错误。

默认的内部设置：

1）单击“Set”按钮，系统弹出万用表的设置窗口，如图 5-9 所示。

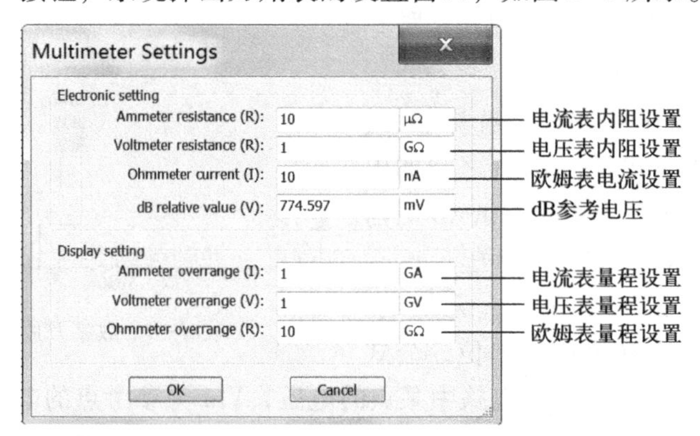

图 5-9　数字万用表性能设置

2）改变需要修改的选项。

3）保存修改，单击“OK”按钮。若要放弃修改，单击“Cancel”按钮即可。

5.2.2　函数信号发生器

函数信号发生器是产生正弦波、三角波和方波的电压源。Multisim 14 提供的函数信号发生器能给电路提供与现实中完全一样的模拟信号，而且波形、频率、幅值、占空比、直流偏置电压都可以随时更改。函数信号发生器产生的频率可以从一般音频信号到无线电波信号。

函数信号发生器通过 3 个接线柱将信号送到电路中。其中“公共端”接线柱是信号的参考点。

若信号以地作为参照点，则将公用接线柱接地。正接线柱提供的波形是正信号，负接线柱提供的波形是负信号。信号发生器图标、接线符号、面板如图5-10所示。

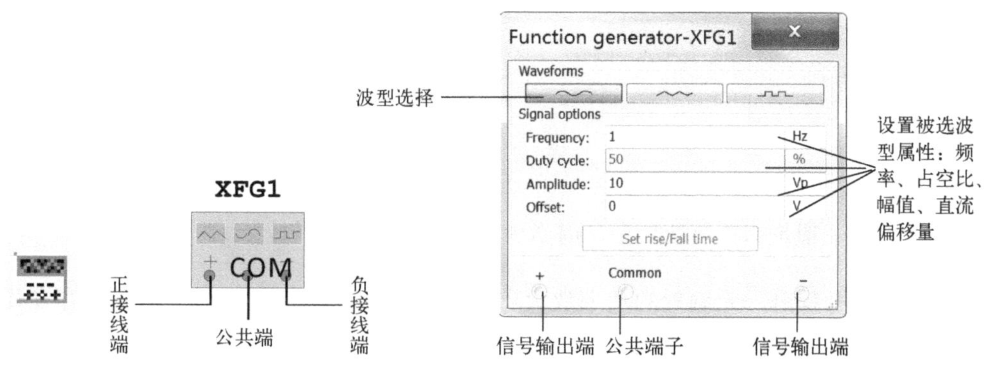

图5-10 信号发生器图标、接线符号、面板

1. 波形（Waveforms）选择

可以选择3种波形作为输出，即正弦波、三角波和方波。需要输出某种波形，用鼠标单击相应的按钮即可。

2. 信号设置（Signal Options）

（1）Frequency 频率（1 Hz~1000 THz）

设置信号发生器频率。

（2）Duty Cycle 占空比（1%~99%）

设置脉冲保持时间与间歇时间之比，它只对三角波和方波起作用。

（3）Amplitude 振幅（0~1000 TV）

设置信号发生器输出信号幅值的大小。如果信号是从公共端子与正极端子或是从公共端子与负极端子输出，则波形输出的幅值就是设置值，峰-峰值是设置值的2倍，有效值为：峰-峰值÷2×$2^{1/2}$。如果信号输出来自正极及负极，那么电压幅值是设置值的2倍，峰-峰值是设置值的4倍。

（4）Offset 直流偏移量

设置函数信号发生器输出直流成分的大小。当直流偏移量设置为0时，信号波形在示波器上显示的是，以X轴为中心的一条曲线（即Y轴上的直流电压为0）。当直流偏移量设置为非0时，若设置为正值，则信号波形在X轴上方移动；若设置为负值，则信号波形在X轴下方移动。当然，示波器输入耦合必须设置为“DC”，详见示波器章节。

直流偏移量的量纲与振幅的量纲可任意设置。

3. 上升和下降时间设置（Set Rise/Fall Time）

Set Rise/Fall Time 方波上升和下降时间设置（或称波形上升和下降沿的角度），输出波形设置成方波才起作用。

4. 操作范例

（1）无偏置互补功率放大器电路

采用如图5-11所示晶体管，函数发生器的三角波幅度设定为±10 V（峰-峰值），频率为100 Hz，用示波器的B/A挡，可观察到无偏置互补功率放大器电路的电压传输特性曲线，如图5-11所示。

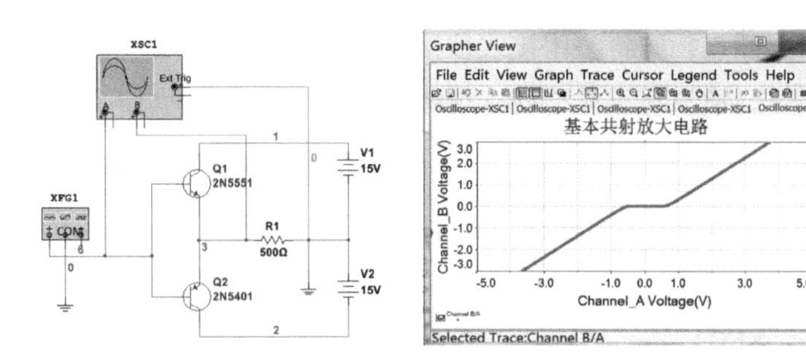

图 5-11 无偏置互补功率放大器电路、测量电压传输特性曲线

由图示仪表可看出，无偏置的功率放大器电路会产生失真，其原因是晶体管存在死区。

（2）有偏置互补功率放大器电路

同样电路，但是晶体管上加上合适的直流偏置，函数发生器的三角波幅度仍设定为±10 V（峰-峰值），频率为 100 Hz，同样用示波器的 B/A 挡，可观察到有偏置互补功率放大器电路的电压传输特性曲线，如图 5-12 所示。

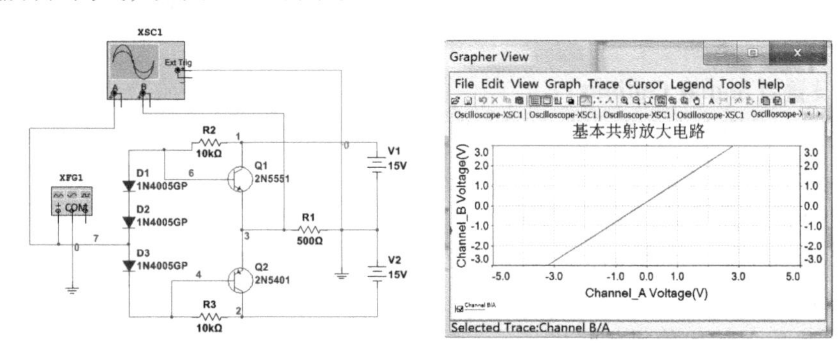

图 5-12 有偏置互补功放电路、测量电压传输特性曲线

5.2.3 功率表

功率表用来测量电路的交流、直流功率，功率的大小是流过电路的电流和电压差的乘积，量纲为瓦特。所以，功率表有 4 个引线端：电压正极和负极、电流正极和负极。功率表中有两组端子，左边两个端子为电压输入端子，与所要测试的电路并联；右边两个端子为电流输入端子，与所要测试的电路串联。功率表也能测量功率因数。功率因数是电压和电流相位差角的余弦值。功率表图标、接线符号、面板如图 5-13 所示。

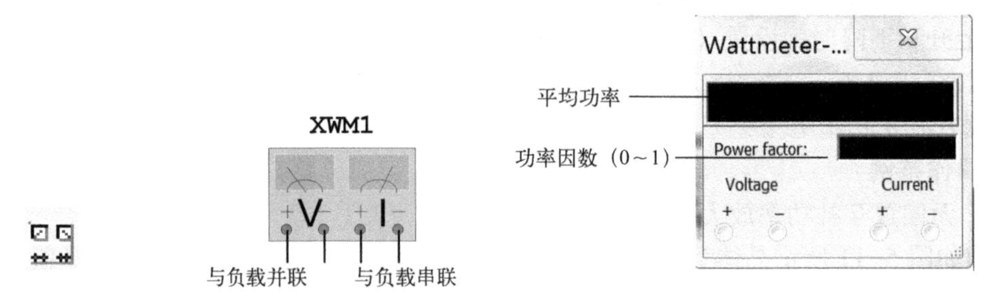

图 5-13 功率表图标、接线符号、面板

图5-14显示的Power Factor功率因数为1，因为流过电阻的电流与电压没有相位差。

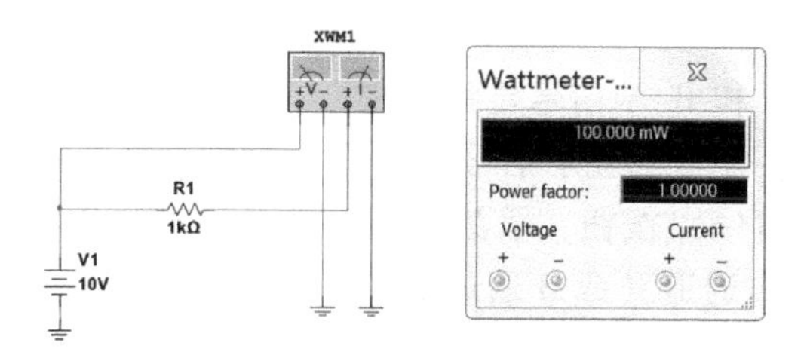

图5-14 接在电路中的功率表

5.2.4 双踪示波器

NI Multisim 14中双踪示波器可以观察一路或两路信号随时间变化的波形，可分析被测周期信号的幅值和频率。扫描时间可在纳秒与秒之间的范围内选择。示波器接线符号有4个连接端子：A通道输入、B通道输入、外触发端T和接地端G。示波器图标、接线符号、面板如图5-15所示。

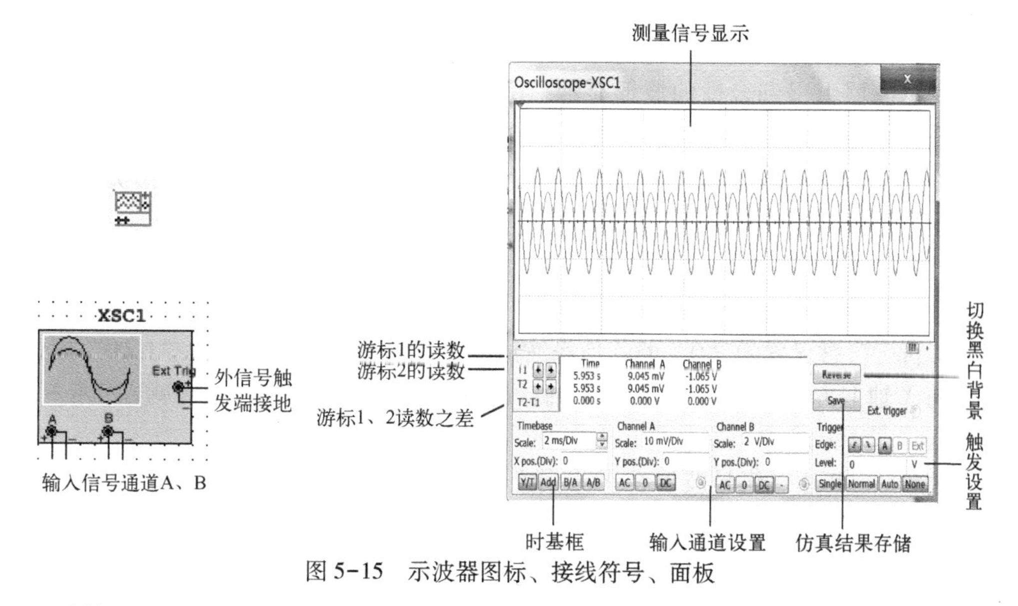

图5-15 示波器图标、接线符号、面板

1. 时基

时基（Timebase）：用于设置扫描时间及信号显示方式，如图5-16所示。

（1）Scale设置扫描时间

设置扫描时间是通过上下箭头，调整扫描时间长短，控制波形在示波器X轴向显示清晰度。信号频率越高，扫描时间调得越短。比如，想看一个频率是1 kHz的信号，扫描时间调到1 ms/Div最佳。以上设置，信号显示方式必须处在（Y/T）状态。

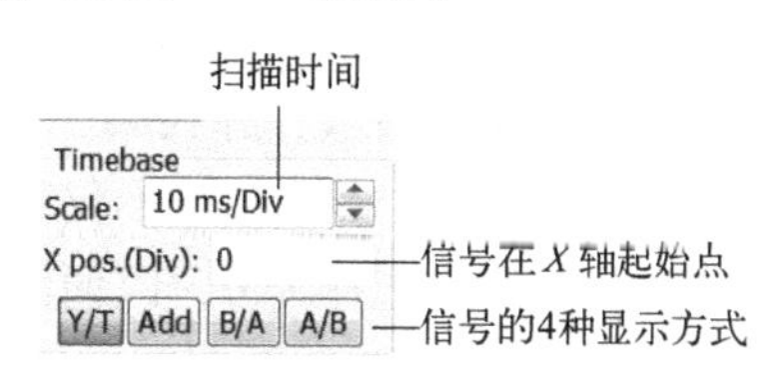

图5-16 时基数值框

（2）X pos. 设置信号在X轴起始点（范围为-5.00~5.00）

设置信号在X轴上的起始点。当“X pos.”设为“0”时，波形起始点就从示波器显示屏的左边沿开始。如果设一个正值，波形起始点就向右移。如果设一个负值，波形起始点就向左移。

（3）Y/T、Add、A/B 和 B/A 信号显示方式

- 按下〈Y/T〉按钮，示波器显示信号波形是关于时间轴 X 的函数。
- 按下〈A/B〉或〈B/A〉按钮，示波器显示信号波形是把 B 通道（或 A 通道）作为 X 轴扫描信号，将 A 通道（或 B 通道）信号加载在 Y 轴上。
- 按下〈Add〉按钮，是将 A 通道与 B 通道信号相加在一起显示。

2. 示波器接地

若电路中已有接地端，示波器可以不接地。

3. 通道（Channel）的设置

A 和 B（通道）的设置框如图 5-17 所示。

（1）Scale 设置

设置信号在 Y 轴向的灵敏度，即每刻度的电压值，范围：1 FV/Div～TV/Div。

如果示波器显示处在 A/B 或 B/A 模式时，它也控制 X 轴向的灵敏度。

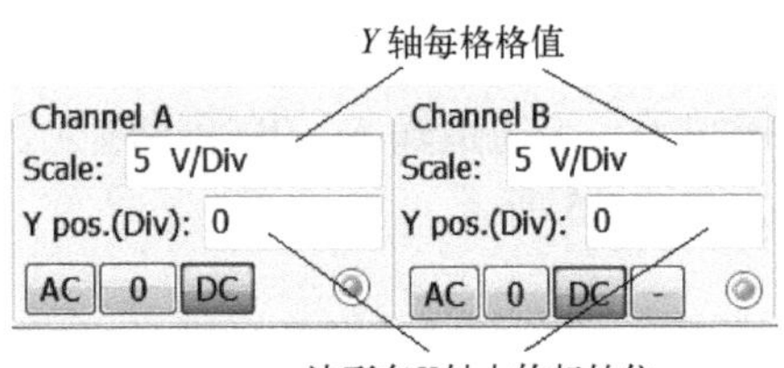

图 5-17　A 和 B（通道）的设置框

若要在示波器上得到合适的波形显示，信号通道必须作适当调整。比如，Y 轴刻度电压值设置为 1V/Div 时，示波器显示输入信号 AC 电压为 3 V 比较合适。如果每刻度电压值大，波形就会变小；相反，每刻度电压值太小，波形就会变大，甚至两峰顶将会被截断。

（2）Y pos. 设置

这个设置项为控制波形在 Y 轴上的位置。

当“Y pos.”被设置为“0”时，信号波形以 X 为对称轴；被设置为“1.00”时，信号波形就移到 X 轴上方，以 Y=+1 为对称轴；设置为“-1.00”时，波形就以 Y=-1 为对称轴。

改变输入 A、B 通道信号波形在 Y 方向上的位置，可以使它们容易被分辨。通常情况下，通道 A、B 波形总是重叠的，如果增加通道 A 的“Y pos.”值，减小通道 B 的“Y pos.”值，两者的波形就可以分离，从而容易分析，便于研究。

（3）“AC”“0”“DC”输入耦合方式

“AC”（交流）耦合时只有信号的交流部分被显示。交流耦合是示波器的探头上串联电容起作用，就像现实中的示波器一样。使用交流耦合，第一个周期的显示是不准确的。一旦直流部分被计算出来，并在第一个周期后被剔除掉，波形就正确了。

“DC”（直流）耦合时不仅有信号的交流部分，还有直流部分叠加在一起被显示。此时的“Y pos.”应选择为 0，以便测量直流成分。

注意： 用示波器测试电路的交流信号时，千万不要在示波器的测试笔上串接一个电容，因为这样做就不能为示波器提供电流通路，仿真电路时，被认为是错误的。

4. 触发（Trigger）

Trigger 触发设置决定了输入信号在示波器上的显示条件，如图 5-18 所示。

（1）Edge 触发沿选择

用鼠标单击按钮，在波形的上升沿到来时触发显示。

用鼠标单击按钮，在波形的下降沿到来时触发显示。

触发信号可由示波器内部提供，也可由示波器外部提供。内部的主要来源是通道 A 或通道 B 的输入信号。若需要由通道 A 波形触发沿触发，用鼠标单击 A 按钮；若需要由通道 B 波形触发沿触发，用鼠标单击 B 按钮。需要外部的触发信号触发时，用鼠标单击示波器 Ext 按钮。外部的触发信号接地须与示波器接地相连接。

（2）Level 触发电平（-999 FV～1000 TV）

触发电平是给输入信号设置门槛，信号幅度达到触发电平时，示波器才开始扫描。

技巧：一个幅度很小的信号波形不可能达到触发电平设置的值，这时要把触发电平设置为 Auto。

（3）信号触发方式 Single Normal Auto None

用鼠标单击“Single”按钮：触发信号电平达到触发电平门槛时，示波器只扫描一次。

用鼠标单击“Normal”按钮：触发信号电平只要达到触发电平门槛时，示波器就扫描。

用鼠标单击“Auto”按钮：如果是小信号或希望尽可能快地显示，则选择“Auto”按钮。

用鼠标单击“None”按钮：触发信号不用选择。一旦按下 None 按钮，示波器通道选择、内外触发信号选择就毫无意义。

5. 显示屏设置和存盘

显示屏背景设置、存盘如图 5-19 所示。

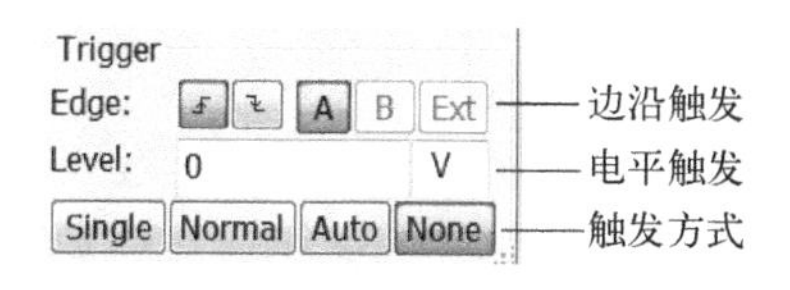

图 5-18　触发设置

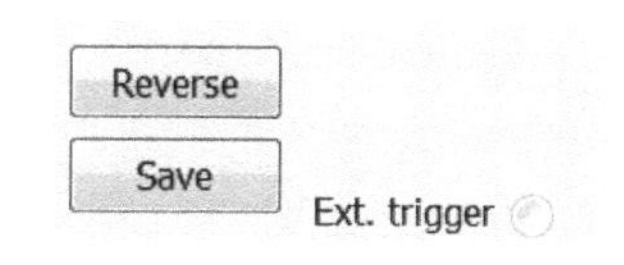

图 5-19　显示屏背景设置、存盘

（1）示波器显示屏背景切换

示波器显示屏背景色可以在黑白之间切换，用鼠标单击 Reverse 按钮，原来的白色背景变为黑色，再单击 Reverse 按钮，又由黑色变为白色，但是切换先决条件为系统必须处在仿真状态。

（2）仿真数据保存

用鼠标单击 Save 按钮，则把仿真数据保存起来。保存方式：一种是以扩展名为 *. scp 的文件形式保存；另一种是以扩展名为 *. lvm 的文件形式保存，也可以以扩展名为 *. tdm 的文件形式保存。

6. 垂直游标使用

若要显示波形各参数的准确值，需拖动显示屏中两根垂直游标到期望的位置。

显示屏下方的方框内会显示垂直游标与信号波形相交点的时间值和电压值，如图 5-20 所示。两根垂直游标同时可显示两个不同测点的时间值和电压值，并可同时显示其差值，这为信号的周期与幅值等测试提供了方便。

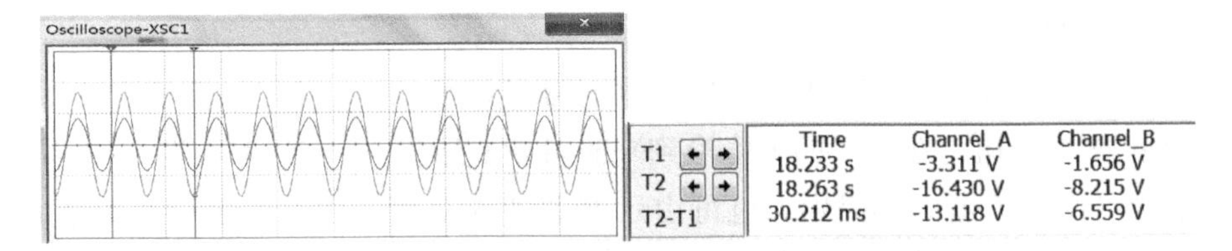

图 5-20　两根垂直游标到期望的位置时的时间值和电压值显示

在电路仿真时，示波器可以重新接到电路的另一个测试点上，而仿真开关不必重新启动，示波器会自动刷新屏幕，显示新接点的测试波形。如果在仿真的过程中调节了示波器的设置，示波器也会自动刷新。

为了显示详细信息，可更改示波器的有关选项，此时波形有可能出现不均匀的情况。如果是这样，重新仿真电路，以得到详细显示。还可以通过设置，增减仿真波形的逼真度，若设置采集波形时间步长大，则仿真速度快，但波形欠逼真；相反，设置采集波形时间步长小，则波形逼真，但仿真速度慢。

7. 操作范例

图 5-21 所示为方波占空比可调的电路，图中有电位器，上面标有 key＝a。在电路仿真过程中，只要单击计算机键盘上的〈A〉键，电阻值将减少 5%的设定值；要增加电阻值，只要同时按住〈Shift+A〉组合键。

按下〈A〉键一次减少或增加的幅度是可以设定的，本例中设定为±5%，也可设定为其他值，视测试需要而定。示波器测量方波占空比如图 5-22 所示。

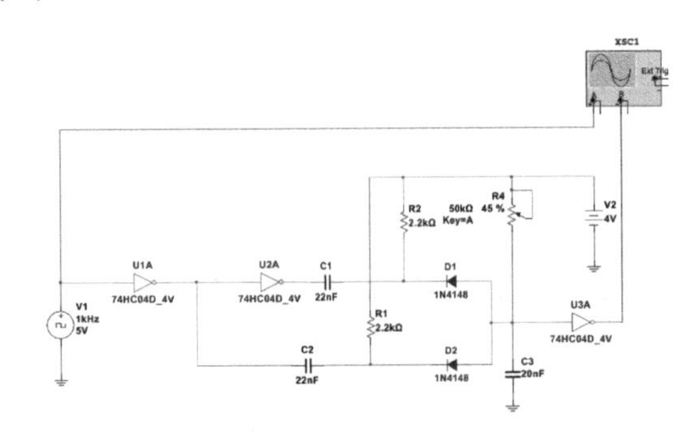

图 5-21　方波占空比可调的电路

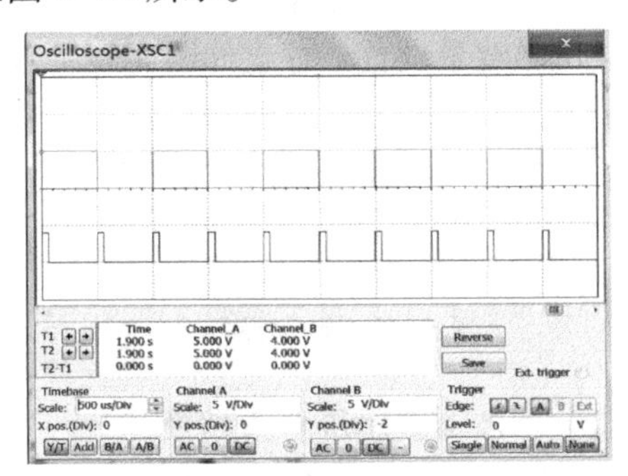

图 5-22　示波器测量方波占空比

5.2.5　四通道示波器

四通道示波器与双通道示波器在使用方法和参数调整方式上基本一样，只是多了一个通道控制旋钮。当旋钮拨到某个通道位置时，才能对该通道进行一系列设置和调整。四通道示波器图标、接线符号、面板如图 5-23 所示。

1. 四通道示波器的使用

四通道示波器与其他仪器一样，用接线符号的输入端子与测试电路相应测点连接，双击接线符号，打开仪器面板进行测试。若要在示波器上显示 4 个测试通道的波形，可设置 4 种不同的颜色。方法是：用鼠标右键单击示波器某通道的连接线，系统弹出如图 5-24 所示的菜单，再单击“Segment Color”菜单，选择合适的颜色，单击“OK”按钮，某通道显示的波形颜色就确定了。用同样的方法还可选择其他通道的颜色。图 5-25 所示的四通道示波器测量了电路中的 4 个测试点，设置了 4 种不同的颜色。

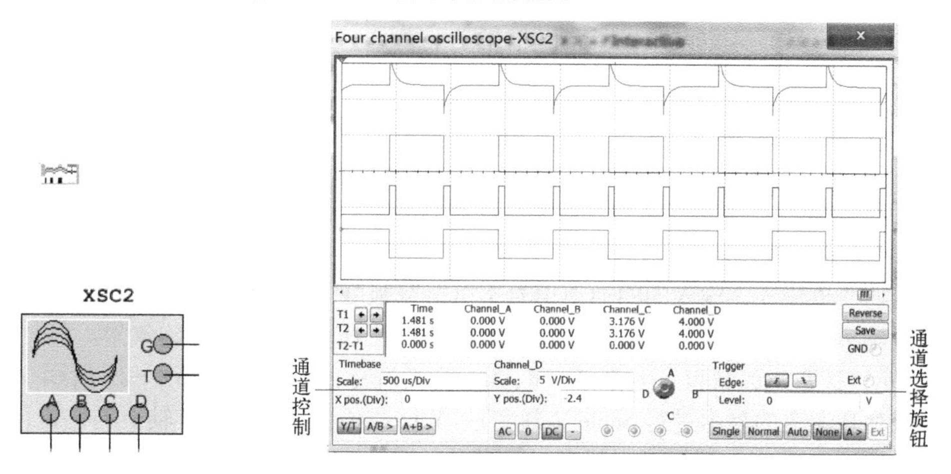

图 5-23　四通道示波器图标、接线符号、面板

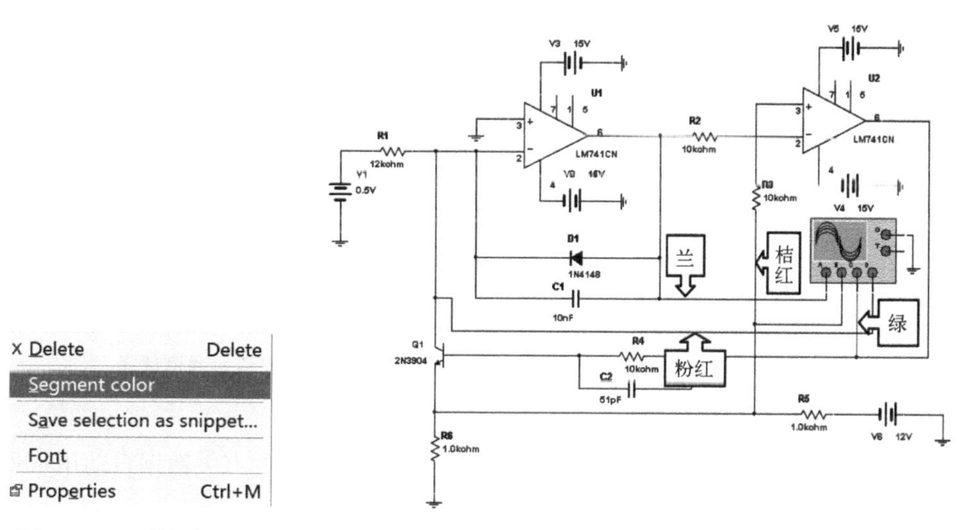

图 5-24　通道颜色设置　　　　图 5-25　4 个通道用 4 种不同颜色显示

2. 四通道示波器设置

在仿真前后或仿真过程中都可以改变四通道示波器设置，以达到最佳的测试结果。

（1）Timebase 时基

时基设置如图 5-26 所示。

Scale 扫描时间设置：当测量方式在（Y/T）或（A+B）选项时（A+B 表示 A 通道信号与 B 通道信号相加），可改变 *X* 轴扫描周期。

X pos.、Y/T 与前面讲的示波器功能相同。A/B 与前面讲的示波器功能也相同，只是在四通道示波器中，存在四通道信号组合问题，所以当用鼠标右键单击“A/B”按钮时，系统弹出如图 5-27 所示菜单，根据测试需要，选择其中一项。当用鼠标右键单击“A+B”按钮时，系统弹出如图 5-28 所示菜单，根据测试需要，选择其中一项。由于有 4 个通道，组合的方式多，所以信号的选择必须用一个菜单栏表示。

图 5-26　时基设置　　图 5-27　李沙育图信号选择　　图 5-28　信号叠加选择

（2）Channel 通道设置

由于有四通道输入，输入的四通道信号不可能在幅度上、频率上都很接近，因此每个通道必须针对输入信号的实际情况进行单独设定，以便获得最佳的测试效果。具体操作如图 5-29 所示，拨盘上的缺口，对齐 A、B、C、D 通道中的一个，如图 5-29 所示中缺口对准 B，即可对 B 通道的显示进行 Scale（刻度）、Y pos.（设置信号在 Y 轴上的位置，以便让四通道信号在示波器显示屏上相互分离）调整等。用同样的方法可以对其他通道的设置进行调整。

（3）AC、0、DC、Trigger 设置

AC、0、DC 与前面讲的示波器功能完全相同。对于 Trigger（触发信号），唯一要注意到的是有四通道，选择哪一路信号作为触发信号由操作者决定，如图 5-30 所示。

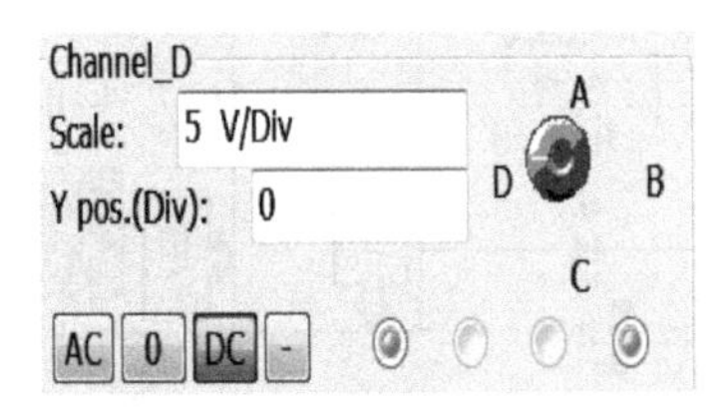

图 5-29　信号通道的设置

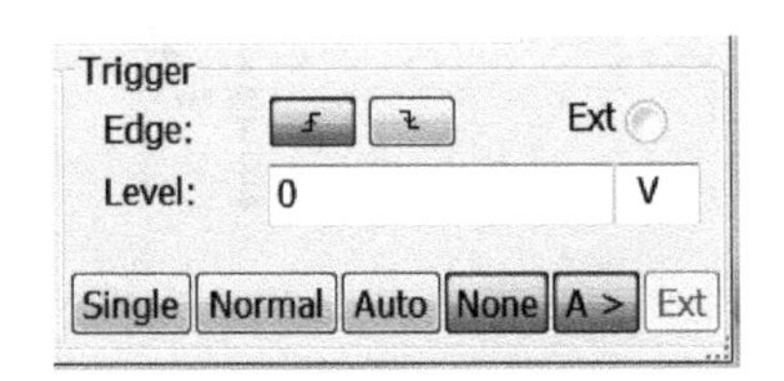

图 5-30　触发信号通道选择

（4）Save

把仿真的有关数据存储起来，只要按“Save”按钮，仿真的有关数据自动用 ASCII 文本保存下来，如图 5-31 所示。

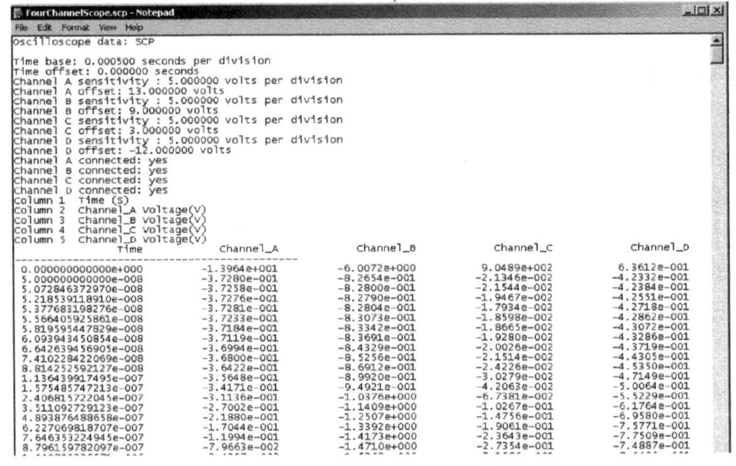
FourChannelScope.scp - Notepad

File Edit Format View Help

```
Oscilloscope data: SCP

Time base: 0.000500 seconds per division
Time offset: 0.000000 seconds
Channel A sensitivity : 5.000000 volts per division
Channel A offset: 13.000000 volts
Channel B sensitivity : 5.000000 volts per division
Channel B offset: 9.000000 volts
Channel C sensitivity : 5.000000 volts per division
Channel C offset: 3.000000 volts
Channel D sensitivity : 5.000000 volts per division
Channel D offset: -12.000000 volts
Channel A connected: yes
Channel B connected: yes
Channel C connected: yes
Channel D connected: yes
Column 1  Time (S)
Column 2  Channel_A Voltage(V)
Column 3  Channel_B Voltage(V)
Column 4  Channel_C Voltage(V)
Column 5  Channel_D Voltage(V)
```

Time	Channel_A	Channel_B	Channel_C	Channel_D
0.000000000000e+000	-1.3964e+001	-6.0072e+000	9.0489e+002	6.3612e-001
5.000000000000e-008	-3.7280e-001	-8.2654e-001	-2.1346e-002	-4.2332e-001
5.072846372970e-008	-3.7258e-001	-8.2800e-001	-2.1544e-002	-4.2384e-001
5.218539118910e-008	-3.7276e-001	-8.2790e-001	-1.9467e-002	-4.2551e-001
5.377683198276e-008	-3.7281e-001	-8.2804e-001	-1.7934e-002	-4.2718e-001
5.566405925861e-008	-3.7233e-001	-8.3073e-001	-1.8598e-002	-4.2862e-001
5.819595447829e-008	-3.7184e-001	-8.3342e-001	-1.8665e-002	-4.3072e-001
6.093943450854e-008	-3.7119e-001	-8.3691e-001	-1.9280e-002	-4.3286e-001
6.642639456905e-008	-3.6994e-001	-8.4329e-001	-2.0026e-002	-4.3719e-001
7.410228422069e-008	-3.6800e-001	-8.5256e-001	-2.1514e-002	-4.4305e-001
8.814252592127e-008	-3.6422e-001	-8.6912e-001	-2.4226e-002	-4.5350e-001
1.136439917495e-007	-3.5648e-001	-8.9920e-001	-3.0279e-002	-4.7149e-001
1.575485747213e-007	-3.4171e-001	-9.4921e-001	-4.2063e-002	-5.0064e-001
2.406815722045e-007	-3.1136e-001	-1.0376e+000	-6.7381e-002	-5.5229e-001
3.511092729123e-007	-2.7002e-001	-1.1409e+000	-1.0267e-001	-6.1764e-001
4.893876488658e-007	-2.1880e-001	-1.2507e+000	-1.4756e-001	-6.9580e-001
6.227069818707e-007	-1.7044e-001	-1.3392e+000	-1.9061e-001	-7.5771e-001
7.646353224945e-007	-1.1994e-001	-1.4173e+000	-2.3643e-001	-7.7509e-001
8.796159782097e-007	-7.9663e-002	-1.4710e+000	-2.7354e-001	-7.4887e-001

图 5-31　ASCII 文件保存

3. 四通道示波器测量

四通道示波器数据测量，与前面讲的示波器功能完全相同，即将左右两边的游标移动到关心的位置进行读数测量。游标可以用鼠标拖动，也可以单击数据框左边的箭头移动，使游标移动到需要的位置。

与前面讲的示波器功能不同的是，在用鼠标右键单击游标线时，系统弹出一个下拉菜单，如图 5-32 所示，显示可设置参数项。移动鼠标到期望参数项单击，系统弹出“参数”文本框，如图 5-33 所示，进行数字设置。这样可以精确定位游标在 X 坐标轴上的位置，更有利于测量。

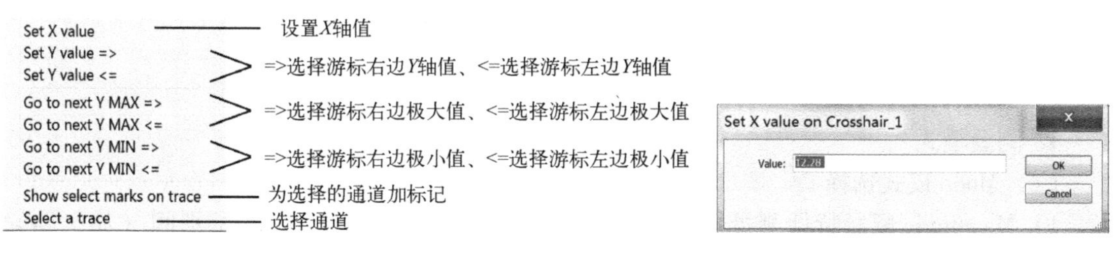

图 5-32　选择要设置参数　　　　图 5-33　参数输入

在如图 5-34 所示的示波器四通道中，为了让通道更加醒目，可对此通道加设 Marks 标记。在图 5-34 所示显示中，通道 B 加设了 Marks 标记，标记形状为△。

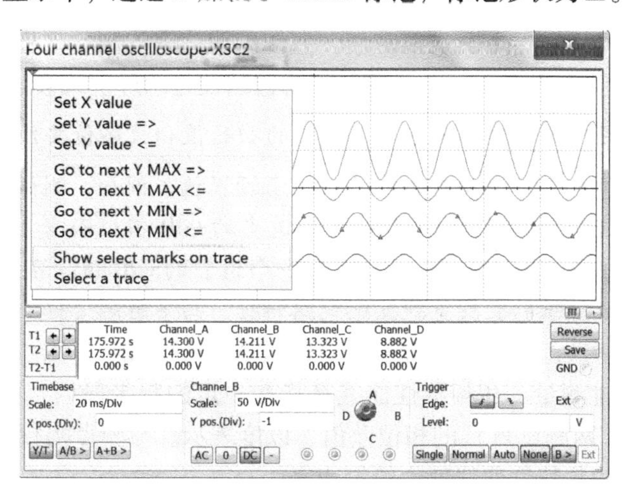

图 5-34　四通道示波器指定数据显示

5.2.6　博德图仪

博德图仪（Bode Plotter）能产生一个频率范围很宽的扫描信号，用以测量电路幅频特性和相频特性。博德图仪图标、接线符号、面板如图 5-35 所示。显示屏显示的是测量幅频特性曲线。

注意： 使用博德图仪测量幅频特性和相频特性曲线时，电路输入端必须接有信号源。若没有信号源，电路不能仿真。但使用何种信号源并不会影响测量结果，如用函数发生器或用元器件库中的 AC_POWER 作为电路输入端信号源，效果一样。

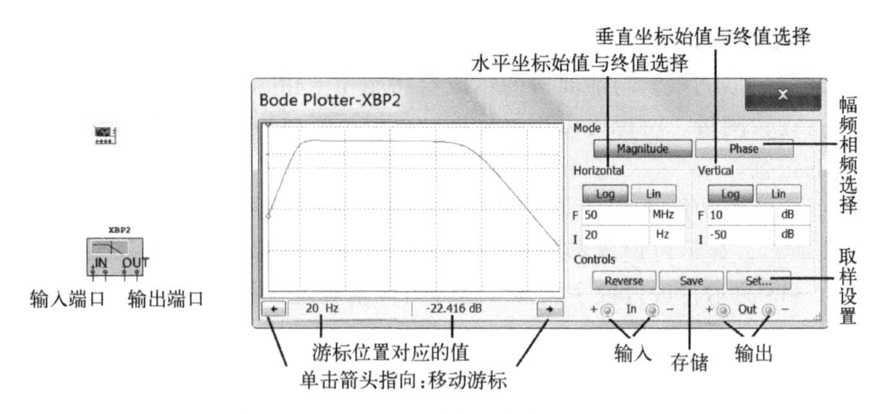

图5-35　博德图仪图标、接线符号、面板

1. 测量模式

（1）Mode 模式选择

1）Magnitude 幅频特性测量。幅频特性是指在一定的频带内，两测试点间（如电路输入 in、电路输出 out 两测试点）的幅度比率随频率变化的特性，如放大器电压增益在一定频带内并非一致，为了了解在一个频带段内放大器各频率点的电压增益，就要对放大器进行电压增益幅频特性的测量。测量的一般方法是：保持 in 输入信号在各频率点上的幅度值（如电压）一定，测量 out 输出信号在各频率点上的幅度值（如电压），然后把输出信号幅度值作图，求得幅频响应曲线。这个测量很麻烦，但使用博德图仪测量就很方便。将博德图仪与被测电路相连，用鼠标单击 Magnitude 按钮，博德图仪显示屏上就会绘制出幅频特性曲线。

注意： 博德图仪显示屏水平轴和垂直轴的初始值和最终值要预置一个合适值。水平轴设置某一个频带段，垂直轴需要根据电路特性来预置值。例如，测试一个放大电路，垂直轴的初始值和最终值应分别设置为 0 dB 和一个适当的+dB 值；而当测试滤波单元电路时，垂直轴的初始值和最终值可分别设置为 0 dB 和一个适当的-dB 值。在测试过程中可改变这些预置值，使博德图仪显示的曲线更能反映电路特性。与多数测量仪表不同的是，如果博德图仪被移动到别的测量点，最好重新仿真，以得到精确的结果。

2）Phase 相频特性测量。相频特性曲线是指在一定的频带段内，两测试点间（如电路输入 in、电路输出 out 两测试点）的相位差值，以度表示。与测量幅频特性一样，用鼠标单击 Phase 按钮，相频特性曲线就会绘制出来。

幅度比率和相位差都是频率（Hz）的函数。

（2）测量方法

将仪器输入端口正极与电路 in 的正极相连，将仪器输出端口正极与电路 out 的正极相连。将仪器输入端口的负极与仪器输出端口的负极一并接地。

如果测量是针对一个组件的，则将博德图仪正极分别接到组件输入 in 和输出 out 的两端，负极一并接地。

2. 水平轴与垂直轴的设置

（1）基本设置

当比值或增益有较大变化范围时，坐标轴一般设置为对数的方式，这时频率通常也用对数表示。

当刻度由对数（log）形式变为线性（lin）形式时，可以不必重新仿真，如图 5-36 所示。

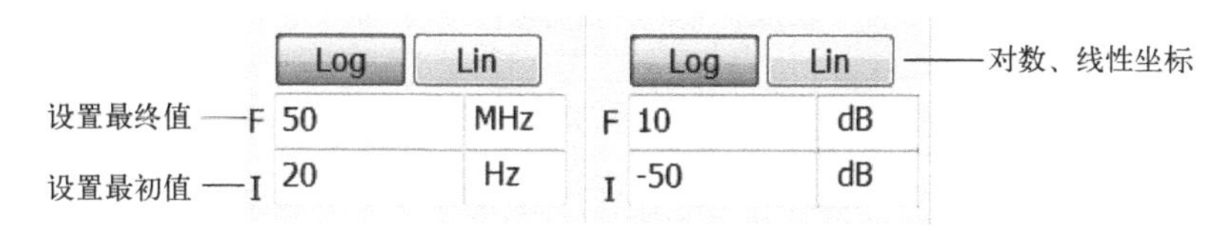

图 5-36　博德图仪坐标轴等设置

（2）Horizontal 水平轴刻度

水平轴（*X* 轴）显示的是频率。它的刻度由横轴的初始值和最终值决定。当要分析的频率范围比较大时，使用对数刻度。

设置水平轴初始值（I）和最终值（F）时，一定要使 I<F。NI Multisim 14 不允许 I>F 的情况出现。

（3）Vertical 纵轴刻度

纵轴（*Y* 轴）的刻度和单位是由测量的内容决定的，见表 5-1。

表 5-1　测量内容

测 量 内 容	使 用 坐 标	最小初始值	最大最终值
幅频增益	log	-200 dB	200 dB
幅频增益	lin	0	10e+09
相　　频	lin	-720°	720°

测量电压增益时，纵轴显示的是电路输出电压与输入电压的比率，使用对数坐标时，单位是分贝。使用线性时，显示输出电压与输入电压的比率。当测量相频响应曲线时，纵轴刻度显示相位角的差值，单位为度。

设置纵轴（*Y* 轴）初始值（I）和最终值（F）时，也一定要使 I<F。NI Multisim 14 不允许 I>F 的情况出现。

3. 读数

垂直游标使用前一般都在博德图仪屏幕的左边边沿上，如图 5-35 所示。移动博德图仪的垂直游标到某一频率上，与该频率相对应增益或是相位的差值将被显示出来，如图 5-37 所示。

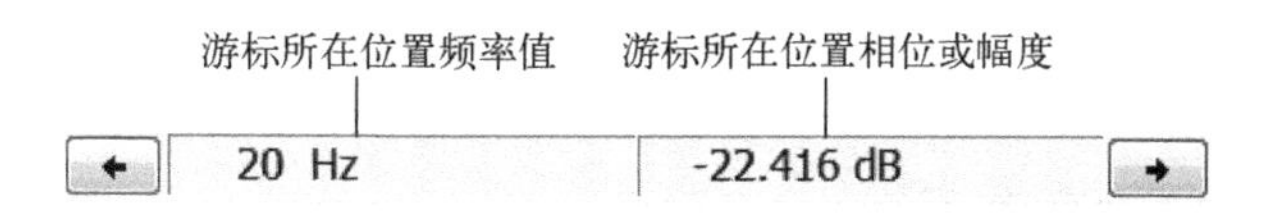

图 5-37　游标所在位置频率对应测量值

移动垂直游标的两种方法：

1）用鼠标单击博德图仪底部的 ← 或 → 箭头，可精细调整垂直游标位置，如图 5-38 所示。

2）用鼠标单击博德图仪的左边沿上部倒立小三角不放，再移动鼠标即拖动垂直游标到要测量的点的位置，该方法可粗略调试垂直游标位置。

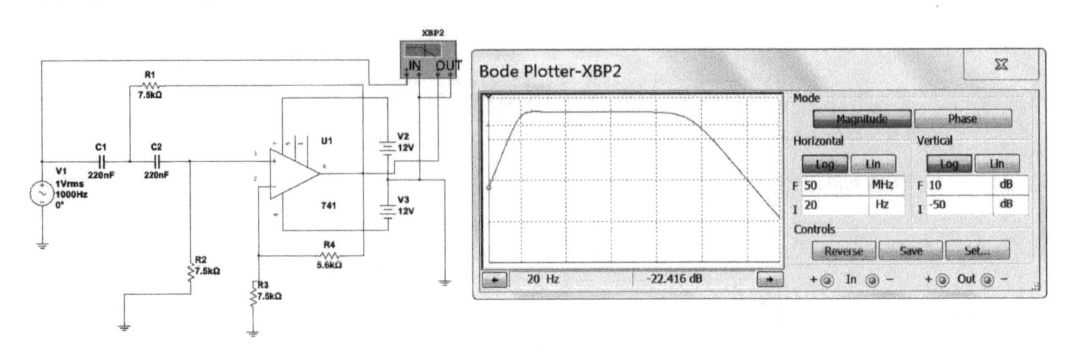

图 5-38　滤波器电路幅频响应曲线

4. 操作范例

操作范例如图 5-38 所示。

注意： 用博德图仪测试电路幅频特性和相频特性曲线时，电路中一定要有信号源，如图 5-38 所示的信号源是 V3。

5.2.7　频率仪

频率仪是测量信号频率、周期、相位、脉冲信号的上升沿时间和下降沿时间等的仪器。使用方法也是将接线符号接到电路中，打开仪器面板后进行测量。图 5-39 所示是频率仪图标、接线符号、面板。使用过程中应注意根据输入信号的幅值，调整频率计的 Sensitivity（灵敏度）和 Trigger Level（触发电平）。

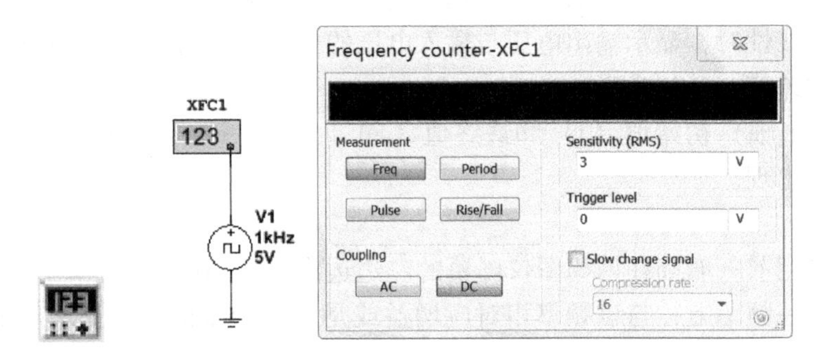

图 5-39　频率仪图标、接线符号、面板

1. 频率仪使用

面板上各按钮的功能介绍如下。

（1） Measurement 测量

- 按下频率 Freq 按钮，测量频率。
- 按下脉冲 Pulse 按钮，测量正负脉冲宽度。
- 按下周期 Period 按钮，测量信号一个周期所用时间。
- 按下上升/下降 Rise/Fall 按钮，测量脉冲信号上升沿和下降沿所占用的时间。

(2) Coupling 耦合模式选择

- 按下 AC 按钮，仅显示信号中交流成分。
- 按下 DC 按钮，显示信号交流加直流成分。

(3) Sensitivity (RMS) 电压灵敏度设置

输入电压灵敏度及单位设置。

(4) Trigger Level 触发电平

电平值触发及单位设置。输入波形的电平达到并超过触发电平设置数值时，才开始测量。

2. 实例操作

按图5-39所示接线，信号源选择1 kHz脉冲波，按下 ▶ 按钮，或从主菜单上选择"Simulate"→"Run"命令，开始仿真。若测量频率，用鼠标单击 Freq 按钮，测量输入信号的频率。要测量输入信号的其他参量，按下相应的按钮。

若频率仪迟迟不显示输入信号的频率。这时选中"Slow change signal"复选框，提高压缩比率，测量低频信号源就很容易，如图5-40所示。

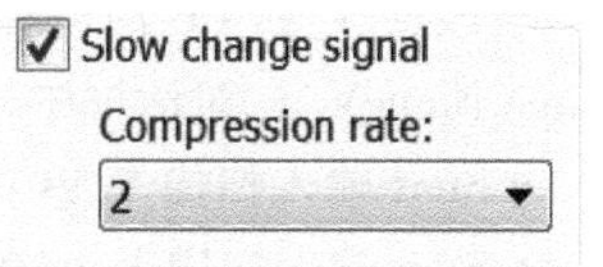

图5-40 提高压缩比率

5.2.8 伏安特性图示仪

IV Analyzer 伏安特性图示仪是专门用于测量下列器件IV特性的仪器。这些器件包括：Diode，二极管；PNP BJT，PNP 双极型晶体管；NPN BJT，NPN 双极型晶体管；PMOS，P沟道耗尽型MOS场效应晶体管；NMOS，N沟道耗尽型MOS场效应晶体管。

1. 伏安特性图示仪的使用

IV Analyzer 伏安特性的图示仪图标、接线符号、面板如图5-41所示。

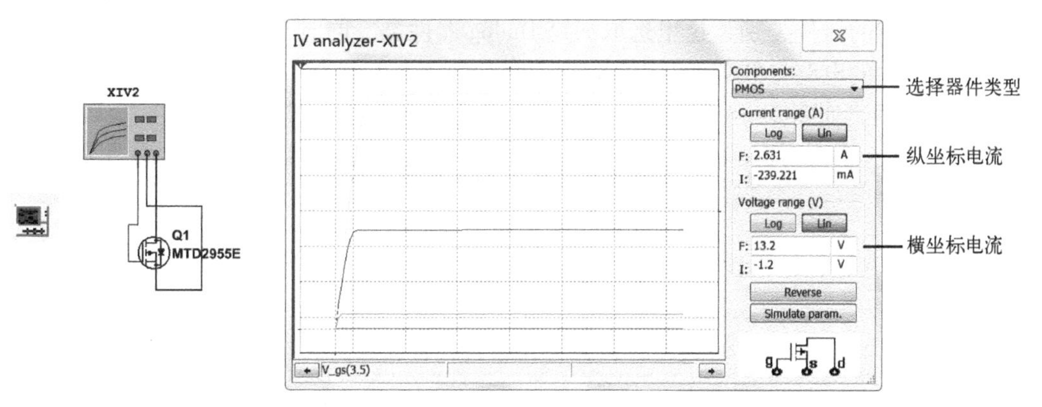

图5-41 IV Analyzer 伏安特性的图示仪图标、接线符号、面板

从IV Analyzer 操作面板右边的 Components 器件下拉菜单中选择要测试的器件类别，这里选取的是PMOS器件类，同时在面板右边的下方有一个映像该类别器件的电路接线符号。单击"Simulate param"仿真参数按钮，系统弹出"仿真参数设置"对话框，如图5-42所示。根据要求选择相应的参数范围。

注意： 若测量的元器件已在电路中，必须让测量器件的引脚与整个电路断开，方能测试。

下面介绍各类器件在仿真参数对话框中的设置。

2. Diode、PNP BJT、NPN BJT、PMOS、NMOS 器件仿真参数设定

（1）PMOS（P 沟道耗尽型 MOS 场效应晶体管）器件仿真参数设定

如图 5-42 所示，若改变 V_ds（P 沟道耗尽型 MOS 场效应晶体管的漏-源之间的电压）电压，则在左边 Source Name V_ds 对话框中输入。

- Start 输入扫描 V_ds 的起始电压。
- Stop 输入扫描 V_ds 的终止电压，量纲单位可在其右边选择。
- Increment 横轴扫描输入增量，或者说是设置扫描步长。步长大小决定图像曲线上测点的疏密。

若改变 V_gs（P 沟道耗尽型 MOS 场效应晶体管的栅-源之间的电压）电压，则在右边 Source NameV_gs 对话框中输入。

- Start 输入扫描 V_gs 的起始电压。
- Stop 输入扫描 V_gs 的终止电压，量纲单位可在其右边选择。
- Num steps 纵轴扫描输入量，或者说设置多少根曲线。图像中每一根曲线对应一个 V_gs 值。
- Normalize Data 复选框被选中显示伏安特性曲线是在 *X* 轴的正值范围内，反之则在负值范围内。

说明：在伏安特性图示仪的面板上，纵轴表示电流坐标轴（Current Range（A）），横轴表示电压坐标横轴（Voltage Range（V））。坐标轴坐标有两种表示方法：一种是对数型；另一种是线性型。如图 5-41 所示用线性坐标系统显示了 PMOS 伏安特性曲线。

（2）Dialog（二极管）器件仿真参数设定

测量 Dialog 与测量 PMOS 器件一样，从 IV Analyzer 操作面板右边的 Components 下拉菜单中选择要测试的器件类别，这里选取的是 Dialog 器件类，同时在面板右边的下方有一个映像该类别的器件的电路接线符号。单击“Simulate param”按钮，系统弹出“Dialog 仿真参数设置”对话框，如图 5-43 所示。

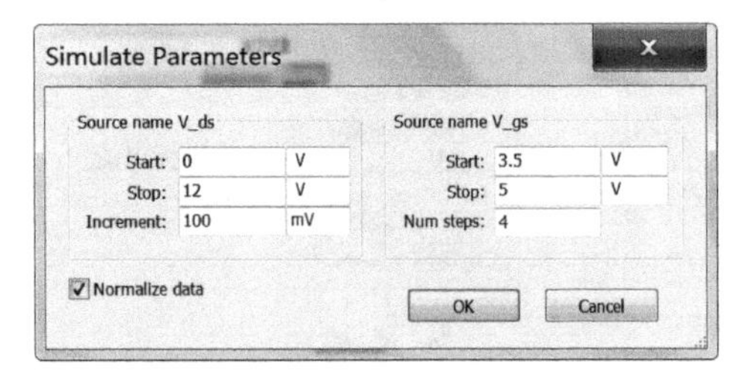

图 5-42 “仿真参数设置”对话框

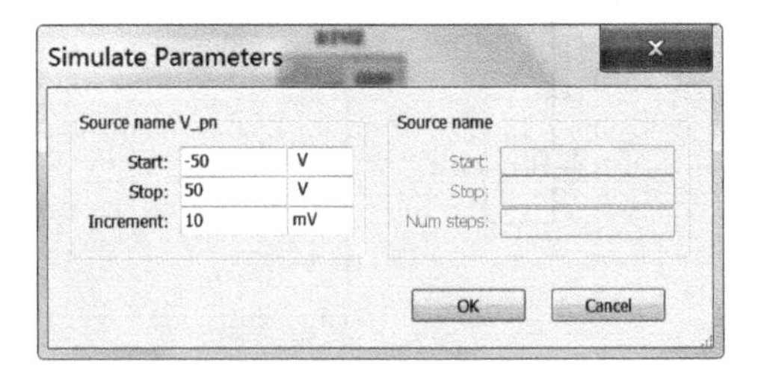

图 5-43 “Dialog 仿真参数设置”对话框

因为是二极管，所以只用 Simulate Parameters 对话框中的一半。

- Start 输入扫描 V_pn 的起始电压，量纲单位在其右边选择。
- Stop 输入扫描 V_pn 的终止电压，量纲单位在其右边选择。
- Increment 扫描输入的增量，或者说是设置步长长度。步长大小决定了图像曲线上测点的疏密。

（3）PNP BJT 器件仿真参数设定

“PNP BJT 器件仿真参数设置”对话框如图 5-44 所示。若改变 V_ce（集电极与发射极之间）电压，则在左边 Source Name V_ce 对话框中输入。

- Start 输入扫描 V_ce 的起始电压，量纲单位在其右边选择。
- Stop 输入扫描 V_ce 的终止电压，量纲单位在其右边选择。
- Increment 扫描输入的增量，或者说是设置步长。

若改变 I_b（集电极）电流，则在左边 Source Name I_b 中输入：

- Start 输入扫描 I_b 的起始电流，量纲单位在其右边选择。
- Stop 输入扫描 I_b 的终止电流，量纲单位在其右边选择。
- Num steps 输入多少步，或者说设置多少根曲线。图像中每一根曲线对应一个I_b 值。
- Normalize data 复选框被选中显示伏安特性曲线是在 *X* 轴的正值范围内，反之则在负值范围内。

其他 NPN 双极型晶体管（NPN BJT）和 N 沟道耗尽型 MOS 场效应晶体管（NMOS）器件的仿真参数设置对话框不作介绍。

3. 伏安特性图示仪上数据测量

器件分析运行后的仿真图，与图 5-45 所示很相似，当游标不在分析曲线上时，伏安特性图示仪下方分析数据框中是空的，如图 5-45 所示。用鼠标拖动伏安特性图示仪上方的游标到曲线上就能在分析数据框中显示数据，要选择相对应的那根曲线，只要用鼠标在曲线上单击一下即可。

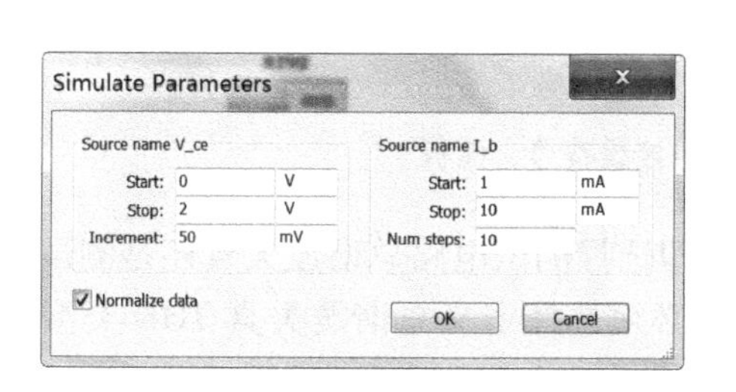

图 5-44　“PNP BJT 器件仿真参数设置”对话框

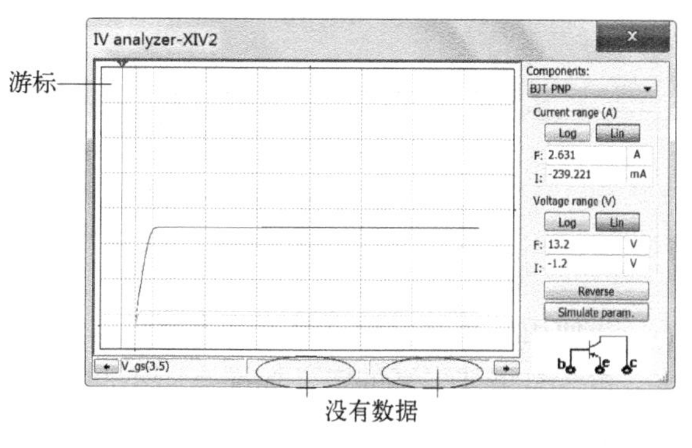

图 5-45　伏安特性图示仪数据框中是空的

游标在 *X* 坐标轴的位置，既可以用鼠标拖动，也可以单击数据框两边的箭头，使其移动到需要的位置；为了精确定位游标在 *X* 坐标轴上的位置，还可以用鼠标右键单击游标，系统弹出下拉菜单，进行数字设置，如图 5-46 所示。这与四通道示波器测量的设置相同，不再详述。

为了让曲线在不同的应用场合具有不同的显示，可以改变坐标轴的起始值与终止值，图 5-47 是改变坐标轴起始值与终止值的设置对话框，可以通过减小或增加坐标轴起始与终止值的差距，使曲线的某一部分更加突出。

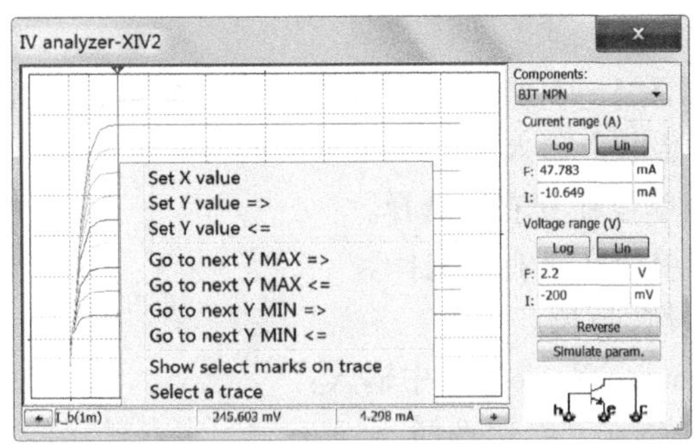

图 5-46　用输入数据测量曲线上某一点的值

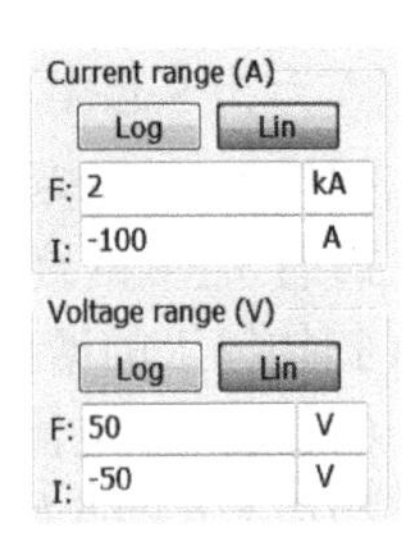

图 5-47　改变坐标轴的起始值与终止值

5.2.9　失真度分析仪

失真度分析仪是测试电路总谐波失真和信噪比的仪器。一个典型的失真度分析仪可以测量的频率范围在 20 Hz~100 kHz 之间。失真度分析仪只有一个输入点，其图标、接线符号、面板如图 5-48 所示。

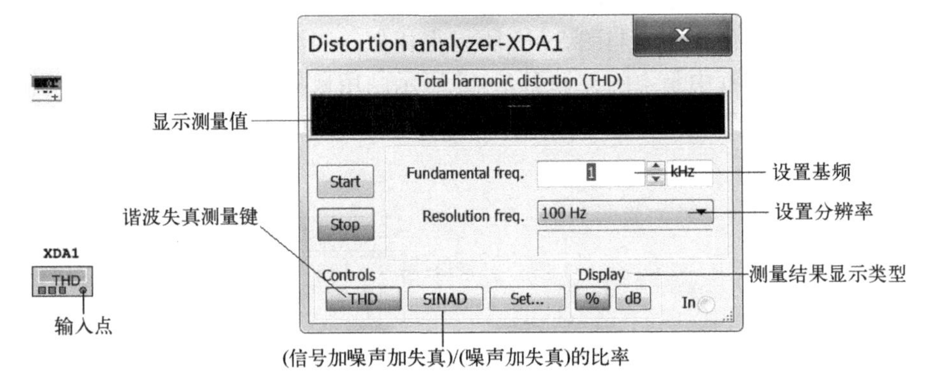

图 5-48　失真度分析仪图标、接线符号、面板

当使用失真度分析仪时，首先要设定其属性，即选择测试电路总谐波失真还是测试信噪比。由于总谐波失真的定义标准有所不同，所以还必须选择定义总谐波失真 THD 类型的选项，如图 5-49 所示的“Settings”对话框。

1. 总谐波失真

总谐波失真（Total Harmonic Distortion，THD）是指信号源输入时，输出信号比输入信号多出的额外谐波成分。比如，输入信号频率为 1 kHz，但输出信号除了有输入信号 1 kHz 的频率成分外，还可能有 2 kHz、3 kHz、4 kHz 等谐波成分。

谐波产生的原因是信号传输过程中有非线性变换。非线性变换包括信号放大时的饱和或截止失真、二极管单向导通、晶闸管操作等。频率乘法器产生的和频、差频，属于线性变换，理论上不产生谐波。

谐波失真测量是指测量新增加总谐波成分与基波信号成分的百分比，也可用 dB 来衡量。所有新增加谐波电平之和称为总谐波失真。

按下 Start 按钮：测试开始，其电路仿真开关打开，该按钮会自动按下。仿真开始时，测试的数值不太稳定，经过一段时间后显示的值才会稳定下来，要读出测试结果，最好停止仿真。

按下 Stop 按钮：测试停止。

总谐波失真可用 dB 值表示，也可用%值表示。

- Fundamental Freq：设置基频栏。
- Resolution Freq：设置分辨率的频率栏。

2. 信噪比

信噪比（SINAD）是信号中的有用成分与杂音的强弱对比。设备的信噪比越高，表明它产生的杂音越少，常用 dB 值表示。

3. Settings

本按钮的功能是设定 THD 测试参数。

- THD definition：指谐波失真的定义标准有两种选项，即 IEEE 和 ANSI/IEC。选择 ANSI/IEC 时，仅对总谐波失真计算有用；选择 IEEE 与选择 ANSI/IEC 对 THD 计算略有不同。
- Harmonic num：谐波次数设定。
- FFT points：电路进行 FFT 分析变换的点数设定，如图 5-49 所示。

4. 操作范例

放大电路中接入失真分析仪如图 5-50 所示。图 5-51 是图 5-50 放大电路的总谐波失真测量值，图 5-52 所示是放大电路的信噪比测量值。

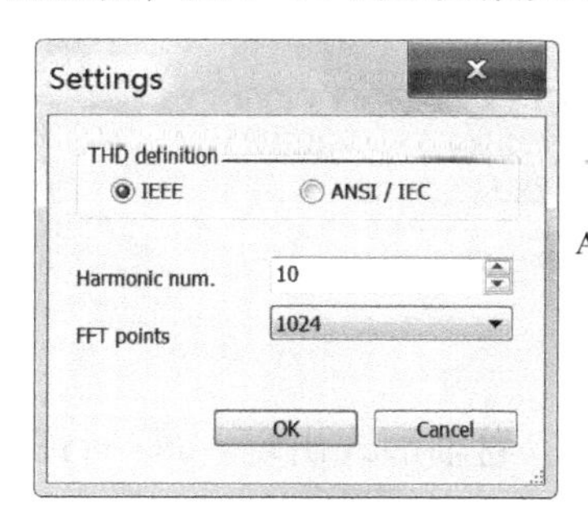

图 5-49　失真分析仪设置框

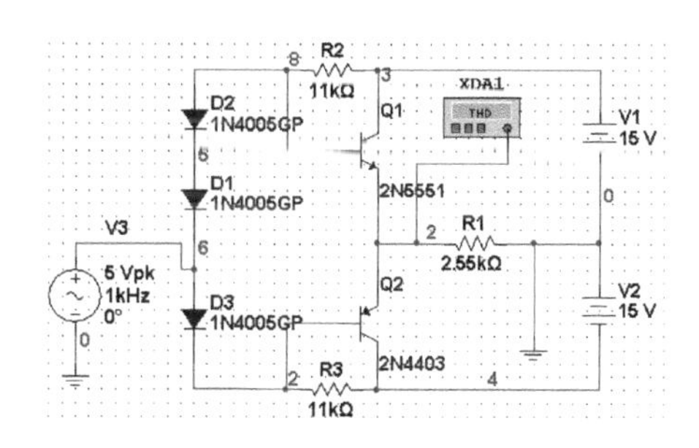

图 5-50　电路中接入失真分析仪

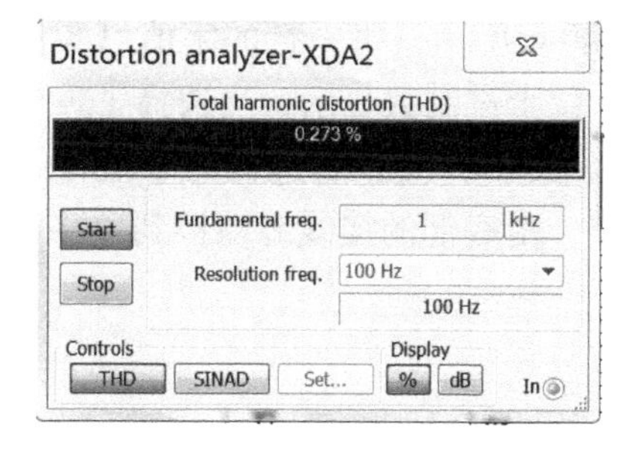

图 5-51　电路总谐波失真测量值

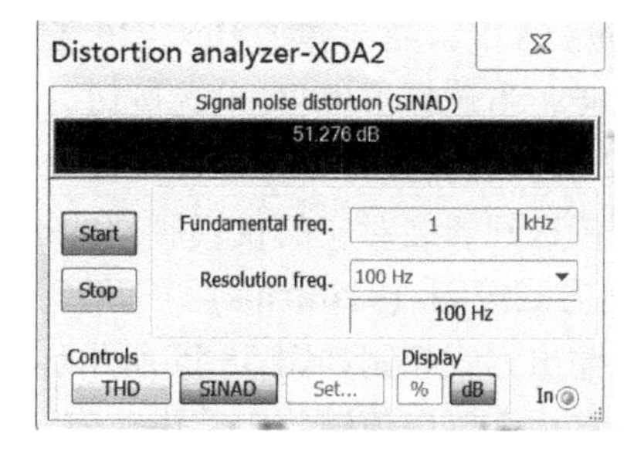

图 5-52　电路信噪比测量值

5.3　数字仪器

5.3.1　数字信号发生器

在 NI Multisim 14 中，字（数字信号）发生器是一个可编辑的通用数字激励源，产生并提供 32 位的二进制数。输入到要测试的数字电路中去。与模拟仪器中的函数发生器功能相似。仪器面板左侧是控制部分，右侧是字信号发生器的字值显示窗口。控制面板分 Controls（控制）、Display（显示）、Trigger（触发）等方式可设置，也有 Frequency 频率供选择。字发生器的图标、接线符号如图 5-53 所示。字发生器面板如图 5-54 所示。

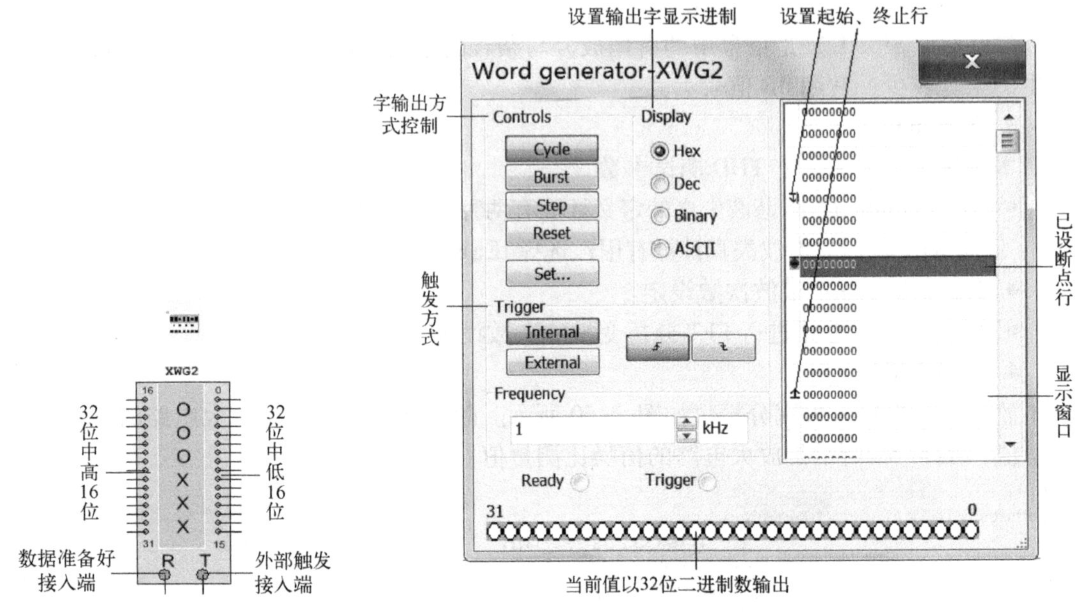

图 5-53　字发生器的图标、接线符号

图 5-54　字发生器面板

1. 显示窗口的字值数制

字发生器面板的右边显示窗口，共 1024 行（存储单元），以卷轴形式出现。每一行的字值可以以 8 位十六进制数显示，即从 00000000 到 FFFFFFFF；或以 10 位十进制数显示，即从 0 到 4294967295；还可以以 32 位二进制数显示。

在 Display 区中，当选择了 Hex，单选按钮如 Hex 所示，每一行的字值以 8 位十六进制数显示。同样，当选择了 Dec 单选按钮，则以 10 位十进制数显示；当选择了 Binary 单选按钮，则以 32 位二进制数显示。字发生器处于仿真状态时，面板右边行的字值将一行行以并码方式相继传送到与之对应的仪表底部的接线终端，由底部的接线终端接到数字电路中。

2. 输出方式控制（Controls）

字值的输出方式控制如图 5-55 所示。

把面板右边字符串值输到电路中，有 3 种方式。

1）单击 Cycle 按钮，行输出方式设为循环输出，即从被选择的起始行开始向电路输出字符串，一直到终止行为止。在完成一个周期后又重新跳回到起始行重复上面过程，周而复始，直到停止仿真。在图 5-55 中，Cycle 按钮已被选择。

2）单击 Burst 按钮，行的字值仅输出一次，即从被选择的起始行开始向电路输出字值，一直到终止行为止，只传输一次，不循环。

3）单击 Step 按钮，行输出方式是单步输出，即要使一个行的字值输入到电路中，必须单击一次“Step”按钮，若要再输出一个行的字值，就必须再单击一次“Step”按钮。

这种传输方式又称单步输出。单步输出往往在调试电路时使用。

字符串传输到电路中的速度与 Frequency 频率区中的 Frequency 栏的设置有关。

3. 显示窗口设置

在数字电路仿真中一般用不了 1024 行，只截取卷轴的某一部分，再逐行输入字值。要输入行的字值，首先选择要输入的行，然后输入符合进制规则的新值。

字卷轴 1024 字值行的左边都有小方格，把鼠标移至此行左边小方格中，单击左键或右键都行，都会弹出如图 5-56 所示的下拉菜单，有行的起始、终止和中间行设置断点等选项供选择，以便控制输出。

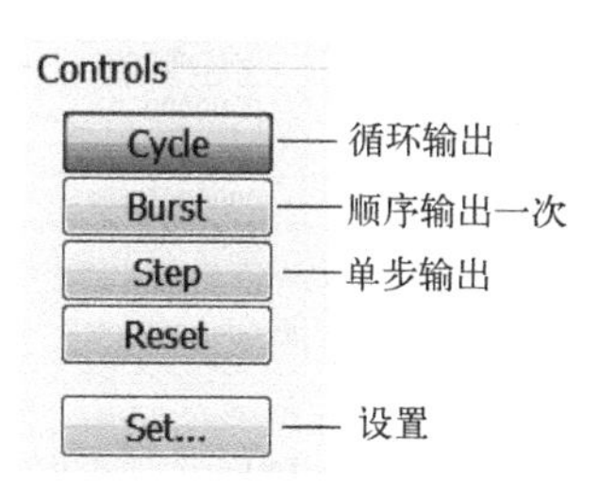

图 5-55　输出方式控制区

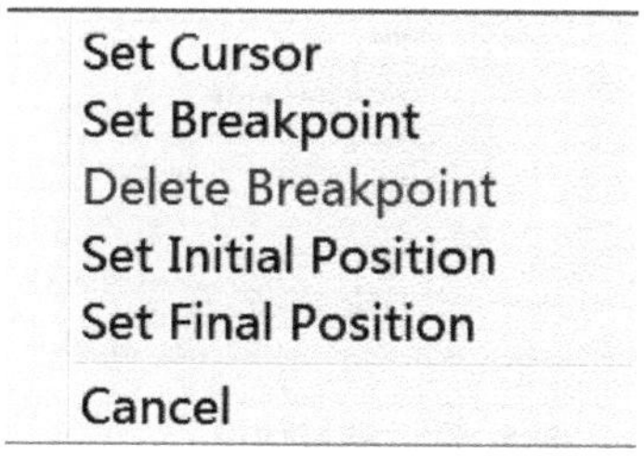

Set Cursor
Set Breakpoint
Delete Breakpoint
Set Initial Position
Set Final Position
Cancel

图 5-56　行的起始、终止和中间行设置断点等输出控制区

设置断点（Set Breakpoint）：断点是当字发生器向电路传输行的字值时，传输到某行的字值需停止，若要继续传输，则再按一下仿真 按钮即可。

若某一行要设置为断点，只要将鼠标移至此字值左边小方格中，单击左键或右键都行，系统弹出如图 5-56 所示下拉菜单，选择 Set Breakpoint 选项并单击，则断点行被设定。被设为断点行的左边小方格中会出现红色小圆点 。要插入其他断点，可照此办理。

取消断点：用鼠标单击已有红色小圆点的行，再单击“Delete Breakpoint”按钮即可。

无论在 Cycle 状态和 Burst 状态下，被设置的断点都起作用。

起始设置（Set Initial Position）、终止设置（Set Final Position）与断点设置（Set Break point）相同，但左边小方格中出现的标记不同，如图 5-54 所示。

如要重新设置起始行或终止行，找到指定的行按照上述方法设置，旧的起始行或终止行会自动消失。

Set Cursor：设置仿真一开始从哪一行起始运行，设置方法与设置断点一样。仿真运行的第一个周期，就从被设置行开始，但运行第二个周期时，却从头上开始，即被设置 Set Initial Position 的行开始。

注意：设置 Set Cursor 与设置 Set Initial Position 是有区别的。

字发生器输出当前值：不管字显示窗口中以何种数制显示当前值，都将以二进制数显示在字发生器底部的输出终端上，如图 5-54 所示。

4. 设置（Setting）

单击“Setting”按钮，系统弹出行的字值设置模板，共有 3 项，如图 5-57 所示。

1）Preset Patterns 行的字值选项，这些选项在图 5-57 所示中已一一标示。其中，Shift Right、Shift Left 被选中时，其排列规则可按二进制值说明，每递增一行序，二进制值向右或向左移动一位，即行的字值按 2 的几何级数递增或递减，如图 5-58 所示。有规律行的字值是预先以文件形式保存的。当输入行的字值排列有规律时，往往调用已保存在文件中行的字值，省去人工输入的麻烦。

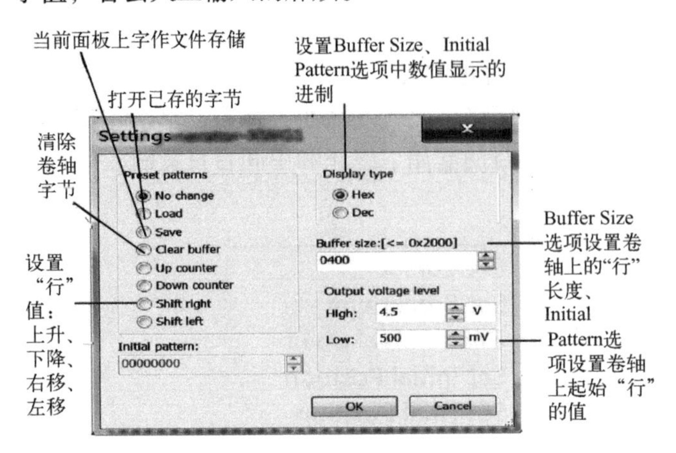

图 5-57　模板预设

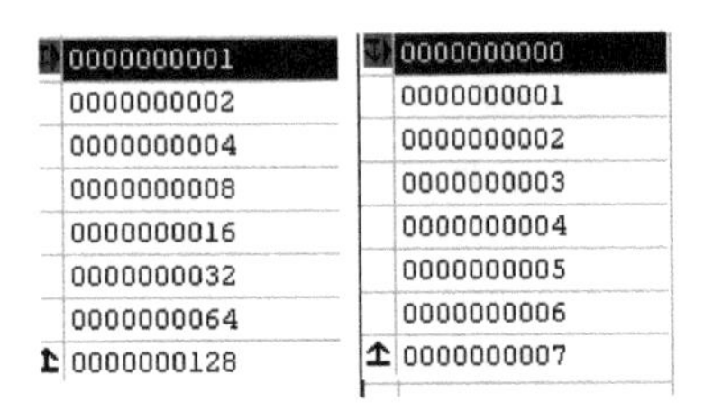

图 5-58　Preset Patterns 选项不同，左边列选 Shift Left、右边列选 Up Counter

2）Display Type 选项：用于设置 Buffer Size 和 Initial Pattern 选项用什么进制数表示。

3）Buffer Size 和 Initial Pattern 选项：Buffer Size 设置用卷轴上多少行；Initial Pattern 设置卷轴上起始行。仅在 Shift Right、Shift Left 被选中后，才需要对其设定。

5. 触发控制（Trigger）

Trigger 设置信号触发方式，如图 5-59 所示。行的字值输出到电路中采用何种触发方式，是用字发生器内部信号（Internal），还是外部信号（External）触发，是用信号的上升沿，还是用下降沿触发。单击 Internal 按钮，用字发生器的内部时钟控制触发；单击 External 按钮，则依靠外部信号控制触发；使用 ⨍ / ⤈ 按钮，则用信号的上升沿/下降沿触发。

6. 频率、数据准备和外触发端子

数据准备和外信号触发如图 5-60 所示。

图 5-61 用于设置字发生器的时钟频率。频率单位为 Hz、kHz 或 MHz。时钟频率高，字发生器行的字值输出到终端的速度快，反之则慢。

7. 操作示范

见逻辑分析仪章节。

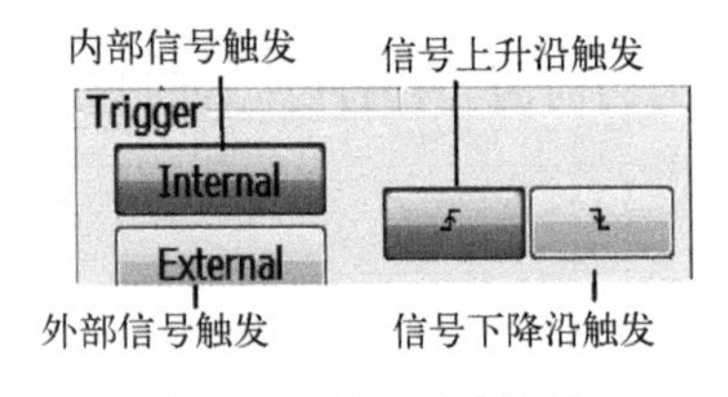

图 5-59　触发控制设置

图 5-60　数据准备和外信号触发

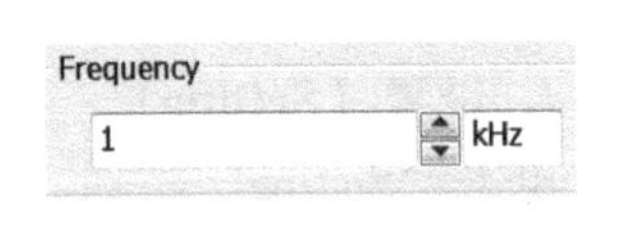

图 5-61　时钟频率

5.3.2　逻辑分析仪

随着数字技术的日新月异，在数字系统，特别是计算机系统的研制、调试和故障诊断过程中，由模拟系统的时域和频域分析发展起来的传统测试方法与测试仪器往往难以奏效，于是新的数据域测试的理论、方法和相应的测试仪器不断涌现。逻辑分析仪作为数据域测试仪器中最有用、最有代表性的一种仪器，性能与功能日益完善，已成为调试与研制复杂数字系统，尤其是计算机系统的强有力工具。

在 NI Multisim 14 中，逻辑分析仪可同时显示 16 个逻辑通道信号。逻辑分析图标、接线符号如图 5-62 所示。逻辑分析仪面板如图 5-63 所示。

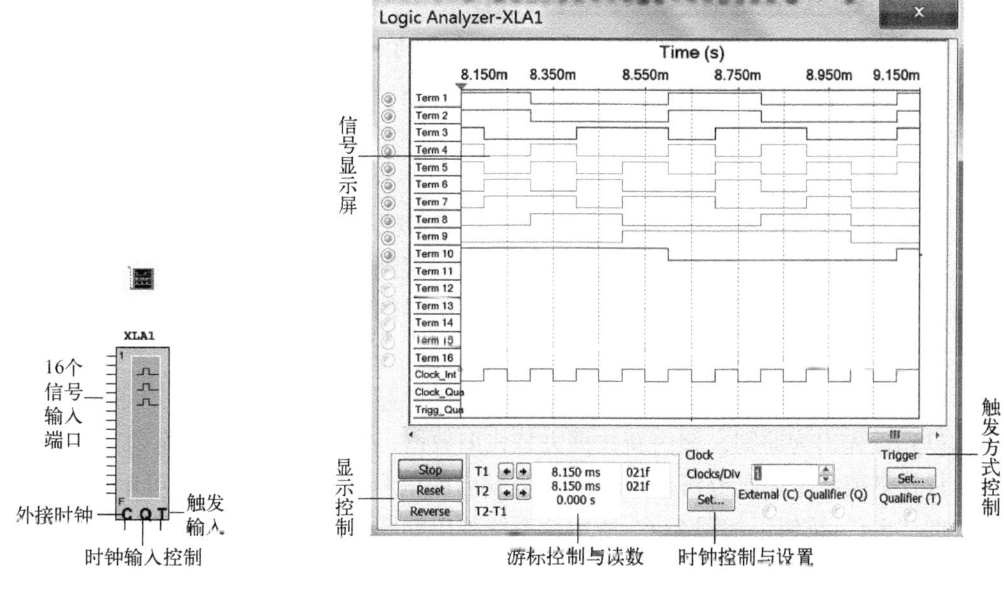

图 5-62　逻辑分析图标、接线符号

图 5-63　逻辑分析仪面板

接线符号显示了逻辑分析仪有 16 路逻辑通道输入端口、“C”为外接时钟输入端口、“Q”为时钟限制输入端口、“T”为触发输入端口。

图 5-62 所示接线符号左边的 16 个接线端口对应仪器面板上的 16 个接线柱。当接线符号的接线端口与电路中某一点相连接时，面板左边的接线柱圆环中间就会显示一个黑点，并同时显示出此连线的编号。此编号是按连线的时间先后顺序排列的。若接线符号接线端口没有与电路相连，则接线柱圆环中间没有黑点。如图 5-63 所示，仪器面板 1～10 接线柱上，圆环中间有黑点，说明已与外电路相接；11～16 接线柱圆环中间没有黑点，说明与外电路不相接。

当电路开始仿真时，逻辑分析仪记录的由接线柱输入的数字量，随时间以脉冲波的形式在逻辑分析仪上显示，其效果与模拟仪器中示波器的作用相似。与示波器不同的是，逻辑分析仪显示的信号电平是“1”与“0”。最顶端的一行显示的是 1 通道的信号（一般是数字逻辑信号的第一位），下一行显示的是 2 通道的数据（也就是逻辑信号的第二位），依此类推。显示屏上脉冲波形的颜色与接线的颜色一致，如图 5-63 所示。接线的颜色可以任意设定。

仿真时间在信号显示屏上部显示。显示屏同时显示内部时钟信号、外部时钟信号和触发信号。

1. 屏幕显示控制

图 5-63 所示显示的控制框内有“Stop”“Reset”“Reveres”3 个按钮：“Stop”按钮用于停止仿真；“Reset”按钮用于逻辑分析仪复位并清除已显示波形，重新仿真；“Reveres”按钮用于改变逻辑分析仪背景色。

2. 游标与读数

逻辑分析仪显示屏左右边沿上有两根顶部是倒三角形的垂直游标，如图 5-63 所示。当仿真停止时，可用鼠标单击该倒三角形，并按住不放移动到需要测量的位置，时间框内将自动显示游标所在位置的 T1 与 T2 的时间，以及（T2-T1）的时间差值，如图 5-64 所示。

注意： T1 与 T2 显示的时间，是 T1、T2 的游标所在位置时间到仿真起始的时间。

T1、T2、T2-T1 显示时间的右边，有一小方框，如图 5-64 所示，这代表垂直游标测试 16 通道逻辑信号逻辑值，以十六进制数据显示。

3. 时钟设置

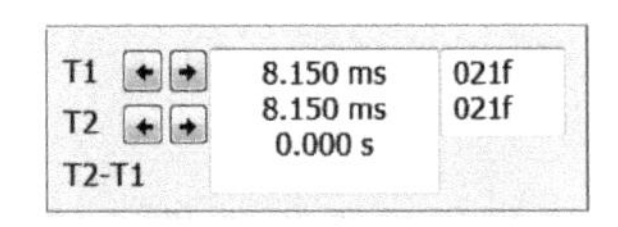

图 5-64　游标与读数

逻辑分析仪在采样特殊信号时，需作一些特殊设置。例如，在触发信号到达前，往往对信号先采样并存储，直到有触发信号来为止。有触发信号以后，再开始采样触发后信号的数据，这样可以分析触发信号前后的信息变化情况。

触发信号到来前，如果采样的信息量已达到并超过设置存储数量，而触发信号没有来，那么以先进先出为原则，就由新数据去替代旧数据，如此周而复始，直到有触发信号为止。

根据需要指定逻辑分析仪触发前和触发后的信号采样存储数量，可单击“Clock”选项组中的“Set”按钮，如图 5-65 所示，系统弹出如图 5-66 所示的对话框进行设定。

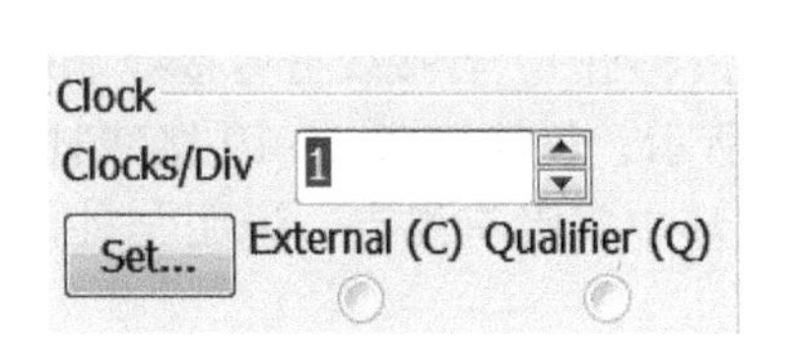

图 5-65　时钟设置（一）

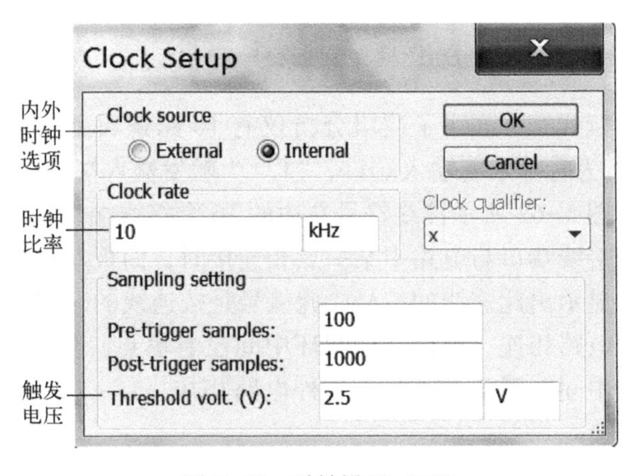

图 5-66　时钟设置（二）

逻辑分析仪时钟设置：

1）Clock source 时钟脉冲源：读取输入信号时，必须有时钟脉冲。根据需要，采用内部或外部时钟脉冲。选择内部时钟模式与示波器的自动扫描相仿，选择外部时钟模式与示波器外接扫描信号相仿。

2）Clock rate 时钟比率：设置内部信号扫描比率。

3）Clock qualifier 时钟限定：对输入时钟信号设置门槛限制。如果设置为“X”，限制就不启动，只要有时钟信号，采样就开始。如果设置门槛限制为“1”或“0”，时钟信号只有符合限制设置时，采样才开始。

4）Pre-trigger samples：设置触发前有多少数据被采样储存。Post-trigger samples：设置触发后有多少数据被采样存储。

如果设置被采纳，单击“OK”按钮，否则单击“Cancel”按钮。

4. 触发方式

用逻辑分析仪观察数据流中感兴趣的一段数据，其方法设置特定的观察起点、终点或与被分析数据有一定关系的某一个参考点。这个特定的点在数据流中一旦出现，便形成一次触发事件，相应地把数据存入存储器。这个特定的参考点是一个数据字，也可能是字或事件的序列，总之是一个多通道的逻辑组合，这个数据字被称为触发字。

在触发控制区域中单击“Set”按钮，系统弹出触发设置对话框，如图 5-67 所示。对话框是选择数据流窗口的数据字，即逻辑分析仪采集数据前必须比较输入与设定触发字是否一致，若一致，逻辑分析仪开始采集数据，否则不予采集。

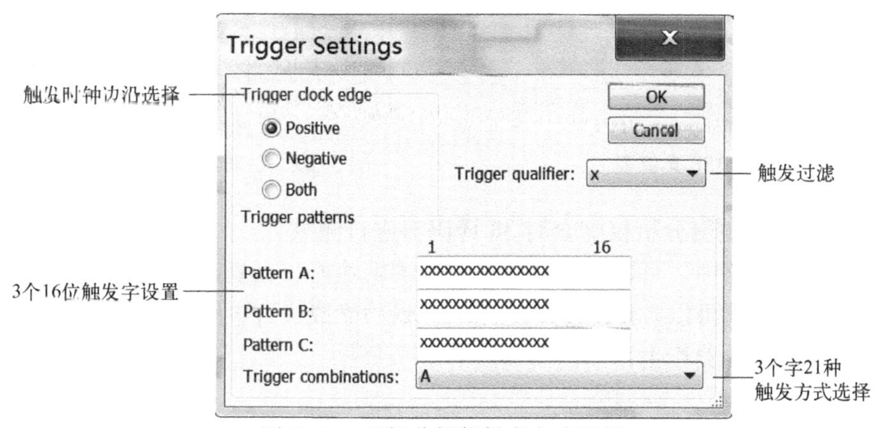

图 5-67 逻辑分析仪触发方式选择

设置逻辑分析仪触发方式：

1）选择时钟信号触发边沿条件：选择“Positive”命令，设置正脉冲触发；选择“Negative”命令，设置负脉冲触发；“Both”按钮既可以正脉冲，又可以负脉冲作为触发条件。

2）Trigger qualifier：选择对触发的限制。如果设置的是“X”，限制就不起作用；设置“1”或“ 0”，触发有限制。

3）Trigger patterns 中的 3 个触发字：Pattern A、Pattern B 和 Pattern C。可分别对 3 个触发字进行触发设定，或逻辑组合设定。已组合逻辑设定可从下拉菜单 Trigger combinations 中选择（见下面的组合列表）。

设置触发限制是为了过滤掉不满足测试条件的触发信号所采集的输入信号。

可行的触发组合：

A	B	C
A OR B	A OR C	B OR C
A OR B OR C	A AND B	A AND C

B AND C　　A AND B AND C　　NO B
A NO C　　B NO C　　A THEN B
A THEN C　　B THEN C　　(A OR B)THEN C
A THEN(B OR C)　　A THEN B THEN C　　A THE(B WITHOUT C)

5. 操作示范

（1）手动法对 38 译码器功能测试

图 5-68 所示是 74LS138 真值表。由真值表可画出手动法对 38 译码器的功能测试电路图，如图 5-69 所示。3 个输入端 A、B、C 共有 8 种组合状态（000~111），可控制 8 个输出信号 Y0~Y7。如图 5-69 所示，A、B、C 输入为高电平时，选中 Y7，Y7 输出为低电平。译码器还有 3 个使能端，只有当 G2A 与 G2B 均为 0 且 G1 为 1 时，译码器处在工作状态，当译码器被禁止时，Y0~Y7 均输出高电平。

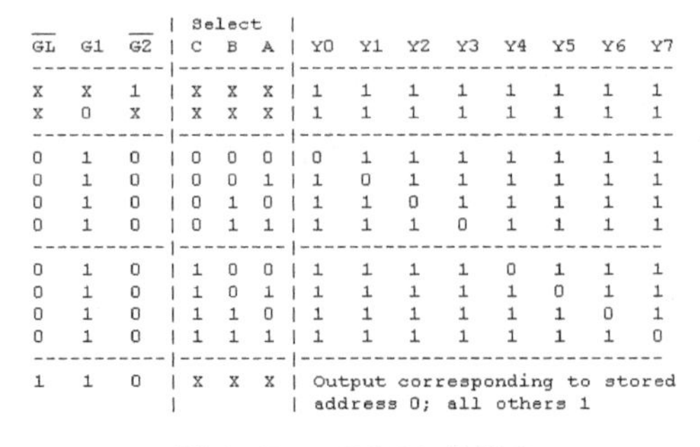

$\overline{GL}$	G1	$\overline{G2}$	Select C	B	A	Y0	Y1	Y2	Y3	Y4	Y5	Y6	Y7
X	X	1	X	X	X	1	1	1	1	1	1	1	1
X	0	X	X	X	X	1	1	1	1	1	1	1	1
0	1	0	0	0	0	0	1	1	1	1	1	1	1
0	1	0	0	0	1	1	0	1	1	1	1	1	1
0	1	0	0	1	0	1	1	0	1	1	1	1	1
0	1	0	0	1	1	1	1	1	0	1	1	1	1
0	1	0	1	0	0	1	1	1	1	0	1	1	1
0	1	0	1	0	1	1	1	1	1	1	0	1	1
0	1	0	1	1	0	1	1	1	1	1	1	0	1
0	1	0	1	1	1	1	1	1	1	1	1	1	0
1	1	0	X	X	X	Output corresponding to stored address 0; all others 1							

图 5-68　74LS138 真值表

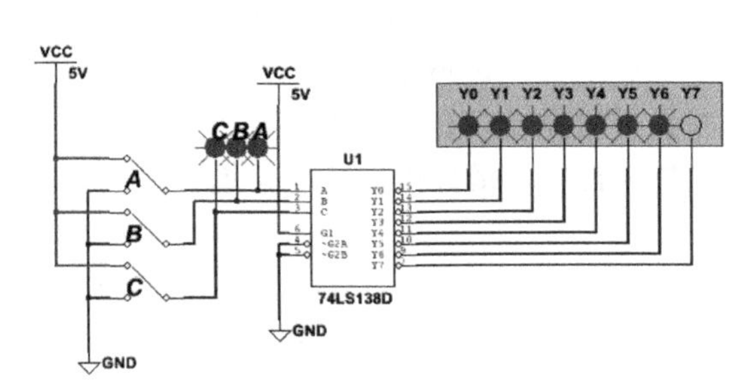

图 5-69　手动法对 38 译码器功能测试

（2）字发生器和逻辑分析仪配合对 38 译码器进行测试

在简单的逻辑电路中，可以用手动方法求得逻辑功能。在复杂的数字电路中，要用逻辑分析仪和字发生器，才可以方便地了解电路的逻辑功能或进行电路的时序分析。其输入信号可以根据需要用字发生器产生，如图 5-70 所示。

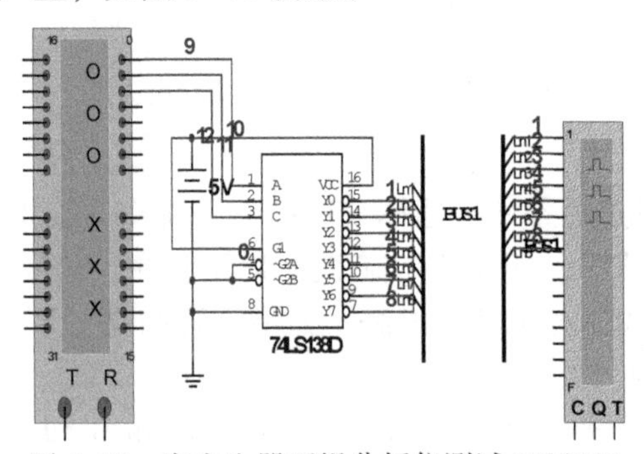

图 5-70　字发生器逻辑分析仪测试 74LS138

（3）说明

1）本电路中要求字发生器产生 000、001、010、011、100、101、110、111 这 8 个数，而且无限次循环，即要把上面 8 个字值输入到字发生器的 8 个行中去。

2）字值输入到行中的步骤如下：首先设置地址长度，即占卷轴多少行。本例中为 8 行，地址从 0~7 的 8 “行”，也可任选其他地址的 8 “行”。

3）字值写入“行”中，选中要放字值的“行”，清其为 0，再用二进制数或十六进制数，或十进制数从键盘输入该行的字值，一直到输完为止。若选择行足够长，从键盘输入行的字值则很烦琐。

4）把输入的 8 个行的字值存放在地址为 0~7 的“行”中，即在地址栏中的起始地址为 00000000，末地址为 00000007。用循环读取法，把“行”的字值按顺序送到电路中去。

5）如果输入内容多而复杂，可以把已输入的行值作为一个文件保存起来，下次用时只要再装入即可，省去再输入的麻烦。有规律的行字值可不用输入，在预设模板中选取。在这例子中，行字值随行序递增，如图 5-57 所示，只要选中“Up Counter”即可，不必一一输入。

6）字发生器有关参数设定完毕后，再把逻辑分析仪接到电路的输出端上，进行仿真。如图 5-71 所示逻辑分析仪上显示的波形很好地反映了 74LS138 的逻辑特性。

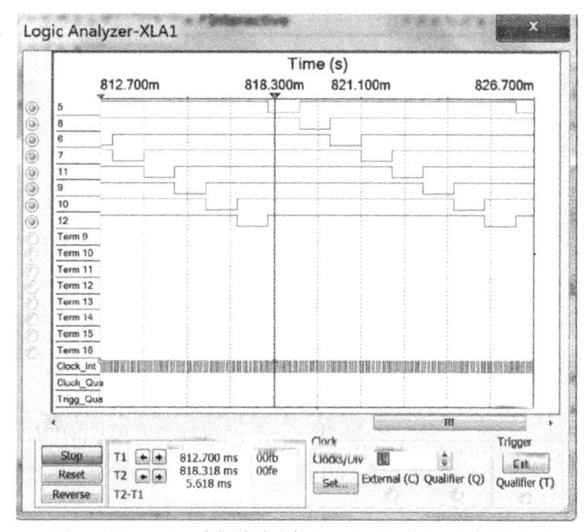

图 5-71　逻辑分析仪显示逻辑电路功能

5.3.3　逻辑转换仪

在 NI Multisim 14 中，逻辑转换仪没有真实仪器与其对应。逻辑转换仪是完成各种逻辑表达形式之间转换的装置。能把数字电路转换成相应的真值表或布尔表达式，也能把真值表或布尔表达式转换成相应的数字电路。逻辑转换仪的图标、接线符号如图 5-72 所示。逻辑转换仪面板如图 5-73 所示。

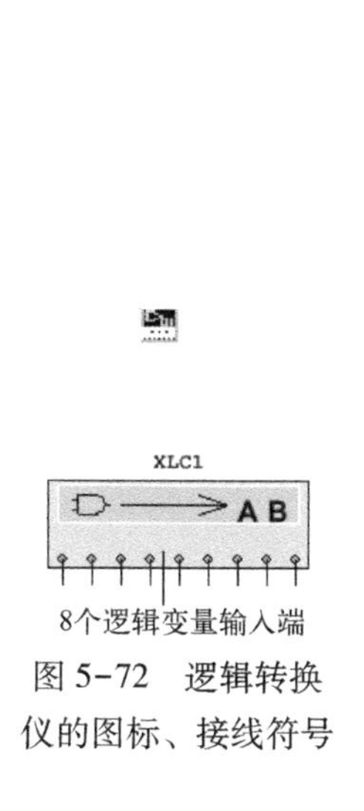

图 5-72　逻辑转换仪的图标、接线符号

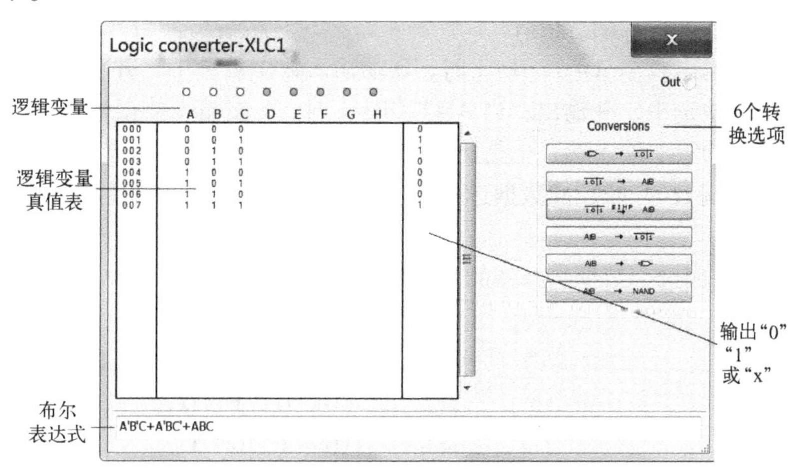

图 5-73　逻辑转换仪面板

1. 从逻辑电路得到真值表

1）将电路的输入端连接到逻辑转换仪的输入端，即接线符号下 8 个接点。

2）将电路的输出端与逻辑转换仪的输出接线柱相连。

3）单击按钮，完成电路图到真值表的转换。

2. 真值表的输入和转化

建立真值表：位于逻辑转换仪面板上方的是逻辑变量的输入通道，其标号为 A、B、C、D、E、F、G、H。若用 3 个变量，则单击标号 A、B、C 上方的小圆点，如图 5-73 所示。真值表中出现了 3 个输入逻辑变量的完全逻辑组合。此时，输出框默认值为“?”。根据逻辑输出要求，在输出框的相应位置输入“1”，或“0”，或“X”（X 表示 1 或 0 都可以接受）。

将真值表转化为布尔表达式：单击按钮。布尔表达式会出现在逻辑转换仪的底部。真值表转化到简化的布尔表达式，则单击按钮。

NI Multisim 14 化简是用“Quine-McCluskey”方法完成的，而不是用卡诺图法。卡诺图法只用于简单逻辑变换，而“Quine-McCluskey”可以完成任何用人工方法都很烦琐的逻辑变换。

注意：化简需要大量内存，如果没有足够的内存，Multisim 14 可能无法完成化简。

3. 布尔表达式的输入和转化

布尔表达式直接以“与”“或”的形式输入到逻辑转换仪底部的方框内。若要将布尔表达式转换到真值表，单击按钮即可。而要将布尔表达式转换成电路图，单击按钮即可。满足布尔表达式的逻辑电路以“与”门的形式出现在 NI Multisim 14 的窗口中，也可用“与非”门表示，单击按钮即可。

4. 操作范例

用逻辑转换仪设计四选一的数据选择器电路。

1）数据选择器也称多路开关，其基本逻辑功能是通过对信号（地址编码）的选择，从若干路输入数据中挑选一路作为输出。

2）本例中有 7 个输入端，设置 A、B 为通道选择控制端（又称地址端），C、D、E、F 为 4 路数据输入端。由 A、B 控制 4 路中的一路输出，当 A=0、B=0 时，C 端输入数据被选中，并输出；当 A=0、B=1 时，D 端输入数据被选中，并输出；当 A=1、B=0 时，E 端输入数据被选中，并输出；当 A=1、B=1 时，F 端输入数据被选中，并输出。

H 为第 7 输入端，也是此数据选择器的使能端，当使能端 H=1 时，数据选择器被屏蔽；当使能端 H=0 时，此数据选择器处在工作状态，输出逻辑函数表达式为：

$$Y=A'B'C+AB'D+A'BE+ABF$$

3）四选一数据选择器的真值表如下：

H	A	B	Y
0	0	0	C
0	0	1	D
0	1	0	E
0	1	1	F

4）用逻辑转换仪实现此逻辑电路功能。首先，打开逻辑转换仪，然后在面板下方的逻

辑表达式中填上逻辑函数 A'B'CH'+AB'DH'+A'BEH'+ABFH'，再按一下由逻辑表达式转为逻辑电路的按钮，电路图就画出来了，如图 5-74 所示。

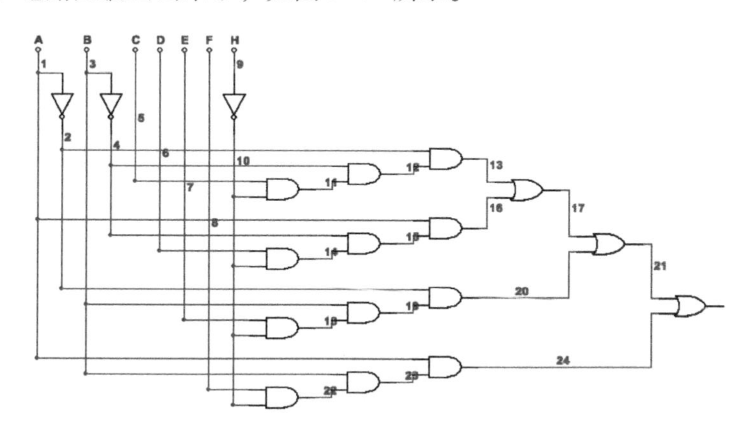

图 5-74　由逻辑函数生成电路

5.4　射频仪器

5.4.1　频谱分析仪

频谱分析仪用于分析信号在频域上的特性，测量某信号中所包含的频率与频率相对应的幅度值，并可通过扫描一定范围内的频率来测量电路中谐波信号的成分。同时，它还可以用来测量不同频率信号的功率。本频谱分析仪分析频率范围的上限为 4 GHz。频谱分析仪的图标、接线符号、面板如图 5-75 所示。

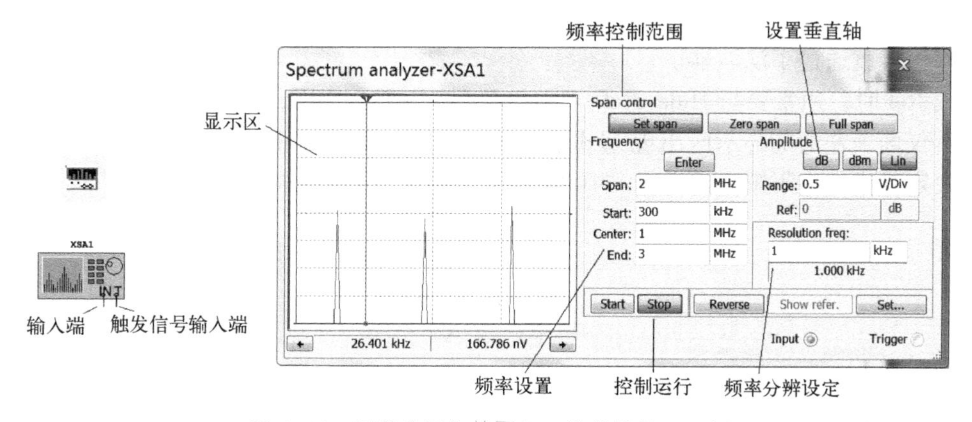

图 5-75　频谱分析仪的图标、接线符号、面板

1. 工作频率范围设定 Span control

Span control 区是频谱分析仪的仿真工作频率范围设定区，如图 5-76 所示。

- Set span 按钮：按下 Set span 按钮，仿真频率范围按 Frequency 区设定的进行仿真分析。
- Zero span 按钮：按下 Zero span 按钮，按 Frequency 区设定的 Center 单一频率进行仿真

分析。

- Full span 按钮：按下 Full span 按钮，仿真频率范围设定为该频谱分析仪的整个频率范围，即 1 kHz~4 GHz。

2. 水平坐标轴 Frequency 区

若在 Span control 区中选择“Set span”按钮，需对 Frequency 区的功能框进行设置，设置频谱分析仪分析频率起始与终止等共 4 个选项，如图 5-77 所示。实际上只设置其中两项，余下两项可自动生成。

- Span：设置测试频率的间隔，Span=End-Start。
- Start：设置测试开始的频率，Start=Center-Span/2。
- Center：设置测试中间的频率，Center=(Start+End)/2。
- End：设置测试终止的频率，End=Center+Span/2。

若已知 Span 频率、Center 频率，并在相应的框内输入这两个频率值，单击“Enter”按钮，Start 频率、End 频率会自动填入，反之亦然。

若在 Span control 区中选择 Zero span 按钮，只要设置 Center 单一频率即可。

若在 Span control 区中选择 Full span 按钮，则不作任何设置。

3. 垂直坐标轴 Amplitude Range

本区功能是垂直坐标轴刻度选项，如图 5-78 所示。其刻度采用 dB、dBm、Lin。“Range”框用于设定每格代表多少分贝，“Ref”框用于设定基准值。

1）Range：表示纵轴坐标每格的刻度值。

2）Ref：用于设置纵轴坐标幅值 dB 或 dBm 的参考标准。在频谱分析仪面板左边的显示区底部，可看到被测量 dB、dBm 的幅值只有单一频率与其对应。如果要测量一个频率段或频率范围，而不是一个点频率，这时就要用到所谓的参考标准。比如，设计一个滤波器，要了解滤波器的频带，就设置参考标准值为-3 dB。当某些频率信号通过滤波器后，其幅值下降超过 3 dB 时，该信号被认为滤除掉了。反之，当某些频率信号的幅值下降不足 3 dB 时，那些频率信号就通过了滤波器。

使用 Ref 时，通常要与 Hide-Ref、Show-Ref 按钮配合使用，单击 Show-Ref 按钮可以在频谱分析仪面板左边的显示区出现-3 dB 的一条横线，有了-3 dB 的这条横线，就可以非常容易地决定频带的上下限。再单击“Hide-Ref”按钮，横线消失。

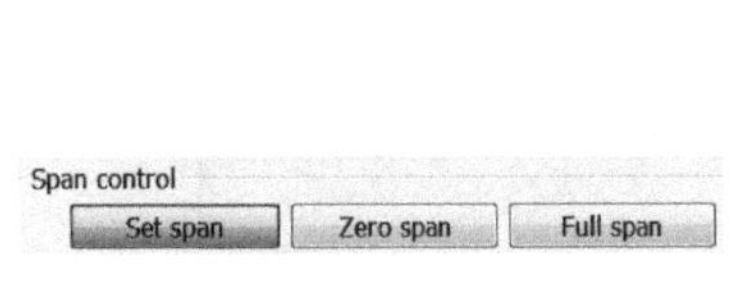

图 5-76 Span control 区

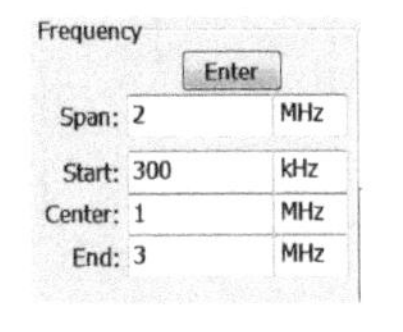

图 5-77 Frequency 区

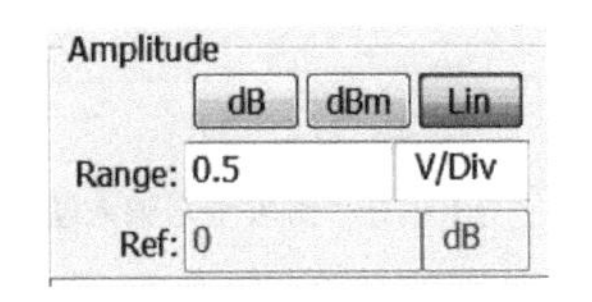

图 5-78 Amplitude 区

4. 频率分辨率 Resolution frequency

Resolution freq：用来设定频率分辨的最小谱线间隔，简称频率分辨率，如图 5-79 所示。频率分辨率的默认值为 Δf=f_end/1024，Δf 可以改变，设置时最好让阅读到的频率点是信号频率的整数倍。

5. 频谱分析仪控制及设定

本区的功能是控制及设定频谱分析仪，如图 5-80 所示。其中包括 5 个按钮：Start 为开始分析，Stop 为停止分析，Hide refer 为隐藏参考标准值，Show refer 为显示参考标准值，Set 用于设置触发方式。单击“Set”按钮，系统弹出如图 5-81 所示的“Settings”对话框。触发方式设置有触发源选项 Trigger source，包括内部（Internal）与外部（External）两个选项；触发模式选项 Trigger mode 有连续（Continuous）和单一（Single）两个选项。另外，还有触发值（Threshold volt）选项与快速傅氏变换（FFT points）设置。

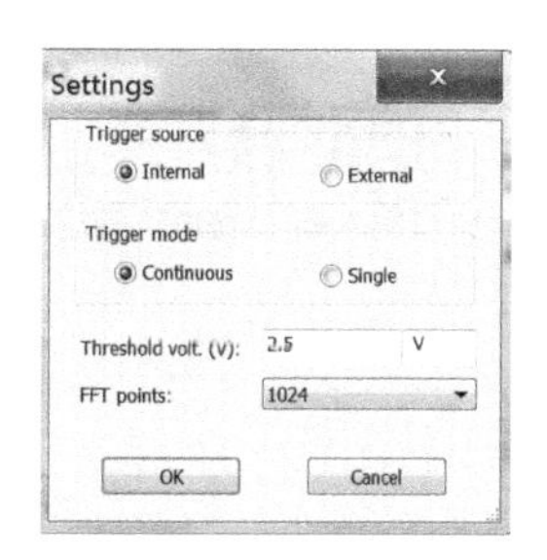

图 5-79　Resolution freq　　图 5-80　Controls　　图 5-81　“Settings”对话框

6. 操作范例

下面这个例子在通信领域中经常用到，图 5-82 所示为频谱测试电路。

如图 5-83 所示的两个正弦波，频率分别为 0.8 MHz 和 1.2 MHz，有效值分别为 8 V 和 10 V。把这两个正弦波通过混频后，得到的输出成分里有(1.2+0.8)= 2 MHz 和(1.2−0.8)= 0.4 MHz 频率信号。图 5-83 所示是利用频谱分析仪得到的混频后输出信号的频谱图。

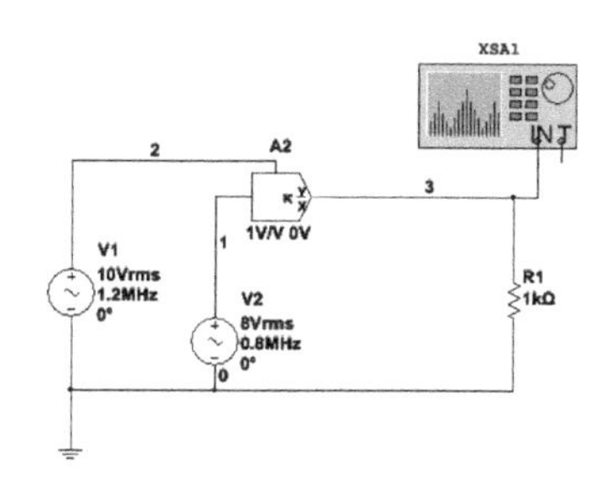

图 5-82　频谱测试电路

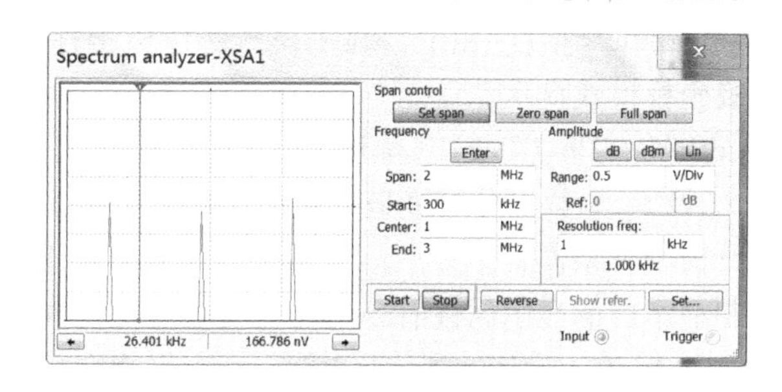

图 5-83　频谱测试图

5.4.2　网络分析仪

网络分析仪是用来测量电路散射参数（Scattering 或简称 S-Parameters）的仪器，一般用于描述电路在高频工作时的特征。NI Multisim 14 中，网络分析仪除了测量 S 参数（Scattering parameters）外，还可用来计算 H、Y、Z 参数。理想条件下，衰减器、放大器、混频器和功率分配器等电路可被看作双端口网络。为正确使用网络分析仪，电路必须断开其输入端口和输出端口。在仿真的过程中，网络分析仪通过接入它的子电路完成电路的分析，因此在执行其他的分析和仿真前，必须将其他的子电路移去。仿真时，网络分析仪会自动进行交流分析。首先对输入端口作交流分析，以便计算前项 S_{11} 和 S_{21} 参数，然后对输出端口作交流分析，以便计算反相 S_{22} 和 S_{12} 参数。基于这些参数，利用网络分析仪可以作更进一步的分析。网络分析仪的图标、接线符号、面板如图 5-84 所示。

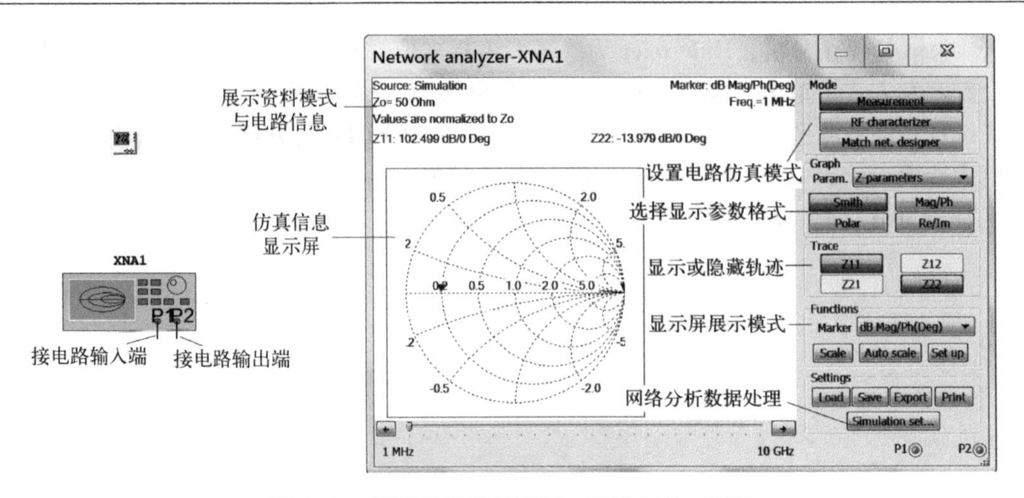

图 5-84　网络分析仪的图标、接线符号、面板

1. 显示模式

图 5-85 所示为显示模式的“Functions”选项组，包括两个选项：控制显示屏上部的电路仿真信息展示模式和显示屏的显示属性设定。

控制显示屏上部的电路仿真信息展示模式，由下拉菜单 Marker 实现。共有 3 个选项：

1）Re/Im（实部/虚部）显示模式：以直角坐标系模式显示参数，显示屏上的 S_{11} 及 S_{22} 参数以直角坐标系模式显示。

2）Mag/Ph（幅度/相位）显示模式：以极坐标系模式显示参数，显示屏上的 S_{11} 及 S_{22} 参数以极坐标模式显示。

3）dB Mag/Ph（Deg）（幅度/相位）显示模式：以分贝极坐标系模式显示参数，显示屏上的 S_{11} 及 S_{22} 参数以分贝极坐标系模式显示。图 5-84 所示显示屏上部的电路信息展示模式为分贝极坐标系模式。

控制显示屏的显示属性有 Scale、Auto scale、Set up 这 3 个按钮。其中：

- Scale 按钮：设定坐标轴刻度，仅有极点、实部/虚部点、幅值/相位 3 个选项可以改变。
- Auto scale 按钮：设定由程序自行调整刻度。
- Set up 按钮：按此按钮，会弹出设定图件显示属性 Preferences 对话框，包括曲线、网格、绘图曲线与文本等属性。下面将会详细说明。

另外，显示屏下方有一个滑动块，移动滑动块可以改变频率。其频率的大小显示在显示屏右上方。

2. 轨迹

图 5-86 所示是轨迹 Trace 区，用这里的按钮可控制仿真参数的显示或隐藏。而 Trace 中的按钮又依赖于仿真模式 Mode 的选择，Mode 选择不同，Trace 中的按钮也不同。若选择测量模式 Measurement，则 Trace 中的按钮有{S_{11}，S_{12}，S_{21}，S_{22}}、{Z_{11}，Z_{12}，Z_{21}，Z_{22}}、{H_{11}，H_{12}，H_{21}，H_{22}}、{Y_{11}，Y_{12}，Y_{21}，Y_{22}}、{K，|Δ|}；如果选择射频电路分析模式 RF Characterizer（其中包括功率、电压增益以及输入输出阻抗），则 Trace 中的按钮有{P. G，T. P. G，A. P. G}、{V. G}、{Z_{in}，Z_{out}}。

3. Graph 区

Graph 区是仿真分析参数及格式显示选择，如图 5-87 所示。

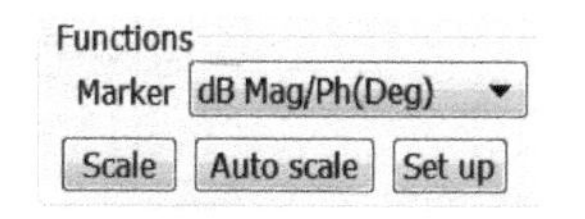

图 5-85　坐标模式 Marker 区

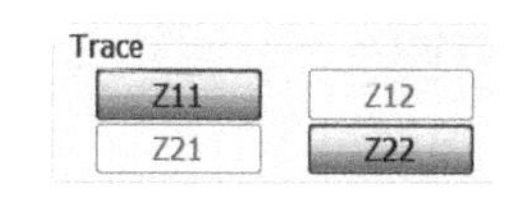

图 5-86　轨迹 Trace 区

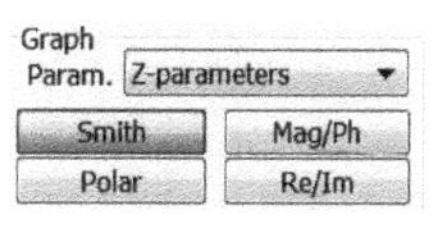

图 5-87　Graph 区

（1）Graph 中的选择

Graph 中仿真分析参数 Parameter 的选择又与模式 Mode 的选择有关。下面详细说明 Parameter 下拉菜单。

1）选择测量模式 Measurement：下拉菜单 Parameter 中有 5 个选项，其中包括 S-parameter（S 参数）、H-parameter（H 参数）、Y-parameter（Y 参数）、Z-parameter（Z 参数），以及 Stability factor（稳定因素），如图 5-88 所示。

2）选择射频电路分析模式 RF characterizer：下拉菜单 Parameter 中有 3 个选项：Power Gains（功率增益）、Gains（电压增益）和 Impedance（阻抗），如图 5-89 所示。

3）选择“Match Net Designer”选项，显示屏将出现如图 5-90 所示对话框。其中包括 Stability circles（稳定圈）、Impedance matching（阻抗匹配）和 Unilateral gain cirdes（单向增益循环）3 个设置页。设计 RF 放大器时，经常需要分析与修改电路性能，上面 3 项是分析电路性能的常用方法。在实际使用中视电路的需要选择一项或多项。

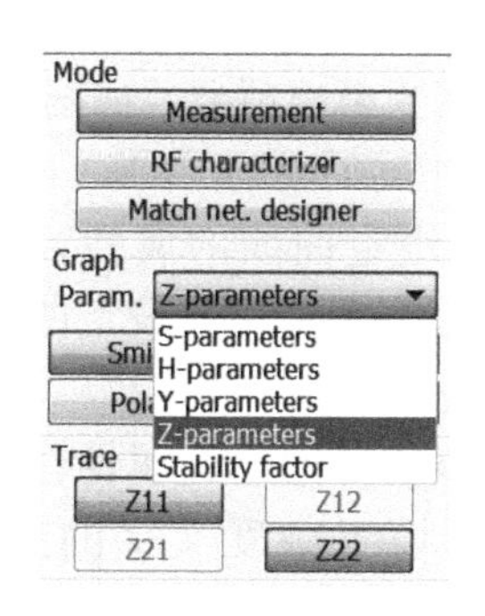

图 5-88　Measurement

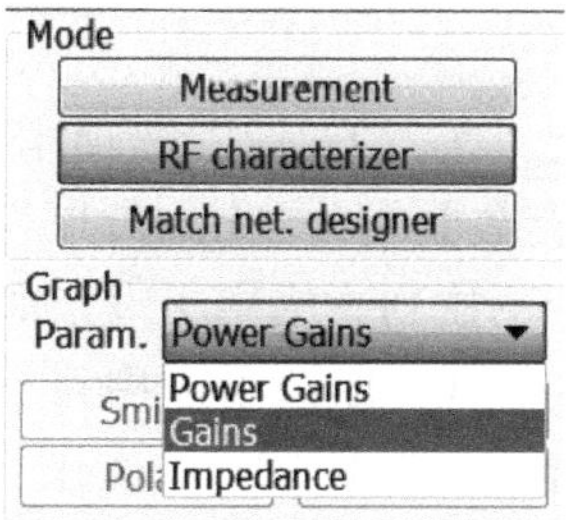

图 5-89　RF characterizer

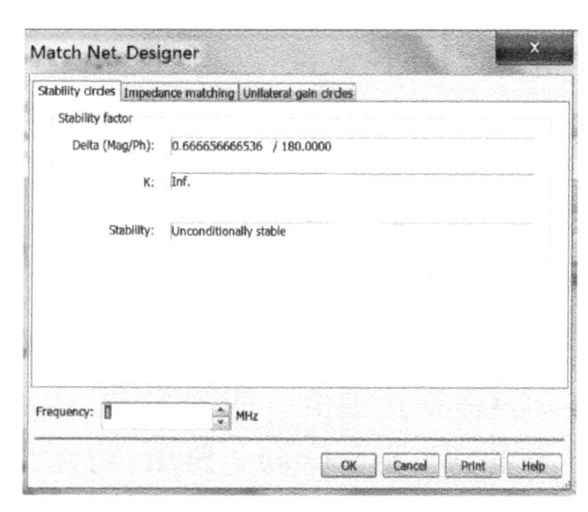

图 5-90　Match Net Designer

（2）分析参数显示格式

分析参数显示格式包括 4 个按钮：Smith（史密斯格式）、Mag/Ph（增益/相位的频率响应，波特图）、Polar（极化图）、Re/Im（实部/虚部）。

1）Smith 按钮：设定图形显示为史密斯格式，如图 5-91 所示。

2）Mag/Ph 按钮：设定图形显示为增益/相位的频率响应格式，即波特图，如图 5-92 所示。

3）Polar 按钮：设定图形显示为极化格式，如图 5-93 所示。

4）Re/Im 按钮：设定图形显示为实数/虚数格式，如图 5-94 所示。

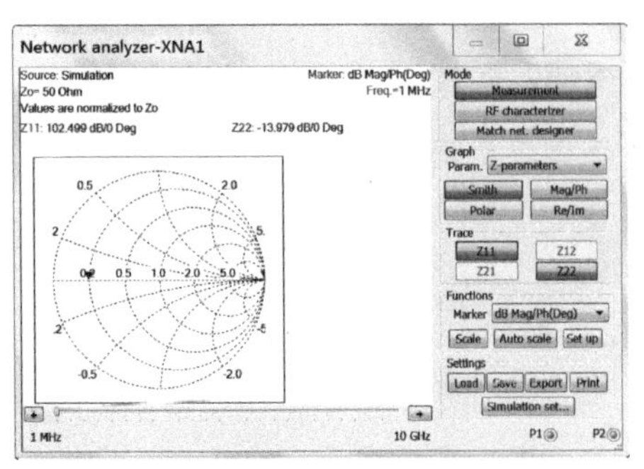

图 5-91　史密斯格式

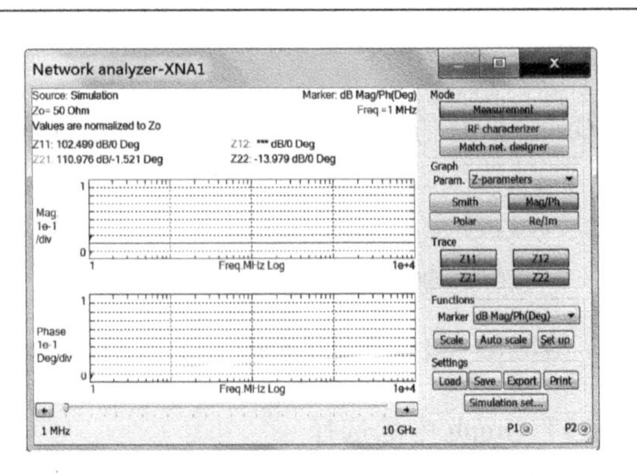

图 5-92　波特图

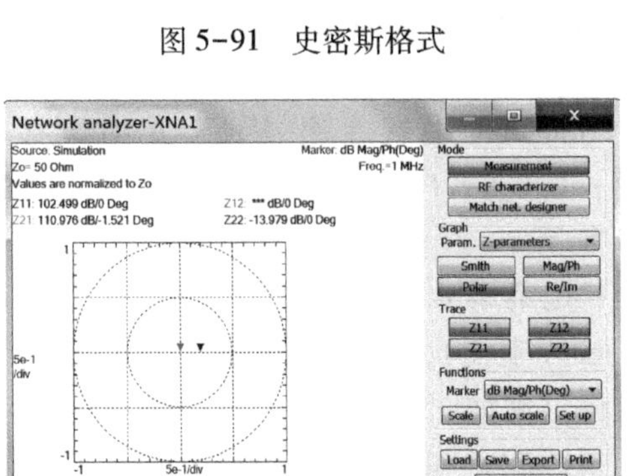

图 5-93　极化格式

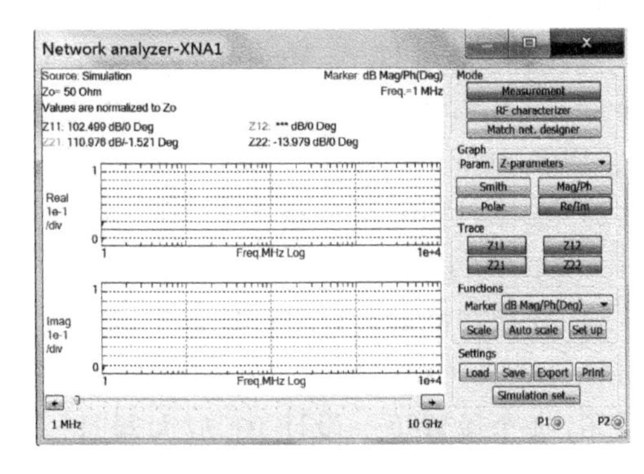

图 5-94　实数/虚数格式

4. 显示属性设置

按住〈Set up〉键，弹出设定图件属性 Preferences 对话框，包括 3 个选项卡，如图 5-95 所示。

1）Trace 选项卡，如图 5-95 所示。在“Trace”选项卡中可设定曲线的属性，其中“Trace”下拉列表框用于选择要设定的参数曲线，“Line width”下拉列表框用于设定曲线的线宽，Color 用于设定曲线的颜色，Style 下拉列表框用于设定曲线的式样。

2）Grids 选项卡，如图 5-96 所示。在 Grids 选项卡中可设定显示屏网格的属性，其中 Line 下的 Width、Color、Style 功能同上，“Tick label color”用于设置刻度文字的颜色，“Axis title color”用于设置刻度坐标轴标题文字的颜色。

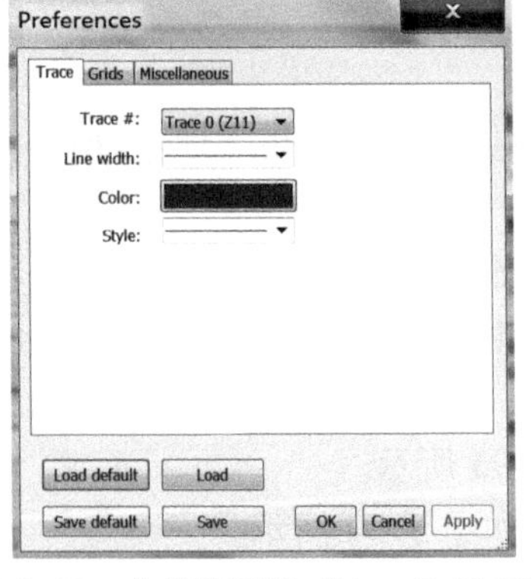

图 5-95　曲线的属性“Trace”选项卡

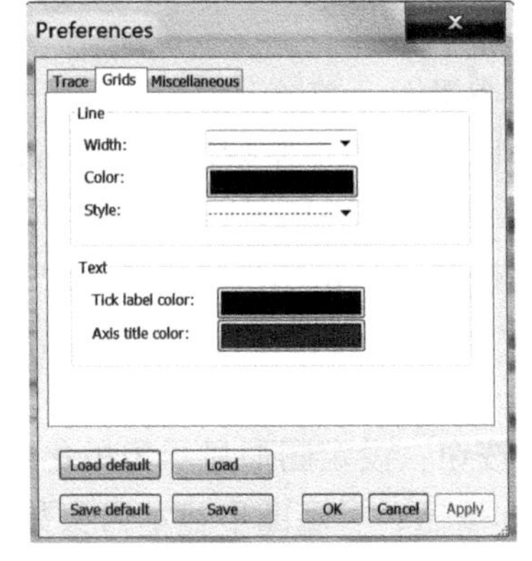

图 5-96　显示屏网格的属性“Grids”选项卡

3）Miscellaneous 选项卡，如图 5-97 所示。在“Miscellaneous”选项卡中，可设定显示屏的各项属性，其中“Frame width”下拉列表框为图边框设定线宽，“Frame color”为图边框设定颜色，“Background color”为画图区背景设定颜色，“Graph area color”为画图区设定颜色，“Label color”为标示的文字设定颜色，“Data color”为资料文字设定颜色。

5. 资料管理设置

图 5-98 所示的网络分析仪数据处理框中，提供了显示屏里的资料管理。其中，“Load”按钮是加载资料、“Save”按钮是存储资料、“Export”按钮是输出资料、“Print”按钮是打印资料。

按一下“Simulation set”按钮，系统弹出如图 5-99 所示的对话框。在“Simulation Setup”对话框中可设置仿真起始频率、终止频率、扫描的类型、每十倍坐标刻度的点数和特征阻抗。

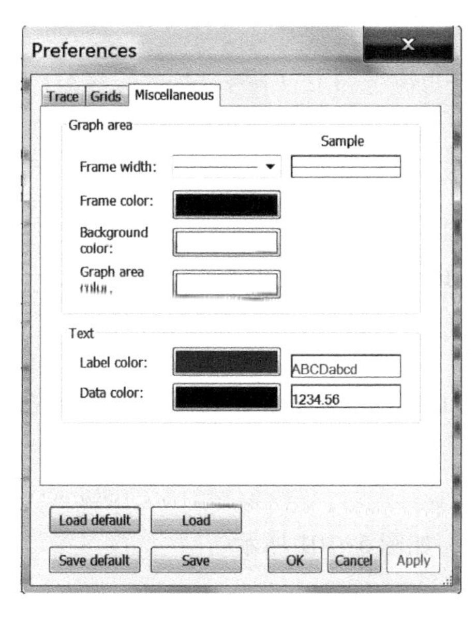

图 5-97　“Miscellaneous”选项卡

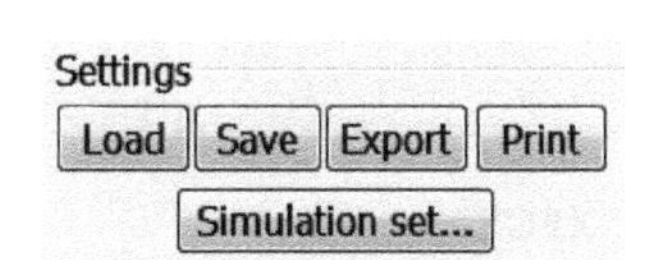

图 5-98　数据处理框

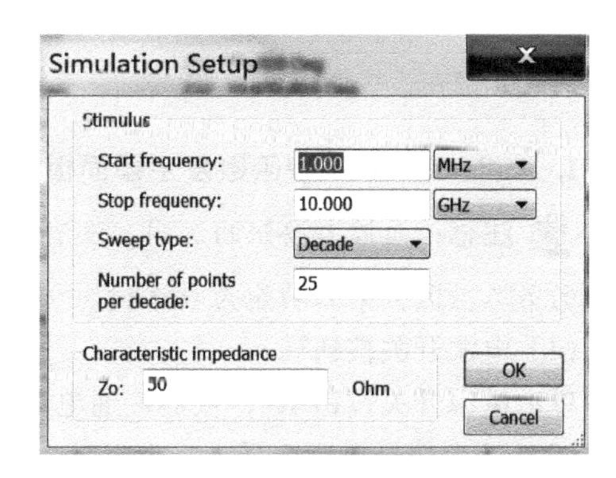

图 5-99　“Simulation Setup”对话框

5.5　模拟 Agilent、Tektronix 真实仪器

在仿真软件 NI Multisim 14 的虚拟仪器栏中，有 4 台模拟著名厂商电子测量的常用仪器，分别是安捷伦的 Agilent33120A 型函数发生器、Agilent34401A 型数字万用表、Agilent54622D 型数字示波器和泰克 TektronixTDS2024 型数字示波器。这 4 台虚拟仪器的面板上各按钮、旋钮和输入、输出端口等设计与实物仪器面板一模一样。在计算机里操作这些仪器就像在实验室操作真实仪器一样，且不用担忧损坏，并可为今后使用真实仪器打好基础。由于这些仪器功能繁多，操作复杂，下面对它们的操作和使用方法作较详细的介绍。

5.5.1　Agilent33120A 型函数发生器

Agilent33120A 是安捷伦公司生产的一种宽频带、多用途、高性能的函数发生器。它不仅能产生正弦波、方波、三角波、锯齿波、噪声源和直流电压 6 种标准波形，而且能产生按指数下降的波形、按指数上升的波形、负斜率波函数、Sa（x）及 Cardiac（心律波）5 种系统存储的特殊波形和由 8~256 点描述的任意波形。在测量系统中，Agilent33120A 型函数发生器具有 GPIB、RS-232 标准总线接口。其图标、接线符号如图 5-100 所示。双击接线符号打开其面板，如图 5-101 所示。

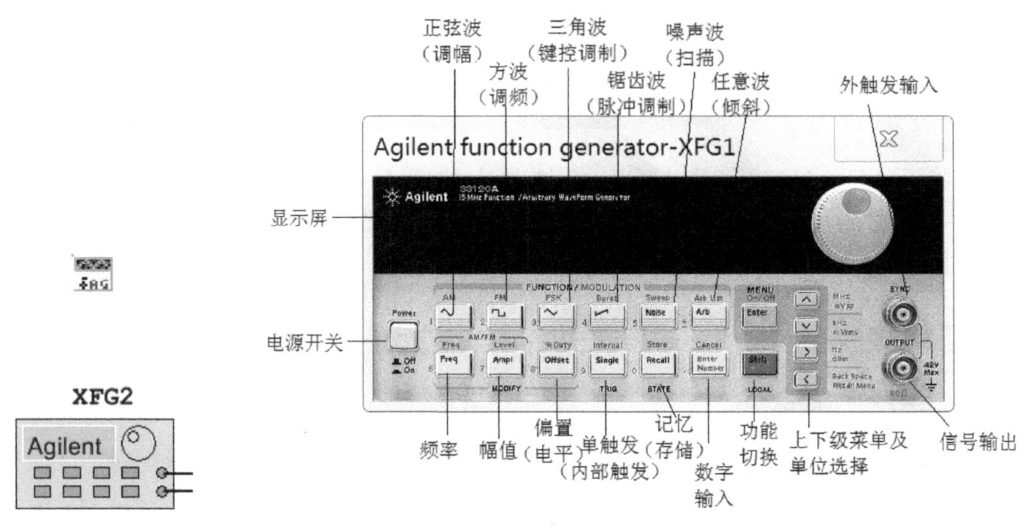

图 5-100 图标、接线符号

图 5-101 函数发生器面板

1. Agilent33120A 型函数发生器面板按钮的说明

注意： 面板上按钮的说明，没有用括号括的说明为按钮的第一功能，有括号括的为按钮的第二功能，第三功能为数字键。

（1）电源开关按钮

单击电源开关按钮，仪器接通电源开始工作，如图 5-101 所示。

（2）输出信号类型选择

面板上 FUNCTION/MODULATION 区域内的 6 个按钮是输出信号类型的选择按钮，单击、、、、Noise、Arb 各按钮，输出的信号分别为正弦波、方波、三角波、锯齿波、噪声波及自定义的任意波形。

若单击 Shift 按钮，面板显示屏上会显现“Shift”字样，再单击、、、、Noise、Arb 各按钮，则输出的是调制信号，分别对应这些按键上方所标示的 AM（调幅）信号、FM（调频）信号、FSK（键控调制）信号、Burst（脉冲调制）信号、Sweep（扫描）信号、Arb List（倾斜）信号。

（3）功能按钮

- Shift 按钮：是换档按钮，同时单击 Shift 按钮与其他按钮，执行的是该按钮上方字母所标示的功能，如上述两种调制信号输出，先单击 Shift 按钮，再选择调制信号类型。
- Enter Number 按钮：是数据输入键，先单击 Enter Number 按钮，然后再输入数值，再按 Enter 按钮，则相应数值及“±”号就输入了，各按钮旁边标示有数值，如图 5-101 所示。若要取消本次输入的值，按 Shift 按钮，再按 Enter Number 按钮即可。

（4）频率按钮Freq、幅度按钮Ampl：

面板上的 AM/FM 方框中的两个按钮Freq、Ampl，分别用于信号频率与幅度参数的调整。单击Freq按钮，调整信号的频率。单击Ampl按钮，调整信号的幅度。

若单击Shift按钮后，再分别单击Freq、Ampl按钮，则调整 AM（调幅）、FM（调频）信号的调制幅度和调制频率。

（5）菜单操作按钮

单击Shift按钮，再单击Enter按钮后，就可以对菜单进行操作。若单击^按钮，则返回上一级菜单。若单击∨按钮，则进入下一级菜单。若单击>按钮，则在同一级菜单右移。若单击<按钮，则在同一级菜单左移。例如，选择改变测量频率单位时，可单击∨按钮选择测量频率单位递减（如 MHz、kHz、Hz），或单击按钮^选择测量频率单位递增（如 Hz、kHz、MHz）。

（6）直流偏置按钮Offset

单击Offset按钮，可为信号源设定直流偏置。如果单击Shift按钮后，再单击Offset按钮，则可改变信号源的占空比。

（7）触发模式按钮Single

单击Single按钮，选择单次触发。若单击Shift按钮，再单击Single按钮，则选择内部触发。

（8）状态按钮Recall

单击Recall按钮，选择上一次存储的状态。如果先单击Shift按钮后，再单击Recall按钮，则选择存储状态。

（9）旋钮

Agilent33120A 型函数发生器面板上的唯一旋钮，在如图 5-101 所示显示屏右上角。此旋钮可改变输出信号的各种参数值，如频率、幅度、调制频率和调制幅度等。

（10）信号输出端口

如图 5-101 所示右下方的两个输出口（OUTPUT）和（SYNC）。在连接符号中，其上面的为同步输出口（OUTPUT），下面的为 50 Ω 匹配输出口（SYNC）。应用时只需将该端口与电路的输入端连接即可，其公共端自动连接，如图 5-102 所示。

2. 用 Agilent33120A 型函数发生器产生标准波形

Agilent33120A 型函数发生器能产生正弦波、方波、三角波、锯齿波、噪声源和直流电压等标准波形。用示波器观察输出信号的波形，电路连接如图 5-103 所示。

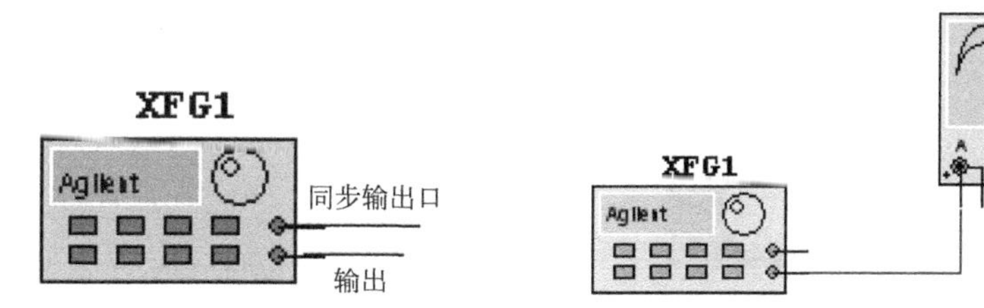

图 5-102　信号源在电路中的应用　　图 5-103　用示波器观察输出信号波形

（1）正弦波产生及参数设置

1）开启电源开关（在以后叙述中省略这一步）。设定信号类型，单击正弦波按钮。

2）设定信号频率，单击Freq按钮，再单击Enter Number按钮后，从面板上输入（面板上按钮左边标示数值）频率大小后，再单击Enter按钮确定输入。数值输入与Enter回车键也可以从计算机的键盘上进行操作。

信号频率的大小可用函数发生器面板上的∧、∨按钮设定。单击频率Freq按钮后，屏幕上跳动的位可以通过单击∧或∨按钮调整，显示数值可逐步递增或逐步递减，调整到需要的频率值。若调整的位不跳动，则须用>、<按钮配合左右移动，直到调整位跳动。函数发生器面板上的< ∧ > ∨按钮，也可用计算机键盘上的〈←〉、〈↑〉、〈→〉、〈↓〉键代替。

用仪器面板右上角的旋钮输入数值。具体操作是：当鼠标移动到旋钮处时，鼠标呈手指形状，单击左键不松手，就可用鼠标对旋钮进行顺时针或逆时针方向旋转。也可当鼠标移动到旋钮处，鼠标呈手指形状时单击，再用计算机键盘上的〈←〉、〈↑〉、〈→〉、〈↓〉键改变输入数值。

3）信号幅度的调整方法与频率的设定方法相同，单击幅度Ampl按钮后，按照上面对信号频率的操作完成所需幅度数值的输入。

信号输出幅度有3种表示方式：一种是峰峰值；另一种是有效值；第三种为分贝值（dBm）。其间可以转换：单击Enter Number按钮，再单击∧按钮，可实现有效值、分贝值转换为峰峰值；单击Enter Number按钮，再单击∨按钮，可实现峰峰值、分贝值转换为有效值；单击Enter Number按钮，再单击>按钮，可实现峰峰值、有效值转换为分贝值。

4）信号偏置的调整方法：选择偏置设定按Offset按钮，再按照上面对信号频率的操作完成所需信号偏置幅度数值的输入。

5）举例。要求输出正弦波的表达式为 $y=[100\cos(2\pi+50kt)+100]\mathrm{mV}$。具体操作如图5-104~图5-107所示。

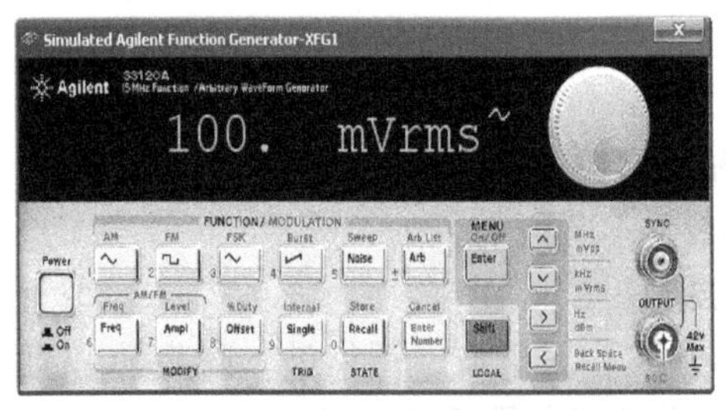

图5-104 输出信号幅值在面板显示

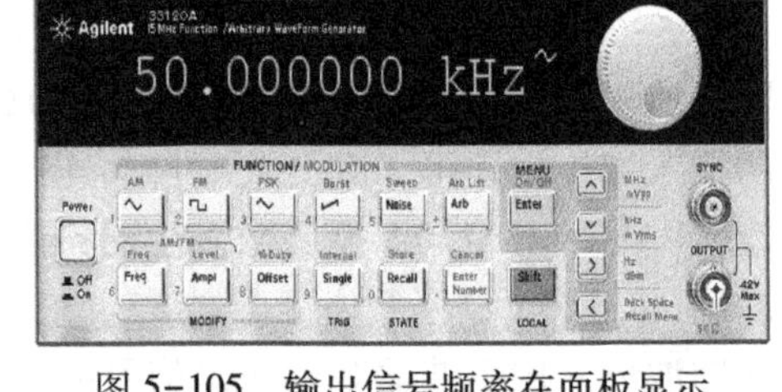

图5-105 输出信号频率在面板显示

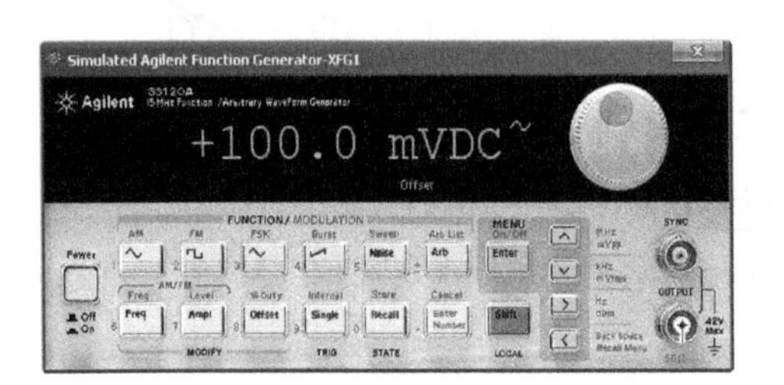

图5-106 输出信号偏置在面板显示

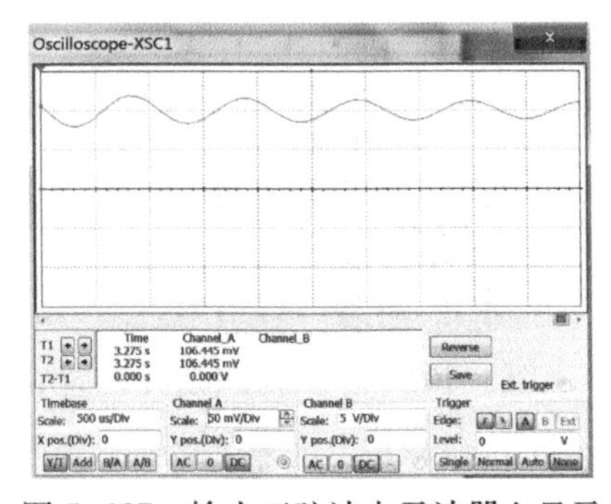

图5-107 输出正弦波在示波器上显示

（2）方波、三角波、锯齿波和噪声的产生及参数设置

波形产生及参数设置的基本操作与正弦波大致相同。对于方波，多一个占空比的设置。方法如下：单击Shift按钮，再按Offset按钮，通过面板上的旋钮调整或通过∧、∨按钮改变方波的占空比大小。图5-108所示为方波占空比在面板上的显示。图5-109所示为占空比为80%方波在示波器上的显示。其他波形的设置与产生不再详述。

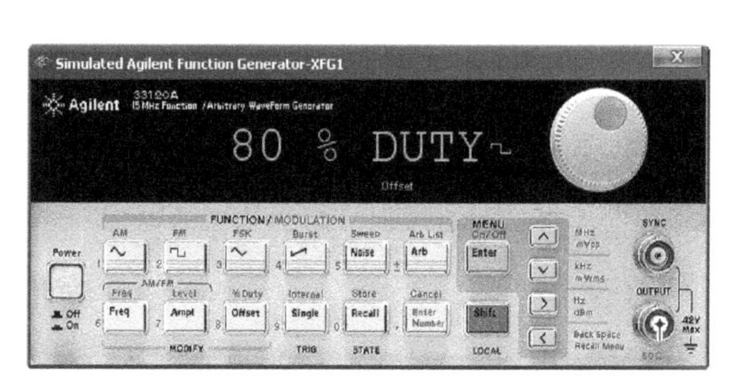

图5-108　方波占空比在面板上的显示

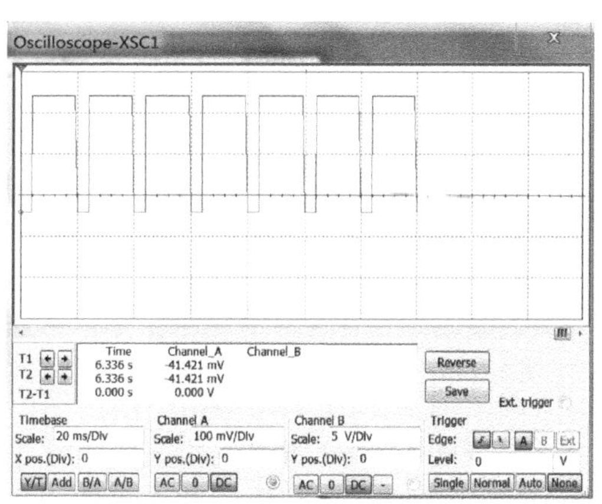

图5-109　占空比为80%方波在示波器上显示

（3）直流电压源

Agilent33120A型函数发生器能产生范围为-5～+5 V的直流电压。单击Offset按钮不放，持续时间超过2 s，显示屏先显示DCV，后变成+0.000 DVC，通过输入数值，改变电压的大小。不管用输入数值3种方法中的哪一种，若输入数值大于+5或小于-5，则均被定在±5 V。

（4）AM信号（调幅）

1）单击Shift按钮后，再单击∿按钮，选择AM（调幅）信号输出。面板显示屏上有AM字样。

2）单击Freq按钮，输入载波的频率；单击Ampl按钮，输入载波的幅度。

3）单击Shift按钮，再单击Freq按钮，输入调制信号的频率；单击Shift按钮后，单击Ampl按钮，输入调制信号的幅度，用%表示。

图5-110所示的载波频率为300 kHz，振幅为300 mV，调制信号为正弦波，其频率为500 Hz，调制幅度为60%所产生的AM信号。

4）用方波作为调制信号，对菜单进行操作，如图5-111所示。

- 在图5-110基础上，单击Shift按钮，再单击Enter按钮后，显示屏显示Menus（菜单）后，立即显示A：MOD Menu（模式菜单）。
- 再单击∨按钮，显示屏显示COMMANDS（命令）后立即显示1：AM SHAPE（调幅波种类）。
- 再单击∨按钮，显示屏显示PARAMETER（参数）后立即显示Sine（正弦波）。
- 反复单击>按钮，会出现SQUARE（方波）、TRIANGLE（三角波）、RAMP（斜面波），这里选择的调制信号为方波，设置完成后，单击Enter按钮保存设置。

运行仿真，结果如图 5-111 所示。与上述步骤操作相同，也可设置三角波等其他波形为调制波。

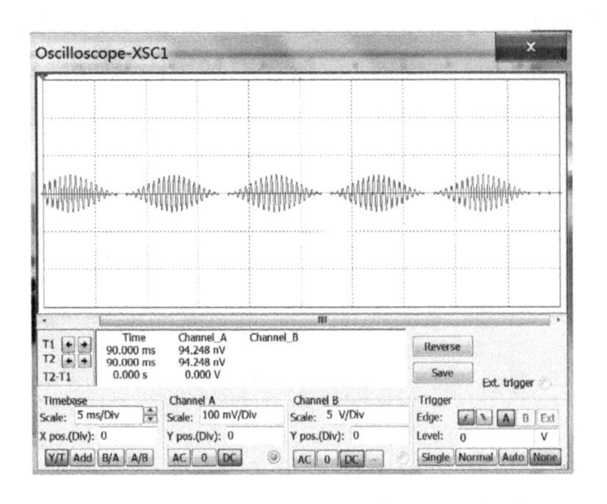

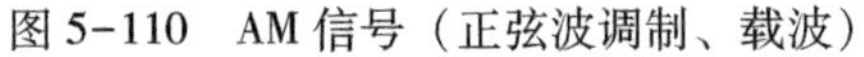
图 5-110　AM 信号（正弦波调制、载波）

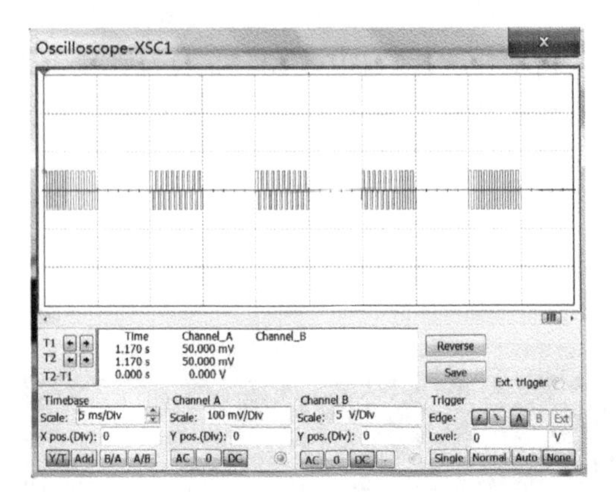

图 5-111　AM 信号（方波调制、正弦波载波）

（5）FM（调频）信号

设置载波频率为 6 kHz，载波幅度为 200 mVpp，调制频率为 2 kHz，角频偏为 3 kHz 的 FM（调频）信号。其参数的设置、调节方法与 AM 信号基本一致，具体操作如下：

1）单击 Shift 按钮后，再单击 ⊓ 按钮，选择 FM 信号输出（面板上有 FM 字样）。当显示屏上有 FM 字样时，可以选择载波波形：单击 ∿ 设置正弦波为载波波形，依此类推，可设置方波 ⊓ 、三角波 ∧ 、锯齿波 ⩘ 为载波波形。

2）单击 Freq 按钮，调整载波的频率；单击 Ampl 按钮，调整载波的幅度。

3）单击 Shift 按钮后，单击 Freq 按钮，通过旋钮调整调制信号的频率；单击 Shift 按钮后，单击 Ampl 按钮，通过旋钮调整角频偏。设置完成后，单击 Enter 按钮保存设置。运行仿真，结果如图 5-112 所示。

3. 用 Agilent33120A 型函数发生器产生的非标准波形

（1）FSK（键控）调制信号

FSK（键控）调制信号如图 5-113 所示。FSK 调制信号的载波频率为 6 kHz、幅度为 800 mVpp，跳跃频率（FSK 频率）为 3 kHz，两个输出频率的转换速率（转换频率）为 2 kHz。具体操作设置如下：

1）载波频率设定：单击 Shift 按钮后，再单击 ∿ 按钮，选择 FSK 调制方式。单击 Freq 按钮，输入载波频率 6 kHz；单击 Ampl 按钮，输入载波幅度800 mVpp。

2）跳跃频率（FSK 频率）设定：单击 Shift 按钮后，再单击 Enter 按钮进行菜单操作，显示屏显示 Menus 后立即显示 A：Menu。单击 ∨ 按钮，显示屏显示 COMMANDS 后立即显示 1：AM SHAPE。反复单击 > 按钮，直至出现 6：FSK FREQ（同级菜单中有 7 项可选，FSK FREQ 排序为 6）。单击 ∨ 按钮，显示屏显示 PARAMETER 后立即显示^100. 00000 Hz。单击 > 按钮后，数字 1（随机）闪动，单击 Enter Number 按钮输入跳跃频率 3kHz。改变设置后，单击 Enter 按钮保存。

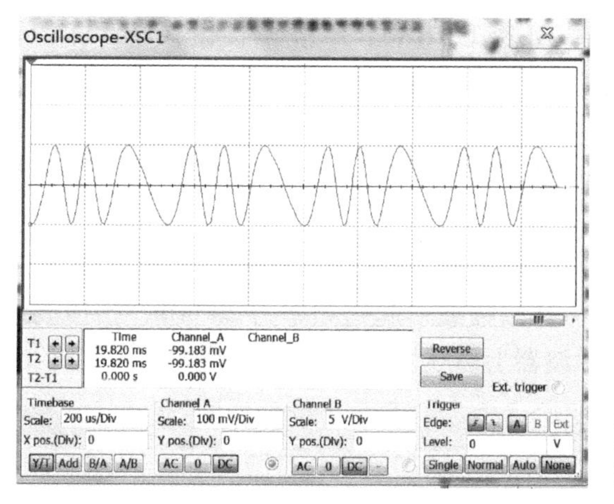

图 5-112　FM 调频信号

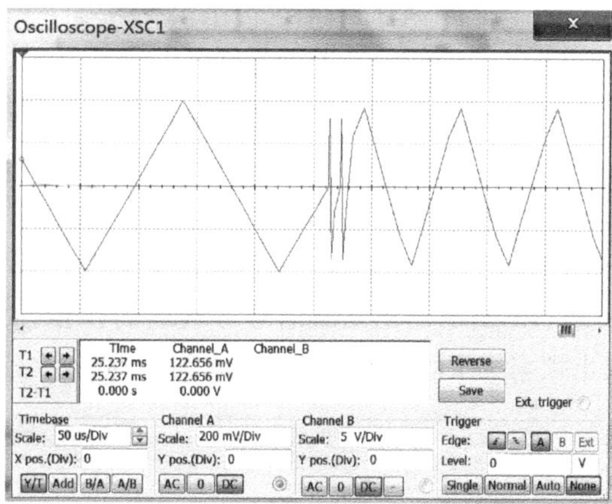

图 5-113　FSK 调制信号

3）转换速率设定：再次单击 Shift 按钮后，单击 Enter 按钮进行菜单操作，显示屏显示 Menu 后立即显示 A：MOD Menu，单击 ∨ 按钮，显示屏显示 COMMANDS 后立即显示 1：AM SHAPE，单击 > 按钮选择 7：FSK RATE，单击 ∨ 按钮，显示屏显示 PAMAMETER（参数）后立即显示^100.00000 Hz，其中^符号闪动，闪动的位是随机位，不一定都是^符号。单击 > 或 < 按钮让闪动位成为要调整的位即可，输入 2 kHz 转换频率，设置完成后，单击 Enter 按钮保存设置。设置完毕，单击仿真开关，仿真结果如图 5-113 所示。

（2）Burst（突发）调制信号

Burst 调制信号的特点是：输出信号按指定速率输出规定周期数目的信号，如图 5-114 所示。图中显示的突发调制信号每隔 2.5 ms 输出 4 个周期为 2 ms、振幅为 5 Vpp 的正弦信号，即 500 Hz 正弦波信号中 4 个周期为一组波形，其间隔为 2.5 ms，即按 400 Hz 速率输出。基本操作方法如下：

1）设置突发显示的波形类型、频率、振幅：单击 Shift 按钮后，再单击 按钮，选择突发调制方式，面板上有 Burst 字样。接着设置波形，这里设为正弦波形，故单击 ∿ 按钮。单击 Freq 按钮，设置输出波形的频率，本例为 500 Hz。单击 Ampl 按钮，设置输出波形的幅度，本例为 5 Vpp。

2）设置突发显示的波形周期数：单击 Shift 按钮后，再单击 Enter 按钮，显示屏先显示 Menu，随后显示 A：MOD Menu；单击 ∨ 按钮，显示屏先显示 COMMANDS，随后显示 1：AM SHAPE，单击 > 按钮选择 3：BURST CNT；单击 ∨ 按钮，显示屏先显示 PARAMETER，随后显示^00001（随机）CYC，输入要显示周期的数目，本例为 4 个周期，单击 Enter 按钮保存设置。

3）设置输出信号的指定速率：再次单击 Shift 按钮后，单击 Enter 按钮进行菜单操作，显示屏显示 Menu 后立即显示 A：MOD Menu，单击 ∨ 按钮，显示屏显示 COMMANDS 后立即显示 1：AM SHAPE，单击 > 按键选择 4：BURST RATE，单击 ∨ 按钮，显示屏显示 PARAMETER 后立即显示^1.000 kHz，输入转换频率，本例为 400 Hz，设置完成后，单击 Enter 按钮保存设置。

4）设置突发显示的波形起始相位角度：再次单击 Shift 按钮后，单击 Enter 按钮进行菜单操作，显示屏显示 Menu 后立即显示 A：MOD Menu，单击 ∨ 按钮，显示屏显示 COMMANDS

后立即显示 1：AM SHAPE，单击 > 按钮选择 5：BURST PHAS，单击 ⌄ 按钮，显示屏显示 PARAMETER 后立即显示^0.00000DEG，输入显示 4 个周期的起始相位角，本例设置为 0°，设置完成后，单击 Enter 按钮保存设置。

单击仿真开关，通过示波器可以观察到 Burst 调制波形，如图 5-114 所示。

（3）Sweep（扫描）波形

扫描信号是指在某一段频率范围内，扫描信号的幅值不变，而频率依次变化的波形。图 5-115 所示是正弦波信号源输出的扫描信号，其扫描波形起始频率为 200 Hz、扫描波形截止频率为 2 kHz、扫描持续时间为 60 ms，在示波器上以线性方式显示。

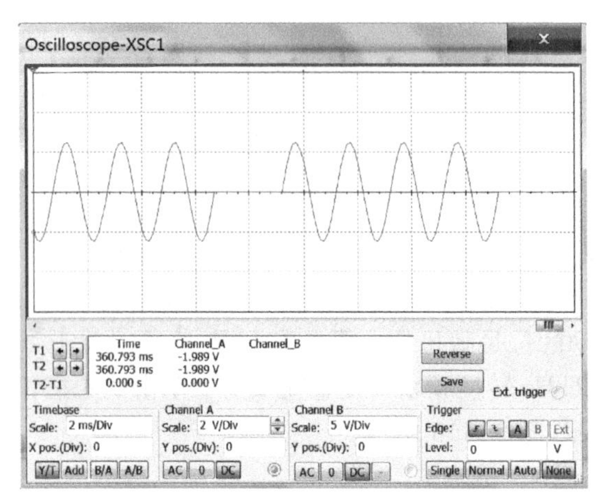

图 5-114　Burst（突发）调制信号

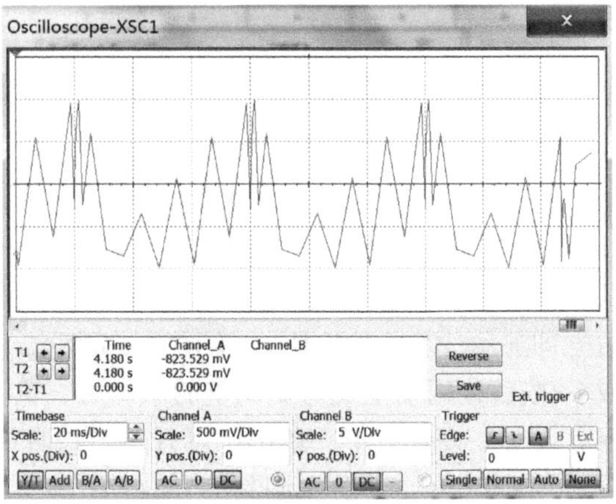

图 5-115　输出扫描波形

1）设置扫描波形：单击 Shift 按钮后，再单击 Noise 按钮，选择扫描信号，面板上有 Swp 字样。接着设置波形，这里设为正弦波形，故单击 ∿ 按钮。单击 Freq 按钮，设置输出波形的频率，本例为 2 kHz。单击 Ampl 按钮，设置输出波形的幅度，本例为 2 Vpp。

2）设置扫描波形的起始频率：先单击 Shift 按钮，再单击 Enter 按钮，显示屏先显示 Menu，随后显示 A：MOD Menu；此时，单击 > 按钮，选择 B：SWP Menu，再单击 ⌄ 按钮，显示屏先显示 COMMANDS，随后显示 1：START F；此时需要单击 ⌄ 按钮，显示屏先显示 PAMAMETER，随后显示^100.000 Hz（随机），再单击 > 按钮，输入扫描波形起始频率为 200 Hz，最后单击 Enter 按钮保存设置。

3）设置扫描波形的截止频率：先单击 Shift 按钮后，再单击 Enter 按钮，显示屏先显示 Menu，随后显示 A：MOD Menu；此时，单击 > 按钮，选择 B：SWP Menu，再单击 ⌄ 按钮，显示屏先显示 COMMANDS，随后显示 1：START F；此时需要单击 > 按钮显示 2：STOP F，再单击 > 按钮选择 3：SWP TIMEF；再次单击 ⌄ 按钮，显示屏先显示 PAMAMETER，随后显示^100.000 ms（随机），此时需要单击 > 按钮，输入扫描时间 60 ms，最后单击 Enter 按钮保存设置。

4）设置线性波形扫描：先单击 Shift 按钮后，再单击 Enter 按钮进行菜单操作，显示屏显示 Menu 后立即显示 A：MOD Menu，此时单击 > 按钮，选择 B：SWP Menu。选择完以后单击 ⌄ 按钮，显示屏显示 COMMANDS 后立即显示 1：START F，此时，单击 > 按钮，选择 4：SWP MODE，再单击 ⌄ 按钮，显示屏显示 PARAMETER 后立即显示 LOG，此时需要单击

> 按钮，选择 LINEAR（仅有对数方式和线性方式两种），设置完成后，最后单击 Enter 按钮保存设置。

单击仿真开关，通过示波器可以观察到扫描波形，如图 5-115 所示。

4. 产生特殊函数波形

Agilent33120A 型函数发生器能产生 5 种内置的特殊函数波形，即 SinC 函数、负斜率波函数、指数上升波形、指数下降波形和 Cardiac 函数（心律波函数）。

（1）SinC 函数

SinC 函数是一种常用的 Sa 函数，其数学表达为 $\mathrm{sinC}(x)=\sin(x)/x$，图 5-116 所示为 SinC 函数波形，其频率为 1 kHz，振幅为 100 mVpp。

产生 SinC 函数波形的操作步骤如下：

1）单击 Shift 按钮后，再单击 Arb 按钮，显示屏显示 SinC。再次单击 Arb 按钮后，显示屏除了显示 SinC，还应有 Arb 字样。单击 Enter 按钮保存设置函数的类型，即选择 SinC 函数。单击 Freq 按钮，通过输入旋钮将输出波形的频率设置为 1 kHz，单击 Ampl 按钮，通过输入旋钮将输出波形的幅度设置为 100 mVpp。

2）设置完毕，单击仿真开关，通过示波器观察波形，如图 5-116 所示。

（2）负斜率波函数波形

产生负斜率波函数波形的操作步骤如下：

1）单击 Shift 按钮后，再单击 Arb 按钮，显示屏显示 SinC，再次单击 Arb 按钮，显示屏显示 SinC 并有 Arb 字样。单击 > 按钮，选择 NEG_RAMP，单击 Enter 按钮保存设置函数的类型，即选择负斜率波函数。单击 Freq 按钮，通过输入旋钮将输出波形的频率设置为 1 kHz，单击 Ampl 按钮，通过输入旋钮将输出波形的幅度设置为 100 mVpp。

2）设置完毕，单击仿真开关，通过示波器观察波形如图 5-117 所示。

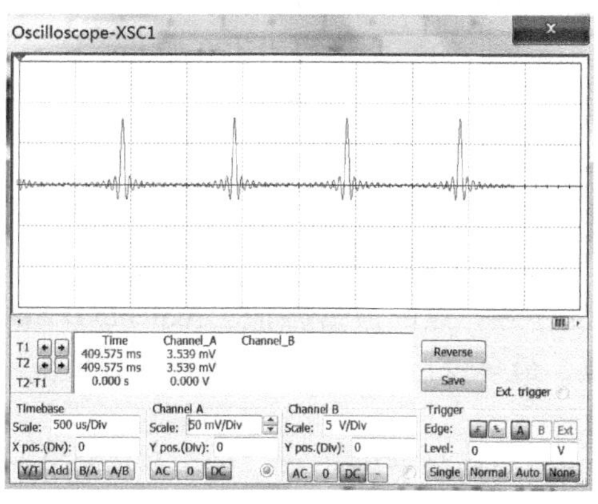

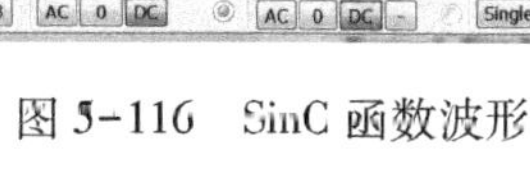
图 5-116　SinC 函数波形

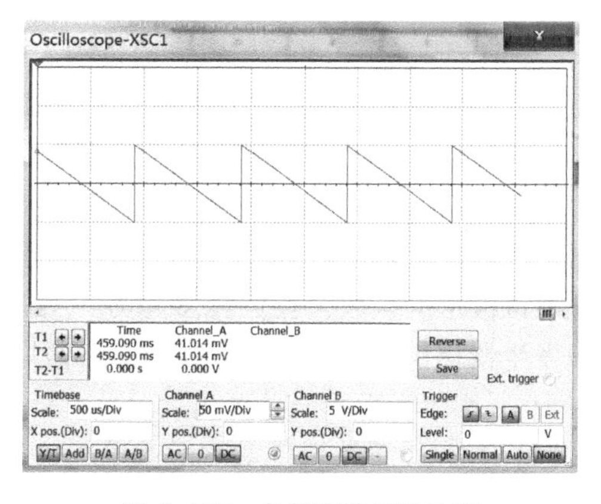

图 5-117　负斜率波函数波形

信号如果要加直流偏压，请参考标准波形中的正弦波的设置。

（3）指数上升函数波形

产生指数上升函数信号的操作步骤如下：

1）单击 Shift 按钮后，再单击 Arb 按钮，显示屏显示 SinC，再次单击 Arb 按钮后，显示屏除了显示 SinC，还有 Arb 字样。单击 > 按钮，选择 EXP_RISE，单击 Enter 按钮，确定所选

EXP_RISE 函数类型。单击Freq 按钮，通过输入旋钮将输出波形的频率设置为 1 kHz，单击Ampl 按钮，通过输入旋钮将输出波形的幅度设置为 100 mVpp。

2）设置完毕，单击仿真开关，通过示波器观察波形如图 5-118 所示。

（4）指数下降函数波形

产生指数下降函数波形的步骤与产生指数上升函数的步骤基本相同，在产生指数上升函数波形步骤的基础上，将函数类型设置为 EXP_FALL，即可得到如图 5-119 所示的指数下降函数波形。

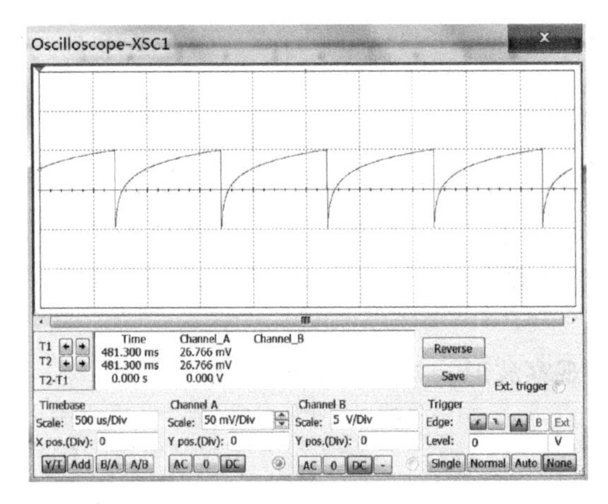

图 5-118　指数上升函数波形

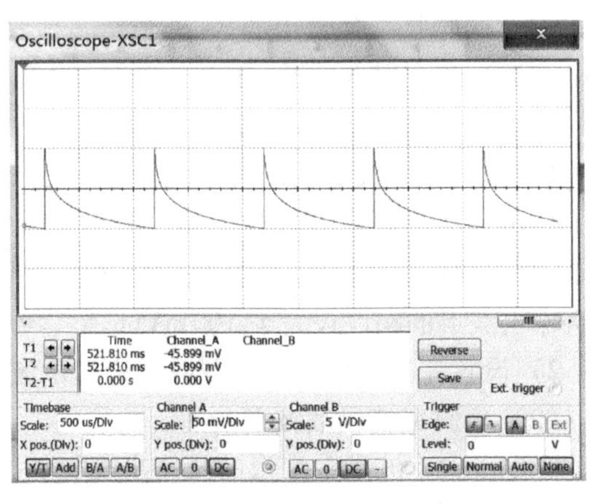

图 5-119　指数下降函数波形

（5）Cardiac（心律波）

产生 Cardiac 函数波形（心律波）的操作步骤如下：

1）单击Shift 按钮后，再单击Arb 按钮，显示屏显示 SinC，单击 > 按钮，选择 CARDIAC，单击Enter 按钮确定所选 CARDIAC 函数类型。单击Freq 按钮，通过输入旋钮将输出波形的频率设置为 1 kHz，单击Ampl 按钮，通过输入旋钮将输出波形的幅度设置为 100 mVpp。

2）设置完毕，单击仿真开关，通过示波器观察波形如图 5-120 所示。

5. 用 Agilent33120A 型函数发生器产生任意波形

Agilent33120A 型函数发生器除了能输出上述的标准与非标准及特殊函数波形外，还能根据用户的要求输出任意波形。一个任意波形的产生，至少需要两部分数据设置。一个是设置截取该波形的点数，点数越多越好；另一个是设置某一点的波形幅值。Agilent33120A 型函数发生器提供截取波形的点数，最少截取 8 个点，最多可达 256 点。每个点的幅值范围为 -1～+1。

（1）首先设置编辑任意波形菜单，这是产生任意波形的关键步骤，用于确定输出波形的形状。其设置步骤如下：

1）单击Shift 按钮后，再单击Enter 按钮，显示屏显示 Menu，随后立即显示 A：MOD Menu，单击 > 按钮两次，选择 C：EDIT MENU。单击 ˅ 按钮，显示屏显示 COMMANDS 后立即显示 1：NEW ARB。单击 ˅ 按钮，显示屏先显示 PARAMETER，随后显示 CLEAR MEM。单击Enter 按钮，计算机会发出蜂鸣声，显示屏显示 SAVED，表示设置被保存。

2）再次单击Shift按钮后，先单击< 按钮（为了调出菜单项），再单击>按钮，选择 2：POINTS，单击⌄ 按钮，显示屏先显示 PARAMETER，随后立即显示^008 PNTS。单击>按钮后，数字 0 在闪动，利用>按钮，输入要编辑的点数（如^020. PNTS，20. 个点），完成设置后，单击Enter按钮保存设置。

3）再次单击Shift按钮后，先单击< 按钮（为了调出菜单项），再单击>按钮，选择显示 3：LINE EDIT。单击⌄ 按钮，显示屏先显示 PARAMETER，随后立即显示 000：^0.00000。注意显示 000：^0.00000 字样的含义，“：”前的 000 是设置任意波的点数，这里不用输入，点数值从 0 开始；“：”后的^0.00000 是设置任意波的某点数值（这一点波形的幅值），等待输入，且每个数据的取值范围为-1～+1。通过单击⌄、^ 按钮改变数据的极性，单击>、< 按钮改变数据位的大小。当某点数值输入完成后，单击Enter按钮，显示屏显示 SAVED 后立即显示 001：0.00000，并等待编辑下一个点，编辑方法与前面的数据点相同。当编辑完最后一个点时，单击^ 按钮返回到 3：LINE EDIT 状态；单击>按钮，选择 6：SAVED AS，单击⌄ 按钮，显示屏先显示 PAMAMETER，随后立即显示 ARBI ＊NEW＊，最后单击Enter按钮，显示屏显示 SAVED，保存所有的设置。本例中采用 20 个截取点，其相应幅度如下：（000：0.0000）、（001：0.1000）、（002：0.1250）、（003：0.2500）、（004：0.3750）、（005：0.5000）、（006：1.0000）、（007：0，0000）、（008：1.0000）、（009：-1.0000）、（010：1.0000）、（011：-1,0000）、（012：-0,8750）、（013：-0,5000）、（014：0.0000）、（015：-0.1000）、（016：0.8000）、（017：-0.8000）、（018：0.0000）、（019：0.0000）。

（2）输出任意波形

1）单击Shift按钮后，再单击Arb按钮，显示屏显示 SinC，单击>按钮，选择 ARBI~，单击Enter按钮确定所选函数 ARBI 类型。

2）单击Shift按钮后，再单击Arb按钮，显示屏显示 ARB1，再单击Arb按钮，显示屏显示 ARBI　Arb，表明已选择 ARBI 函数。

3）单击Freq按钮，通过输入旋钮将输出方波的频率设置为 500 Hz，单击Ampl按钮，通过输入旋钮将输出方波的幅度设置为 2Vpp，单击Offset按钮，设置偏置电压为+1VDC。

设置完毕，单击仿真开关，通过示波器可观察到编辑的波形，如图 5-121 所示。不妨测试一下各点振幅是否与设置值相同。

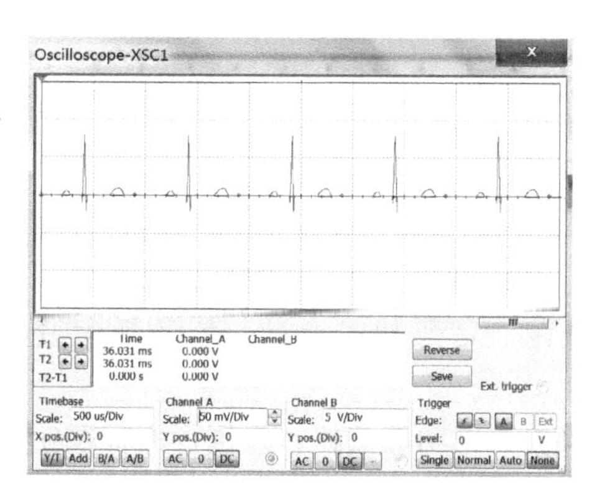

图 5-120　Cardiac 函数波形

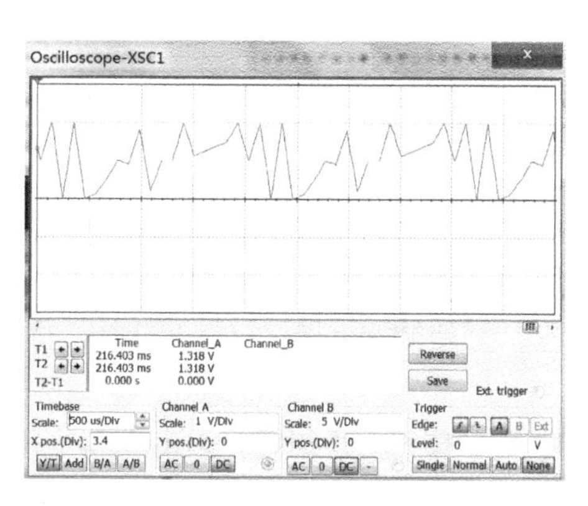

图 5-121　任意波形

5.5.2　Agilent34401A 型数字万用表

Agilent34401A 型数字万用表是一种具有 12 种测量功能的 6 位半高性能的数字万用表。面板布局清晰、合理，传统的基本测量功能可直接在面板上操作，高级测量功能可用简单的菜单设定，如数字运算功能、零位、dB、dBm、界限测试和最大、最小、平均，还可把多达 512 个的读数存储到内部存储器中等。Agilent34401A 型数字万用表很容易接入测量系统中，具有通用接口总线（General-Purpose Interface Bus，GPIB）和 RS-232 标准的总线，每秒能处理 1000 个读数。

1. Agilent34401A 型数字万用表面板说明

（1）数字万用表面板

用鼠标从仪器工具栏中单击 Agilent34401A 型数字万用表图标，并移动鼠标到电路设计窗口中再单击，仪器接线符号就放在了工作台上，如图 5-122 所示。随后用鼠标双击接线符号，系统弹出仪器测量与操作面板，如图 5-123 所示。

Agilent34401A 与电路连接的端口编号如图 5-123 所示，1、2 端口为正极，3、4 端口为负极，5 端口为电流输入。

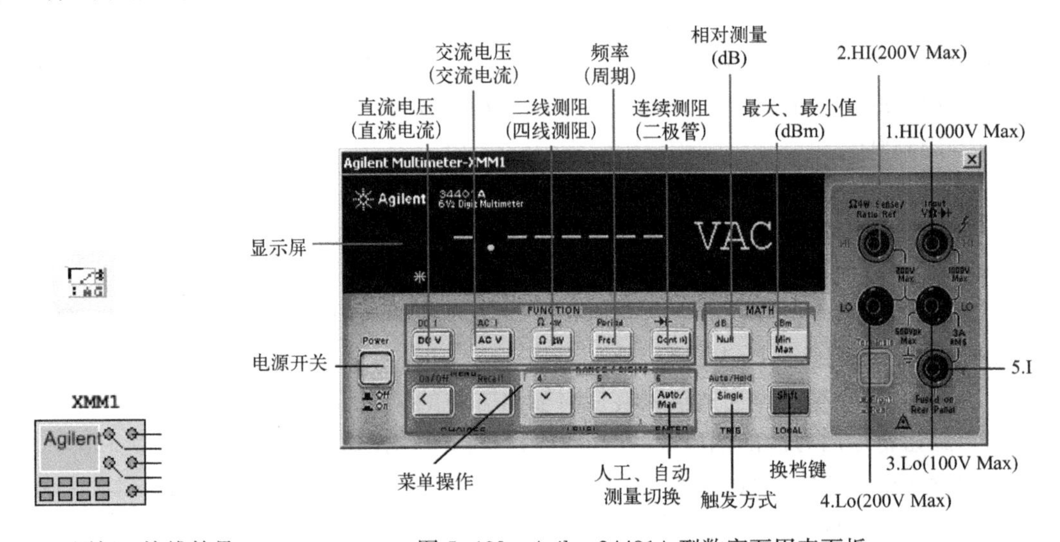

图 5-122　图标、接线符号　　　　图 5-123　Agilent34401A 型数字万用表面板

（2）面板按钮介绍

面板上按钮的功能说明如图 5-123 所示，按钮第一功能没有括号，按钮第二功能有括号。

1）电源开关按钮 Power：单击面板上的 Power 按钮，显示屏亮，仪表进入测试准备状态。

2）按下 DC V、AC V、Ω 2W、Freq、Cont、Null、Min Max 按钮，可分别测量直流电压、交流电压、二线测量电阻、信号频率、连续测量电阻、信号相对测量、信号最大最小值测量。

3）Shift 按钮为换挡键，单击 Shift 按钮后，再单击其他功能按钮，将执行面板按钮上方的标示功能；按下 Shift 按钮后，再按 DC V、AC V、Ω 2W、Freq、Cont、Null、Min Max 按钮，将分别测量直流电流、交流电流、四线测量电阻、信号周期、二极管、dB、dBm。

4）Single 按钮：触发方式键，有自动触发和单次触发两种。

5）∧、∨、Auto/Man 三按钮是量程选择按钮，可通过∧、∨按钮改变测量量程。若测量值超过设定测量量程，则面板显示 OVLD。Auto/Man 按钮是自动测量与人工测量转换按钮。选择人工测量，显示屏上显示 Man 字样，不能自动改变量程。选择自动测量时，仪器能自动改变量程。

6）∧、∨、Auto/Man 三按钮与 Shift 按钮结合起来，可以选择显示不同的位数：单击 Shift 按钮，显示屏上显示 Shift 字样，再单击∨按钮，变成显示 4 位半数字万用表；单击 Shift 按钮，显示屏上显示 Shift 字样，再单击∧按钮，变成显示 5 位半数字万用表；单击 Shift 按钮，显示屏上显示 Shift 字样，再单击 Auto/Man 按钮，变成显示 6 位半数字万用表。半位的含义，指最高位只能显示“0”或“1”。

（3）面板显示屏显示数据格式

面板显示屏数据的显示格式一般为“-H. DDD. DDD. 数权 . 单位”，若左边第一位是空白，而非“-”，则说明此测量值为正值；“DDD. DDD”表示测试值的大小；“数权”表示测试值的权位。例如，m、k、M；“单位”如 VDC、AAC、Hz、dB 等是测试内容。

2. 常用的参数测量

基本的电参数测量，一般来说有电压、电流、电阻的测量。还有些派生的测量，如测量二极管、晶体管的极性及判别其好坏，电感的通断等，Agilent34401A 型数字万用表还可测量信号的频率、周期和 dB 值等。

（1）电压的测量

1）首先单击电源开关按钮，仪表开始工作，同时显示屏上有指示万用表的测试状态。图 5-123 所示万用表目前状态为 VAC，可测试交流电压。以后在叙述其他电参量测量时，将免去开启电源开关这一步。

2）Agilent34401A 型数字万用表应与被测试电路的端点并联，即应将万用表图标中的 1 端、3 端并接到被测试的电路中，被测电压低也可用 2 端、4 端，如图 5-124 所示。测量直流电压时单击面板上的 DC V 按钮，显示屏显示 VDC，测量交流电压时单击 AC V 按钮，显示屏显示 VAC。

注意：打开电源开关进行测量时，一定要看一下仪器面板上的显示屏显示测量功能，因为万用表有记忆功能，打开电源开关时，显示屏显示的是上一次测量状态，不符合本次测量要求，作相应的调整。

（2）电流的测量

测量电流时，应将万用表图标中的 5 端、3 端串联到被测试的支路中，如图 5-125 所示。首先单击 Shift 按钮，显示屏上显示 Shift，若测量直流电流再单击 DC V 按钮，显示屏上显示 ADC；若测量交流电流，则单击 Shift 按钮后，再单击 AC V 按钮，显示屏显示 AAC。无论测量直流或交流电流，一定要接地。

（3）电阻的测量

Agilent34401A 型数字万用表测量电阻时，将 1 端和 3 端分别接在被测电阻的两端。测量时单击面板上的 Ω 2W 按钮，显示屏上显示 ohm2w，即可测量电阻阻值的大小。这是二线测

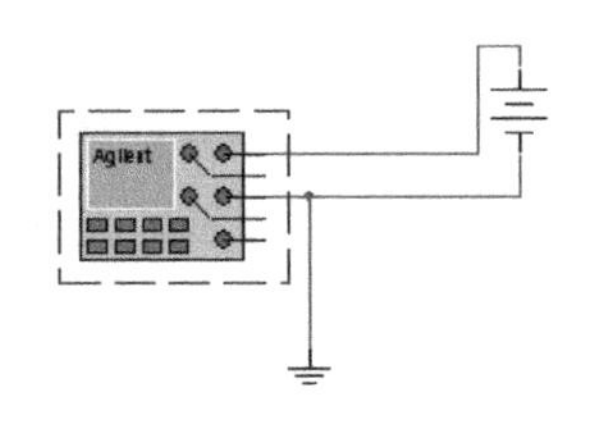

图 5-124　万用表测量电压

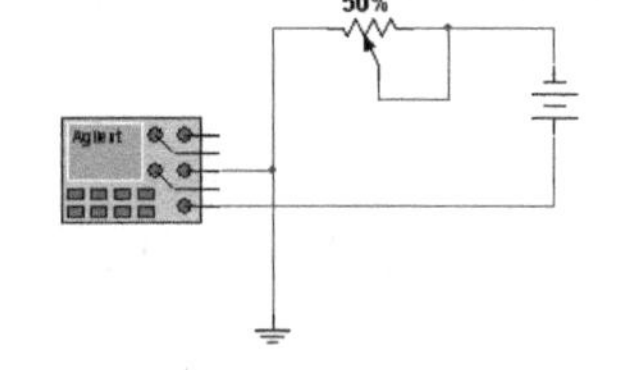

图 5-125　万用表测量电流

量电阻的方法，显示屏上的 ohm2w 为二线测量法的标志，如图 5-126 所示。另外，Agilent34401A 型数字万用表还提供了一种四线测量电阻的方法，这种方法是为测量小电阻而设置的，目的是要准确地测量小电阻，并进一步提高测量精度。具体做法是：将 1 端、2 端接线端合并连接，3 端、4 端接线端合并连接后再连接到电阻两端，测量时，先单击面板上的 Shift 按钮，显示屏上显示 Shift 字样，再单击面板上的 Ω 2W 按钮，即为四线测量法的模式，此时显示屏上显示 ohm4w，为四线测量法的标志，如图 5-127 所示。

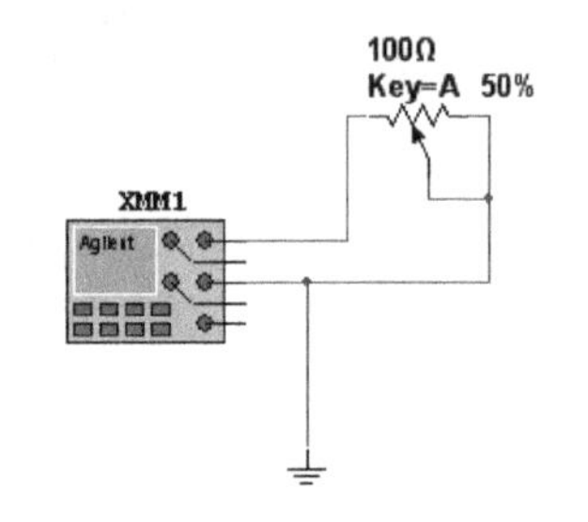

图 5-126　万用表二线测量电阻连接

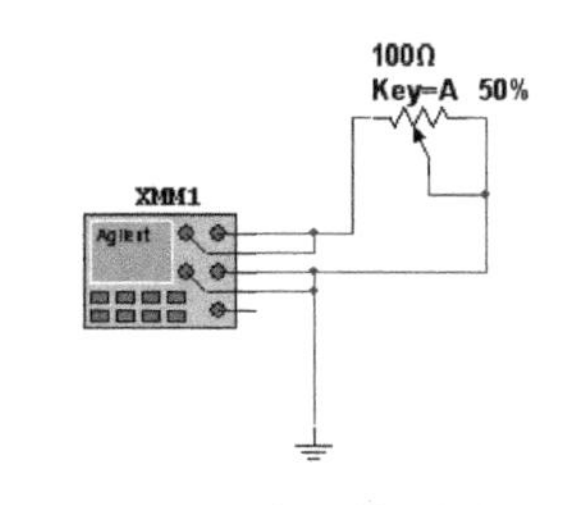

图 5-127　万用表四线测量电阻连接

无论二线测量或四线测量电阻，注意一定要接地。

（4）电阻连续测量模式

电阻连续测量模式是指 Agilent34401A 型数字万用表能跟踪被测电阻的阻值变化，并连续测量其阻值。连续测量和一般测量在电路的连接上是相同的。

电阻自动测量前，应设定测量阈值。阈值就是设置测量的门槛电阻值，如果测量值超过门槛电阻值，万用表将显示“OPEN”，如果测量值小于门槛电阻值，万用表将发出“嘟嘟”的声音，并显示测量值。阈值设定可在 1 W～1 kW 的范围内挑选任意值。设置的步骤如下：

1）单击面板上的 Cont 按钮，选择测量电阻连续模式。单击面板上的 Shift 按钮，屏上显示 Shift 后，单击 < 按钮，打开测量设置菜单，显示 A：MEAS MENU；单击 ∨ 按钮，先显示 COMMAND（命令），随后显示 1：CONTINUITY（连续）；单击 ∨ 按钮，显示 PARAMETER（参数），随后显示^1.000000，且符号“^”在闪动；要调整某一位值，须单击 > 按钮，使光标移动到调整位，再单击 ∧ 或 ∨ 按钮，使数值增加或减小，直到调整到要设置的门槛值为止，调整完毕后单击 Auto/Man 按钮（相当于第二功能回车键，也可用计算机键盘上的回车键），设置完毕。

2）测量电路如图 5-128 左图所示，在测量前调整门槛电阻值，设置为 50 Ω。单击仿真开关开始仿真后，按键盘上的〈A〉键，万用表显示的读数渐渐增大；若按住键盘上的〈Shift〉键，再按动键盘上的〈A〉键，万用表显示的读数渐渐减小，若减小到等于或者小于某个值时，可听到“嘟嘟”的声音。

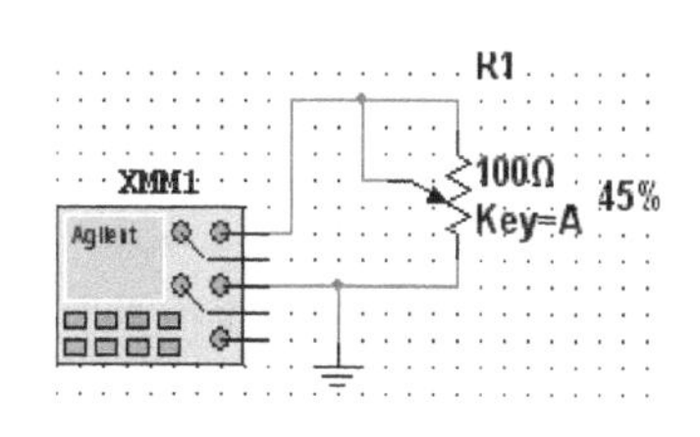

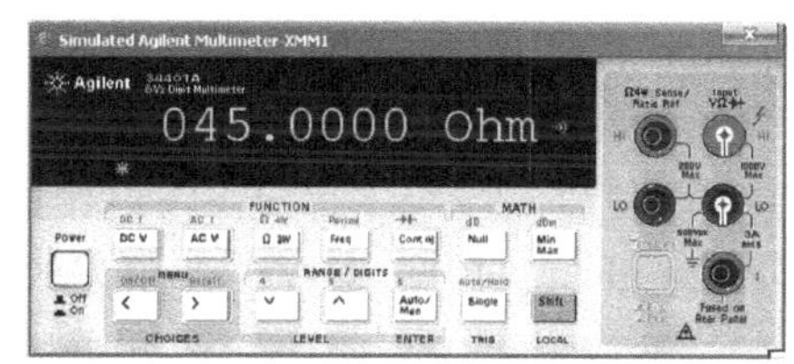

图 5-128　万用表连续测量电阻连接

注意： 在 Agilent34401A 型数字万用表中，菜单的操作如下：先单击面板上的 Shift 按钮，然后单击 < 按钮，即可打开菜单。再通过 < ∧ > ∨ 按钮，也可用计算机键盘上的〈←〉、〈↑〉、〈→〉、〈↓〉键代替，寻找要设置的测试功能。

（5）频率或周期的测量

Agilent34401A 型数字万用表还可测量电路的频率或周期。测量时将 1 端和 3 端分别接在被测电路上，如图 5-129 左图所示。单击面板上的 Freq 按钮，可测量频率的大小；单击面板上的 Shift 按钮，显示屏上显示 Shift 后，再单击 Freq 按钮，则可测量周期的大小。

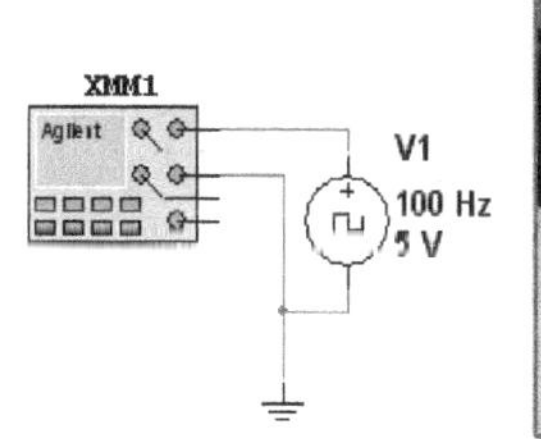

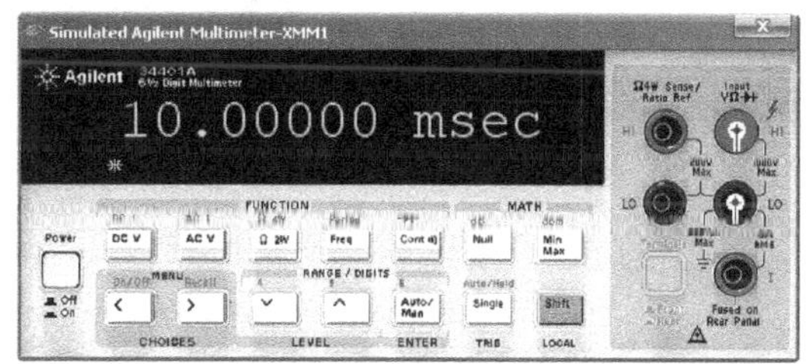

图 5-129　万用表测量频率或周期

（6）二极管极性的判断

判断二极管极性时，将二极管分别接在万用表的 1 端和 3 端，测量电路如图 5-130 左图所示。先单击面板上的 Shift 按钮，显示屏上显示 Shift 后，再单击 Cont 按钮，可测试二极管极性。若数字万用表的 1 端接到二极管的正极，3 端接到负极时，则显示二极管正向电压降，硅型二极管为 0.7 V 左右、锗型二极管为 0.3 V 左右。反之，万用表的 1 端接到二极管的负极，3 端接到正极时，显示屏上显示“OPEN”字样；若二极管断路时，显示屏也显示 OPEN 字样，表明二极管有开路故障，如图 5-130 所示。

用同样的方法可判别晶体管的基极和晶体管的型号等。

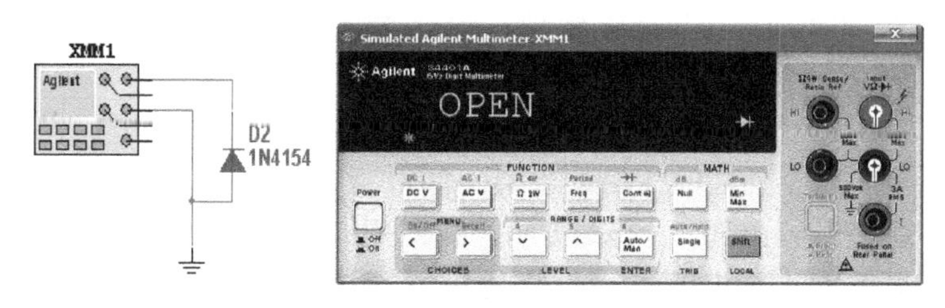

图 5-130　万用表判断二极管极性

（7）直流电压比率的测量

Agilent34401A 型数字万用表能测量两个直流电压的比率。选择一个直流参考电压作为基准，然后求出被测信号电压与该直流参考电压的比率。

测量时，需将 Agilent34401A 型数字万用表的 1 端接到被测信号的正端，2 端接到直流参考源的正端；3 端和 4 端接在公共端。被测电压与参考电压相差不大于±2 V。参考电压一般为直流电压源，且最大值不超过±12 V。由于面板上无此功能按钮，所以该功能测量需通过测量菜单设置。

具体测量步骤是：首先单击面板上的 Shift 按钮，显示屏上显示 Shift 后，单击 < 按钮，显示测量菜单“A：MEAS MENU”；单击 ∨ 按钮，先显示 COMMAND，随后显示 1：CONTINUITY，单击 > 按钮，显示 2：RATIO FUNC；单击 ∨ 按钮，先显示 PARAMETER，随后显示 DCV：OFF；单击 > 或 < 按钮，使其显示 DCV：ON，单击 Auto/Man 按钮，关闭测量菜单，此时在显示屏显示 Ratio，即进入比率测量状态，如图 5-131 所示。本例中，500 Ω 为直流基准电压，然后将电位器上的电压与其相比较。注意接线的顺序，基准电压应与 2 端相连接，要测量的电压应与 1 端相连接，3、4 端共同接地。

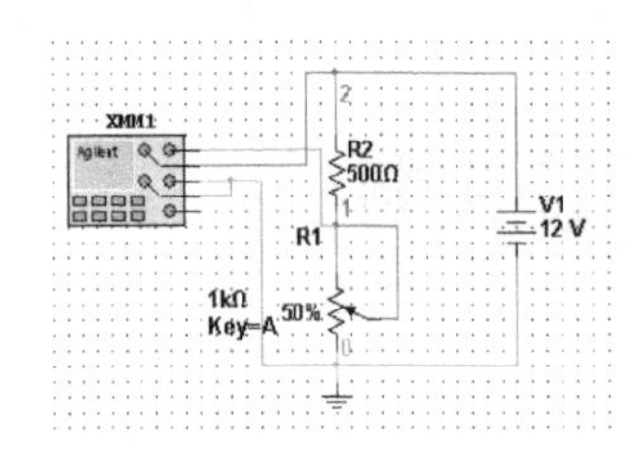

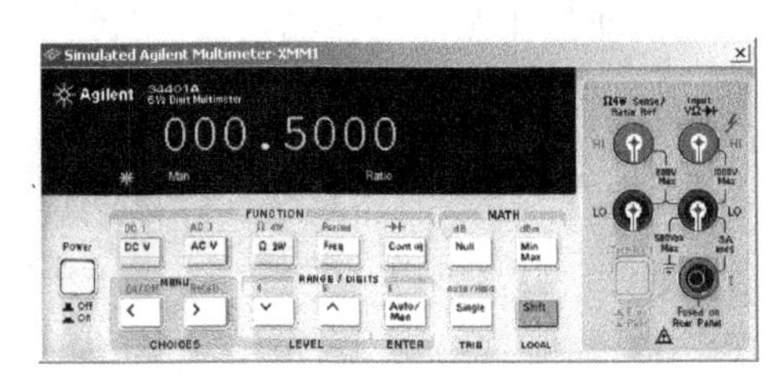

图 5-131　直流电压比率的测量

3. Agilent34401A 型数字万用表的运算功能

（1）NULL 相对测量

Agilent34401A 型数字万用表的相对测量是对前后测量的数值进行比较，并显出两者的差值，即显示屏上显示的结果为本次测量数值减去初始值。该功能适用于测量交直流电压、交直流电流、频率、周期和电阻，但不适用于连续测量、二极管测量和比率测量。

相对测量是把前一次测试的结果作为初始值被存储，初始值也可以根据需要人为设定。设定步骤为：单击面板上的 Shift 按钮，显示屏上显示 Shift 后，再单击 < 按钮，打开测试菜单设置，显示 A：MEAS MENU；单击 > 按钮，显示 B：MATH MENU；单击 ∨ 按钮，先显示 COMMAND，随后显示 1：MIN-MAX；再单击 > 按钮，显示 2：NULL VALUE；单击 ∨ 按钮，先显示 PARAMETER，随后显示^0. 00000，单击 < 、> 按钮，移动光标，单击 ∨ 、∧ 按钮，可调整每位的数值，设置初始值；单击 Auto/Man 按钮，显示 CHANGED SAVED 或 EXITING MENU，关闭测量菜单，设置完毕。

如图 5-132 所示，要测量电阻 1 kW 的相对电压，其操作步骤如下：先打开电源，按上述步骤设置初始值为 8 V，然后改变测试类型（如 DCV、ACV 等）；单击 Null 按钮，测量开始，仿真开关必须打开。由图 5-132 所示，相对电压为“0 V”，由于设置的初始值为 8 V，而实际电压也是 8 V，所以其相对电压为 0 V。再单击键盘上的〈A〉键，注意表中数值相对 8 V 的变化，电位器变化到小于 50%时，最左边有一个负号出现；电位器变化到大于 50%时，最左边的负号消失。

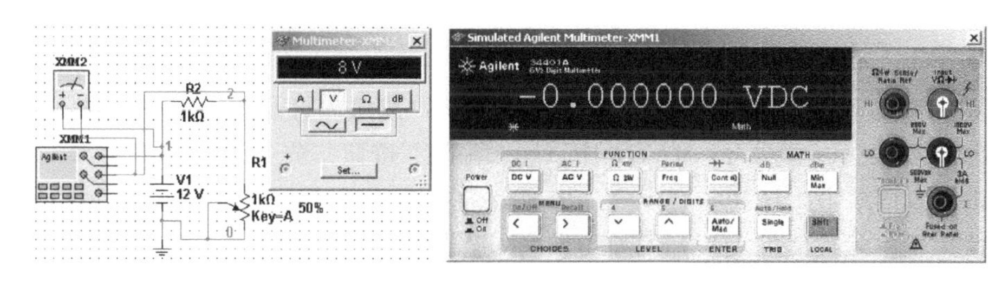

图 5-132　万用表的相对测量

(2) MIN-MAX（显示存储最大值和最小值）

Agilent34401A 型数字万用表可以存储测量过程中得到的最大值、最小值、平均值和测量次数等参数。该功能适用于测量交直流电压、交直流电流、频率、周期和电阻阻值，不适用于连续测量、二极管检测和比率测量。

下面以测量直流电压为例，具体描述其测量步骤：如图 5-133 所示，首先单击面板上的 Min Max 按钮，屏上显示 Math 字样；启动仿真开关，单击键盘上的〈A〉键，每单击一次〈A〉键，即可改变一次电阻值，测得的电压值均被存储，然后关闭仿真；单击面板上的 Shift 按钮，显示屏上显示 Shift 后，再单击 < 按钮，打开测量菜单进行设置，当显示 A：MEAS MENU，再单击 > 按钮，显示 B：MATH MENU。单击 ∨ 按钮，显示 COMMAND 后显示 1.MIN-MAX。再单击 ∨ 按钮，显示 PARAMETER 后立即显示存储内容，然后单击 > 或 < 按钮即可观察到最大值、最小值和平均值等。单击 Auto/Man 按钮，关闭该功能。

注意：关闭“MIN-MAX”功能后，存储的数据被清零。

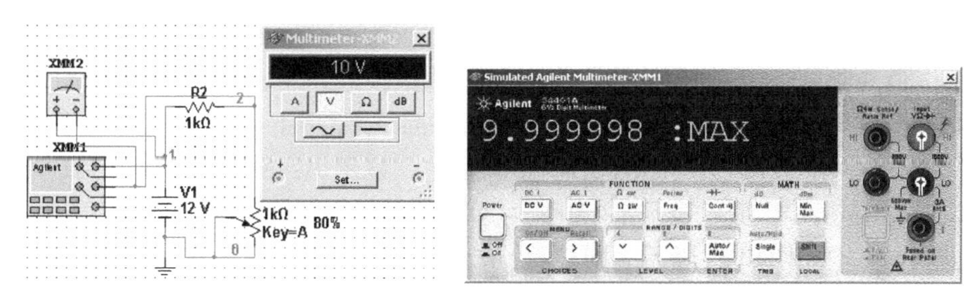

图 5-133　万用表的最大值、最小值和平均值等的测量

(3) 测量电压的 dB 或 dBm 格式显示

利用 Agilent34401A 型数字万用表测量的电压不仅可用伏特量表示，而且可用 dB 及 dBm 表示。

使用 dB、dBm 做单位的好处是使数值变小，读写、运算方便。若用倍做单位，如某功放前级是 100 倍（20 dBm），后级是 20 倍（13 dBm），级联总功率是各级相乘，则 100×20＝2000倍；用分贝做单位时，总增益就是相加，为 20 dB+13 dB＝33 dB。

1) dB 测量：Agilent34401A 型数字万用表测量 dB 值，应将万用表图标中的 1 端、3 端并接到被测试的电路中，被测电压较低时也可用 2 端、4 端。

dB 值的测量步骤：先选择 DCV 或 ACV 测量模式，单击面板上的 Shift 按钮，显示屏上显示 Shift，再单击 Null 按钮，显示屏上显示有-0.000000 dB 及 Math 字样，运行仿真。

注意： 下边的设置与调整要一直保持仿真状态。

单击 Shift 按钮，显示屏上显示 Shift 后，再单击 < 按钮，打开测量菜单，显示 A：MEAS MENU。单击 > 按钮，显示 B：MATH MENU。单击 ∨ 按钮，先显示 COMMAND，随后显示 1：MIN-MAX，再单击 > 按钮，显示 3：dB REL。单击 ∨ 按钮，先显示 PARAMETER，随后显示一个值，调整此数值的大小，即设置参考电压的 dB 值。本例中，此值设置为 0 dB 。单击 Auto/Man 按钮，显示 CHANGED SAVED（改变设置时保存）或 EXITING MENU（关闭菜单），关闭该项设置。此时，单击键盘上的〈A〉键，改变电阻值百分比，从而显示屏将以 dB 值显示调整状态情况，如图 5-134 所示。

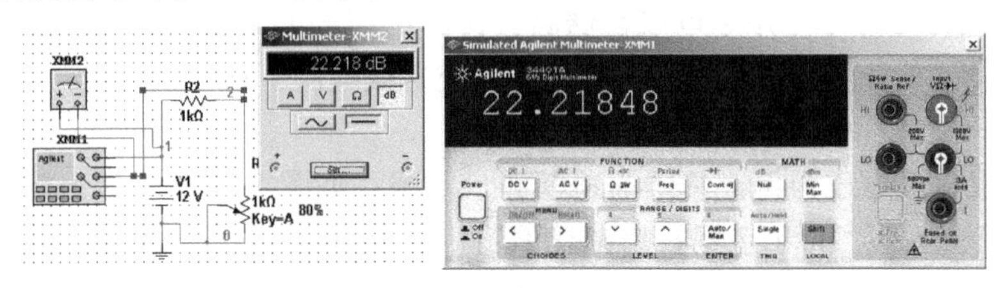

图 5-134　万用表电压的 dB 值测量

这里的 0 dB 作为测试参考点，实际上以 774. 597 mV 电压作为参考值。

前面曾说 dB 是工程上的计量单位，本意是表示两个量的比值大小。那么，如何测试某两点之间的比值呢？测试方法与测试某一点对参考点为 0 dB 值的方法一样。因为万用表显示的 dB 值，实际上是被测点 dB 值已减去了参考点的 dB 值，操作中让第一个被测 dB 值作为参考值，第二个被测 dB 值就是第二个被测值对第一个被测值的增益。测试步骤与上面一样。不同的是，参考 dB 值不是设置为 0 dB，而是设置为已显示的 dB 值。

2）dBm 值的测量步骤：先选择 DCV 或 ACV 测量模式；单击面板上的 Shift 按钮，显示屏上显示 Shift，单击 Min Max 按钮；再一次单击 Shift 按钮，显示屏上显示 Shift 后，单击 < 按钮，打开测量菜单，显示 A. MEAS MENU；单击 ∨ 按钮，显示 B：MATH MENU 后，单击 ∨ 按钮，先显示 COMMAND，随后显示 1：MIN-MAX；单击按钮，显示 4：dBm REF R。单击 ∨ 按钮，先显示 PARAMETER，随后立即显示：600；通过单击 < 或 > 按钮，选择参考电阻的大小。按 dBm 定义，应选择 600 W 作为参考电阻。单击 Auto/Man 按钮，显示 CHANGED SAVED 或 EXITING MENU，关闭该项设置。

启动仿真开关，在显示屏上以 dBm 格式显示所测量的数据。此时，单击键盘上的〈A〉键，改变电阻值百分比，从而显示屏将以 dBm 值显示调整状态，如图 5-135 所示。

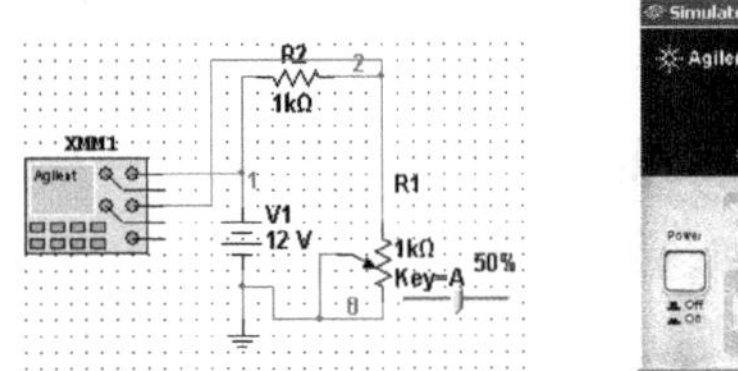
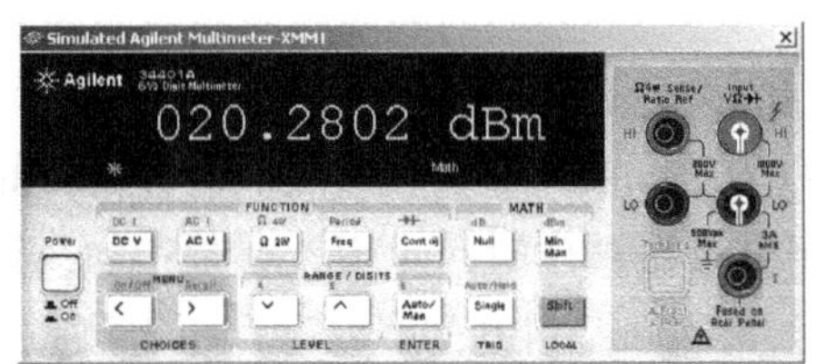

图 5-135　万用表电压的 dBm 值测量

注意： 关闭 dBm 功能后，存储的数据被清零。

（4）Limit Testing（限幅测试）

限幅测试是指测试时，被测参数在指定的范围内显示“OK”，若被测参数高于指定范围，则显示“HI”，若被测参数低于指定范围，则显示“LO”。限幅测试不适用于连续测量和二极管测试。限幅测试在面板上没有专用按钮，所以必须通过测量菜单设置完成。具体步骤如下：

1）设置万用表处于限幅测试状态：单击Shift按钮，显示屏上显示Shift，再单击<按钮，打开测量菜单，显示A：MEAS MENU；单击>按钮，显示B：MATH MENU，单击∨按钮，先显示COMMAND，随后显示1：MIN-MAX，再单击>按钮，直到显示5：LIMIT TEST；单击∨按钮，先显示PARAMETER，随后显示OFF，单击“ON”（即打开限幅测试功能）按钮；单击Auto/Man按钮，显示CHANGED SAVED或EXITING，退出设置后，显示屏上显示“OK”。启动仿真开关，显示屏显示所测量的电压数值。

2）设置高端限幅值：单击Shift按钮，显示屏上显示Shift，再单击<按钮，打开测量菜单，显示A：MEAS MENU；单击>按钮，显示B：MATH MENU，单击∨按钮，先显示COMMAND，随后显示1：MIN-MAX，再单击>按钮，直到显示6：HIGH LIMIT；单击∨按钮，先显示PARAMETER，然后输入高端限幅值，图5-136中的高端限幅值为8 V。最后单击Auto/Man按钮，显示CHANGED SAVED关闭设置。

3）设置低端限幅值：单击Shift按钮，显示屏上显示Shift，再单击<按钮，打开测量菜单，显示A：MEAS MENU；单击>按钮，显示B：MATH MENU，单击∨按钮，先显示COMMAND，随后显示1：MIN-MAX，再单击>按钮，直到显示7：LOM LIMIT；单击∨按钮，先显示PARAMETER，后输入低端限幅值，图5-136中的低端限幅值为7 V。最后单击Auto/Man按钮，显示CHANGED SAVED关闭设置。

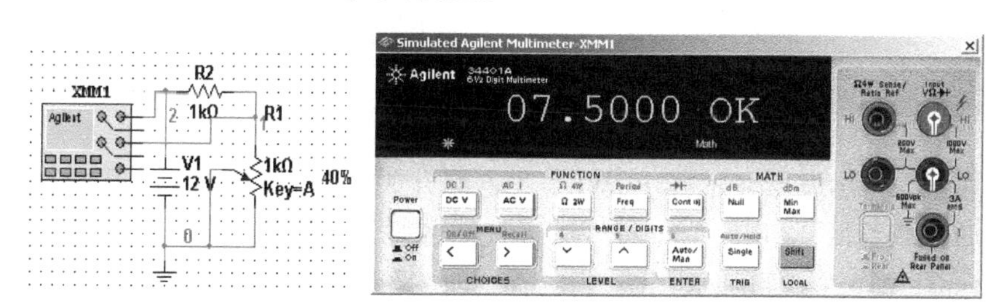

图5-136 万用表的限幅测试

本例中的高端限幅值为8 V，低端限幅值为7 V，而测量值为7.5 V，没有超出上下限幅值，所以显示屏上显示“OK”。

5.5.3 Agilent54622D型数字示波器

Agilent54622D型数字示波器是具有两个模拟输入通道、16个逻辑输入通道、带宽为100 MHz的高端示波器。

1. Agilent54622D型数字示波器面板说明

在仪器栏中单击Agilent54622D型数字示波器图标，拖动到电路设计窗口中即变成仪器接线符号，如图5-137所示。用鼠标双击接线符号，可弹出面板，如图5-138所示。图5-138对仪器面板上的旋钮、按钮等功能作了简明标示。

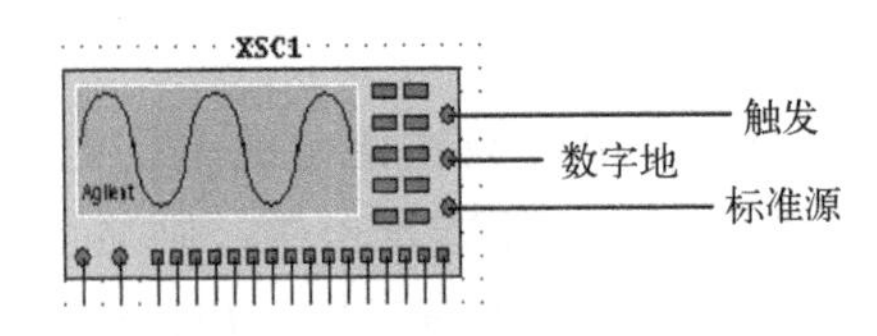

图 5-137　示波器的图标、接线符号

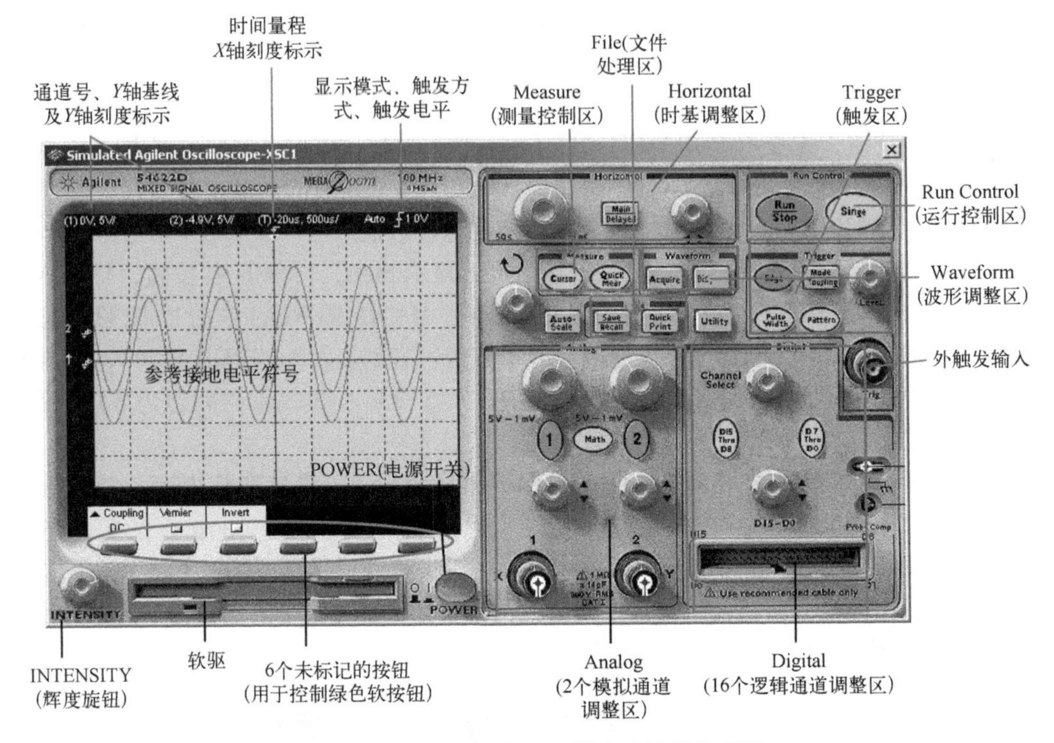

图 5-138　Agilent54622D 型数字示波器的面板

面板可划分为：示波器显示屏 POWER（电源开关）、INTENSITY（辉度旋钮）、软驱、Horizontal（时基调整区）、Run Control（运行控制区）、Trigger（触发区）、Waveform（波形调整区）、Digital（16 个逻辑通道调整区）、Analog（2 个模拟通道调整区）、Measure（测量控制区）、File（文件处理区）、6 个未标记的按钮（用于控制绿色软按钮）等。

2. Agilent54622D 型数字示波器的基本操作

（1）模拟通道

使示波器处在工作状态，单击电源开关 POWER。

1）通道选择按钮①：单击①按钮后，示波器面板如图 5-138 所示（本图实际已选择 1、2 通道）。示波器显示屏上多出了 3 个绿色软按钮 Coupling DC | Vernier | Invert，其操作由绿色软按钮下面的 6 个未标记按钮来完成。3 个绿色软按钮的功能分别是：

- 耦合按钮 Coupling DC：单击 Coupling DC 软按钮，会弹出模拟信号输入耦合方式下拉菜单 Ground DC AC，有 DC、AC 和 GND 3 种耦合方式供选择。

注意： 为了叙述方便，在本书中，凡叙述对绿色软按钮的操作，均是操作绿色软按钮下的未标记按钮，而称绿色按钮为软按钮。这里单击 Coupling DC 软按钮，实际上是单击未标记按钮左边的第一个。

注意： 绿色软按钮有一个黑色正立小三角形，单击这个软按钮，有下拉菜单。

- 粗调、细调切换按钮 Vernier：单击 Vernier 软按钮，等于对示波器面板上的旋钮开启了微调功能，可精细调整如模拟信号在显示屏上的位置、显示信号波形的幅度灵敏度等。
- 相位取反按钮 Invert：单击 Invert 软按钮，可使信号波形在示波器显示屏上的显示相位相反。

2）位移旋钮：模拟通道区域中较小的旋钮是位移旋钮，用来调整信号波形在显示屏垂直方向上，即 Y 轴上的位置。当鼠标移动到位移旋钮处，鼠标形状呈手指状，单击并按住不放，就可对位移旋钮进行顺时针或逆时针方向旋转。也可将鼠标移动到位移旋钮处，鼠标呈手指状时，连续单击计算机键盘上的〈↑〉、〈↓〉键，模拟信号波形将在垂直方向上上下移动。同时，示波器屏幕左上角的基线电平将随之改变，屏幕左边的参考接地电平符号也会随着该旋钮的旋转而移动。模拟信号波形在垂直方向上以 0.05 V 步长作上下移动。

要精细调整模拟信号在显示屏垂直方向上的位置，则单击 Vernier 软按钮功能，开启微调波形上、下移动量。

注意： Agilent54622D 型数字示波器的用户界面中所有旋钮都具有相同的操作，即当鼠标移动到旋钮处时，鼠标呈手指形状，单击左键不松手，就可用鼠标对旋钮进行顺时针或逆时针方向旋转，或者当鼠标移动到旋钮处，鼠标呈手指形状时，连续单击计算机键盘上的〈↑〉、〈↓〉键，均可以改变其设置值。在以后的叙述中，只讲对旋钮的操作。

3）幅值灵敏度调节旋钮：模拟通道区的大旋钮是幅值灵敏度调节旋钮，用来控制输入信号在垂直方向上显示的灵敏度。幅值灵敏度调节旋钮的调节范围为 1 mV/Div ~ 5 V/Div，调整是以 0、1、2、5 数进制。

如果要精细调整幅值，开启 Vernier 软按钮，调整步长为 0.01 V。

4）数学运算按钮 Math：用于选择数学运算。单击 Math 按钮，示波器显示屏显示出 Setting | FFT | 1*2 | 1-2 | d/dt | ∫dt 6 个软按钮，分别为设置、傅里叶运算、乘（除）、减（加）、微分、积分。选择不同功能的软按钮，波形将作相应的运算并显示。

（2）Digital 数字通道

1）D7 Thru D0 按钮：用于选择数字通道 D7 ~ D0；同样，D15 Thru D8 按钮用于选择数字通道 D15 ~ D8。按下 D7 Thru D0 和 D15 Thru D8 按钮后，示波器显示屏左边从下至上排列了 D0、D1、D2、…、D14、D15 这 16 位通道；示波器显示屏多出了 4 个绿色按钮 D0 | ⎍ ⎍ | Threshold TTL(1.4V) | User 1.4V，其操作同样也由其下面 6 个未标记的按钮控制。

D0 | ⎍ ⎍ | Threshold TTL(1.4V) | User 1.4V 软按钮的功能如下：

- D0 软按钮：选择 D0 位（1 通道）是显示，还是隐藏，可任选 16 位数字通道中的任一位。
- ⎍ ⎍ 软按钮，选择 16 位数字通道是全屏幕显示，还是半屏幕显示。
- Threshold TTL(1.4V) 软按钮：选择所有数字通道的门限类型。单击 Threshold TTL(1.4V) 软按钮，系统弹出门限类型下拉菜单 CMOS(2.5V) ECL(-1.3V) User，本例中选择的是 TTL。TTL 门限电平的默认值为 1.4 V。

- 软按钮：提供用户自定义类型时设置门限电平值，即对默认值门限电平 1.4 V 进行修正。

注意：绿色软按钮有一个黑色按钮，说明该信息可以重新设置或调整，重新设置或调整可用旋钮进行。旋钮在示波器显示屏右上方，其操作与其他旋钮一样。

2）通道选择旋钮：用于选择要分析的16位通道中的一位通道，一旦选中通道号，右侧便会显示“>”符号。例如，D5被选中时，通道号D5变为D5>。

3）通道位置调整旋钮：被选择的通道可通过旋钮在显示屏上作垂直上下移动，直到移动到合适的位置。

用这种方法可以重新组织位矢量中“位”的排列顺序。

（3）Horizontal时基（水平扫描）

1）时基调整旋钮：时基调整旋钮是时基调整区中一个较大的旋钮，用于调整水平扫描速度，调整范围为5 ns/Div～50 s/Div。选择适当的扫描速度，可使测试波形完整、清晰地显示在显示屏上，便于测量与分析。时基调整也是以0、1、2、5数进制。

2）触发位移旋钮：触发位移旋钮是时基调整区中较小的旋钮，用于调整实际触发点相对于存储器中点的位置，即输入信号在示波器屏幕水平方向上触发扫描的起始位置。

3）主扫描/延迟扫描测试功能选择按钮：单击按钮，示波器屏幕显示将多出6个绿色软按钮。简述其功能：

- 主扫描软按钮：单击软按钮后，在显示屏上可观察到被测波形。
- 延迟扫描软按钮：延迟扫描是主扫描的扩展，用来放大一段波形，以便查看图像细节。延迟扫描能较好地捕捉波形中的毛刺或窄脉冲。延迟时间调整可通过时基调整旋钮进行。
- 滚动模式软按钮：单击软按钮后，选择滚动模式显示，使波形从右向左移动。执行该方式时，时基最好设定在500 ms/Div以下，否则将难以分辨。在常规水平扫描模式下，触发前产生的信号被绘制在参考点（在屏幕的上边沿）的左侧，触发后的信号则被绘制在该触发点的右侧。在滚动模式中没有触发，屏幕上的参考点固定在屏幕右边沿上端，并引用当前时间作为参考。已产生的信号滚动到参考点的左面。由于没有触发，因此也就没有预触发信息。如果要清除显示屏，并在滚动模式中重新开始采集，可单击“Single”按钮。
- 工作模式软按钮：单击此按钮后，显示屏从电压对时间显示变成电压对电压显示。此时时基被关闭，通道1的电压幅度显示在X轴上，而通道2的电压幅度则显示在Y轴上。XY工作模式通常用于比较两个信号的频率和相位关系，如观察“李沙育”图形或测试电路的传输特性等。
- 软按钮：此按钮在前面已介绍过，这里用于微调水平扫描速度。单击软按钮后，通过旋转时基调整旋钮，可以以较小的增量改变扫描速度。这些较小增量均经过校准，因此即使在微调开启的情况下，也能得到精确的测量结果。
- 软按钮：设置时基（水平扫描）起始位置。

（4）Run Control 连续运行与单次采集选择

1）Run Stop为控制运行/停止按钮。当此按钮显示为草绿色时，为运行状态，示波器处于连续运行模式，显示屏显示的信号波形是同一信号连续触发的结果；再单击Run Stop按钮，此按钮由草绿色变为红色，此时为停止状态。在停止状态下，水平位移旋钮、垂直位移旋钮，以及时基调整旋钮可以对保存的波形进行左、右、上、下平移和缩放等操作。

2）Single为单次触发按钮。单击Single按钮，按钮变成草绿色，示波器处于单次运行模式，显示屏显示的波形是信号的单次触发存储波形。利用Single按钮，可观察单次事件发生的波形，显示的波形不会被后续的波形覆盖。在希望得到最大取样率时应使用这种模式。当Run Stop按钮为红色，即停止状态时，仍然有每单击一次Single按钮，就触发一次，显示一屏波形。

（5）Trigger 触发区域

Agilent54622D 型数字示波器触发方式：有外部输入触发和内部信号源触发。根据信号源，又可设置边沿、脉冲（毛刺）、码触发等触发模式。Trigger 触发区有一个接线端口，为外部触发信号源输入端口。

1）触发模式/耦合按钮Mode Coupling。单击Mode Coupling按钮，出现Mode Auto | Holdoff 60 ns两个软按钮。通过设置Mode Auto软按钮，改变触发模式。通过设置Holdoff 60 ns软按钮，改变释抑时间。

- 触发模式软按钮Mode Auto。单击Mode Auto软按钮，将看到 Normal、Auto、Auto_Level 这3种触发模式的下拉菜单Auto Normal Auto_Level。触发模式不同，示波器搜索触发的方法也不同。Normal 模式是指符合触发条件时波形可显示，否则示波器既不触发扫描基线，显示屏也不更新。对于输入信号频率低于20Hz或不需要自动触发的情况，可使用这种触发模式；Auto 模式为自动模式，即使没有输入信号，屏幕上仍可以显示扫描基线；Auto_Level 模式适用于边沿触发或外部触发，示波器首先尝试常规触发，如果未找到触发信号，就在触发源的±10%范围内搜索信号，如果仍没有信号，示波器就自动触发。
- 释抑时间软按钮Holdoff 60 ns。释抑时间是指示波器已检测到某个信号触发后，需要延时一个合适的时间，再接受另一个被检测到的信号再触发，这个延时一个合适的时间就叫释抑时间。换言之，释抑时间的设定能保证在上一次触发后的指定时间内，避免产生再触发，这样就能稳定地显示复杂的波形。正确地设置释抑时间，可使复杂波形在一个周期中只产生唯一的一个触发点。即使在触发期间内有许多波形通过，示波器仍能按要求工作。由于释抑电路是在输入信号上连续工作，所以改变时基设置时，并不影响释抑值。利用安捷伦公司的 Mega Zoom 技术，单击“Stop”按钮，然后平移和缩放数据，查找波形重复的位置，利用光标测量这一时间，再把该时间值设置为释抑时间，可取得最佳效果。

设置释抑时间的方法是：在示波器靠显示屏右上方有一个旋钮，用鼠标单击并旋转之，可以增加或减少释抑时间，软按钮中将示意触发释抑时间值。例如，在Holdoff 60 ns软按钮中的60 ns 就是设置的释抑时间。

2）Edge按钮：用于设定输入信号触发源，并选择输入信号的上升沿或下降沿触发。单击Edge按钮，示波器屏幕下方会出现Source 1 |软按钮。其中，Source 1用于选择触发源软按钮，单击Source 1软按钮，共有16个数字通道、两个模拟通道、一个外触发源可供选择；用于选择上升沿或下降沿触发。

3）按钮：用于设置脉冲条件。单击按钮，产生如下软按钮：。其中，为触发源选择软按钮；为正或负脉冲触发软按钮，单击，可选择用正或负脉冲触发；第三软按钮用于设定脉冲时间宽度（学生版不具备此功能），有“>”“<”和“><”3 项选择。若选择“>”，又设定脉冲时间宽度为 10 ns，则大于 10 ns 的脉冲宽度才能触发，小于此脉冲宽度则不能触发，对于“<”和“><”以此类推；第四与第五软按钮为调节脉冲宽度用。

4）按钮：用于选择触发码型。单击之，屏幕将显示。其中，为选择通道软按钮，单击之可选择任意通道作为触发源；3 个软按钮可用于设置已经选中的触发位通道的触发电平，是以低电平、高电平或任意电平来触发。软按钮用于设置用信号的上升沿或下降沿触发。

（6）测量控制区

游标：在示波器显示屏上有两根与 X 轴垂直、与 Y 轴平行的可左右移动的游标（Cursor），用于测量 X 轴的参数，如周期、相位等；同时，在示波器显示屏上还有两根与 Y 轴垂直、与 X 轴平行的可上下移动的游标，用于测量 Y 轴参数，如峰峰值电压、幅值等。

：游标测量控制按钮。单击按钮，可进入游标测量波形的操作环境，出现界面。其中，软按钮可用于选择测试通道，此例中软按钮上显示的 1 表明选择了“1”通道。软按钮可用于设置测试的变量是“X”轴变量，还是“Y”轴变量，此软按钮中显示 X，表明测试的是“X”轴变量；如再单击一次，则设定为“Y”变量。单击两个软按钮中的一个，可调整游标左、右、上、下移动，左边的软按钮用于调整左边或下边的游标，右边的软按钮用于调整右边或上边的游标。游标的移动需要依靠显示屏右上边的旋钮，此软按钮中显示的是“Y”变量，游标的调整只能上下移动。单击软按钮后，两组相互并行的游标可以一起左右或上下移动，方便进行 X 轴或 Y 轴的参数测试。此例中，软按钮显示两根与 X 轴并行游标，单击按钮后可调整两根游标一起上下移动，测试“Y”的变量。

（7）：快速测量按键

快速测量时可单击按钮，示波器屏幕下方将显示一系列软按钮，只要单击各软按钮，测量波形的相应参数就能直接显示在软按钮上，不必人工一一测试。当单击按钮时，可弹出软按钮。其相应功能分别为：

- 软按钮：通道选择。
- 软按钮：清除测试结果。
- 软按钮：测量频率，单击后，测量的频率参数会显示在软按钮上。
- 软按钮：测量周期，单击后测量的周期参数会显示在软按钮上，图中标识的频率是 1 Hz、周期为 1 ms。
- Peak-Peak 软按钮：单击后可显示峰峰值。
- 软按钮：表示此菜单没有结束，若要更多测试功能，请继续。单击后会弹出新一轮菜单。其中，软按钮用于显示最大 VPP 值；软按钮用于显示最小 VPP 值；、、软按钮用于显示波形的上升时间、下降时间和占空比；软按钮可弹出新菜单：单击软按钮后可显示幅值；单击软按钮后可显示正脉冲宽度；单击软按钮后可显示负脉冲宽度；单击 Average 软按钮后可显示平均幅值；单击 X at Max 软按钮后可显示 X 轴上的分析时间。

（8）Waveform 波形调整区

Waveform 波形调整区中有两个按钮，分别是 Acquire、Display。其中，Acquire 控制采样深度，Display 控制示波器屏幕特征。

1）单击 Acquire 按钮，示波器屏幕的显示如图 Normal | Averaging | Avgs 8 所示，这 3 个软按钮用于控制波形的采集。其中，Normal 为常规波形采集软按钮，单击 Normal 软按钮后，示波器按相等的时间间隔对信号采样，以重建波形。Averaging 为采集值平均软按钮，可把采集到的点值平均，再显示波形。平均值采集方式可减少信号中的随机或无关噪声，在实时采样或等效采样方式下采样数值，然后将多次采样的波形平均。单击 Averaging 软按钮后，依靠显示屏右上边的旋钮调整不同采集点进行平均，调整的情况可从 Avgs 2048 软按钮的显示数值中看到。本软按钮显示的采样点为 2048。单击 Avgs 2048 软按钮，采集点数成倍增长或成倍减少。

2）单击 Display 按钮，示波器屏幕的显示如图 Clear | Grid 23% | BK Color 77% | Border 24% | Vector 所示，这 5 个软按钮用于控制示波器屏幕的显示特征。其中，单击 Clear 软按钮后，可清除示波器屏幕的显示；单击 BK Color 80% 软按钮后，通过显示屏右上边的旋钮可调整示波器屏幕显示网格的亮度；单击 Border 28% 软按钮后，通过显示屏右上边的旋钮可调整示波器显示屏背景的亮度；单击 Vector 软按钮后，通过显示屏右上边的旋钮可调整示波器显示屏边框背景的亮度；单击 Vector 软按钮后，示波器显示屏中显示的波形由虚线转换成实线，当此软按钮不激活时，波形由虚线显示，如图 5-139 所示。

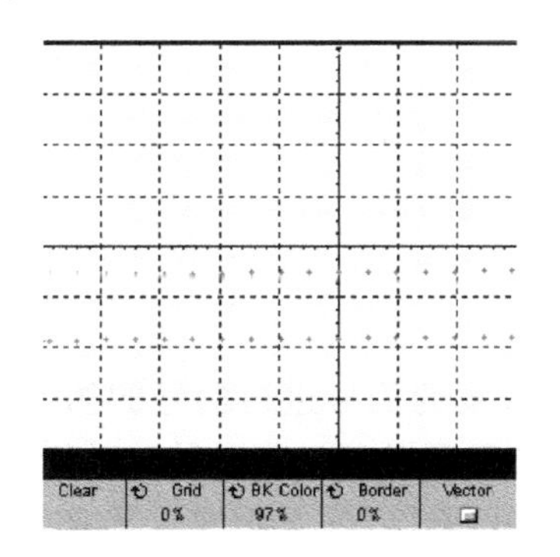

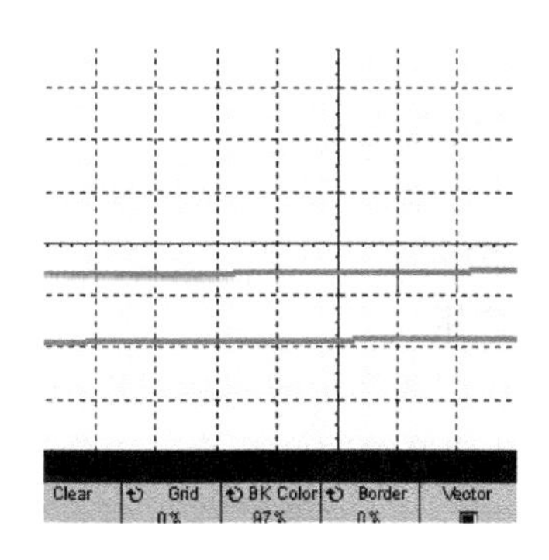

图 5-139　软按钮不激活时，波形由虚线显示

（9）Utility 应用

通过 Utility 按钮，可了解示波器的当前运行情况，或将示波器设置恢复到默认状态。单击 Utility 按钮后，示波器屏幕会显示 Sampling Info. | Default Setup 两个软按钮操作界面，通过其中的第一个 Sampling Info. 软按钮可了解示波器的采样概况，通过第二个 Default Setup 软按钮可控制示波器按默认设置进行工作。

（10）文件处理

文件处理包括数据存储和波形文件打印。单击 Save Recall、Quick Print 两个按钮中的第一个，示波器屏幕显示 Save 操作界面，单击 Save 软按钮，可存储波形文件，同时可打印波形文件。

（11）自动测量状态设置

单击 Auto-Scale 按钮，示波器屏幕将显示 Undo Auto-Scale 软按钮，单击后，示波器将自动设置垂直、水平和触发控制。如果需要，也可手工调整这些控制，使波形显示达到最佳。

3. 示波器的校准

(1) 模拟通道的校正

同所有的示波器一样，Agilent54622D 型数字示波器在使用前也必须校准。校准的方法很简单，只要将校准信号输出端与模拟通道 1 或通道 2 相连接即可，真实仪表连接时都是通过专用探头线连接的。在 Multisim 14 中，校准仪器的接线如图 5-140 所示。

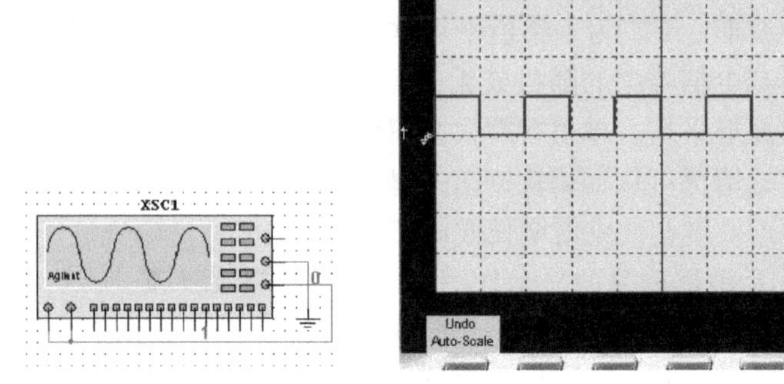

图 5-140 模拟通道的校正

具体操作如下：单击“POWER” 电源开关后，单击面板上的按钮，选择模拟通道 1，并让示波器处于自动测量方式。由于标准源的频率为 1 kHz、幅度为 5 V，所以时基设置应为 500 μs/Div，垂直灵敏度设置应为 5 V/Div。开启仿真开关，示波器显示如图 5-140 所示。

(2) 数字通道的校正

单击选择数字通道，其校准参照模拟通道的校准即可，在此不详述。注意：在 Multisim 14 环境中，不要求校准。

4. 数学函数应用

Agilent54622D 型数字示波器能对模拟通道上采集的信号进行信号的相减、相乘、积分、微分和快速傅里叶变换等数学运算。数学运算的结果同样可以通过游标进行测量。

单击按钮后，示波器屏幕将显示如图所示的数学运算软按钮。其中，为设置软按钮，单击软按钮后，会有不同的设置内容弹出，具体内容将在介绍各数学运算中分别给予说明。

1) 快速傅里叶变换软按钮：单击软按钮后，通过 FFT 数学运算，可将时域 (YT) 信号转换为频率分量（频谱）。再单击软按钮，将会弹出快速傅里叶变换运算所需的设置内容，如图所示。图中各软按钮的功能分别为：选择函数源、调整频率跨度、调整中心频率、调整刻度、调整直流偏移量。当需改变某一功能的设置时，只要单击该软按钮，并旋转旋钮即可。图 5-141 输出的是标准方波的快速傅里叶分析结果，各功能按钮的设置值如图 5-141 所示。

注意：具有直流成分的信号会导致 FFT 波形成分的错误或偏差。为减少直流成分，可以选择交流耦合方式。

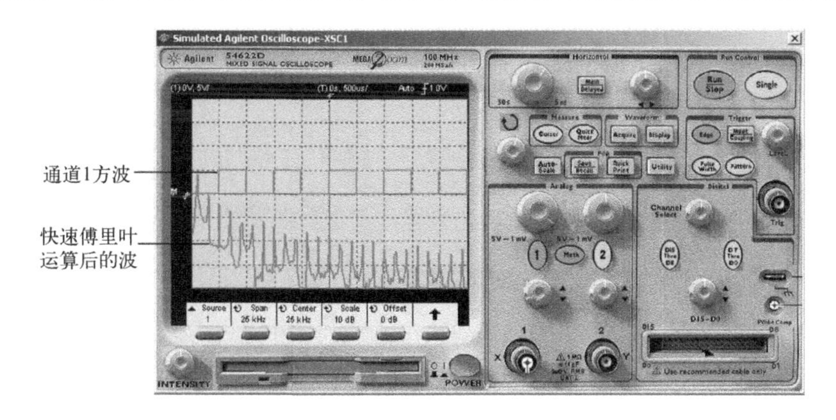

图 5-141 标准方波的快速傅里叶分析

2）乘法软按钮 1*2 ：乘法运算是将模拟通道 1 与通道 2 的电压值逐点相乘，并将相乘结果显示在示波器上。由于相乘的结果波形一般不会很好显示，所以，无论在垂直灵敏度上，或直流偏置电位上，都必须进行调整。调整时可单击 Setting 软按钮，系统弹出如图 Scale 20 W | Offset 56 W 所示的软按钮。图中各按钮的功能分别为：第一个是垂直灵敏度显示调整，第二个是直流偏置调整，用这两个软按钮即可把波形调整到便于显示和分析的状态，详见图 5-142。

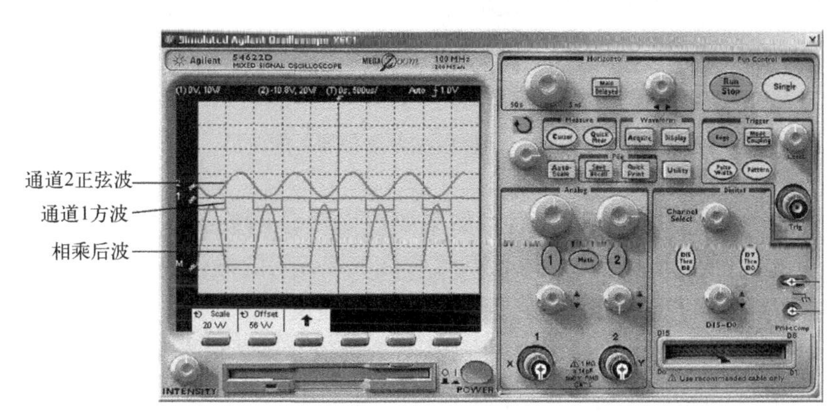

图 5-142 1 kHz 方波与正弦波相乘后的波形

3）减法软按钮 1-2 ：减法运算按钮，可完成模拟通道 1 与通道 2 的电压值逐点相减，并显示相应结果。减法运算能进行差分测量或比较两个波形。图 5-143 为两标准波形相减，可以想象结果一定是一条直线，仿真结果如图 5-143 所示。

若要实现通道 1 和通道 2 的信号加法运算，可在相减的基础上选择其中一个通道，使其倒相，就可达到加法运算目的。具体操作是：先单击通道 1 或通道 2，后单击 Invert 按钮，再单击 1-2 软按钮，进行运行仿真，仿真结果如图 5-144 所示。

4）微分运算软按钮 dv/dt ：选择微分运算。dv/dt 用于计算所选信号源的离散时间导数。Agilent54622D 型数字示波器可通过微分运算测量波形的瞬时斜率。例如，可使用微分运算测量运算放大器的转换速率等。由于微分对噪声非常敏感，所以最好在 Acquire 菜单中将采集模式设置为 Averaging 。

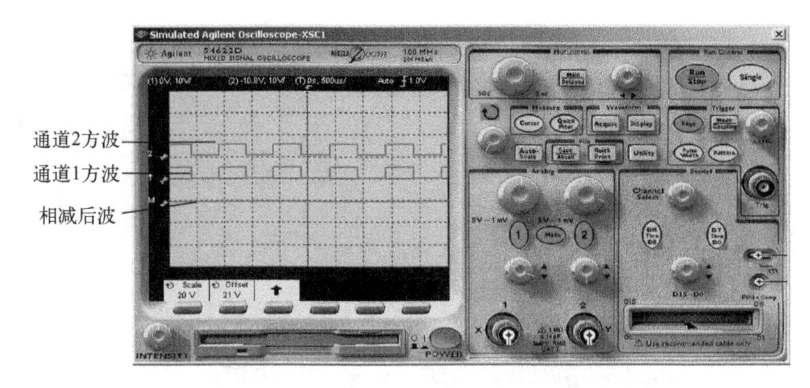

图 5-143　1 kHz 标准方波相减后的波形

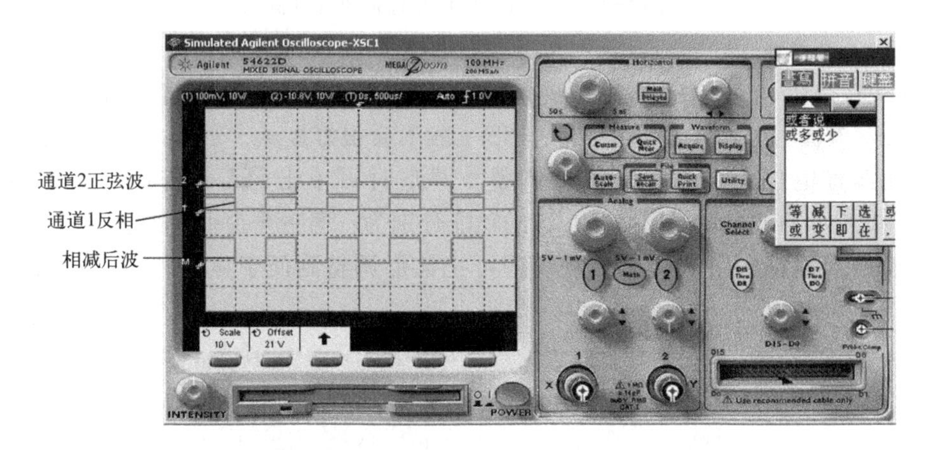

图 5-144　1 kHz 标准方波相加后的波形

单击 dv/dt 软按钮，选择微分运算后，如果要改变微分函数的源、衰减或偏置，可单击 Setting ↓ 软按钮，示波器屏幕将显示如图 Source 1 | Scale 50 kV/s | Offset 10 V/s | ↑ 所示的操作界面。其操作与上面其他运算的操作完全相似，这里不再赘述。用函数发生器提供一个 1 kHz 的对称三角波，其微分运算后的波形为方波，如图 5-145 所示（已经对刻度值、偏置值调整后）。

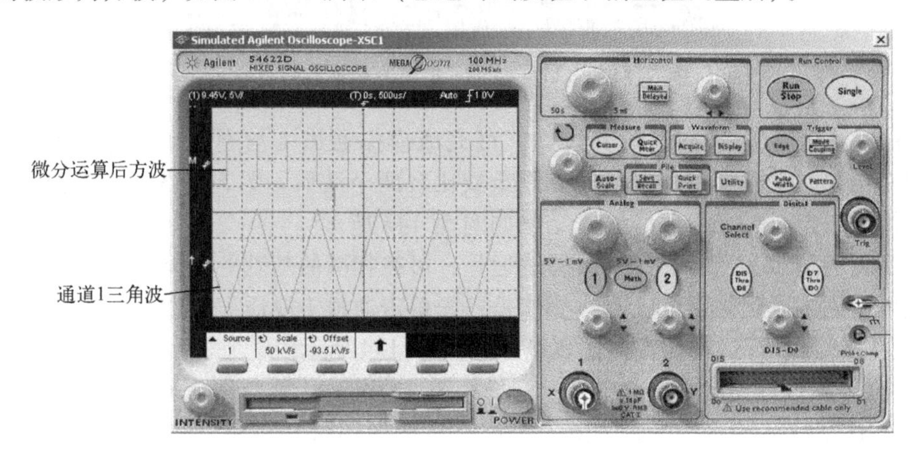

图 5-145　1 kHz 三角波微分运算后的波形

5）积分运算软按钮 ∫Vdt：选择积分运算，可对所选信号源积分。通过积分或者通过测量波形包围的面积来计算脉冲能量。积分运算的单位是 V/s，如图 5-146 所示。

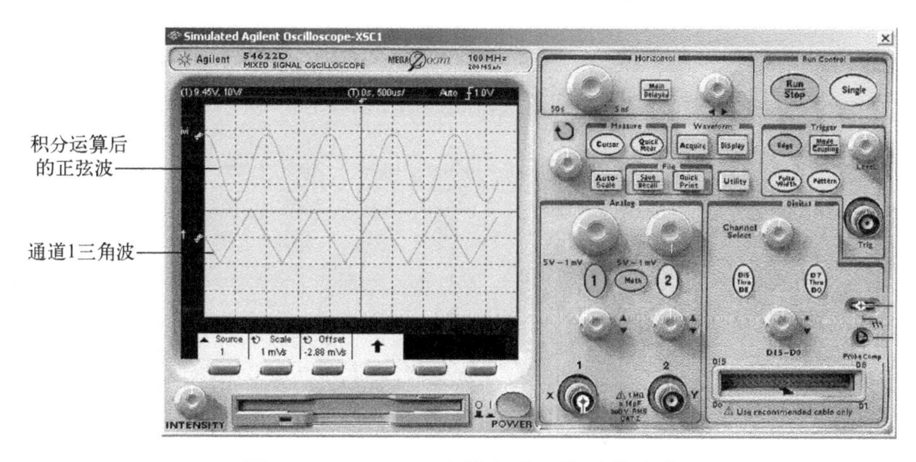

图 5-146　1 kHz 三角波积分运算后的波形

5.5.4　TektronixTDS2024 型数字示波器

美国泰克公司的 TektronixTDS2024 型数字示波器是一种带宽为 200 MHz、取样速率高达 2.0 GS/s、四模拟测试通道、每个记录长度有 2500 点、彩色、存储示波器，能自动设置菜单，光标带有读数，可实现 11 种自动测量，并具有波形平均和峰值检测等功能。

1. TektronixTDS2024 型示波器面板

TektronixTDS2024 型数字示波器的图标、接线符号如图 5-147 所示，测量、设置 3D 面板如图 5-148 所示。

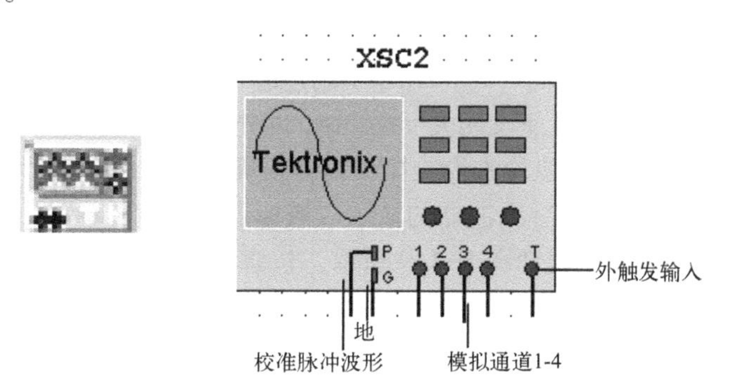

图 5-147　TektronixTDS2024 型数字示波器的图标、接线符号

为了叙述方便，把面板分成若干个区域，并简明说明，如图 5-148 所示。

（1）TektronixTDS2024 型示波器面板说明

1）4 个 Analog 模拟通道调整区：俗称垂直控制区。使用泰克独有的数字实时（DRT）采样技术，在 4 个通道上同时迅速调试和检查各类信号。这一采集技术可以捕获高频率不重复信息，如毛刺和异常边沿等。

2）Trigger 触发区：触发决定了示波器何时开始采集数据和显示波形，一旦触发被正确设定，就可以将不稳定的显示转换成有意义的波形。示波器在开始先收集足够的数据，用来画出在触发点左方的波形。当检测到触发后，示波器连续采集足够的数据，用来画出在触发点右方的波形。

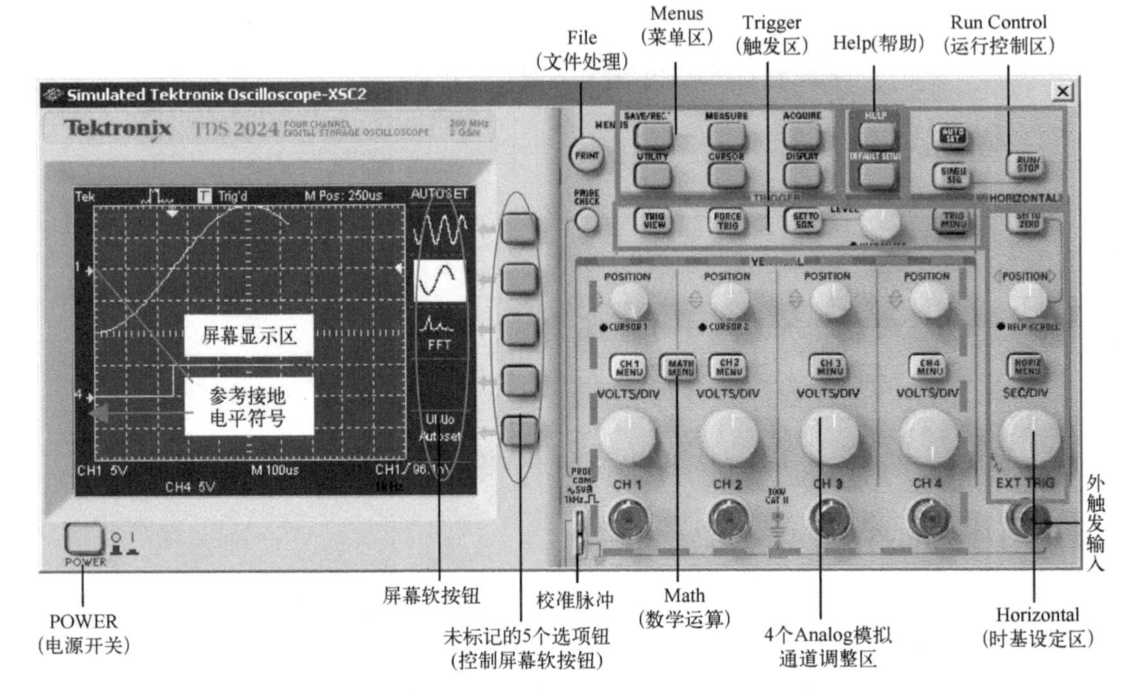

图 5-148　数字示波器测量、设置 3D 面板

3）Horizontal（时基设定区）：俗称水平控制区，与大多数数字示波器的时基设定相似。

4）数学运算（Math）：有波形快速傅里叶变换（FFT）、加法、减法等数学运算。

5）Run Control（运行控制区）：其中的“Auto”按钮可自动识别波形类型，调节控制功能，在屏幕上生成输入信号的波形。当然，也可用手工调整这些控制，使波形显示达到最佳状态。

6）Menus（菜单区）：内置上下文相关下拉菜单，可选择示波器各种特点和各种功能操作。

7）校准脉冲波形：提供迅速检查检验探头是否正确的校准脉冲波形。

（2）TektronixTDS2024 型数字示波器的显示区域标识符号

泰克数字示波器的显示区域如图 5-149 所示，包含 TektronixTDS2024 型数字示波器工作状态的全部信息。其主要信息如下：

1）采集模式：数据采集是对输入信号进行取样分析，并转换成数字信号记录下来的过程。数据采集按信号的显示需要设置成不同的模式。TektronixTDS2024 型数字示波器的取样模式有两种，即 Sample 与 Average，显示区域中的标识为 Sample、Average。

2）触发系统。触发决定了示波器何时开始采集数据和显示波形。

- 已触发标识 T Trig'd：已触发标识意味着示波器已发现触发，正在采集触发后的波形数据。
- 已完成单次序列采集标识 Acq Complete：示波器已采集完成一个单次序列采集。
- 停止采集标识：采集完成 Stop，示波器已停止采集波形数据。
- 自动触发标识 R Auto：示波器处在自动触发模式下工作时，没有触发也会采集波形数据。

- 准备就绪接受触发标识 R Ready：示波器已采集预触发需要准备的数据，等待触发到来。

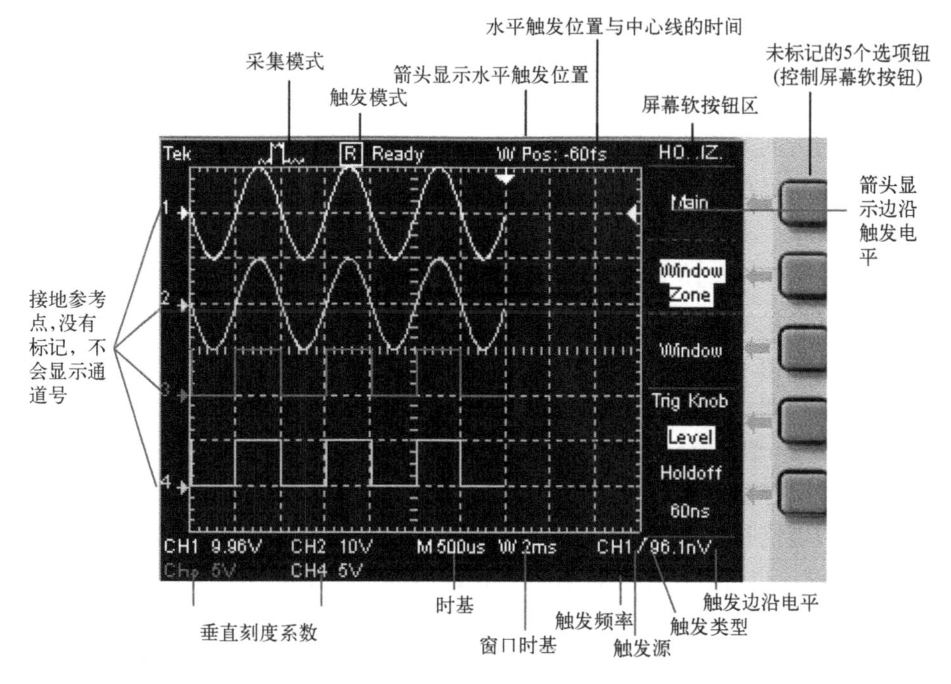

图5-149　TektronixTDS2024型数字示波器的显示区域图

3）水平触发位置：箭头显示的是触发在内存中的水平位置（触发位移），旋转“水平位置”旋钮，可调整标记位置。

4）水平触发位置与中心线的时间差，中心刻度线的时间为零。

5）使用标记显示“边沿”脉冲宽度触发电平，或选定的视频线或场。

6）使用屏幕标记表明显示波形的接地参考点，如没有标记，则不会显示通道。

7）读数显示通道的垂直刻度系数。

8）读数显示主时基设置。

9）如果使用窗口时基，则数显示窗口时基设置。

10）显示使用的触发源通道。

11）触发源通道触发电平读数。

12）显示触发类型读数。

上升沿的“边沿”触发；下降沿的“边沿”触发；行同步的“视频”触发；场同步的“视频”触发；“脉冲宽度”触发，正极性；“脉冲宽度”触发，负极性。

13）显示触发频率。

14）读数表示“边沿”脉冲宽度触发电平。

2. TektronixTDS2024型数字示波器的基本操作

TektronixTDS2024型数字示波器的用户界面简单明了、容易使用、便于操作，熟悉示波器传统控制方法的使用者，可以通过TektronixTDS2024型数字示波器面板的按钮和旋钮，方便地完成大部分常用功能的操作。不过，考虑到TektronixTDS2024型数字示波器性能优良、功能繁多，不可能把所有功能按钮都设计在面板上，所以一些特殊的功能操作，还是需要借助菜单的方式完成。凡面板有 MENU 字样的功能按钮，都采用了菜单方式设计。只要单击有 MENUS 字样的功能按钮，示波器就会在显示屏的右侧显示相应的菜单，单击显示屏右侧未标记的 5 个选项按钮，可以选择屏幕菜单中包含的功能，如图 5-150 所示。

为了叙述方便，也为与 Agilent54622D 型数字示波器叙述相一致，称显示屏右侧的蓝色菜单为屏幕软按钮。而菜单功能的选项要靠单击显示屏右侧未标记的 5 个选项按钮来完成。在以后的叙述中，对屏幕蓝色菜单功能选项的操作，都被称作对软按钮的操作。

TektronixTDS2024 型数字示波器的用户界面中有 4 个旋钮，下面带有指示灯指示。其中，Position 和 Position 是两个 Analog 模拟 1、2 通道中波形的垂直位移旋钮；Level 是触发控制操作区中触发电平幅度调整旋钮；Position 是时基调整操作区中波形水平触发位置调整旋钮。当旋钮下面的指示灯被点亮时，这些旋钮工作于特殊功能状态，具体内容将在后面章节中详细说明。

TektronixTDS2024 型数字示波器的用户界面中对所有旋钮的操作是一样的，即当鼠标移动到旋钮位置时，鼠标呈手指形状，单击左键不松手，就可用鼠标对旋钮进行顺时针或逆时针方向的旋转。或者当鼠标移动到旋钮处，鼠标呈手指形状时，连续单击计算机键盘上的〈↑〉键、〈↓〉键，也可以改变其设置值。在以后的叙述中只提对旋钮的操作，不再提操作方法。

（1）Analog 模拟通道

4 个 Analog 模拟通道之一的操作区，如图 5-151 所示。

1）单击电源开关，并在模拟通道操作区域选择通道 4，单击按钮后，示波器显示屏右侧会出现蓝色菜单（或称 3 个软按钮），并在蓝色菜单顶部出现有关功能按钮的信息。例如，本例中选择的通道功能按钮，顶部就有 Ch4 字样，如图 5-152 所示。

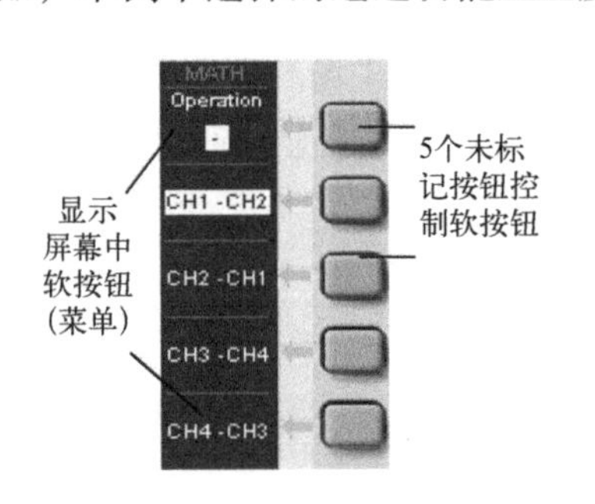

图 5-150　5 个参数设置按钮

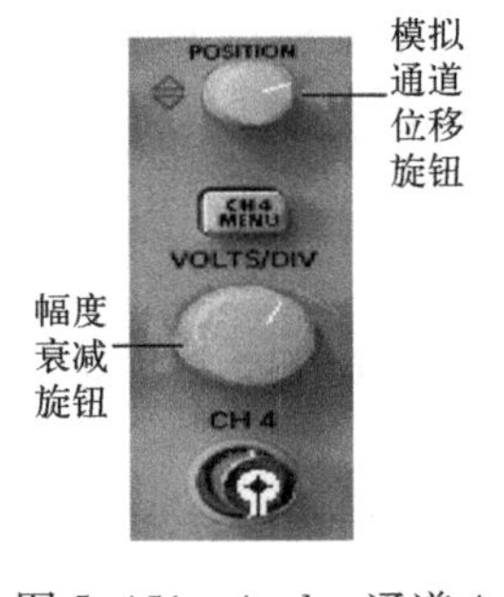

图 5-151　Analog 通道 4

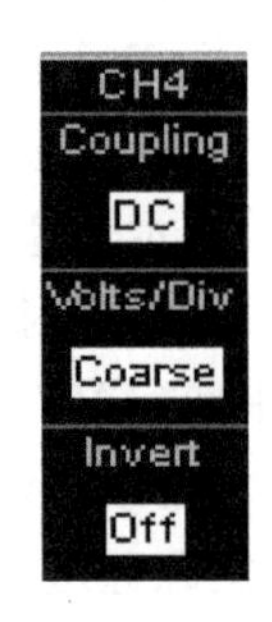

图 5-152　CH4 MENU 菜单

其对应的 3 个软按钮的功能分别为：

- 模拟信号输入耦合软按钮：单击软按钮，可完成被测模拟信号输入示波器的 3 种耦合方式（DC、AC 和 GND）选择。
- 垂直刻度细/粗软按钮：单击软按钮，有 Fine（细调）和 Coarse（粗调）两个选项可供选择。当刻度软按钮显示 Coarse 字样时，在操作模拟通道位移旋钮与幅度衰减旋钮 Volts/Div 时，旋转步长较大，俗称粗调；而当刻度软按钮显示 Fine 字样时，旋转步长较小，俗称细调。

- 改变波形相位软按钮：单击 Invert 软按钮，若软按钮中显示 Off 字样时，示波器的显示波形为正常波形；当软按钮中显示 ON 字样时，示波器的显示波形是正常波形的反相。

再次单击按钮，可关闭 3 个蓝色软按钮的显示。

2）模拟通道位移 Position 旋钮：在模拟通道操作区中，上方的小旋钮是位移旋钮，用于调整模拟信号输入波形在显示屏垂直方向上的位置，没有模拟通道位移旋钮，4 个通道的输入波形将会重叠在一起，尽管波形在显示屏上显示的颜色不同，但要直观分析它们还是不可能的。

注意： 一共有 Ch1、Ch2、Ch3、Ch4 共 4 个模拟通道，但 4 个模拟通道的位移旋钮是有区别的，Ch1、Ch2 通道位移旋钮还有特殊功能。4 个通道按钮的颜色是不一样的，输入信号波形在显示屏上显示的颜色与按钮的颜色一致。

3）幅度衰减旋钮：模拟通道操作区域的幅度衰减旋钮是较大旋钮，位于操作区域下方。幅度衰减旋钮的调节范围是 2 mV/Div ~ 100 V/Div。当以 Coarse（粗调）调整时，波形幅度衰减以步长 0、1、2、5 进制进行；当以 Fine（细调）调整时，波形幅度衰减以 0.1 步长进制进行。其他通道号 1、2、3 的操作完全一样，这里不再赘述。

4）数学函数按钮：其应用将在另一节中叙述。

（2）Horizontal 时基调整

Horizontal 时基区如图 5-153 所示。

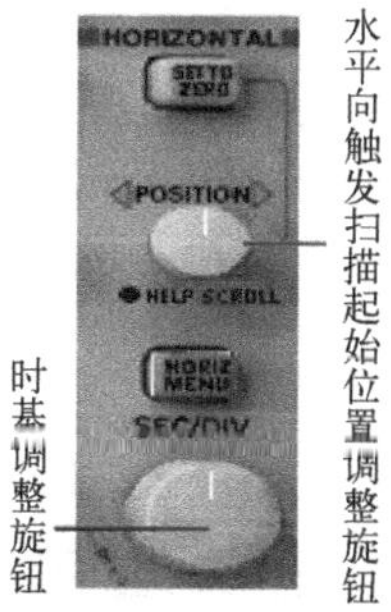

图 5-153　Horizontal 时基区

1）时基调整旋钮：图 5-153 中较大的旋钮，时基调整范围为 2.5 ns/Div ~ 50 s/Div。选择适当的扫描速度，可使输入信号的测试波形完整、清晰地显示在屏幕上，便于分析。时基调整步长也为 0、1、2、5 进制。

2）水平向触发扫描起始位置调整旋钮：图 5-153 中较小的旋钮，用于调整输入信号在示波器水平方向上扫描起始的位置。图 5-154 中箭头所示为水平触发扫描起始位置。

3）水平向触发扫描返。“0”位按钮：单击按钮，水平触发扫描起始位置返回到“0”，如图 5-155 所示。

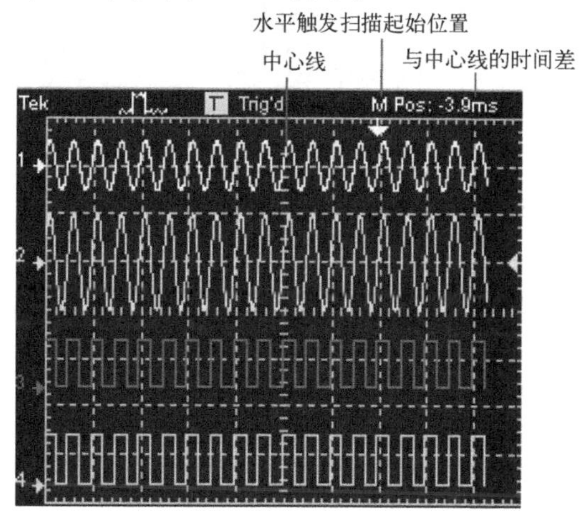

图 5-154　水平触发扫描起始位置

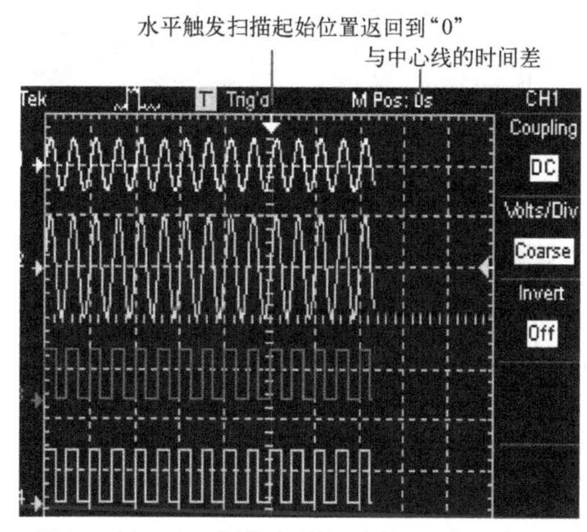

图 5-155　水平触发扫描起始位置返回到“0”

4）扫描功能选择按钮：单击按钮，示波器屏幕上会显示 4 个蓝色软按钮，如图 5-156 所示。

：主时基软按钮。可将示波器扫描功能设置为默认的主时基扫描方式，用于常规的波形显示，如图 5-157 所示。

图 5-156　菜单（Level）

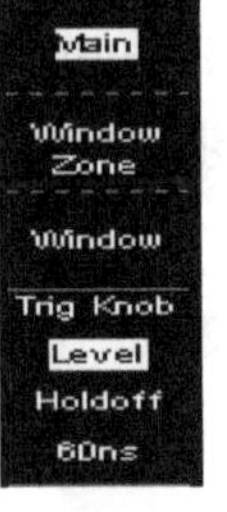

图 5-157　菜单（Holdoff）

：窗口区选择软按钮。单击按钮，用时基调整旋钮调整窗口区大小，再用水平向触发扫描起始位置调整旋钮移动窗口区的位置，两个游标之间定义了一个窗口区，如图 5-158 所示。

：被选择窗口区扩大软按钮。单击按钮，被选择窗口区在水平向扩展，并覆盖示波器整个显示屏，如图 5-159 所示。实际上，和同时使用。

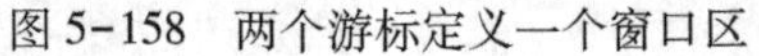

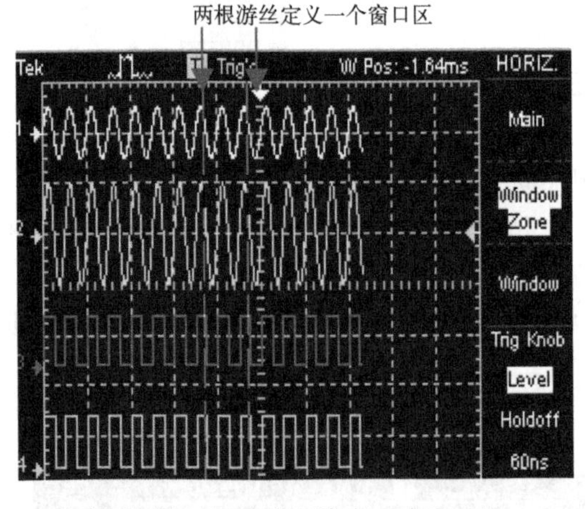

图 5-158　两个游标定义一个窗口区

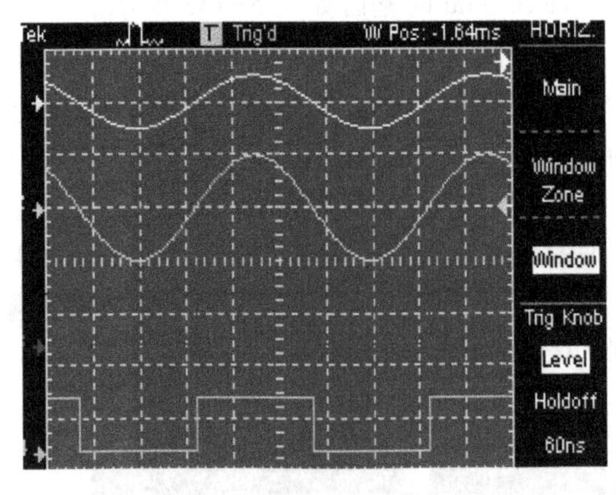

图 5-159　两根游丝定义区扩大全屏

Trig Knob ：Level 电平触发与 Holdoff 释抑触发转换软按钮。软按钮处在 Level 状态时，属于电平触发状态；此时再单击软按钮，示波器软按钮将处在 Holdoff 状态，属于释抑触发状态。示波器处在 Holdoff 状态时，软按钮中 60 ns 为释抑时间。释抑时间是指示波器触发电路在重新触发前所需要等待的时间。关于释抑时间，更详细的说明可参考 Agilent54622D 型数字示波器的相关章节。

关于调整设定释抑时间，将在触发控制章节中说明。

（3）触发控制

触发控制操作区如图 5-160 所示。

1）：外触发输入端口。外触发输入端处于触发操作区外，在面板的右下角。

2）：触发控制操作区旋钮。其主要功能：一方面，是设置“边沿”触发电平的幅度。一般情况下，触发信号必须高于设置的“边沿”触发电平门槛值，示波器才能进行采集，而外界输入信号幅度值是一定的，所以必须随时调整示波器的输入门槛电压。另一方面，是当旋钮下面的指示灯发光时，该旋钮工作于特殊功能状态，如设置释抑时间、调节触发脉宽及视频线数等。单击按钮后，会出现 Hold off 释抑触发状态，这时旋钮下面的 User Select 指示灯就会被点亮，如图 5-160 所示。此时若要对释抑时间进行重新设置，就要用到触发控制操作区的旋钮。

3）：触发菜单按钮。单击按钮后，示波器显示屏右边会出现 5 个软按钮，如图 5-161 所示。其功能分别为：

：选择触发类型软按钮，可选择“边沿”触发或“电平”触发。

① 当选择“边沿”触发时，其基本功能操作如图 5-161 所示。其中，为选择触发源软按钮，可选择 CH1、CH2、CH3、CH4、Ext、Ext/5、AC 线路；为选择上升沿/下降沿触发软按钮；为选择自动触发/正常触发/单次捕获触发模式软按钮；为耦合选择软按钮，可选择 AC、DC、噪声抑制、HF 抑制、LF 抑制耦合。

② 当选择“电平”触发时，其基本功能操作有两页，如图 5-162 所示。

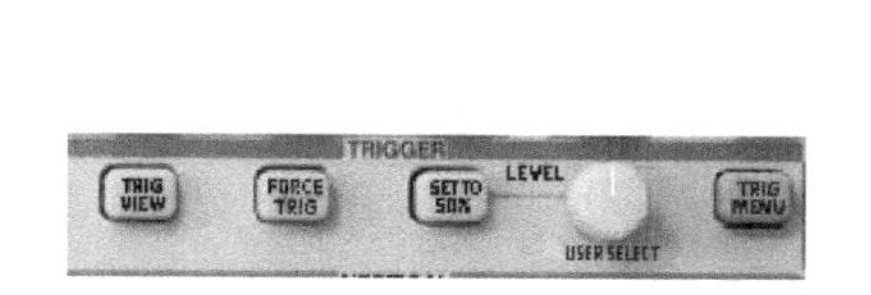

图 5-160 触发控制操作区

图 5-161 边沿触发菜单

图 5-162 电平触发菜单

第一页的基本功能操作有：为选择触发源软按钮，可选择 CH1、CH2、CH3、CH4、Ext、Ext/5、AC 线路；为触发脉宽比较软按钮，若脉冲宽度已设定完毕，通过软按钮可选择比设定脉宽小、大、相等或不相等的触发采集，设定脉宽范围必须在 33 ns ~ 10 s 两个时间极限之内；为触发脉宽调整软按钮，单击软按钮，就可用触发控制操作区的旋钮调整脉宽大小。

第二页的基本功能操作有：为选择脉冲正负极性触发软按钮；为选择脉冲正常触发模式或是自动触发模式软按钮；为选择耦合软按钮。

4）：50%触发按钮。单击按钮，将触发电平设定在触发信号幅值的垂直中点。

5）：强制触发按钮。单击按钮，会强制产生一个触发信号，主要应用于触发方式中的“普通”和“单次”模式。

6）：触发视图按钮。单击按钮不放，示波器仅显示触发通道的波形，在示波器显示屏下方显示触发通道的详细情况，如图 5-163 和图 5-164 所示。

（4）菜单区

菜单区如图 5-165 所示。

1）：保存/调出按钮。单击按钮，可对示波器显示的波形和示波器面板设置进行保存，以便需要时调出，一共可以保存 10 个文件。

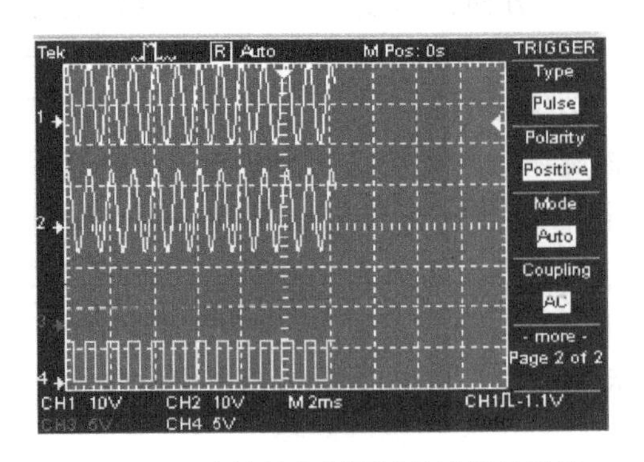

图 5-163　未按触发视图键示波器显示屏

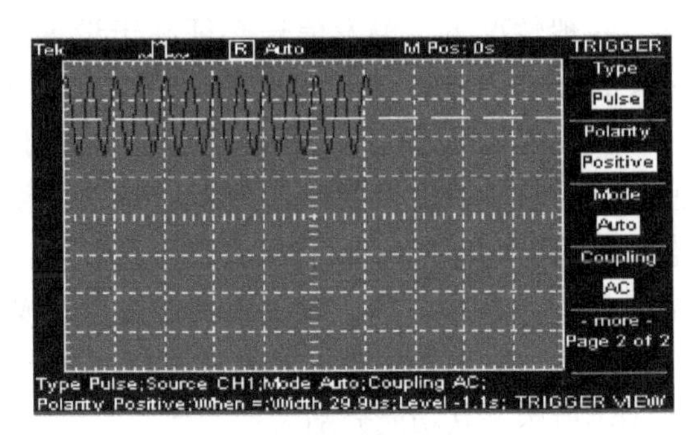

图 5-164　按触发视图键后示波器显示屏

2)：应用信息显示菜单按钮，可以显示自动测量结果的记录。单击按钮，示波器显示屏右边会出现系统情况软按钮，再单击软按钮，出现系统工作情况的详细菜单，如图 5-166 所示。其中，软按钮可显示时基工作详细情况，如图 5-167 所示；软按钮可显示 CH1 与 CH2 的工作情况细节；软按钮可显示 CH3 与 CH4 的工作情况细节；软按钮可显示触发信号的工作情况细节；软按钮显示示波器型号。为节约篇幅，这里不一一展示各软按钮工作情况的细节。

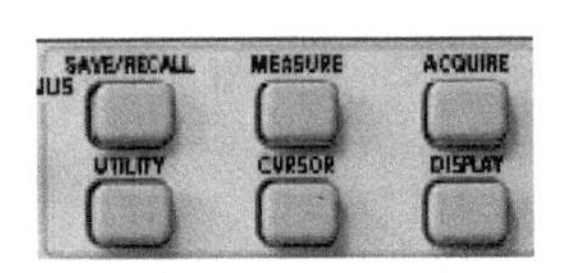

图 5-165　菜单区

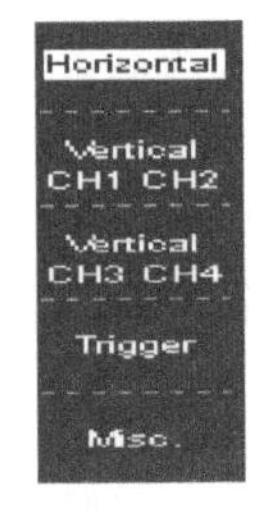

图 5-166　系统菜单

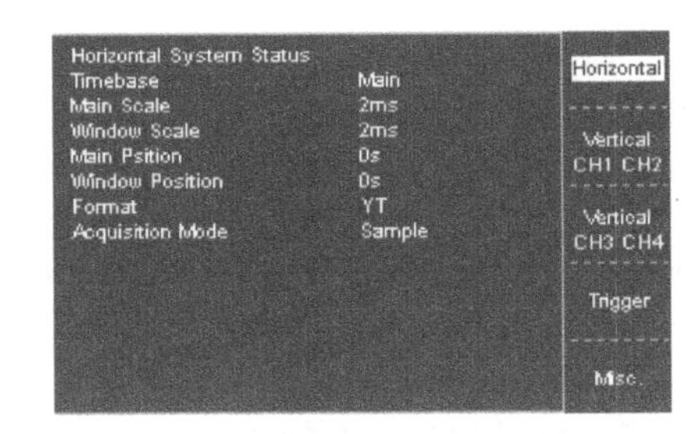

图 5-167　时基工作详细情况展示

3)：自动测量按钮。单击按钮，显示如图 5-168 所示的菜单，共有 5 个软按钮。单击第一个软按钮，将显示如图 5-169 所示的 Measure 1 菜单选项。说明：单击 5 个软按钮中的任何一个，都会显示图 5-169 所示的菜单选项，仅菜单选项顶部的 Measure 1 序号改变了。其中，软按钮是通道选择按钮，有 CH1、CH2、CH3、CH4 可供选择；为自动测量类型软按钮，可提供如下测量：None（无测量项）、Freq（频率测量）、Period（周期测量）、Mean（幅度平均值测量）、Pk-Pk（峰峰值测量）、Cyc RMS（幅度有效值测量）、Min（幅度最小值测量）、Max（幅度最大值测量）、Rise Time（边沿上升时间测量）、Fall Time（边沿下降时间测量）、Pos Width（脉冲上升沿宽度测量）、Neg Width（脉冲下降沿宽度测量）。

4)：光标测量按钮。单击按钮后，显示如图 5-170 所示的菜单，其中有两个软按钮。一个软按钮用于选择测量类型，包括电压测量和时间测量两个选项，图 5-170 所示为电压测量，图 5-171 所示为时间测量；另一个软按钮用于选择要测量的通道

图5-168　测量菜单

图5-169　测量菜单选项

号，下面显示的是光标1、光标2的测量差值以及光标1、光标2测量值。其中，光标1和光标2的控制方法是：当单击按钮后，Analog模拟区1、2通道中的位移旋钮、下方指示灯亮了，光标1、光标2就由这两个旋钮控制，可左、右、上、下移动到需要测量的位置。

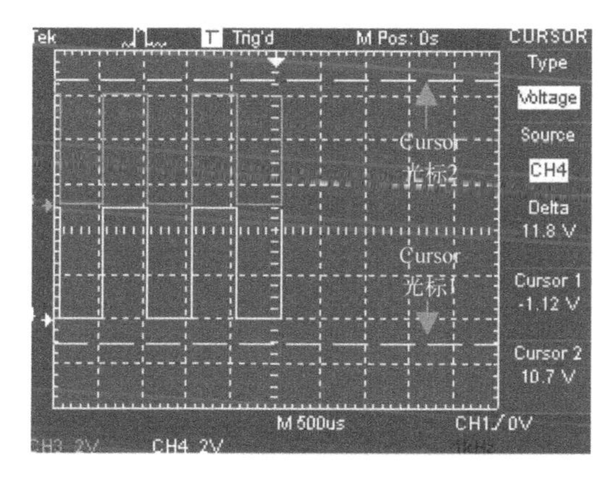

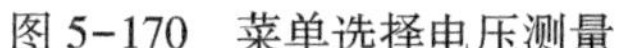
图5-170　菜单选择电压测量

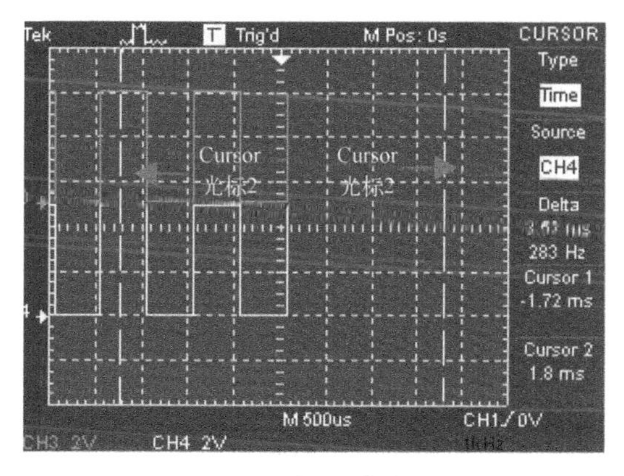

图5-171　菜单选择时间测量

5）Acquire：采集模式按钮。单击按钮，显示如图5-172所示菜单，其中包括Sample采样软按钮、Average采样平均软按钮、Average设置多少采样值后平均软按钮。单击“Average”按钮设置采样点数，可以选择4个、16个、64个、128个采样值作平均后取样。

6）Display：屏幕显示模式按钮。单击按钮，显示如图5-173所示菜单。其中，为波形显示类型软按钮，波形显示类型有两种：实线波形和虚线波形；为显示波形格式软按钮，显示波形格式也有两种：一种格式为信号是时间的函数（Y/T）；另一种格式为信号是信号的函数（X/Y），如李沙育图等；为增加示波器背景与信号对比度软按钮；为减小背景与信号对比度软按钮。

（5）：自动设置按钮。

单击按钮后，示波器根据输入的信号，自动调整电压倍率、时基，以及触发方式至最好形态显示图形。自动设置菜单如图5-174所示。示波器自动设置配置的功能项目见表5-2。

图 5-172　采集模式菜单一

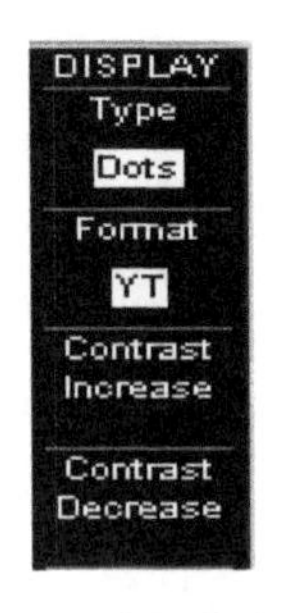

图 5-173　采集模式菜单二

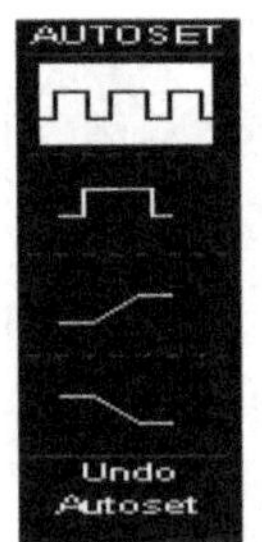

设置屏幕自动显示多个周期信号
设置屏幕自动显示单个周期信号
自动设置并显示上升时间
自动设置并显示下降时间
恢复自动设置前显示状态

图 5-174　自动设置菜单

表 5-2　示波器自动设置配置的功能项目

功能项目	设定配置
采集模式	Sample
显示格式	Y-T
显示类型	视频为点，FFT 谱为矢量，其他不变
垂直耦合	根据信号调整到交流或直流
垂直“V/Div”	调节至适当档位
垂直档位调节	粗调
带宽	全部带宽
时基	调节至适当档位
信号反相	关闭
水平位置	居中
水平“S/Div”	调节至适当档位
触发类型	边沿或视频
触发信源	自动检测到有信号输入的通道
触发耦合	直流
触发电平	中点（50%）设定
触发方式	自动触发
触发释抑	最小
触发源	自动调整到 CH1

（6）：运行与停止按钮

单击按钮后，示波器开始连续采集显示波形或停止采集显示波形。

（7）：单次采集按钮

单击按钮后，示波器只采集显示一帧波形，然后停止采集。

（8）：打印按钮

单击按钮后，开始打印操作。

（9）：检查探头按钮

可快速验证探头是否操作正常。验证时，将探头接入校准信号源，然后单击按钮，如果连接正确、补偿正确，而且示波器“垂直”菜单中的“探头”条目设为与正在使用的探头相匹配，示波器就会在显示屏的底部显示一条“合格”信息，否则会在示波器上显示一些指示，以指导用户纠正问题。不过，NI Multisim 14 不支持这一功能。

（10）：数学运算按钮。单击按钮后，会显示如图5-175所示菜单，其中软按钮有加、减、FFT这3个选项可以选择。

1）当选项选为“加”时，菜单如图5-175所示，可进行CH1+CH、CH3+CH4波形数学运算。

2）当选项选为“减”时，菜单如图5-176所示，可进行CH1-CH2、CH3-CH4、CH2-CH1、CH4-CH3波形数学运算。

3）当选项选为“FFT快速傅里叶变换”时，菜单如图5-177所示。FFT数学运算时，菜单中有两项可选，即、。其中，软按钮用于选择信号通道，可在CH1、CH2、CH3、CH4四通道中选择一个；而软按钮用于选择FFT数学运算的窗函数，包括Rectangle矩形窗函数、Hanning窗函数和Flattop平顶窗函数，运算点数为2048。

图5-175　运算符“加”菜单

图5-176　运算符“减”菜单

图5-177　运算符“FFT”菜单

“FFT”数学运算可将时域（YT）信号转换成频域（YF）信号。在假设YT波形不断重复的条件下，示波器对有限长度的时间记录进行FFT变换。因此，当周期为整数时，YT波形在开始和结束处波形的幅值相同，波形就不会产生中断。但是，如果YT波形的周期为非整数时，就会使波形在开始和结束处的波形幅值不同，从而使连接处产生高频瞬态中断。在频域中，这种效应被称为泄漏。为避免发生泄漏，需在原波形上乘以一个窗函数，强制开始和结束处的值为0。

选择Rectangle矩形窗函数时，“FFT”数学运算的特点是：频率分辨最好，幅度分辨率与不加窗的状况基本类似，合适的情况为：暂态或短脉冲，信号电平在此前后大致相等；频率非常相近的等幅正弦波；具有变化比较缓慢波谱的宽带随机噪声，它在宽带噪声信号上提供了最高的频率分辨率。选择Hanning窗函数时，“FFT”数学运算的特点是：与Rectangle矩形窗比，具有较好的频率分辨率，较差的幅度分辨率。

使用FFT可以方便地观察下列类型的信号：测量系统中的谐波含量和失真、表现直流电源中的噪声特性、分析振动等。

FFT操作技巧：具有直流成分或偏差的信号会导致FFT波形成分的错误或偏差。为减少直流成分，可以选择交流耦合方式；为减少重复或单次脉冲事件的随机噪声以及混叠频率成分，可设置示波器的获取模式为平均获取方式。

上半部分：显示的是原波形，未被半透明蓝色覆盖的区域是期望被水平扩展的波形部分。此区域可以通过调整水平通道左右移动，或设置主时基处设置值扩大和减小选择区域。

下半部分：显示的是选定的原波形区域经过水平扩展的波形。值得注意的是，延迟时基相对于主时基提高了分辨率（见图 5-177）。由于整个下半部分显示的波形对应于上半部分选定的区域。因此，延迟扫描时基处的设置可以提高延迟时基，即提高波形的水平扩展倍数。

3. TektronixTDS2024 型示波器测量实训

1）观测电路中的一个未知信号，迅速显示和测量未知信号的频率和峰峰值等。

- 使用“自动设置”：将 CH1 的端口连接到电路的被测点上，按下 AUTO SET（自动设置）按钮，示波器将自动设置，使波形显示达到最佳。在此基础上，若需要进一步优化波形，可手动调整垂直幅度衰减旋钮、水平 Sec/Div 时基调整旋钮，直至波形的显示符合测量要求。
- 自动测量：示波器显示的信号的大多数参数可以自动测量。例如，Freq 频率测量、Period 周期测量、Mean 幅度平均值测量、Pk-Pk 峰峰值测量、Cyc RMS 幅度有效值测量、Min 幅度最小值测量、Max 幅度最大值测量、Rise Time 边沿上升时间测量、Fall Time 边沿下降时间测量、Pos Width 脉冲上升沿宽度测量、Neg Width 脉冲下降沿宽度测量。
- 完成自动测量频率和测量峰峰值的操作步骤如下：按下 MEASURE（自动测量）按钮，显示自动测量菜单；按下未标记的 5 个选项键中的 1 号键，以选择信号源 CH1；再反复按 2 号键选择测量类型，在测量类型软按钮中显示 Freq 字样，频率即已自动测量完成，并显示在 3 号软按钮中；测量峰峰值也一样，在测量类型软按钮中显示 Pk-Pk 字样，就可获得峰峰值。
- 多信号测量：多信号测量的方法与单信号测量的方法一样。例如，测试放大器的放大倍数，需要测量两个信号，即放大器的输入信号和输出信号。可将示波器的两个通道分别与放大器的输入端和输出端相连，分别测量输入信号的 $Pk\text{-}Pk_{in}$ 和输出信号的 $Pk\text{-}Pk_{out}$，即可算出放大倍数。

2）捕捉脉冲、毛刺等非周期性信号。方便地捕捉脉冲、毛刺等非周期性的信号是数字存储示波器的优势和特点。若捕捉一个单次信号，首先需要对此信号有一定的先验知识，才能设置触发电平和触发沿。例如，如果脉冲是一个 TTL 电平的逻辑信号，触发电平应该设置成 2 V，触发沿设置成上升沿触发。如果对于信号的情况不确定，则可以通过自动或普通的触发方式先行观察，以确定触发电平和触发沿。

5.6 测试探针

1. 电流测试探针概述

Multisim 14 中，电流测试探针模仿了工业上应用的电流夹。在工业上用电流夹夹住通有电流的导线，把电流夹输出端口接到示波器输入端，示波器就可测量出该点的电压值，通过换算，就可得到该点的电流值。在工业应用中，电压对电流的比率一般采用1 V/mA。也就是说，示波器测量出来的电压值就是流过此导线的电流值，单位是mA，如图5-178所示。

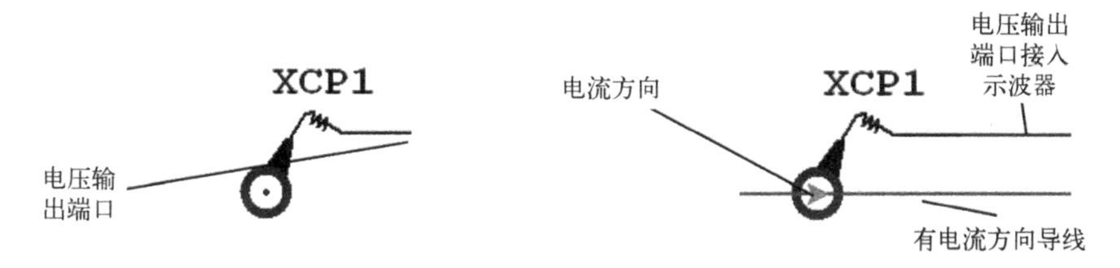

图5-178 电流测试探针及被放置在电路中

Multisim 14中，电流测试探针的设置方法如下：

1）在仪器工具栏中单击电流探针按钮，该标记就会跟着鼠标移动。

2）拖动此标记到要测量的导线处再单击便放下。需要注意的是，电流探针不能放在电路的结点上，只能放在导线上。

3）工作桌面上放置示波器，电流探针输出端口接到示波器的输入端口，测量电压值，再换算成电流值。

2. 电流测试探针属性设置

工业电流夹电压对电流的比率是1 V/mA，但是在Multisim 14中，电流探针比率是可以改变的。改变电压对电流比率的操作如下：

1）双击电流探针按钮，系统弹出“Current Clamp Properties”（电流探针特性）对话框，如图5-179所示。

2）在“电流探针特性”对话框中设置电压对电流的比率，比率设置完毕后，单击 OK 按钮即可。

3. 电流探针的应用

1）电流探针在电路中如图5-180所示。双击示波器的接线符号，显示其仪器面板，如图5-181所示。

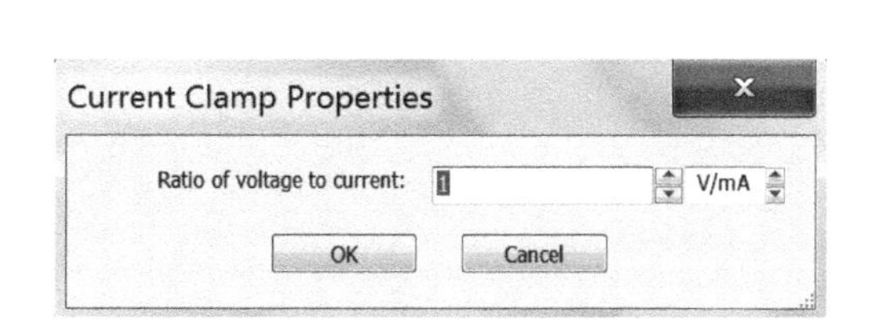

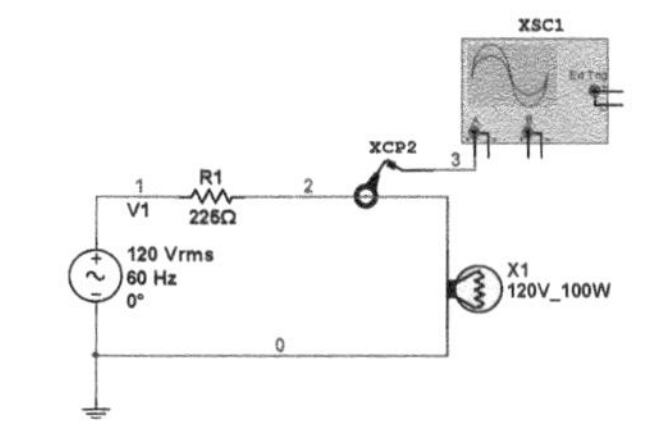

图5-179 电流探针比率设置　　图5-180 电流探针的应用

2）运行仿真电路后，在示波器仪器面板上观察其输出值。

3）当示波器仪器面板上显示出观察的信号曲线后，停止或暂停仿真，调整示波器显示观察信号曲线的刻度值，使信号曲线显示最佳状态。

4）拖动示波器仪器面板左边的一根测试游标到测试点，读出其电压值。

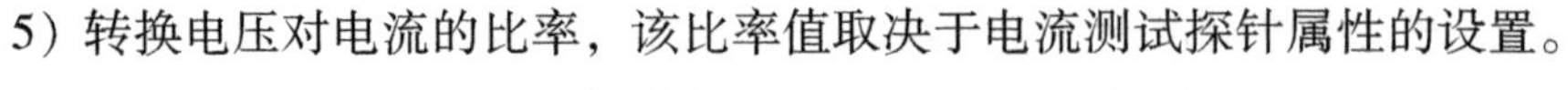

5）转换电压对电流的比率，该比率值取决于电流测试探针属性的设置。

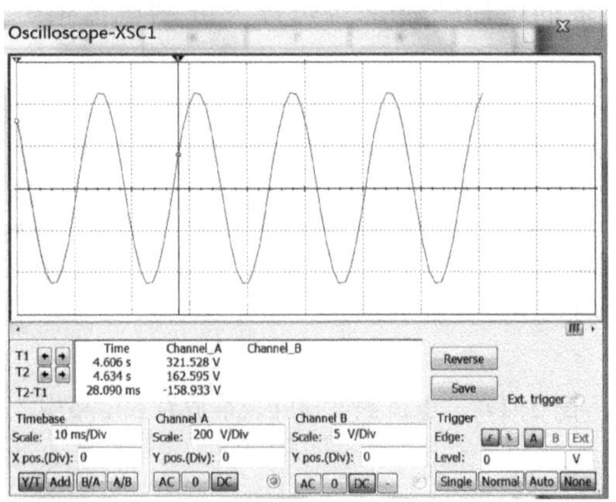

图 5-181　示波器仪器面板显示结果

5.7　本章小结

本章在简要介绍虚拟仪器必要知识的基础上，从测试功能、参数设置和使用方法及实际使用示例几个方面，介绍了数字万用表、函数信号发生器、瓦特表、双踪示波器等 9 种模拟仪器，介绍了数字信号发生器、逻辑分析仪、逻辑转换仪 3 种数字仪器，介绍了频谱分析仪和网络分析仪 2 种射频仪器。同时，介绍了安捷伦 Agilent33120A 型函数发生器、Agilent34401A 型数字万用表、Agilent54622D 型数字示波器和泰克 TektronixTDS 2024 型数字示波器 4 种模拟真实仪器的使用，最后还简要说明了电流探针的应用，为读者使用虚拟仪器提供了具体指导。虚拟仪器的核心思想是“软件即是仪器”，利用计算机软件来实现传统仪器的功能，从而降低了系统的成本、增强了系统的功能与灵活性。虚拟仪器的出现代表了一种全新的仪器设计与使用方法，为仪器科学与技术带来了革命性的变化，提供了前所未有的机遇及手段。

第 6 章　Multisim 14 的仿真分析方法

运用 Multisim 14 进行电路设计时，通常会用虚拟仪器对电路的特征参数进行测量，以确定电路的性能指标是否达到了设计要求。然而，一般来说，虚拟仪器只能完成电压、电流、波形和频率等测量，在反映电路的全面特性方面存在一定的局限性。例如，当需要了解元件参数、元件精度或温度变化对电路性能的影响时，仅靠仪器测量将十分费时、费力。此时，借助 Multisim 14 提供的仿真分析功能，将不仅可以完成电压、电流、波形和频率的测量，而且能够完成电路动态特性和参数的全面描述。本章将结合实例分别介绍 Multisim 14 各项仿真分析功能的使用方法及其相关问题。

在 Multisim 14 主界面上，通过 Simulate 菜单中的 Analyses and Simulation 命令或工具栏中的 Interactive 按钮，均可打开如图 6-1 所示的仿真分析界面。

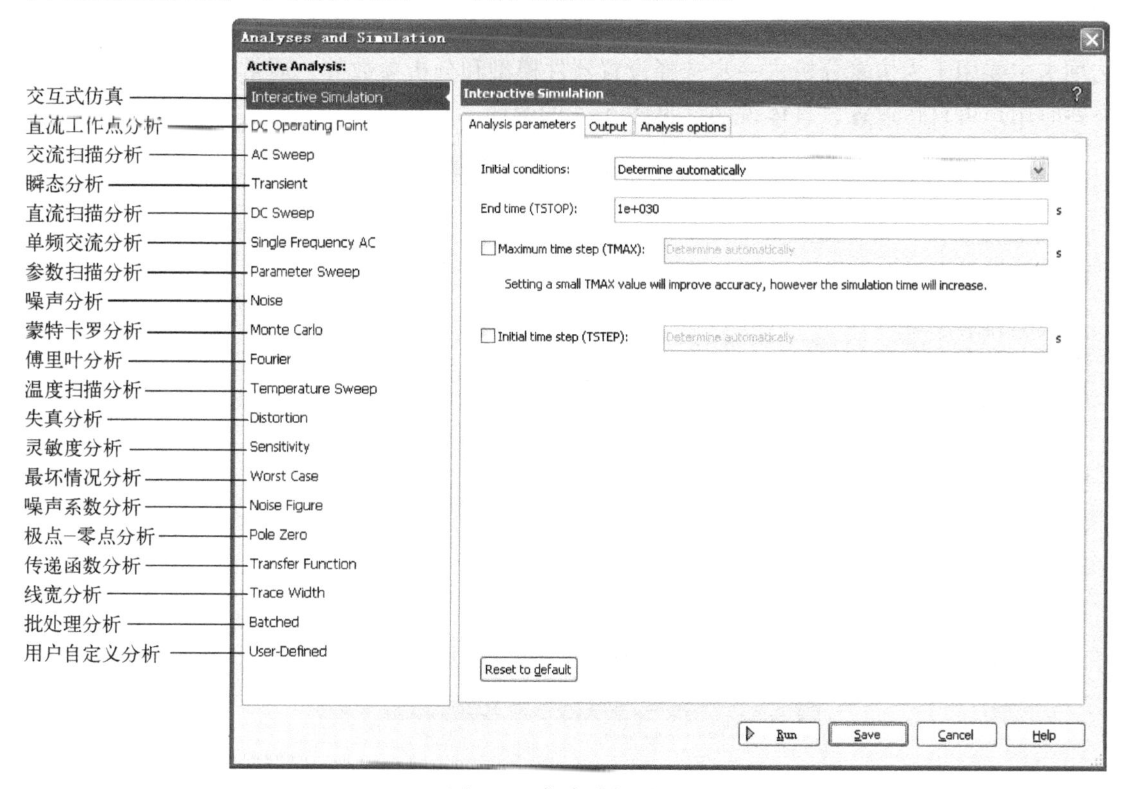

图 6-1　仿真分析界面

图 6-1 的左侧列表显示了 Multisim 14 提供的 1 项 Interactive Simulation（交互式仿真功能）和 19 项分析功能：DC Operating Point（直流工作点）分析、AC Sweep（交流扫描）分析、Transient（瞬态）分析、DC Sweep（直流扫描）分析、Single Frequency AC（单频交流）分析、Parameter Sweep（参数扫描）分析、Noise（噪声）分析、Monte Carlo（蒙特卡罗）分析、

Fourier（傅里叶）分析、Temperature Sweep（温度扫描）分析、Distortion（失真）分析、Sensitivity（灵敏度）分析、Worst Case（最坏情况）分析、Noise Figure（噪声系数）分析、Pole Zero（极点-零点）分析、Transfer Function（传递函数）分析、Trace Width（线宽）分析、Batched（批处理）分析、User Defined（用户自定义）分析，详见图 6-1 左侧的标注。

当在图 6-1 左侧的列表中选择一项仿真分析命令后，其右侧将显示一个与该分析功能对应的对话框，由用户设置相关的分析变量、分析参数和分析结点等。本章下面各节将分别介绍各仿真分析功能对应的对话框的设置及运行结果。

6.1　交互式仿真

当在图 6-1 左侧列表中选择 Interactive Simulation（交互式仿真）后，图 6-1 右侧所示的对话框会显示 3 个分析设置选项卡，分别如图 6-2、图 6-3 和图 6-4 所示。其中，图 6-2 的 Analysis parameters（分析参数）选项卡主要用于设置仿真的初始条件、结束时间和时间步长等，具体说明详见图 6-2 的旁注；图 6-3 的 Output（输出）选项卡用于设置在仿真结束进行数据检查跟踪时是否显示所有的器件参数，当器件参数很多或者仿真退出的时间较长时，可以选择不显示器件参数，通常采用默认设置；图 6-4 的 Analysis Options（分析选择）选项卡主要用于为仿真分析进一步选择设置器件模型和分析参数等，通常采用默认值，特殊需要时用户可自行设置，具体说明详见图 6-4 的旁注。

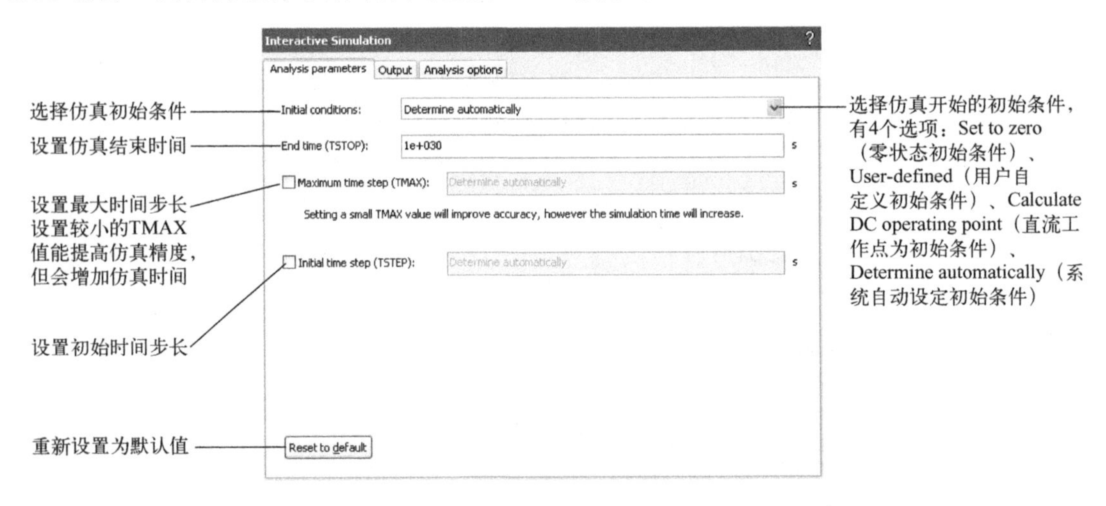

图 6-2　交互式仿真对话框之 Analysis parameters 选项卡

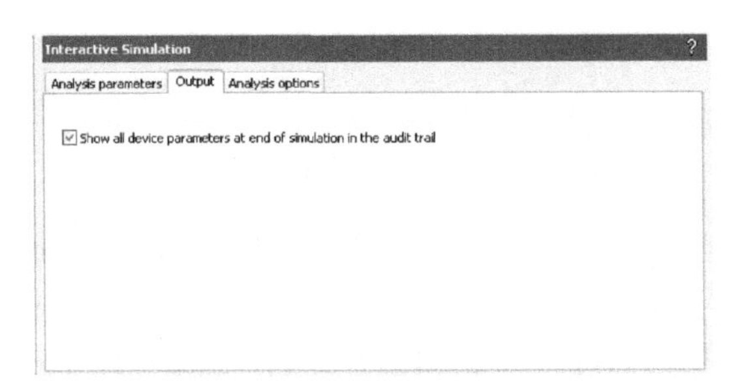

图 6-3　交互式仿真对话框之 Output 选项卡

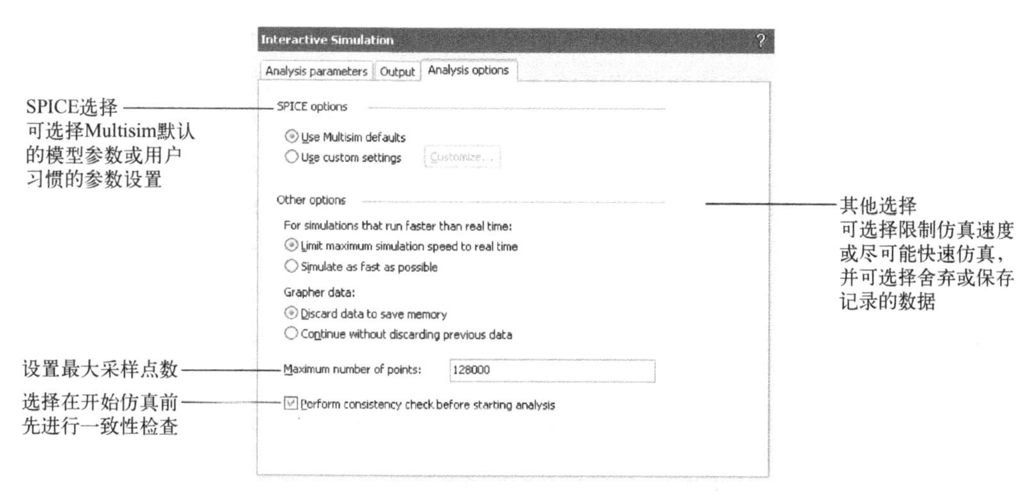

图 6-4　交互式仿真对话框之 Analysis Options 选项卡

完成上述 3 个选项卡的设置后，单击图 6-1 中的 Run 按钮开始仿真（若单击 Save 按钮则只保留设置，不进行仿真）。要停止仿真，需单击 Multisim 14 主界面上的 ■ 按钮。Interactive Simulation（交互式仿真）的作用是对电路进行时域仿真，其仿真结果需通过连接在电路中的测试仪器或显示器件等显示出来。

6.2　直流工作点分析

直流工作点分析的目的是确定电路的静态工作点。进行仿真分析时，电路中的电容被视为开路，电感被视为短路，交流电源和信号源被视为零输出，电路处于稳态。直流工作点的分析结果可用于瞬态分析、交流分析和参数扫描分析等。

下面以单级放大器为例，说明直流工作点分析的方法与步骤。单级放大器如图 6-5 所示。

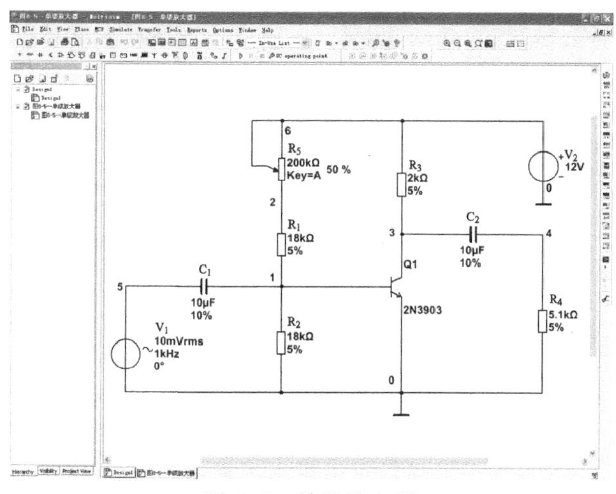

图 6-5　单级放大器

当在图 6-1 左侧列表中选择 DC Operating Point（直流工作点分析）后，图 6-1 右侧的对话框会显示 3 个分析设置选项卡，分别如图 6-6～图 6-8 所示。其中，图 6-6 所示的 Output（输出）选项卡主要用于选择需要分析的变量，用户可从其左侧备选栏罗列的电路变量中选择需要分析的变量，通过“Add”按钮添加到右侧的分析栏中即可。本例的选择是 1 号和 3 号的结点电压。当备选栏罗列的电路变量不能满足用户要求时，用户也可通过其他选项添加或删除需要的变量。另外，通过 Output 选项卡还可添加元件参数、保存变量类型等。不过，通常采用默认设置即可，具体说明详见图 6-6 的旁注。图 6-7 所示的 Analysis options（分析选择）选项卡与图 6-4 所示的交互式仿真的 Analysis options 选项卡设置基本一致，仅仅增加了分析的名称，其他选项更简单，通常采用默认设置。图 6-8 所示的 Summary（概要）主要用于对所选分析设置参数的汇总，通常也采用默认值。一般情况下，在所有的分析对话框设置中，用户都不必对 Analysis options 选项卡和 Summary 选项卡进行操作，选择默认设置即可。因此，后面各节也将不再对其赘述。

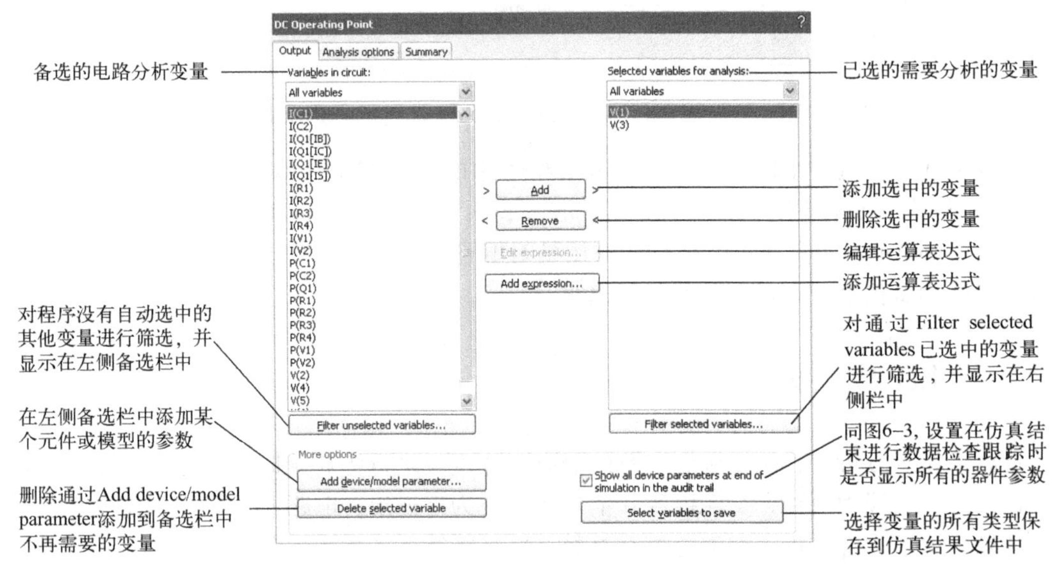

图 6-6　直流工作点分析对话框之 Output 选项卡

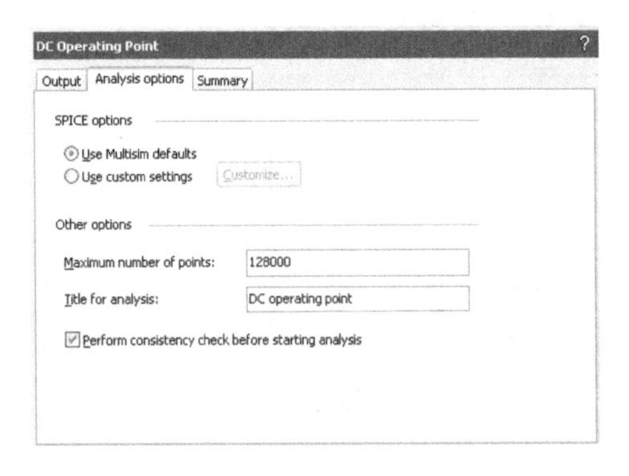

图 6-7　直流工作点分析对话框之 Analysis options 选项卡

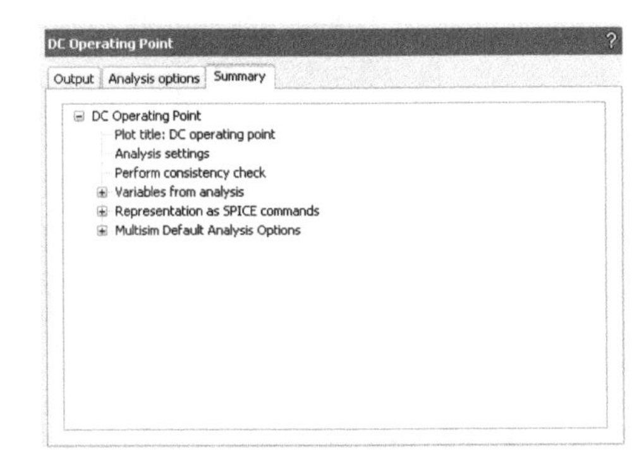

图 6-8　直流工作点分析对话框之 Summary 选项卡

完成上述相关分析设置后，单击“Run”按钮即可进行仿真分析，分析结果显示在如图 6-9 所示的 Grapher View（图示仪显示）窗口中。可见，结点 1 和结点 3 的静态工作点电压分别为 705.68644 mV 和 3.03713 V，即静态时，晶体管的集电极电压 $U_{CE}\approx3\text{ V}$、发射极电压 $U_{BE}\approx0.7\text{ V}$，故图 6-5 所示的放大电路工作在放大状态。需要注意的是，作电路仿真分析时，若打开的电路图中未显示结点标号，则需先标出电路中待分析的结点号。其方法是：在 Multisim 14 工作平台上通过 Edit 菜单中的 Properties 命令或 Options 菜单中的 Sheet Properties 命令，或直接在工作窗口的空白处单击鼠标右键，在弹出的窗口中选择 Properties 命令，打开 Sheet Properties 页，在其 Sheet visibility 选项卡的 Net names 栏中选择 Show all 即可。

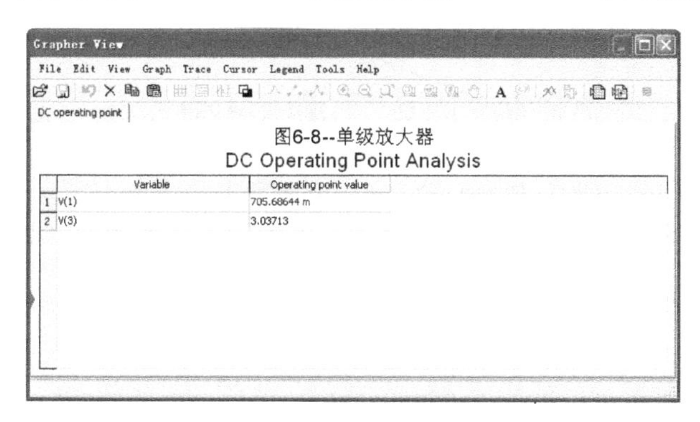

图 6-9　直流工作点分析结果

图 6-9 所示的图示仪显示窗口是一个多功能显示工具，不仅能将仿真分析的结果以图表等方式显示出来，而且能修改和保存分析结果，同时还可将分析结果输出转换到其他数据处理软件（如 Excel）中。由于该窗口的许多功能在直流工作点分析的结果中体现不够，所以，有关图示仪显示窗口的具体功能将在交流扫描分析的结果中介绍。

6.3　交流扫描分析

交流扫描（AC Sweep）分析的作用是完成电路的频率响应特性分析，其分析结果是电路的幅频特性和相频特性。进行交流扫描分析时，所有直流电源将被置零，电容和电感采用交流模型，非线性元件（如二极管、晶体管、场效应晶体管等）使用交流小信号模型。无论用户在电路的输入端加入了何种信号，交流扫描分析时系统均默认电路的输入信号是正弦波，并且以用户设置的频率范围来扫描。交流扫描分析也可以通过波特图仪测量完成。

下面仍以单级放大器为例，说明交流扫描分析的方法与步骤，电路如图 6-5 所示。

当在图 6-1 左侧列表中选择 AC Sweep 后，图 6-1 右侧的对话框如图 6-10 所示。其中，Analysis Options（分析选择）选项卡和 Summary（概要）选项卡采用默认设置，Output（输出）选项卡的设置详见图 6-6 的说明，这里不再赘述，本例选择的输出变量是 4 号结点的电压。在交流扫描分析中需要重点关注的是图 6-10 所示的 Frequency parameters（频率参数）选项卡的设置，即设置扫描的起始频率、终止频率以及频率的扫描方式等，具体说明详见图 6-10 的旁注。

在本例中，频率参数的设置采用了系统的默认值：扫描起始频率为 1 Hz、终止频率为 10 GHz；扫描方式为 10 倍频程；仿真计算点数为 10，即当扫描方式为 10 倍频程时，每 10 倍频率的取样点数为 10 个；纵坐标选择为对数刻度。完成上述设置后，单击“Run”按钮即可进行电路的交流扫描分析，结果如图 6-11 所示。其中，上面的曲线是电路的幅频特性，下面的曲线是电路的相频特性。

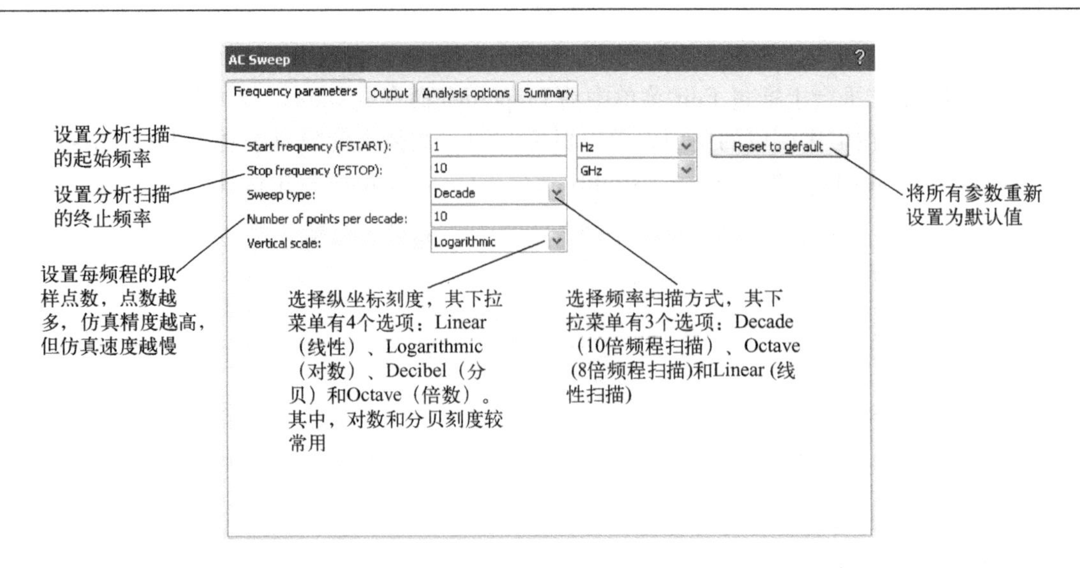

图 6-10　交流扫描分析对话框之 Frequency parameters 选项卡

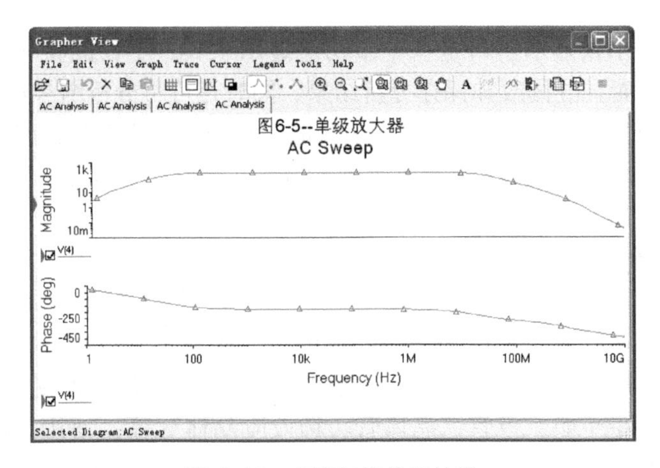

图 6-11　交流扫描分析结果

在图 6-11 所示的图示仪显示窗口中，除了图形或数表显示区外，还有 8 个菜单和相关的工具栏。其中，部分常用的命令已通过工具栏上的按钮提供，其主要功能详见表 6-1 的说明。其他如复制、粘贴、删除等按钮与一般 Windows 应用软件相同，此处不再赘述。

表 6-1　图示仪显示窗口部分命令按钮的功能说明

按　钮	功 能 说 明
▦	显示或隐藏栅格线
▣	显示分析结果曲线的说明
▥	显示两个可移动的游标，并打开其数据说明窗口
◙	黑白背景切换
⩘	以曲线形式显示所有分析结果
⁘	以数据点形式显示所有分析结果

（续）

按　钮	功 能 说 明
	以曲线和数据点形式显示所有分析结果
	放大图像
	缩小图像
	自动显示完整的分析结果（曲线或数据）
	在光标选定的区域内放大图像
	在光标选定的区域内水平方向放大图像
	在光标选定的区域内垂直方向放大图像
	通过按压并移动鼠标将图像移动到新的位置
	在图形窗口中添加文本
	在光标处添加数据标签
	从最近的仿真结果中添加分析结果
	选择其他仿真结果覆盖已有的分析结果
	将分析结果导出至 Excel 表
	将分析结果保存到 . lvm 或 . tdm 的测量文件中

利用图示仪显示窗口提供的各项功能，可以方便地完成分析结果的处理、输出、保存和转换等。例如，在本例中单击按钮后，可在选中的幅频特性曲线上显示两个能用鼠标移动的游标，并同时打开一个数字说明窗口，显示两个游标对应的 *X*、*Y* 坐标及其坐标差等信息，如图 6-12 所示。当将两个游标从纵轴处移动到上、下限截止频率处时，可从游标数字窗口中方便地读出电路的通频带 dx≈18. 87 MHz。

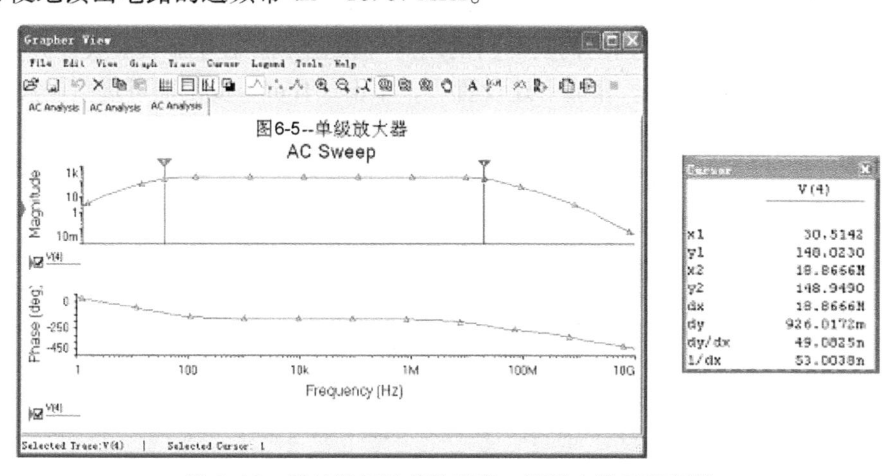

图 6-12　通过游标及其数字窗口测量电路的通频带

6.4　瞬态分析

瞬态（Transient）分析用于分析电路的时域响应，其结果是电路中指定变量与时间的函数关系。在瞬态分析中，系统将直流电源视为常量，交流电源按时间函数输出，电容和电感采用储能模型。

下面仍以单级放大器为例，说明瞬态分析的方法与步骤，电路如图 6-5 所示。

当在图 6-1 左侧列表中选择 Transient 后，图 6-1 右侧的对话框如图 6-13 所示。其中，Analysis options（分析选择）选项卡和 Summary（概要）选项卡采用默认设置，Output（输出）选项卡的设置详见图 6-6 的说明，此处不再赘述。在瞬态分析中需要重点关注的是图 6-13 所示的 Analysis parameters（分析参数）选项卡的设置，即设置分析开始的初始条件、分析开始和结束的时间等，具体说明详见图 6-13 的旁注。

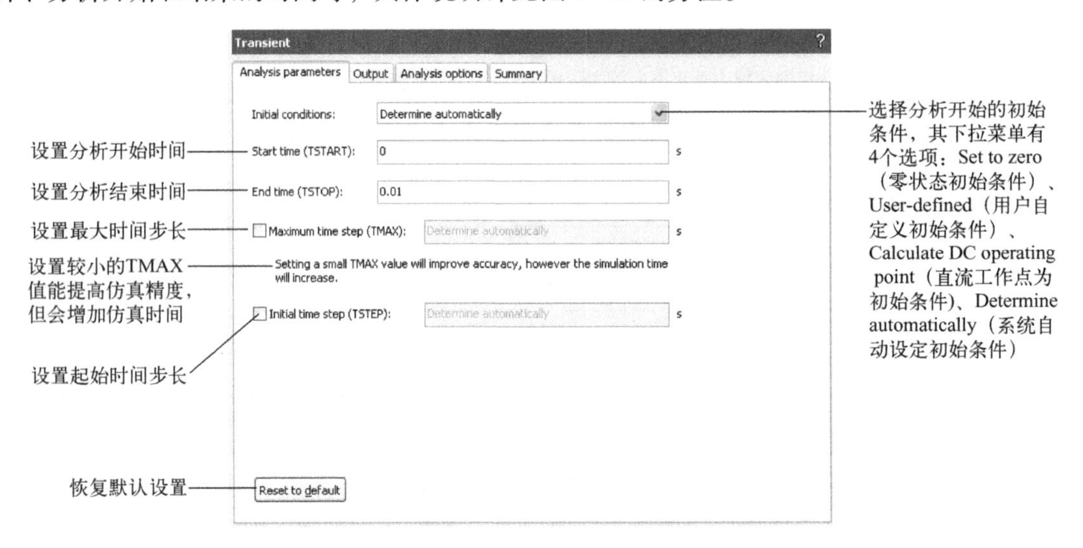

图 6-13　瞬态分析对话框之 Analysis parameters 选项卡

本例在分析参数的设置上只将分析结束时间设置为 0.01 s，其余全部采用系统的默认设置。同时，在 Output 选项卡上选定需要分析的结点（设置方法见直流工作点分析），本例选择 3 号和 4 号结点为分析结点。完成上述设置后，单击“Run”按钮即可进行电路的瞬态分析，结果如图 6-14 所示。其中，上面的曲线是 3 号结点的电压波形，下面的曲线是 4 号结点的电压波形。可见，输出耦合电容 C_2将 3 号结点的静态工作点直流分量滤除后输出至负载（4 号结点）。

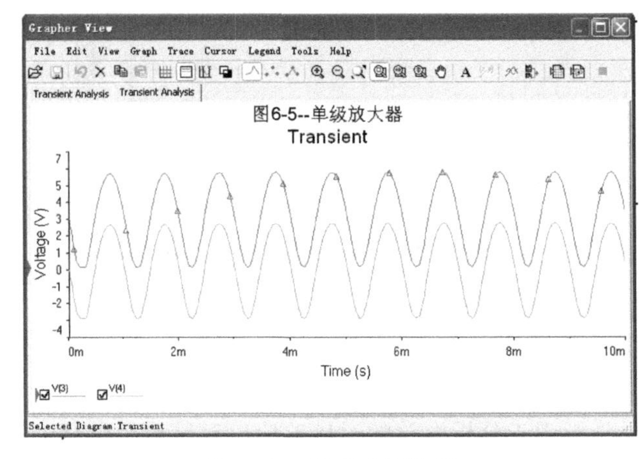

图 6-14　瞬态分析结果

瞬态分析也可以通过 Interactive Simulation（交互式仿真）或者直接在测试点连接示波器完成。不同的是，瞬态分析可以同时显示电路中所有结点的电压波形，而示波器通常只能同时显示 2 个结点的电压波形。

6.5 直流扫描分析

直流扫描（DC Sweep）分析能给出指定结点的直流工作状态随电路中 1 个或 2 个直流电源变化的情况。当只考虑 1 个直流电源对指定结点直流状态的影响时，直流扫描分析的过程相当于每改变一次直流电源的数值就计算一次指定结点的直流状态，其结果是一条指定结点直流状态与直流电源参数间的关系曲线；而当考虑 2 个直流电源对指定结点直流状态的影响时，直流扫描分析的过程相当于每改变一次第 2 个直流电源的数值，确定一次指定结点直流状态与第 1 个直流电源的关系，其结果是一族指定结点直流状态与直流电源参数间的关系曲线。曲线的个数为第 2 个直流电源被扫描的点数，每条曲线对应一个在第 2 个直流电源取某个扫描值时，指定结点直流状态与第 1 个直流电源参数间的函数关系。

下面仍以单级放大器为例，说明直流扫描分析的方法与步骤，电路如图 6-5 所示。

当在图 6-1 左侧列表中选择 DC Sweep 后，图 6-1 的右侧会出现如图 6-15 所示的直流扫描分析对话框，其分析参数的说明详见图 6-15 的旁注。

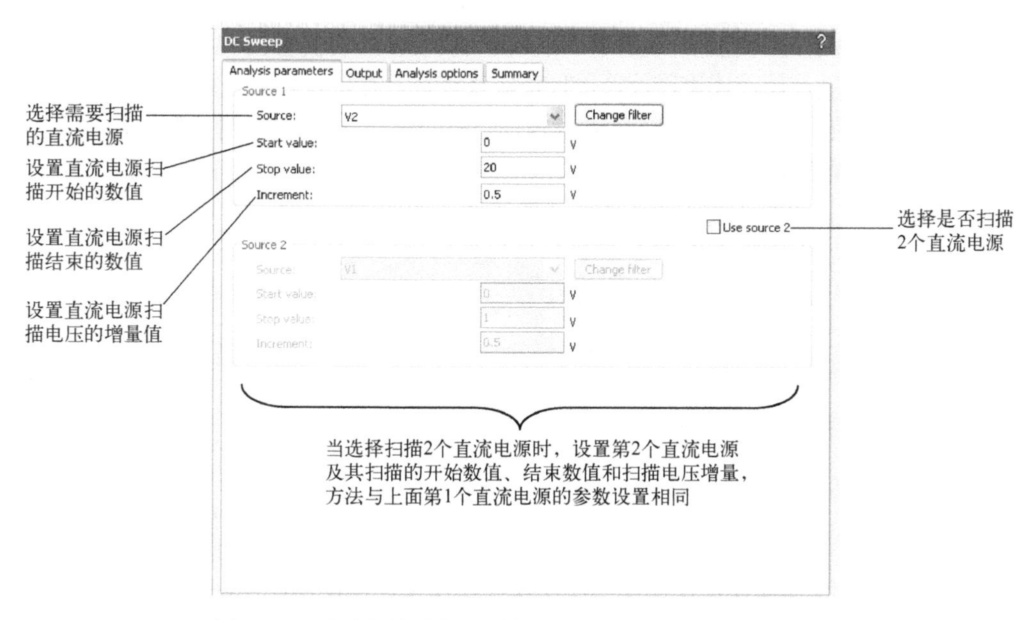

图 6-15 直流扫描分析对话框之 Analysis parameters 选项卡

由于本例只有一个直流电源，所以只选择了直流电源 V2，没有选择扫描 2 个直流电源。在分析参数的设置上，设置直流电源扫描的开始数值为 0 V、结束数值为 20 V、扫描电压增量为 0.5 V。同时，在 Output 选项卡中选定 3 号结点为需要分析的结点（设置方法见直流工作点分析）。单击“Run”按钮后，直流扫描分析结果如图 6-16 所示。由此可清晰、直观地看到，晶体管集电极电位随直流电源变化的情况。

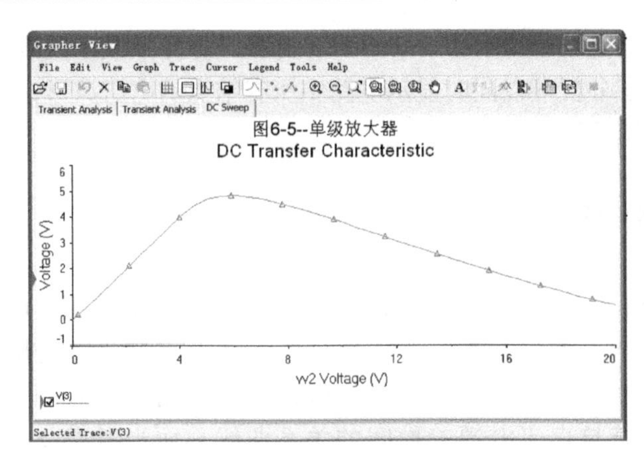

图 6-16　直流扫描分析结果

6.6　单频交流分析

单频交流（Single Frequency AC）分析能给出电路在某一频率交流信号激励下的响应，相当于在交流扫描分析中固定某一频率时的响应，分析的结果是输出电压或电流相量的“幅值/相位”或“实部/虚部”。

下面仍以单级放大器为例，说明单频交流分析的方法与步骤，电路如图 6-5 所示。

当在图 6-1 左侧列表中选择 Single Frequency AC 后，其右侧会出现图 6-17 所示的对话框。其中，Analysis options（分析选择）选项卡和 Summary（概要）选项卡采用默认设置，Output（输出）选项卡的设置详见图 6-6 的说明，此处不再赘述。本例选择的输出变量是 3 号结点的电压。需要说明的是 Frequency Parameters（频率参数）选项卡的设置，具体内容见图 6-17 的旁注。

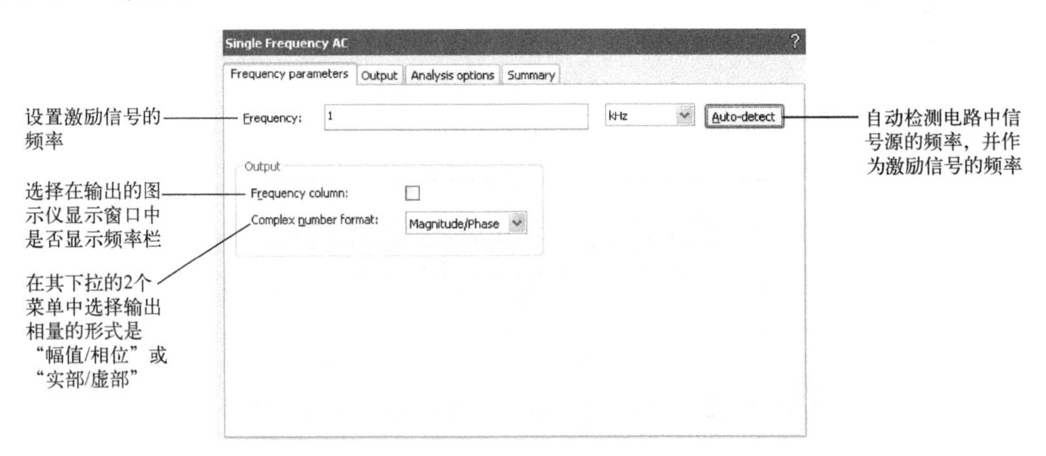

图 6-17　单频交流分析对话框之 Frequency Parameters 选项卡

完成上述设置后，单击“Run”按钮即可得到电路在 1 kHz 正弦交流信号激励下 3 号结点的输出电压相量，结果如图 6-18 所示。其中，电压相量的幅值约为 210.8 mV，相位约为 -178.3°（接近-180°），说明输入输出近似反相，与单管共射放大电路的特点一致。

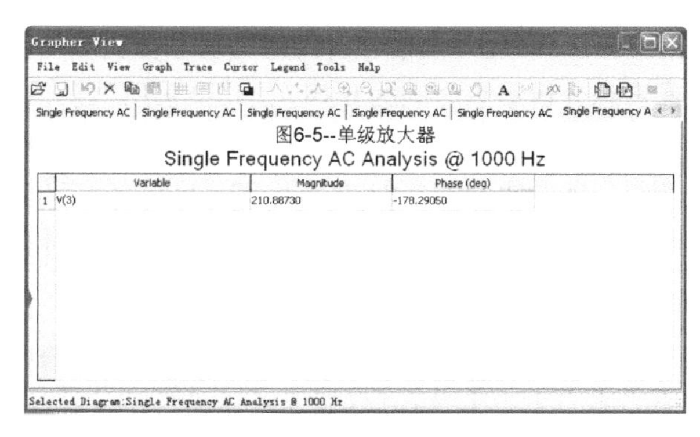

图 6-18　单频交流分析结果

6.7　参数扫描分析

参数扫描（Parameter Sweep）分析是指在规定范围内改变指定元件参数，对电路的指定结点进行直流工作点分析、瞬态分析和交流频率特性等分析。该分析可用于电路性能的分析和优化。

下面仍以单级放大器为例，说明参数扫描分析的方法与步骤，电路如图 6-5 所示。

当在图 6-1 左侧列表中选择 Parameter Sweep 后，其右侧会出现图 6-19 所示的对话框。其中，Analysis options（分析选择）选项卡和 Summary（概要）选项卡采用默认设置，Output（输出）选项卡的设置详见图 6-6 的说明，此处不再赘述。需要说明的是Analysis parameters（分析参数）选项卡的设置，其具体内容详见图 6-19 的旁注。

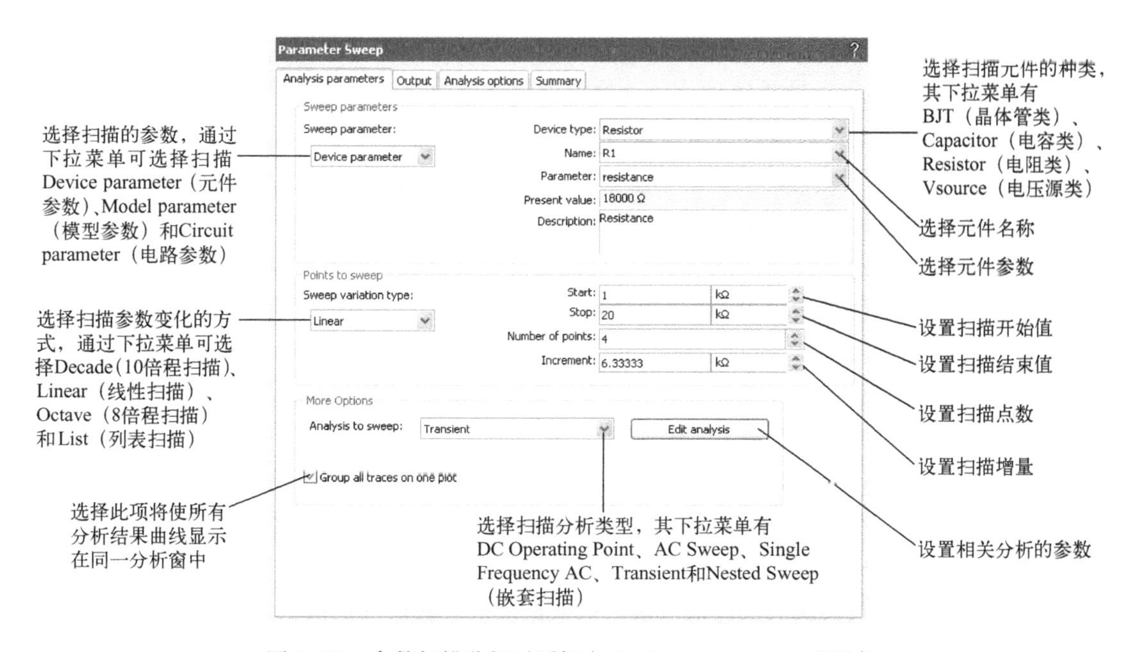

图 6-19　参数扫描分析对话框之 Analysis parameters 选项卡

本例在分析参数的设置上选择偏置电阻 R1 为扫描元件，设置 R1 扫描的开始数值为 1kΩ、结束数值为 20 kΩ、扫描点数为 4。选择扫描分析类型为瞬态分析（Transient Analysis），并在其分析参数的设置中设置瞬态分析结束时间为 0.01 s，其余采用默认设置（图 6-20）。同时，在 Output 选项卡中选定 4 号结点为需要分析的结点。单击“Run”按钮后，得到分析结果如图 6-21 所示。由此可清晰、直观地看到，R1 在（1~20）kΩ 之间变化时，放大器的输出波形由饱和失真到基本不失真的变化情况。显然，R1=20 kΩ 比较合适，此时输出波形基本不失真。

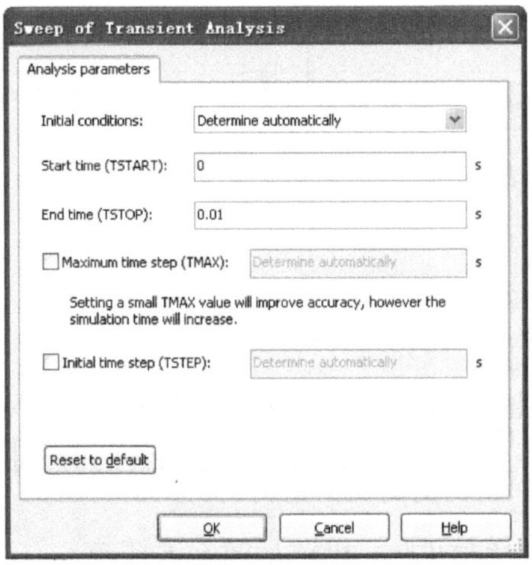

图 6-20　参数扫描分析之瞬态分析设置

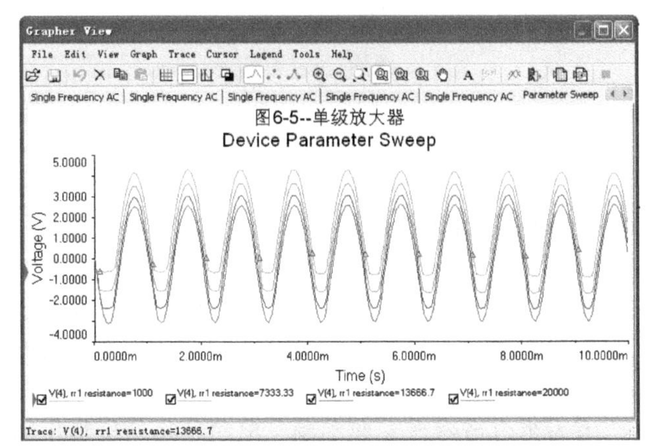

图 6-21　参数扫描分析结果

6.8　噪声分析

噪声（Noise）分析用于研究噪声对电路性能的影响。Multisim 14 提供了 3 种噪声模型：热噪声（Thermal Noise）、散弹噪声（Shot Noise）和闪烁噪声（Flicker Noise）。其中，热噪声主要由温度变化产生；散弹噪声主要由电流在半导体中流动产生，是半导体器件的主要噪声；而晶体管在 1 kHz 以下常见的噪声是闪烁噪声。噪声分析的结果是每个指定电路元件对指定输出结点的噪声贡献，用噪声谱密度函数表示。

下面仍以单级放大器为例，说明噪声分析的方法与步骤，电路如图 6-5 所示。

当在图 6-1 左侧列表中选择 Noise 后，其右侧会出现如图 6-22 所示的对话框。其中，Analysis options（分析选择）选项卡和 Summary（概要）选项卡采用默认设置，此处不再赘述。需要说明的是 Analysis parameters（分析参数）选项卡、Frequency parameters（频率参数）选项卡和 Output（输出）选项卡的设置，其具体内容详见图 6-22~图 6-24 的旁注。

可见，Frequency parameters（频率参数）选项卡的设置与交流扫描分析的设置基本一致，Output（输出）选项卡的设置只选择提供噪声贡献的元件，具体设置方法与直流工作点分析的设置方法基本一致。

本例在分析参数的设置上选择信号源 V1 为输入噪声的参考电源，选择 4 号结点为噪声响应的输出结点，选择地点为参考结点，选择分析结果为谱密度曲线；在频率参数的设置上，全部采用系统的默认设置；在 Output 中选择晶体管 Q1 和偏置电阻 R1 为提供噪声贡献的元件。完成上述设置后，单击“Run”按钮，可得噪声分析结果，如图 6-25 所示。其中，上面的曲线是 R1 对输出结点噪声贡献的谱密度曲线，下面的曲线是 Q1 对输出结点噪声贡献的谱密度曲线。

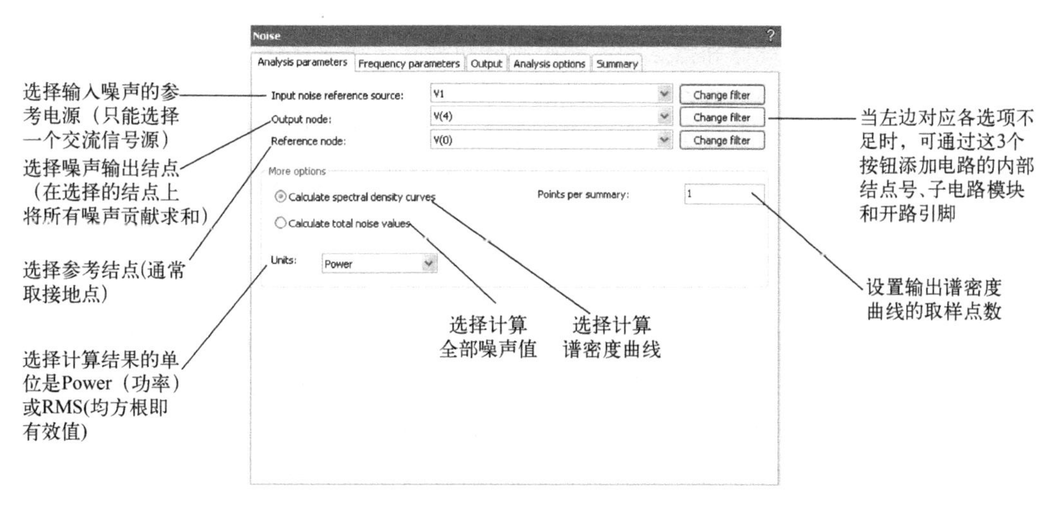

图 6-22　噪声分析对话框之 Analysis parameters 选项卡

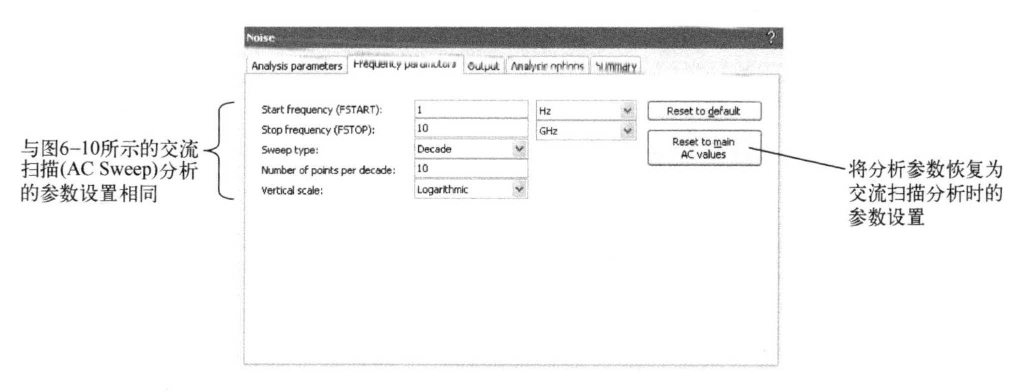

图 6-23　噪声分析对话框之 Frequency parameters 选项卡

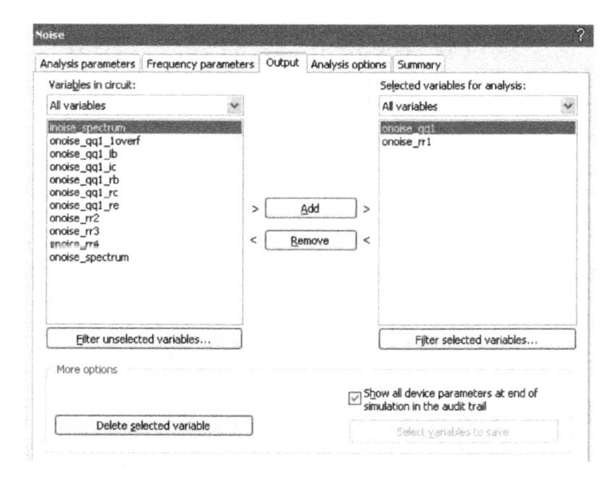

图 6-24　噪声分析对话框之 Output 选项卡

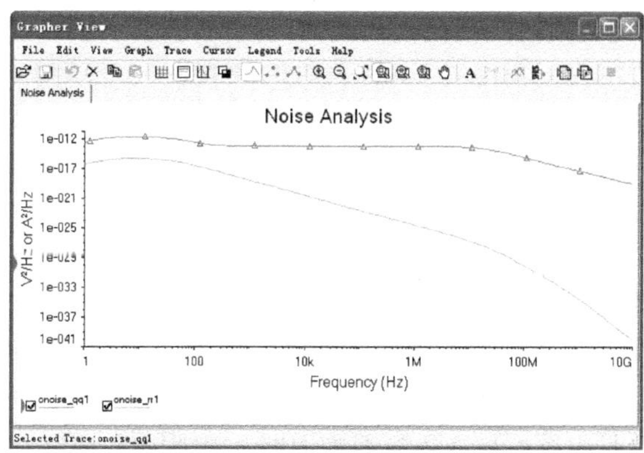

图 6-25　噪声分析结果

6.9　蒙特卡罗分析

蒙特卡罗（Monte Carlo）分析是一种常用的统计分析，由多次仿真完成，每次仿真中元件参数按指定的容差分布规律和指定的容差范围随机变化。第一次仿真分析时使用元件的正常值，随后的仿真分析使用具有容差的元件值，即元件的正常值减去一个变化量或加上一个变化量，其中变化量的数值取决于概率分布。蒙特卡罗分析中使用了两种概率分布：均匀分布（Uniform）和高斯分布（Gaussian）。通过蒙特卡罗分析，电路设计者可以了解元件容差对电路性能的影响。

下面仍以单级放大器为例，说明蒙特卡罗分析的方法与步骤，电路如图6-5所示。

当在图6-1左侧列表中选择Monte Carlo后，其右侧会出现如图6-26所示的对话框。其中，Analysis options（分析选择）选项卡和Summary（概要）选项卡采用默认设置，此处不再赘述。需要说明的是Tolerances（容差）选项卡和Analysis parameters（分析参数）选项卡的设置。其中，Tolerances（容差）选项卡的功能设置详见图6-26的旁注。

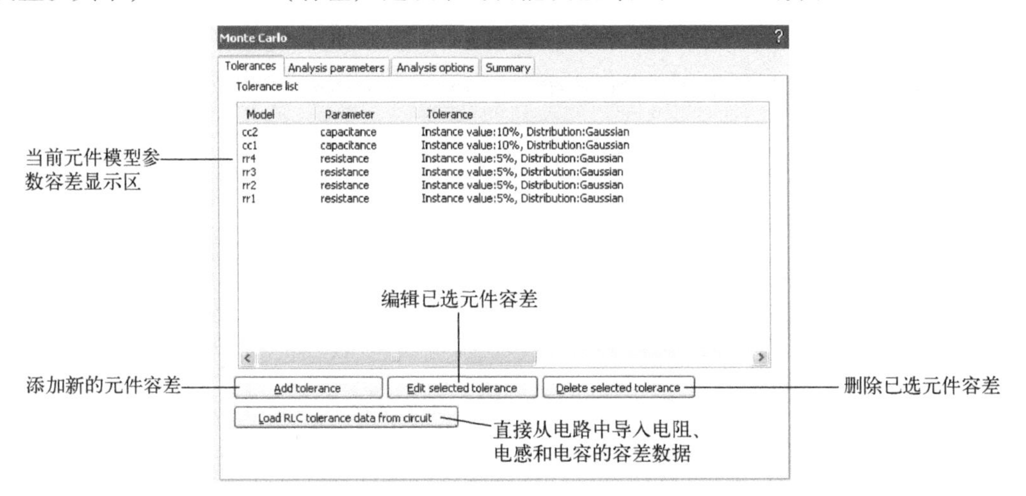

图6-26　蒙特卡罗分析之Tolerances对话框

当单击添加或编辑元件容差（Add tolerance或Edit selected tolerance）按钮时，系统会弹出如图6-27所示的“元件容差设置”对话框，其参数设置详见图6-27的旁注。图6-27所示为编辑电容C1容差时的设置。完成或修改容差设置后，单击“OK”按钮，系统会回到图6-26所示的容差列表对话框，继续添加或修改元件的容差设置。

完成元器件参数的容差设置后，可打开如图6-28所示的Analysis parameters（分析参数）选项卡，其参数设置的详细说明见图6-28的旁注。

本例在元件容差设置上选择高斯分布（Gaussian）；在分析参数设置上选择4号结点的瞬态分析（Transient），并将分析结束时间设置为0.01 s；同时，设置蒙特卡罗分析次数为3次，其余参数采用默认设置。单击“Run”按钮后，得到的分析结果如图6-29所示。其中，4条瞬态响应曲线中的一条是元件参数均为标称值时4号结点电压的瞬态响应曲线，其余3条是电容C1、C2容差为10%、电阻R1、R2、R3、R4容差为5%且所有参数均按高斯分布取值时4号结点的瞬态响应曲线。

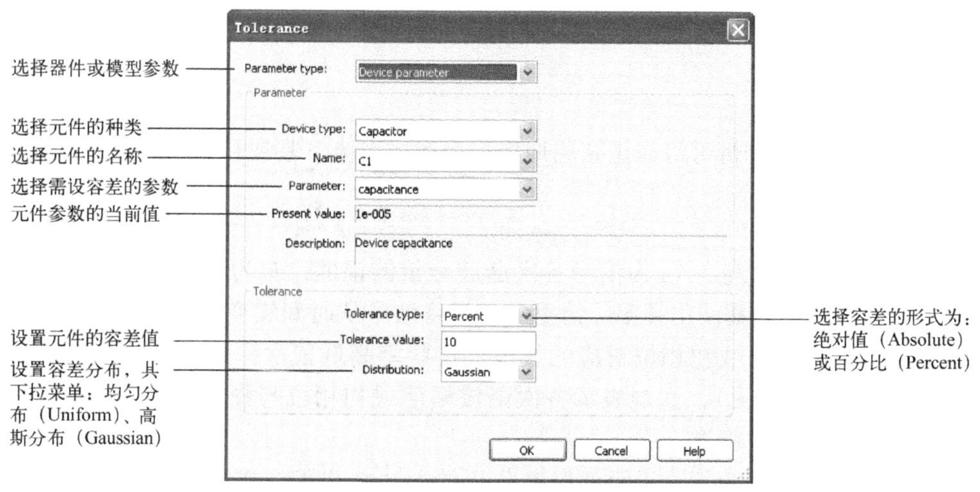

图 6-27　“元件容差设置”对话框

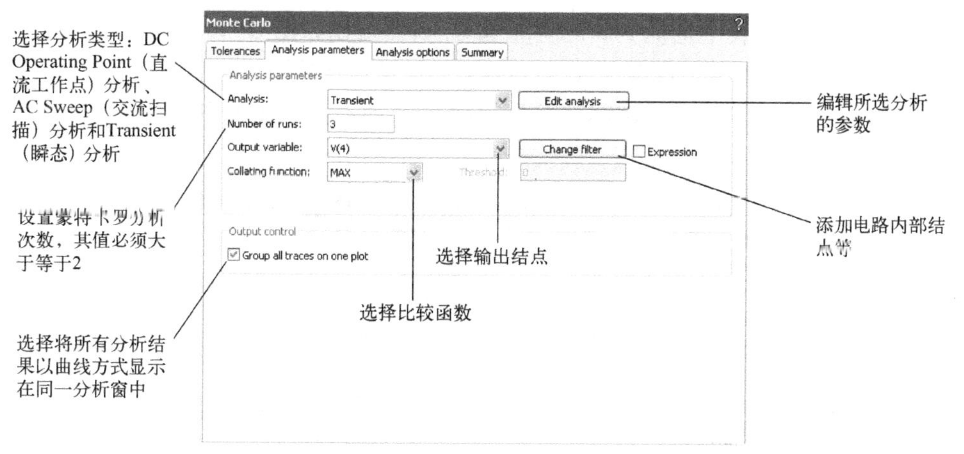

图 6-28　蒙特卡罗分析之 Analysis parameters 选项卡

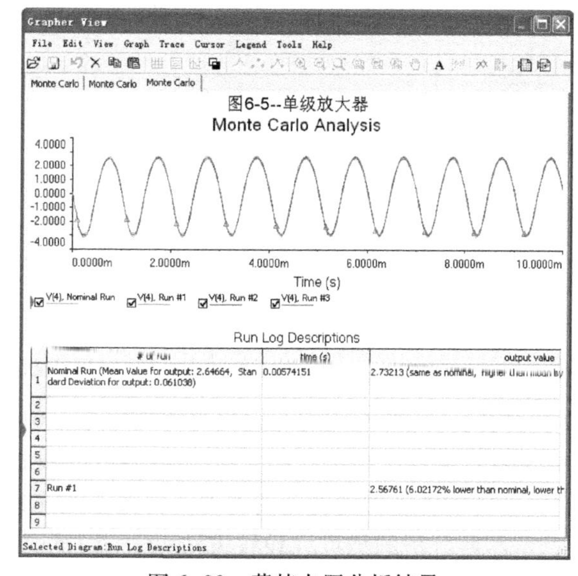

图 6-29　蒙特卡罗分析结果

6.10　傅里叶分析

傅里叶（Fourier）分析可将非正弦周期信号分解成直流、基波和各次谐波分量之和。

$$f(t) = A_0 + \sum_{k=1}^{\infty} A_{km}\cos(k\omega_1 t + \psi_k)$$

式中，A_0为信号的直流分量，A_{km}为信号各次谐波分量的幅值，ψ_k为信号各次谐波分量的初相位，$\omega_1=2\pi f_1$为信号的基波角频率。傅里叶分析将信号从时间域变换到频率域，工程上常采用长度与各次谐波幅值或初相位对应的线段，按频率高低依次排列得到幅度频谱（$A\sim\omega$图）或相位频谱（$\psi\sim\omega$图），直观表示各次谐波幅值或初相位与频率的关系。傅里叶分析的结果是幅度频谱和相位频谱。

下面仍以单级放大器为例，说明傅里叶分析的方法与步骤，实验电路与图 6-5 不同的是，将输入信号设置为幅度和初相位相同、频率不同的 6 个信号源的串联。

当在图 6-1 左侧列表中选择 Fourier 后，其右侧会出现如图 6-30 所示的对话框。其中，Analysis Options（分析选择）选项卡和 Summary（概要）选项卡采用默认设置，此处不再赘述。需要说明的是 Analysis parameters（分析参数）选项卡的设置，其具体内容详见图 6-30 的旁注。

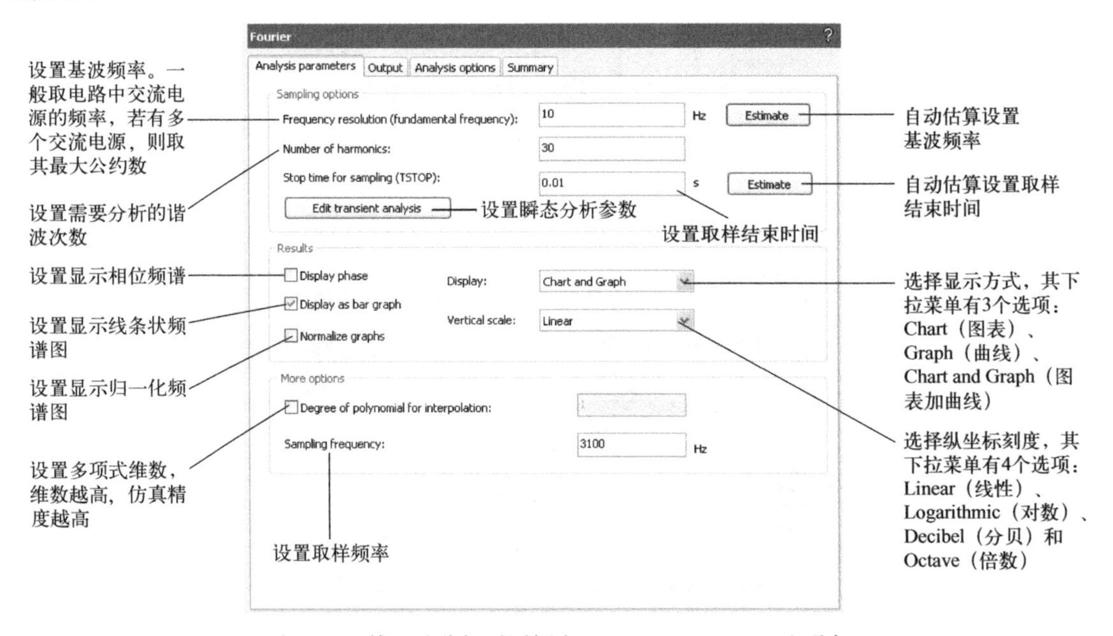

图 6-30　傅里叶分析对话框之 Analysis parameters 选项卡

为清晰表现傅里叶分析在电路分析中的作用，本例在作傅里叶分析前，已将放大器的输入信号设定为幅度和初相位相同、频率不同的 6 个信号源的串联。6 个信号源的频率分别为 10 Hz、50 Hz、100 Hz、150 Hz、200 Hz 和 250 Hz。在分析参数的设置上将基波频率设置为 10 Hz、谐波次数设置为 30，取样结束时间设置为 0.01 s，其余均采用系统的默认设置。同时，在 Output 选项卡上选定需要分析的结点（设置方法见直流工作点分析），本例选择的分析结点是 5 号结点（输入结点）和 4 号结点（输出结点）。单击“Run”按钮后，得到分析结果分别为图 6-31 所示 5 号结点的傅里叶分析结果和图 6-32 所示 4 号结点的傅里叶分析结果。其中，5 号结点的幅度频谱图表明 6 个输入信号具有相同的幅度，而 4 号结点的幅度频谱图却表明 6 个输入信号经过放大器后，频率低的信号幅度衰减多，而频率高的信号幅度衰减少。由此清楚地表明了耦合电容的高通特性，进一步验证了放大器的带通特性，与交流分析的结果一致。

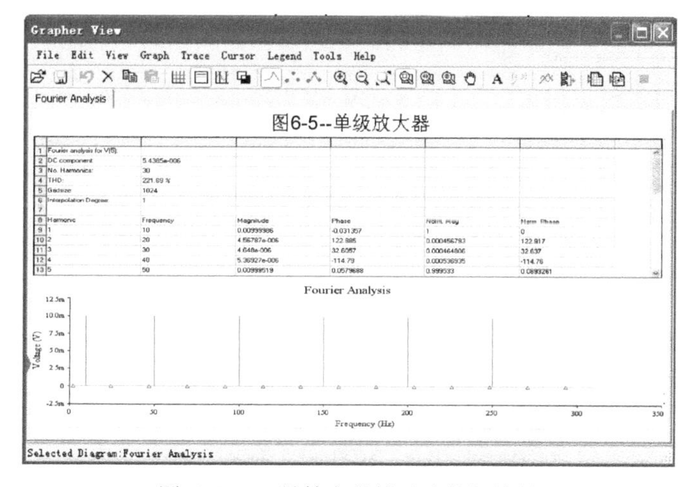

图 6-31　5 号结点的傅里叶分析结果

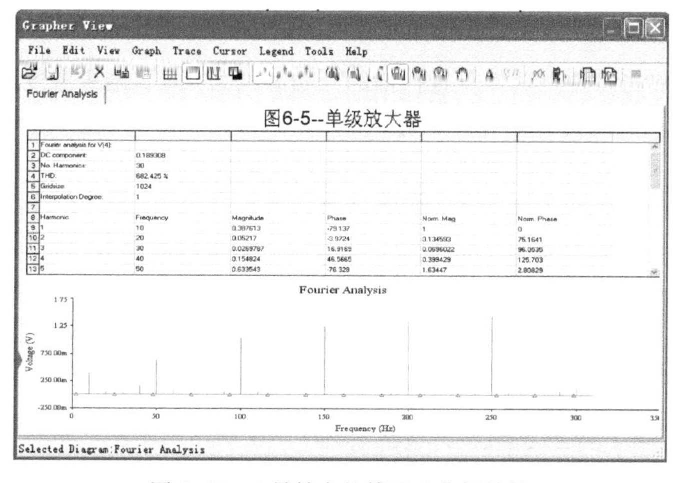

图 6-32　4 号结点的傅里叶分析结果

6.11　温度扫描分析

温度扫描（Temperature Sweep）分析是指在规定范围内改变电路的工作温度，对电路的指定结点进行直流工作点分析、瞬态分析和交流频率特性等分析。该分析相当于在不同的工作温度下多次仿真电路性能，可用于快速检测温度变化对电路性能的影响。需要注意的是，温度扫描分析只适用于半导体器件和虚拟电阻，并不对所有元件有效。

下面仍以单级放大器为例，说明温度扫描分析的方法与步骤，电路如图 6-5 所示。

当在图 6-1 左侧列表中选择 Temperature Sweep 后，其右侧会出现如图 6-33 所示的对话框。其中，Analysis Options（分析选择）选项卡和 Summary（概要）选项卡采用默认设置，此处不再赘述。需要说明的是 Analysis parameters（分析参数）选项卡的设置，其具体内容详见图 6-33 的旁注。

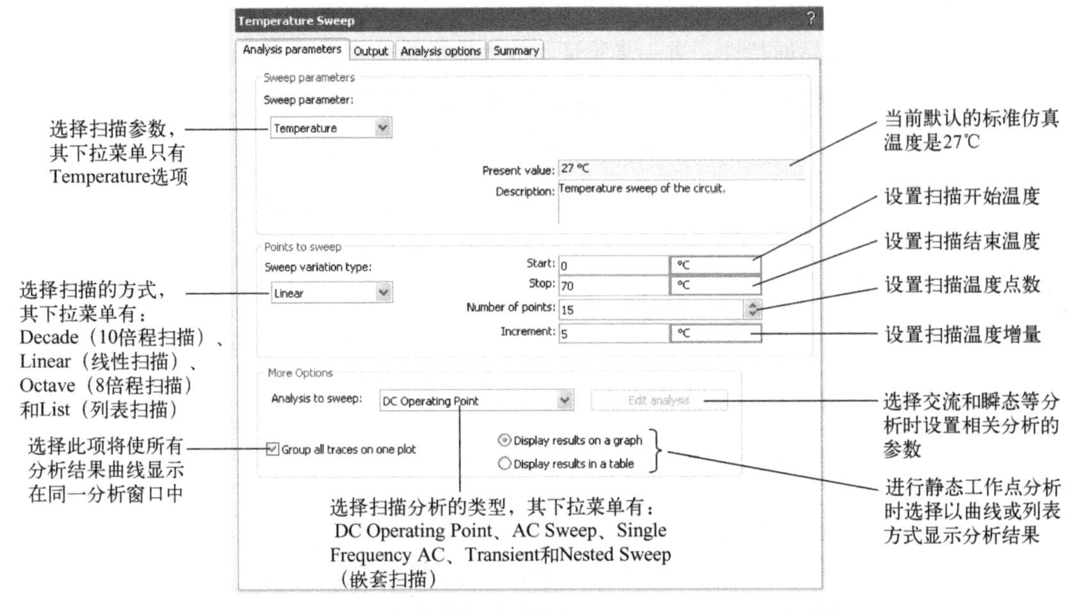

图 6-33　温度扫描分析对话框之 Analysis parameters 选项卡

本例在分析参数的设置上选择设置扫描的开始温度为 0℃、结束温度为 70℃、扫描点数为 15。选择扫描分析类型为 DC Operating Point。同时，在 Output 选项卡中选定 3 号结点为需要分析的结点（设置方法见直流工作点分析）。

单击“Run”按钮后，得到的分析结果分别如图 6-34 和图 6-35 所示。其中，图 6-34 为在进行静态工作点分析时选择以曲线方式显示分析结果，而图 6-35 为在进行静态工作点分析时选择以列表方式显示分析结果。从图 6-34 和图 6-35 均可见，当温度在 0~70℃之间变化时，放大器集电极的直流工作点电位随温度升高而下降，与晶体管温度特性中集电极电流随温度升高而升高的理论分析结果一致。

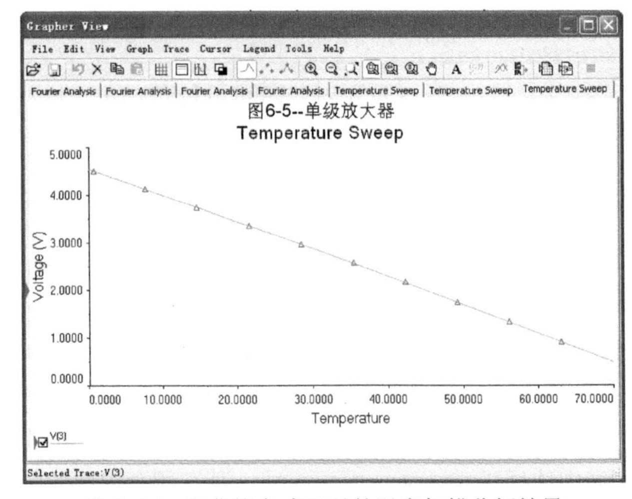

图 6-34　以曲线方式显示的温度扫描分析结果

Grapher View

File Edit View Graph Trace Cursor Legend Tools Help

Fourier Analysis | Fourier Analysis | Fourier Analysis | Temperature Sweep | Temperature Sweep | Temperature Sweep | Temperatur

图6-5--单级放大器

Temperature Sweep

	Variable, Temperature setting	Operating point value
1	V(3), Temperature=0	4.52904
2	V(3), Temperature=5	4.26066
3	V(3), Temperature=10	3.98857
4	V(3), Temperature=15	3.71288
5	V(3), Temperature=20	3.43369
6	V(3), Temperature=25	3.15110
7	V(3), Temperature=30	2.86520
8	V(3), Temperature=35	2.57611
9	V(3), Temperature=40	2.28393
10	V(3), Temperature=45	1.98876
11	V(3), Temperature=50	1.69071
12	V(3), Temperature=55	1.38988
13	V(3), Temperature=60	1.08638
14	V(3), Temperature=65	780.32427 m
15	V(3), Temperature=70	471.96739 m

Selected Diagram:Temperature Sweep

图 6-35　以列表方式显示的温度扫描分析结果

6.12　失真分析

电路的非线性会导致电路的谐波失真和互调失真。失真（Distortion）分析能够给出电路谐波失真和互调失真的响应，对瞬态分析波形中不易观察的微小失真比较有效。当电路中只有一个频率为 F1 的交流信号源时，失真分析的结果是电路中指定结点的二次和三次谐波响应；而当电路中有两个频率分别为 F1 和 F2 的交流信号源时（假设 F1>F2），失真分析的结果是频率（F1+F2）、（F1-F2）和（2F1-F2）相对 F1 的互调失真。

下面仍以单级放大器为例，说明失真分析的方法与步骤，电路如图 6-5 所示。

当在图 6-1 左侧列表中选择 Distortion 后，其右侧会出现如图 6-36 所示的对话框。其中，Analysis options（分析选择）选项卡和 Summary（概要）选项卡采用默认设置，此处不再赘述。需要说明的是 Analysis parameters（分析参数）选项卡的设置，其具体内容详见图 6-36 的旁注。

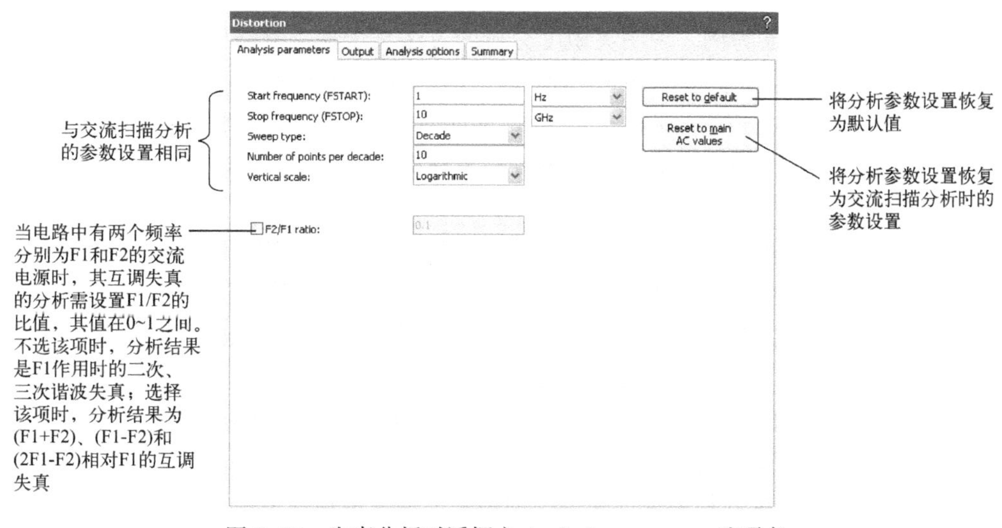

图 6-36　失真分析对话框之 Analysis parameters 选项卡

由于本例只有一个交流信号源，所以不选择 F1/F2 的比值项，其余参数设置全部采用系统的默认值。同时，在 Output 选项卡中选定 4 号结点为需要分析的结点（设置方法见直流工作点分析）。单击“Run”按钮后，得到的失真分析结果如图 6-37 所示。其中，上、下两条曲线分别是 4 号结点上三次谐波的幅频响应和相频响应曲线。

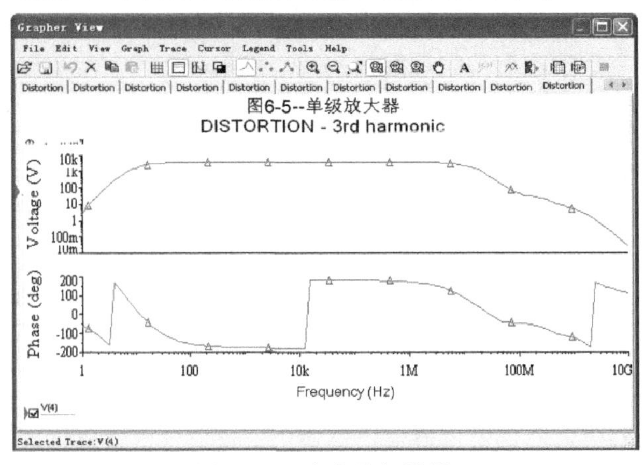

图 6-37　失真分析结果

6.13　灵敏度分析

灵敏度（Sensitivity）分析研究的是电路中指定元件参数的变化对电路直流工作点和交流频率响应特性影响的程度。灵敏度高表明指定元件的参数变化对电路响应的影响大，反之影响小。Multisim 14 提供的灵敏度分析分为“直流灵敏度（DC Sensitivity）分析”和“交流灵敏度（AC Sensitivity）分析”两种。直流灵敏度分析的结果是指定结点电压或支路电流对指定元件参数的偏导数，反映了指定元件参数的变化对指定结点电压或支路电流的影响程度，用表格形式显示；交流灵敏度分析的结果是指定元件参数变化时指定结点的交流频率响应，用幅频特性和相频特性曲线表示。

下面仍以单级放大器为例，说明灵敏度分析的方法与步骤，电路如图 6-5 所示。

当在图 6-1 左侧列表中选择 Sensitivity 后，其右侧会出现如图 6-38 所示的对话框。其中，Analysis options（分析选择）选项卡和 Summary（概要）选项卡采用默认设置，此处不再赘述。需要说明的是 Analysis parameters（分析参数）选项卡的设置，其具体内容详见图 6-38 的旁注。

下面对图 6-5 所示单级放大器分别进行直流灵敏度分析和交流灵敏度分析。

直流灵敏度分析：在分析参数的设置上选择直流灵敏度分析，选择 3 号结点为分析结点、地为参考结点，选择绝对灵敏度为结果类型。同时，在 Output 选项卡中选定电阻 R1、R2、R3 和直流源 V2 为灵敏度分析指定元件（设置如图 6-39 所示，方法见直流工作点分析）。单击“Run”按钮后，得到直流灵敏度分析结果如图 6-40 所示。可见，直流电源的变化对晶体管集电极电位的影响最大。

交流灵敏度分析：在分析参数的设置上选择交流灵敏度分析，并设置相应的交流分析参数。本例采用系统的默认值（图 6-41）。同时，选择 4 号结点为分析结点、地为参考结点，选择绝对灵敏度为结果类型。在 Output 选项卡中选定电阻 R1、R2、R3、R4 和电容 C1、C2 为灵敏度分析指定元件。单击“Run”按钮后，得到交流灵敏度分析结果如图 6-42 所示。其中，上面的曲线是指定电阻和电容参数变化时输出结点的幅频特性，下面的曲线是指定电阻和电容参数变化时输出结点的相频特性。

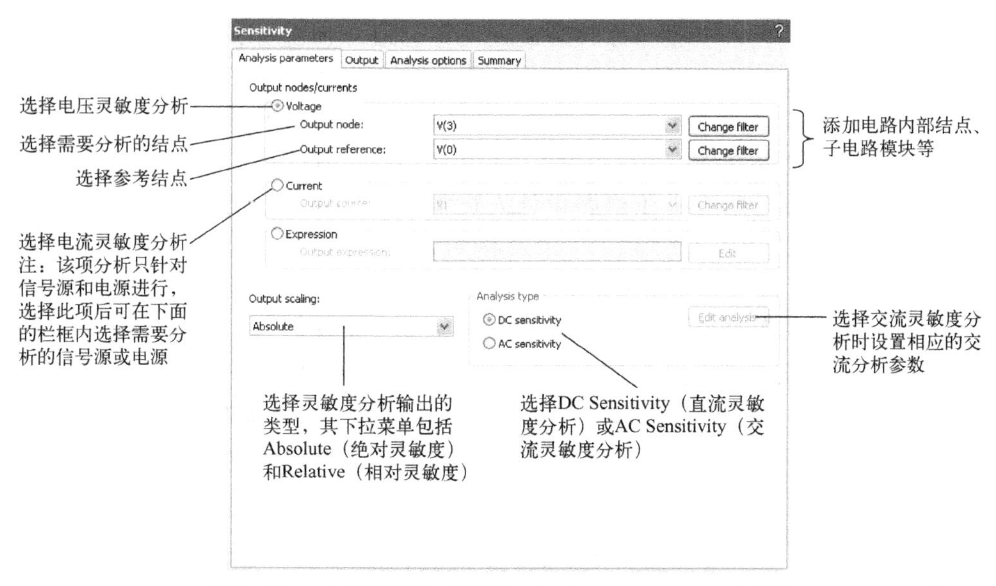

图 6-38　灵敏度分析对话框之 Analysis parameters 选项卡

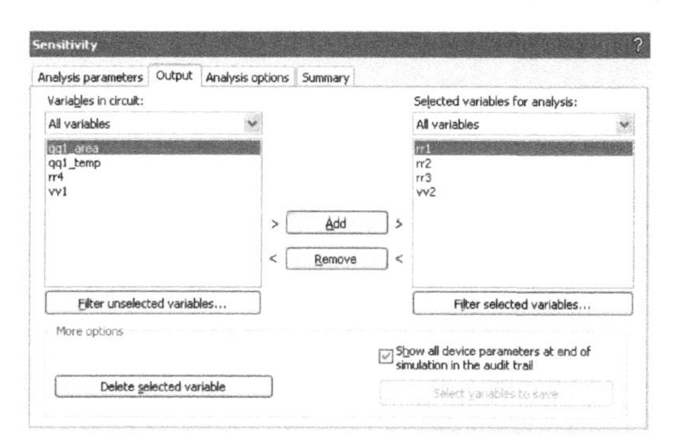

图 6-39　灵敏度分析之 Output 选项卡

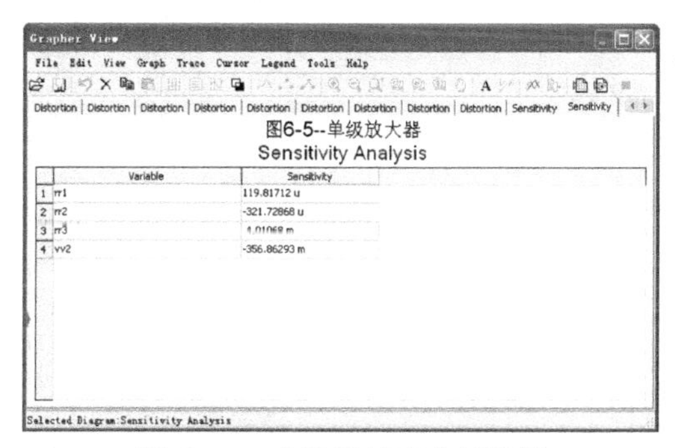

图 6-40　直流灵敏度分析结果

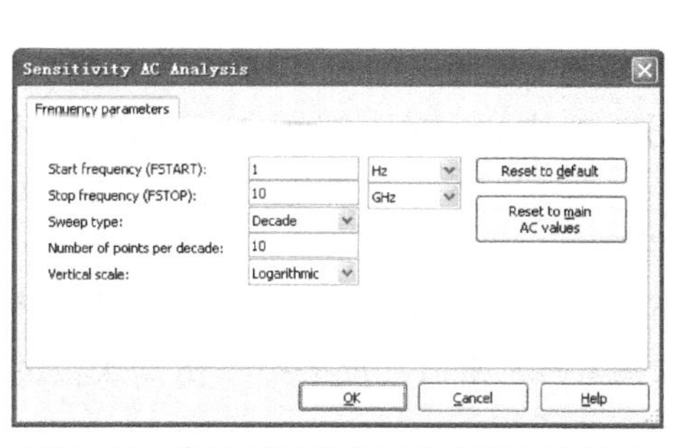

图 6-41　交流灵敏度分析之交流参数设置

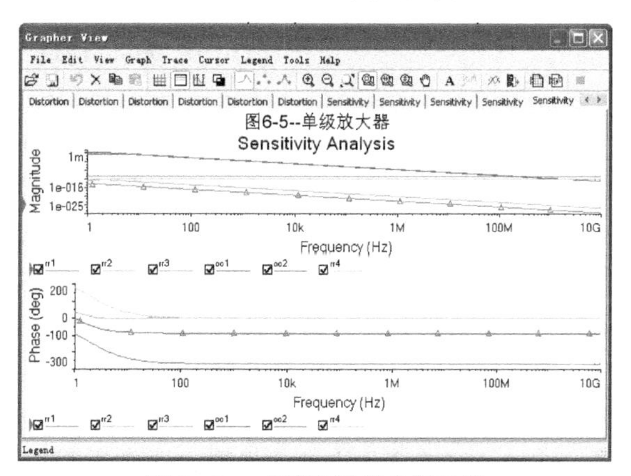

图 6-42　交流灵敏度分析结果

6.14　最坏情况分析

最坏情况（Worst Case）分析是以统计分析的方式，在给定元件参数容差的条件下，分析出电路性能相对于元件参数标称时的最大偏差。最坏情况分析时，第一次仿真运算采用元件的标称值。然后进行灵敏度分析，确定电路中某结点电压或某支路电流相对于每个元件参数的灵敏度。当某元件的灵敏度是负值时，最坏情况分析将取该元件参数的最小值，反之取元件参数的最大值。最后，在元件参数取最大偏差的情况下，完成用户指定的分析。最坏情况分析有助于电路设计人员掌握元件参数变化对电路性能造成的最坏影响。

下面仍以单级放大器为例，说明最坏情况分析的方法与步骤，电路如图 6-5 所示。

当在图 6-1 左侧列表中选择 Worst Case 后，其右侧会出现如图 6-43 所示的对话框。其中，Analysis options（分析选择）选项卡和 Summary（概要）选项卡采用默认设置，此处不再赘述。而 Tolerances（容差）选项卡和 Analysis parameters（分析参数）选项卡的设置基本与蒙特卡罗分析对应的选项卡图 6-26～图 6-28 一致。其中，Tolerances（容差）选项卡的功能设置详见图 6-43 的旁注（与图 6-26 一致）。

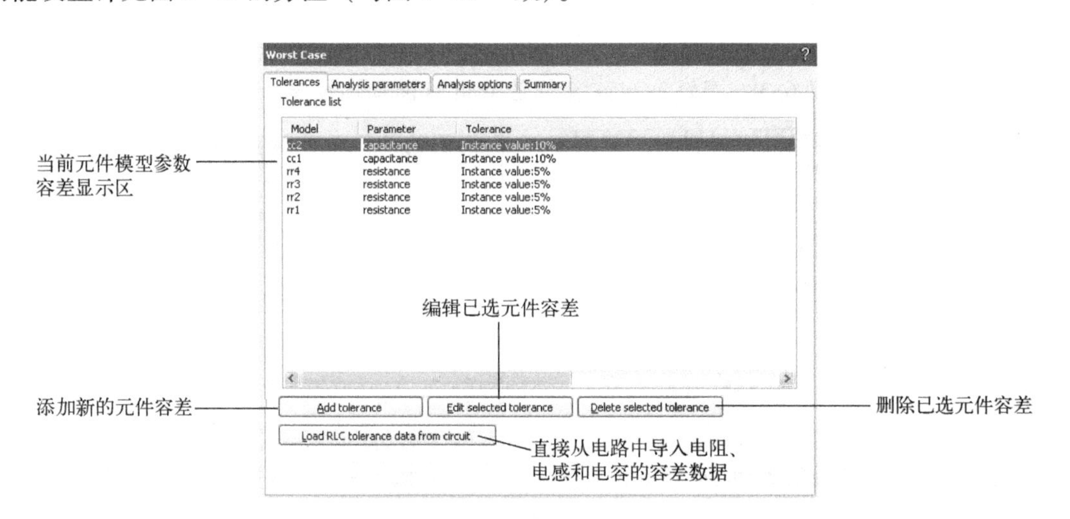

图 6-43　最坏情况分析之 Tolerances 对话框

当单击添加或编辑元件容差（Add tolerance 或 Edit selected tolerance）按钮时，系统会弹出如图 6-44 所示的“元件容差设置”对话框，其参数设置详见图 6-44 的旁注。图 6-44 所示为编辑电阻 R3 容差时的设置，其与蒙特卡罗分析对应的选项卡图 6-27 不同的是没有关于容差分布的设置。完成或修改容差设置后，单击“OK”按钮，系统会回到图 6-43 所示的容差列表对话框，继续添加或修改元件的容差设置。

完成元器件参数的容差设置后，可打开图 6-45 所示的 Analysis parameters（分析参数）选项卡，其参数设置与蒙特卡罗分析对应的选项卡图 6-28 相似，仅去掉了仿真次数的设置、增加了容差变化方向的设置，详细说明见图 6-45 的旁注。

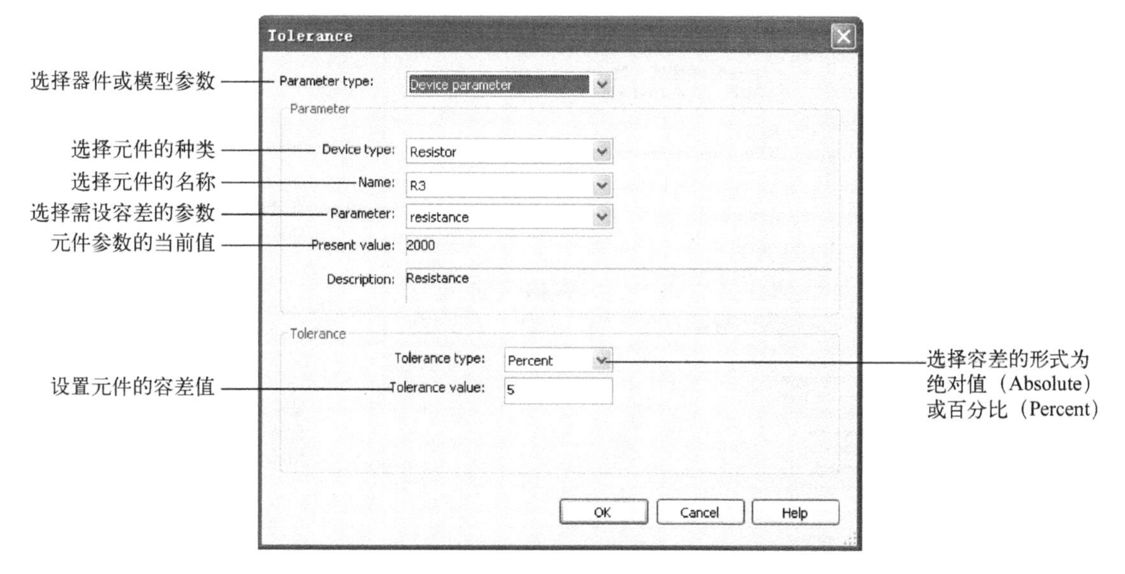

图 6-44　“元件容差设置”对话框

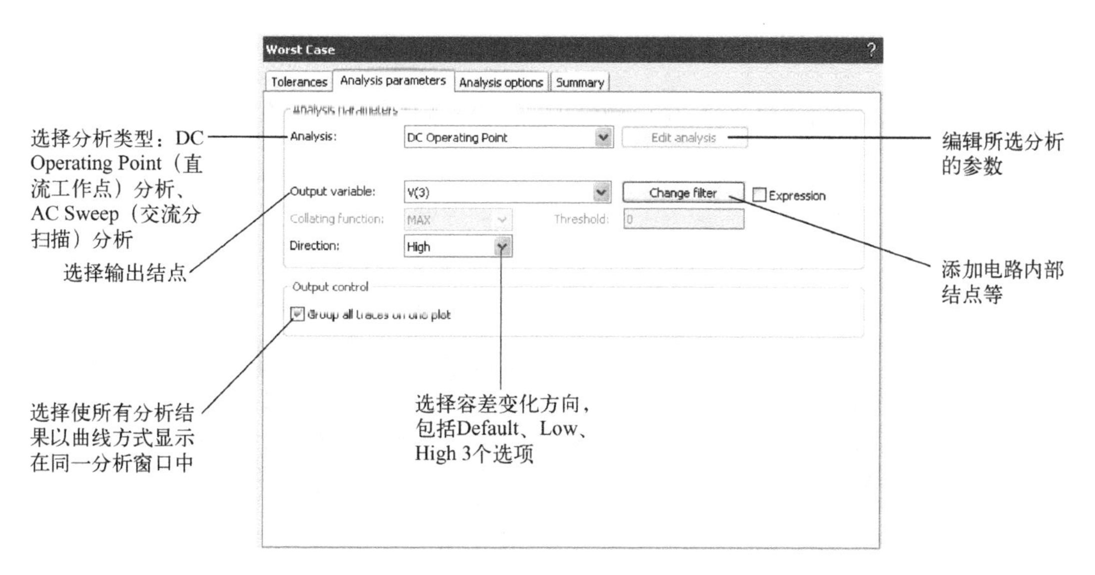

图 6-45　最坏情况分析之 Analysis parameters 选项卡

本例在分析参数的设置上选择直流工作点（DC Operating）分析，选择 3 号结点为输出结点，其余参数采用默认设置。单击“Run”按钮后，得到的分析结果如图 6-46 所示。可见，3 号结点的直流工作点电压在正常情况下约为 3.037 V，而在最坏情况下变为 3.733 V，偏差为 0.696 V，相对正常结果的变化率约为 22.92%。由于 C1、C2 和 R4 的容差对直流工作点电压没有影响，所以最坏情况的分析结果中 C1、C2 和 R4 的参数未做变化。在最坏情况下变化的元件参数分别为：R1 = 18.9 kΩ（标称为 18 kΩ）、R2 = 17.1 kΩ（标称为 18 kΩ）、R3 = 1.9 kΩ（标称为 2 kΩ）。

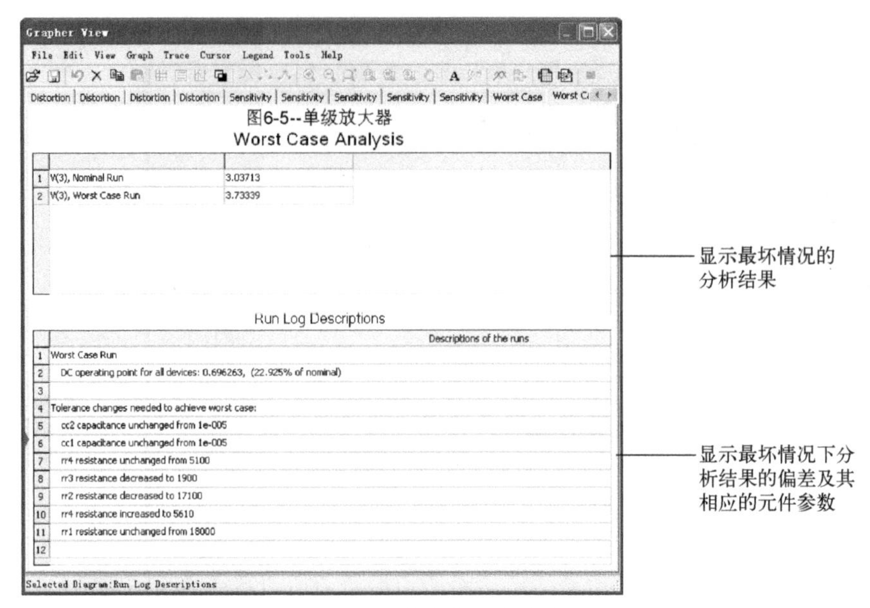

图 6-46　最坏情况分析结果

6.15　噪声系数分析

噪声系数（Noise Figure）分析用于衡量电路输入/输出信噪比的变化程度。噪声系数的定义为

$$NF = 10\ \log_{10}^{F} \quad (\text{dB})$$

式中，$F=\dfrac{\text{InputSNR}}{\text{OutputSNR}}$，其中，SNR 为信噪比。Multisim 14 的噪声系数分析结果即为电路的 NF。

下面仍以单级放大器为例，说明噪声系数分析的方法与步骤，电路如图 6-5 所示。

当在图 6-1 左侧列表中选择 Noise Figure 后，其右侧会出现如图 6-47 所示的对话框。其中，Analysis Options（分析选择）选项卡和 Summary（概要）选项卡采用默认设置，此处不再赘述。需要说明的是 Analysis parameters（分析参数）选项卡的设置，其具体内容详见图 6-47 的旁注。

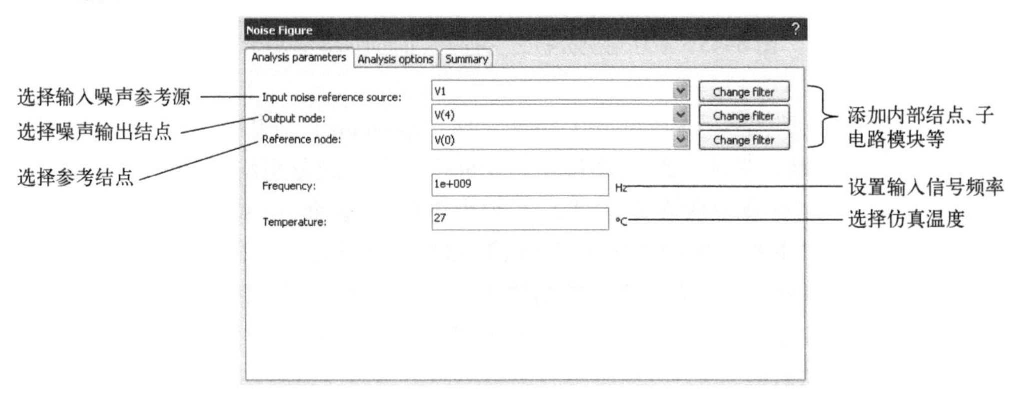

图 6-47　噪声系数分析对话框之 Analysis parameters 选项卡

本例在分析参数的设置上选择信号源 V1 为输入噪声参考源，选择 4 号结点为噪声响应输出结点，选择地为参考结点，输入频率和仿真温度采用系统的默认值。完成上述设置后，单击“Run”按钮，得到噪声系数分析结果如图 6-48 所示。噪声系数 $NF \approx -7.89097$ dB。

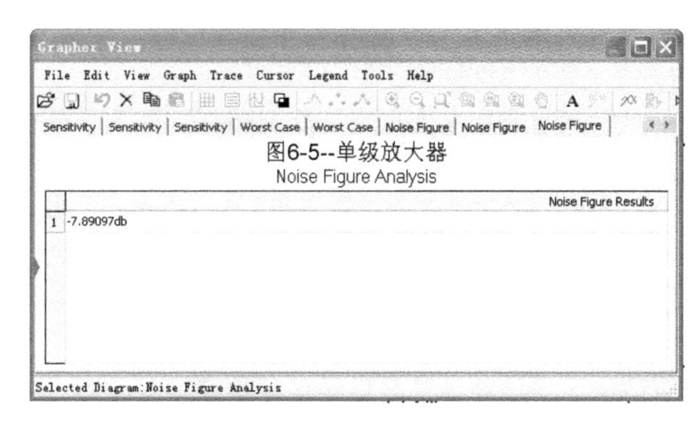

图 6-48　噪声系数分析结果

6.16　极点-零点分析

极点-零点（Pole Zero）分析可以给出交流小信号电路传递函数的极点和零点，用于电路稳定性的判断。

下面仍以单级放大器为例，说明极点-零点分析的方法与步骤，电路如图 6-5 所示。

当在图 6-1 左侧列表中选择 Pole Zero 后，其右侧会出现如图 6-49 所示的对话框。其中，Analysis options（分析选择）选项卡和 Summary（概要）选项卡采用默认设置，此处不再赘述。需要说明的是 Analysis parameters（分析参数）选项卡的设置，其具体内容详见图 6-49 的旁注。

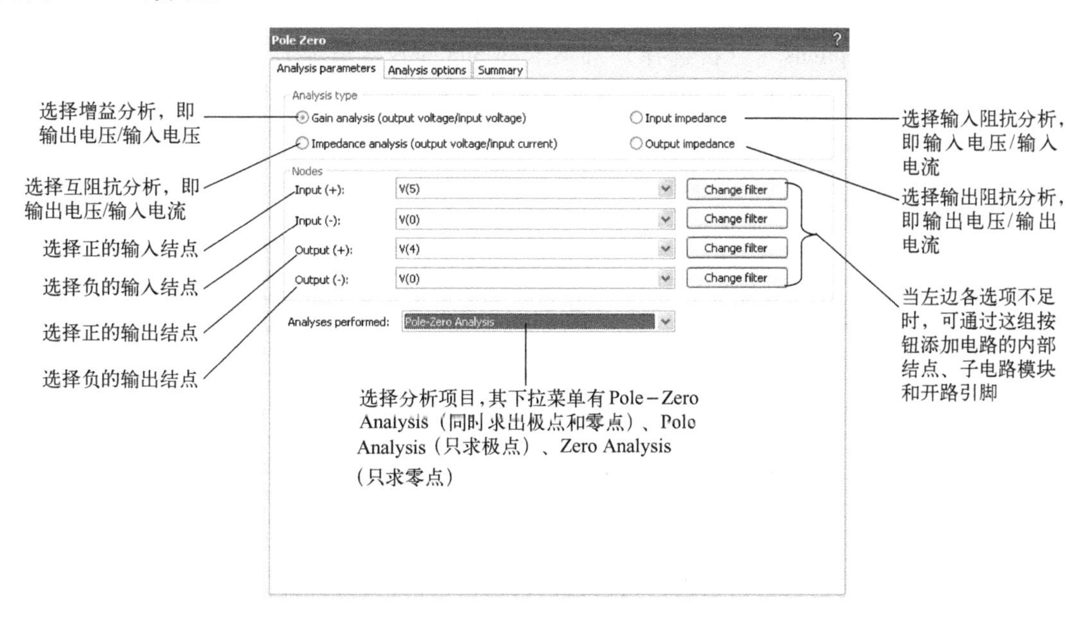

图 6-49　极点-零点分析对话框之 Analysis parameters 选项卡

本例在分析参数的设置上选择电路增益分析。同时，选择 5 号结点为正的输入结点、地为负的输入结点、4 号结点为正的输出结点、地为负的输出结点，并选择同时求出极点和零点的分析项目。单击“Run”按钮后，得到的分析结果如图 6-50 所示。可见，电路的传递函数中有 2 个极点、4 个零点。由于 2 个极点的实部均为负值，即极点均在 S 平面的左半部分，所以电路是稳定的。

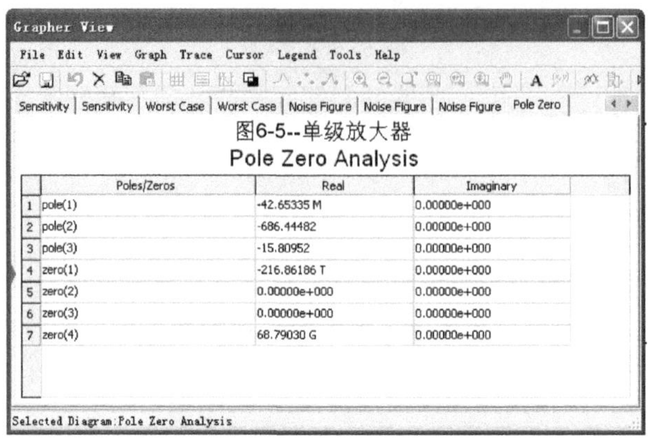

	Poles/Zeros	Real	Imaginary
1	pole(1)	-42.65335 M	0.00000e+000
2	pole(2)	-686.44482	0.00000e+000
3	pole(3)	-15.80952	0.00000e+000
4	zero(1)	-216.86186 T	0.00000e+000
5	zero(2)	0.00000e+000	0.00000e+000
6	zero(3)	0.00000e+000	0.00000e+000
7	zero(4)	68.79030 G	0.00000e+000

图 6-50　极点-零点分析结果

6.17　传递函数分析

传递函数（Transfer Function）分析可以求出电路输入与输出间的关系函数，包括电压增益（输出电压/输入电压）、电流增益（输出电流/输入电流）、输入阻抗（输入电压/输入电流）、输出阻抗（输出电压/输出电流）、互阻抗（输出电压/输入电流）等。

下面仍以单级放大器为例，说明传递函数分析的方法与步骤，电路如图 6-5 所示。

当在图 6-1 左侧列表中选择 Transfer Function 后，其右侧会出现如图 6-51 所示的对话框。其中，Analysis options（分析选择）选项卡和 Summary（概要）选项卡采用默认设置，此处不再赘述。需要说明的是 Analysis parameters（分析参数）选项卡的设置，其具体内容详见图 6-51 的旁注。

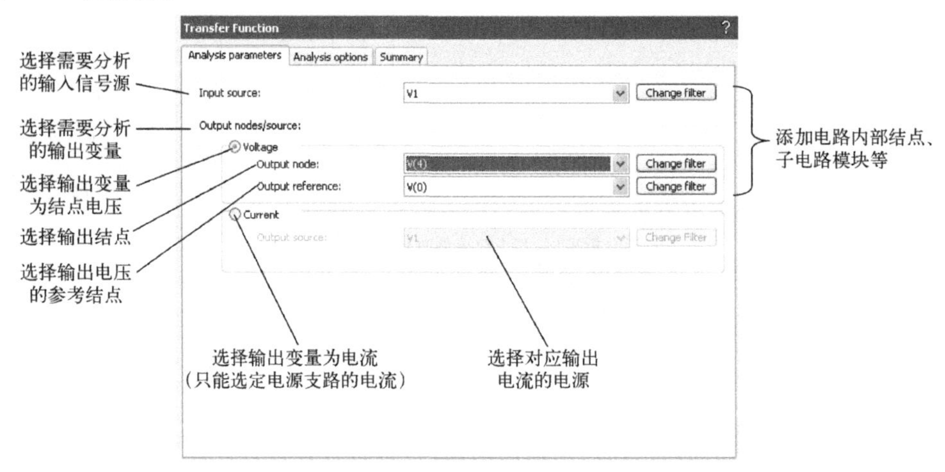

图 6-51　传递函数分析对话框之 Analysis parameters 选项卡

本例在分析参数的设置上选择需要分析的输入信号源为 V1，选择输出变量为 4 号结点的电压、地为输出电压的参考结点，并将电路中的耦合电容 C1、C2 用短路代替。单击"Run"按钮后，得到的分析结果如图 6-52 所示。可见，分析结果有电路的电压传递函数、信号源 V1 端的输入电阻和电路的输出电阻。

Grapher View

图6-5--单级放大器

Transfer Function Analysis

	Analysis outputs	Value
1	Transfer function	1.53203 n
2	vv1#Input impedance	15.65039 k
3	Output impedance at V(V(4),V(0))	1.43665 k

Selected Diagram:Transfer Function Analysis

图 6-52　传递函数分析结果

6.18　线宽分析

线宽（Trace Width）分析是针对 PCB 板中有效传输电流所允许的导线最小宽度进行的分析。在 PCB 板中，导线的耗散功率取决于通过导线的电流和导线电阻，而导线的电阻又与导线的宽度密切相关。针对不同的导线耗散功率，确定导线的最小宽度是 PCB 设计人员十分需要和关心的。

下面仍以单级放大器为例，说明线宽分析的方法与步骤，电路如图 6-5 所示。

当在图 6-1 左侧列表中选择 Trace Width 后，其右侧会出现如图 6-53 所示的对话框。其中，Analysis options（分析选择）选项卡和 Summary（概要）选项卡采用默认设置，此处不再赘述。需要说明的是 Trace width analysis（线宽分析）选项卡，其具体内容详见图 6-53 的旁注。而 Analysis parameters（分析参数）选项卡的设置与瞬态分析时的相关设置（图 6-13 所示）一致，具体内容详见图 6-54 的旁注。

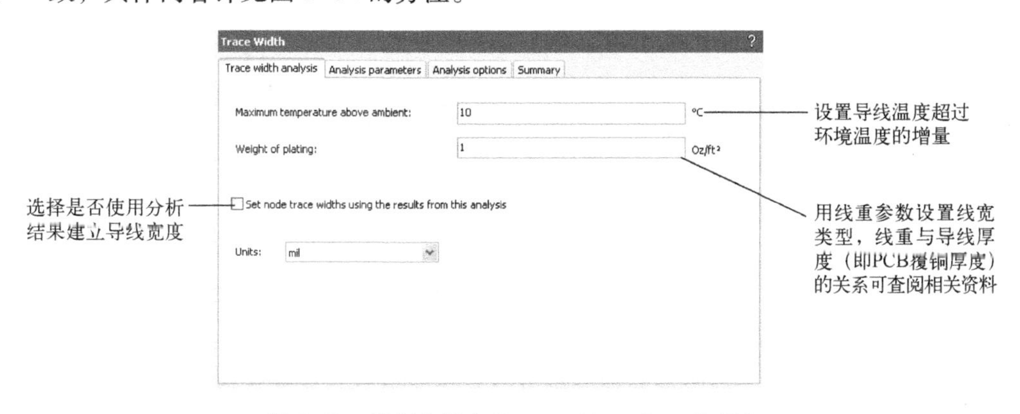

图 6-53　线宽分析之 Trace width analysis 选项卡

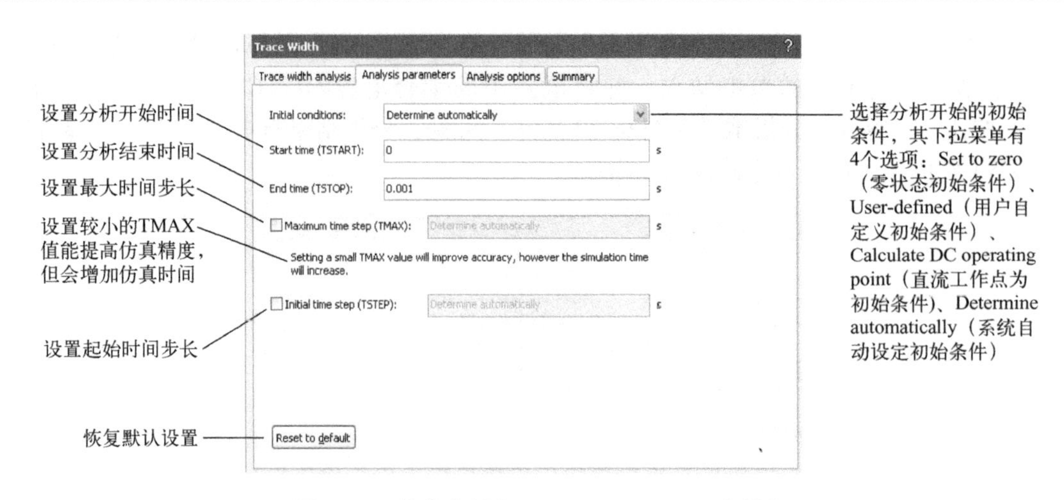

图 6-54　线宽分析之 Analysis parameters 选项卡

本例在分析参数设置上，全部采用默认设置。单击“Run”按钮后，得到的分析结果如图 6-55 所示。分析结果给出了导线温度超过环境温度 10℃、线宽类型为线重 1Oz/ft^{2}时，电路的最小线宽。

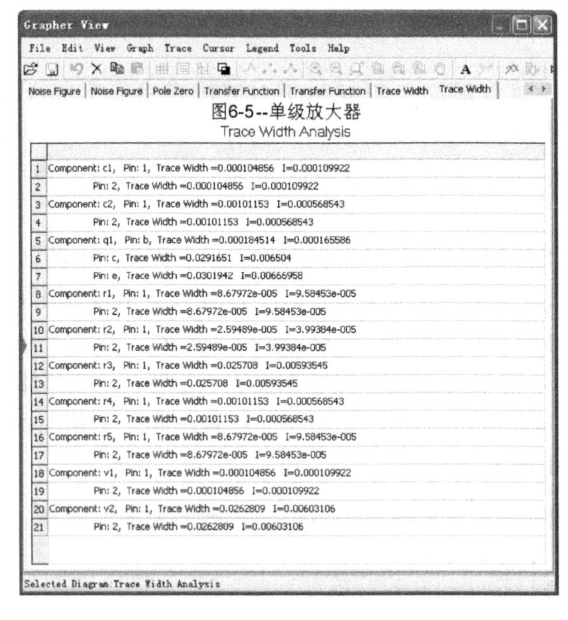

图 6-55　线宽分析结果

6.19　批处理分析

批处理（Batched）分析不是一种新的分析，而是将不同分析或同一分析的不同实例组合在一起依次执行。例如，利用批处理分析可以对指定电路一次性完成直流工作点分析、频率响应特性分析、瞬态分析等，不必分别独立逐个进行分析。

下面仍以单级放大器为例，说明批处理分析的方法与步骤，电路如图 6-5 所示。

当在图 6-1 左侧列表中选择 Batched 后，其右侧会出现如图 6-56 所示的批处理设置对话框，其左侧是所有备选分析项目的列表，选中需要的分析项目后，单击“Add Analysis”按钮即可将待分析的项目添加到右侧的执行列表中。

本例期望一次性得到单级放大电路的直流工作点分析和交流频率响应分析的结果，故可在图 6-56 的备选分析列表中选中直流工作点（DC operating point）分析，单击“Add Analysis”按钮后，打开如图 6-57 所示的直流工作点分析对话框，该对话框与 6.2 节中图 6-6 所示的直流工作点分析对话框不同的是，将仿真执行按钮“Run”替换成了添加分析按钮“Add to list”。当在图 6-57 中选择结点 1 和 3 作为分析结点并单击“Add to list”按钮后，系统会回到批处理分析对话框，并将直流工作点分析添加到已选中的分析列表中，详见图 6-58 所示。

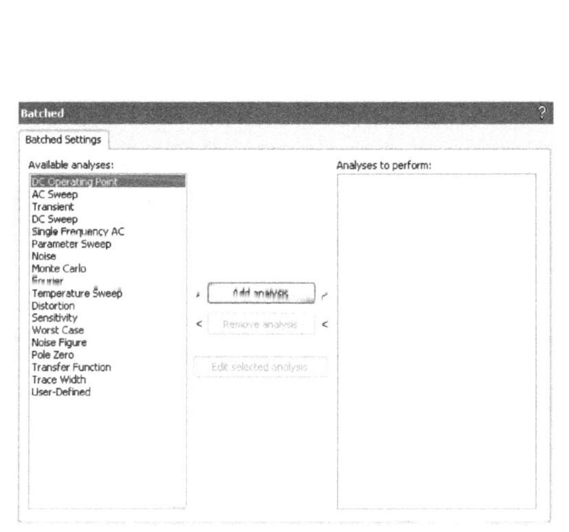

图 6-56　“批处理设置”对话框

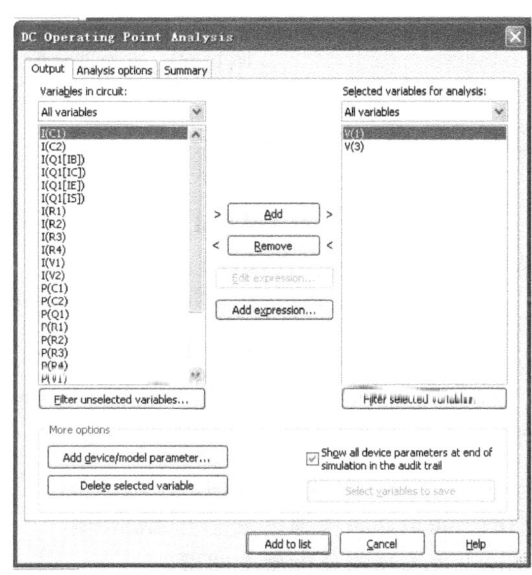

图 6-57　批处理分析中之直流工作点分析

同理，可选择交流扫描分析并单击“Add to list”按钮，完成交流扫描分析的添加。最后，单击“Run”按钮，可得到如图 6-59 所示的直流工作点分析结果和图 6-60 所示的交流频率特性分析结果。其结果与 6.2 节（直流工作点分析）和 6.3 节（交流扫描分析）的结果一样。

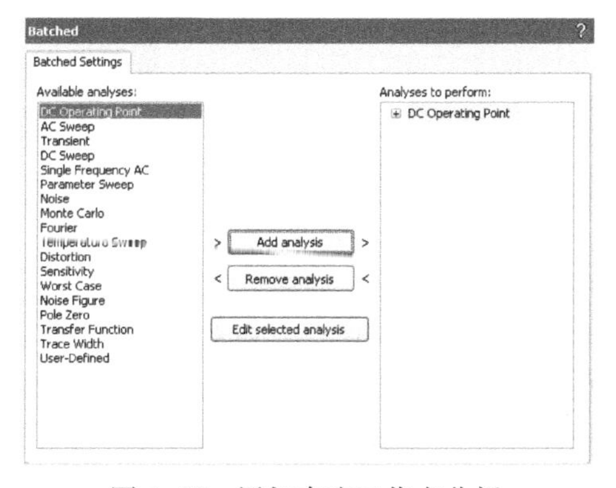

图 6-58　添加直流工作点分析后的批处理分析对话框

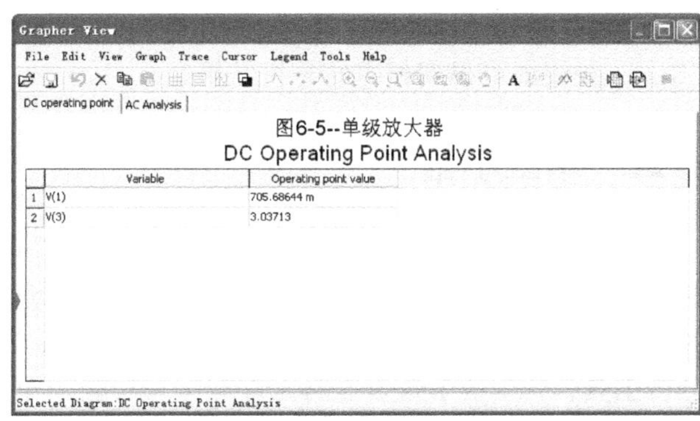

图 6-59　批处理分析之直流工作点分析结果

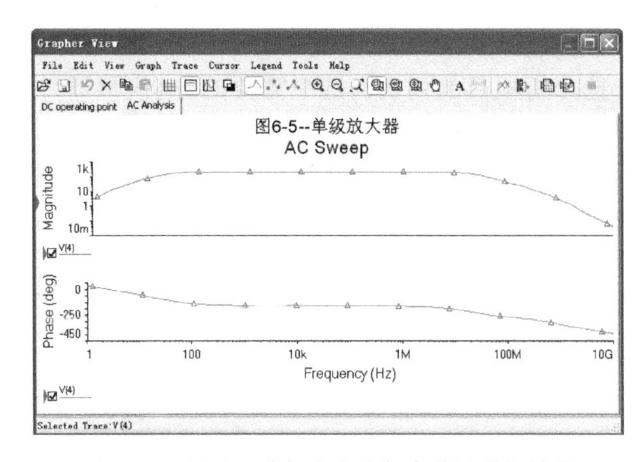

图 6-60　批处理分析之交流频率特性分析结果

6.20　用户自定义分析

用户自定义（User Defined）分析是一种利用 SPICE 语言建立电路、仿真电路，并显示仿真结果的方法，它为高级用户提供了一条自行编辑分析项目、扩充仿真分析功能的新途径。但是，用户自定义分析要求用户具有熟练运用 SPICE 语言的能力，不适合一般用户。

当在图 6-1 左侧列表中选择 User Defined 后，其右侧会出现如图 6-61 所示的对话框。其中，Analysis options（分析选择）选项卡和 Summary（概要）选项卡采用默认设置，此处不再赘述。用户只需在图 6-61 所示的 Commands 选项卡窗口中输入用 SPICE 语言编写的分析命令即可。

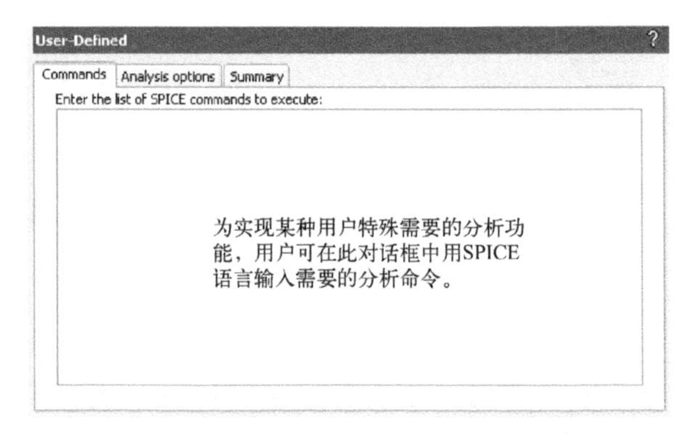

图 6-61　用户自定义分析之 Commands 选项卡

进行用户自定义分析时，用户首先需要用 SPICE 语言描述和建立电路，并将电路文件保存成 .cir 文件。然后，选择用户自定义分析选项（User Defined），并按图 6-61 旁注的要求用 SPICE 语言输入需要的分析命令。最后，单击 “Run” 按钮即可得到相应的分析结果。

6.21　本章小结

本章主要介绍了 Multisim 14 仿真分析方法，分别对交互式仿真、直流工作点分析、交流扫描分析和瞬态分析等 19 种具体仿真分析方法的参数设置、使用方法进行了详细说明，并介绍了用户自定义分析具体使用方法。Multisim 14 仿真分析方法是一种高效且实用的电路分析工具，它集成了众多电路元件与仿真功能，允许用户构建并测试复杂的电路系统。其强大的仿真分析能力，保证用户可以直接观察电路的运行情况，实时调整元件参数，从而优化电路性能，还能够帮助用户预测电路在各种条件下的行为，为电路设计提供有力支持。随着电路仿真分析方法的不断发展进步，必将为学术研究和工程实践提供更加有力的保障。

第7章　Multisim 14在电路分析中的应用

电路分析主要包括直流电路分析、交流电路分析和动态电路的暂态分析。充分运用Multisim 14的仿真实验和仿真分析功能不仅有助于建立电路分析的基本概念，掌握电路分析的基本原理、基本方法和基本实验技能，而且可以加深对电路特性的理解，提高分析和解决电路问题的能力。本章将通过实例分析，介绍Multisim 14的仿真实验和仿真分析功能在电路分析中的应用。

7.1　结点电压法的仿真实验与分析

7.1.1　结点电压法

在电路中假设任意结点为参考点，其他结点（即独立结点）与参考点之间的电压被称为结点电压。结点电压法的原理是，以结点电压为变量，列写各独立结点的基尔霍夫电流定律（KCL）方程，求出各结点电压变量，再由结点电压求出所有支路的电压、电流和功率等。

结点电压法的分析步骤如下：

1）选择合适的参考点。

2）以结点电压为变量，列写各独立结点的KCL方程。

3）解方程，求出各独立结点的结点电压。

4）由各结点电压求出各支路电压、电流等。

注意：当电路中存在理想（无伴）电压源或存在受控源时，需要增加求解变量，并增加辅助方程；当电路中的独立结点数少于独立回路数时，结点电压法的方程个数较少，应用比较方便。

7.1.2　仿真实验与分析

结点电压法实验电路如图7-1所示。若要了解结点3的电压和电源支路的电流，可以通过虚拟测试仪器中的多用表（Multimeter）测量，或从显示元件库中选择电压表（VOLTMETER）和电流表（AMMETER），将电压表并接于结点3、将电流表串联在电源支路中进行测量。而运用直流工作点（DC Operating Point）分析，不仅能求出电源支路的电流和结点3的电压，还可以方便地求出所有结点的电压和电源支路电流，其分析结果如图7-2所示。可见，结点3的电压为12 V、电源支路的电流为9 A。

本实验中，若在理想电压源两端并联10 Ω电阻，并重复上面的实验和分析，得到的结果是，所有结点的电压不变，所有电阻支路的电流也不变，但电源支路的电流由9 A变为13.8 A，该结果与理论分析的结论一致。由此进一步表明，理想电压源与其他支路并联时对外仍等效为理想电压源，但等效只对外电路成立，对电源内部不等效。

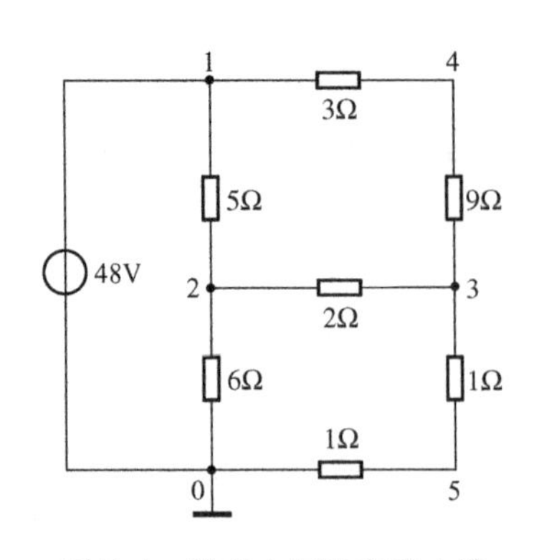

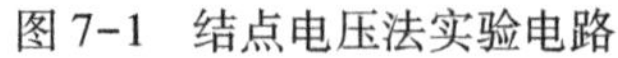
图 7-1　结点电压法实验电路

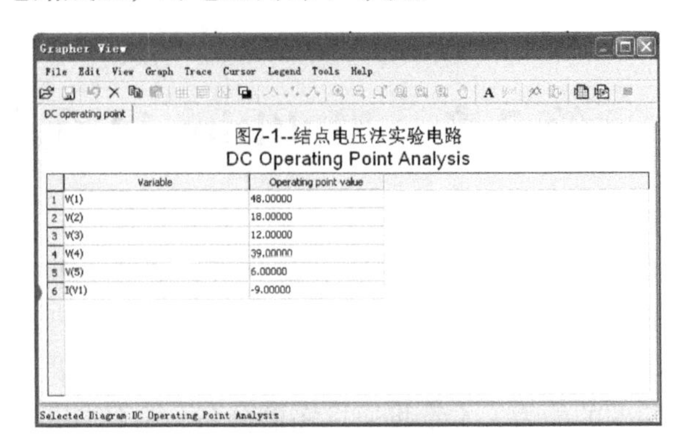

图7-1--结点电压法实验电路

DC Operating Point Analysis

	Variable	Operating point value
1	V(1)	48.00000
2	V(2)	18.00000
3	V(3)	12.00000
4	V(4)	39.00000
5	V(5)	6.00000
6	I(V1)	-9.00000

图 7-2　实验电路的直流工作点分析结果

由本例可见，利用 Multisim 14 仿真实验和分析完成电路分析比手工计算和实际实验方便快捷、效率高。

7.2　戴维南定理的仿真实验与分析

7.2.1　戴维南定理

戴维南定理：任一线性含独立源的一端口（二端）网络 N，对外电路而言，可等效为一个电压源 U_{oc} 和电阻 R_o 的串联支路。其中，U_{oc} 为该一端口的开路电压，R_o 为该一端口中全部独立源置零后的等效电阻。其示意图如图 7-3 所示。

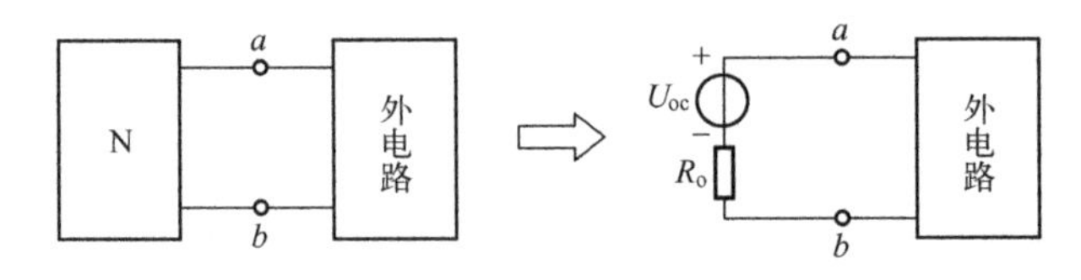

图 7-3　戴维南定理示意图

注意： 当电路中含有受控源时，被等效的网络与外电路之间不能有受控源的依赖关系。同时，为求等效电阻 R_o，当 N 中的独立电源为零时，受控源不能为零。

在网络 N 比较复杂或结构未知时，利用戴维南等效可以方便地求出外电路支路的电压或电流。

7.2.2　仿真实验与分析

戴维南定理实验电路如图 7-4 所示。对图 7-4a 所示电路，可在断开电位器 R_L 的条件下，通过理论分析算出 R_L 端口的开路电压 $V_{oc}=2\text{ V}$、等效电阻 $R_o=1\ \Omega$，得到图 7-4b 所示的戴维南等效电路。在实际或仿真实验时，不必计算，只需在断开 R_L 的条件下，用多用表测量端口的开路电压和等效电阻即可。需要注意的是，测量等效电阻时，应将 4 V 独立电压源置零（用短路线替代），但不能将受控源置零。实际上，在不对被等效电路作任何改变

（即不对独立电源置零）的情况下，通过实验确定等效电阻还有另外两种实用的方法：一是用电流表替换 R_L，测出端口的短路电流，然后用端口的开路电压除以端口的短路电流，其商就是端口的等效电阻；二是调整电位器 R_L 的阻值，使其端电压等于开路电压的一半，此时 RL 的阻值就是等效电阻。

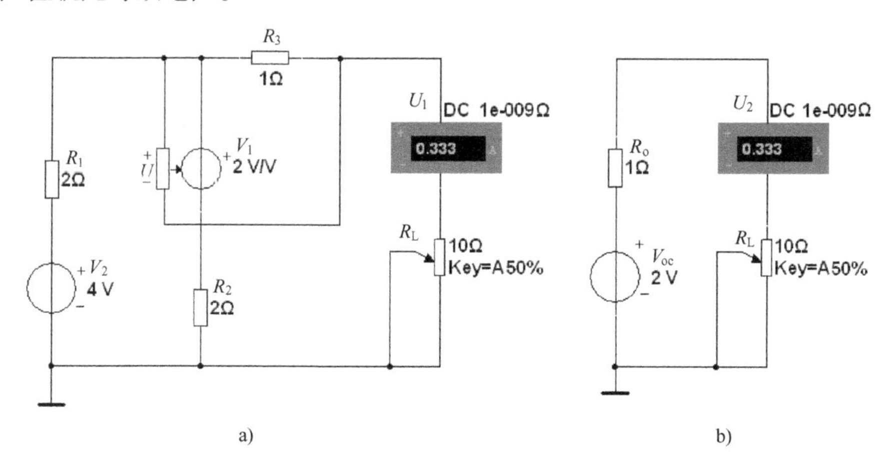

图 7-4　戴维南定理实验电路

为验证戴维南定理的正确性，可如图 7-4a、b 所示，在电位器 R_L 支路串联一个电流表，同时改变 R_L 的阻值，实验结果是图 7-4a、b 电路电流表的读数一样。该结果说明，对外电路 R_L 而言，图 7-4a 和图 7-4b 电路是等效的，戴维南定理得到验证。

7.3　叠加定理的仿真实验与分析

7.3.1　叠加定理

叠加定理：在任何含多个独立电源的线性电路中，任一支路的电压或电流可以看成是各独立电源单独作用时，在该支路产生的电压或电流之代数和。

应用叠加定理分析电路的步骤：

1）将原电路分解成各个独立电源单独作用的电路。

2）求每个独立电源单独作用时电路的响应分量。

3）求各响应分量的代数和。

注意：

1）叠加定理只适用于线性元件组成的线性电路。

2）任一独立电源单独作用时，其他独立电源置零（电压源短路，电流源开路）。

3）受控源不能单独作为电路的激励，每个独立电源单独作用电路时，需要保留受控源。

4）叠加定理不能用于功率的叠加，因为功率不是电压或电流的一次函数（线性函数）。

7.3.2　仿真实验与分析

叠加定理实验电路如图 7-5 所示。其中，图 7-5b 是图 7-5a 电路中 2V 电压源单独作用时的电路，此时 1 A 电流源置零（开路）；相应地，图 7-5c 是图 7-5a 电路中 1 A 电流源单独作用时的电路，此时 2 V 电压源置零（短路）。从图 7-5 所示 3 个电流表的指示可见，图 7-5a 中 2 Ω 电阻支路的电流等于图 7-5b 中 2 Ω 支路电流与图 7-5c 中 2 Ω 支路电流之和，满足叠加定理。

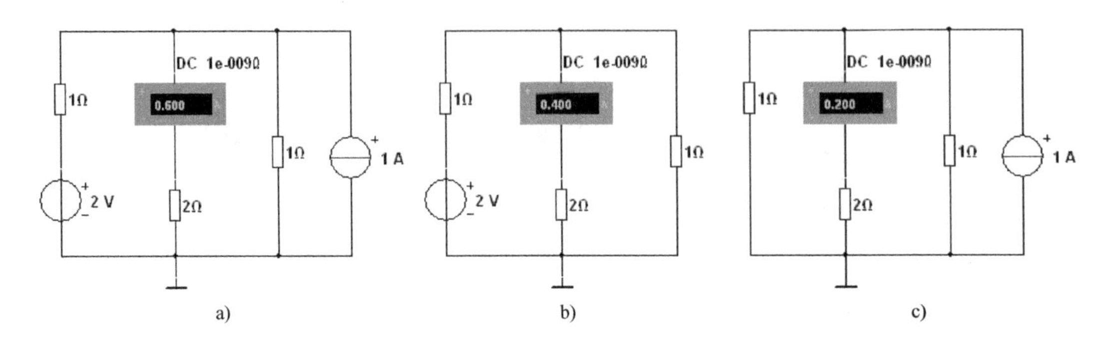

图 7-5　叠加定理实验电路

进一步实验，若将图 7-5a、b、c 中 2 Ω 电阻支路各串联一个正向导通的二极管（1N1202C），则图 7-5a 的电流表指示为 0.381 A、图 7-5b 的电流表指示为 0.195 A、图 7-5c 的电流表指示为 0.032 A，不满足叠加定理，即叠加定理不适用于含二极管的非线性电路。另外，当测量 2 Ω 电阻的功率时，若将图 7-5a、b、c 中的电流表均用功率表替换，可见图 7-5a 中的功率表指示为 720 mW、图 7-5b 中的功率表指示为 320 mW、图 7-5c 中的功率表指示为 80 mW，也不满足叠加定理，即叠加定理不适用于功率的叠加。

7.4　一阶 *RC* 电路的仿真实验与分析

7.4.1　一阶 *RC* 电路

一阶 *RC* 电路即由一个等效电阻 *R* 和一个等效电容 *C* 组成的电路，其电路方程为一阶微分方程。由于电容具有储能特性，所以，电路的全响应是电容储能引起的零输入响应与外加输入信号产生的零状态响应之和，且电容电压不能突变。当输入信号是直流信号时，电容电压为指数上升或指数下降的充放电波形。改变电阻或电容的参数，可以改变充放电的时间常数（$\tau=RC$），*R* 或 *C* 较大时，时间常数大，充放电慢，反之，充放电快。当输入信号是正弦信号时，由于电容的容抗 $Z_C=\dfrac{1}{\mathrm{j}\omega C}$，与频率有关，所以，不同频率信号的响应不同，使 *RC* 电路具有高通或低通的滤波特性。

7.4.2　仿真实验与分析

一阶 *RC* 实验电路 I 如图 7-6 所示。电路由可变电阻和可变电容串联而成，输入信号由函数信号发生器（Function Generator）提供，其设置为：矩形脉冲波、频率 1 kHz、占空比 50%、幅度 2.5 V、偏置 2.5 V，即输入信号是 5 V/1 kHz 的方波信号，相当于间歇重复地给电路施加 5 V 直流信号。输出响应为电容电压，其波形由示波器（Oscilloscope）显示，示波器设置详见图 7-7～图 7-9。

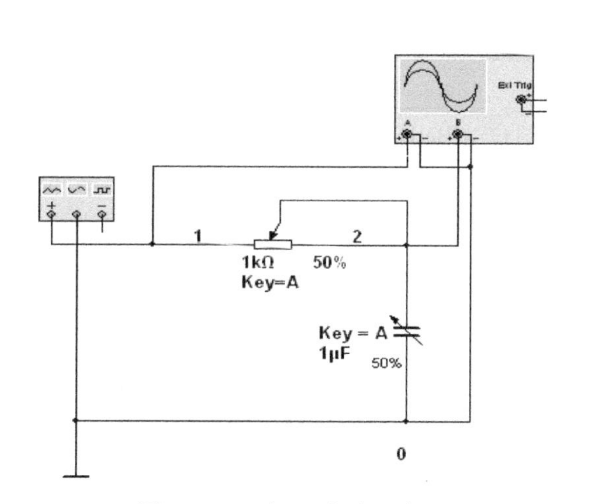

图 7-6　一阶 RC 实验电路 Ⅰ

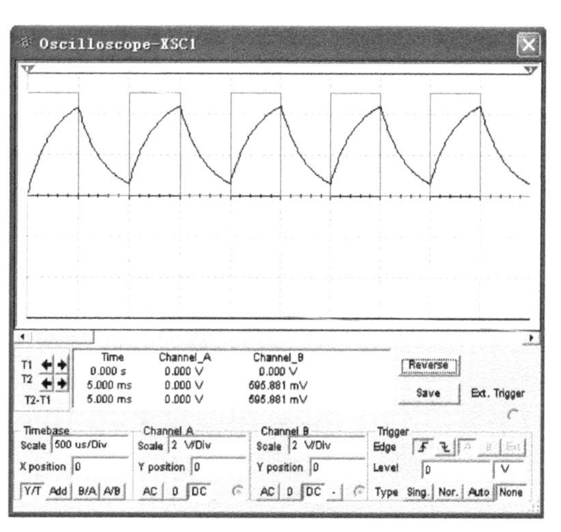

图 7-7　一阶 RC 电路的输入输出波形 Ⅰ

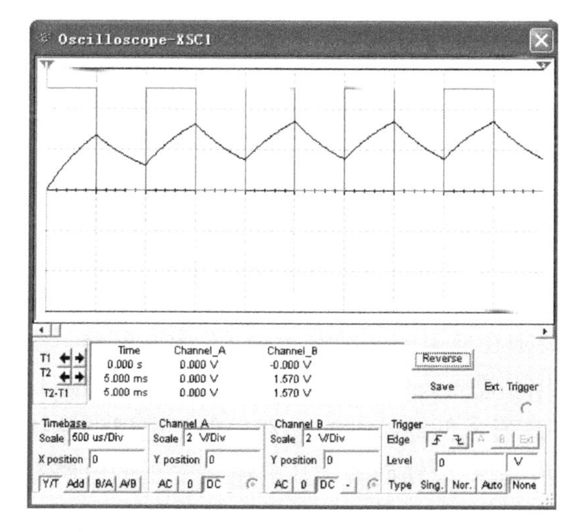

图 7-8　一阶 RC 电路的输入输出波形 Ⅱ

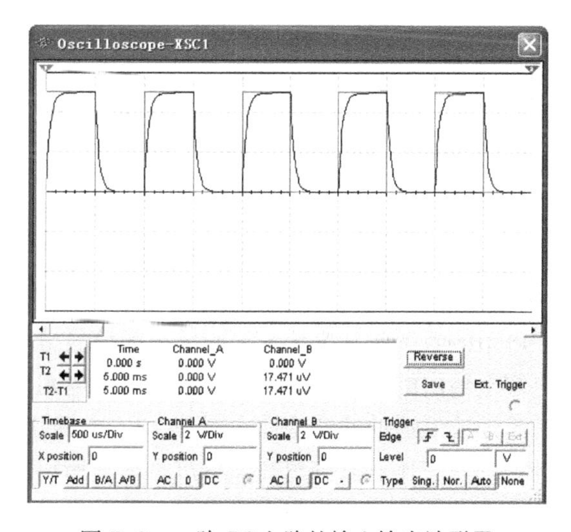

图 7-9　一阶 RC 电路的输入输出波形 Ⅲ

在图 7-7～图 7-9 所示的输入输出波形中，图 7-7 是电阻和电容的参数均为总值 50%时的输入输出波形，而图 7-8 和图 7-9 则分别是电阻和电容的参数为总值 90%和 20%时的输入输出波形。从图 7-7～图 7-9 所示的波形可见：

1）输入 5 V/1 kHz 的方波信号不变。

2）电容的输出电压波形是连续函数，不发生突变，满足换路定理要求。

3）电容电压呈指数上升或指数下降波形，在输入为 5 V 时充电，在输入为 0 V（相当于输入端短路）时放电。

4）当电阻和电容值较大时，电容的充放电时间较长，电容的输出电压波形接近三角波（图 7-8），近似为输入电压的积分。因此，当电阻和电容值较大，致使电路的时间常数（$\tau=RC$）远大于输入脉冲的宽度时，称图 7-6 所示从电容两端输出的电路为“积分电路”。反之，当电阻和电容值较小，致使电路的时间常数远小于输入脉冲的宽度时，电容的充放电很快，输出电压波形接近输入脉冲波形（图 7-9），称此时的电路为“耦合电路”。同时，由于电容电压与电阻电压之和等于输入脉冲电压，所以当电容电压近似为输入脉冲电压时，其电阻电压为在输入电压发生变化时产生跳变的尖脉冲，通常称此时从电阻两端输出的电路为“微分电路”。

进一步实验，将图 7-6 中的示波器换成波特图仪（Bode Plotter），组成图 7-10 所示的一阶 *RC* 实验电路Ⅱ。波特图仪的设置详见图 7-11，其作用相当于向电路施加一系列不同频率的正弦扫描电压，并测量电路的输出响应电压，得到并显示电路的幅频特性和相频特性。

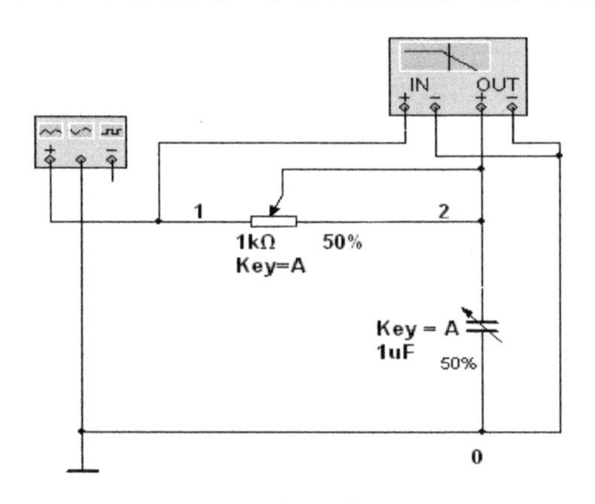

图 7-10　一阶 *RC* 实验电路Ⅱ

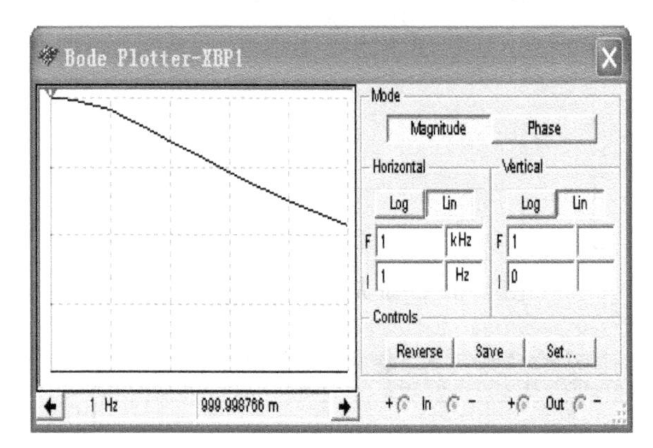

图 7-11　一阶 *RC* 低通电路的幅频特性

图 7-11 的显示结果为图 7-10 电路的幅频特性。可见，随着输入信号的扫描频率从低到高，电路的输出响应幅度不断下降，即图 7-10 的一阶 *RC* 电路具有低通特性。这是因为电容的容抗与频率呈反比，频率越高，容抗越低，电容上的输出电压也越低。与此同时，由于电阻的阻抗与频率无关，所以高频信号分量主要加在电阻上。因此，对 *RC* 串联电路，从电容上输出的电路是低通滤波电路，从电阻上输出的电路是高通滤波电路，即 *RC* 电路还具有高通或低通的滤波特性。同理，*RL* 电路也具有高通或低通特性，只不过由于电感的感抗与频率呈正比，频率越高，感抗越高。所以，对 *RL* 串联电路而言，从电感上输出的电路是高通滤波电路，从电阻上输出的电路是低通滤波电路。

7.5　*RLC* 串联电路的仿真实验与分析

7.5.1　*RLC* 串联电路

RLC 串联电路是由一个等效电阻 R、一个等效电感 L 和一个等效电容 C 串联组成的电路，其电路方程为二阶微分方程。当电路的输入为直流信号或当电路处于零输入放电状态时，由于电感储存的磁场能量与电容储存的电场能量会发生能量的交换，所以，电路响应的暂态部分会随着电阻的不同出现欠阻尼或过阻尼过程。当 $R<2\sqrt{\dfrac{L}{C}}$ 时，由于 R 较小，在 L 与 C 的能量交换过程，R 每次只能消耗一部分交换的能量，从而在电路达到稳态之前产生了

欠阻尼的衰减振荡过程；而当 $R>2\sqrt{\frac{L}{C}}$ 时，由于 R 较大，在 L 与 C 的能量交换过程，R 一次就消耗了全部的交换能量，使得电路在达到稳态之前出现的是过阻尼的单调衰减过程。同时，还定义 $R=2\sqrt{\frac{L}{C}}$ 时的暂态过程为临界阻尼过程、$R=0$ 的过程为无阻尼过程。

当电路的输入为正弦信号时，对线性的 RLC 串联电路而言，其各支路的电压、电流响应均为同频率正弦信号，可以用相量法求解各支路响应的幅值和初相位。此时，电路中各支路电压、电流的相量满足基尔霍夫定律。同时，由于电感的阻抗（$Z_L=\mathrm{j}\omega L$）和电容的阻抗（$Z_C=\frac{1}{\mathrm{j}\omega C}$）都与频率有关，所以，电路的总阻抗（$Z=Z_R+Z_L+Z_C$）会随频率的变化呈现容性、感性或阻性，电路中的电压电流会出现相位差，并产生无功功率。另外，感抗和容抗的频率特性也使得不同频率信号的响应不同，当输入信号频率 $f=\frac{1}{2\pi\sqrt{LC}}$ 时，电路中的响应电流最大且电压电流同相，电路发生了谐振。而当输入信号频率不等于谐振频率时，响应电流变小。因此，RLC 串联电路还具有带通滤波特性。

本节将分别对 RLC 串联电路的瞬态响应、正弦稳态响应和谐振特性等进行仿真实验与分析。

7.5.2 *RLC* 串联电路的瞬态响应实验与分析

RLC 串联电路的瞬态响应实验电路如图 7-12 所示。换路前，开关 K 与地相接时，电感和电容均无初始储能，电路初始状态为零。换路后，开关 K 与 5 V 直流电压源相接，经过暂态达到电容充电至 5 V、电流为零的稳态。通过调节电位器，运用示波器或瞬态分析均可演示不同电阻情况下欠阻尼和过阻尼的暂态过程。

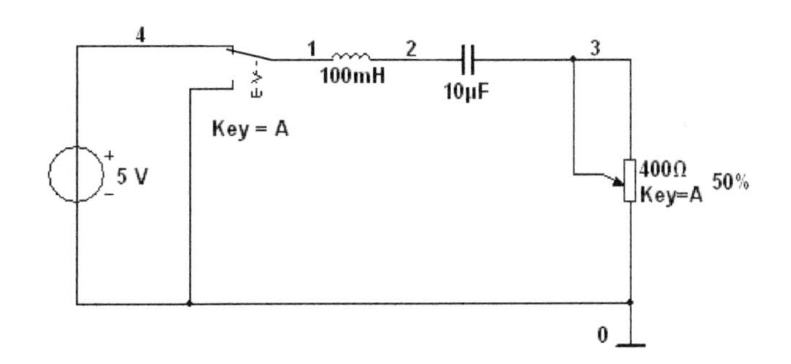

图 7-12 *RLC* 串联电路的瞬态响应实验电路

本例采用瞬态分析（Transient Analysis）演示 *RLC* 串联电路的欠阻尼和过阻尼过程，利用可变电阻的端电压显示电流的响应。根据电路参数，选择零状态为初始状态、0.05 s 为分析结束时间、3 号结点为输出结点，仿真分析结果如图 7-13 和图 7-14 所示。其中，图 7-13 演示了电阻为总值 10%时的欠阻尼过程，图 7-14 演示了电阻为总值 90%时的过阻尼过程。可见，无论是欠阻尼，还是过阻尼，暂态过程大约持续 30 ms，稳态后电容充满电荷，电流为零。

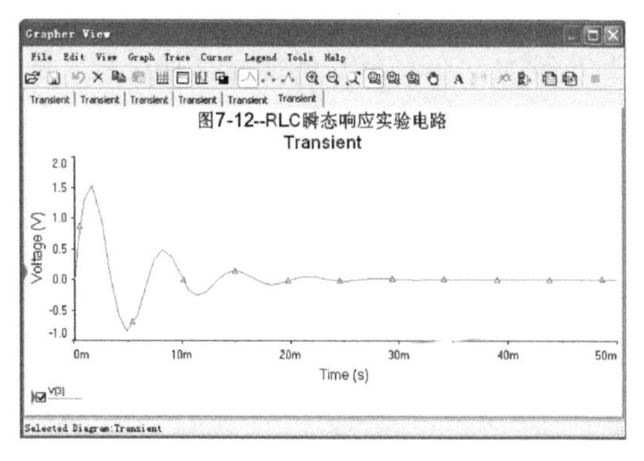

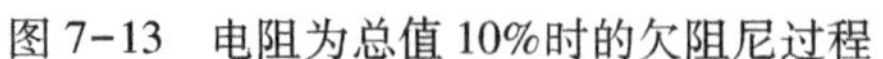

图 7-13　电阻为总值 10%时的欠阻尼过程

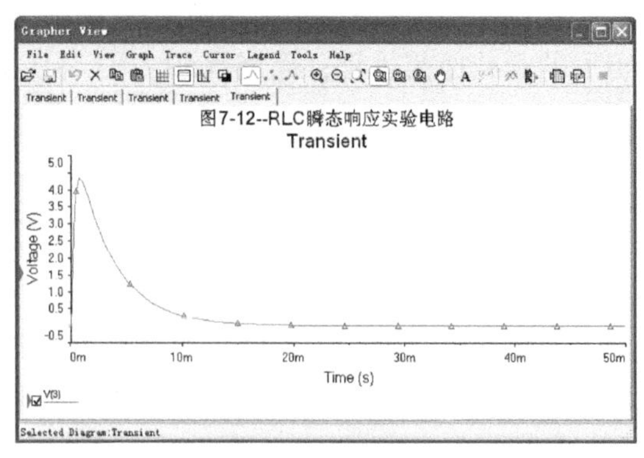

图 7-14　电阻为总值 90%时的过阻尼过程

7.5.3　*RLC* 串联电路的正弦稳态实验与分析

为观察 *RLC* 串联电路在正弦信号激励下的稳态响应，可将图 7-12 中的直流电压源换成函数信号发生器，并将其设置为：正弦波、频率 1 kHz、幅度 5 V、偏置 0 V，即将输入信号设置为 5 V/1 kHz 的正弦信号。同时，去掉与稳态响应无关的开关、增加测量各支路电压的交流电压表、采用可调电感器和可调电容器，组成图 7-15 所示的 *RLC* 正弦稳态实验电路（注意：将电压表设置为交流（AC）模式）。其中，输出信号取自电位器的电压，其波形与电流响应同相。输入和输出信号均由示波器显示，波形如图 7-16 所示。

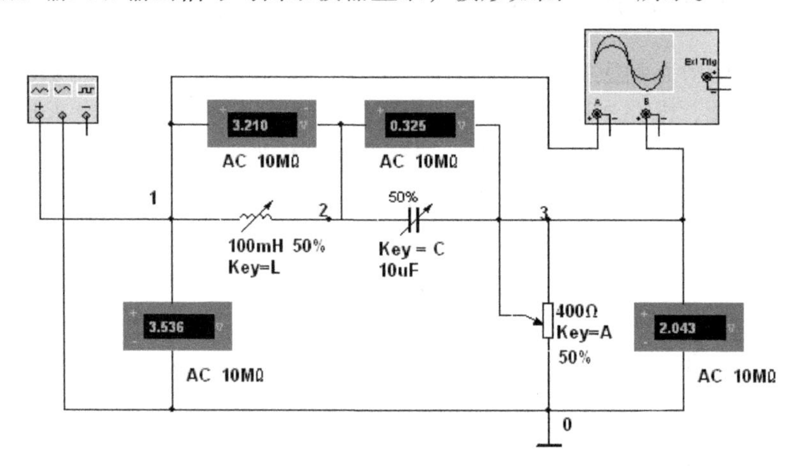

图 7-15　*RLC* 正弦稳态实验电路

从示波器显示的波形可见，正弦输入的线性电路的响应是同频正弦量。不同的是，输入与响应的幅度和初相位不同，本例中电流波形滞后于电压波形，电路呈感性。若按下 L 键或 C 键使电感量或电容量减小，即减小感抗或增大容抗都可使电流波形超前于电压波形或与电压波形同相，电路的阻抗特性即可由感性变为容性或阻性。

图 7-15 所示 *RLC* 正弦稳态实验的另一个有趣的实验现象是，分别与 3 个元件并联的交流电压表的测量值之和不等于输入端交流电压表的测量值，不满足基尔霍夫定律。这是因为交流电压表的测量值只反映了被测元件端电压的有效值，不是被测元件端电压的相量或瞬时值。而在正弦稳态电路中，基尔霍夫定律只对电压或电流的相量和瞬时值成立，对有效值不成立。

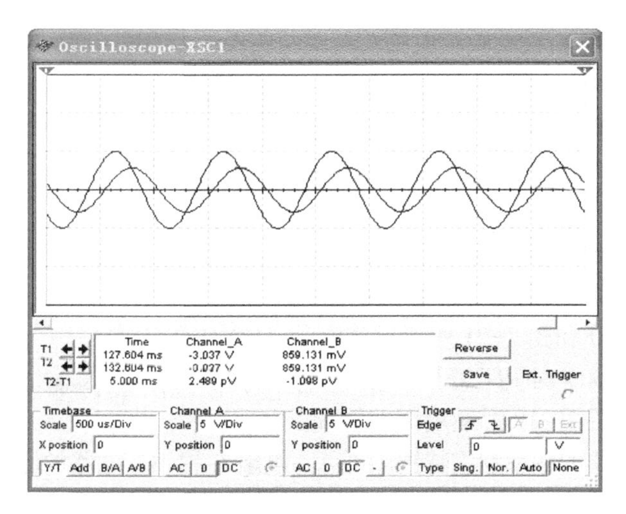

图 7-16　实验电路的输入输出波形

7.5.4　*RLC* 串联电路的谐振和频率特性实验与分析

在图 7-15 所示的 *RLC* 正弦稳态实验电路中，按下 L 键或 C 键，使可调电感为总值的 5%或可调电容为总值的 5%时，输入电压与响应电流同相，此时的电路即为 *RLC* 串联谐振电路，如图 7-17 所示。谐振电路的输入输出波形如图 7-18 所示。为使电路产生谐振，也可不改变电路参数，而只改变输入信号频率，使之达到电路的固有频率，出现输入电压与响应电流的同相。

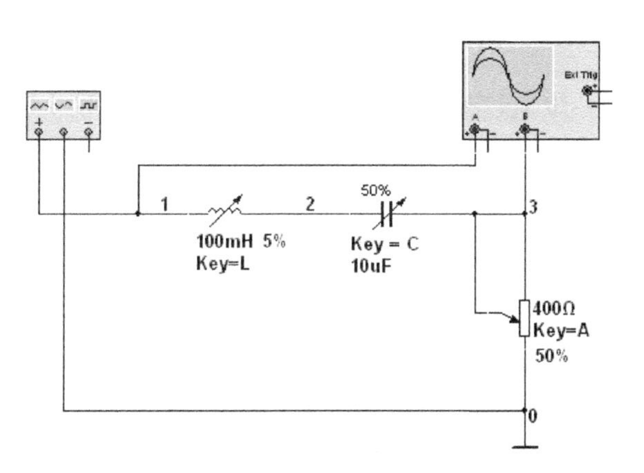

图 7-17　*RLC* 串联谐振电路

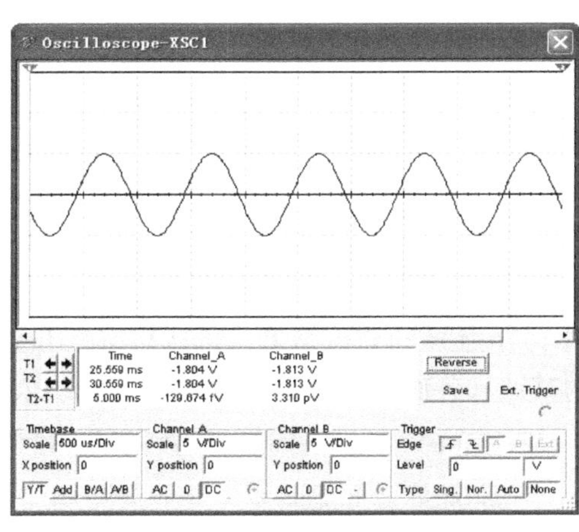

图 7-18　谐振电路的输入输出波形

仔细观察图 7-18 的谐振波形可见，输入与输出信号不仅同相，而且重合，即 *RLC* 串联电路谐振时输入电压全部加在电阻上。这说明，谐振时电感电压与电容电压之和等于零，电阻获得了全部电压，相应地响应电流为最大。同时，由于谐振时电压与电流同相，电路呈纯阻性，所以谐振电路的无功功率为零。需要注意的是，谐振时电感电压与电容电压之和等于零，并不是电感电压为零或电容电压为零。可以证明，谐振时电感电压与电容电压大小相等、相位相反，均为输入电压的 Q 倍。其中，Q 为电路的品质因数：$Q=\frac{1}{R}\sqrt{\frac{L}{C}}$。

RLC 串联电路的谐振特性反映了电路对频率的选择性。当输入信号频率等于或接近电路的谐振频率时，电路的响应电流最大；反之，响应电流较小。*RLC* 串联电路的这种带通滤波特性可以通过波特图仪或交流扫描分析清晰地显示出来。本例采用交流扫描（AC Sweep）分析说明之。*RLC* 串联谐振电路的交流扫描分析设置如图 7-19 所示，分析结点为 3 号结点电压，分析结果分别如图 7-20 和图 7-21 所示。其中，图 7-20 是电阻为总值 50%时 *RLC* 串联谐振电路的频率响应特性，而图 7-21 则是电阻为总值 5%时 *RLC* 串联谐振电路的频率响应特性。可见，电阻 *R* 越小，电路的品质因数 *Q* 越高，曲线越尖锐，对应的电路带宽越窄，对谐振频率的选择性越好，对其余频率信号的抑制也越强。

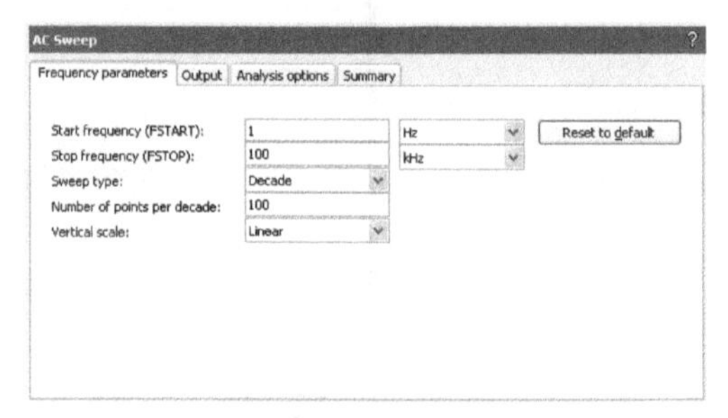

图 7-19　*RLC* 串联谐振电路的交流扫描分析设置

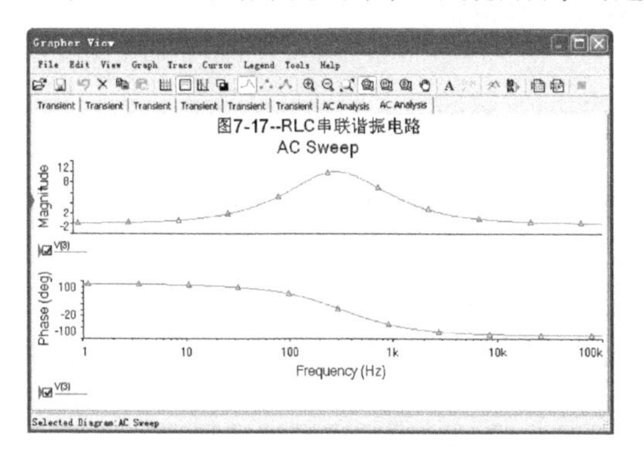

图 7-20　电阻为总值 50%时的频率响应特性

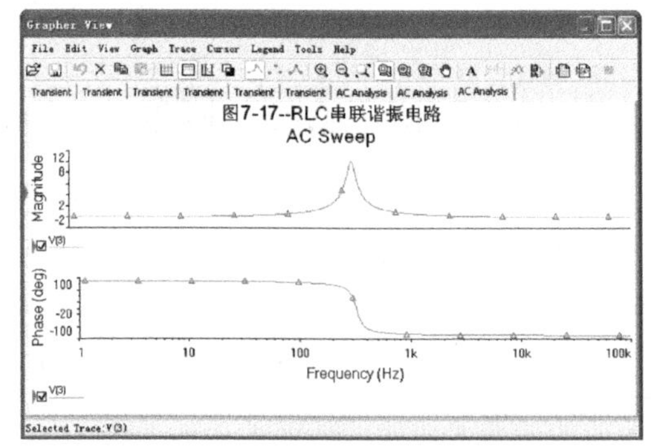

图 7-21　电阻为总值 5%时的频率响应特性

RLC 串联电路的这种频率选择性还可以进一步通过傅里叶（Fourier）分析来说明。在 *RLC* 串联谐振电路中，将函数信号发生器设置为 5 V/100 Hz 的矩形波信号，按照傅里叶级数理论，100 Hz 矩形波信号可以展开成 100 Hz、300 Hz、500 Hz…… 等不同频率正弦波之和。图 7-22 和图 7-23 分别显示了对 *RLC* 串联谐振电路进行傅里叶分析时的设置以及输入结点（1 号结点）的分析结果（即 5 V/100 Hz 矩形波输入信号的频谱）。可见，5 V/100 Hz 矩形波的基波和各次谐波的幅度随频率的增加依次递减。

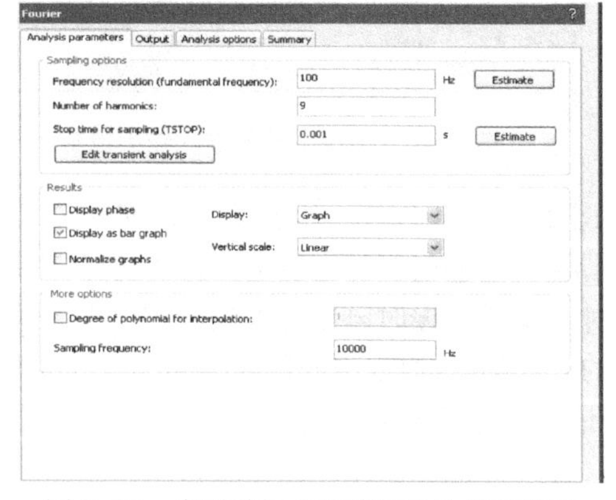

图 7-22　串联谐振电路傅里叶分析的设置

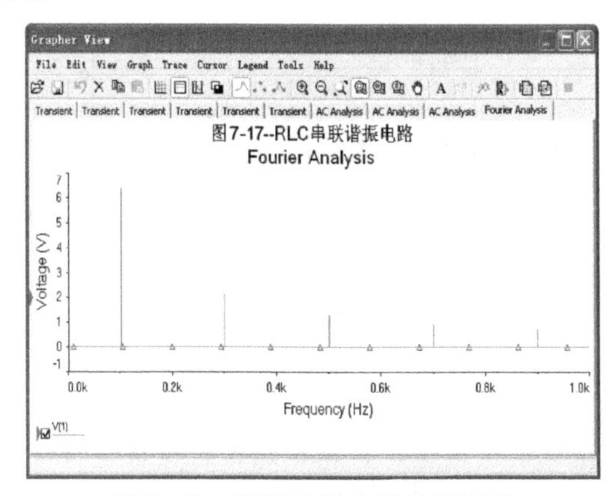

图 7-23　矩形波输入信号的频谱

当以 5 V/100 Hz 矩形波激励 *RLC* 串联谐振电路时，可通过傅里叶分析了解电路输出信号的频率成分。其傅里叶分析的设置与图 7-22 一致，只需将分析结点设置为输出结点（3 号结点），分析的结果分别如图 7-24 和图 7-25 所示。其中，图 7-24 是电阻为总值 50%时 *RLC* 串联谐振电路输出信号的频谱，而图 7-25 则是电阻为总值 5%时 *RLC* 串联谐振电路的输出信号频谱。对比图 7-24 和图 7-25 的结果可见，电阻较小（仅为总值 5%）、即 Q 值较高的电路对输入信号中接近谐振频率（320 Hz）的 300 Hz 信号的选择性明显高于 Q 值较低的电路。同时，Q 值较高的电路对输入信号中其他频率信号的衰减作用也比较强。*RLC* 串联电路的这种频率选择性在无线电接收和频率信号检测等方面得到了广泛应用。

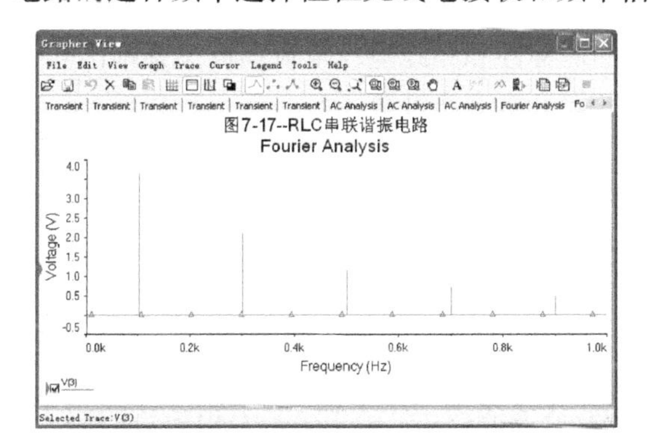

图 7-24　电阻为总值 50%时的输出信号频谱

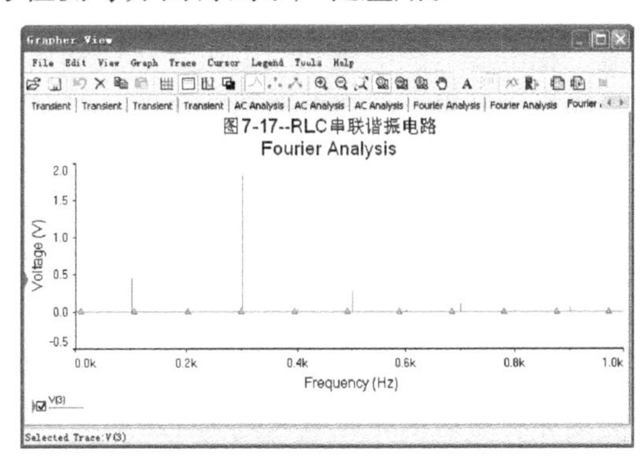

图 7-25　电阻为总值 5%时的输出信号频谱

7.6　三相电路的仿真实验与分析

7.6.1　三相电路

三相电路是一种由三相电源和三相负载组成的、特殊的正弦电路，广泛应用于发电、供电和输配电等电力系统中。其中，三相电源由三个频率相同、振幅相同、初相位互差 120°的正弦电压源构成，通常有Y形（星形）和△形（三角形）两种接法，如图 7-26 和图 7-27 所示。3 个电压依次为 A 相、B 相和 C 相，其瞬时值和相量分别满足 $u_A+u_B+u_C=0$ 或$\dot{U}_A+\dot{U}_B+\dot{U}_C=0$。

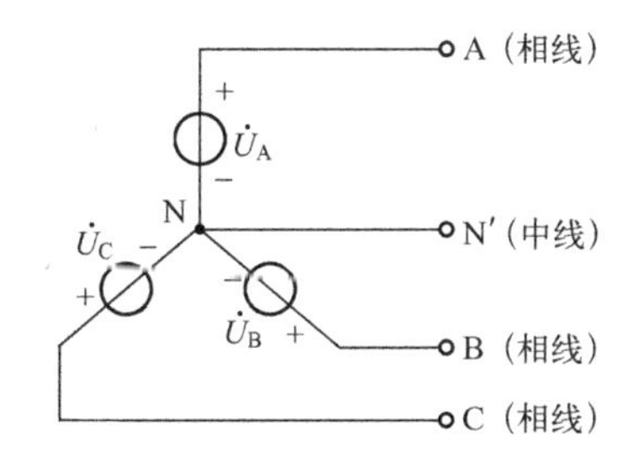

图 7-26　三相电源的Y形（星形）接法

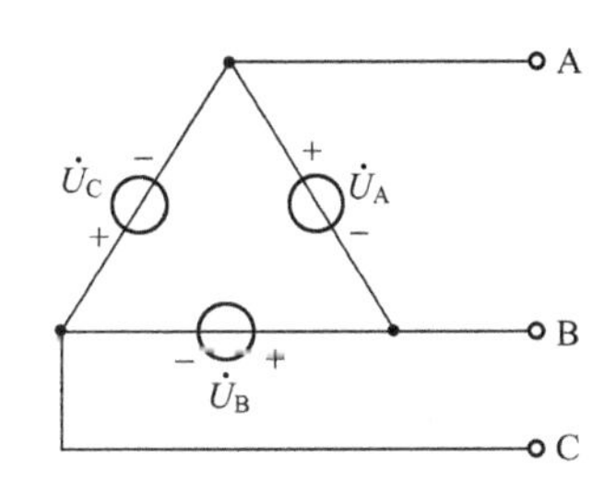

图 7-27　三相电源的△形（三角形）接法

其中，相电压为相线对中线间的电压：$\dot{U}_A$、$\dot{U}_B$、$\dot{U}_C$；线电压为相线间的电压：$\dot{U}_{AB}$、$\dot{U}_{BC}$、$\dot{U}_{CA}$；相电流为各相电压源中的电流；线电流为相线中的电流。理论分析已证明，在Y形

（星形）接法中，线电流=相电流，线电压等于$\sqrt{3}$倍的相电压，且线电压超前相电压 30°；在△形（三角形）接法中，线电压=相电压，线电流等于$\sqrt{3}$倍的相电流，且线电流滞后相电流 30°。三相负载是将三组普通的负载 Z_A、Z_B和 Z_C按Y形（星形）或△形（三角形）连接的负载，当 $Z_A=Z_B=Z_C$时，称之为三相平衡或对称负载，否则为非平衡或不对称负载。

三相电路是由三相电源和三相负载组成的电路，共有 4 种接法：Y—Y（电源Y接、负载Y接）、Y—△、△—Y、△—△。当电源和负载均为对称时，被称为对称三相电路；否则为不对称三相电路。由于三相电路是正弦电路的一种特殊类型，所以，正弦交流电路的分析方法对三相电路也完全适合。当电路对称时，可先抽取三相电路中的一相，算出一相的相电流、相电压、线电流和线电压，然后利用电路的对称性和相线电压电流间的关系推出其他两相的对应结果。但当电路不对称时，就只能按一般分析方法计算了。

7.6.2　仿真实验与分析

实验电路采用常见的Y—Y接法照明系统模型，由三相对称电源、熔丝、开关、灯泡和交流电压表、交流电流表组成，如图 7-28、图 7-29 和图 7-30 所示。其中，图 7-28 中 3 个灯泡均为 100 W，模拟了对称三相电路。当分别按下开关 A、B、C 时，对应的 3 个灯泡依次点亮发光，负载的每相电压约为 120 V、三相电源的线电压为 207.8 V，等于相电压的$\sqrt{3}$倍。值得注意的是，中线中的交流电流表指示近似为零，即中线中无电流。因此，实际工程中在连接对称负载时，可去掉中线，采用三相三线制供电，以降低线路成本。但是，当负载不对称时（如常见的照明供电系统）就不能省掉中线，而必须采用三相四线制供电，具体如图 7-29 和图 7-30 所示。

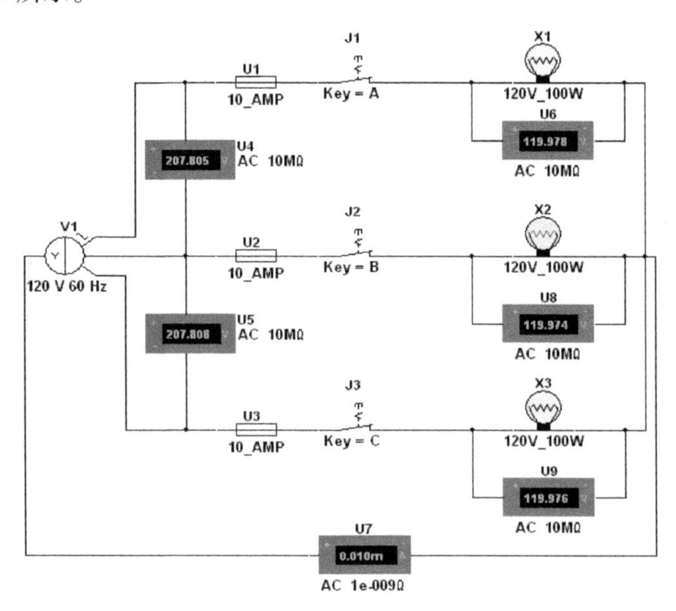

图 7-28　三相负载对称的实验电路

在图 7-29 和图 7-30 中，3 个灯泡分别为 100 W、250 W 和 250 W，模拟了不对称三相电路。其中，图 7-29 所示电路带有中线（三相四线制），当分别按下开关 A、B、C 时，对应的 3 个灯泡依次点亮发光，负载的每相电压和电源电压均与图 7-28 所示的对称三相电路一样，不同的仅仅是中线电流不再为零。但在图 7-30 中，由于没有中线，当分别按下开关 A、B、C 时，A 相灯泡因电压高于额定电压而烧毁，而 B 相和 C 相的灯泡则处于欠压工作状态。因此，当电路不对称时，必须采用四线制，以保证各相负载上的电压等于电源的相电压。否则，负载的不对称很可能造成某些相负载因电压过高而烧毁。同时，中线的缺失还会造成负载各相工作状态彼此影响。而在三相四线制的供电线路中，由于中线的作用可使各相电压相互保持独立，即使一相出了故障，其他两相的工作也不会受到影响。因此，中线的作用十分重要，工程上不允许在中线上安装开关和熔丝。

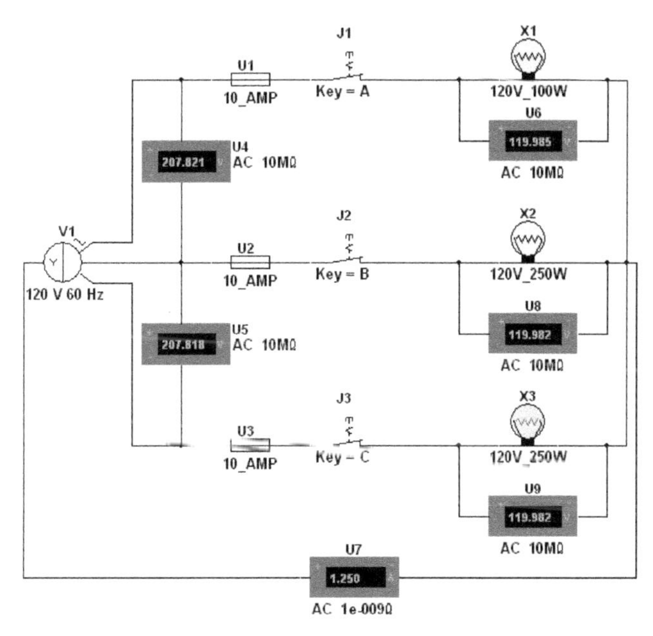

图 7-29　负载不对称时三相四线制实验电路

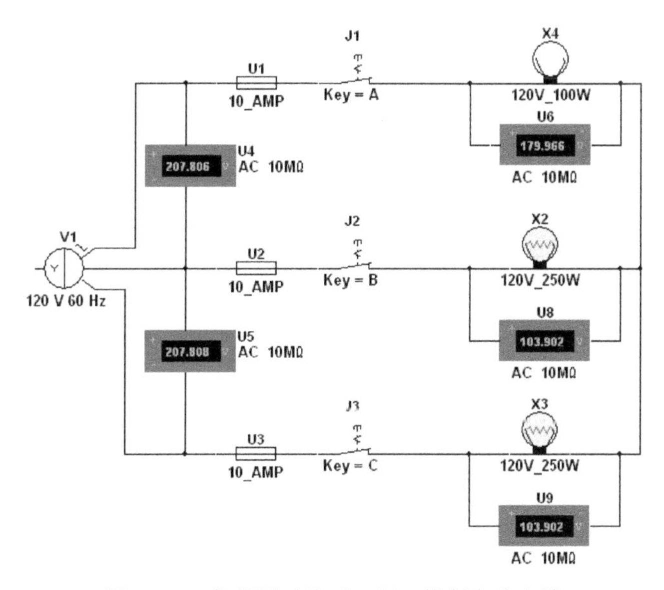

图 7-30　负载不对称时三相三线制实验电路

7.7　本章小结

本章介绍了电路分析中结点电压法、戴维南定理、叠加定理、一阶 *RC* 电路、*RLC* 串联电路和三相电路的仿真实验与分析方法。通过对本章 Multisim 14 的仿真实验和仿真分析功能的学习，不仅有助于建立电路分析的基本概念，掌握电路分析的基本原理、基本方法和基本实验技能，而且可以加深对电路特性的理解，提高分析和解决电路问题的能力。在同学们之前学习过的电路知识的基础上，再通过 Multisim 14 软件进行仿真分析，可以让同学们更好地掌握常用的电路原理及分析方法。科技的进步可以促进学习效率的提升，学习效率的提升又可以促进科技的发展，两者相辅相成。当前的大学生具备一个非常好的学习环境，各种学习条件相较于前辈大幅提升，大家更应该认真地学习科学文化知识，为国家科技进步贡献我们的一份力量。

第8章　Multisim 14在模拟电路中的应用

模拟电路主要包括晶体管放大电路、集成运算放大电路、正弦振荡电路、电压比较器电路、有源滤波器和直流稳压电源等。本章将通过模拟电路的实例分析，来介绍 Multisim 14 的仿真实验和仿真分析功能在模拟电路中的应用。

8.1　二极管电路的仿真实验与分析

8.1.1　二极管特性

二极管是由一个 PN 结加封装构成的半导体器件，具有单向导电性、反向击穿特性和结电容特性，其伏安特性及说明如图 8-1 所示。

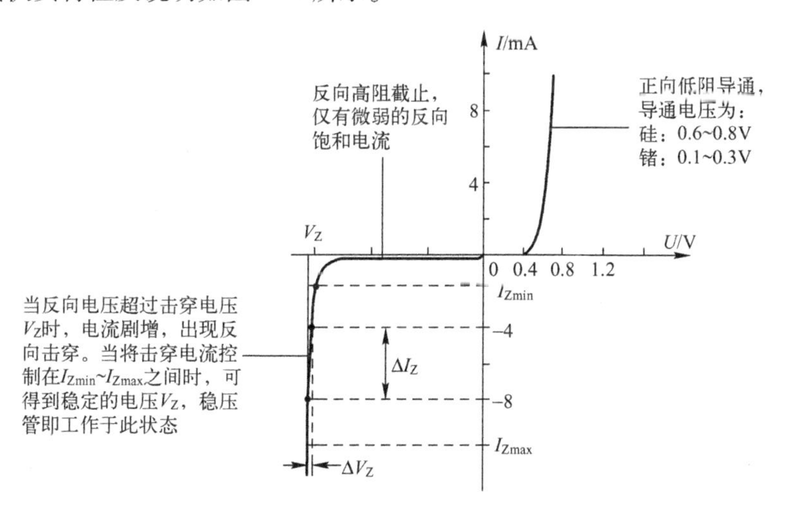

图 8-1　二极管伏安特性及说明

可见，二极管的伏安特性是非线性的。对二极管特性曲线中不同区段的利用，可以构成各种不同的应用电路。利用二极管的单向导电性和正向导通电压变化较小（硅管约为 0.7 V、锗管约为 0.2 V）的特点，可以完成信号的整流、检波、限幅、箝位、隔离和元件的保护等；利用二极管的反向击穿特性，可以实现电流在一定范围内变化时，输出电压的稳定。稳压管作为一种特殊的二极管，正是利用这一特性工作的，其反向击穿特性比较陡直，稳压作用较强，应用十分广泛。实现二极管各种应用的关键是外电路（如外电源、电阻等）必须为二极管提供必要的工作条件和安全保证。

8.1.2　二极管整流电路的实验与分析

二极管半波整流实验电路如图 8-2 所示。当输入为 5 V/1 kHz 正弦波时，由于二极管的单向导电性，只在输入的正半周导通，所以，输出只有如图 8-3 所示的正半周波形。

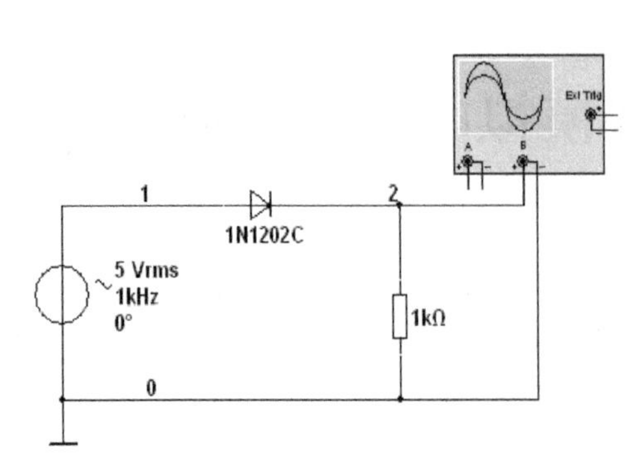

图 8-2 二极管半波整流实验电路

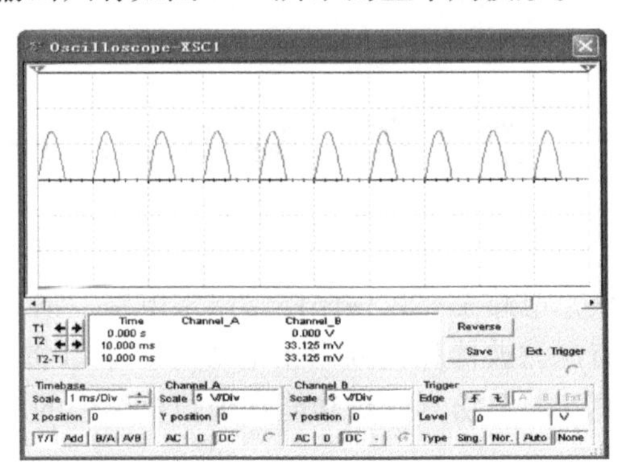

图 8-3 半波整流电路输出波形

8.1.3 二极管箝位电路的实验与分析

二极管箝位实验电路如图 8-4～图 8-7 所示。图中除开关 A 和 B 的状态不同外，其余相同。其中，两个二极管的正端均通过 3 kΩ 限流电阻与 5 V 电压源相接，二极管的负端分别通过开关 A 和 B 与输入的 3 V 电压源相接，电路的输出响应由直流电压表测量显示。图中的两个二极管（1N1202C）均为锗管，正向导通电压约为 0.2 V。

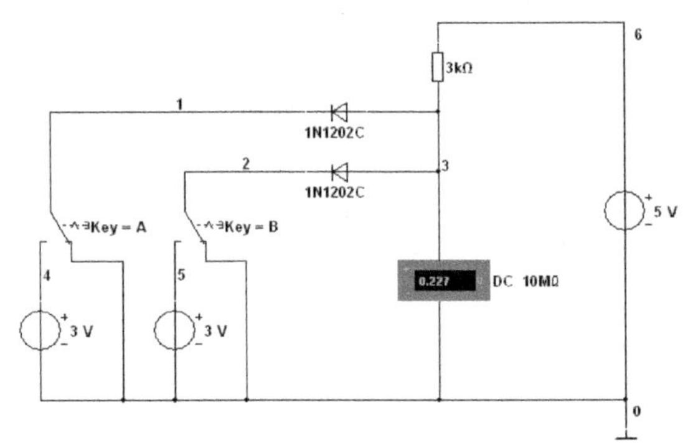

图 8-4 二极管箝位实验电路 Ⅰ

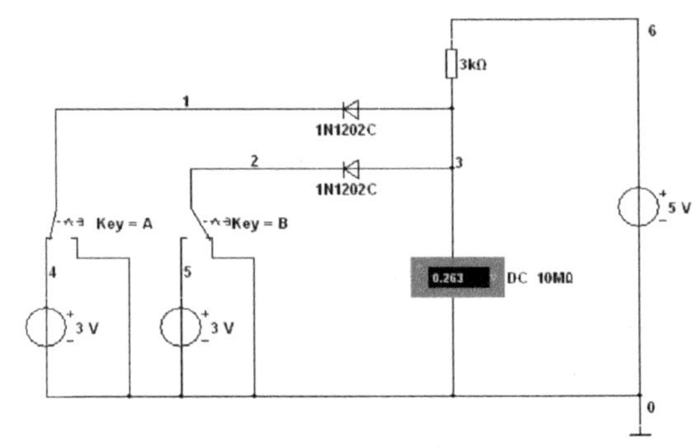

图 8-5 二极管箝位实验电路 Ⅱ

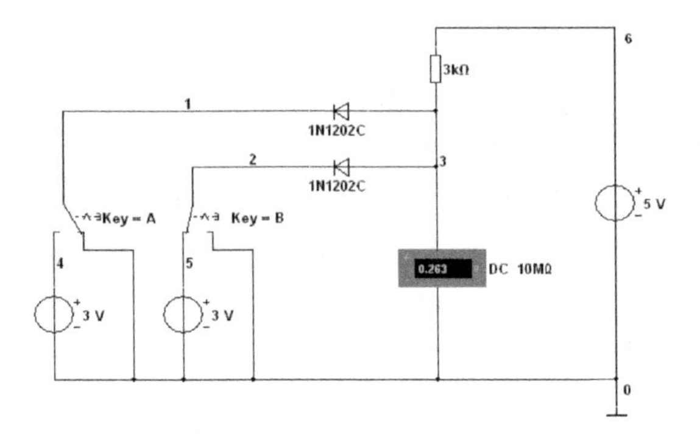

图 8-6 二极管箝位实验电路 Ⅲ

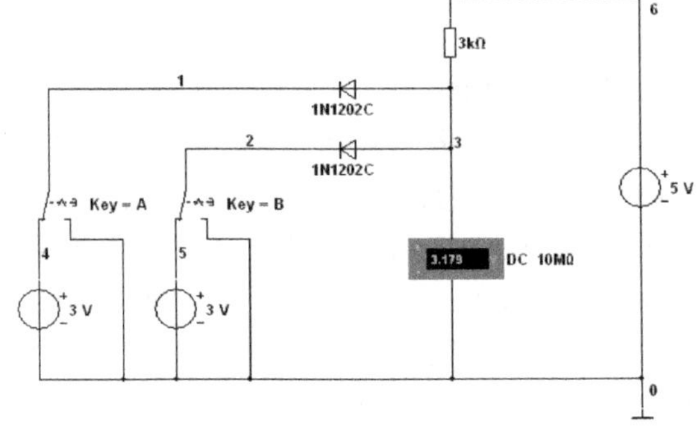

图 8-7 二极管箝位实验电路 Ⅳ

从图 8-4～图 8-6 所示的输入端开关状态和输出端电压表指示可见，只要有开关接地，即只要输入电压为0V，输出电压就接近0V（约为0.2V）。只有在图8-7中，当开关A、B均接3V时，输出才为高电位（约为3.2V）。这是因为，在图8-4和图8-7中，两个二极管均处于正向导通状态，输出结点3的电位等于输入结点1或2的电位加上二极管的导通电压，分别为0.2V和3.2V；而在图8-5和图8-6中，当输入接地的二极管正向导通时，结点3的电位被箝位在0.2V，导致输入接高电位的二极管截止，使输出保持在0.2V左右。该电路这种输入全为高电平时才输出高电平、输入只要有低电平就输出低电平的特点符合逻辑“与”的关系，所以，该电路也被称为二极管与门电路。

8.1.4 稳压管电路的实验与分析

稳压管实验电路如图8-8所示。其中，稳压管DZ（02DZ4.7）的稳压值为4.7V，稳定电流的最小值 $I_{Zmin}=5\,mA$，稳定电流的最大值 $I_{Zmax}=40\,mA$。本实验通过在24V直流电源支路中串联100Ω电位器来模拟输入电压及其变化，按下A键可使输入电压在20~24V之间改变；稳压管限流电阻的取值为400Ω；负载电阻由100Ω固定电阻和500Ω电位器串联组成，按下B键可以模拟100~600Ω的负载变化。为显示实验结果，还在电路的输入端、负载端和稳压管等支路设置了电压表和电流表，具体如图8-8所示。

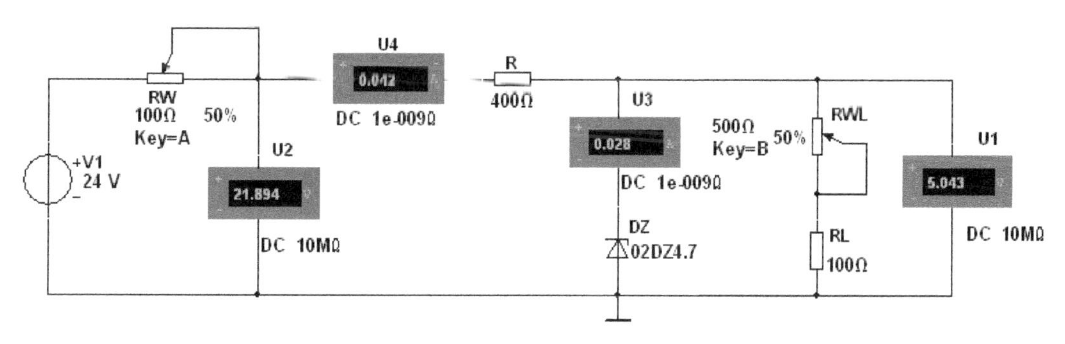

图 8-8　稳压管实验电路

在图8-8所示结果中，稳压管电流为28mA，没有超出稳压管电流的变化范围（5~40mA），稳压管处于稳压状态，输出电压为5.043V，接近稳压管的稳压值。此时，若按下A键，输入电压在20~24V之间变化时，稳压管的电流在24~33mA之间变化，仍在稳压管电流的变化范围内，稳压管仍处于稳压状态，输出电压在5.011~5.076V之间，变化很小，稳压电路工作正常。同理，当按下B键，使负载电阻在125~600Ω之间变化时，稳压管电流在5~34mA之间变化，虽没有超出电流变化范围，但在电流较小时，稳压特性已变差，输出端电压在4.708~5.081V之间，稳压电路工作基本正常。而当负载电阻为100Ω时，稳压管电流为0.7mA，超出稳定电流范围，稳压管处于反向截止状态，输出端电压变为4.306V，电路已不能正常稳压。

上述实验表明，由稳压管和限流电阻构成的稳压电路能在输入电压和负载变化的情况下保持输出电压基本稳定，条件是选用的限流电阻应保证在输入电压和负载变化的范围内，稳压管的工作电流不超出其额定值。否则，稳压管要么处于截止状态不能正常稳压，要么因电流过大而烧毁。

8.2　单管共射放大电路的仿真实验与分析

8.2.1　单管放大电路

单管放大电路是由单个晶体管构成的放大电路，分为共射、共集和共基 3 种结构。每种电路都有自己的特点和用途。共射放大电路的电压放大倍数高，是常用的电压放大器；共集放大电路（也称为射极输出器）输入电阻高、输出电阻低、带负载能力强，常用于多级放大电路的输入级和输出级；共基放大电路频带宽、高频性能好，在高频放大器中十分常见。衡量放大电路的指标有：电压或电流的放大倍数、输入与输出电阻、通频带、非线性失真系数、最大输出功率和效率等。

8.2.2　仿真实验与分析

单管共射放大器实验电路如图 8-9 所示，采用了分压式偏置、带发射极电阻的静态工作点稳定结构。输入为 10 mV/1 kHz 正弦信号，负载是电阻 R_4，输入与输出通过电容 C_1、C_2 耦合。

1）确定静态工作点。对实验电路的结点 1、3、7（即晶体管的 b、c、e 三极）作直流工作点（DC Operating Point）分析，得到如图 8-10 所示的静态工作点（Q 点）分析结果。进一步分析可知，晶体管的发射结电压 U_{BE} = 结点 1 电压 V[1] - 结点 7 电压 V[7] ≈ 0.65 V，集射极电压差 U_{CE} = 结点 3 电压 V[3] - 结点 7 电压 V[7] ≈ 6.11 V，约为电源电压 12 V 的一半，由此可判断该电路工作在放大区。调整偏置电阻 R_1 或 R_5 可以改变静态工作点，但 Q 点过高会产生饱和失真，Q 点过低会产生截止失真。图 8-11 和图 8-12 分别显示了 R_5 为总值 50% 和 20% 时对应的输出波形。显然，R_5 为总值 50% 时输出波形没有失真，而 R_5 为总值 20% 时输出波形出现了饱和失真。

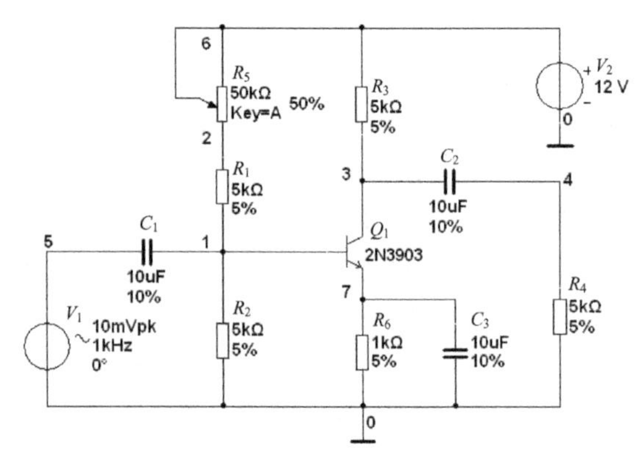

图 8-9　单管共射放大器实验电路

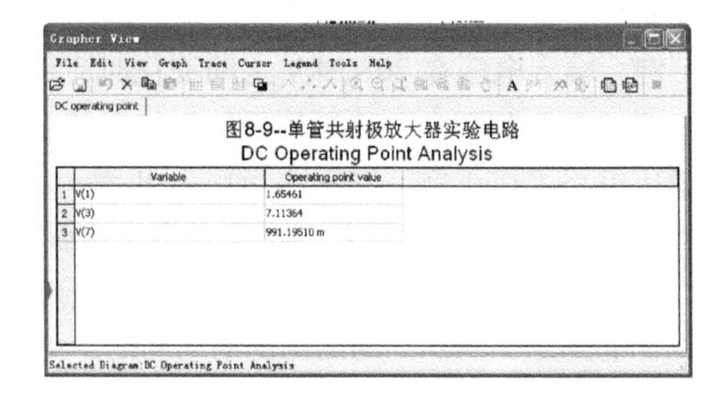

图 8-10　实验电路的静态工作点

2）利用温度扫描（Temperature Sweep）分析进一步研究温度变化对静态工作点的影响。温度扫描的分析参数设置如图 8-13 所示，温度变化范围为 0～70℃，扫描 8 个点，即每变化 10℃ 做一次对应的扫描分析。在分析类型的选择中选择静态工作点分析，并设置 3 号结点电

压和 R_3 支路电流（静态的集电极电流）为扫描分析的对象，扫描分析结果如图 8-14 所示。可见，随着温度的升高，3 号结点的电压呈下降趋势，对应的集电极电流呈上升趋势，符合静态工作点随温度升高而升高的理论分析结果。

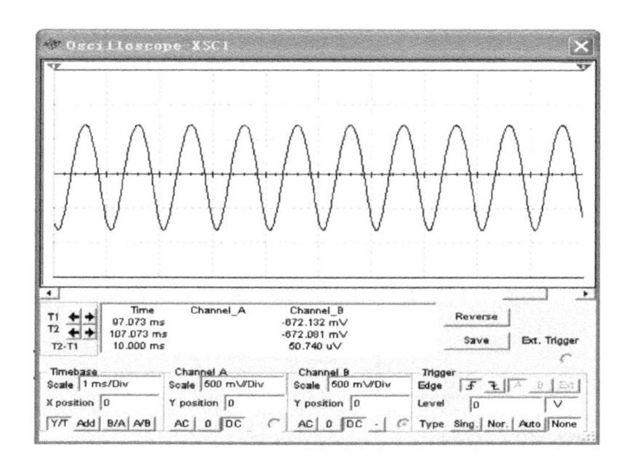

图 8-11　R_5 为总值 50%时的输出波形

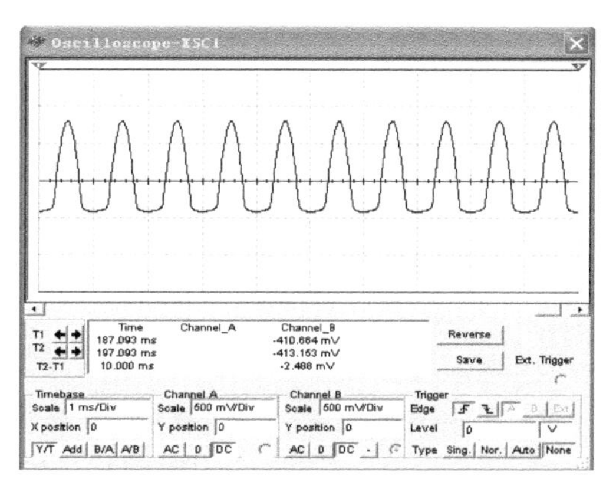

图 8-12　R_5 为总值 20%时的输出波形

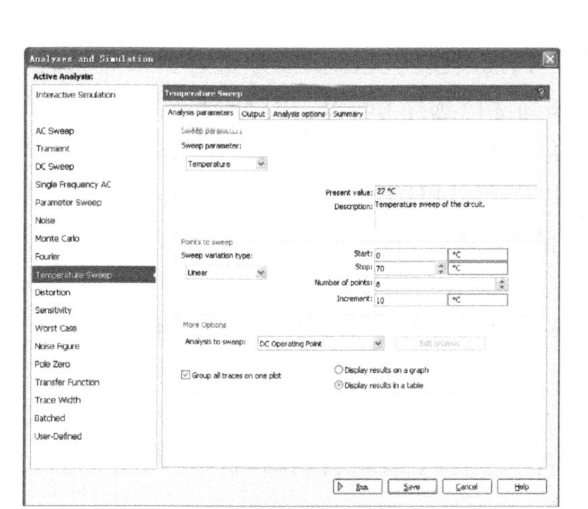

图 8-13　单管共射放大器温度扫描分析参数设置

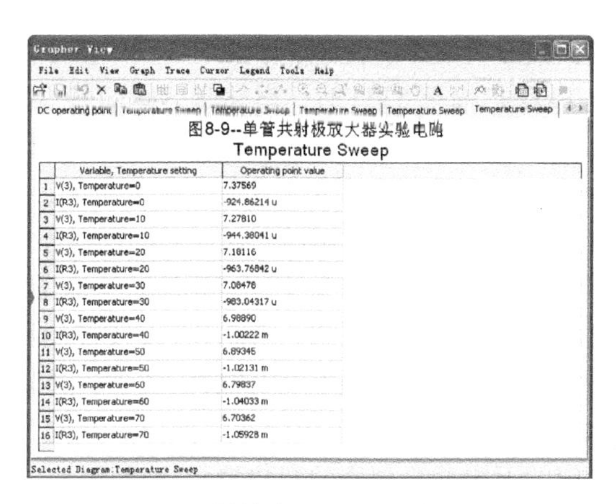

	Variable, Temperature setting	Operating point value
1	V(3), Temperature=0	7.37569
2	I(R3), Temperature=0	-924.86214 u
3	V(3), Temperature=10	7.27810
4	I(R3), Temperature=10	-944.38041 u
5	V(3), Temperature=20	7.18116
6	I(R3), Temperature=20	-963.76842 u
7	V(3), Temperature=30	7.08476
8	I(R3), Temperature=30	-983.04317 u
9	V(3), Temperature=40	6.98890
10	I(R3), Temperature=40	-1.00222 m
11	V(3), Temperature=50	6.89345
12	I(R3), Temperature=50	-1.02131 m
13	V(3), Temperature=60	6.79837
14	I(R3), Temperature=60	-1.04033 m
15	V(3), Temperature=70	6.70362
16	I(R3), Temperature=70	-1.05928 m

图 8-14　3 号结点电压和 R_3 支路电流随温度的变化情况

3）确定电压放大倍数和通频带。对实验电路的结点 4 作交流扫描（AC Sweep）分析（其纵坐标刻度设置为 Linear），得到图 8-15 所示的频率响应特性。可见，其幅频特性具有带通性，低频段和高频段的放大倍数均低于中频段。按下图形显示窗口中的▣按钮，显示两个可移动的游标，并打开其说明窗口，得到幅频特性的测量数据。其中，纵轴（Y 轴）的最大值 $y_{max}=89.85$ 就是电路的中频放大倍数。拉动两个游标使其对应的 y_1 和 y_2 约等于其最大值 89.85 的 0.707 倍（约为 63.5），此时对应的 $x_1\approx598.3$ Hz 和 $x_2\approx24.8$ MHz 分别为电路的下限截止频率和上限截止频率，二者之差 $dx\approx24.8$ MHz 即为电路的通频带。显然，利用 Multisim 14 的交流分析功能可以非常方便地得到放大电路的放大倍数和通频带等指标。

4）利用参数扫描（Parameter Sweep）分析进一步研究负载电阻、发射极电阻、耦合电

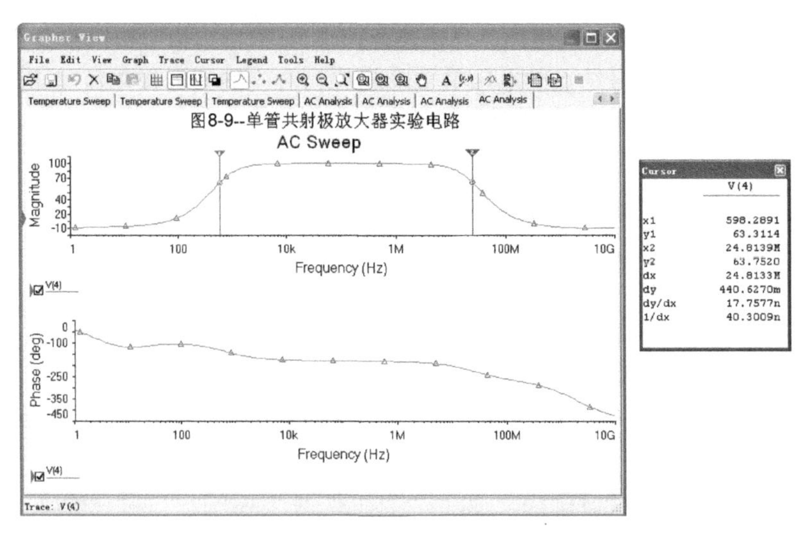

图 8-15　实验电路的频率响应特性

容和旁路电容等元件参数的变化，对电路放大倍数和通频带等指标的影响。图 8-16～图 8-19 分别显示了扫描元件是 R_4、R_6、R 和 C，扫描类型为交流扫描分析时，结点 4 的参数扫描分析结果。注意：编辑 AC Sweep 时，纵轴刻度请选择 Linear。图 8-16 是负载电阻 R_4 从 1 kΩ 扫描至 5 kΩ 时，电路频率响应特性的变化情况。可见，负载电阻越大，放大倍数越大，空载时放大倍数最大。图 8-17 是发射极电阻 R_6 从 1 kΩ 扫描至 5 kΩ 时，电路频率响应特性的变化情况。可见，发射极电阻越大，放大倍数越小，通频带越宽，这与发射极电阻的负反馈作用结果是一致的。图 8-18 是耦合电容 C_1 从 1 μF 扫描至 10 μF 时，电路频率响应特性的变化情况。图 8-19 是旁路电容 C_3 从 1 μF 扫描至 10 μF 时，电路频率响应特性的变化情况。可见，C_1 的变化对电路通频带的影响不大，而 C_3 的变化对电路通频带的影响明显，下限截止频率随 C_3 的增加而减小，通频带随之展宽。这是因为 C_3 两端电路的等效电阻比 C_1 两端电路的等效电阻小，所以，相同的电容变化在 C_3 回路引起的时间常数变化就大，相应的下限截止频率的变化也大。

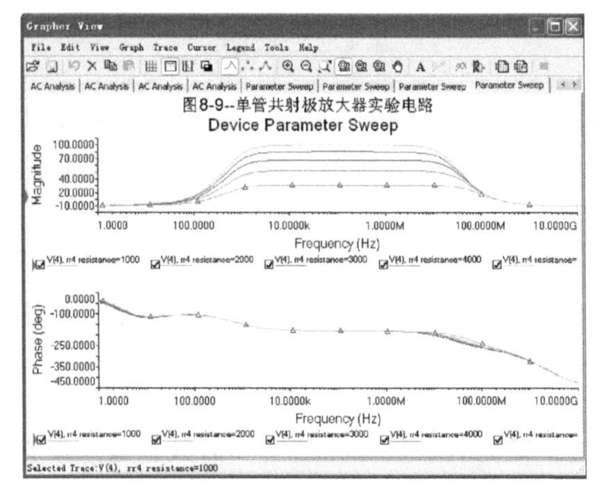

图 8-16　R_4 从 1 kΩ 扫描至 5 kΩ 时的频率响应特性

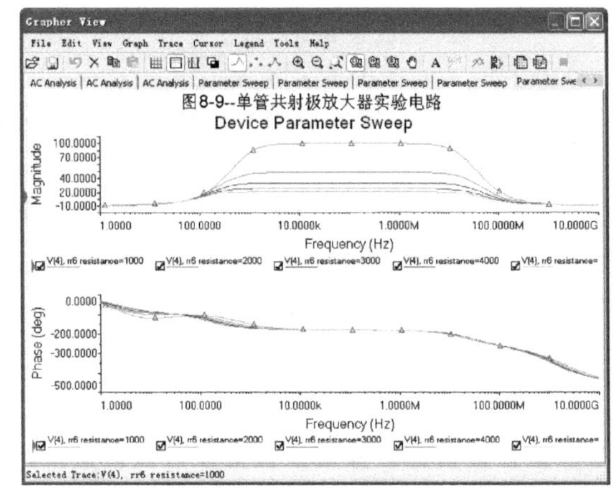

图 8-17　R_6 从 1 kΩ 扫描至 5 kΩ 时的频率响应特性

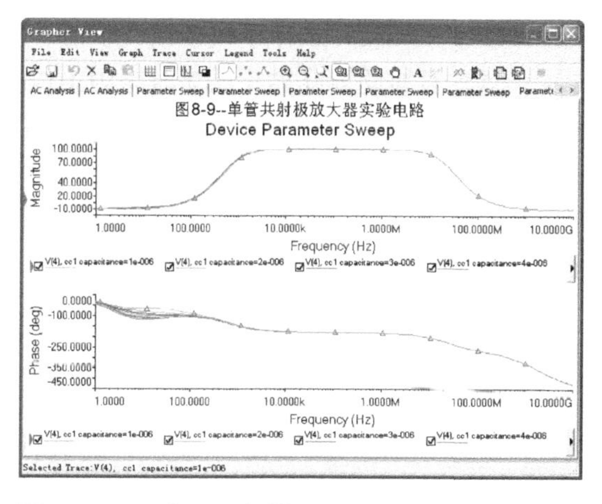

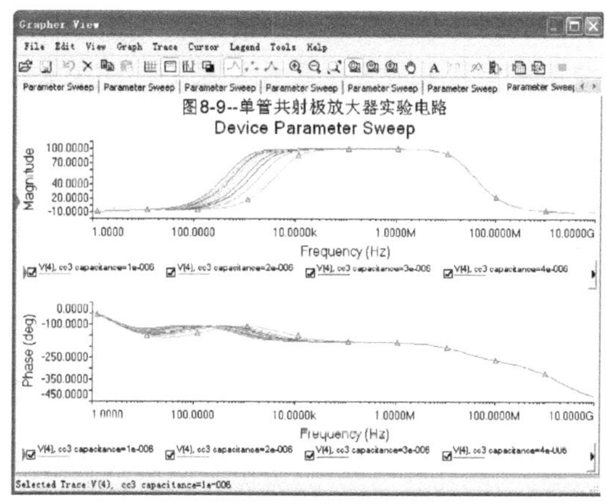

图 8-18　C_1 从 1 μF 扫描至 10 μF 时的频率响应特性　　图 8-19　C_3 从 1 μF 扫描至 10 μF 时的频率响应特性

5）确定输入电阻和输出电阻。可以采用传统的在输入、输出端口用欧姆表测电阻的方法，或在端口加测量电阻用交流电压表和交流电流表测电阻的方法，也可以利用 Multisim 14 提供的传递函数（Transfer Function）分析功能方便快速地确定输入电阻和输出电阻，发挥仿真实验的优势。在图 8-9 所示的实验电路中，将 C_1 用短路线替代后，按图 8-20 所示设置其传递函数分析，选择需要分析的输入信号源为 V_1，选择输出变量为 3 号结点的电压，得到的分析结果如图 8-21 所示。其中，第二行的 4.28571k 为电路的输入电阻，第三行的 5.0k 为电路的输出电阻。

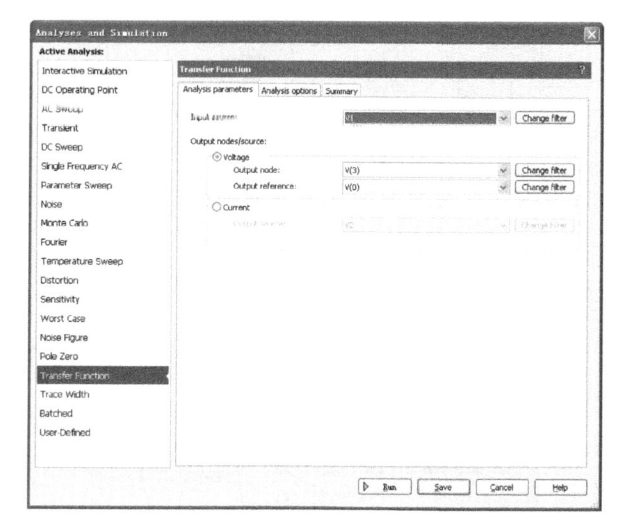

图 8-20　实验电路的传递函数分析设置

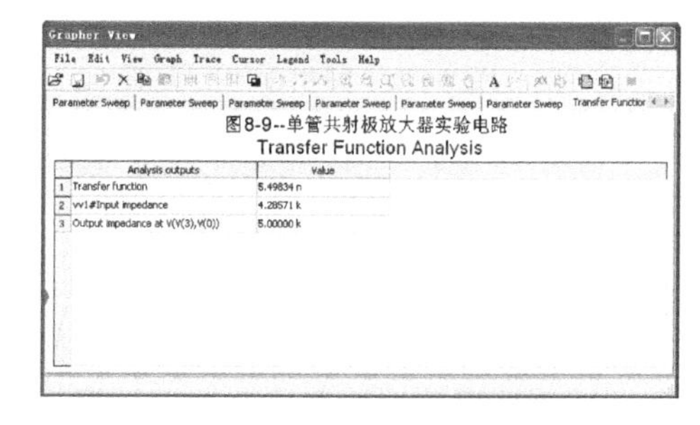

	Analysis outputs	Value
1	Transfer function	5.49834 n
2	vv1#Input impedance	4.28571 k
3	Output impedance at V(V(3),V(0))	5.00000 k

图 8-21　传递函数分析结果

8.3　集成运放负反馈放大电路的仿真实验与分析

8.3.1　集成运放负反馈放大电路

集成运算放大器是应用十分广泛的模拟集成器件，具有高增益、高输入阻抗、低输出阻抗、高共模抑制比等特点。作为高增益放大器，运放在加负反馈时工作于线性放大状态，广泛应用于信号的放大、叠加、微分、积分和滤波等；而在不加反馈或加正反馈时，则工作在非线性状态，主要用于比较器和振荡器。工程上为改善放大器的性能常常引入负反馈技术，负反馈对放大电路性能的影响主要有：降低放大倍数、提高放大倍数的稳定性、展宽通频带、减少非线性失真、改变输入输出电阻等。本节将通过比例放大电路、加法运算电路、减法运算（差分）电路和有源滤波电路的仿真实验与分析，介绍集成运放加负反馈时的特点和应用。

8.3.2 比例放大电路的仿真实验与分析

比例放大电路能实现输入输出之间的比例运算：$u_o = ku_i$。按照比例系数 k 的极性，可分为同相比例放大器和反相比例放大器，其实验电路分别如图 8-22 和图 8-23 所示。其中，输入为 1 V/1 kHz 正弦信号，运放为常用的 741 系列器件，R_2 为负反馈电阻，R_3 为静态平衡电阻。同相比例放大器的输入输出关系是：$u_o = \left(1+\dfrac{R_2}{R_1}\right)u_i$；反相比例放大器的输入输出关系是：$u_o = -\dfrac{R_2}{R_1}u_i$。两个实验电路的输入输出波形分别如图 8-24 和图 8-25 所示。

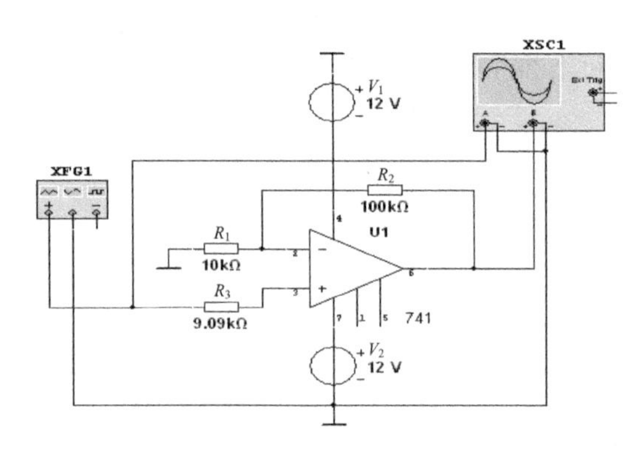

图 8-22 同相比例放大器

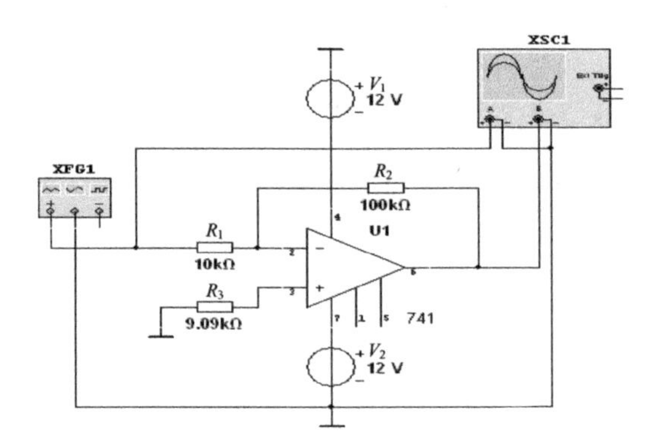

图 8-23 反相比例放大器

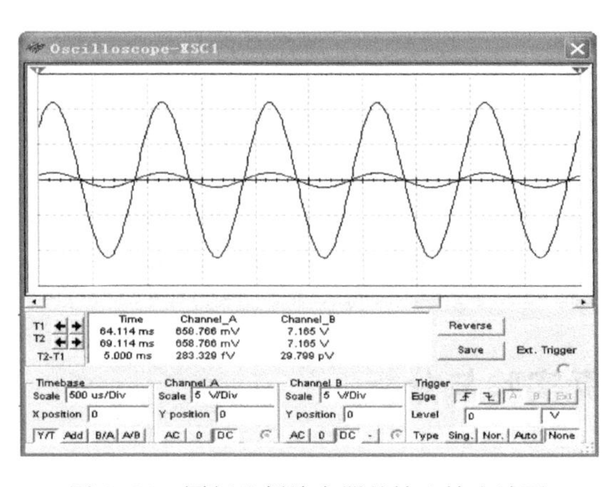

图 8-24 同相比例放大器的输入输出波形

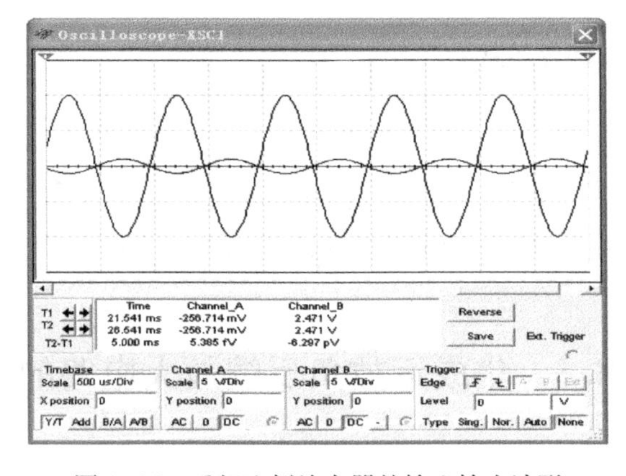

图 8-25 反相比例放大器的输入输出波形

可见，两个放大器分别将输入信号放大了 11 倍和 10 倍，并且一个输入输出波形同相，另一个反相，与理论分析结果一致。

进一步实验：以同相比例放大器为例，研究反馈深度对放大器性能的影响。对单运放加负反馈的放大器而言，反馈电阻 R_2 的大小直接决定了反馈的深浅。R_2 大反馈浅，R_2 小反馈深。图 8-26 是采用参数扫描分析，令 R_2 从 50 kΩ 扫描至 200 kΩ 时，输出结点的交流扫描分析结果，显示了电路频率响应特性随 R_2 变化的情况。可见，随着 R_2 从 50 kΩ 增大至 200 kΩ，通带内的电压放大倍数由 6 倍上升至 21 倍，通带宽度由 166.8 kHz 下降至 46.5 kHz。即 R_2 大（反馈浅）时，放大倍数高、通频带窄，反之，R_2 小（反馈深）时，放大倍数低、通频带宽，且随着反馈的加深，幅频特性在截止频率附近过渡带的变化变缓，这与理论分析的结论一致。即负反馈能降低放大倍数、展宽通频带、提高放大倍数稳定性。同理，图 8-27 是采用参数扫描分析，令 R_2 从 50 kΩ 扫描至 200 kΩ 时，输出结点的瞬态分析结果（输入为 1 V/1 kHz 正弦），显示了电路时域响应随 R_2 变化的情况。可见，R_2 大时，波形失真明显，反之，R_2 小时，波形基本不失真，这又与负反馈能减小非线性失真的结论相一致。再进一步，将信号源用相同指标的交流电压源 V_3 替代后，利用传递函数分析确定不同 R_2 值时电路的输入电阻和输出电阻，结果如图 8-28 和图 8-29 所示。比较可知，R_2 = 50 kΩ 反馈深时，输入电阻变大、输出电阻变小，而 R_2 = 200 kΩ 反馈浅时，输入电阻变小、输出电阻变大。所有仿真分析的结果表明，负反馈的影响与负反馈的深度成正比，反馈越深，影响越大。

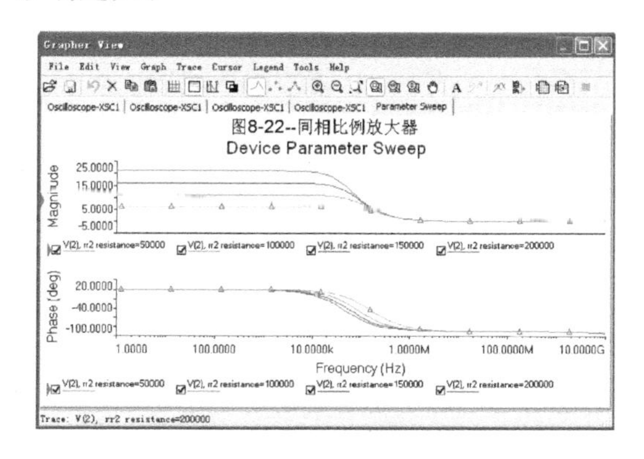

图 8-26　R_2 从 50 kΩ 扫描至 200 kΩ 时的频率响应特性

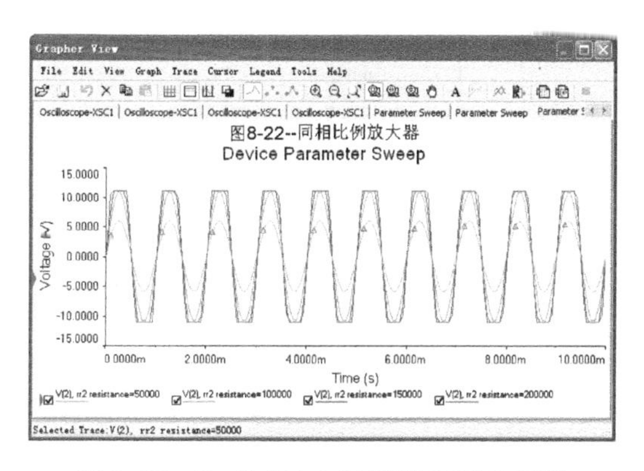

图 8-27　R_2 从 50 kΩ 扫描至 200 kΩ 时的瞬态响应

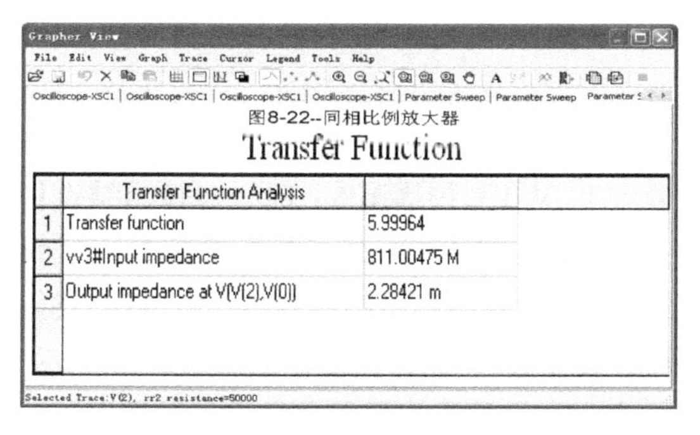

图8-22--同相比例放大器

Transfer Function

	Transfer Function Analysis	
1	Transfer function	5.99964
2	vv3#Input impedance	811.00475 M
3	Output impedance at V(V(2),V(0))	2.28421 m

图 8-28　R_2 为 50 kΩ 时的传递函数分析结果

图8-22--同相比例放大器

Transfer Function

	Transfer Function Analysis	
1	Transfer function	20.99717
2	vv3#Input impedance	777.39587 M
3	Output impedance at V(V(2),V(0))	8.00270 m

图 8-29　R_2 为 200 kΩ 时的传递函数分析结果

8.3.3　加法运算电路的仿真实验与分析

加法运算电路能实现多个输入信号的叠加：$u_o=k_1u_{i1}+k_2u_{i2}+\cdots k_nu_{in}$。按照比例系数 k 的极性，可以分为同相加法运算电路和反相加法运算电路。考虑到运放加负反馈时工作于线性状态，满足叠加原理，所以，加法运算电路可以通过在同相或反相比例运算电路的基础上增加输入端来实现。其中，反相加法实验电路如图 8-30 所示，其输入输出关系为：$u_o=-(2V_1+V_2)$。从图 8-31 所示的输出波形可见，该电路将输入的正弦信号放大了 2 倍，并叠加了一个与正弦信号幅值相同的直流分量，使双极性的交流信号变为单极性的脉动信号。在 A-D 转换等信号处理中经常采用这种电路。

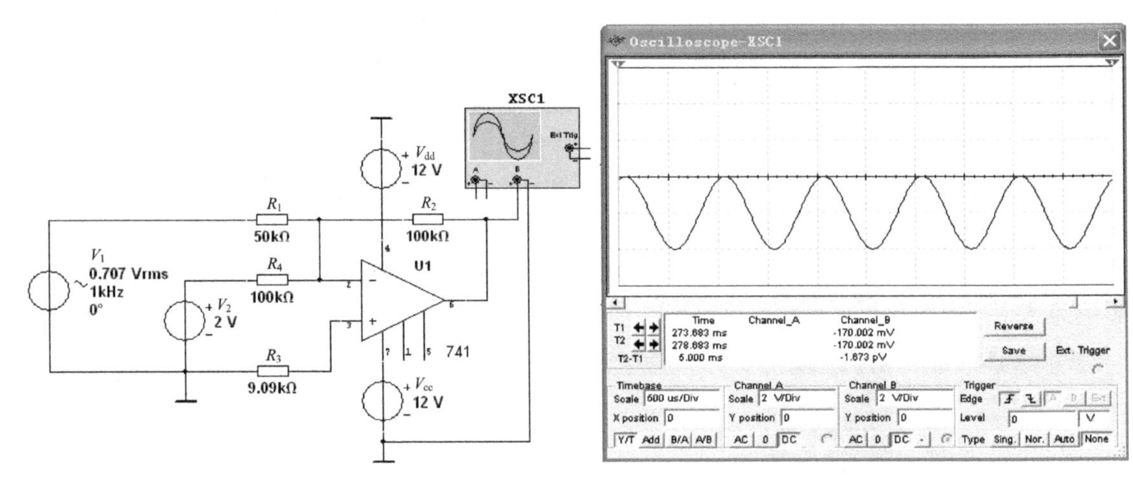

图 8-30　反相加法实验电路　　　　图 8-31　反相加法实验电路输出波形

8.3.4　减法运算电路的仿真实验与分析

减法运算电路的输出是两个输入信号的差：$u_o=k_1u_{i1}-k_2u_{i2}$。当调整比例系数，使 $k_1=k_2=k$ 时，减法电路可以实现差分电路的功能：$u_o=k(u_{i1}-u_{i2})$，即可以实现输出与两个输入的差成比例，这在自动控制等领域有着广泛的应用。与加法电路的构成思路相同，减法电路也可以根据叠加原理，通过将两个输入信号分别加在比例运算电路的同相输入端和反相输入端上来实现。当然，也可以用多个运放通过反相比例电路和加法运算电路的组合来实现。

本节设计的减法（差分）实验电路如图 8-32 所示，其输入输出关系为：$u_o=2(V_1-V_2)$，即输出是两个输入之差的 2 倍。图 8-33 为输入 V_1 从 1 V 扫描至 6 V 时，对输出结点作直流扫描（DC Sweep）分析的结果。可见，输出电压随输入电压差（V_1-V_2）的增加而线性增加。在自动控制系统中，若假设 V_1 为被控信号、V_2 为参考信号，则利用差分电路可获得一个与被控信号和参考信号之差成正比的控制信号。被控信号与参考信号相差越多，对应的控制信号也越强。

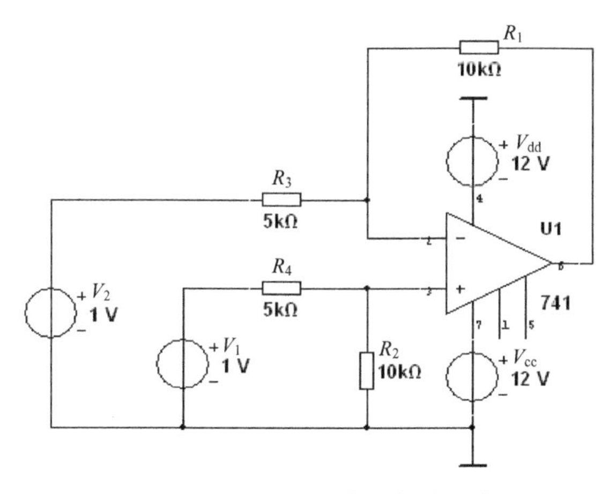

图 8-32　减法（差分）实验电路

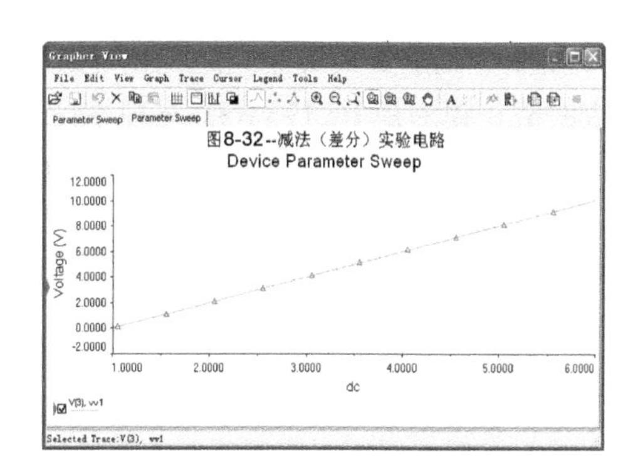

图 8-33　V_1 在 1~6 V 时电路的输出

8.3.5　有源滤波器电路的仿真实验与分析

典型的滤波器电路是由电阻与电容（或电感）串并联构成的 *RC* 或 *RL* 选频电路，并可按照选择频率的不同，分为低通、高通和带通等类型。这种不含晶体管等有源器件的无源滤波器，无须额外电源，适合高频和大功率场合，但存在体积大、效率低、带载能力差等问题。因此，在小功率应用场合，可在 *RC* 或 *RL* 滤波器基础上加入放大器，构成“有源滤波器”电路，使之不仅能滤波，而且能放大。与无源滤波器相比，有源滤波器具有体积小、效率高、频率特性好、带载能力强等优点，得到了广泛的应用。图 8-34 为简单的一阶有源低通滤波器实验电路，其频率响应特性由波特图仪（Bode Plotter）测量，结果如图 8-35 所示。

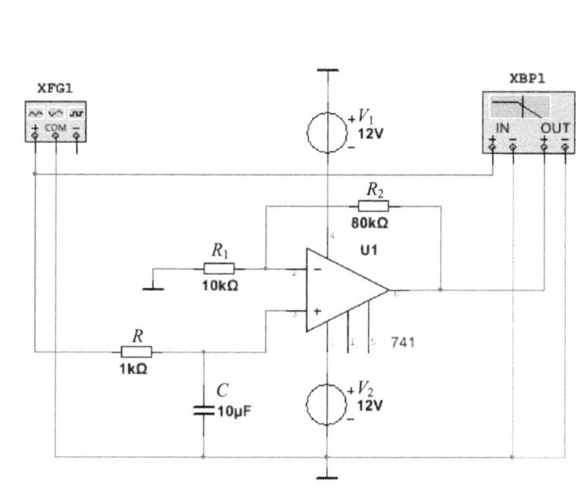

图 8-34　一阶有源低通滤波器实验电路

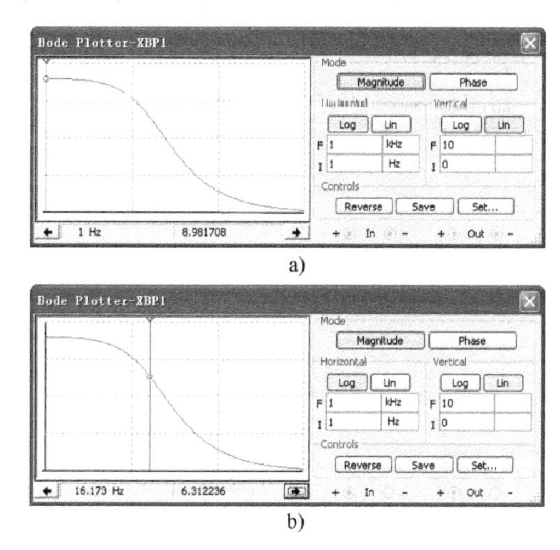

图 8-35　滤波电路的幅频特性与截止频率测量

由理论分析可知，该电路的通带增益为：$A_{up}=1+\dfrac{R_2}{R_1}=1+\dfrac{80\,\text{k}\Omega}{10\,\text{k}\Omega}=9$，截止频率为：$f_p=f_o=\dfrac{1}{2\pi RC}=\dfrac{1}{2\pi\cdot 1\,\text{k}\Omega\cdot 10\,\mu\text{F}}\approx 15.9\,\text{Hz}$。由图 8-35 所示实验电路的幅频特性可见，该电路具有

低通滤波特性，频率越高，电路的增益越低。同时，由图 8-35a 曲线下的数据显示可见，频率为 1 Hz 时，电路的低频通带增益约为 8.98，与理论值十分接近；而图 8-35b 的数据显示，当通过单击←或→按钮拉动游标，使输出幅值为通带增益的 70.7%（约为 6.3）时，对应的截止频率是 16.173 Hz，与理论计算值也很接近。由此可见，仿真实验和分析不仅能形象地描述电路的功能，而且能快速地测量电路的特性指标。

8.4 *RC* 正弦波振荡器及其应用电路的仿真实验与分析

8.4.1 正弦波振荡器

正弦波振荡器是在只有直流供电、不外加输入信号的条件下产生正弦波信号的电路，通常由放大器、带选频特性的正反馈回路和自动稳幅电路组成。正弦波振荡器广泛应用于通信、测量和控制领域。根据选频回路的不同，正弦波振荡器可分为 *RC* 正弦波振荡器、*LC* 正弦波振荡器和石英晶体振荡器。其中，*RC* 正弦波振荡器主要用于产生中低频率正弦波，如在电子琴中产生音频信号等；*LC* 正弦波振荡器主要用于高频率振荡，如收音机的本机振荡；而石英晶体振荡器主要应用于对频率稳定度要求较高的场合，如产生时钟信号等。

8.4.2 *RC* 正弦波振荡器的仿真实验与分析

RC 正弦波振荡器实验电路如图 8-36 所示。其中，由 R_1、C_1、R_2、C_2组成的 *RC* 串并联选频网络引入了正反馈，其谐振频率为：$f_0=\dfrac{1}{2\pi\sqrt{R_1R_2C_1C_2}}\approx 159.2\ \text{Hz}$，此时 *RC* 串并联网络的增益为 1/3。所以，为满足正弦振荡的幅值条件，由运放和 R_3、R_4、R_5组成的同相比例放大器的增益 $1+\dfrac{R_3+R_4}{R_5}\geqslant 3$（起振时大于 3，稳定振荡时等于 3）。

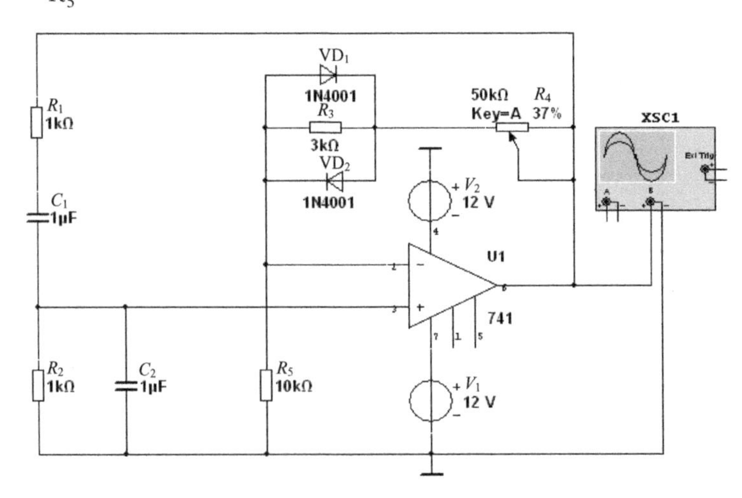

图 8-36　*RC* 正弦波振荡器实验电路

实验时，按下 R_4之 A 键可改变负反馈的深度，使电路产生稳定振荡、停振和波形失真几种不同的输出信号。图 8-37 显示了 R_4 为总值 37%时起振和稳幅振荡的波形，其振荡频率约为 154.3 Hz，与理论计算结果基本相符。图 8-38 显示了 R_4 小于总值 34%时的停振波形；而图 8-39 则显示了 R_4 为总值 50%时失真的振荡波形。在负反馈回路中，与 R_3 并联的二极管 VD_1、VD_2 的作用是，利用二极管电阻随电流增加而减小的特点，实现输出信号正半周和负半周的自动稳幅。

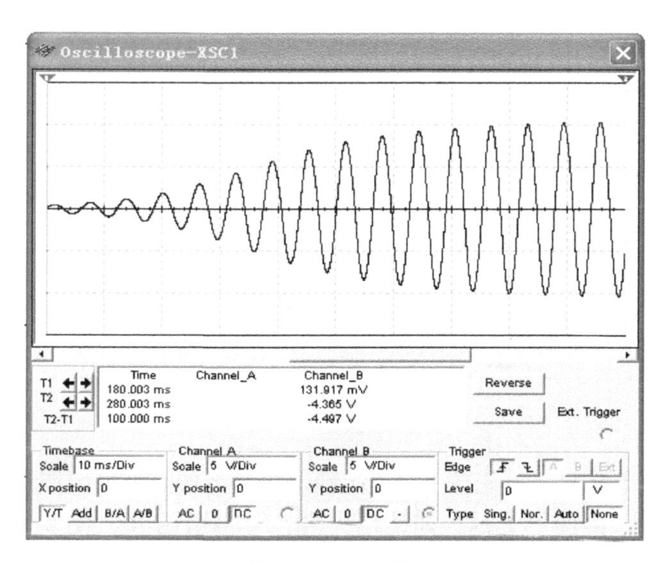

图 8-37　R_4 为总值 37%时起振和稳幅振荡波形

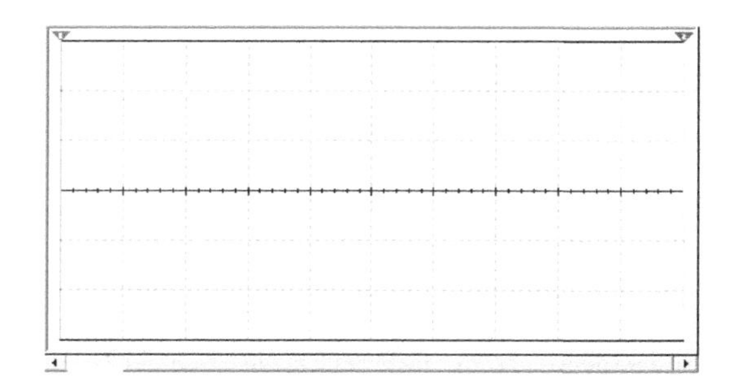

图 8-38　R_4 小于总值 34%时的停振波形

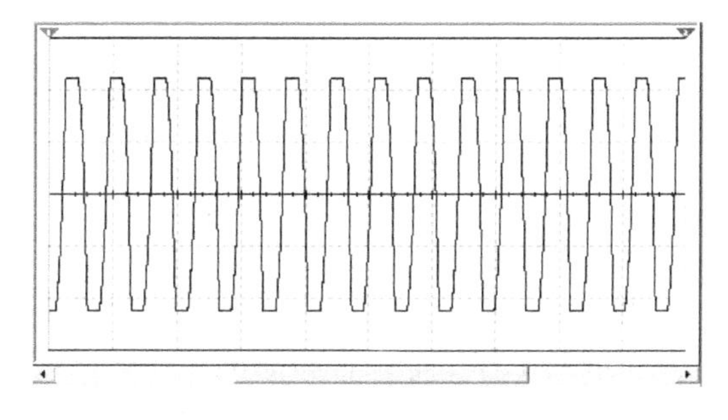

图 8-39　R_4 为总值 50%时失真的振荡波形

8.4.3　电子琴原理电路的实验与分析

利用 *RC* 正弦波振荡器可以方便地构成电子琴原理电路，如图 8-40 所示。其中，*RC* 串并联选频网络中的 R_2 由一组电阻和开关构成，闭合不同的开关（琴键），对应的 R_2 不同，产生的振荡频率不同，即可输出不同音阶的音频信号。再经功率放大，即可在喇叭中产生相应的声音。设计电路时，可根据不同的音调选择 R_2 的值，C 调时各音阶对应的频率见表 8-1。

表 8-1　C 调时各音阶对应的频率

C 调	1	2	3	4	5	6	7	i
f/Hz	264	297	330	352	396	440	495	528

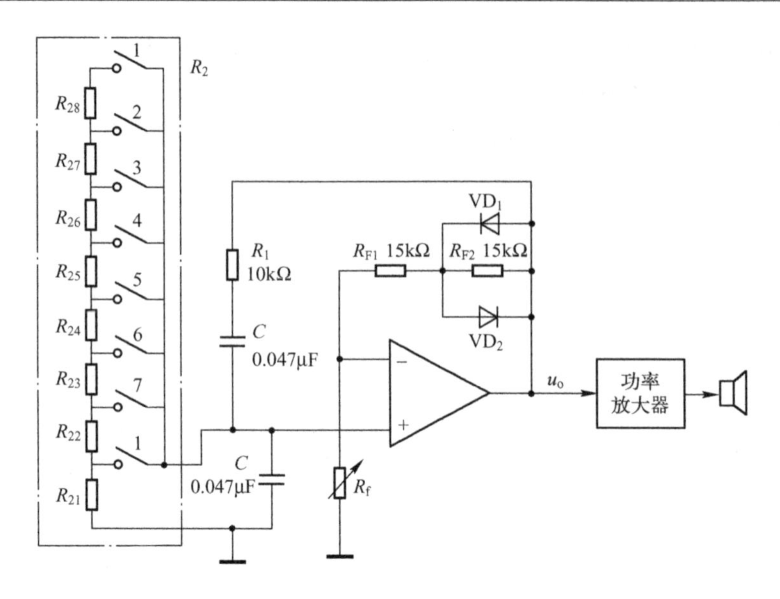

图 8-40　电子琴原理电路

实际调试电子琴电路时，可先按下高音 i 键，用示波器监视输出波形，调节 R_f使电路输出满意的振荡。然后，再按下 1 键，如波形失真，可再微调 R_f，使波形改善。注意，应再反过来按下 i 键，复查能否起振。如果能起振，则调试完毕，如不能起振，需再微调 R_f。总之，只要兼顾最高音和最低音的波形都比较好，中间的其他音阶就不必细调了。

8.5　电压比较器及其应用电路的仿真实验与分析

8.5.1　电压比较器

电压比较器是一种能用不同的输出电平表示两个输入电压大小的电路。利用不加反馈或加正反馈时工作于非线性状态的运放即可构成电压比较器。作为开关元件，电压比较器是矩形波、三角波等非正弦波形发生电路的基本单元，在模数转换、监测报警等系统中也有广泛的应用。常见的电压比较器有单限比较器、滞回比较器和窗口比较器等。其中，单限比较器灵敏度较高，但抗干扰能力较差，而滞回比较器则相反。本节将通过仿真实验与分析介绍单限比较器和滞回比较器的特性，并介绍电压比较器在矩形波发生器和监测报警系统中的应用。

8.5.2　电压比较器的仿真实验与分析

单限电压比较器实验电路如图 8-41 所示。其中，运放处于开环无反馈状态，参考电压为 3 V，阈值电压也为 3 V，被比较的输入信号是 10 V/1 kHz 的正弦波，输出通过两个稳压管双向限幅。由于参考电压加在运放的反相端，被比较的输入信号加在同相端，所以，当输入信号大于阈值电压时，输出为正的稳压值；反之，当输入信号小于阈值电压时，输出为负的稳压值。这种比较器也被称为同相比较器。而反相比较器则是在输入大于阈值电压时，输出负的稳压值，在输入小于阈值电压时，输出正的稳压值。本实验电路的输入输出波形如

图 8-42 所示。当正弦输入信号大于 3 V 时，输出约为+5.1 V；而当正弦输入信号小于 3 V 时，输出约为-5.1 V。形成了占空比约为 0.43 的矩形波输出信号，实现了模拟信号到脉冲信号的转换。

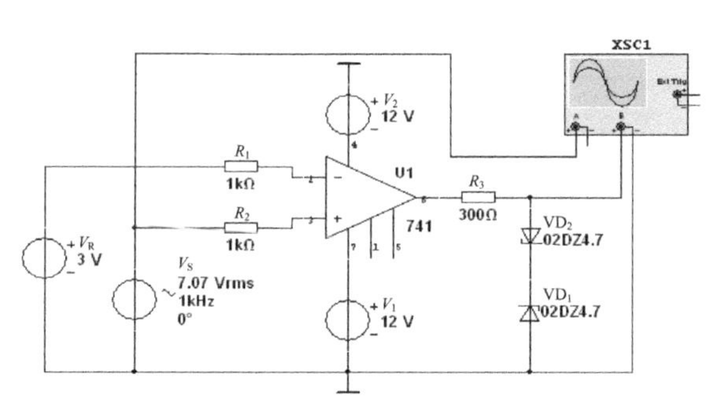

图 8-41　单限电压比较器实验电路

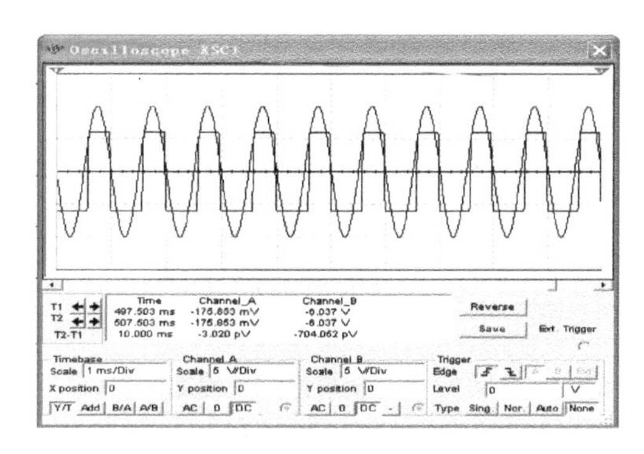

图 8-42　实验电路的输入输出波形

滞回电压比较器实验电路如图 8-43 所示。其中，运放引入了正反馈，参考电压为零，输入信号是有效值为 5 V、频率为 1 kHz 的正弦波。与单限比较器不同，正反馈使滞回比较器的阈值不再是一个固定的常量，而是一个随输出状态变化的量：U_{TH1} 和 U_{TH2}。图 8-44 是用示波器 B/A 档测量的实验电路的电压传输特性，显示了输出随输入变化的关系。当输入信号大于 U_{TH1} 时，输出为负的稳压值；而当输入信号小于 U_{TH2} 时，输出才变为正的稳压值。按下 A 键可改变正反馈的强度，调整回差电压 $U_{TH1}-U_{TH2}$。回差电压大时，比较器的抗干扰能力强，反之则灵敏度高。工程上要根据实际问题综合评估，做出选择。

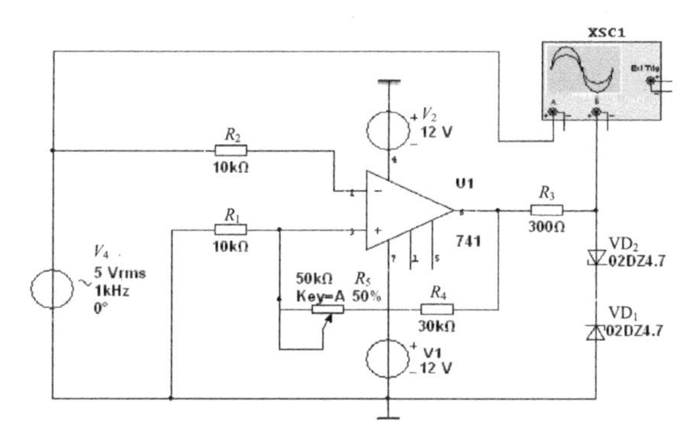

图 8-43　滞回电压比较器实验电路

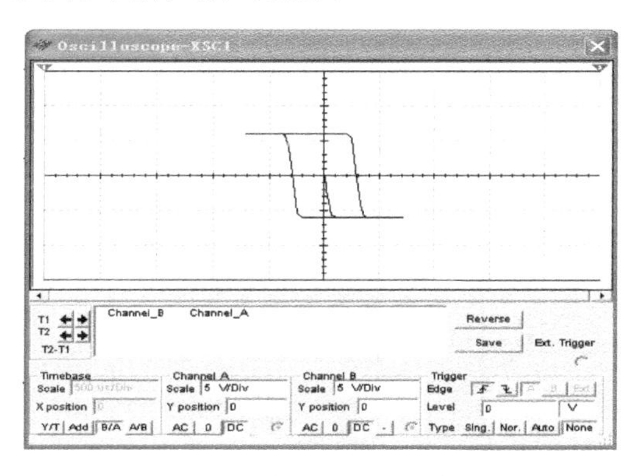

图 8-44　实验电路的电压传输特性

8.5.3　矩形波发生器的仿真实验与分析

在滞回比较器的基础上增加一条由 C_1、R_6、R_7 和 VD_3、VD_4 组成的负反馈延迟支路，就可构成如图 8-45 所示的矩形波发生器，其输出波形如图 8-46 所示。

电路中的滞回比较器起开关作用，输出为高、低两种电平，通过 R_6、R_7 和 VD_3、VD_4 组成的负反馈支路给电容 C_1 充电。当电容的充电电压达到比较器的阈值 U_{TH1} 时，输出电平发生翻转，电容放电并被反向充电，达到 U_{TH2} 时输出电平再次发生翻转，如此反复形成矩形波输出。调整 R_7 可使 C_1 充电和放电的时间常数不同，实现占空比可调的矩形波输出。

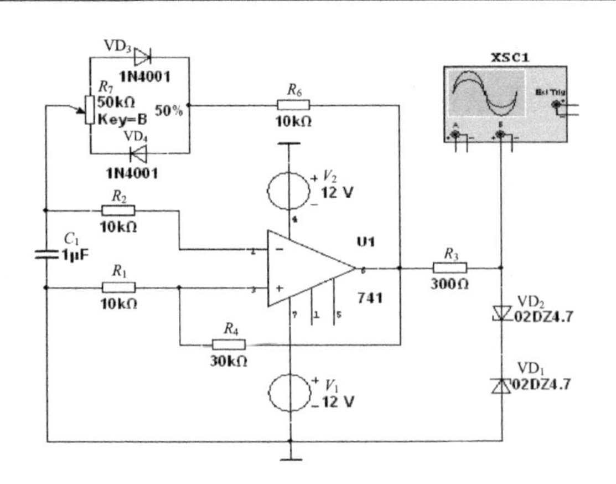

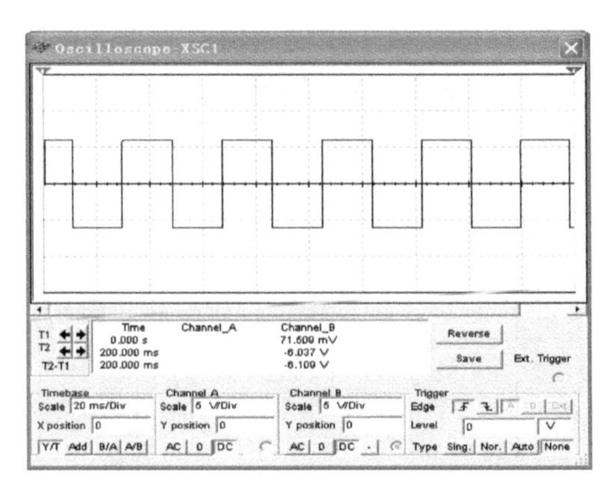

图 8-45　矩形波发生器实验电路

图 8-46　矩形波发生器的输出波形

8.5.4　监测报警系统的仿真实验与分析

在工程实际中，对环境参数实施监测报警十分重要。例如，对火灾等危险情况的监测报警就是生活中必需的。实际的监测报警系统可以由传感器、信号预处理电路和计算机等组成，也可以按图 8-47 所示方式，全部用硬件实现，具体的仿真实验电路如图 8-48 所示，其中的核心部分是电压比较器。

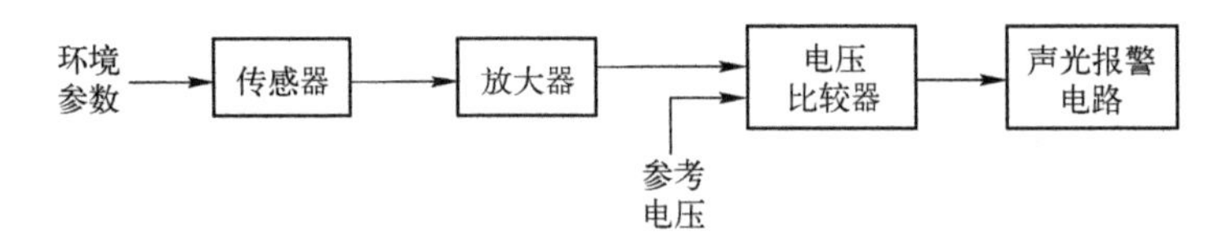

图 8-47　监测报警系统的原理框图

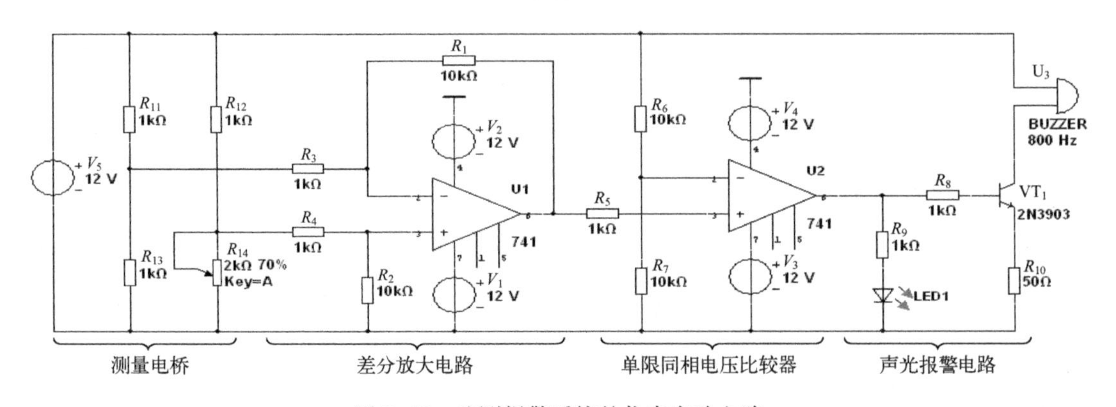

图 8-48　监测报警系统的仿真实验电路

在图 8-48 中，R_{11}、R_{12}、R_{13}和 R_{14}组成的电桥用于仿真传感器。正常情况下调整 R_{14}使电桥平衡，输出为零。而当环境参数突变（如火灾时温度突然升高）时，传感器的输出电压发生了明显变化，即可用按下 A 键改变 R_{14}阻值的方式模拟之。此时，电桥平衡被打破，输出不为零，经第一级差分电路放大后送入第二级单限同相比较器，其参考电压为 R_6 和 R_7 对 12 V 电源的分压。最后，比较器的输出经声光报警电路驱动，使发光二极管发光、蜂鸣器鸣响，产生声光报警信号。

8.6　直流稳压电源的仿真实验与分析

8.6.1　直流稳压电源

直流稳压电源可以由干电池、蓄电池或直流发电机构成，但大部分情况下是采用将工频交流电转换成直流电压的方式构成的。图 8-49 是直流稳压电源组成框图。

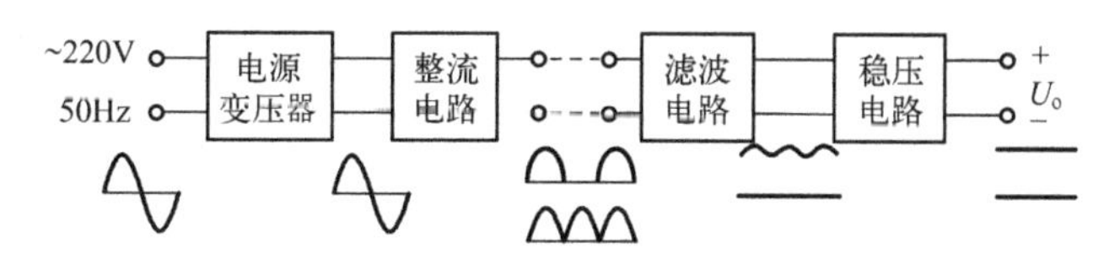

图 8-49　直流稳压电源组成框图

其中，电源变压器将电网提供的工频交流电变换成符合要求的交流电压；整流电路则将交流电压变换为单向脉动电压，通常由具有单向导电性的二极管或晶闸管（可控硅）构成整流电路，目前常用的是桥式整流电路；滤波电路可以减小整流电压的脉动程度，通常由电容或电感构成具有低通特性的滤波电路；稳压电路则进一步减小直流电压的脉动程度，并确保在交流电源电压波动或负载变化时，输出的直流、电压稳定。稳压电路的种类很多，可由稳压管和放大器组成的电路构成，也可直接采用集成的稳压电路。

8.6.2　仿真实验与分析

直流稳压电源实验电路如图 8-50 所示。其中，图 8-50a 中的开关 S_1 直接连接了负载电阻 R_1，电路为只有变压和桥式整流的实验电路；图 8-50b 中的开关 S_1 连接了滤波电容、S_2 连接了负载电阻 R_1，电路为在变压和整流的基础上加上了电容滤波的实验电路；图 8-50c 中的开关 S_2 与集成稳压器 LM7805CT 连接，开关 S_3 闭合将负载连接在稳压电路的输出端，电路包含了变压、整流、滤波和稳压 4 个环节，是完整的直流稳压电源电路。

在图 8-50a 所示的实验电路中，交流电源是 220 V/50 Hz 工频交流电，变压器的变压比是 20∶1，所以，变压器二次电压的有效值如图中交流电压表 U_1 所示为 11.001 V，与理论值 11 V 十分接近。同时，根据理论计算，桥式整流输出的脉动电压的平均值为 $U_o \approx 0.9U$（U 为变压器副边电压的有效值），但图 8-50a 中直流电压表 U_2 显示的整流输出电压的平均值为 8.719 V，与理论计算值 9.9 V 有一定差距。其原因除了理论计算本身就是近似值外，还因为整流桥的二极管是非理想的，当将负载断开减小输出电流对二极管的影响时，可测得整流输出电压的平均值为 9.772 V，与理论计算结果比较接近。另外，由示波器还可测得桥式整流电路输出的单向脉动电压的波形如图 8-51 所示。

在图 8-50b 所示的实验电路中，开关 S_1 接入了滤波电容 C_1，开关 S_2 接入了负载电阻 R_1。此时，根据理论计算，桥式整流电容滤波电路输出电压的平均值为 $U_o \approx 1.2U$（U 仍为变压器副边电压的有效值）。图 8-50b 中直流电压表 U_2 显示的滤波电路输出电压平均值为 13.643 V，与理论计算值 13.2 V 比较接近，其存在误差的主要原因是理论计算本身就是近似值，滤波输出电压的波形与时间常数 C_1 和 R_1 的乘积有关。时间常数越大，输出电压越大，

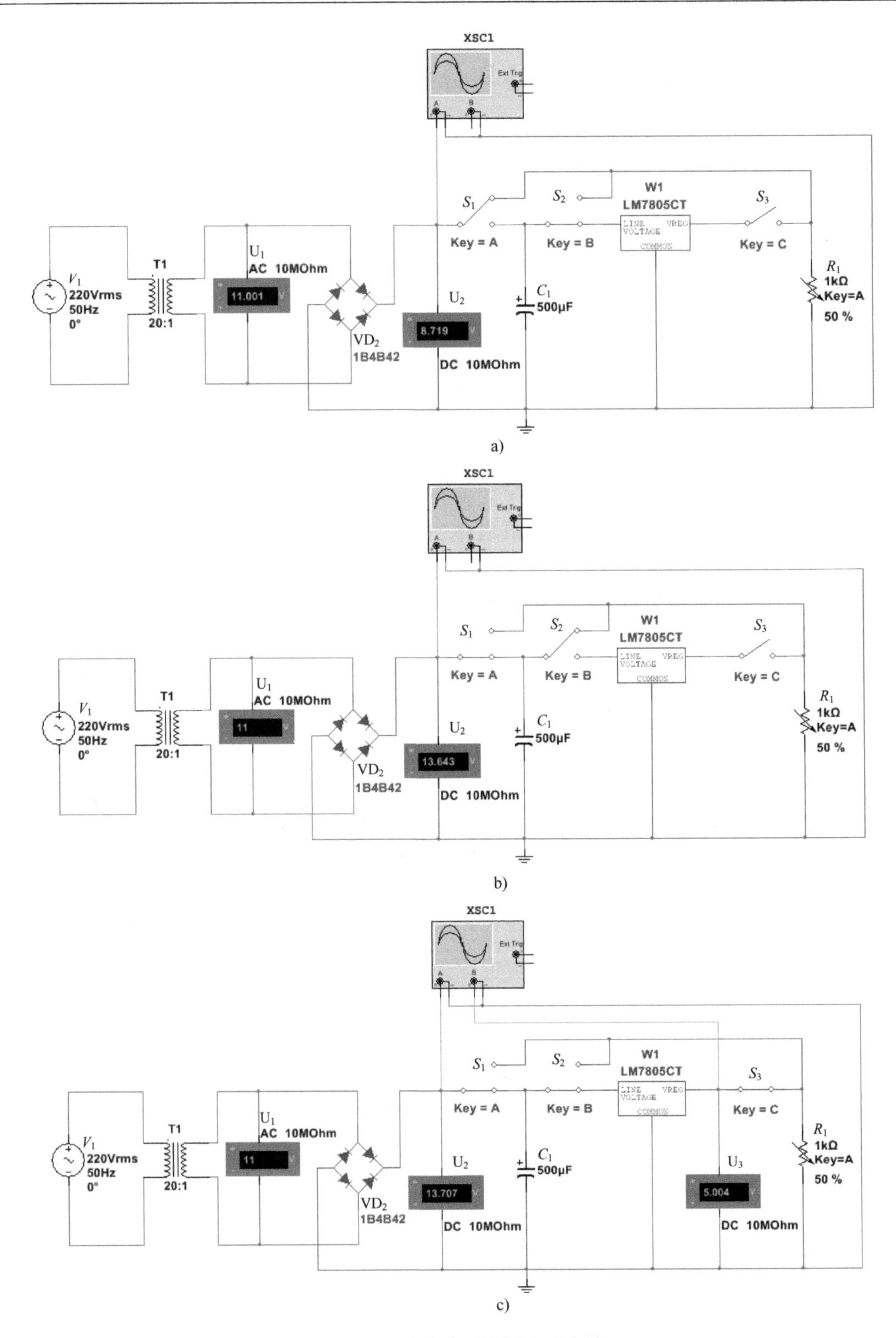

图 8-50 直流稳压电源实验电路

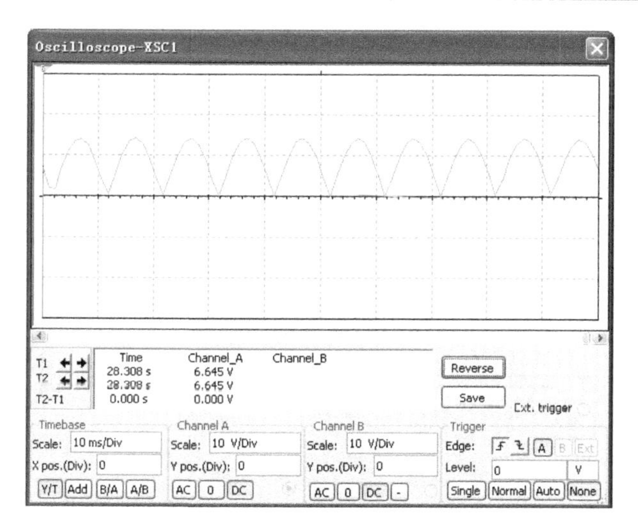

图 8-51　桥式整流输出电压波形

反之则越小。本实验中，若将电阻 R_1 调至最大值的 15%时，输出电压将为 13.179 V。有关电容滤波电路输出电压的波形可由示波器显示。从图 8-52 所示的输出电压波形可见，加入电容滤波后电路的输出电压平滑了很多。

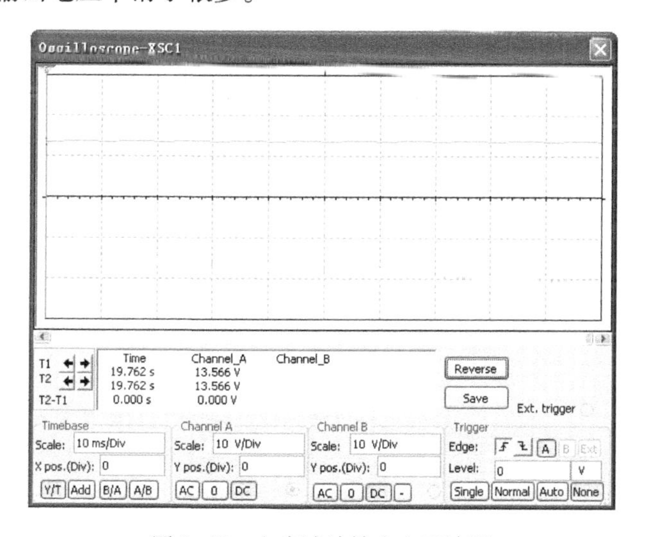

图 8-52　电容滤波输出电压波形

在图 8-50c 所示的实验电路中，开关 S_2 接入了集成稳压器 LM7805CT，开关 S_3 接入了负载电阻 R_1。其中，LM7805CT 为输出+5 V 直流电压的三端集成稳压器，具有体积小、可靠性高、使用灵活、价格低廉等优点，在小功率直流电源中得到了广泛应用。图 8-50c 中直流电压表 U_3 显示稳压电路的输出电压为 5.004 V，比较理想。同时，从图 8-53 所示的稳压电路输入、输出波形看，稳压器的输出特性也较好。图 8-53 中上面的曲线是输入波形，下面的曲线是输出波形。进一步研究可以看到，当输入的交流电源电压在 220 V ±10%的范围内变化时，集成稳压器的输入电压 U_2 为 12.263～15.278 V、输出电压 U_3 为 5.003～5.004 V；而当负载电阻 R_1 的阻值范围在其最大值的 5%～100%之间变化时，集成稳压器的输出电压

U_3 为 5.003~5.004 V。可见，直流稳压电源的稳压性能较好。

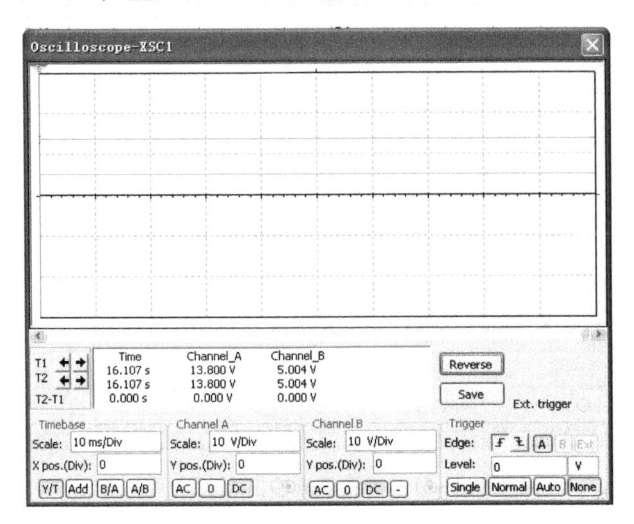

图 8-53　稳压电路的输入、输出电压波形

8.7　本章小结

本章主要介绍了 Multisim 14 在模拟电路仿真和设计中的应用，分别对二极管电路、单管共射放大电路、集成运放负反馈放大电路、*RC* 正弦振荡器、电压比较器、直流稳压电源等常用模拟电路进行了原理介绍和仿真分析。Multisim 14 可满足大多数模拟电路设计和仿真实验需求，尤其是对于一些具有极端电路参数的特殊电路，搭建实际电路进行实验比较困难，Multisim 14 仿真实验可大幅提高电路设计和实验效率并有效降低成本。

第 9 章　Multisim 14 在数字电路中的应用

数字电路主要包括组合逻辑电路、时序逻辑电路等。同时，将数模混合电路也放到本章进行简单介绍。组合逻辑电路比较常见的电路包括译码器电路、编码器电路和数据选择电路等，时序逻辑电路比较常见的电路包括触发器电路、计数器电路等，数模混合电路主要包括模/数和数/模转换电路。通过对上述常用电路的仿真研究，介绍 Multisim 14 在数字电路仿真分析和仿真设计中的应用。

9.1　组合逻辑电路的仿真与分析

组合逻辑电路是数字电路中常用的电路形式。Multisim 14 的元器件库提供了大量组合逻辑器件，分为 TTL 和 CMOS 两种类型，各自存放着常用的与实际元器件型号对应的数字元器件，通过对这些元器件进行仿真分析，可以帮助读者更好地理解和应用实际器件进行电路设计。本节将选取一些常用的数字器件进行仿真分析。

9.1.1　逻辑函数的化简

逻辑函数的化简是数字电路的基础知识，在电路的分析和设计中具有非常重要的作用。逻辑函数的化简方法主要有公式法和卡诺图两种方法，但它们各有利弊。Multisim 提供了一种可以实现逻辑关系不同表示方式之间相互转换的仪器——逻辑转换仪，它可以便捷地将逻辑图直接转换为真值表、将真值表直接转换为逻辑表达式或最简逻辑表达式、将逻辑表达式转换为真值表或逻辑图、将真值表转换为由与非门构成的逻辑图。例如，将下列逻辑表达式化成最简形式：

$$Y(A,B,C,D,E)=A\bar{B}CD\bar{E}+\bar{A}\,\bar{C}\,\bar{D}\,\bar{E}+\bar{A}\,\bar{B}\,\bar{C}D+\bar{A}BD\bar{E}+BCDE+AB\bar{C}DE+AB\,\bar{C}\,\bar{D}\,\bar{E}$$

首先将上述逻辑表达式改写成最小项之和的形式：

$$Y(A,B,C,D,E)=A\bar{B}CD\bar{E}+\bar{A}B\bar{C}\,\bar{D}\,\bar{E}+\bar{A}\,\bar{B}\,\bar{C}\,\bar{D}\,\bar{E}+\bar{A}\,\bar{B}\,\bar{C}DE+\bar{A}\,\bar{B}\,\bar{C}D\bar{E}+\bar{A}BCD\bar{E}+\bar{A}B\bar{C}D\bar{E}+\bar{A}BCDE+ABCDE+AB\bar{C}DE+AB\bar{C}\,\bar{D}\,\bar{E}$$

根据最小项之和的形式，在逻辑分析仪中列写真值表，操作如下：用鼠标将逻辑转换仪拖入电路编辑窗口，并双击打开其操作窗口，如图 9-1 所示；单击 A~H 8 个变量上方与之相对应的小圆圈可选中该变量，变量的值自动出现在其下方，单击最右侧的“?”，可列出变量不同取值的组合所对应的函数值。根据上述逻辑表达式的最小项之和的形式，列写出真值表，如图 9-2 所示；单击 [$\overline{1}0\overline{1}$ SIMP AB] 按钮，对话框最下栏出现的即为最简表达式，如图 9-2 所示。

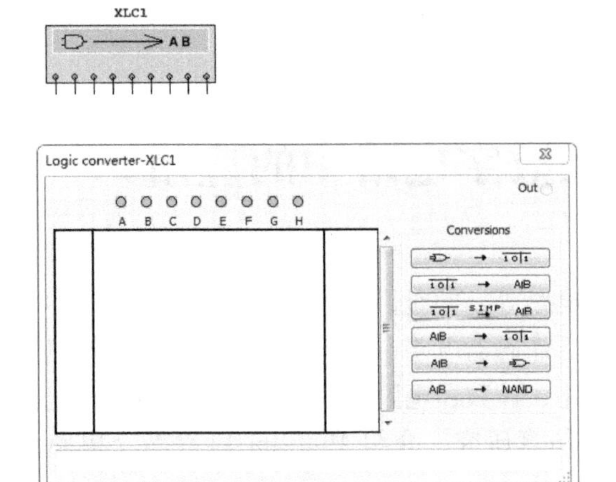

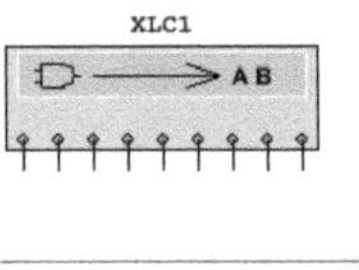

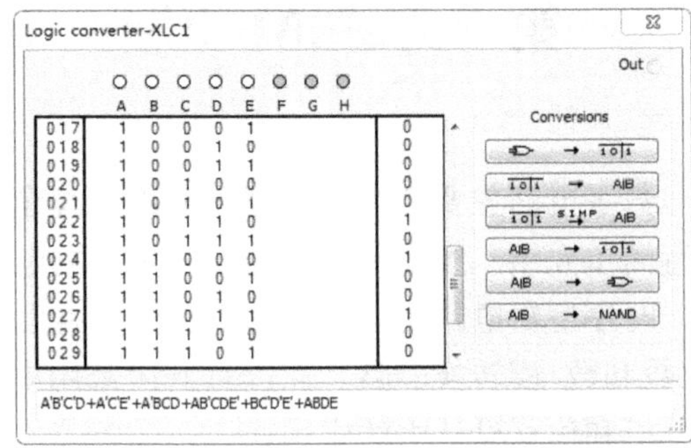

图 9-1　逻辑转换仪　　　　图 9-2　用逻辑转换仪化简逻辑函数

注意：单击右侧“?”按钮时，单击一次变为 0，单击两次变为 1，单击三次变为 x，即无关项，再单击重复变化。

9.1.2　组合逻辑电路的分析

组合逻辑电路的分析，就是根据已知电路找出其逻辑功能。通常的做法是：从电路的输入到输出逐级写出各级门电路的逻辑表达式，最后得到输出与输入关系的逻辑表达式，并化成最简形式、列写真值表，根据真值表就可以分析得出电路的逻辑功能了。而应用 Multisim 14 中的逻辑转换仪可以直接由逻辑图得到真值表。例如，分析图 9-3 所示电路的逻辑功能。

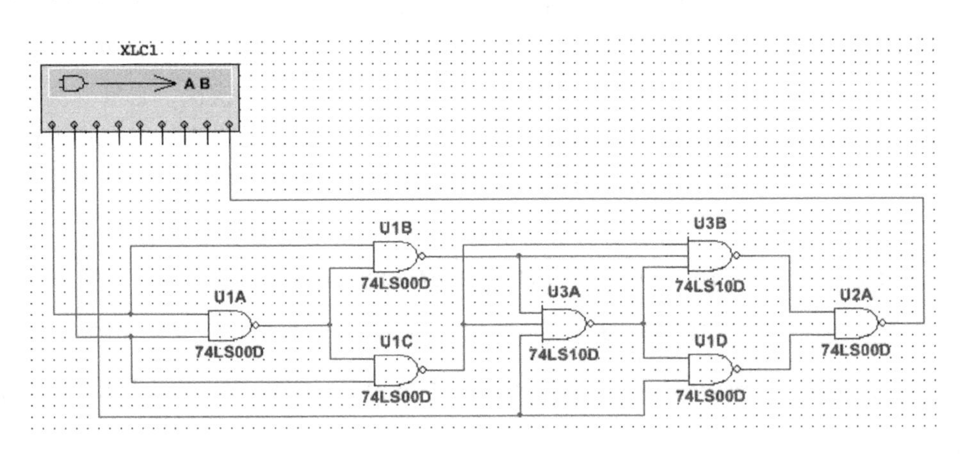

图 9-3　逻辑电路

用鼠标将逻辑转换仪拖入电路编辑窗口，将“a”“b”“c”三端分别接电路的 A、B、C，最右端的接线端子接电路的输出，如图 9-3 所示。双击逻辑转换仪打开其操作窗口，单击按钮，可直接得到真值表，如图 9-4 所示。通过真值表可以分析得出该电路的功能为输入偶数个“1”时输出为 1，输入奇数个 1 时输出为 0，即奇偶校验电路。

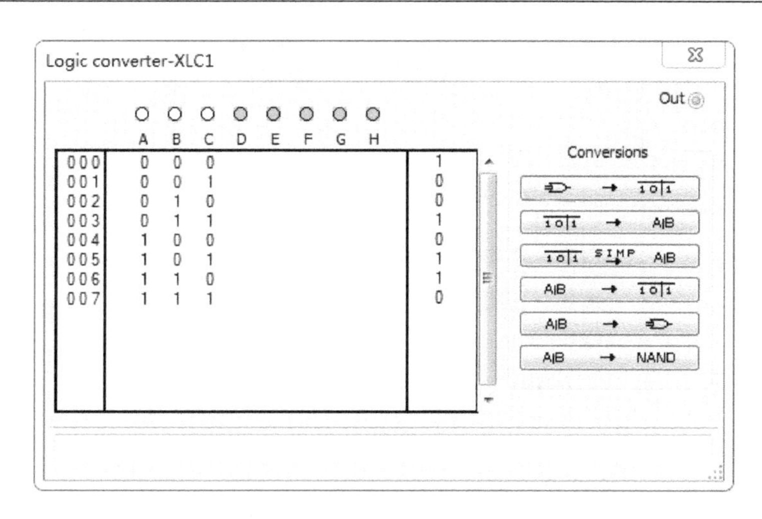

图 9-4　用逻辑转换器分析组合逻辑电路

9.1.3　编码器

编码器的功能是把输入的高低电平信号编成一个对应的二进制代码输出。目前，在数字电路设计中经常使用的编码器有普通编码器和优先编码器两类。

现以优先编码器为例，并以常用的集成电路 74LS148N 进行编码器电路的仿真分析。74LS148N 的逻辑符号、逻辑功能表及引脚对应关系如图 9-5 所示。

U1

74LS148N

INPUTS									OUTPUTS				
FI	0	1	2	3	4	5	6	7	A2	A1	A0	GS	EO
1	X	X	X	X	X	X	X	X	1	1	1	1	1
0	1	1	1	1	1	1	1	1	1	1	1	1	0
0	X	X	X	X	X	X	X	0	0	0	0	0	1
0	X	X	X	X	X	X	0	1	0	0	1	0	1
0	X	X	X	X	X	0	1	1	0	1	0	0	1
0	X	X	X	X	0	1	1	1	0	1	1	0	1
0	X	X	X	0	1	1	1	1	1	0	0	0	1
0	X	X	0	1	1	1	1	1	1	0	1	0	1
0	X	0	1	1	1	1	1	1	1	1	0	0	1
0	0	1	1	1	1	1	1	1	1	1	1	0	1

图 9-5　74LS148N 的逻辑符号、逻辑功能表及引脚对应关系

为了仿真验证 74LS148N 的逻辑功能，构建了一个仿真实验电路，如图 9-6 所示。其中数据输入端为 D0～D7，用“地”和“V_{CC}”分别表示状态“0”和状态“1”。编码输出端接 3 个发光二极管 LED1、LED2、LED3，分别指示输出状态，当输出为“1”时，发光二极管点亮，当输出为“0”时，发光二极管熄灭。在本实验中，将数据输入端 D6 接“地”，即输入“0”，其余数据输入端接“V_{CC}”，即输入“1”，根据编码规则，输入端 D6 为有效编码输入，仿真后二极管状态如图 9-6 所示，“A2A1A0”为“001”，仿真结果与图 9-5 所示功能逻辑一致。

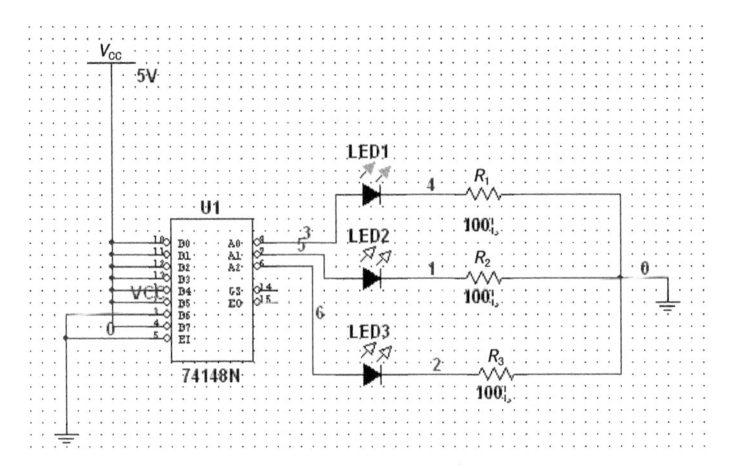

图 9-6 仿真实验电路

9.1.4 译码器

译码器的逻辑功能是将输入的二进制代码译成对应的高低电平信号输出，译码是编码的反操作，常用的译码器电路有二进制译码器、二-十进制译码器和显示译码器 3 类，本节选用常用的二-十进制译码器 74LS42N 进行仿真分析，其逻辑符号、逻辑功能表及引脚对应关系如图 9-7 所示。

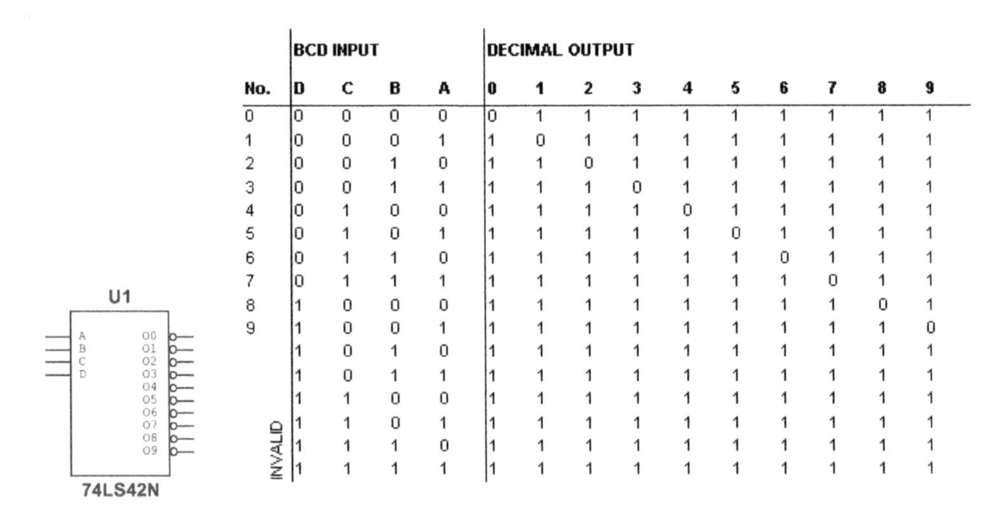

	BCD INPUT				DECIMAL OUTPUT									
No.	D	C	B	A	0	1	2	3	4	5	6	7	8	9
0	0	0	0	0	0	1	1	1	1	1	1	1	1	1
1	0	0	0	1	1	0	1	1	1	1	1	1	1	1
2	0	0	1	0	1	1	0	1	1	1	1	1	1	1
3	0	0	1	1	1	1	1	0	1	1	1	1	1	1
4	0	1	0	0	1	1	1	1	0	1	1	1	1	1
5	0	1	0	1	1	1	1	1	1	0	1	1	1	1
6	0	1	1	0	1	1	1	1	1	1	0	1	1	1
7	0	1	1	1	1	1	1	1	1	1	1	0	1	1
8	1	0	0	0	1	1	1	1	1	1	1	1	0	1
9	1	0	0	1	1	1	1	1	1	1	1	1	1	0
INVALID	1	0	1	0	1	1	1	1	1	1	1	1	1	1
	1	0	1	1	1	1	1	1	1	1	1	1	1	1
	1	1	0	0	1	1	1	1	1	1	1	1	1	1
	1	1	0	1	1	1	1	1	1	1	1	1	1	1
	1	1	1	0	1	1	1	1	1	1	1	1	1	1
	1	1	1	1	1	1	1	1	1	1	1	1	1	1

图 9-7 74LS42N 逻辑符号、逻辑功能表及引脚对应关系

为了仿真验证 74LS42N 的逻辑功能，构建了一个仿真实验电路，如图 9-8 所示。

二-十进制译码器的状态较多，为全面验证其逻辑功能，本实验用字信号发生器输出作为译码器电路输入，并用 8 个发光二极管来显示输出的状态。打开字信号发生器面板，按照图 9-7 所示 74LS42N 功能表输入信号逻辑，编辑字信号发生器的输出信号逻辑。信号发生器面板如图 9-9 所示。单击“Set”按钮，打开“Settings”（设置）对话框，如图 9-10 所示。设置信号流类型为“Up Counter”，信号流大小“Buffer Size”为 10。

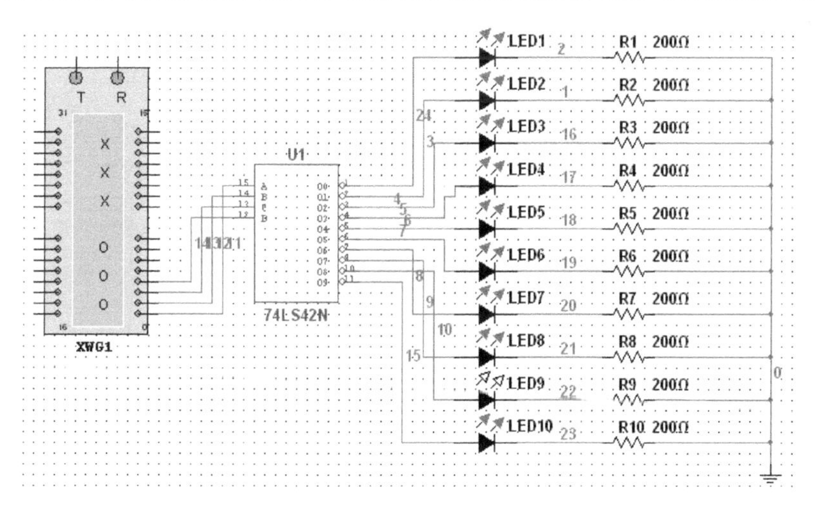

图 9-8　译码器电路

设置完毕后，进行仿真，由于 74LS42N 输出为低电平有效，所以可观察到 8 个发光二极管依次熄灭。

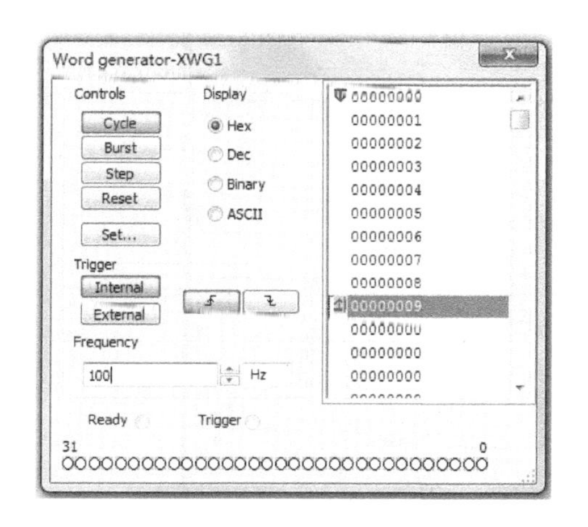

图 9-9　信号发生器面板

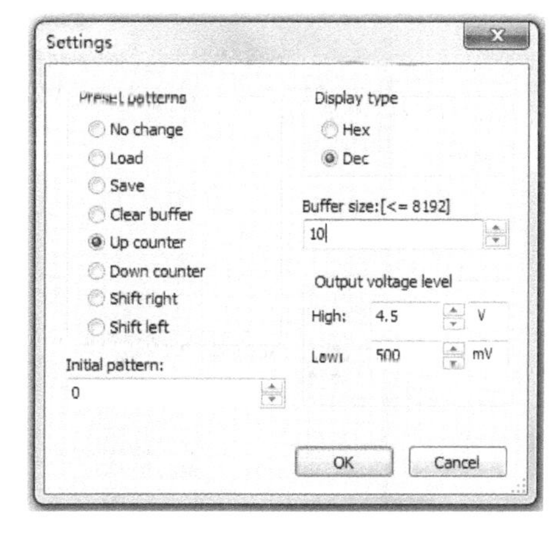

图 9-10　信号产生方式设置

9.1.5　数据选择器

在数字逻辑设计中，有时需要从一组输入数据中选出某一数据，选择哪个数据要通过数据选择端来进行控制，这种控制芯片就是数据选择器。

数据选择集成电路 74151N 的逻辑功能如图 9-11 所示。

为了对数据选择器进行仿真分析，构建如图 9-12 所示的电路。输入信号采用两路不同频率和脉宽的方波信号，分别接 D0 和 D1，数据选择端 B、C 接“地”，A 接“V_{CC}”，输入选择信号“CBA”即为“001”，选择器输出端为 D1 信号输出，用虚拟示波器的 A 端接 V_1 信号源信号，用示波器 B 端接数据选择器输出端。开始仿真后，打开虚拟示波器，两个通道的输出波形如图 9-13 所示，示波器上方的波形为数据选择器输出端波形。下方为 V_1 信号源波形。从波形上可以看到，V_2 信号源输出信号被数据选择器选择输出。

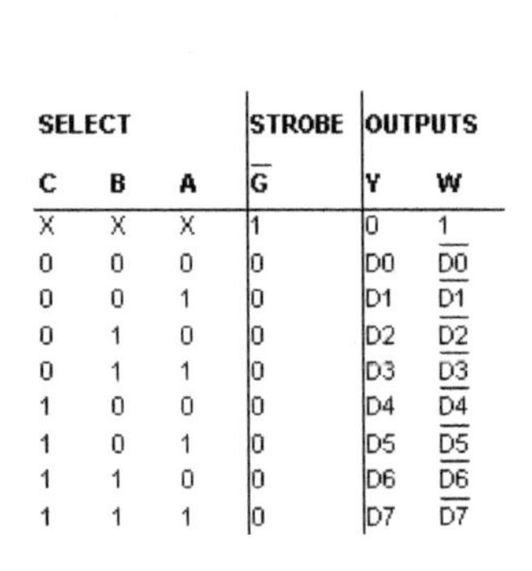

SELECT			STROBE	OUTPUTS	
C	B	A	$\overline{G}$	Y	W
X	X	X	1	0	1
0	0	0	0	D0	$\overline{D0}$
0	0	1	0	D1	$\overline{D1}$
0	1	0	0	D2	$\overline{D2}$
0	1	1	0	D3	$\overline{D3}$
1	0	0	0	D4	$\overline{D4}$
1	0	1	0	D5	$\overline{D5}$
1	1	0	0	D6	$\overline{D6}$
1	1	1	0	D7	$\overline{D7}$

图 9-11　74151N 的逻辑功能

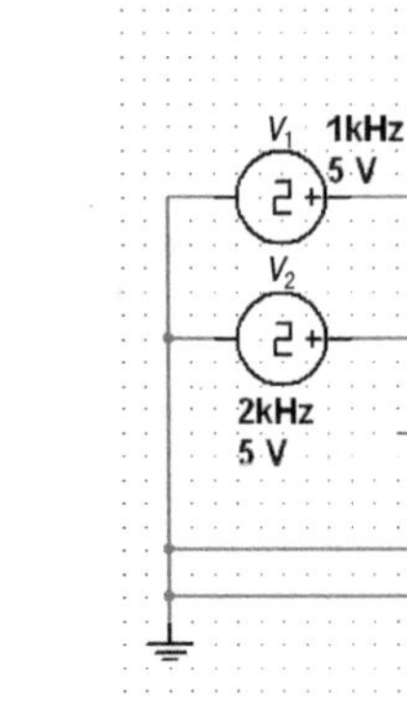

图 9-12　数据选择电路

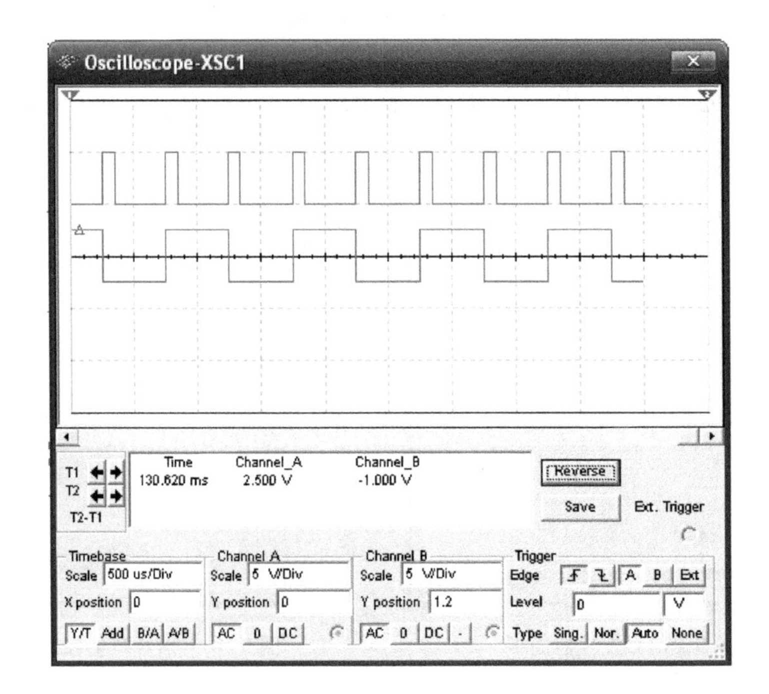

图 9-13　通道输出波形

9.1.6　数值比较器

数值比较器可以比较两个数字量的大小，并将比较的结果以高低电平的形式输出。74LS85N 是常用的 4 位数值比较器，其逻辑符号和引脚图如图 9-14 所示。应用 74LS85N 构建数值比较器的仿真电路如图 9-15 所示。两个待比较的数字量分别为 A3A2A1A0＝0111，B3B2B1B0＝1000，3 个输出端分别接 3 个发光二极管，用发光二极管的亮灭检测 74LS85N 的 3 个输出分别是什么信号，以此判断两个数字量的大小。

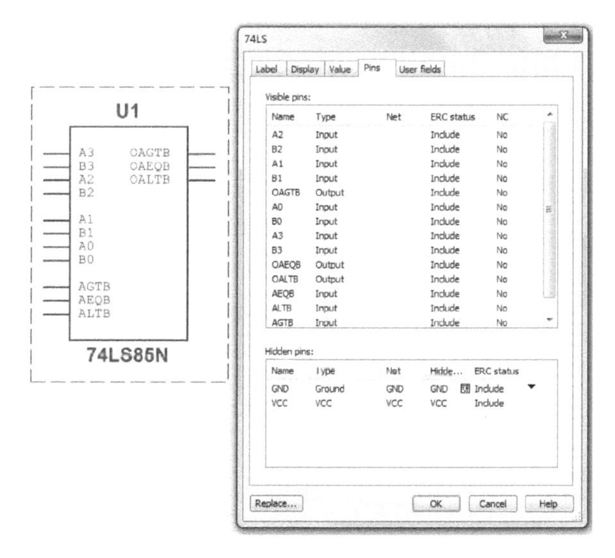

图 9-14　74LS85N 数值比较器

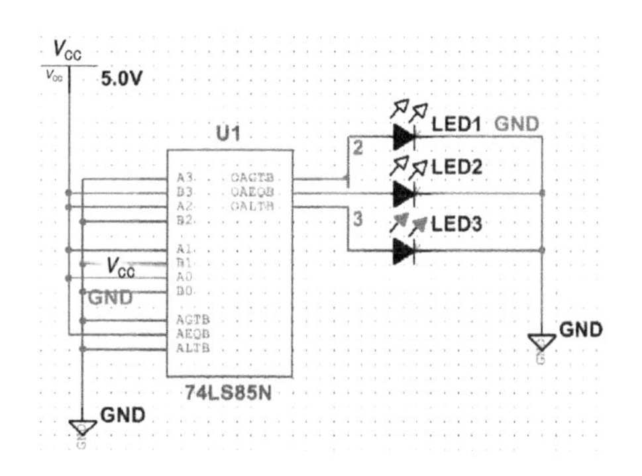

图 9-15　比较两个数字量大小的电路

9.1.7　加法器

在数字电路中，两个二进制数的加、减、乘、除运算都是由加法运算操作来完成的，因此加法运算是数字电路中实现算术运算的基本单元。74LS283N 是常用的 4 位加法器，其逻辑符号和引脚属性如图 9-16 所示。应用 74LS283N 构建加法器的仿真电路如图 9-17 所示。两个待相加的数字量分别为 A3A2A1A0=1011，B3B2B1B0=0011，4 个输出端分别接 4 个发光二极管，用发光二极管的亮灭指示二者相加之和，灯亮表示输出为“1”，灯灭表示输出为“0”。

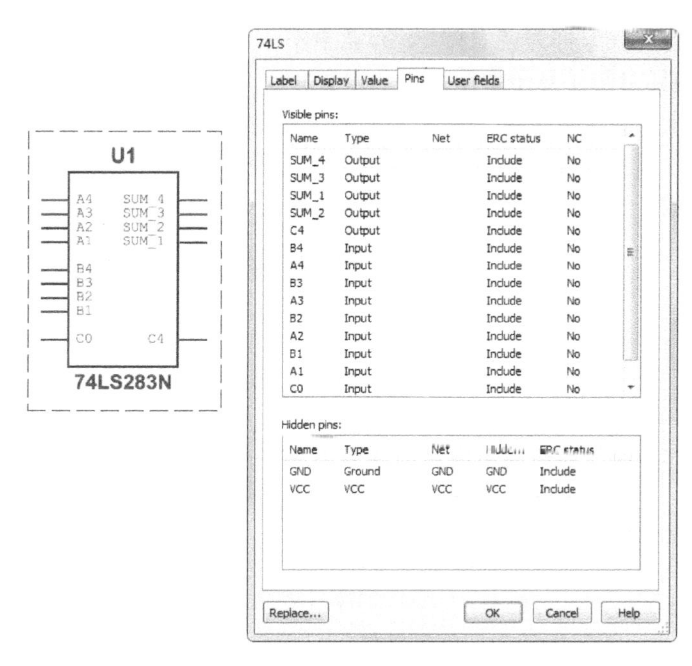

图 9-16　74LS283N 的逻辑符号及引脚属性

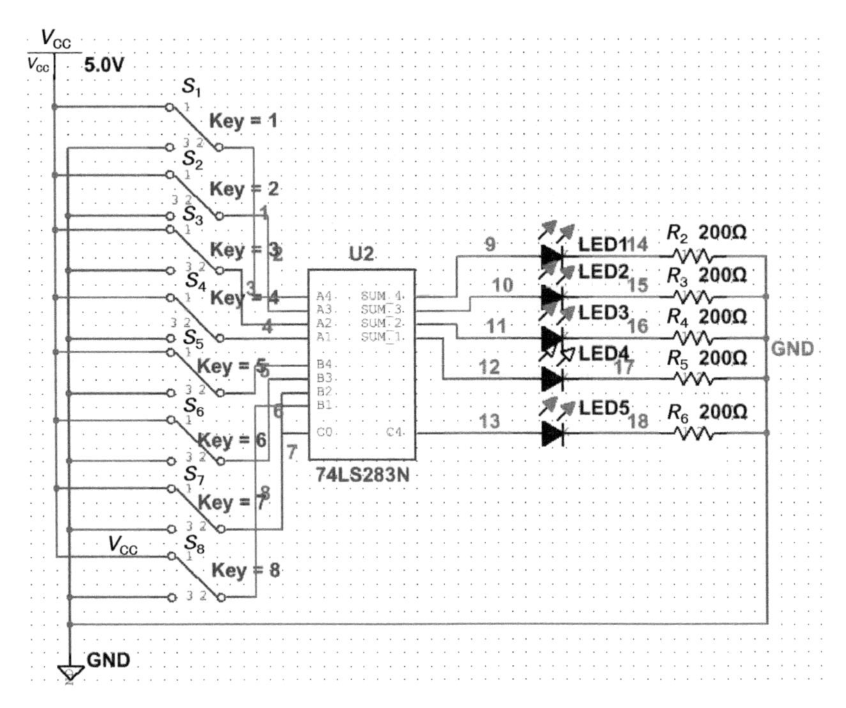

图 9-17　两个数字量的加法电路

9.1.8　竞争冒险

在由门电路构成的组合逻辑电路中，当两个输入信号同时发生变化时，由于二者经过的路径不同，且门电路存在延迟时间，使得传输信号逻辑电平的变化快慢出现差异，我们将门电路两个输入信号同时向相反的逻辑电平跳变的现象称为“竞争”。如果竞争的结果使输出出现错误信号，则这种现象称为“冒险”。有竞争不一定会有冒险，但有冒险一定存在着竞争。图 9-18 所示电路分析了竞争冒险现象。电路中或门的两个输入信号同时向相反的方向跳变，因此，理论上来说，或门的输出信号始终为高电平，但用示波器观察到的结果并非如此，而是在输入信号发生变化的瞬间，输出端会产生极窄的负脉冲，如图 9-19 所示。该现象即为竞争冒险现象。

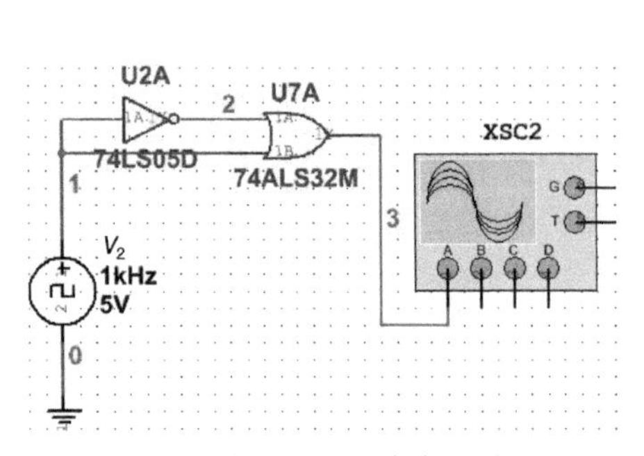

图 9-18　或门电路的竞争冒险现象

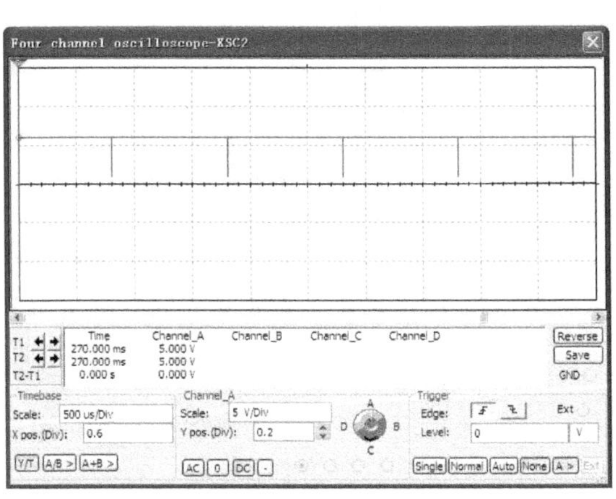

图 9-19　输出波形

9.2 时序逻辑电路的仿真与分析

组合逻辑电路中，任一时刻的输出信号仅取决于当时的输入信号，但是还有一类电路，任一时刻的输出信号不仅取决于当时的输入信号，而且还取决于电路原来的状态，这类电路就是时序逻辑电路。本节将对基本的时序逻辑器件或电路进行仿真分析，包括基本触发器、基本计数器和 555 集成定时电路。

9.2.1 基本触发器

由于输出与电路的原状态有关，因此在时序逻辑电路中必须含有具备记忆功能的器件，这个器件就是触发器。触发器是时序逻辑电路最基本的存储器件。1 个触发器可以存储 1 位二进制信号。根据电路结构的不同，可以将触发器分为基本 RS 触发器、同步 RS 触发器、主从触发器等，这些触发器在工作中状态变化不同。下面以 D 触发器为例，进行仿真分析。

D 触发器选用 74LS175 进行仿真分析，其逻辑功能如图 9-20 所示。根据 D 触发器的功能，设计如图 9-21 所示实验电路。首先通过单刀双掷开关将“CLEAR”端置为“1”，触发器在时钟“CLK”的作用下，将输入“D”的状态由“Q”端输出。注意，输出信号始终在时钟“CLK”的上升沿进行翻转，示波器测试波形如图 9-22 所示；然后通过单刀双掷开关将“CLEAR”端置为“0”。根据 74LS175 的逻辑功能图可知，其输出始终为“0”，示波器测试波形如图 9-23 所示。

INPUTS			OUTPUTS	
CLEAR	CLOCK	O	O	$\bar{Q}_1$
L	X	X	L	H
H	↑	H	H	L
H	↑	L	J	H
H	L	X	Q_0	$\bar{Q}_0$

图 9-20 74LS175 逻辑功能

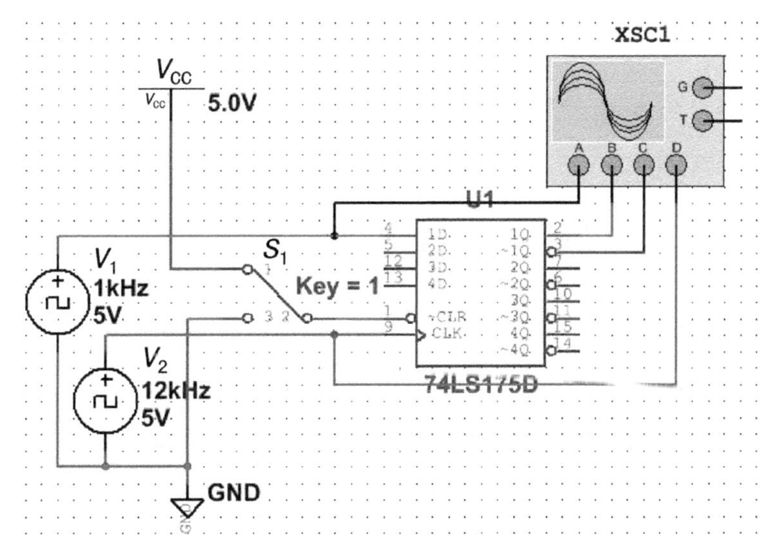

图 9-21 74LS175 实验电路

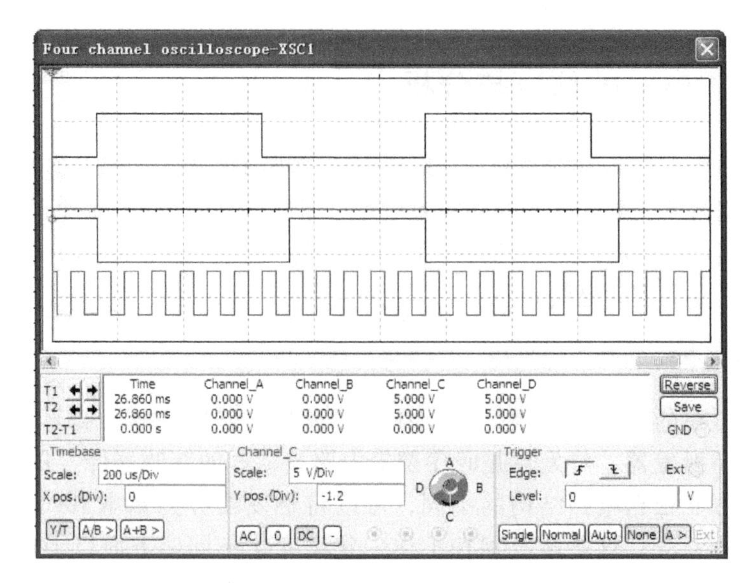

图 9-22　CLEAR 端置“1”时示波器测试波形图

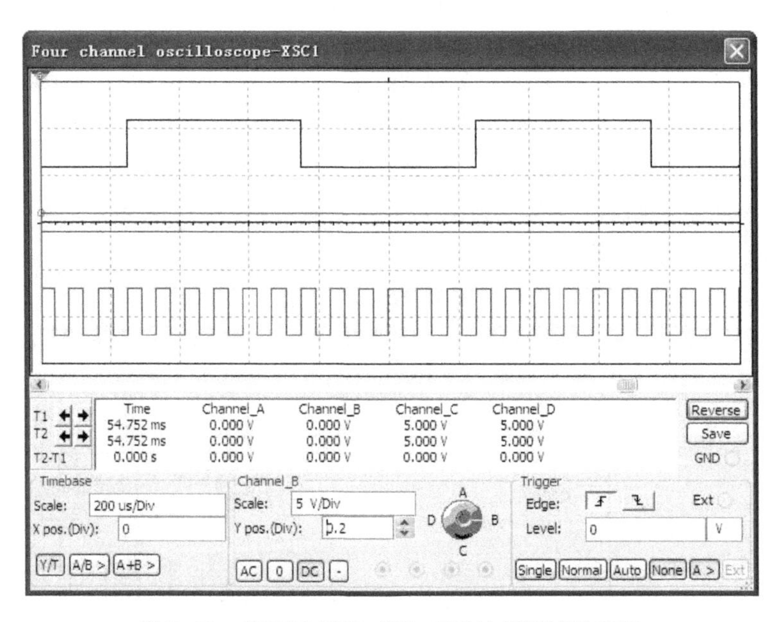

图 9-23　CLEAR 端置“0”时示波器测试波形图

9.2.2　移位寄存器

移位寄存器除了具有存储功能外，还具有移位功能，可以实现数据的串行-并行转换等。下面以 74LS194 仿真双向移位寄存器的使用方法和功能。74LS194 逻辑功能如图 9-24 所示，实验电路如图 9-25 所示。将“CLEAR”接电源，令 $S_1S_0=10$，寄存器处于“左移”工作状态，数据由“SL”端输入，在手动移位脉冲“CLOCK”的作用下，将“1011”依次输入，并用灯的亮灭显示输出结果，输出为“1”时灯亮，反之灯灭，输出结果如图 9-25 所示。

INPUTS				OUTPUTS
CLOCK	CLEAR	S_1	S_0	工作状态
X	0	X	X	置零
↑	1	0	0	保持
↑	1	0	1	右移
↑	1	1	0	左移
↑	1	1	1	并行输入

图 9-24　74LS194 逻辑功能

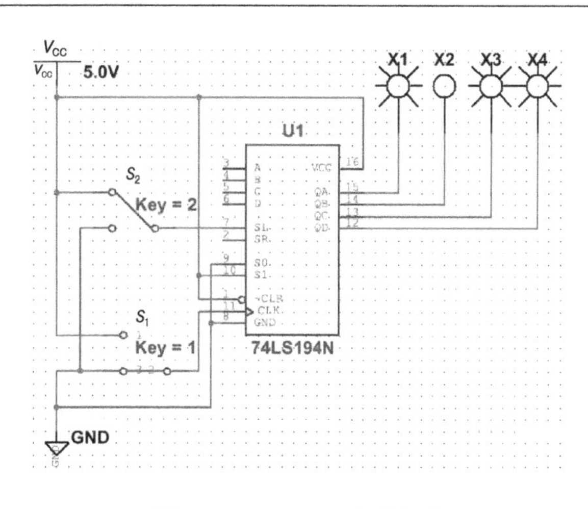

图 9-25　74LS194 实验电路

9.2.3　基本计数器

在数字电路中使用最多的时序电路就是计数器电路。计数器不仅可以用于计数，而且还可以用于定时、分频、产生脉冲以及进行数字运算等。计数器的种类及分类方式很多，如按照计数器中的触发器是否同时翻转分类，可分为同步计数器和异步计数器，本节将以同步计数器 74LS161 为例进行计数器的仿真分析。

同步计数器 74LS161 逻辑功能如图 9-26 所示，以 74LS161 为核心构建十六进制的计数器电路如图 9-27 所示。

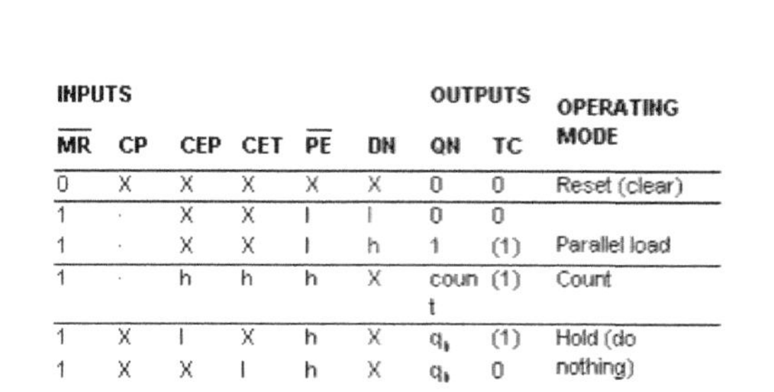

INPUTS						OUTPUTS		OPERATING MODE
$\overline{MR}$	CP	CEP	CET	$\overline{PE}$	DN	QN	TC	
0	X	X	X	X	X	0	0	Reset (clear)
1	·	X	X	l	l	0	0	
1	·	X	X	l	h	1	(1)	Parallel load
1	·	h	h	h	X	count	(1)	Count
1	X	l	X	h	X	q_n	(1)	Hold (do nothing)
1	X	X	l	h	X	q_n	0	

图 9-26　74LS161 逻辑功能

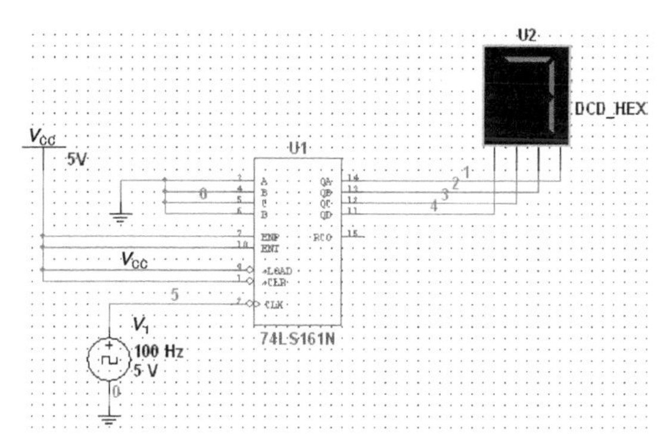

图 9-27　十六进制的计数器电路

在如图 9-27 所示的实验电路中，电路处于计数工作模式，计数器反复由“0000”至“1111”计数。实际上，该计数器还可以设置为置数工作模式，按照图 9-28 所示方式连接电路，该计数器处于置数工作模式。在“LOAD”置数控制端增加一个按钮，按钮不按下时，置数控制端输入为高电平，74LS161 按正常方式计数；当按下按钮后，置数控制端输入为低电平，置数有效，计数器输出被置为置数输入端设定的值，在图 9-28 中，置数输入端为“1000”，置数后，计数器从置数处继续计数。

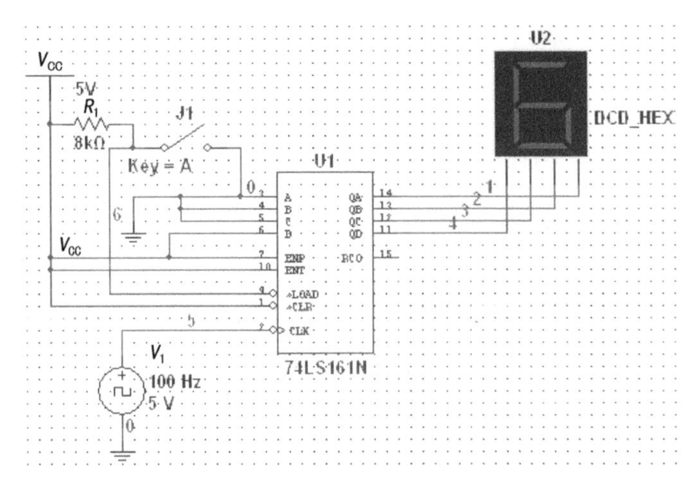

图 9-28 置数工作方式电路图

9.2.4 555 定时器仿真与分析

555 定时器是一种常用的数字-模拟混合集成电路，利用它可以很方便地构建施密特触发器、单稳态触发器和多谐振荡器。所以，555 定时器在各种电子产品中得到广泛应用。

在 Multisim 14 中有专门针对 555 定时器设计的向导，通过向导可以很方便地构建 555 定时器应用电路。单击菜单命令“Tools”→“Circuit Wizards”→“555 Timer Wizard”，即可启动定时器使用向导，如图 9-29 所示。“Type”下拉列表框中的选项列表可以设定 555 定时电路的两种工作方式：无稳态（Astable Operation）工作方式和单稳态工作方式（Monostable Operation）。

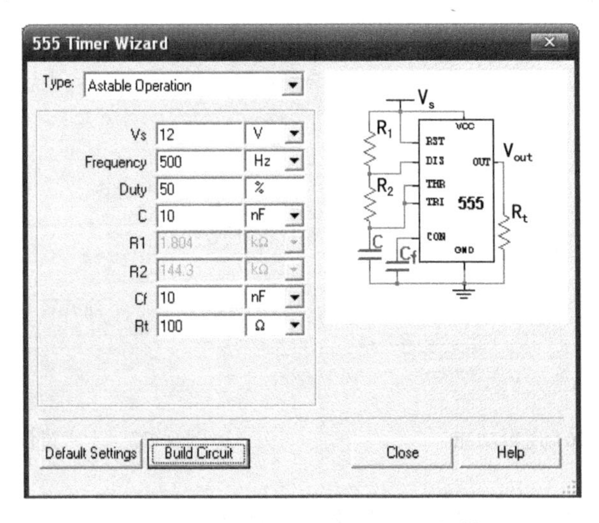

图 9-29 “555 Timer Wizard”对话框

1. 555 定时电路的无稳态工作方式的仿真分析

如图 9-29 所示，当工作方式选中 Astable Operation 时，其参数设置项内容分别如下：

- Vs：工作电压。
- Frequency：工作频率。

- Duty：占空比。
- C：电容大小。
- Cf：反馈电容大小。
- R1、R2、Rt：电阻，其中 R1、R2 不可更改。

将 555 定时电路的输出信号频率设为 500 Hz，占空比设为 50%，定时电路工作电压设为 12 V。将各项参数设置完毕后，单击“Build Circuit”按钮，即可生成无稳态定时电路，如图 9-30 所示。

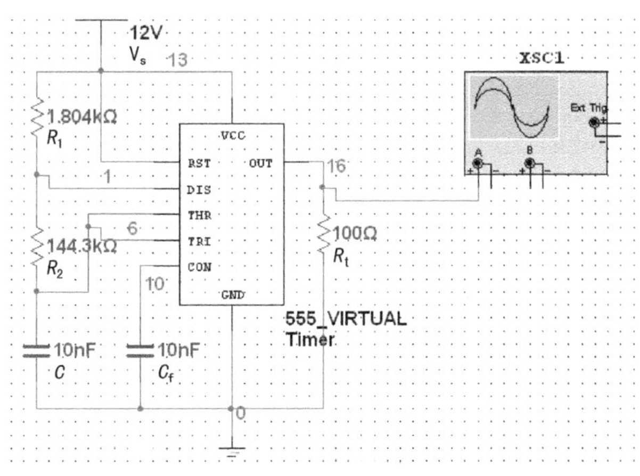

图 9-30　无稳态工作方式

电路无须任何输入信号即可在输出得到一定频率和大小的脉冲信号，输出信号波形如图 9-31 所示。

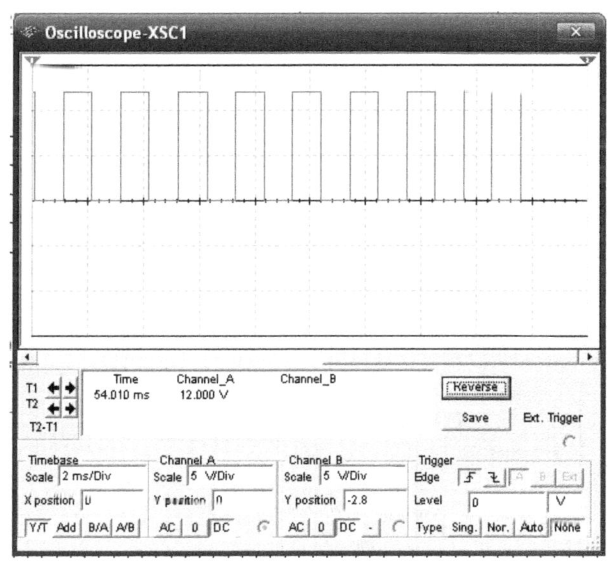

图 9-31　输出信号波形

2. 555 定时电路单稳态工作方式的仿真分析

如图 9-32 所示，当选择单稳态工作方式时，其参数设置栏的各项内容如下：

- Vs：电压源。

- Vini：输入信号高电平电压。
- Vpulse：输入信号低电平电压。
- Frequency：工作频率。
- Input Pulse Width：输入脉冲宽度。
- Output Pulse Width：输出脉冲宽度。
- C：电容大小。
- Cf：反馈电容大小。
- R1，R：电阻器值，其中电阻值 R 不可更改。

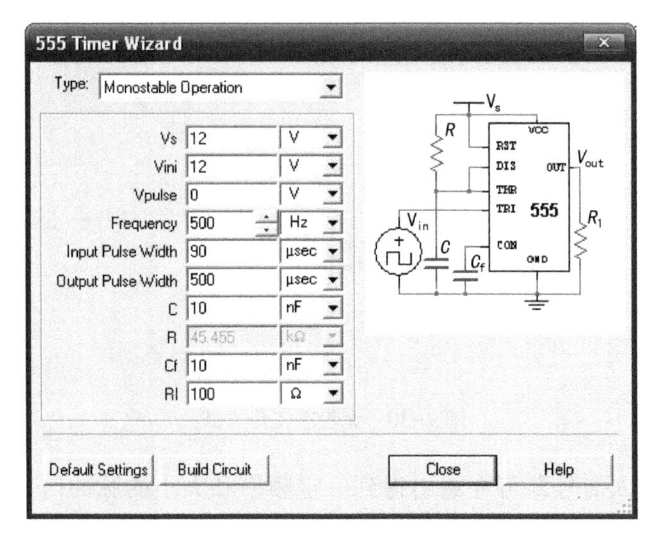

图 9-32　单稳态工作方式设置

将 555 定时电路的输出信号频率设为 500 Hz，定时电路工作电压设为 12 V，其他设定如图 9-32 所示。将各项参数设置完毕后，单击"Build Circuit"按钮，即可生成单稳态定时电路，如图 9-33 所示。其中，触发信号由脉冲信号源提供，每当信号源向 555 芯片提供一个负脉冲都会触发电路，使其输出一定宽度的脉冲信号，且输出脉冲持续一定的时间后自行消失。

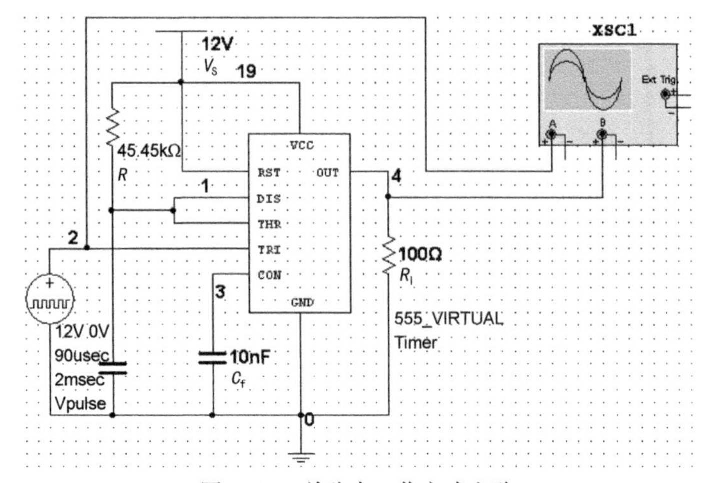

图 9-33　单稳态工作方式电路

单稳态工作方式电路输入/输出波形如图 9-34 所示。

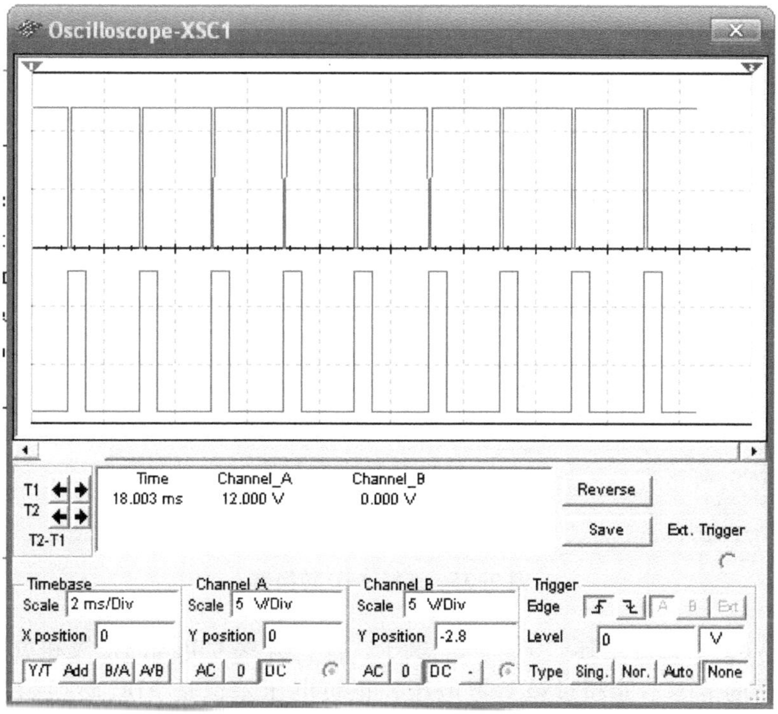

图 9-34　单稳态工作方式电路输入/输出波形

9.3　A-D 与 D-A 转换电路的分析与设计

近几十年来，数字电子技术特别是计算机技术得到了飞速发展，在信号处理、自动控制等领域得到广泛应用。对信号的处理和分析往往应用数字电路或计算机进行处理，在处理之前，一般先将模拟信号转化为数字信号，数字电路或计算机对数字信号处理完毕后，往往还要把数字信号再转化为模拟信号，作为电路的输出。把模拟信号转换成数字信号的过程称为模-数转换，简称 A-D（Analog to Digital），把数字信号转换成模拟信号的过程称为数-模转换，简称 D-A（Digital to Analog）。实现 A-D 转换的电路一般由 A-D 转换器（Analog to Digital Converter，ADC）完成；实现 D-A 转换的电路一般由 D-A 转换器（Digital to Analog Converter，DAC）完成。

目前，许多芯片公司都推出了单芯片的 DAC 或 ADC，也有许多 MCU 上集成了 DAC 或 ADC。随着集成电路技术的发展，其转换精度和转换速度等技术指标也越来越高。

9.3.1　A-D 转换电路的仿真分析

为验证 A-D 转换器的功能，可以在 Multisim 14 元器件库中的 Mixed 组中选择 A-D 转换器（ADC），如图 9-35 所示，以 ADC 为例构建一个仿真电路。

ADC 的主要功能是将输入的模拟信号转换成数字信号输出，其输入/输出说明如下。

- Vin：模拟电压信号的输入端子。

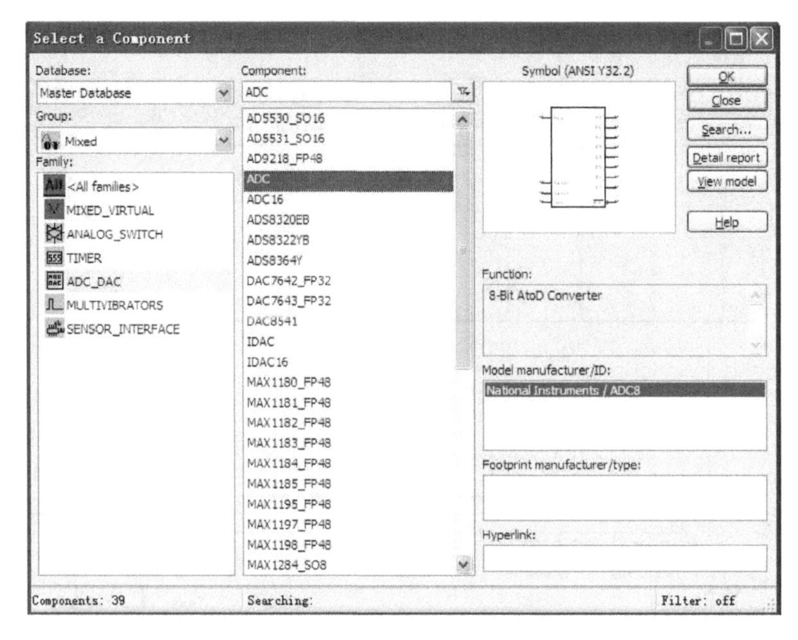

图 9-35　选择 A-D 转换器

- Vref+，Vref-：参考电压“+”“-”端子，接直流参考电源的正极和负极，ADC 输入模拟信号的范围不能超过该参考电压，正负电压差也是 ADC 转换精度的决定因素之一。
- SOC：转换启动信号端，该端口电平从低电平变成高电平时，转换开始。
- EOC：转换结束标志位输出端，高电平表示转换结束。

基于 ADC 的 A-D 转换器仿真电路如图 9-36 所示，在电路中采用滑动变阻器 R_1 构成一个分压电路，将滑动端接至 ADC 的模拟信号输入端，通过改变滑动变阻器的大小，即可改变输入模拟信号的大小，ADC 输出的高 4 位和低 4 位分别接 1 个数码管，显示输入模拟信号的转换结果。信号源输出方波信号，接 ADC 的“SOC”端，当信号源输出高电平时，ADC 启动转换，转换结束后，“EOC”输出低电平，通过示波器观测二者的波形可知，数据转换约需要 1 μs。A-D 转换启动信号与结束信号波形如图 9-37 所示。

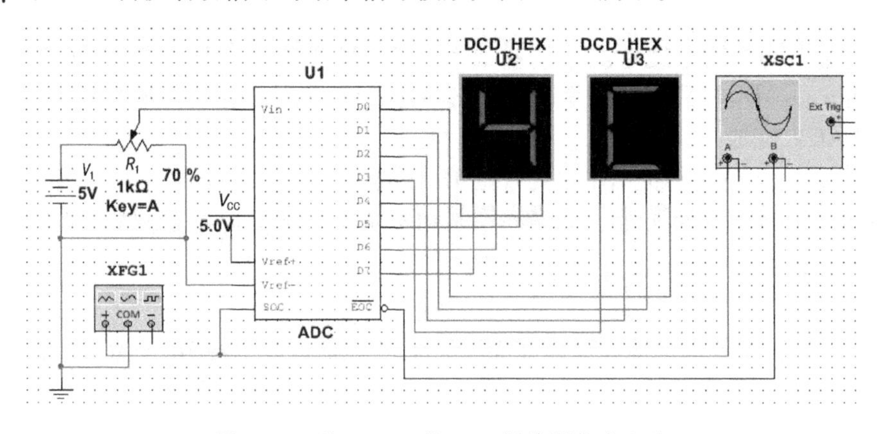

图 9-36　基于 ADC 的 A-D 转换器仿真电路

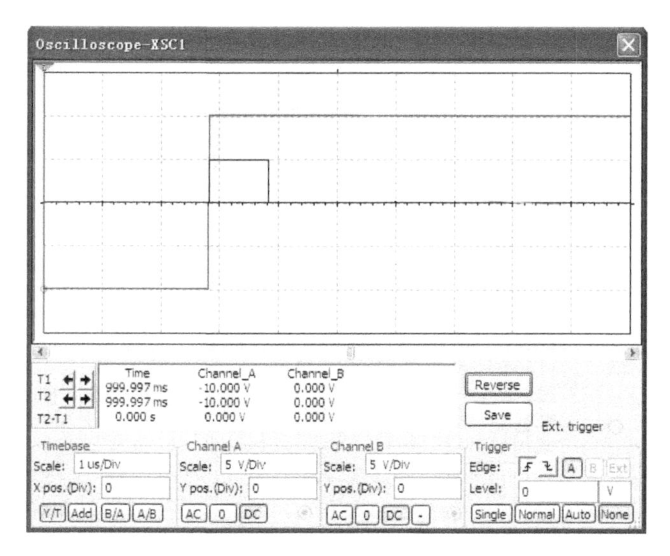

图 9-37　A-D 转换启动信号与结束信号波形

9.3.2　D-A 转换电路的仿真分析

为验证 D-A 转换器的功能，可以在 Multisim 14 元器件库中的 Mixed 组中选择 D-A 转换器（DAC），但与 A-D 转换器不同的是 D-A 转换器有两种类型：一种是电流型 DAC，即 IDAC；另一种是电压型 DAC，即 VDAC，如图 9-38 所示。

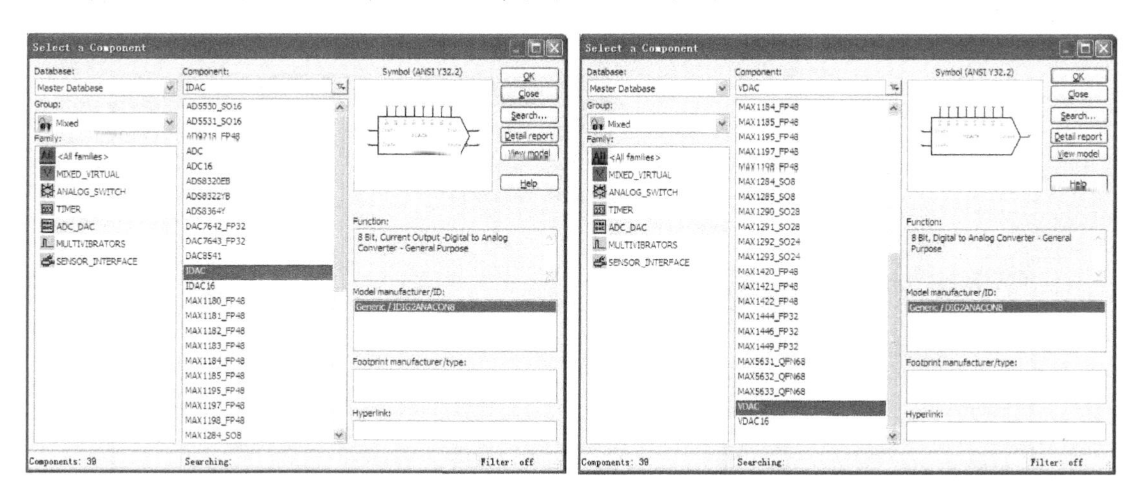

图 9-38　IDAC 和 VDAC 选择

为了对 D-A 转换电路进行验证，以 VDAC 为例设计一个电路，如图 9-39 所示。该电路实际上是在 ADC 示例电路的基础上添加一个 VDAC 芯片，将 ADC 的输出信号接到 VDAC 的输入端，实际上是将 ADC 的输入模拟信号先进行模拟-数字变换，然后再进行数字-模拟变换，输出信号与输入信号的频率基本一致，但是受转换电路的影响，输出信号的幅值和精度与原信号相比，产生了一些变化。为了对比仿真结果，在 ADC 输入信号中叠加一个正弦信号，使得输入的模拟量不停地变化，如图 9-39 所示。

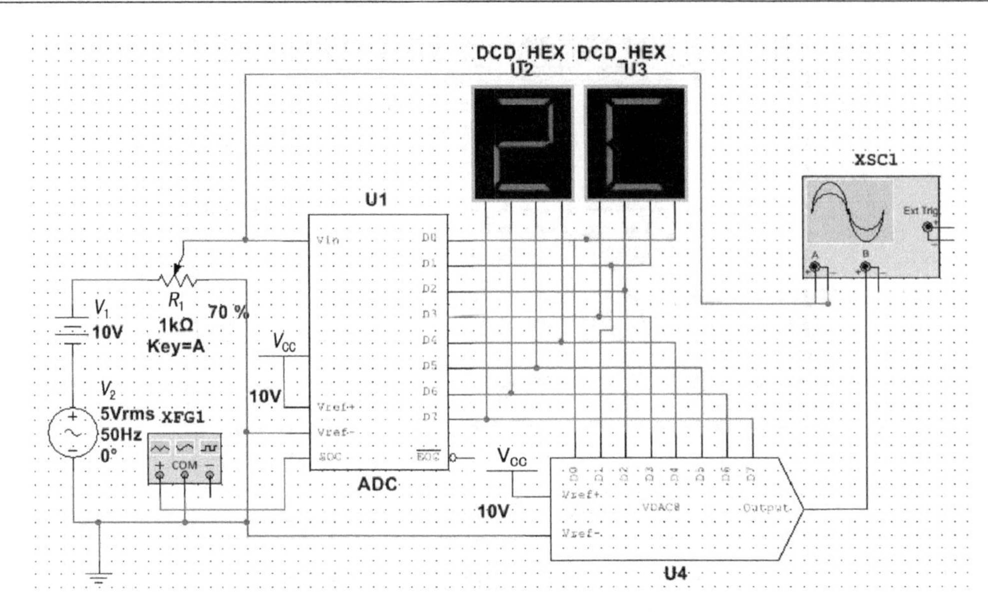

图 9-39　A-D、D-A 转换电路

利用双踪波器对原信号和 DAC 输出信号进行比较观察，将示波器 A 通道接在 ADC 的模拟信号输入端，B 通道接在 VDAC 的模拟信号输出端。

在仿真电路中，为便于观察仿真结果，可以加快仿真速度，双击函数发生器，打开参数设置对话框，参数设置如图 9-40 所示。双击 VDAC8 图标，打开参数设置对话框，如图 9-41 所示，设置数字高低电平的电压阈值。

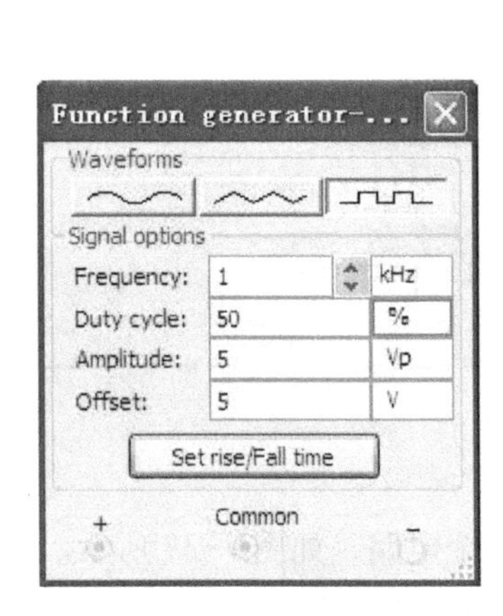

图 9-40　函数发生器设置

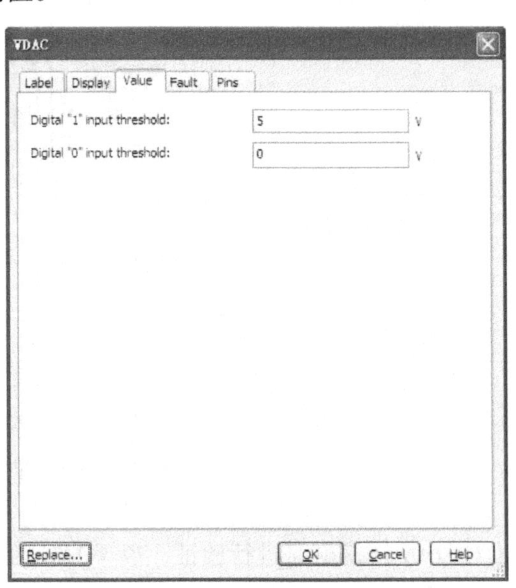

图 9-41　VDAC8 设置页

按下仿真开关，ADC 输出的结果即数码管显示数值不断变化，打开示波器，ADC 输入模拟信号、VDAC 数模转换输出模拟信号波形如图 9-42 所示。

在 VDAC 的输出端接滤波电容，按下仿真开关，ADC 输出的结果即数码管显示数值不断变化，打开示波器，ADC 输入模拟信号、VDAC 数模转换输出模拟信号波形如图 9-42 所示。

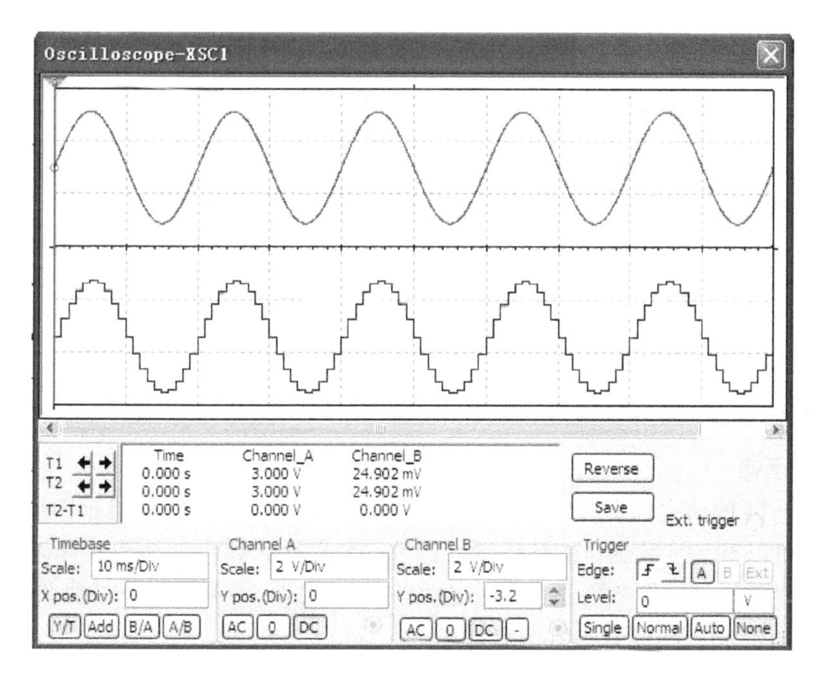

图 9-42　ADC 输入和 VDAC 输出信号波形

9.4　多功能数字钟设计

9.4.1　数字钟功能分析

数字钟是工作生活中常用的电器，其最基本的功能是能够准确地显示时、分、秒时间信息。数字钟完整地显示时、分、秒信息需要 6 个数码管。要分别实现时、分、秒的计时，需要 1 个十二进制计数器和两个六十进制计数器。要实现校时功能，需要分别针对时、分、秒的校时电路。要实现 1 Hz 的秒计数，需要时钟振荡电路。所以，数字钟电路一般由数码显示器、六十进制和十二进制计数器、时钟振荡器和校时电路等部分组成。

分、秒计数需要的六十进制计数器可由十进制和六进制的计数器串联而成，小时计数需要的十二进制计数器也可以由两个十进制计数器串联加上必要的反馈置零电路设计完成，1 Hz 的时钟信号可以由晶体振荡器分频后提供，也可以由 555 定时来产生脉冲，并分频为 1 Hz 后提供。

各单元电路实现后，根据数字钟的基本原理，可以很容易地完成整个数字钟电路的设计。将秒计数器的进位端连接到分计数器的时钟信号输入端，将分计数器的输出进位端连接到小时计数器的时钟信号输入端，显示数码管接到计数器的计数输出端，校时电路与各计数器的正常时钟信号通过单刀双掷开关选择后接到计数器的时钟端，这样就完成了整个数字钟的设计。数字钟电路结构框图如图 9-43 所示。

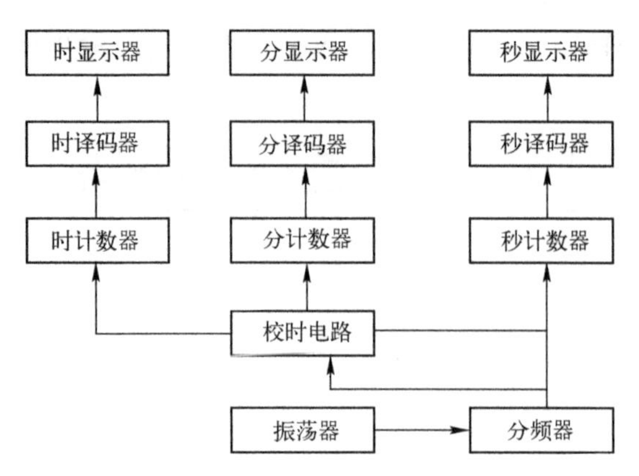

图 9-43　数字钟电路结构框图

9.4.2　数字钟各单元电路设计

1. 数码显示器

在 Multisim 14 的仿真元器件中，数码管分为需要译码显示和直接显示两种。图 9-44 所示的数码管是可以直接接数据口的数码管。图 9-45 所示的数码管是需要译码才能显示的 7 段数码管。需要译码显示的数码管有共阳极和共阴极之分，74LS47 是驱动共阳极数码管的器件，74LS48 是驱动共阴极数码管的器件。

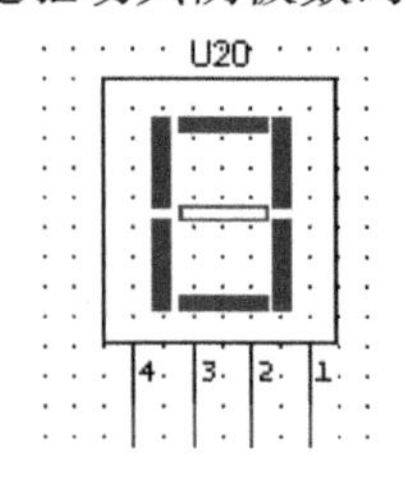

图 9-44　不需译码管的数码管

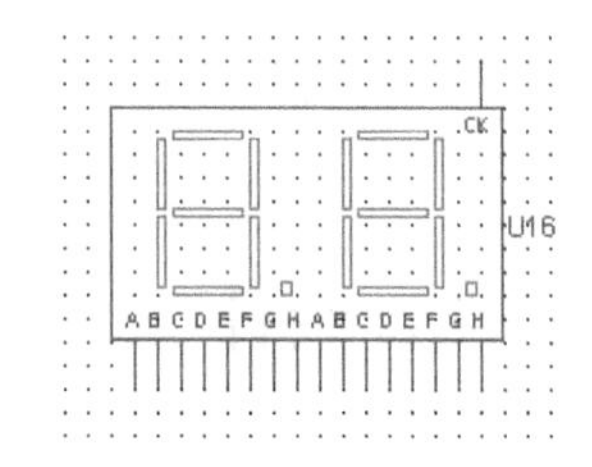

图 9-45　需译码器的双数码显示

图 9-46 所示电路，7 段数码管由 74LS48 进行了译码，从 74LS48 的 A、B、C、D 端输入二进制数即可显示数据。

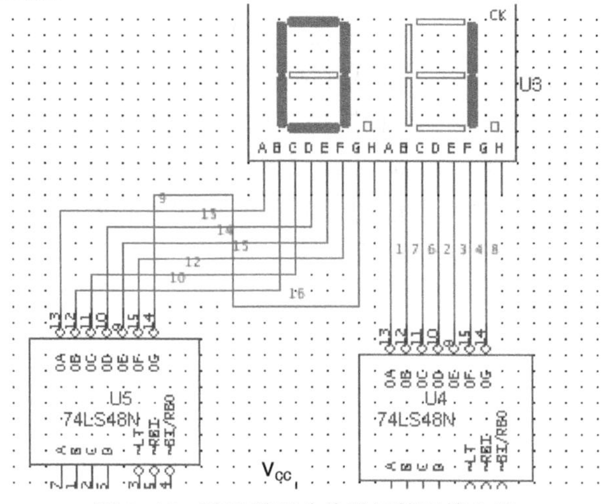

图 9-46　译码器驱动共阴极数码管电路

本设计中，电路采用的是不需译码可直接显示的数码管，如图 9-44 所示，这样简化了数字钟显示电路的设计。

2. 六十进制计数和十二进制计数电路设计

在数字钟电路中，六十进制计数和十二进制计数电路的设计是最基础的电路部分，它关系着时钟计数的正确与否，计数电路完成后才能进行其他部分电路的设计。下面分别进行六十进制和十二进制计数电路的设计。

（1）分、秒六十进制电路设计

在计数电路设计中，六十进制计数器可通过十进制和六进制计数器串联而成，因为同步加法计数器 74LS161 可构成十六进制以下的任意计数器，六十进制计数器可以采用 74LS161 进行设计。

应用 74LS161 设计任意进制计数器，可以通过反馈置数法来实现，如图 9-47 所示。该电路用 74LS161 构成了六进制计数器，根据 74LS161 的结构，把输出端的 0101（十进制为 5）状态译码后接到 LOAD 端，即可在计数器计数到 5 后将输出置 0，这样就实现了六进制计数。图 9-48 是用 74LS161 构成十进制计数器的结构图。同样，把输出端的 1001（十进制为 9）状态译码后引到 LOAD 端，即可在计数器计数到 9 后将输出置 0，这样就实现了十进制计数。经六进制计数器和十进制计数器串联在一起就构成了六十进制计数器，如图 9-49 所示。

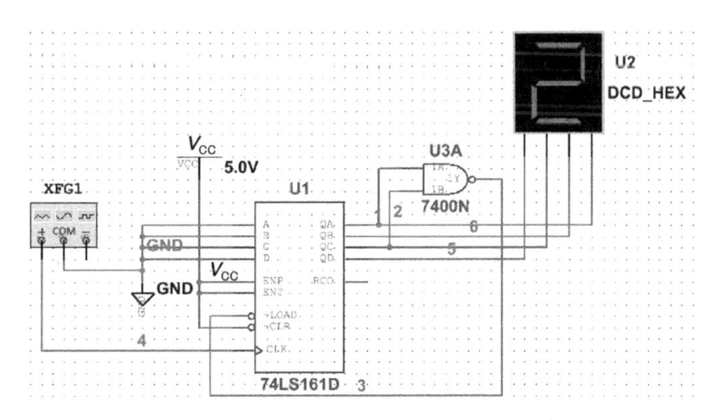

图 9-47　74LS161 构成六进制计数器

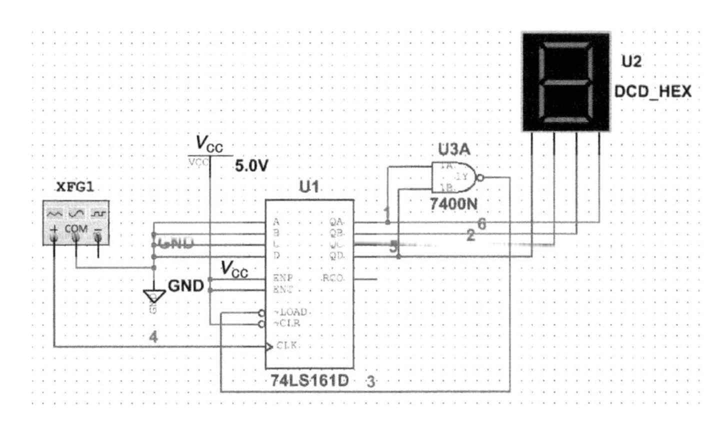

图 9-48　74LS161 构成十进制计数器

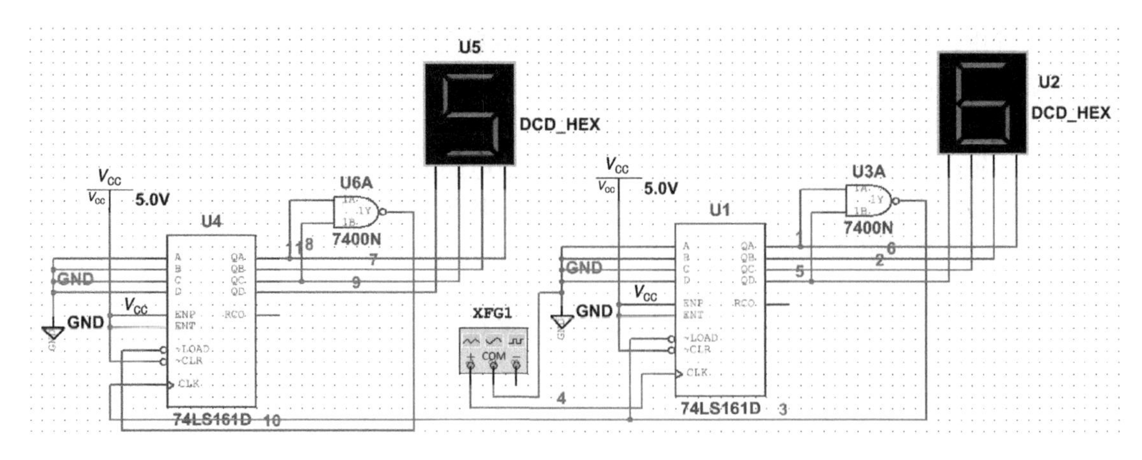

图 9-49　74LS161 构成六十进制计数器

由于数字钟电路较为复杂，因此可把六十进制计数器做成子电路。选择菜单中的“Place→New Subcircuit”命令，出现子电路名称编辑窗口，如图 9-50 所示，输入“60”，单击“OK”按钮后，电路编辑窗口中出现一个方框，如图 9-51 所示。双击工具栏窗口中的子电路名称或点击子电路符号左上角的图标“ ”，打开子电路编辑窗口，在子电路编辑窗口中绘制电路的方法与绘制主电路的方法完全一致。由于在上述篇幅中已经设计好了六十进制计数器，这里可以直接把设计好的电路复制到子电路编辑窗口中，把需要与外界连接的引脚印引出来，以便与主电路的其他部分相连接。具体做法是：选择菜单中的“Place→Connectors”命令，如果引出的是输入引脚，则选择“Input Connector”。如果引出的是输出引脚，则选择“Output Connector”。根据需求设计的六十进制计数器的子电路如图 9-52 所示。

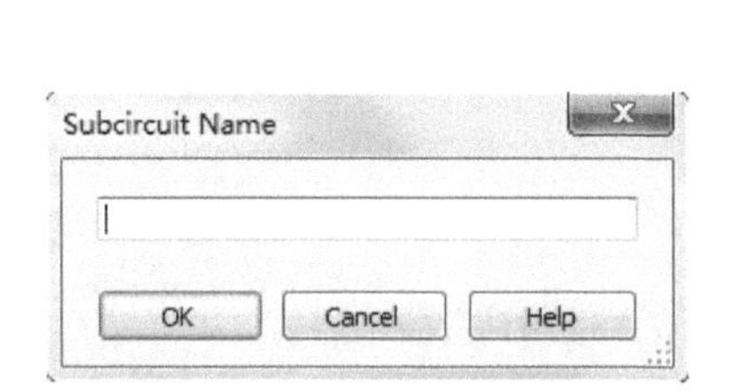

图 9-50　子电路名称编辑窗口

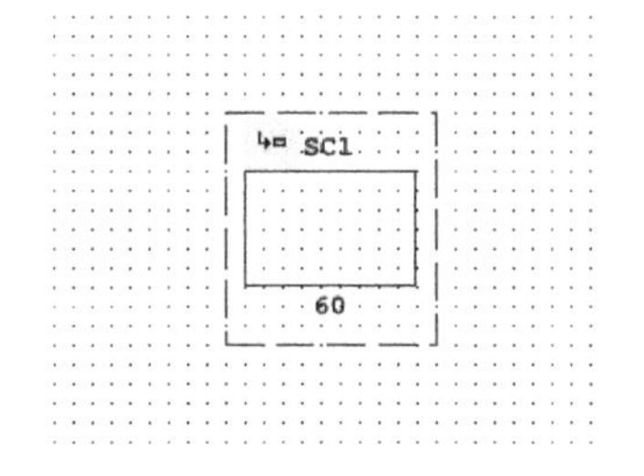

图 9-51　子电路符号

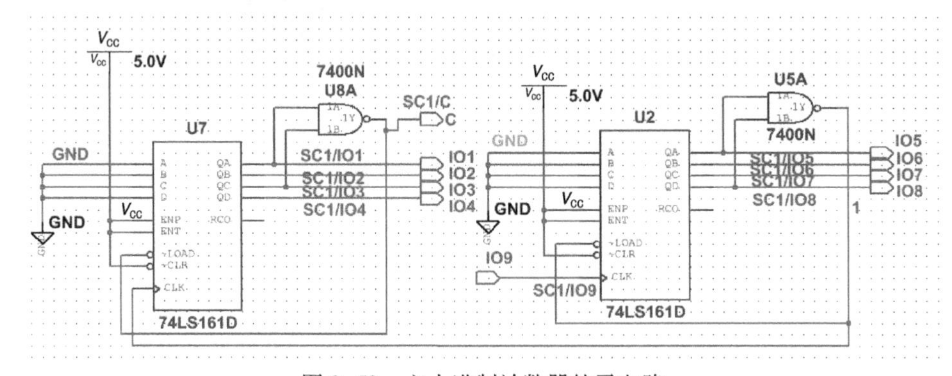

图 9-52　六十进制计数器的子电路

关闭子电路编辑窗口，返回主电路编辑窗口，可以看见子电路符号上已经添加了输入和输出引脚。在主电路编辑窗口中仿真六十进制子电路，其工作状态与直接设计的六十进制计数器工作状态完全一样，仿真电路如图 9-53 所示。

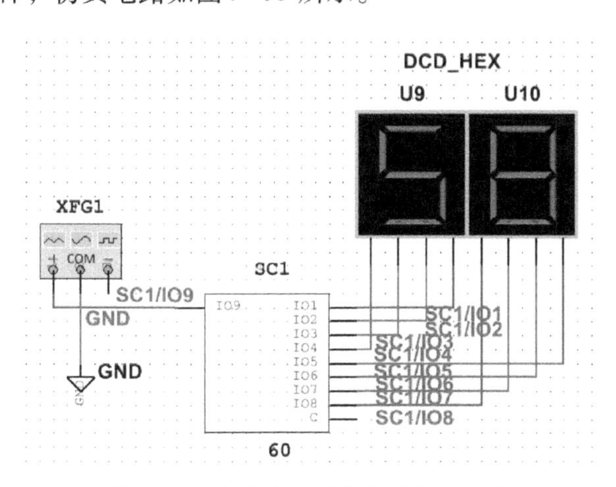

图 9-53　六十进制子电路的仿真电路

（2）小时十二进制电路设计

数字钟的小时计数要用到十二进制，并且在计数到十二时清零，与六十进制计数器一样，仍然用两个 74LS161 来实现。控制小时显示的进位电路图如图 9-54 所示。个位采用十进制，设置方式与六十进制计数器的个位相同，当计数器同时满足十位为 1、个位为 2 时，两个计数器同时清零，所以该电路需要将十位为 1、个位为 2 的状态译码后接 LOAD 端，将计数器清零。小时十二进制电路的子电路设计方法与六十进制计数器一样，此处不再赘述。

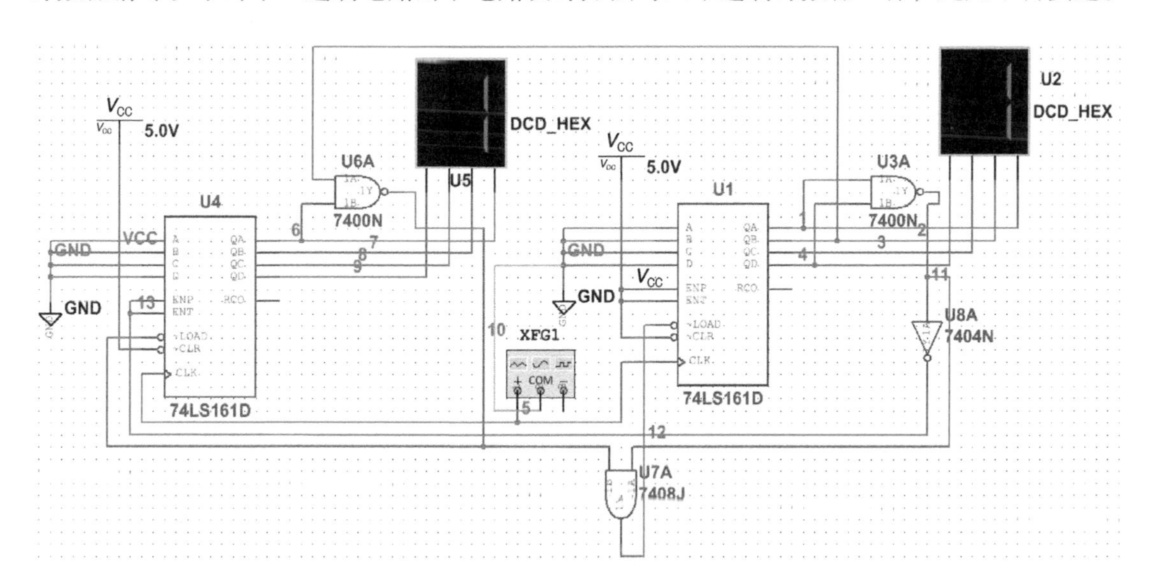

图 9-54　控制小时显示的进位电路图

3. 校时电路设计

校时的目的是在数字钟计数时将时、分、秒的数值设定为正确的数值。校时电路的具体设计方法是：用一个单刀双掷开关切换计数功能与校时功能，开关切换到计数功能时，校时电路输出正常的时钟信号，时钟进行正常的计数；切换到校时功能时，校时电路输出校时脉冲，数字钟的时、分电路在校时脉冲的作用下进行校时。因此，校时脉冲应设置的频率比较低，可用秒计数脉冲。校时电路如图 9-55 所示，开关打在位置 1 和位置 2 时分别输出两个脉冲，如图 9-56 所示。

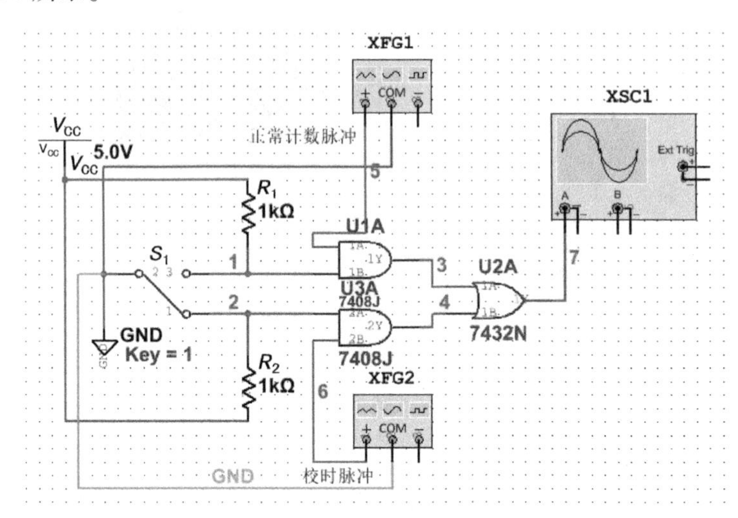

图 9-55　校时电路

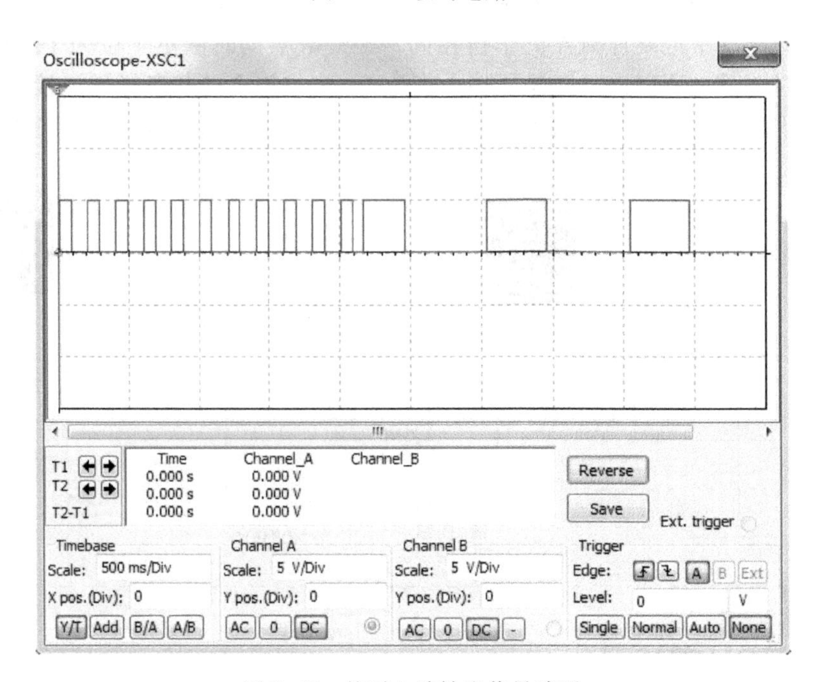

图 9-56　校时电路输出信号波形

4. 振荡器

振荡器可由晶振组成，也可以由 555 定时器组成。图 9-57 是由 555 定时器构成的1 kHz 的自激振荡器，所以需要分频才能得到数字钟需要的 1 Hz 的脉冲。图 9-58 所示电路是 3 个用十进制计数器 74LS90 串联而成的分频器。分频的基本原理是：在 74LS90 的输出端中，从低位输入 10 个脉冲，才从高位输出 1 个脉冲。这样，一片 74LS90 就可以起十分频的作用，3 个 74LS90 串联就构成了千分频的电路，输出便是 1 Hz 的信号。

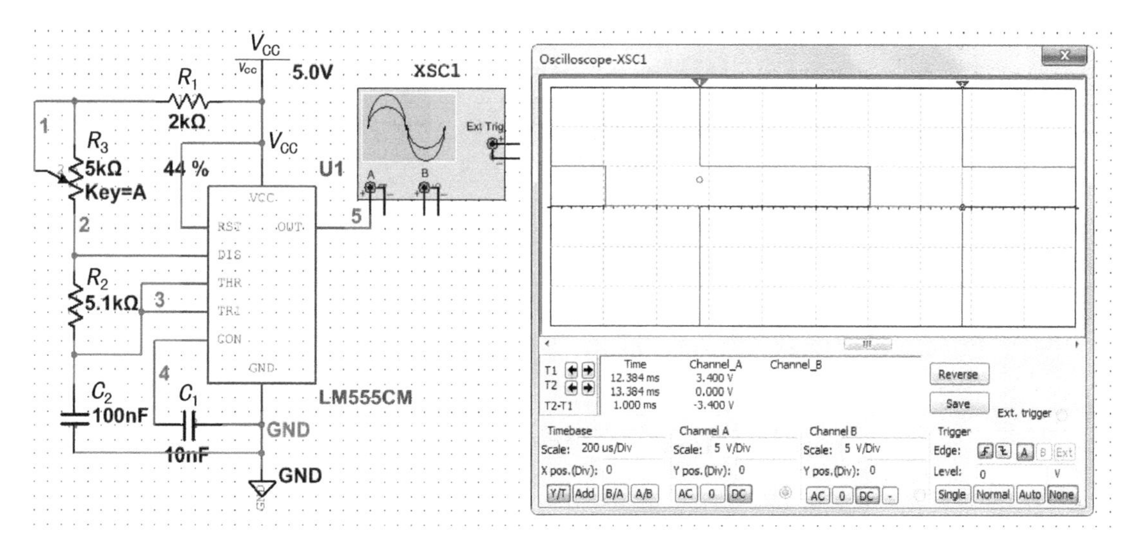

图 9-57　产生 1 kHz 的电路

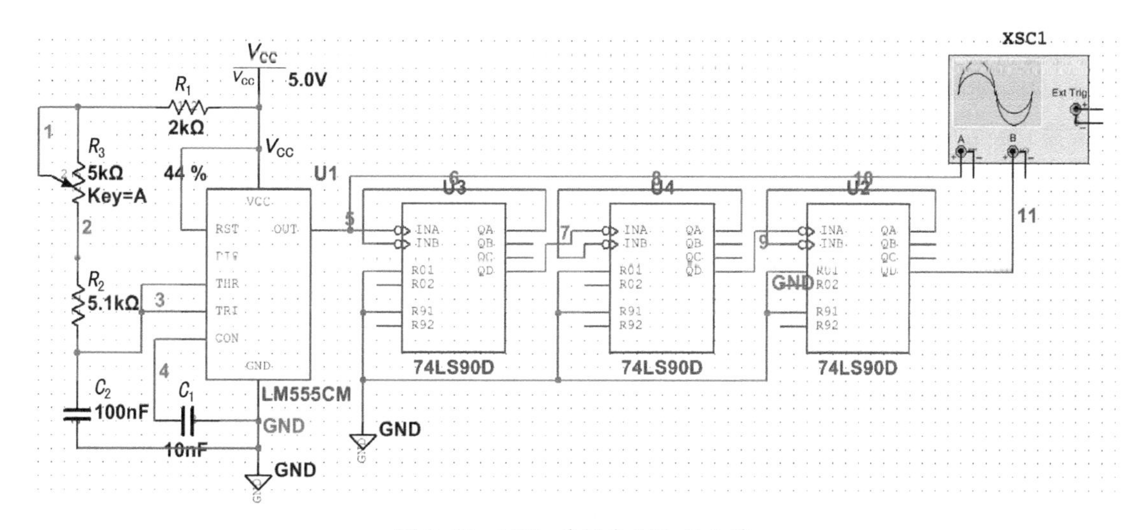

图 9-58　1 kHz 分频为 1 Hz 的电路

实际上，进行电路仿真时，1 Hz 的频率太慢了，不易观察到数字钟计时的效果，所以仿真时用函数发生器代替振荡器产生输入时钟信号，可根据计算时的性能调整输入时钟信号的频率。振荡电路子电路的设计方法同六十进制计数器一样，此处不再赘述。

9.4.3　数字钟集成设计与仿真

组成数字钟电路的各单元电路设计完成后，将各部分单元电路或子电路按照数字钟的功能要求连接在一起，构成如图 9-59 所示的完整数字钟仿真电路。把校时开关 S_1 和 S_2 都切换到计时状态，可以观察到数字钟的运行状态，如果运行太慢，可以适当调节振荡器的输出频率。如果把校时开关 S_1 接到校时状态，即可对小时数值进行校正。如果把校时开关 S_2 接到校时状态，即可对分钟数值进行校正。

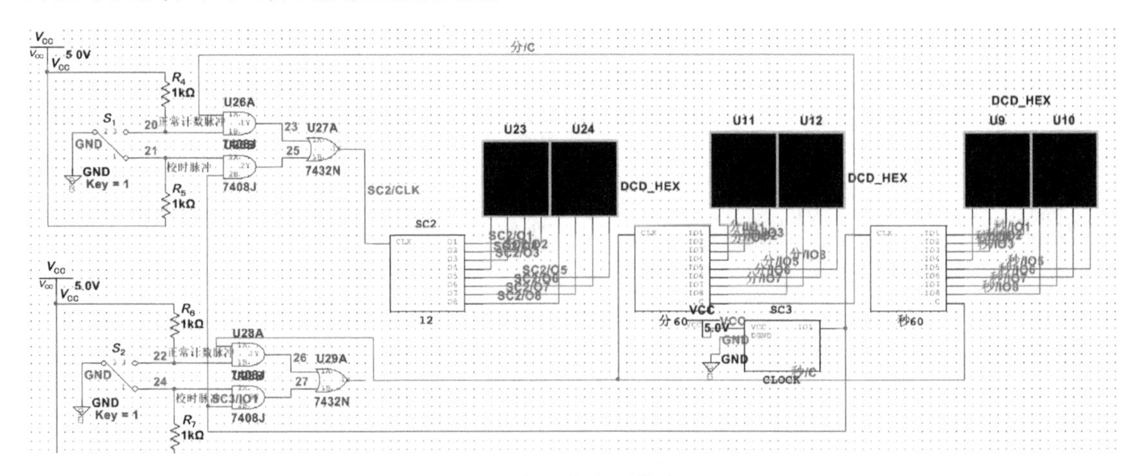

图 9-59　完整数字钟仿真电路

9.5　本章小结

本章介绍了 Multisim 14 在数字电路中的应用，包括组合逻辑电路、时序逻辑电路等，同时，对一些常见的数模混合电路（A-D 转换电路、D-A 转换电路等）进行了仿真实验，让读者了解运用仿真实验进行数字电路分析与设计的基本方法。Multisim 14 为电子电路仿真提供了丰富的元件数据库，同时提供了种类多样且标准化的仿真仪器，比如万用表、示波器、逻辑分析仪、失真度分析仪、波特图测试仪等。除本章介绍的几种实验案例外，读者也可尝试使用 Multisim 14 对其他数字电路进行仿真。

利用 Multisim 14 对数字电路课程中涉及的部分器件和电路的仿真验证实例，可以突破实验设备、器件等条件的限制，也可以避免仪器对人身的损伤，提高安全性，而且仿真实验平台具有与真实实验平台相近的操作界面，操作简单，功能强大，可以使电路设计与实验同步，有很好的验证作用。同时也应该看到，仿真实验是在不考虑元件的额定值和实验的危险性等情况下进行的，因此，在设计数字电路时，应认真地考虑客观现实问题。仿真实验与真实实验之间是相辅相成的关系，只有充分发挥两种方法各自的优势，才能更好地掌握电路分析的方法。在学习其他知识时也是如此，只有将理论与实践相结合，做到“知行合一”，才能最终达到良好的学习效果。

第 10 章　Multisim 14 在电力电子电路仿真中的应用

电力电子技术是应用于电力领域的电子技术，常见的电力变换包括：AC/DC、DC/DC、AC/AC、DC/AC，本章在介绍其工作原理基础上，主要应用 Multisim 14 对电力电子电路进行仿真。

10.1　交流-直流变换

交流-直流（AC/DC）变换是指将工业电网中的单相或三相对称正弦 220 V/380 V、50 Hz 交流电压变换成直流电压，由交流变换成直流的电路称为整流电路。电源电路中的整流电路主要有半波整流电路、全波整流电路和桥式整流三种，按组成的器件可分为不可控、半控和全控三种方式。本节主要对可控的整流电路进行仿真分析。

10.1.1　单相可控整流电路

整流电路的交流侧接单相电源，则构成单相整流电路，该电路可用在负载功率不太大、对输出波形要求不太高的可调直流电源场合。单相可控整流电路分为单相半波可控整流电路、单相全波可控整流电路和单相桥式可控整流电路。

1. 单相半波可控整流电路

半波整流是通过串联整流二极管与负载相连接，利用二极管的单向导通特性来进行整流。半波整流电路的脉动成分太大，对滤波电路要求高，故只适合于小电流整流电路。

从 Multisim 14 元件工具栏中分别调用元件，从 Sources 源中的 POWER_SOURCES 调用单相交流电压源 AC-POWER，从 Power 库中的 SWITCHES 调用晶闸管 SCR，从 Sources 源中的 SIGNAL_VOLTAGE_SOURCES 调用脉冲电压源 PULSE-VOLTAGE，从 Basic 中的 RESISTOR 调用电阻元件，从仪器仪表库中调用双通道示波器 XSC1，按照单相半波可控整流电路拓扑结构图的要求建立仿真电路，如图 10-1 所示。电源器件参数设置为：V1 = 220 V，f = 50 Hz，ϕ = 0°，R1 = 1 Ω。

双击 PULSE_VOLTAGE 选项，打开设置窗口，如图 10-2 所示，设置脉冲电压源周期 T = 0.02 s，设置延时 t 从而改变晶闸管的触发角（触发角 $\alpha=\frac{t}{0.02}\times 360°$）。

当 t = 0 ms 时，触发角为 0°，运行仿真，电源两端和负载端电压仿真波形如图 10-3a 所示。可以看出，在电源电压正半周，晶闸管导通，单相半波可控整流电路负载有电流流过。在负半周，晶闸管断开，没有电流流过。

当 t = 3.3 ms 时，触发角为 60°，其他参数不变，输出波形如图 10-3b 所示。

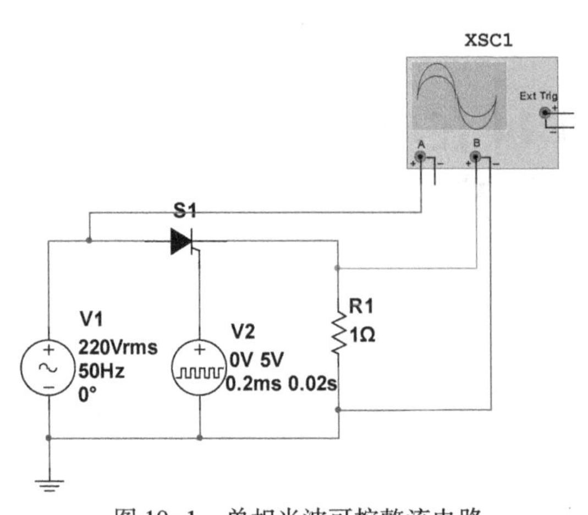

图 10-1　单相半波可控整流电路

图 10-2　脉冲电压源设置窗口

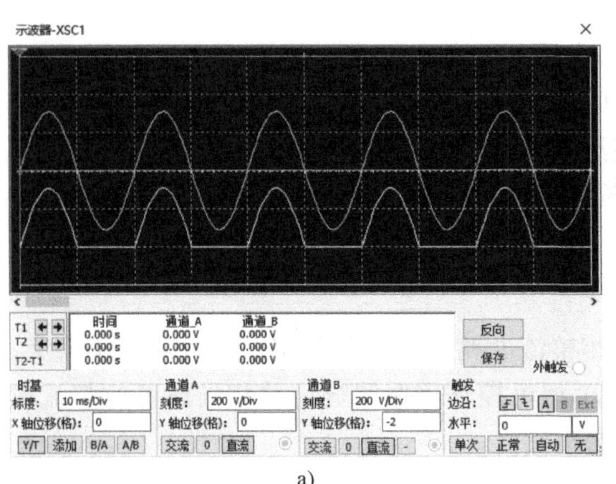

a)

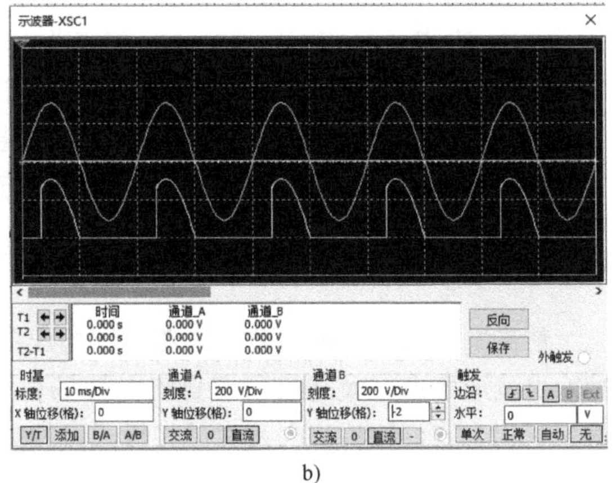

b)

图 10-3　单相半波可控整流电路仿真波形

根据单相半波带滤波可控整流电路的拓扑结构，在输出端并联滤波电容器 C1（22 mF），电路如图 10-4 所示。仿真运行后，波形如图 10-5 所示。从图 10-5 中可见，由于滤波电容的存在，使得负载电压的脉动减小，负载电压趋于平缓。

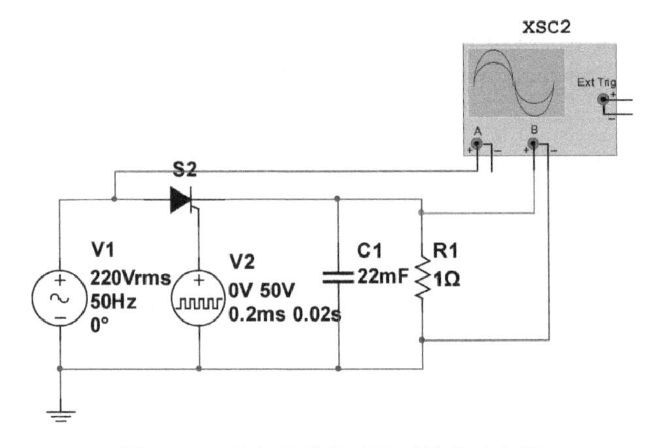

图 10-4　单相半波带滤波可控整流电路

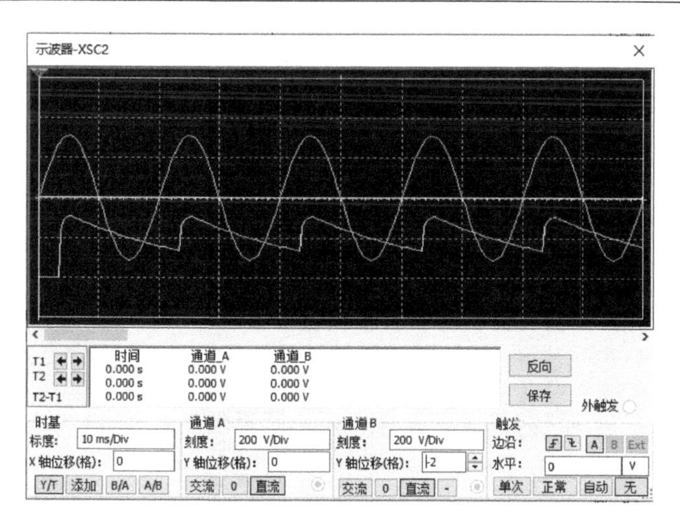

图 10-5　单相半波带滤波可控整流电路仿真波形

2. 单相全波可控整流电路

在全波整流电路中，选择两个整流器件和带中心抽头的电源变压器组成全波整流电路。通过整流器件在正负半周内的通断，使交流电的两半周期都得到了利用，提高了整流器的效率。

单相全波可控整流电路如图 10-6 所示。

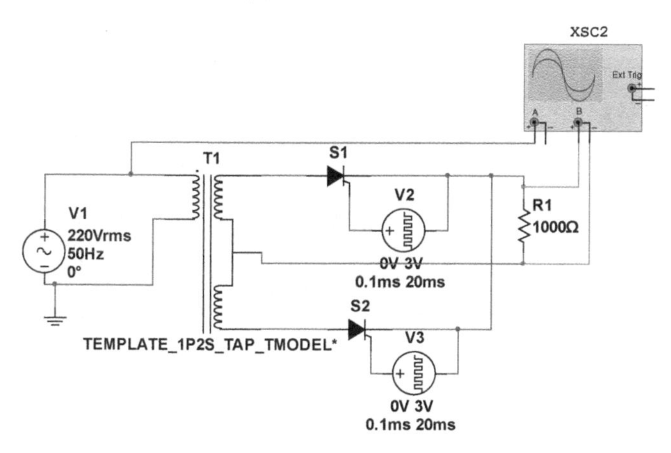

图 10-6　单相全波可控整流电路

从 Basic 基本元件库中的 Transformer 调用带中心抽头的变压器，从元件库中调用单相交流电压源、晶闸管 SCR、脉冲电压源、电阻元件。S1 和 S2 为触发脉冲相位互差 180°的晶闸管，在正负半周内，两个晶闸管相继导通，负载上总是加上正向电压，负载电流总是单方向流动。

设置脉冲电压源 V2 和 V3 的触发脉冲如图 10-7 所示，周期为 20 ms（电压频率 f= 50 Hz），设置脉冲电压源的延时时间，以改变晶闸管的触发角，V2 延时时间为 3.3 ms，触发角 $\alpha=60°$（见图 10-7a）；V3 延时时间为 13.3 ms，触发角 $\alpha=240°$（见图 10-7b）。V2 和 V3 之间相差 10 ms，S1 和 S2 的触发延迟角相差 180°。

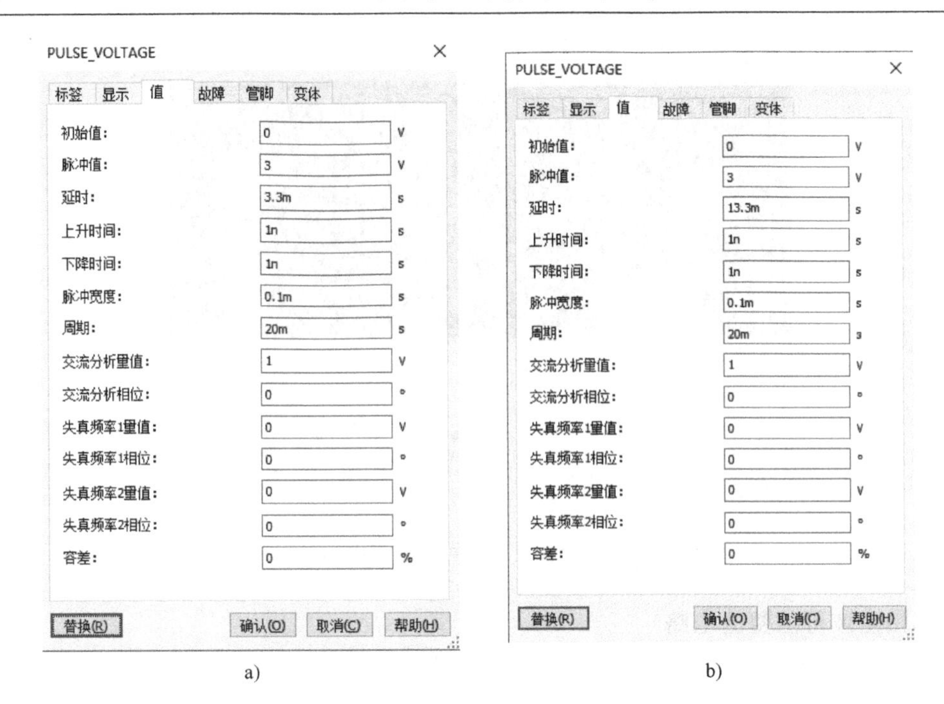

图 10-7　脉冲电压源 V2、V3 设置

启动仿真，单相全波可控整流电路的输出电压曲线如图 10-8 所示。

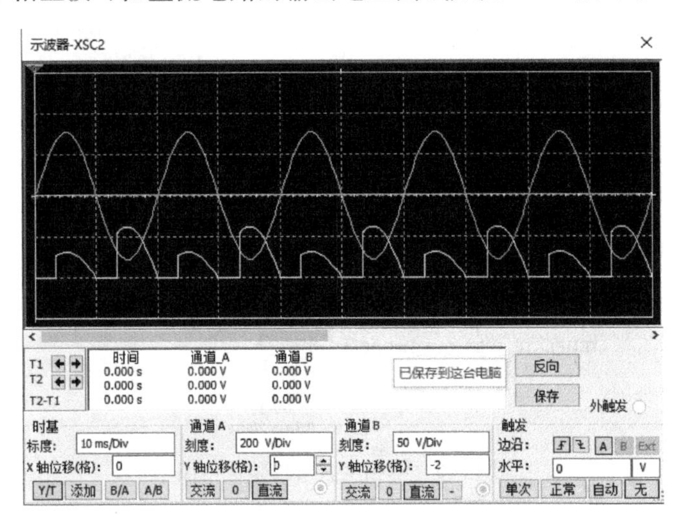

图 10-8　单相全波可控整流电路仿真波形

对于单相全波可控整流电路，负载电流连续变化，可通过改变 PULSE_VOLTAGE 的延时时间，来改变晶闸管的触发角，从而改变输出电压的波形。

10.1.2　单相桥式整流电路

在单相桥式整流电路中，4 个晶闸管组成两个桥臂，通过控制晶闸管的开通和关断使得交流电源的正负半周都有整流电流输出到负载，故该电路称为全波整流。其输出电压（电流）脉动减小，不存在变压器磁化问题，变压器绕组的利用率提高。

1. 单相桥式半控整流电路

单相桥式可控整流电路中，每次都要触发两个晶闸管来导通电路，实际上，在每个导电回路中只用一个晶闸管，另一个用二极管代替，从而简化电路，这样组成的单相桥式半控整流电路如图 10-9 所示。

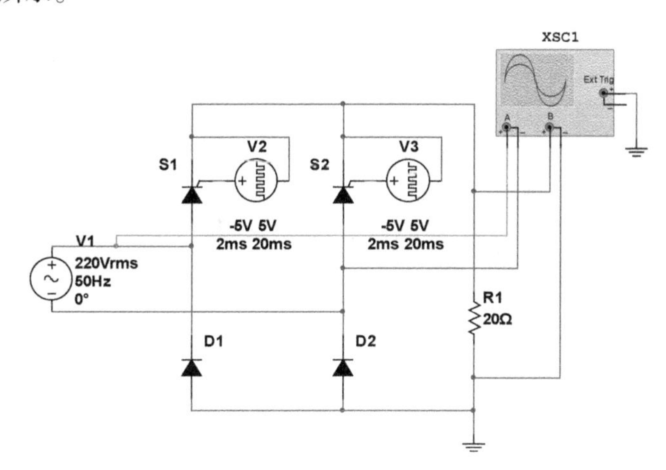

图 10-9　单相桥式半控整流电路

单相桥式半控整流电路中，交流电压源 V1 为 220 V，脉冲电压源 V2 和 V3 构成晶闸管 S1 和 S2 的触发电路，晶闸管 S1、S2 和 D1、D2 构成整流桥，电阻 R1 为电路负载。根据桥式电路的特点，只要控制晶闸管导通，则负载上总有正向电压，负载电流单方向流动。

设置晶闸管 S1、S2 的触发脉冲参数。周期 20 ms（电压频率 $f=50$ Hz）和延时参数如图 10-10 所示。

PULSE_VOLTAGE

标签　显示　值　故障　管脚　变体

参数	a)	b)	单位
初始值:	-5	-5	V
脉冲值:	5	5	V
延时:	0	10m	s
上升时间:	1n	1n	s
下降时间:	1n	1n	s
脉冲宽度:	2m	2m	s
周期:	20m	20m	s
交流分析量值:	1	1	V
交流分析相位:	0	0	°
失真频率1量值:	0	0	V
失真频率1相位:	0	0	°
失真频率2量值:	0	0	V
失真频率2相位:	0	0	°
容差:	0	0	%

替换(R)　确认(O)　取消(C)　帮助(H)

a)　　b)

图 10-10　脉冲电压源设置

1）设置 V1 延时时间为 0 ms、触发角为 0°（图 10-10a）；V2 延时时间 10 ms，触发角 α=180°（图 10-10b），仿真波形如图 10-11a 所示。从图中可以看出，S1 和 S2 之间的触发延迟角相差 180°，此时，输出脉动直流电压的平均值最大。

2）设置 V1 延时时间为 3.3 ms、触发角为 60°；V2 延时时间 13.3 ms，触发角 α=240°，仿真波形如图 10-11b 所示。从图中可以看出，S1 和 S2 之间的触发延迟角仍然相差 180°，输出脉动直流电压的平均值在减小。

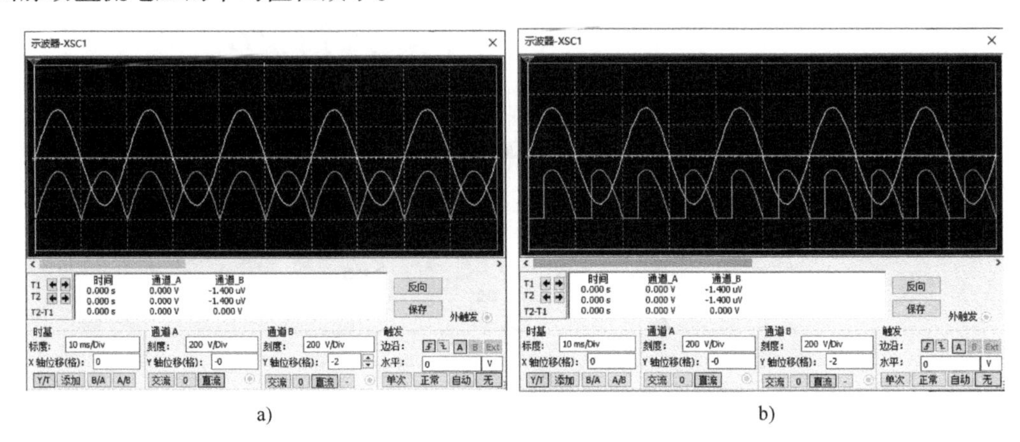

a)　　　　　　　　b)

图 10-11　单相桥式半控整流电路仿真波形

从以上波形中可以看出，在 V1 正半波的（0~α）区间，晶闸管 S1 和 D2 受正向电压，但 S1 无触发脉冲，晶闸管 S2 和 D1 承受反向电压，因此在（0~α）区间内，电路不导通。

在 U1 正半波的（α~π）区间，S1 有触发脉冲，晶闸管 S2 和 D1 承受反向电压，因此 S1 和 D2 回路导通，负载上有电压和电流。

在 U1 负半波的（π~$\pi+\alpha$）区间，晶闸管 S2 和 D1 承受正向电压，但 S2 无触发脉冲，晶闸管 S1 和 D2 承受反向电压，因此在（π~$\pi+\alpha$）区间内，电路不导通。

在 U1 负半波的（$\pi+\alpha$~2π）区间，S2 有触发脉冲，晶闸管 S2 和 D1 承受反向电压，因此 S2 和 D1 回路导通，负载上有电压和电流。

2. 单相桥式全控整流电路

创建单相桥式全控整流电路如图 10-12 所示。其中，V1 为 220 V 交流电压源，V2~V5 脉冲电压源是晶闸管的控制电路，S1~S4 组成桥式整流电路，R3 为电路负载。

设置晶闸管 S1~S2 的触发脉冲参数，周期 20 ms（电压频率 f=50 Hz）和延时参数。

设置 V2、V3 延时时间为 2 ms、触发角 α=36°；V4、V5 延时时间为 12 ms，触发角 α=216°，仿真波形如图 10-12b 所示。

从图 10-12 中可以看出，单相桥式全控整流电路的输出电压为一串脉动电流波，可通过修改脉冲电压源的延时时间来改变触发角，输出电压的波形随之改变。

10.1.3　三相桥式整流电路

当整流电路的电源为三相交流电时，构成三相整流电路，目前，在各种整流电路中，应用最广泛的就是三相桥式全控整流电路，该电路适合负载功率超过 4 kW，且直流电压脉动较小的场合。

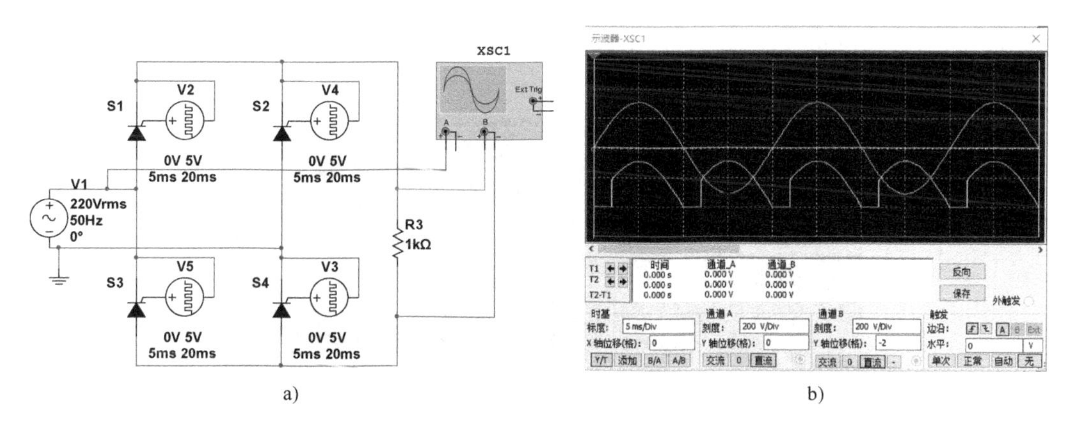

a)　　　　　　　　　　　　b)

图 10-12　单相桥式全控整流电路及仿真波形

三相桥式整流电路中，习惯上将其中阴极连接在一起的晶闸管（S1、S3、S5）称为共阴极组，阳极连接在一起的三个晶闸管（S2、S4、S6）称为共阳极组。此外，习惯上希望晶闸管按从 S1 至 S6 的顺序导通，为此，将晶闸管按图 10-13 中的顺序进行编号。

调用 Sources 库中 POWER_SOURCES 的三相交流电压源 THREE_PHASE_WYE、SIGNAL_VOLTAGE_SOURCES 的直流可调电压源 DC_INTERACTIVE_VOLTAGE，调用 Power 库中 POWER_CONTROLLERS 的相位角控制器 PHASE_ANGLE_CONTROLLER_6PULSE（6 脉冲），调用晶闸管 SCR、电阻 R1（1 Ω）、电感 L1（6.8 mH），按照三相桥式全控整流电路进行连接，注意电压源中 ABC 三相在连接时的相序，所创建的电路图如图 10-13 所示。

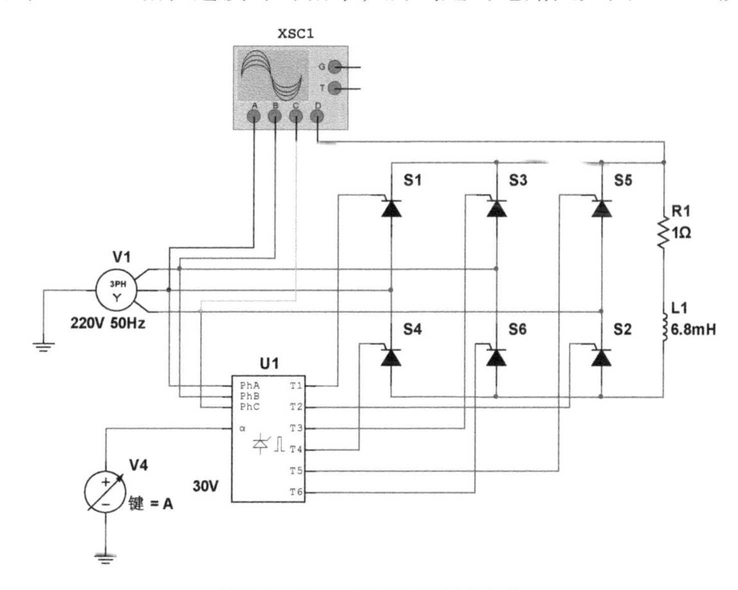

图 10-13　三相桥式整流电路

将交流电压源设置为 220 V，f=50 Hz，晶闸管相位角控制器 U1 频率设为 50 Hz，可调电压源输出电压的大小就是触发角 α 角度的大小，将此时 V4 的电压幅值调为 30 V，即晶闸管的触发角 $\alpha=30°$，启动仿真，三相桥式全控整流电路的输出电压曲线如图 10-14 所示。

由图 10-14 可见，三相桥式全控整流电路的输出电压为一串脉动电流波，改变可调电压源 V4，晶闸管相位角控制器 U1 的 α 和输出电压波形随之改变。

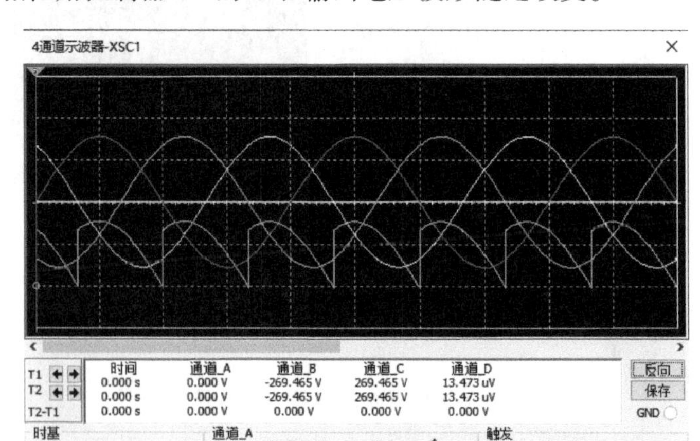

图 10-14　三相桥式全控整流电路仿真波形

10.2　直流-直流变换

直流-直流（DC-DC）变换是将固定的直流电压变换成固定或可调的直流电压，也称为直流斩波器或 DC/DC 变换器。用斩波器实现直流变换的基本思想是通过对电力电子开关器件的快速通、断控制，把恒定的直流电压或电流斩切成一系列的脉冲电压或电流，在一定滤波的条件下，负载上可以获得平均值小于或大于电源的电压或电流。如果改变开关器件通、断的动作频率，或改变开关器件通、断的时间比例，就可以改变这一脉冲序列的脉冲宽度，以实现输出电压、电流平均值的调节。

斩波器广泛用于电力牵引，例如地铁、电力机车、无轨电车和电瓶搬运车等直流电动机的无级调速。与传统的在电路中串电阻调压的方法相比，它不仅有较好的起动、制动特性，而且省去体积大的直流接触器和耗电大的变阻器，电能损耗也大大减少。

10.2.1　直流降压斩波电路

降压式（Buck）斩波电路是直流斩波电路中最基本的电路，是用 IGBT 作为全控型器件的降压斩波电路，用于直流到直流的降压变换。若斩波电路的开关导通时间为 t_{on}，关断时间为 t_{off}，则开关工作周期 $T=t_{on}+t_{off}$。定义占空比为 $D=\frac{t_{on}}{T}(D<1)$，则输出电压 $U_o=DU_s$（U_s 为输入电源电压）。由此可见，当 U_s 一定时，改变 D 就可以调节输出电压 U_o。

按照直流降压斩波电路，从元件库中调用相应元器件，其中电力场效应管为 Transistors 库中的 POWER_MOS_N（2SK3070L），电压表为 Indicators 库中 VOLTMETER 的 VOLTMETER_V，创建的直流降压斩波电路如图 10-15 所示。晶闸管 Q2 为电路的主开关，其控制信号由函数发生器 XFG2 提供，将其设置为方波，频率为 500 Hz，振幅为 10 V，偏置为 0 V，占空比为 50%，运行仿真，输出波形如图 10-16 所示。

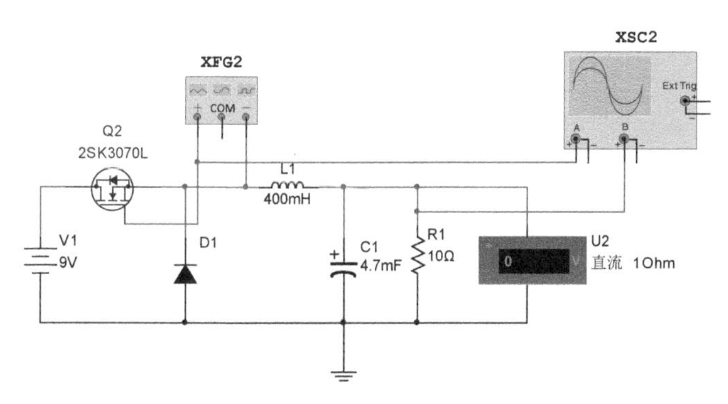

图 10-15　直流降压斩波电路

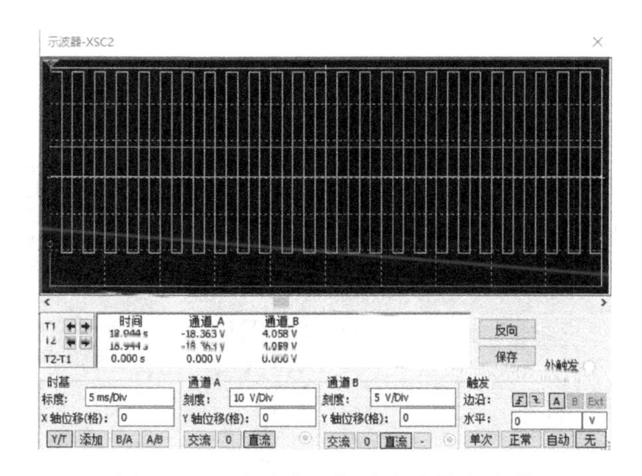

图 10-16　直流降压斩波电路仿真波形

该电路为带电容滤波的降压斩波电路，电容可以过滤掉谐波分量，一般采用 LC 滤波器，输出电压波动小，是一个恒定的直流电压，可以用作开关型稳压电路。

10.2.2　直流升压斩波电路

直流升压（Boost）斩波电路的输出电压高于输入电压，控制开关与负载并联连接，电容 C 必须足够大，以保证输出电压的稳定，电感 L 能够储存电能，使电压有泵的作用。若斩波电路的开关导通时间为 t_{on}，关断时间为 t_{off}，则开关工作周期 $T=t_{on}+t_{off}$。定义占空比为 $D=\frac{t_{on}}{T}(D<1)$，则输出电压 $U_o=\frac{D}{1-D}U_s$（U_s 为输入电源电压）。由此可见，当 U_s 一定时，改变 D 就可以调节输出电压 U_o。

直流升压斩波仿真电路如图 10-17 所示。V1 是 9 V 直流电源，电力场效应管 Q1（2SK3070L）为开关管，栅极受脉冲发生器 XFG1 控制，二极管 D1 起续流作用，电容 C1 和电阻 R1 并联构成电路负载。

设置 XFG1 的频率、占空比、振幅和偏置电压等参数，如图 10-18 所示。

当频率设置为 50 Hz 时，运行仿真，由电力场效应管组成的直流升压斩波电路的输出电压为一连串有扰动的直流电压，在短暂的上升之后，趋于稳定后约为 20 V，如图 10-19 所示。输出电压值可以通过 XFG1 频率设置调整，随着 XFG1 频率设置降低，输出电压值升高。

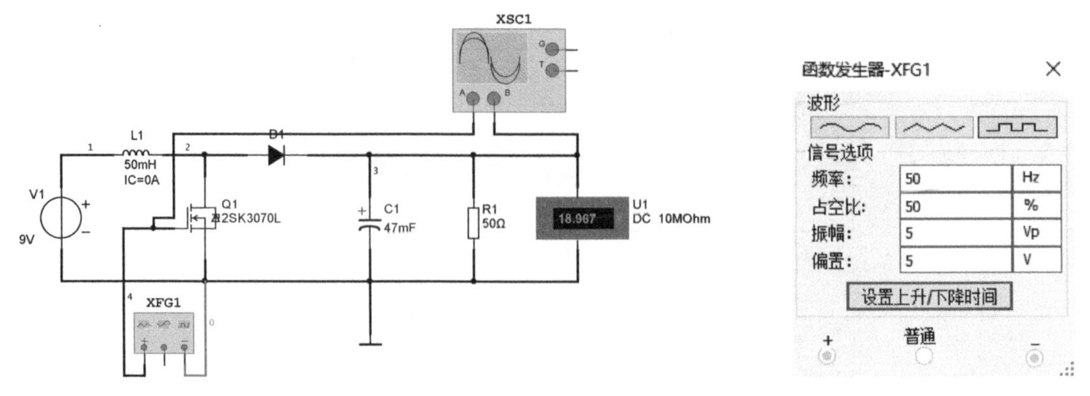

图 10-17　直流升压斩波电路　　　　图 10-18　XFG1 设置

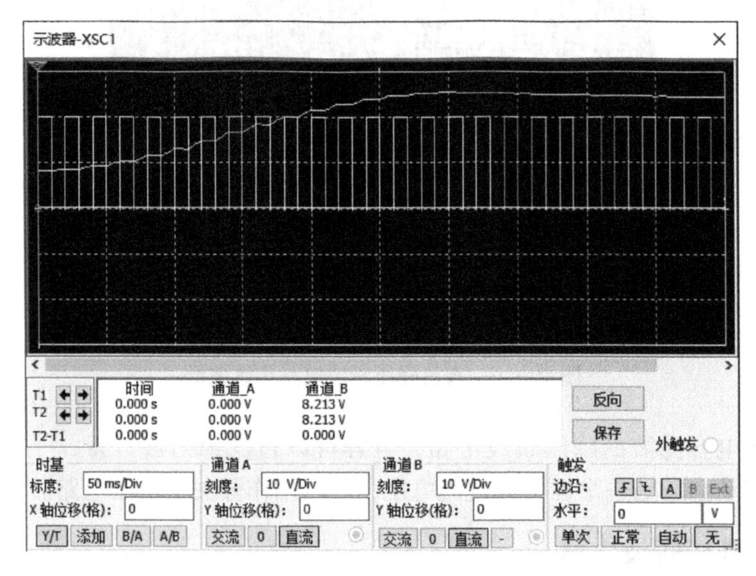

图 10-19　直流升压斩波电路仿真波形

10.2.3　直流降压-升压斩波电路

直流降压-升压斩波变换电路（Buck-Boost）的输出电压可以高于或低于输入电压，是一种输出电压既可低于也可高于输入电压的单管不隔离直流变换器，但其输出电压的极性与输入电压相反。Buck/Boost 变换器可看作是 Buck 变换器和 Boost 变换器串联而成，合并成了开关管。当开关管导通时，输入电流流过电感直接到地，右端输出主要由电容放电来维持。当开关管关闭时，电感电流流向负载 R 和电容 C，在流经二极管后回到电感。其过程就是 L 释放能量和电容充电的一个过程。输出电压满足公式 $U_o=\dfrac{D}{1-D}U_d$，控制脉冲源的占空比，如果占空比大于 1/2，则升压，反之降压。

直流降压-升压斩波仿真电路如图 10-20 所示。V1 为 12 V 直流电源，V2 为受控源（VOLTAGE_CONTROLLED_VOLTAGE_SOURCE），V3 为脉冲源（PULSE_CURRENT），V2

和 V3 一起组成开关管的驱动电路，Q1 为开关管，栅极受电压控制电压源 V2 控制，V2 受脉冲源 V3 控制，可以通过设置脉冲源 V3 的参数来改变占空比和输出电压的值。

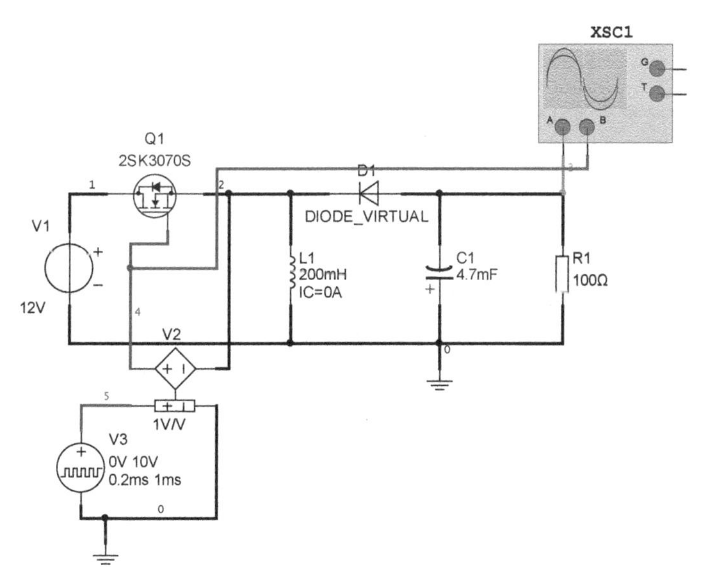

图 10-20　直流降压-升压斩波仿真电路

（1）升压（$D>0.5$）

设置脉冲源 V3 的初始值、脉冲值、脉冲宽度、周期等，设置脉冲宽度为 0.6 ms，脉冲周期为 1 ms，占空比 $D=0.6$，运行仿真结果如图 10-21 所示，可以看到输出电压在一段时间后趋于稳定，约为 30 V（其输出电压的极性与输入电压相反）。

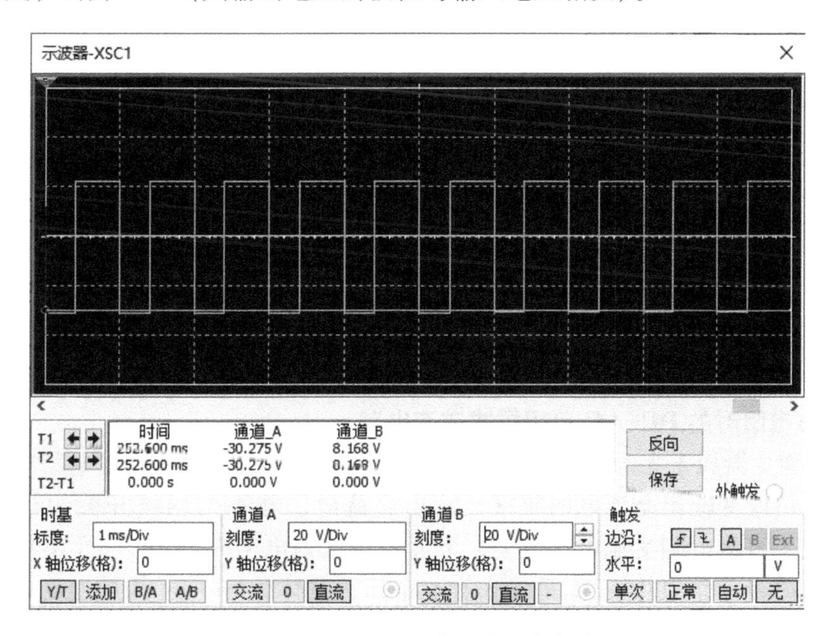

图 10-21　$D>0.5$ 升压时电路波形

（2）降压（$D<0.5$）

设置脉冲源 V3 的脉冲宽度为 0.2 ms，脉冲周期为 1 ms，占空比 $D=0.2$，运行仿真，仿真结果如图 10-22 所示，可以看到，输出电压在短暂的下降之后趋于稳定，约为 2.2 V。

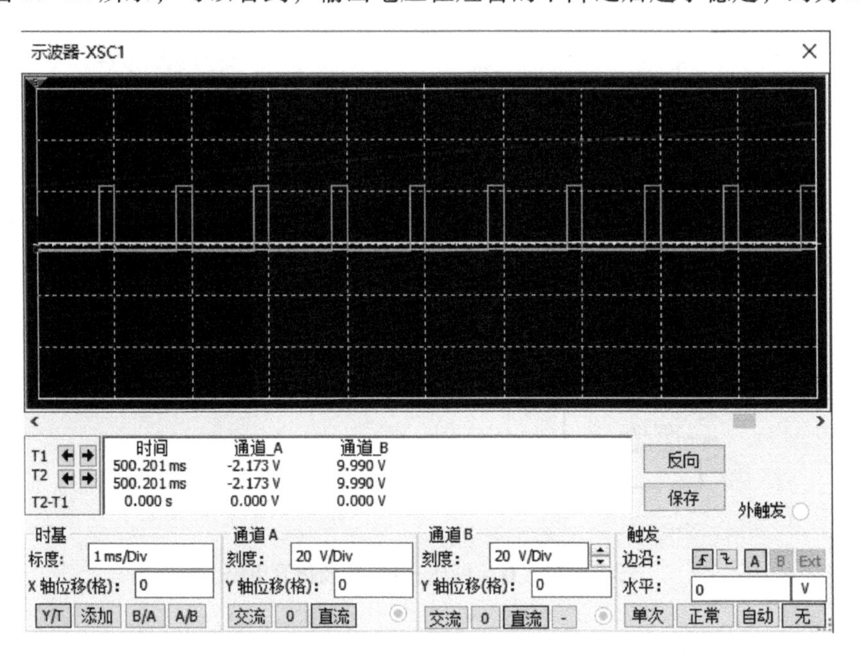

图 10-22　$D<0.5$ 降压时电路波形

10.3　逆变电路

与整流相对应，直流-交流（DC-AC）变换是把直流电变成交流电，称为逆变。在逆变电路中，把直流电经过直交变换，向交流电源反馈能量的变换电路称为有源逆变电路；将直流电转变为负载所需要的不同频率和电压值的交流电称为无源逆变电路，也是以电子开关器件控制构成的 PWM 运行方式。一般情况下，逆变电路多指无源逆变电路。

逆变电路可以在控制电路的控制下，将直流电转换为频率和电压都可任意调节的交流电源输出，其应用广泛，通常是变频器的核心部件。

10.3.1　DC-AC 单相桥式逆变电路

1. 负载为电阻时的 DC-AC 单相桥式逆变电路

单相桥式逆变器属于无源逆变电路，在由电力电子器件组成的桥式电路中，改变两组开关的频率，可改变输出交流电的频率，输出交流电的频率与两组开关的切换频率成正比，由此实现了直流电到交流电的逆变，下面是负载为电阻时的 DC-AC 单相桥式逆变电路，如图 10-23 所示。其中，V1 是输入直流电压，晶体管 S1～S4 构成逆变电路，交流电压源和单相 PWM 控制器 U1 组成晶体管驱动电路，电阻 R1 为负载。

设置 V2 所产生的波形为 PWM 控制器的调制波（图 10-24a），设置 U1 所产生的波形为载波（图 10-24b），参数设置如图所示 10-24 所示，运行仿真后，PWM 的驱动波形如

图 10-25 所示，输出波形如图 10-26 所示。

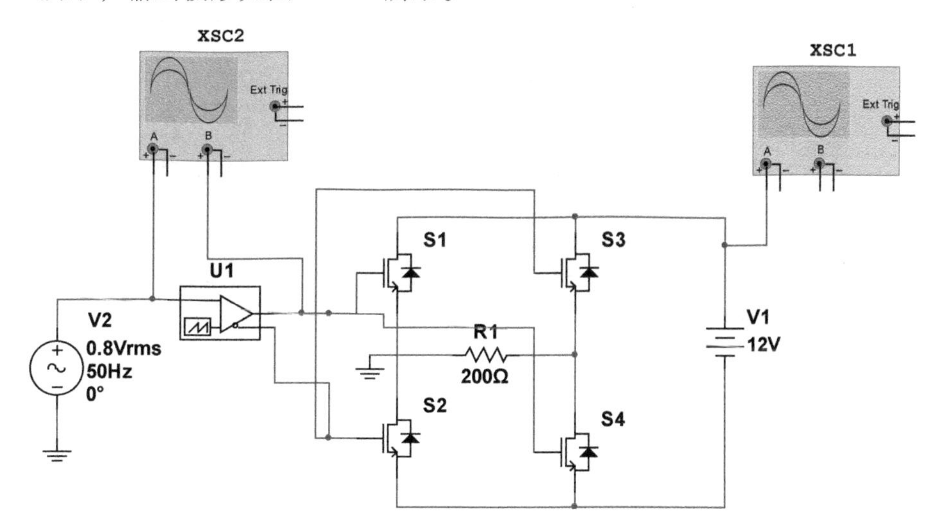

图 10-23　DC-AC 单相桥式逆变电路

AC_POWER

标签　显示　值　故障　管脚　变体

电压（RMS）:	0.8	V
电压偏移:	0	V
频率（F）:	50	Hz
时延:	0	s
阻尼因数（1/秒）:	0	
相:	0	°
交流分析量值:	1	V
交流分析相位:	0	°
失真频率1量值:	0	V
失真频率1相位:	0	°
失真频率2量值:	0	V
失真频率2相位:	0	°
容差:	0	%

替换(R)　确认(O)　取消(C)　帮助(H)

a)

PWM_COMPLEMENTARY

标签　显示　值　故障　管脚　变体

参考信号频率:	1k	Hz
参考信号最小电压:	-1.5	V
参考信号最大电压:	1.5	V
输出电压振幅:	5	V
输出上升/下降时间:	1n	s

☑在穿越时调整时间梯度

替换(R)　确认(O)　取消(C)　帮助(H)

b)

图 10-24　V2 和 U1 的参数设置

由图 10-26 可见，单相桥式逆变器的输出电压是一串脉动的交流电。

2. 带 *LC* 滤波的 DC-AC 全桥逆变电路

在图 10-23 中增加一个滤波电感（1H）和电容（10 μF），带 *LC* 滤波的 DC-AC 全桥逆变电路如图 10-27 所示，重新启动仿真后，可以看到一段时间稳定后，输出一个稳定的正弦波，如图 10-28 所示。

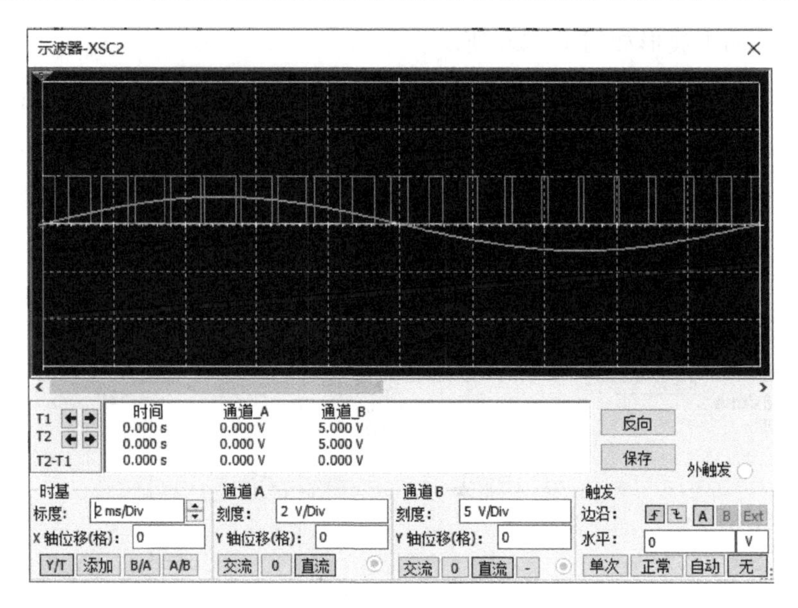

图 10-25　PWM 的驱动波形

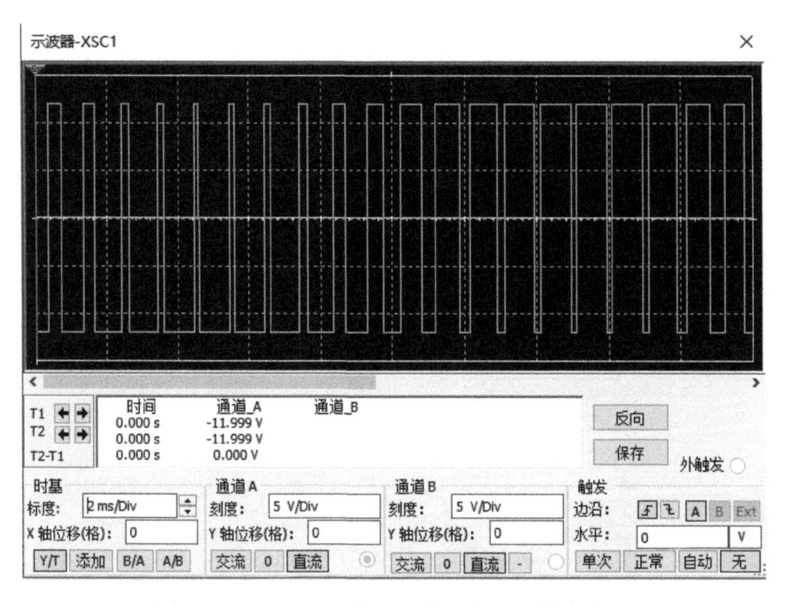

图 10-26　DC-AC 单相桥式逆变电路仿真波形

10.3.2　三相桥式逆变电路

通常，中、大功率的三相负载均采用三相桥式逆变器，创建如图 10-29 所示的三相桥式逆变电路。其中 V1 为 50 V 直流电源，功率 MOSFET 管 Q1 ~ Q6 构成逆变电路，电压控制电压源和三相 PWM 控制器 U1 组成晶体管驱动电路，电感 L、电容 C 和电阻 R 构成负载。

由于电路复杂，连线较多，为方便观察，常采用连接器连接，能够减少电路连接中繁杂

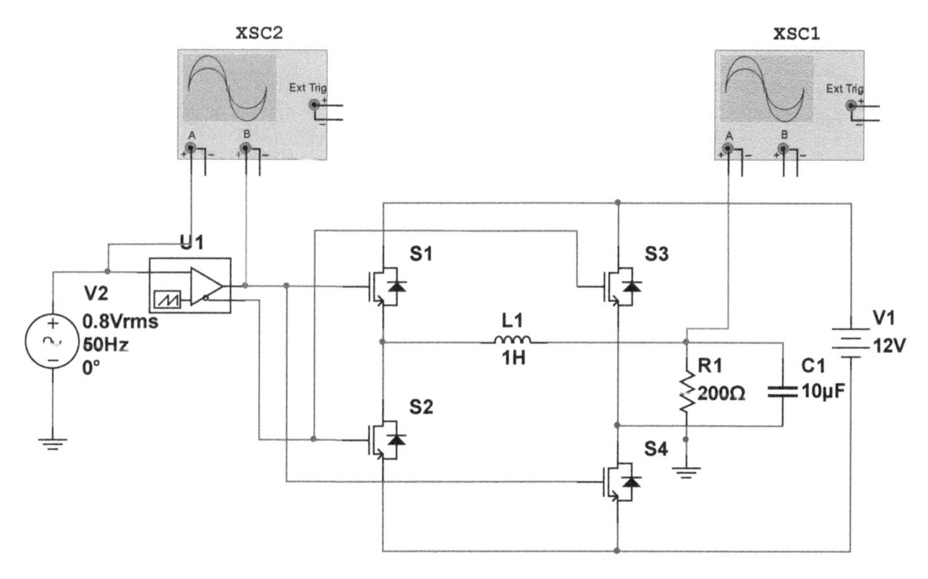

图 10-27　带 *LC* 滤波的 DC-AC 全桥逆变电路

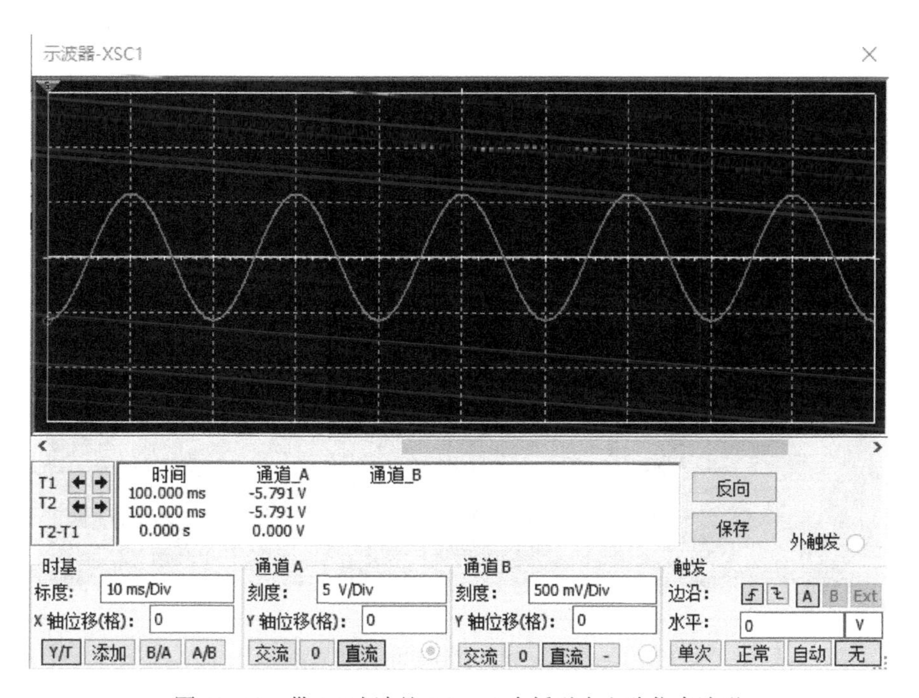

图 10-28　带 *LC* 滤波的 DC-AC 全桥逆变电路仿真波形

的线条。从元件库调用所需元件，将 PWM 控制电路与晶体管的栅极驱动电路采用在页连接器，通过相同的连接器名称进行相连，隐去中间的连接线，整个图直观又清晰。

该三相逆变电路演示了电压源三相逆变器的基本功能，使用功率 MOSFET 的高精度模型对六个开关进行建模，而所有其他元件都是理想的。采用瞬态分析进行仿真，输入瞬态分析的参数，运行瞬态分析以生成和查看滤波和未滤波的相间电压，由图 10-30 可以看出，三相逆变器的输出电压为一串脉动的交流电。

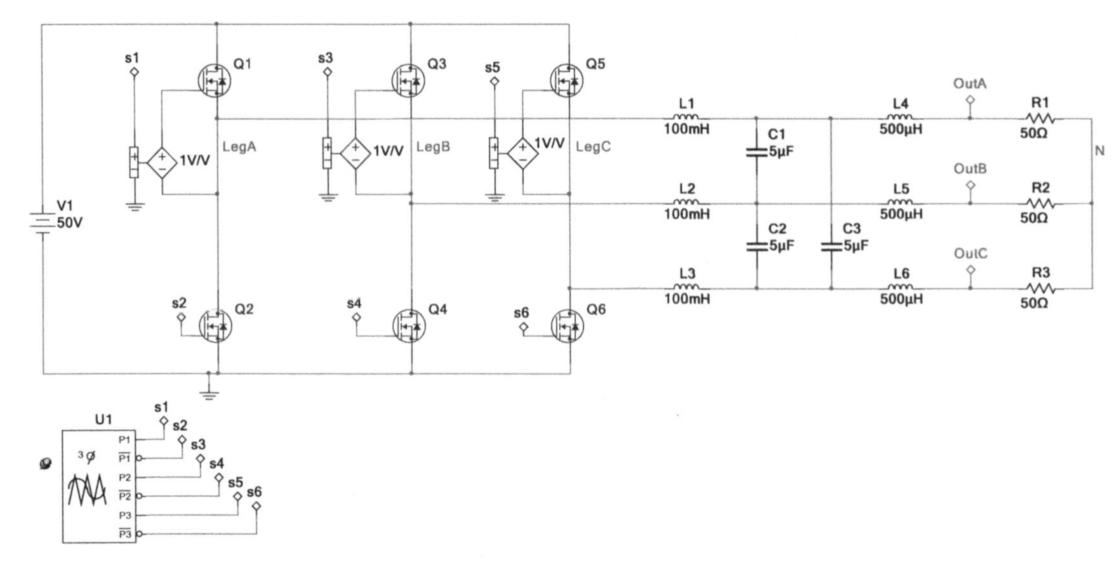

图 10-29　三相桥式逆变电路

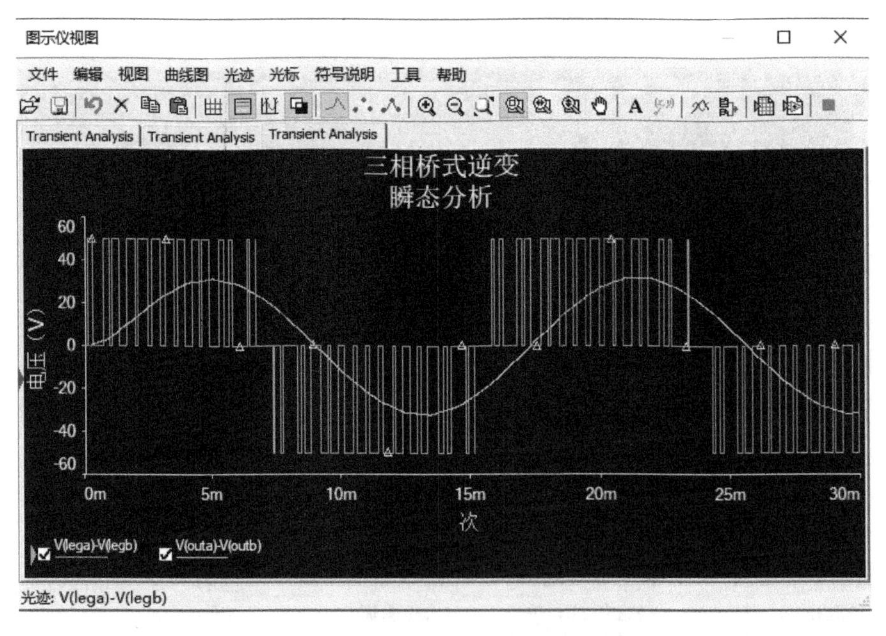

图 10-30　三相桥式逆变电路仿真波形

10.3.3　正弦脉宽调制逆变电路

PWM（Pulse Width Modulation）控制是对脉冲的宽度进行调制的技术。PWM 控制技术在逆变电路中的应用最广泛。SPWM（Sinusoidal PWM）是脉冲的宽度按照正弦规律变化而和正弦波等效的 PWM 波形，具有输出谐波小、结构简单的特点，是现代变频调速系统中应用最广泛的脉宽调制方式之一。

SPWM 是采用一个正弦波与三角波相交的方案确定各分段矩形脉冲的宽度，以正弦波作为逆变器输出的期望波形，以频率比期望波形高得多的等腰三角波作为载波，并用频率和期望波形相同的正弦波作为调制波，当调制波和载波相交时，由它们的交点确定逆变器开关器件的通断时刻，从而获得在正弦调制波的半个周期内呈两边窄中间宽的一系列等幅不等宽的矩形波。

SPWM 电路如图 10-31 所示，函数发生器产生频率为 1 kHz 的三角波信号作为载波信号，函数发生器 XFG2 产生的 50 Hz 正弦信号作为调制信号，比较器作为调制器。三角波信号和正弦波信号分别加在比较器的正相和反相输入端，通过比较器输出 SPWM 波。XFG1 和 XFG2 的参数设置如图 10-32 所示，输入波形以及通过比较器产生的波形如图 10-33 所示。

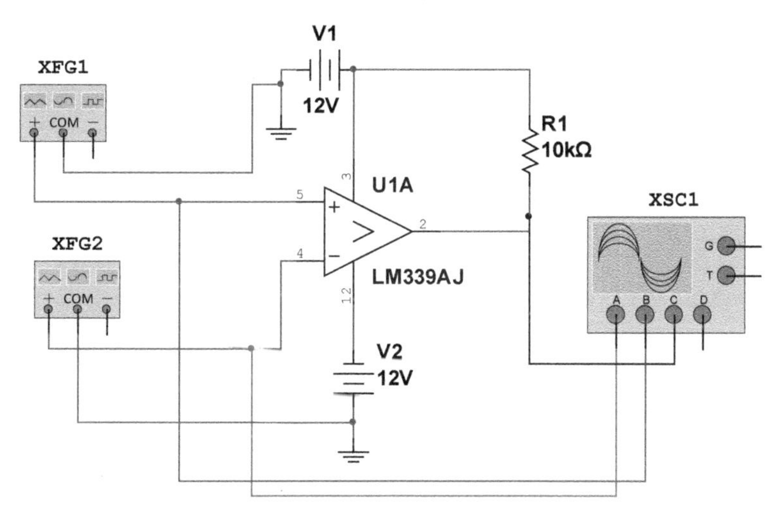

图 10-31 SPWM 电路

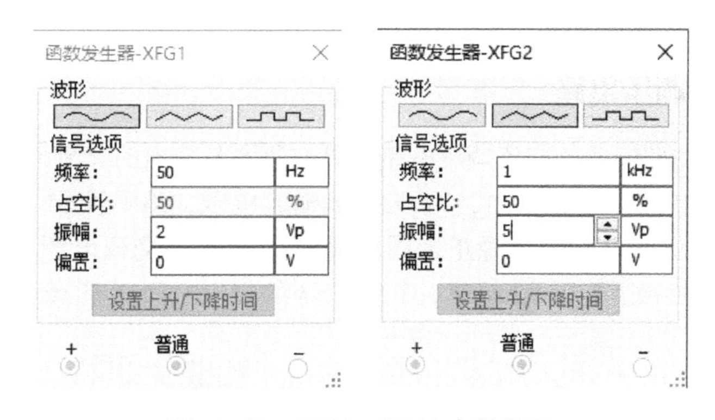

图 10-32 XFG1、XFG2 参数设置

从图 10-33 中可以看出，经过比较器产生的波形是一系列等幅不等宽的矩形，在半个周期内呈两边窄中间宽的一系列等幅不等宽的矩形波。

上面我们按照 SPWM 的原理搭建了 SPWM 电路，生成了 SPWM 波形，实际上，Multisim 中有 PWM 元件，可以直接调用，通过设置参数生成 PWM 波形。比如在单相桥式逆变电路中，只需设置调制波也就是交流电源 V2 的电压和频率，载波通过 PWM 发生器对 U1 的频率和幅值进行设置，U1 就可输出等效的 PWM 波形。

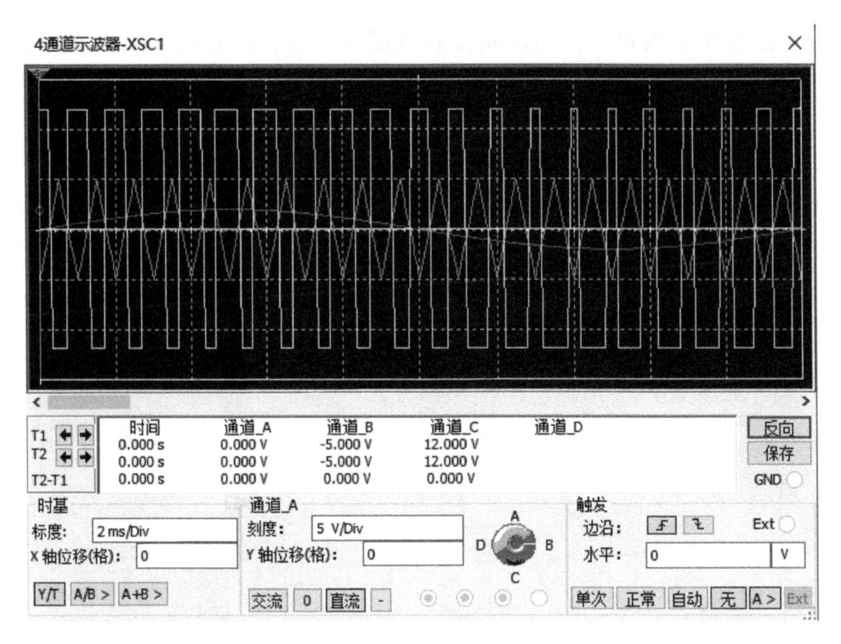

图 10-33　SPWM 产生的电路波形

10.4　交流-交流变换

交流-交流（AC-AC）变换器是将一种形式的交流电变换成另一种形式的交流电。通常，将仅改变交流电压有效值的变换器称为交流调压器，而将改变交流电压有效值和频率的变换器称为交-交变频电路。

10.4.1　单相交流调压电路

由晶闸管及控制电路组成的交流调压电路，可方便调节输出的交流电压。创建如图 10-34 所示的单相交流调压仿真电路，其中，V1 为交流输入电压，晶闸管 S1、S2 反并联后接在交流电源和负载之间，S1 控制交流电源正半周的通断，S2 控制交流电源负半周的通断。其门极控制信号分别由脉冲源 V2 和 V3 提供，V2 和 V3 的触发时间相差 10 ms，V3 先触发。

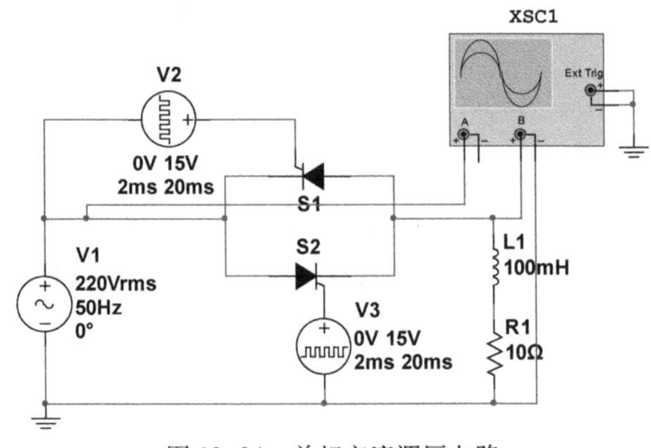

图 10-34　单相交流调压电路

启动仿真，单相交流调压电路的输出电压仿真波形如图 10-35 所示。调整脉冲源 V2、V3 的触发时间，可调整输出电压的有效值，输出电压波形随之改变。

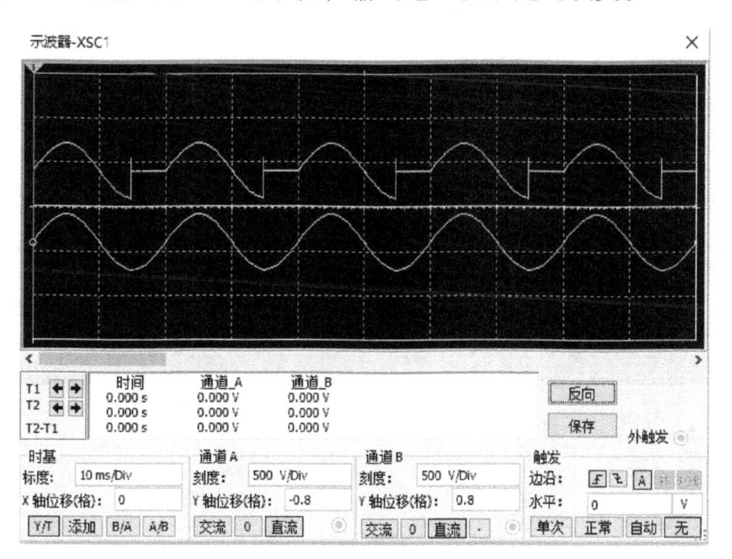

图 10-35 单相交流调压电路仿真波形

10.4.2 单相交-交变频电路

交-交变频器是把工频交流电直接变换成不同频率的交流电，也叫周波变换器。电路由两组反并联的三相晶闸管可逆变换器构成，运行正、反两组变流器的触发角 α 随时间线性变化，使输出电压平均值为正弦波。当改变触发角 α 的变化率，则输出电压平均值变化的速率也变化，也就改变了输出电压的频率；同时，当改变触发角 α 的变化范围时，也改变了输出电压的最大值极交流电压的有效值。

创建如图 10-36 所示的单相交-交变频仿真电路。其中，V1 为 50 Hz 的三相交流电源，晶闸管 S1～S6 组成三相晶闸管正组变流器，晶闸管 S7～S12 组成三相晶闸管反组变流器，可调电压源 V4 和桥式电路的相位角控制器 U1 组成晶闸管的控制电路，R1 和 L2 构成负载。

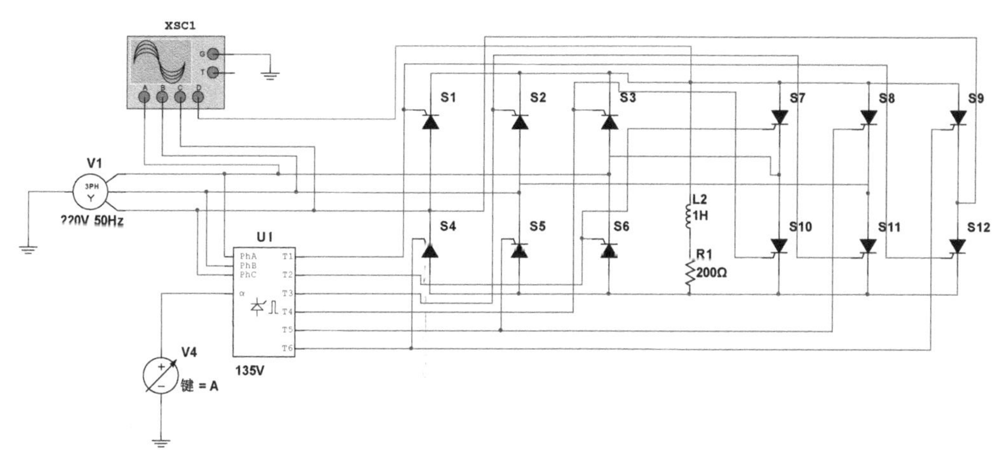

图 10-36 单相交-交变频电路

启动仿真，交-交变频电路的仿真波形如图 10-37 所示。调整脉冲源的触发时间，改变触发信号的时间，可调整输出电压的频率和有效值，输出电压波形随之改变。

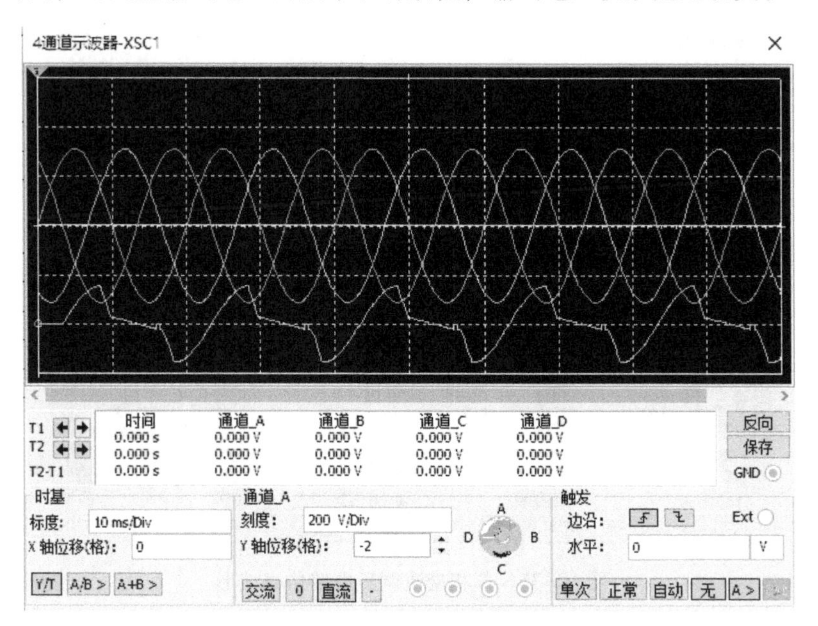

图 10-37　交-交变频电路仿真波形

10.5　本章小结

本章主要应用 Multisim 14 软件对电力电子技术中的整流电路、逆变电路、AC/AC 电路、DC/DC 电路进行仿真，将其结构原理形象化、波形图可视化，从而提高学习效率，学生能够在仿真过程中加深对基本变换电路的理解，培养逻辑思维和科学思维，不断探索理论知识点的含义，培养拓展能力和创新精神。

电力电子技术是支撑我国电力能源、航空航天、国防军工等国家重大需求的关键基础性技术之一，是兼具知识基础和工程应用性的专业课程。学生能够通过基本变换电路的理解和仿真应用，感受国家科技发展速度，激发中华民族自豪感和使命感，形成以爱国主义为核心的创造精神和奋斗精神，引导学生在时代洪流中的情感共鸣，持续创新思维，不断拓展视野。

第 11 章　Multisim 14 在高频电子电路仿真中的应用

高频电子电路是在高频段范围内实现特定电子功能的电路，被广泛地应用于通信系统和各种电子设备中，对高频电子电路的分析主要包括电路中高频信号的产生、放大和变换等。本章在总结高频电子电路的几种主要功能电路原理的基础上，主要介绍如何利用 Multisim 14 仿真软件对上述功能进行仿真分析，以便于更好地掌握高频电子电路的原理和功能。

11.1　高频小信号谐振放大电路

高频小信号谐振放大电路是集放大和选频功能于一体，由有源放大元件和无源选频网络所组成的高频电子电路，在通信设备中主要用于接收机的高频和中频放大器，目的是对系统中有用的高频小信号进行线性电压放大和频率选择。

11.1.1　高频小信号谐振放大电路的组成

高频小信号谐振放大电路的基本组成包括晶体管、负载、输入信号和直流馈电等。图 11-1 所示为一典型高频小信号谐振放大电路，其晶体管基极为正偏，工作在甲类工作状态，负载为 *LC* 并联谐振回路，调谐在输入信号的频率 465 kHz 上。

在 Multisim 14 仿真软件的电路窗口中，创建如图 11-1 所示的高频小信号谐振放大电路模型，其中晶体管 Q1 选用虚拟晶体管。单击仿真按钮，即可从示波器中观察到输入信号和输出信号波形，如图 11-2 所示。

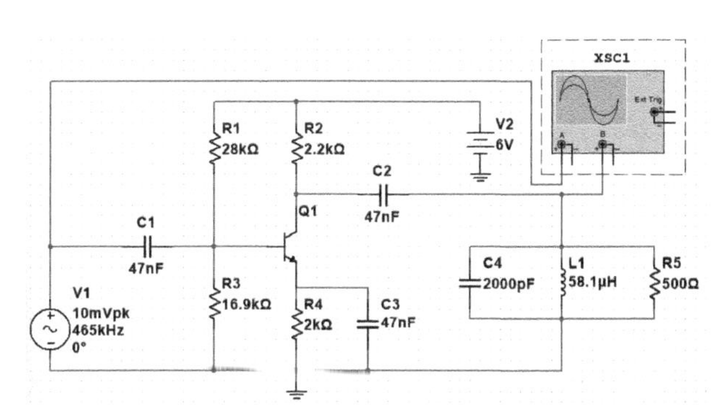

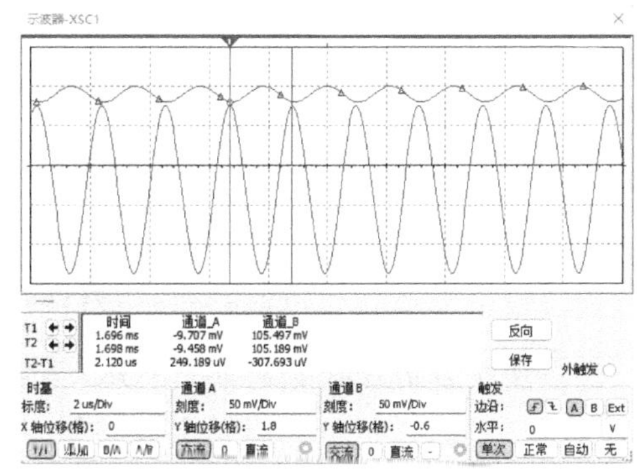

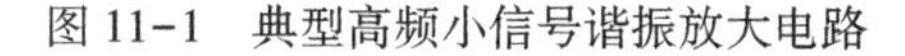

图 11-1　典型高频小信号谐振放大电路　　　　图 11-2　输入和输出信号波形

如图 11-2 所示，创建的高频小信号谐振放大电路的输出信号与输入信号方向相反，且输出信号幅值（105.497 V）是输入信号幅值（-9.707 V）的-10.87 倍，即图 11-1 所示的高频小信号谐振放大电路能够对输入信号进行反相放大。

11.1.2　高频小信号谐振放大电路 LC 选频回路

LC 选频回路是高频电子电路中最基本、应用最广泛的选频网络，是构成高频谐振放大器、正弦波振荡电路及各种选频电路的重要基础部件。LC 选频回路可以从不同频率的多种输入信号中筛选出有用信号，抑制无用信号和噪声，这对于提高整个电路的输出信号质量和抗干扰能力是极其重要的。此外，通过灵活运用 L、C 元器件，还可以实现各种形式的阻抗变换电路。

1. LC 单谐振回路选频特性

LC 单谐振回路分为并联谐振回路和串联谐振回路两种形式，其中并联谐振回路在实际应用中的用途更为广泛。图 11-3 所示为最简单的并联谐振回路和串联谐振回路。

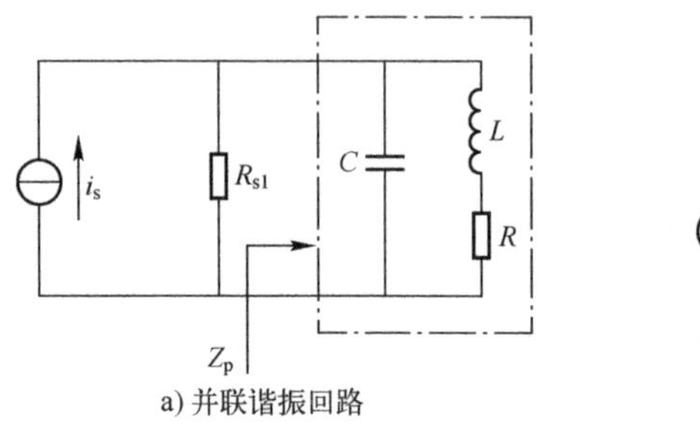

a) 并联谐振回路

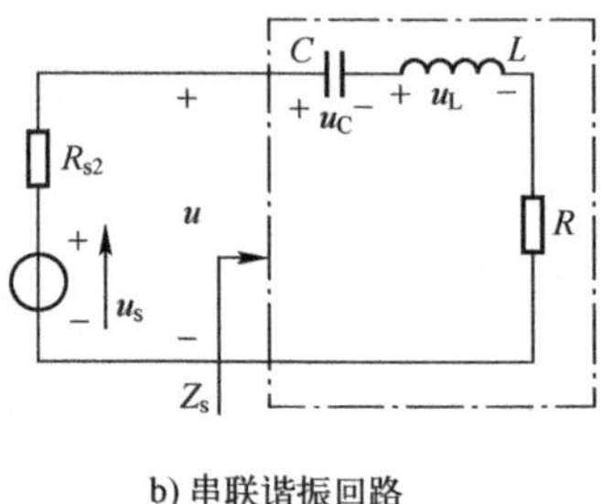

b) 串联谐振回路

图 11-3　典型 LC 单谐振回路电路结构

图 11-3 中，R 是电感线圈中的损耗电阻，i_s和 R_{s1}是并联谐振回路的外加信号源，u_s和 R_{s2}是串联谐振回路的外加信号源；Z_p和 Z_s分别是并联谐振回路和串联谐振回路的回路等效阻抗。

由于 LC 单谐振回路的实际应用中一般以并联谐振回路为主，因此以图 11-3a 所示的并联谐振回路为例，当信号频率为 ω 时，输入端口的并联阻抗为：

$$Z_p=\frac{(R+j\omega L)\dfrac{1}{j\omega C}}{R+j\omega L+\dfrac{1}{j\omega C}}=\frac{(R+j\omega L)\dfrac{1}{j\omega C}}{R+j\left(\omega L-\dfrac{1}{\omega C}\right)} \tag{11-1}$$

而在高频电子电路的实际应用中，一般都有 ωL 远大于 R，则有

$$Z_p\approx\frac{L/C}{R+j\omega L+\dfrac{1}{j\omega C}}=\frac{1}{\dfrac{RC}{L}+j\left(\omega C-\dfrac{1}{\omega L}\right)} \tag{11-2}$$

为便于分析并联谐振回路，引入并联谐振回路的导纳 Y_p，则有

$$Y_p=\frac{1}{Z_p}=\frac{RC}{L}+j\left(\omega C-\frac{1}{\omega L}\right)=G_p+jB \tag{11-3}$$

其中，令电导 $G_p=RC/L$，电纳 $B=\omega C-1/\omega L$。

同理，当信号频率为 ω 时，图 11-3b 所示的串联谐振回路中，其输入端口的串联阻抗可推导为

$$Z_s=R+j\left(\omega L-\frac{1}{\omega C}\right)=R_s+jX \tag{11-4}$$

其中，令电阻 $R_s=R$，电抗 $X=\omega L-1/\omega C$。

由式（11-2）、式（11-3）和式（11-4）可知，LC 谐振回路的端口阻抗可表示为端口频率 ω 的函数，且并联谐振回路的导纳 Y_p 和串联谐振回路的阻抗 Z_s 表现为对偶关系。

由此，可知当 LC 并联谐振回路的总电纳 B 或 LC 串联谐振回路的总电抗 X 为 0 时，为 LC 谐振回路对端口频率（或外加信号源频率）ω 的谐振。

此时满足谐振条件：

$$
\begin{aligned}
B&=\left(\omega C-\frac{1}{\omega L}\right)=0\\
X&=\left(\omega L-\frac{1}{\omega C}\right)=0
\end{aligned}
\tag{11-5}
$$

LC 谐振回路的谐振频率 ω_0，即为 LC 谐振回路满足谐振条件时的工作频率。由式（11-5）可得 LC 谐振回路的谐振频率为

$$
\omega_0=\frac{1}{\sqrt{LC}} \tag{11-6}
$$

2. 高频小信号谐振放大电路的选频作用

在高频小信号谐振放大电路中，若输入信号为多个频率，高频小信号谐振放大电路可通过抑制干扰信号的方式，从多个频率的输入信号中选择出有用信号。假设如图 11-4 所示的高频小信号谐振放大电路中，其输入信号为 465 kHz 及其 2、4、8 次谐波（即 930 kHz、1860 kHz、3729 kHz），根据式（11-6）的 LC 谐振回路谐振频率公式，图 11-4 所示电路对应的谐振回路参数为 $C_4=20000\ \text{pF}$、$L_1=5.81\ \mu\text{H}$。Multisim 14 中的仿真结果如图 11-5 所示。

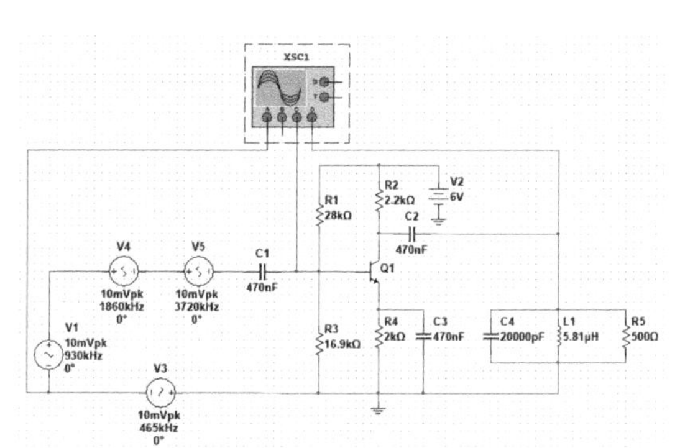

图 11-4　多输入信号高频小信号谐振放大电路

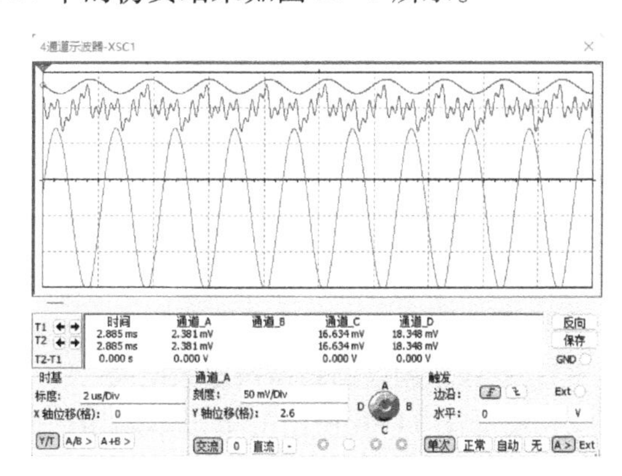

图 11-5　选频作用仿真结果

图 11-5 中，待放大信号的频率为 465 kHz，输入信号由待放大信号及其 2、4、8 次谐波信号（作为干扰信号）叠加构成。由于负载 LC 并联谐振回路调谐在 465 kHz 上，对该频率分量信号的放大量（即增益）最大，该频率分量信号的幅度就最大，而其他频率的信号输出幅度则相对较小。体现在输出波形上，输出信号近似与输入的待放大信号呈线性关系，且极性相反，干扰信号得到了有效抑制。

3. 高频小信号谐振放大电路的通频带和矩形系数

高频小信号谐振放大电路的通频带是放大器增益下降到最大值的 $1/\sqrt{2}$（即 3 dB）时所对应的频带范围，所以通频带为

$$B=2\Delta\omega_{0.7}=\frac{\omega_0}{Q} \tag{11-7}$$

其中 $2\Delta\omega_{0.7}$为放大器增益最大值 $1/\sqrt{2}$处对应的两个边界频率之间的频带宽度，Q 为谐振回路的品质因数，其值为

$$Q=\frac{\omega_0 L}{R}=\frac{1}{\omega_0 RC}=\frac{1}{R}\sqrt{\frac{L}{C}} \tag{11-8}$$

由式（11-7）可知，谐振回路的通频带与谐振回路的品质因数 Q 有关，即当 Q 值越大时回路的损耗越小，此时谐振曲线越陡峭，通频带越窄。

理想选频电路的幅频特性应是矩形，而实际选频电路的幅频特性只能是接近于矩形，其接近的程度与选频电路本身的结构形式有关。用矩形系数表示实际选频电路的幅频特性接近矩形的程度，用 $K_{0.1}$表示矩形系数，其值为

$$K_{0.1}=\frac{2\Delta\omega_{0.1}}{2\Delta\omega_{0.7}} \tag{11-9}$$

其中，$2\Delta\omega_{0.7}$为放大器增益最大值 $1/\sqrt{2}$处对应的两个边界频率之间的频带宽度，$2\Delta\omega_{0.1}$为放大器增益最大值 0.1 处对应的两个边界频率之间的频带宽度。显然，理想选频电路的矩形系数 $K_{0.1}$应该为 1，而实际选频电路的矩形系数均大于 1。因此，当选频电路的矩形系数 $K_{0.1}$越接近 1，则该选频电路的选频特性越好。

在 Multisim 14 仿真软件中，可以利用软件中自带的波特图仪观察高频小信号谐振放大电路的幅频特性曲线，进而求解该电路的通频带和矩形系数。

11.1.3　单调谐回路谐振放大电路

单调谐回路谐振放大电路的主要功能是放大高频的微弱信号。很多高频信号都是窄带信号，其信号的频带宽度远小于信号的中心频率，即其相对带宽一般很小。因此，放大这种信号的放大电路通常是窄带放大电路。窄带放大电路的负载不再是线性电阻，而是谐振回路或各种固体滤波器，它不仅具有放大作用，还具有选频或滤波作用，这类放大电路统称为小信号谐振放大电路。

1. 单级单调谐回路谐振放大电路

构建如图 11-6 所示的单级单调谐回路谐振放大电路，其谐振回路的参数分别为 C_3 = 470 pF、L_1 = 1.47 μH，电路的输入端和输出端分别接入波特图仪，输入和输出波形如图 11-7 所示，通过调整通道 A 和通道 B 的刻度，下方为输入波形，上方为输出波形。

在波特图仪中得到该电路的幅频特性曲线，如图 11-8 所示。

根据图 11-8，该电路的中心频率为 5.981 MHz。将游标分别左移、右移到最大值 3 dB（约等于 7.33）对应的位置，其对应的下限频率和上限频率分别为 5.479 MHz 和 6.675 MHz，则该谐振放大电路的通频带为

$$B=6.675\ \text{MHz}-5.479\ \text{MHz}=1.196\ \text{MHz}$$

其矩形系数为

$$K_{0.1}=\frac{2\Delta\omega_{0.1}}{2\Delta\omega_{0.7}}=\frac{15.232}{1.196}\approx 12.73 \tag{11-10}$$

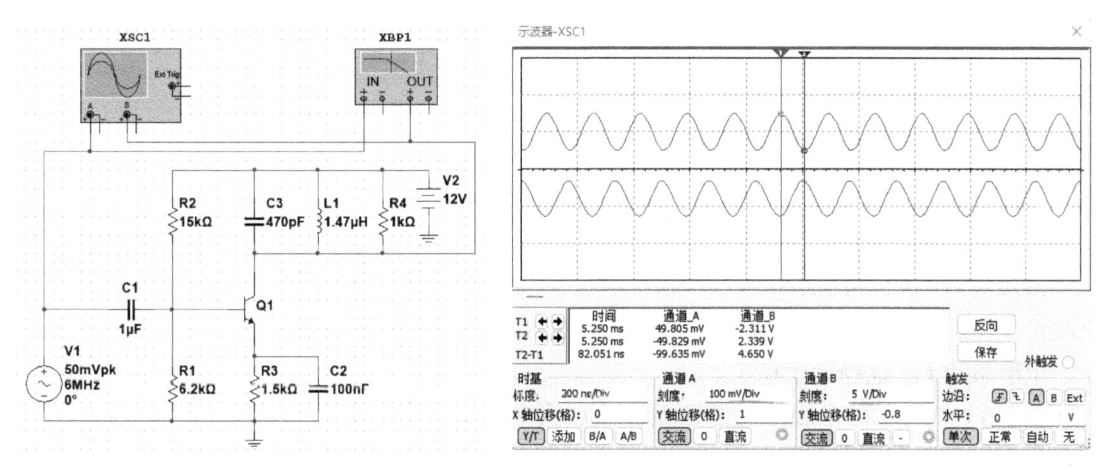

图 11-6　单级单调谐回路谐振放大电路　　　　图 11-7　输入和输出波形

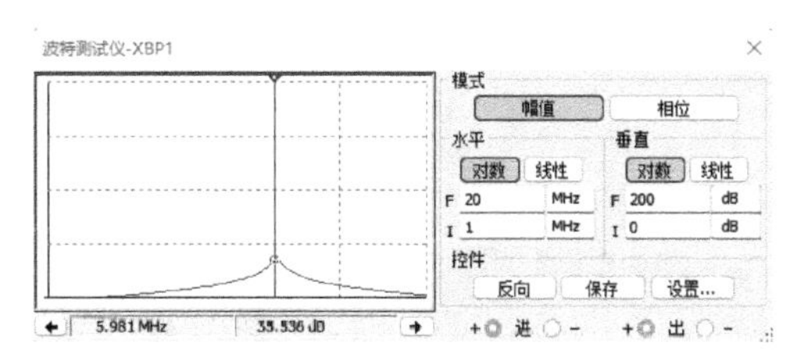

a) 中心频率

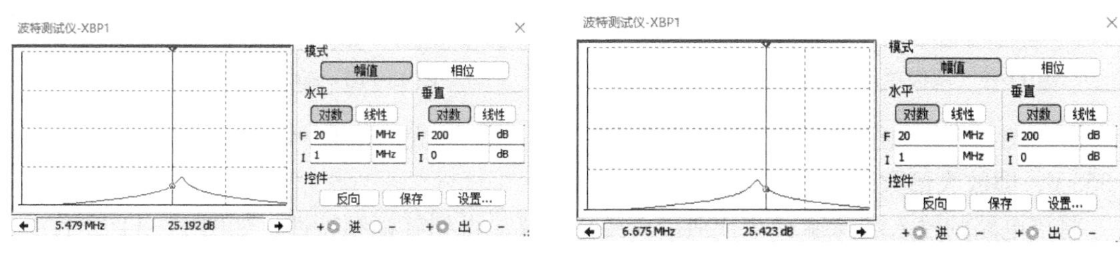

b) 下限频率　　　　c) 上限频率

图 11-8　单级单调谐回路谐振放大电路幅频特性

由此可见，图 11-6 中建立的单级单调谐回路谐振放大电路虽然有效放大了输入端的小信号，但其矩形系数为 12.73，远大于 1，即该电路的谐振曲线和矩形相差甚远，选择性较差。

2. 多级单调谐回路谐振放大电路

当单级放大器不能满足增益的要求时，就要采用多级级联放大器。级联后的放大器，其增益、通频带和选择性都将发生变化。

假设一个多级放大器共有 n 级，各级的电压增益分别为 $A_{u1}, A_{u2}, \cdots, A_{un}$，则总的电压增益为

$$A_u = A_{u1}A_{u2}A_{u3}\cdots A_{un} \tag{11 11}$$

而谐振时的电压总增益则为

$$A_{u0} = A_{u01}A_{u02}A_{u03}\cdots A_{u0n} \tag{11-12}$$

此时，n 级放大器的通频带为

$$B_n = (2\Delta\omega_{0.7})_n = \sqrt{2^{1/n}-1}\,\frac{\omega_0}{Q} \tag{11-13}$$

由式（11-13）可见，n 级放大器级联后，总的通频带是单级放大器通频带的$\sqrt{2^{1/n}-1}$倍，$\sqrt{2^{1/n}-1}$即频率缩小系数。

此外，n 级放大器的矩形系数为

$$K_{0.1}=\frac{2\Delta\omega_{0.1}}{2\Delta\omega_{0.7}}=\frac{\sqrt{100^{1/n}-1}}{\sqrt{2^{1/n}-1}} \tag{11-14}$$

由式（11-14）可见，n 级放大器级联后，随着级数 n 的增加，放大电路的矩形系数有所改善，但随着级数 n 的不断增长，矩形系数 $K_{0.1}$ 的改善越来越缓慢。当 n 趋近于无穷大时，矩形系数 $K_{0.1}$ 也趋近于稳定。

将图 11-6 所示的单级单调谐谐振回路放大电路进行级联，得到图 11-9 所示的一个两级单调谐回路谐振放大电路，图 11-10 所示为其输入和输出波形。

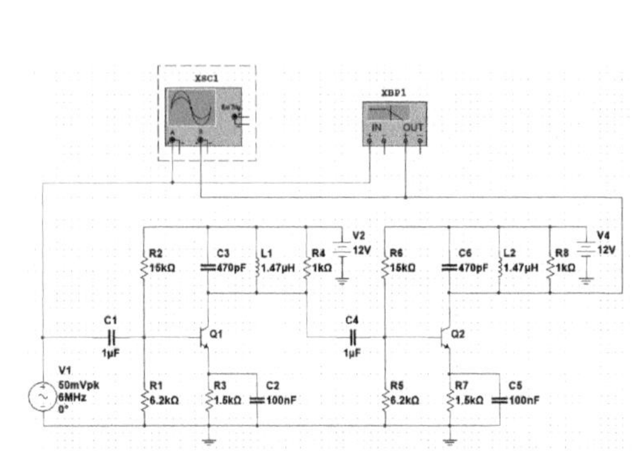

图 11-9　两级单调谐回路谐振放大电路

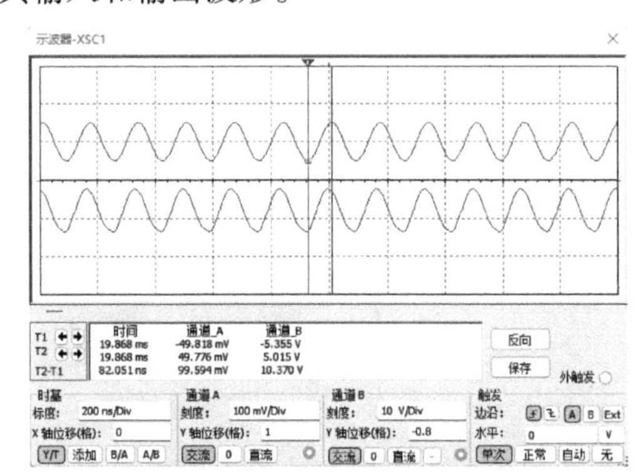

图 11-10　输入和输出波形

对比图 11-7 与图 11-10 中输出波形的幅值，可见放大后的信号幅值从 2.311 V 变为了 5.355 V，即放大倍数增加了 1 倍。

将该电路的输入端与输出端分别接入波特图仪，得到其幅频特性，如图 11-11 所示。

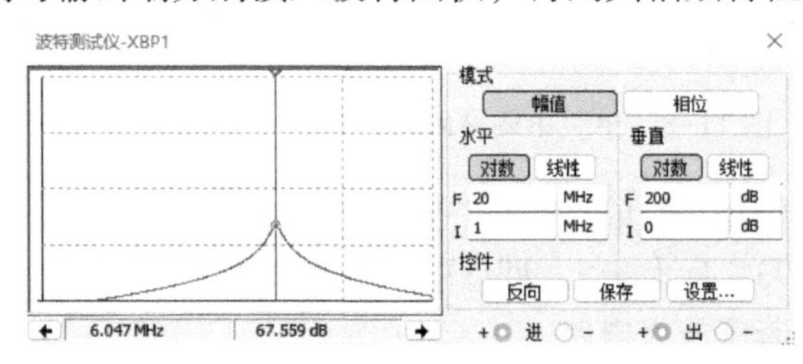

a) 中心频率

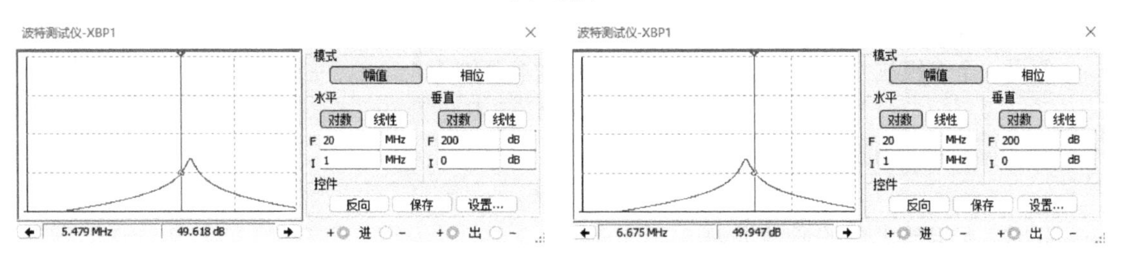

b) 下限频率　　　　c) 上限频率

图 11-11　两级单调谐回路谐振放大电路幅频特性

11.1.4　双调谐回路谐振放大电路

图 11-6 所示单调谐放大器的矩阵系数为 12.73，远大于 1，其特性非常不理想。利用双调谐回路作为晶体管的负载，可以有效降低电路的矩阵系数，很好地改善放大器的滤波特性。

在 Multisim 仿真软件中搭建图 11-12 所示的双调谐回路谐振放大电路，从示波器中观察到图 11-13 所示的电路输入和输出波形。

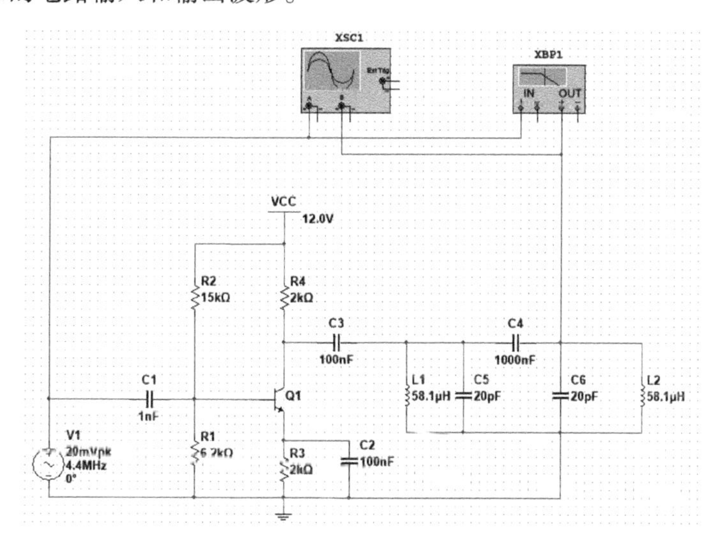

图 11-12　双调谐回路谐振放大电路

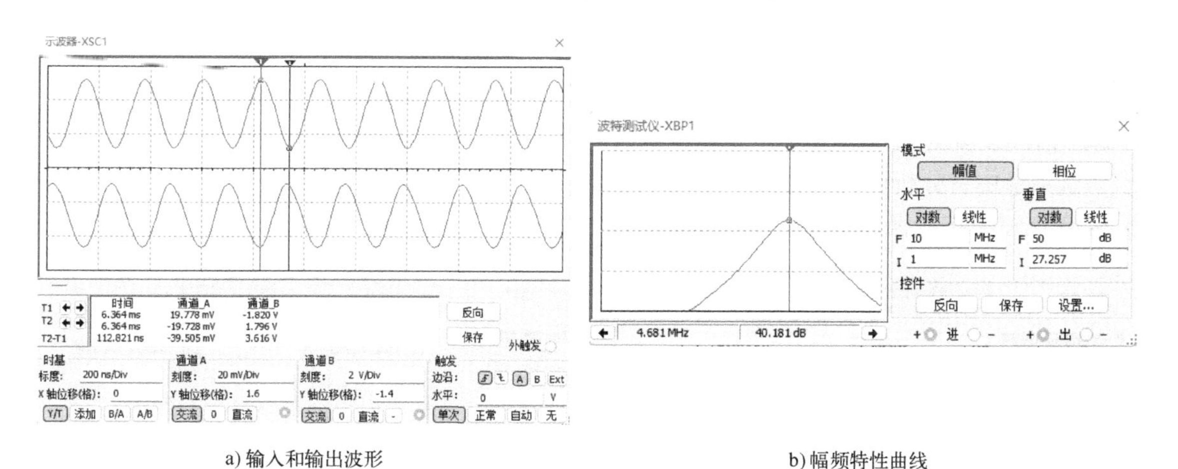

a) 输入和输出波形　　　b) 幅频特性曲线

图 11-13　双调谐回路谐振放大电路的输入和输出波形

11.2　高频谐振功率放大电路

高频谐振功率放大器通常用在发射机末级功率放大器和末前级功率放大器中，主要对高频信号的功率进行放大，使其达到发射功率的要求。

11.2.1　高频谐振功率放大电路原理仿真

高频谐振功率放大电路如图 11-14 所示，其电路特点如下：晶体管工作在丙类工作状态，负载为并联谐振回路，调谐在输入信号的中心频率上，完成滤波和阻抗匹配的作用。

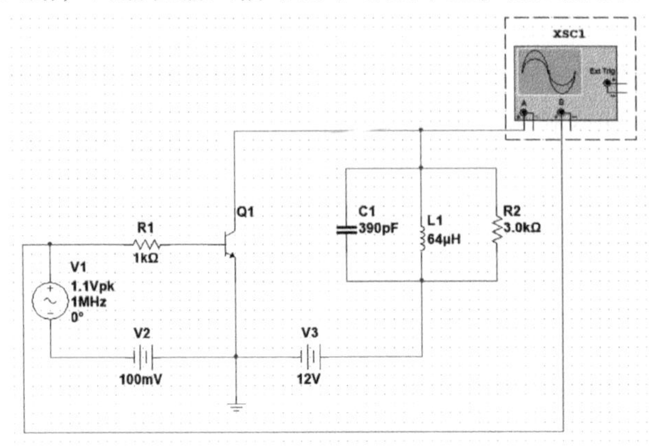

图 11-14　高频谐振功率放大电路

1. 集电极电流 i_c 与输入信号之间的非线性关系

晶体管工作在丙类工作状态的目的是提高功率放大电路的效率，为此，晶体管的基极直流偏置 V_{BB}（电路中的 V2）$<U_{(on)}$（$U_{(on)}$ 为晶体管开启电压），这样晶体管的导通时间小于输入信号的半个周期。因此，当输入信号为余弦信号时，集电极电流 i_c 将是周期性的余弦脉冲序列。

1）当输入信号 V1 振幅 V_{pk} 设为 0.7 V 时，利用 Multisim 14 仿真软件中的瞬态分析对高频谐振功率放大电路进行分析。执行菜单命令“仿真-Analyses and Simulation”，打开并单击 Analyses and Simulation 对话框，在对话框左侧 Active Analysis 栏中单击“瞬态分析”，则对话框右侧对应呈现“瞬态分析”的设置选项卡。如图 11-15 所示，在“分析参数”选项卡中起始时间设置为 0.003 s，终止时间设置为 0.003005 s，此时采样数为 200。然后，在“输出”选项卡中将分析输出变量 I(Q1[Lc]) 添加至右侧“已选定用于分析的变量”窗口中，然后单击 Save 按钮保存设置，执行 Run 操作。

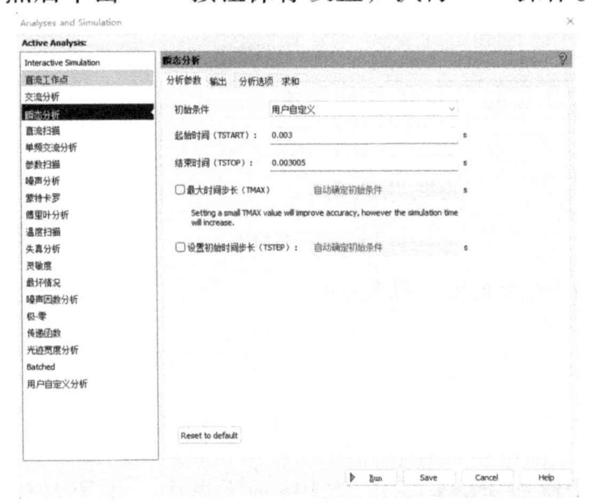

a)“分析参数”选项卡设置　　b)“输出”选项卡设置

图 11-15　高频谐振功率放大电路仿真参数设置

瞬态分析结果即集电极电流如图 11-16 所示。可见，集电极电流是一串尖顶余弦脉冲，与输入信号呈非线性关系。

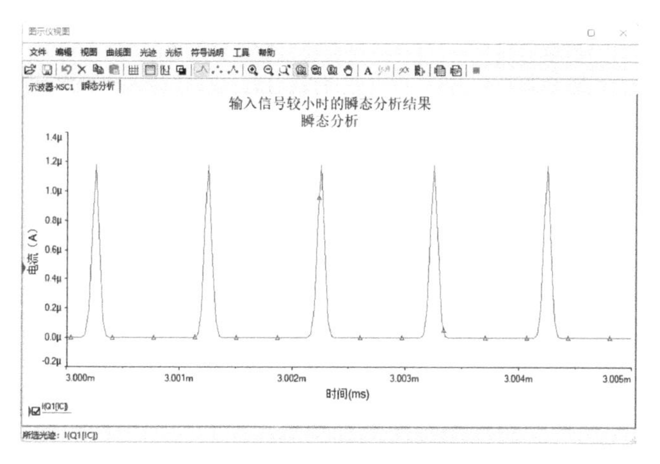

图 11-16　输入信号较小时的瞬态分析结果

2）当输入信号 V1 的振幅 V_{pk} 为 1.2 V 时，设置同上，瞬态分析结果即集电极电流如图 11-17 所示。可见，集电极电流此时是一个周期性的凹顶余弦脉冲，说明此时高频谐振功率放大器已经工作在过电压状态了。

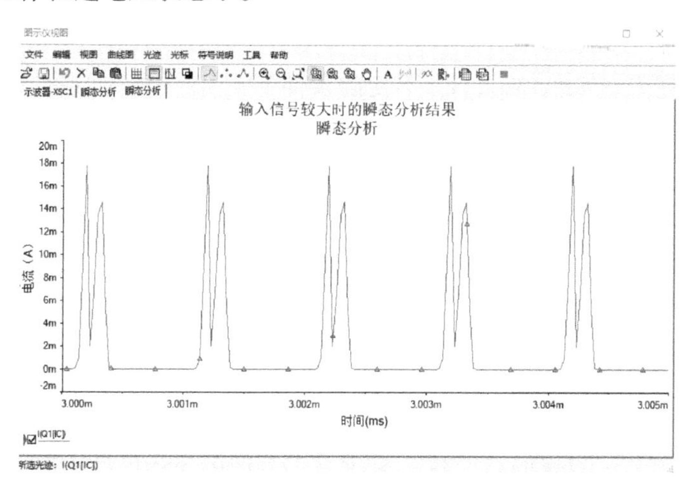

图 11-17　输入信号较大时的瞬态分析结果

2. 输入与输出信号之间的线性关系

尽管由于晶体管的非线性工作特性使集电极电流 i_c 与输入信号之间为非线性关系，但利用并联谐振回路的选频特性，使集电极电流 i_c 的基波分量 i_{c1} 在回路两端产生较大的输出电压，而谐波分量所产生的输出幅度很小，可以忽略不计，这样输出信号将与输入信号呈线性关系。

在 Multisim 14 仿真软件的电路窗口中创建如图 11-14 所示电路，启动仿真按钮，示波器所显示的输入、输出信号的波形如图 11-18 所示，图中自上而下分别为高频谐振功率放大器的输出电压（由示波器 A 通道测量）和输入电压（由示波器 B 通道测量）。

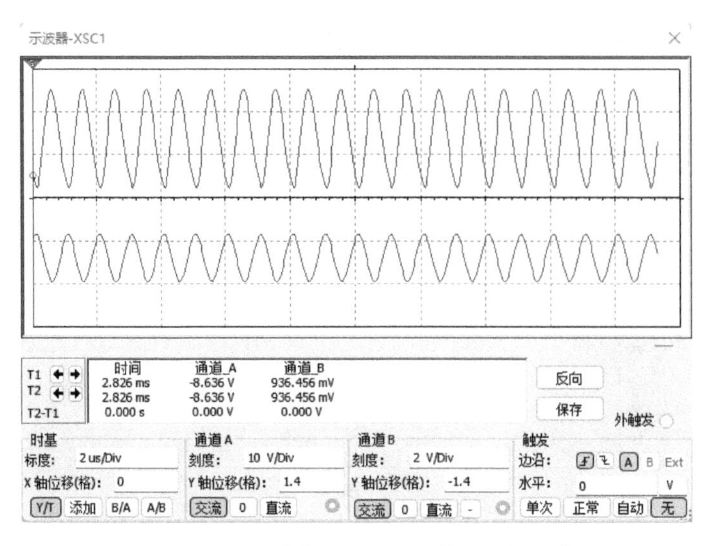

图 11-18　高频谐振功率放大电路的输入、输出信号波形

11.2.2　高频谐振功率放大电路的外部特性

高频谐振功率放大电路的外部特性是判断、调整其工作状态的依据，主要包括调谐特性、负载特性、振幅特性和调制特性。

1. 调谐特性

调谐特性是指在 R_2、V_{1m}、V_{BB}、V_{CC}不变的条件下，高频谐振功率放大电路的 I_{c0}、V_{cm}等变量随谐振回路电容 C_1变化的关系，如图 11-19 所示，回路谐振时，I_{c0}最小、V_{cm}最大。调谐特性是指示负载回路是否已调谐在输入载波频率上的重要依据。

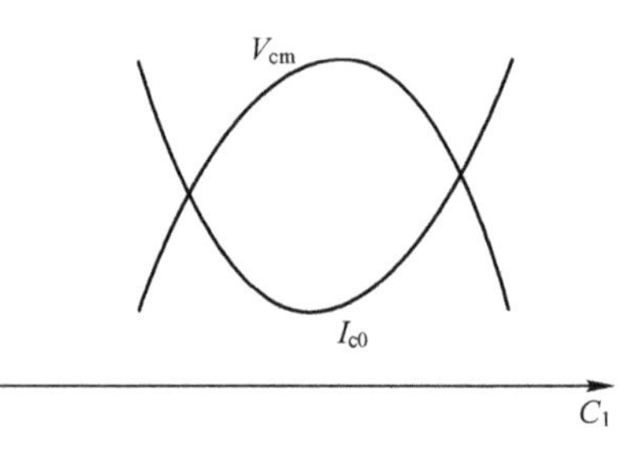

图 11-19　高频谐振功率放大电路的调谐特性曲线

下面以图 11-14 所示电路为例分别验证 I_{c0}、V_{cm}随电容 C_1变化的情况。

（1）I_{c0}随 C_1变化

为使电路状态变化明显，将输入信号 V1 的 V_{pk}设为 1.1 V，在 V3 回路中串联直流电流表 U_1（将其内阻设为 1e-09mOhm），将 C_1依次从谐振时的 390 pF 改为 290 pF、490 pF，则电流表的指示分别从 2.164 mA 变化为 2.776 mA 和 1.831 mA，如图 11-20 所示，其特性曲线与图 11-19 所示的调谐特性曲线变化一致。

（2）V_{cm}随 C_1变化

通过 Multisim 14 仿真软件中的 Parameter Sweep（参数扫描）分析方法具体说明高频谐振功率放大电路的调谐特性中 V_{cm}随 C_1的变化情况。执行菜单命令“仿真-Analyses and Simulation”，打开 Analyses and Simulation 对话框，在对话框左侧“Active Analysis”栏中选中“参数扫描”，则对话框右侧对应呈现参数扫描的相关分析设置选项卡。参考图 11-21a，在“参数分析”选项卡中设置扫描对象为 C1，扫描分析方式为“瞬态分析”，单击右侧“编辑分析”按钮，将打开“瞬态分析扫描”对话框，设置如图 11-21b 所示。确认后返回到“Analyses and Simulation”对话框，在“输出”选项卡中设置分析输出量为 V(5)（即 C_1、

R_2与 Q_1集电极的交点)，然后单击“Save”按钮，保存设置，执行“Run”操作，仿真结果如图 11-22 所示。

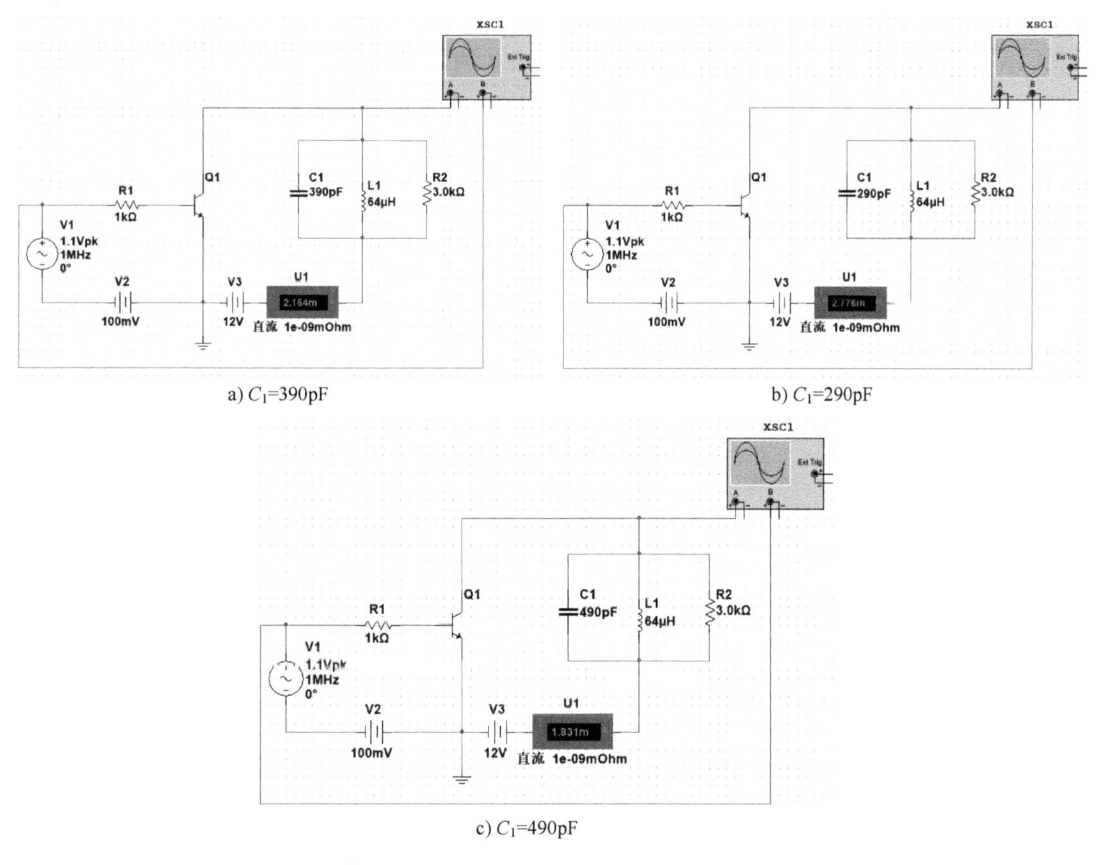

a) C_1=390pF　　b) C_1=290pF

c) C_1=490pF

图 11-20 高频谐振功率放大器谐振特性：I_{c0}随 C_1变化

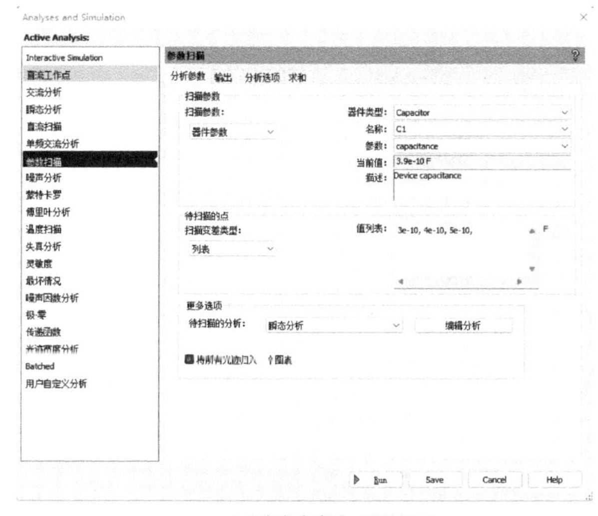

a)“参数扫描”设置界面

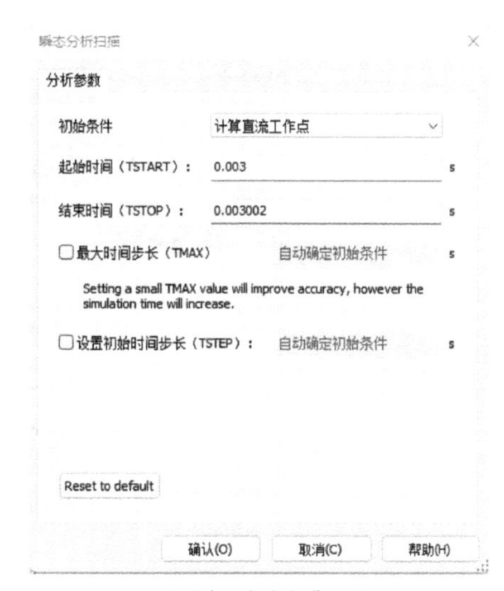

b)“瞬态分析扫描”设置界面

图 11-21 参数设置

在图 11-22 中，C_1 = 390 pF 对应幅度最大的波形，与图 11-19 所示的波形一致。当回路谐振（电容为 390 pF）时，呈现的阻抗最大，因此，虽然晶体管集电极电流 i_c和其基波分量 i_{c1}幅度都与 I_{c0}一样为最小，但输出电压 v_c振幅却为最大。而当 C_1 = 290 pF、C_1 = 490 pF 时，回路失谐，等效阻抗减小，虽然 i_c将有所增加，在回路两端所获得的输出电压 v_c的幅度 V_{cm}还是将减小。另外，当 C_1 = 290 pF 时，负载谐振回路的通频带将增大，不能很好地滤除 i_c中的二次、三次谐波，导致输出电压出现了波形失真。

2. 负载特性

负载特性是指在 V_{CC}、V_{BB}、V_{1m}不变的条件下，高频谐振功率放大电路的工作状态（特别是 I_{c0}、I_{c1m}、V_{cm}及功率）与 R_2之间的关系，负载特性如图 11-23 所示。

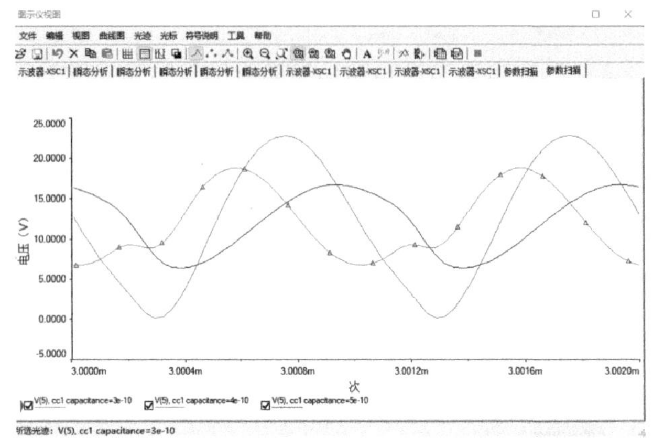

图 11-22　C_1变化对输出电压 V_{cm}的影响

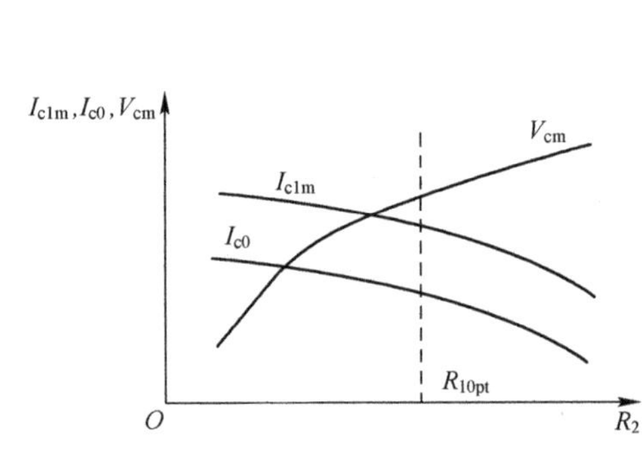

图 11-23　负载特性

在图 11-14 所示高频谐振功率放大电路中，将 R_2作为扫描对象，同样利用参数扫描分析方法，根据图 11-24 所示进行相关参数设置，对 R_2选择 2 kΩ、3 kΩ、4 kΩ 三组不同值，观察晶体管集电极电流 i_c和回路的输出电压 v_c，结果如图 11-25 所示。

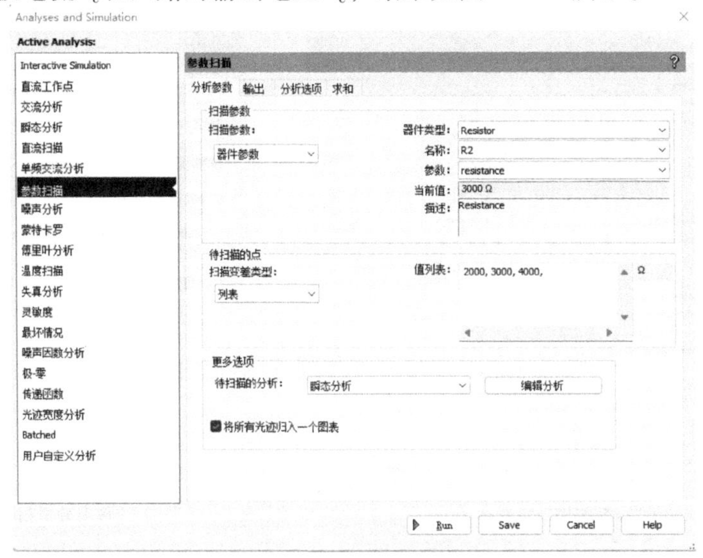

图 11-24　参数扫描设置

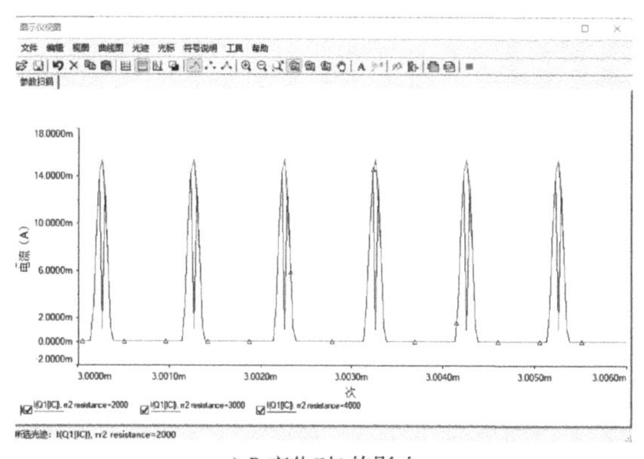

a) R_2变化对i_c的影响

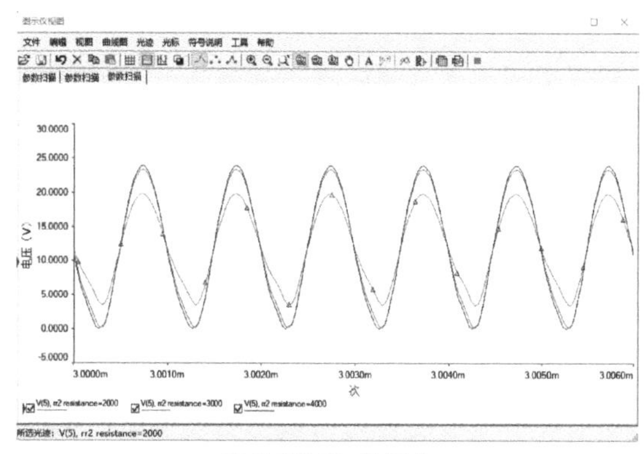

b) R_2变化对v_c的影响

图 11-25　通过参数扫描分析高频谐振功率放大器的负载特性

在图 11-25a 中，$R_2=2\,\text{k}\Omega$、$3\,\text{k}\Omega$ 时，电流 i_c 为尖顶余弦脉冲，幅度几乎一致，说明高频谐振功率放大器工作在欠电压状态；而 $R_2=4\,\text{k}\Omega$ 时，电流 i_c 幅度减小，还出现了凹顶，说明高频谐振功率放大器工作在过电压状态。在图 11-25b 中幅度最小的波形对应 $R_2=2\,\text{k}\Omega$，幅度最大的波形对应 $R_2=4\,\text{k}\Omega$，但与 $R_2=3\,\text{k}\Omega$ 差别不大。由此可见 V_{cm}将随 R_2的增大而增大。上述结果与图 11-23 所示的负载特性一致。

3. 振幅特性

振幅特性是指在 R_1、V_{CC}、V_{BB} 不变的条件下，高频谐振功率放大电路的 I_{c0}、I_{c1m}、V_{cm} 与 V_{1m}之间的关系，如图 11-26 所示。

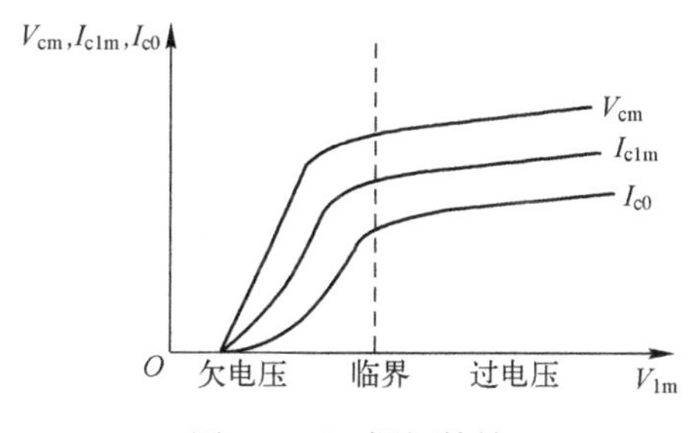

图 11-26　振幅特性

分别设置输入信号源为 1.1V_{pk}、1V_{pk}、0.9V_{pk}，在 V3 回路中串联直流电流表 U1（其内阻设为 1e-09mOhm），电路仿真结果如图 11-27 所示。

由图 11-27 可见，当输入信号源为 1.1V_{pk}时，集电极电流 I_{c0}为 2.221 mA；若输入信号源为 1V_{pk}时，重新启动仿真按钮，集电极电流 I_{c0}为 0.889 mA；输入信号源为 0.9V_{pk}时，集电极电流 I_{c0}为 0.111 mA。由此可知，集电极电流 I_{c0}随着输入信号源所产生信号振幅的减小而减小，且处于欠电压工作时，减少的幅度很大。

4. 调制特性

（1）集电极调制特性

高频谐振功率放大电路的集电极调制特性是指在 R_2、V_{1m}、V_{BB}不变的条件下，其 I_{c0}、I_{c1m}、V_{cm}与 V_{CC}之间的关系，如图 11-28 所示。

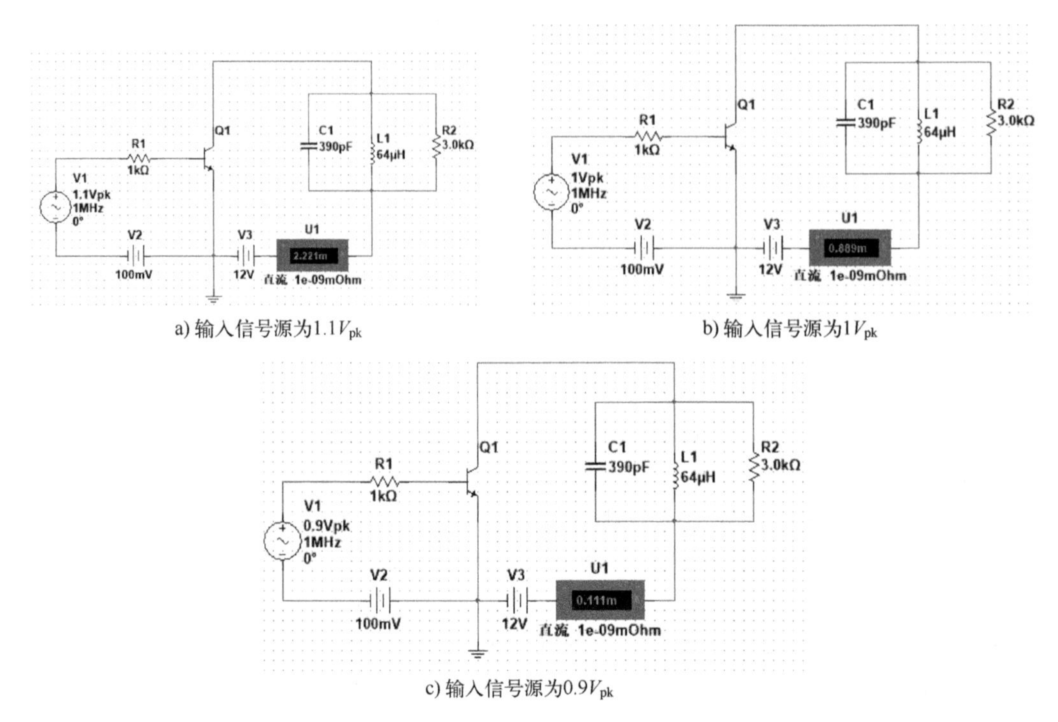

a) 输入信号源为1.1V_{pk}　　b) 输入信号源为1V_{pk}

c) 输入信号源为0.9V_{pk}

图 11-27　V_{1m}变化对I_{c0}的影响

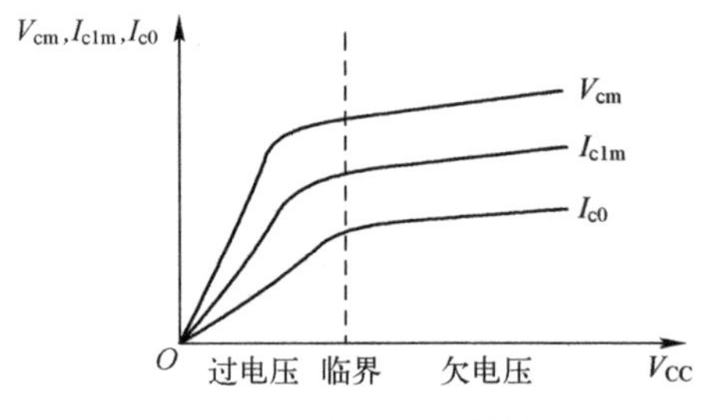

图 11-28　集电极调制特性

下面以图 11-14 所示的高频谐振功率放大电路为例，具体说明其集电极调制特性。参照前面小节中关于瞬态分析的参数设置步骤，在仿真参数选项卡中进行相应的仿真设置，具体参数设置如图 11-29 所示。

设置完毕后单击“确认”按钮，返回图 11-29a 所示的“参数扫描”对话框，然后在“输出”选项卡中，分别设置 I(Q1[Lc])和 V(5)为输出变量。最后，单击 Run 按钮，进行参数扫描分析，分析结果如图 11-30 所示。

在图 11-30a 中，I(Q1[Lc])波形幅度最小的是 $V_{CC}=6$ V 时的波形，其上分别是 $V_{CC}=12$ V、$V_{CC}=18$ V。由此可以明显地看出，随着 V_{CC}的增加，电流 i_c的幅度也增加，且从凹顶变成尖顶，即电路的工作状态从过电压（$V_{CC}=6$ V）变为欠电压（$V_{CC}=12$ V）。

在图 11-30b 中，V(5)输出波形中幅度最小的对应 $V_{CC}=6$ V，其上分别是 $V_{CC}=12$ V、$V_{CC}=18$ V，可以明显看出，随着 V_{CC}增加，输出信号的幅度也增加。

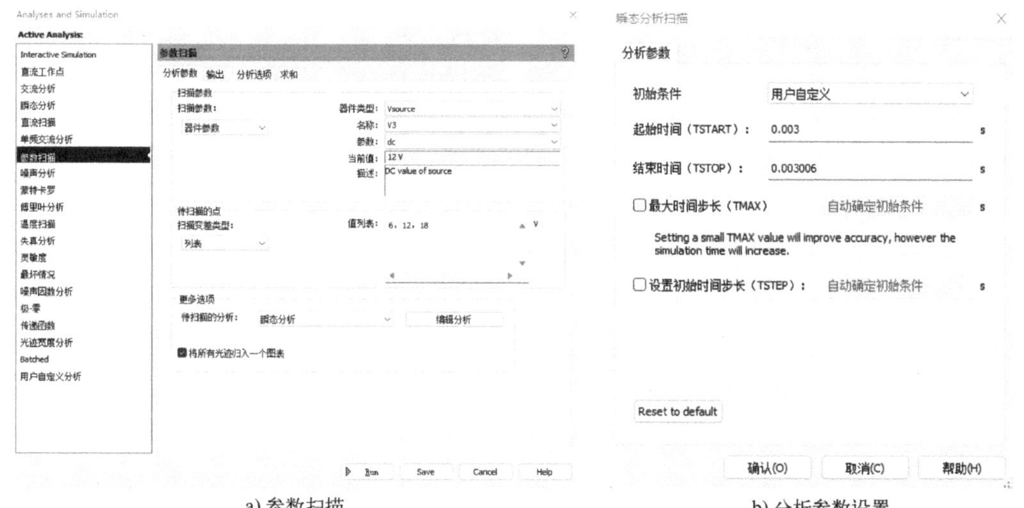

a) 参数扫描　　　　b) 分析参数设置

图 11-29　参数设置

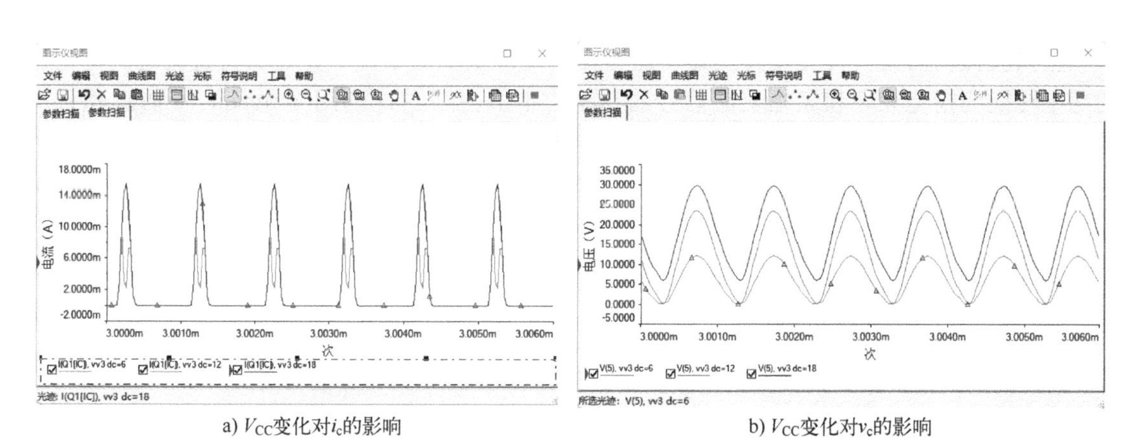

a) V_{CC}变化对i_c的影响　　　　b) V_{CC}变化对v_c的影响

图 11-30　仿真结果

（2）基极调制特性

高频谐振功率放大电路的基极调制特性是指在 R_2、V_{1m}、V_{CC}不变的条件下，其 I_{c0}、I_{c1m}、V_{cm}与 V_{BB}之间的关系，如图 11-31 所示。

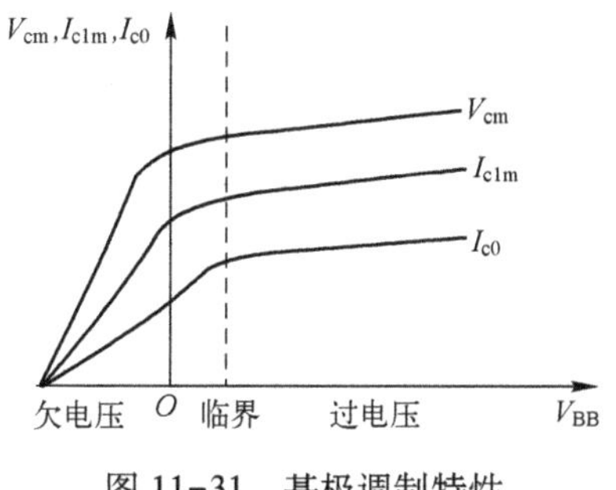

图 11-31　基极调制特性

下面仍然以图 11-14 所示电路为例，具体说明基极调制特性。基本步骤与集电极调制特性相同，只是将扫描的参数对象改为 V_{BB}（对应电路中的直流电压源 V2，但极性相反），仿真的取样点分别为 0 V、0.1 V 和 0.2 V（即 V_{BB} = 0 V、−0.1 V、−0.2 V），仿真结果如图 11-32 所示。

图 11-32 中，幅度最小的曲线为 V_{BB} = −0.2 V 的输出波形，随着 V_{BB} = −0.1 V、V_{BB} = 0 V，i_c、v_c波形幅度增加，与图 11-31 所示的特性曲线相符。

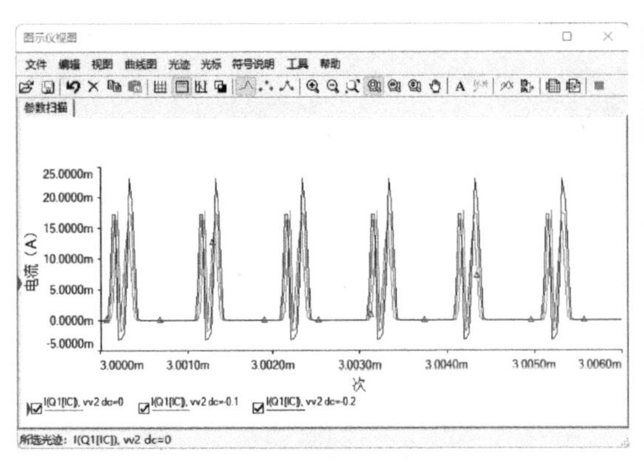

a) V_{BB}变化对i_c的影响

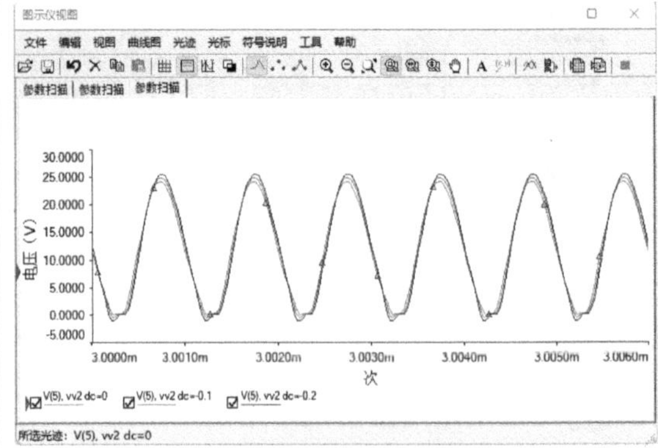

b) V_{BB}变化对v_c的影响

图 11-32 仿真结果

11.3 正弦波振荡器

正弦波振荡器是一种能量转换器，能够在无外部激励的条件下，自动将直流电源所提供的功率转换为指定频率和振幅交流信号的功率。本节主要讨论利用 Multisim 14 仿真软件对各种高频正弦波振荡电路进行计算机仿真分析。

11.3.1 电感三端式振荡器

电感三端式振荡器电路如图 11-33 所示。

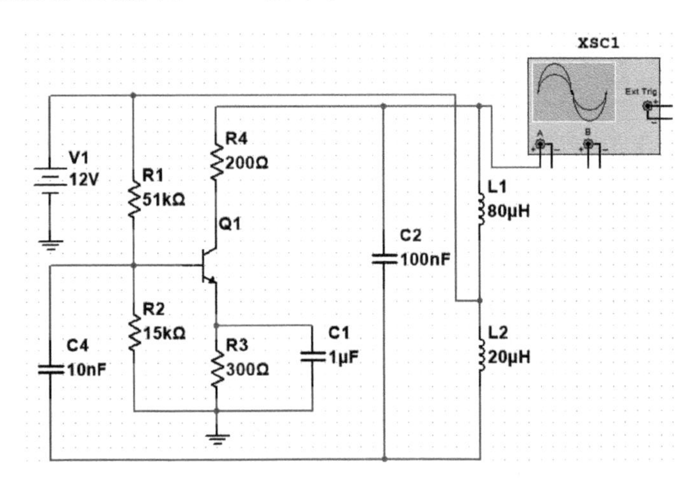

图 11-33 电感三端式振荡器电路

如图 11-33 所示，反馈信号取自电感两端，由于互感的作用，使振荡器易于起振，且频率调整方便。但振荡器输出的谐波成分多、波形不好；另外，由于电感 L_1、L_2分别与管子的结电容 C_{be}、C_{ce}相并联，构成并联谐振回路，当振荡频率过高时，这两个回路将产生容性失谐。因此，电感三端式振荡器的振荡频率较低。理论上该振荡器输出频率公式近似为：

$$f_0=\frac{1}{2\pi\sqrt{(L_1+L_2)C_2}}=\frac{1}{2\pi\sqrt{(80+20)\times 100\times 10^{-15}}}\text{kHz}=50.329\text{ kHz} \tag{11-15}$$

图 11-34 所示为该电感三端式振荡器电路的仿真输出波形。

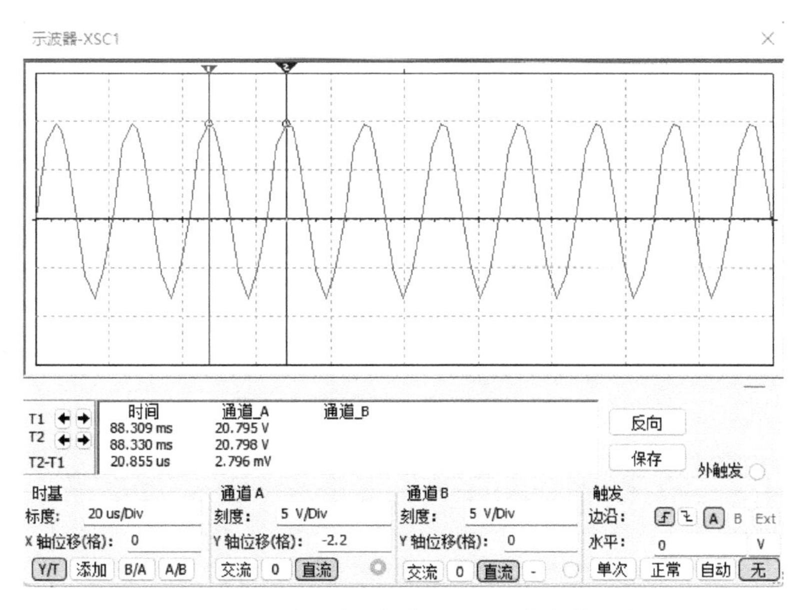

图 11-34　电感三端式振荡器电路的仿真输出波形

根据示波器游标指示可以算出该振荡器电路的输出频率为：

$$\frac{1}{T_2-T_1}=\frac{1}{20.855\times 10^{-6}}\text{kHz}=47.95\text{ kHz} \tag{11-16}$$

忽略测量误差，仿真的输出频率与理论分析值近似相等。减小示波器扫描时间刻度值可以提高信号周期和频率的测量精度，减少测量误差。

11.3.2　电容三端式振荡器

电容三端式振荡器输出波形较好、振荡频率高、频率稳定性较好。图 11-35 所示为电容三端式振荡器电路。

通过改变电容 C_4的大小，可以改变振荡器的输出频率。如将电容 C_4的参数设为 100 nF，则该振荡器的振荡频率可估算为：

$$f_0=\frac{1}{2\pi\sqrt{L_1\left(\frac{C_3C_4}{C_3+C_4}\right)}}=\frac{1}{2\pi\sqrt{10\times 10^{-3}\left(\frac{100\times 100\times 10^{-18}}{200\times 10^{-9}}\right)}}\text{kHz}=7.12\text{ kHz} \tag{11-17}$$

利用 Multisim 14 仿真软件对该电路进行仿真分析，得到的仿真输出波形如图 11-36 所示。

根据示波器游标指示可以算出该振荡器电路的输出频率为：

$$\frac{1}{T_2-T_1}=\frac{1}{147.009\times 10^{-6}}\text{kHz}=6.81\text{ kHz} \tag{11-18}$$

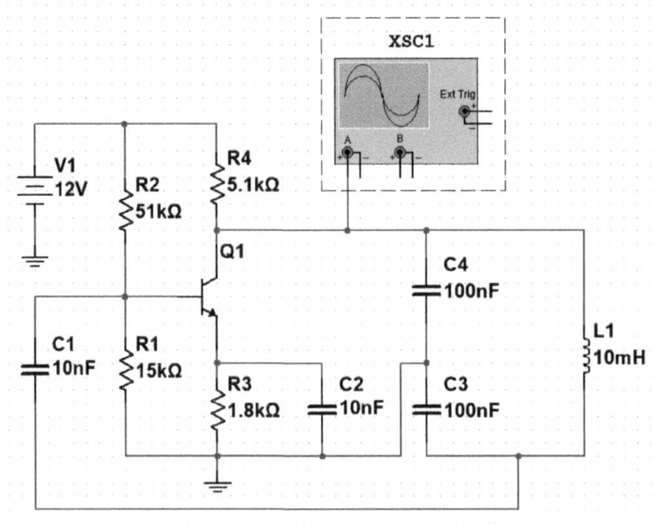

图 11-35　电容三端式振荡器电路

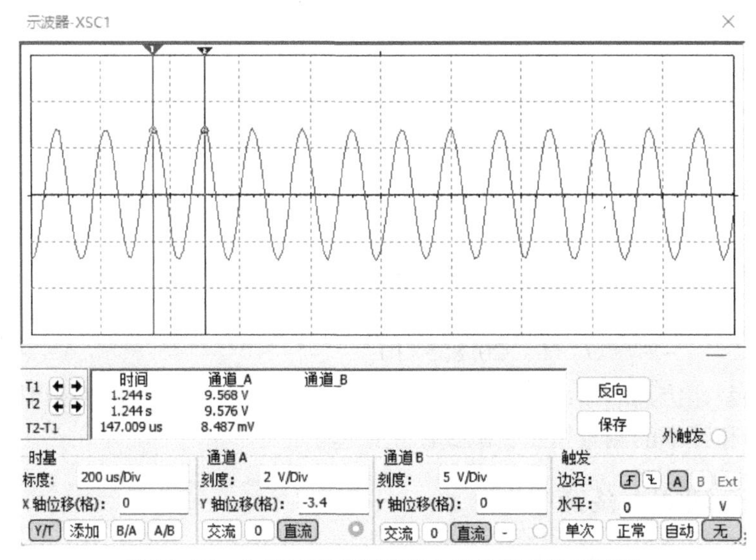

图 11-36　电容三端式振荡器电路的仿真输出波形

11.4　振幅调制与解调电路

振幅调制是指利用调制信号控制载波信号的振幅，使其振幅按调制信号的变化规律而变化，同时保持载波的频率及相位不变。而振幅的解调则是指从已调波信号中恢复出原调制信号的过程。振幅调制主要可分为普通振幅调制（AM）、抑制载波的双边带调制（DSB）及单边带调制（SSB）3 种。

11.4.1　普通振幅调制（AM）

1. 普通振幅调制的理论分析

设调制信号为 $v_{\Omega}(t)=V_{\Omega}\cos\Omega t$，载波信号为 $v_{c}(t)=V_{c}\cos\omega t$（$\omega$ 远大于 Ω），则普通调幅

波的信号（AM）为：

$$v_{\mathrm{AM}}=V_{\mathrm{c}}(1+m_{\mathrm{a}}\cos\Omega t)\cos\omega t \tag{11-19}$$

式中，$m_{\mathrm{a}}=\dfrac{k_{\mathrm{a}}V_{\Omega}}{V_{\mathrm{c}}}$。

2. 普通振幅调制的实现

（1）高电平调幅电路

普通振幅调制可以在高频谐振功率放大电路基础上，利用其调制特性来实现。根据高频谐振功率放大电路的基极调制特性和集电极调制特性，相应有基极调幅和集电极调幅两种电路。由于两种调幅都是在高频谐振功率放大电路的基础上实现的，输出 AM 信号有较高的功率，因此被称为高电平调幅。下面利用 Multisim 14 仿真软件对这两种电路进行仿真分析，基极调幅电路如图 11-37 所示。

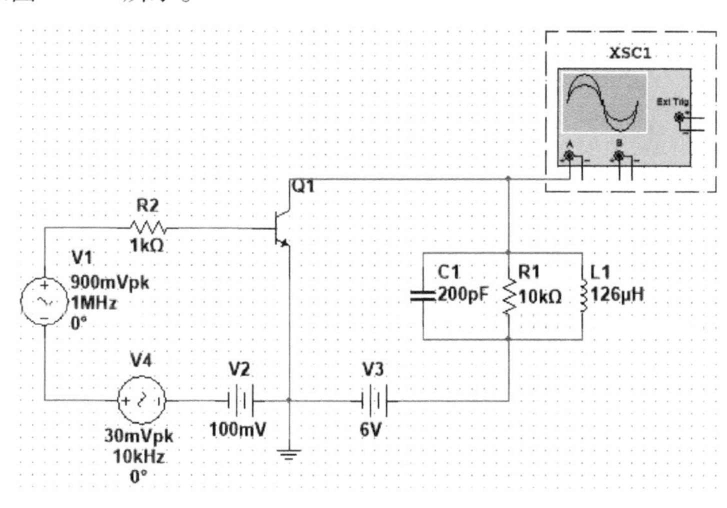

图 11-37　基极调幅电路

在调制信号的变化范围内，晶体管始终工作在欠电压状态；负载谐振回路调谐在载波频率 f_{c}上，通频带为 $2F$，输出波形如图 11-38 所示。

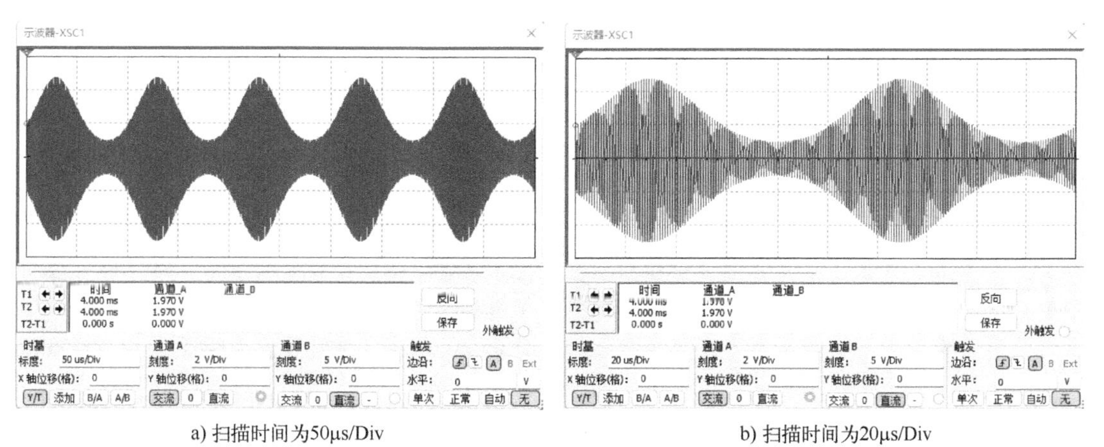

a) 扫描时间为50μs/Div　　b) 扫描时间为20μs/Div

图 11-38　基极调幅电路的输出波形

如图 11-38 所示，通过调整扫描时间标度，可以观察一个周期内的详细波形，继续减小扫描时间，可进一步细化、放大波形。

集电极调幅电路如图 11-39 所示，晶体管在调制信号的变化范围内始终工作在过电压状态，而负载谐振回路调谐在载波频率 f_c 上，通频带为 $2F$，其输出波形如图 11-40 所示。

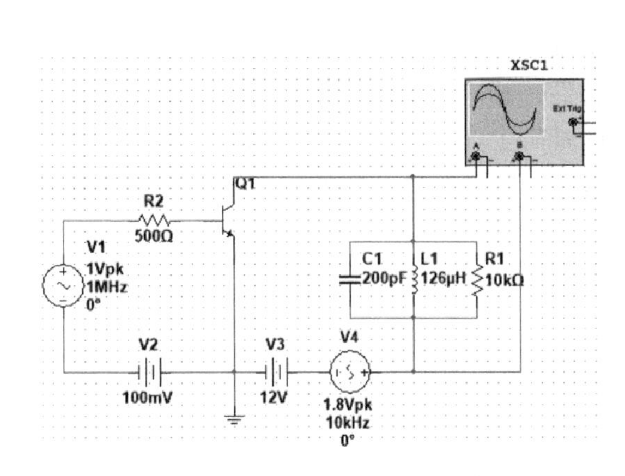

图 11-39 集电极调幅电路

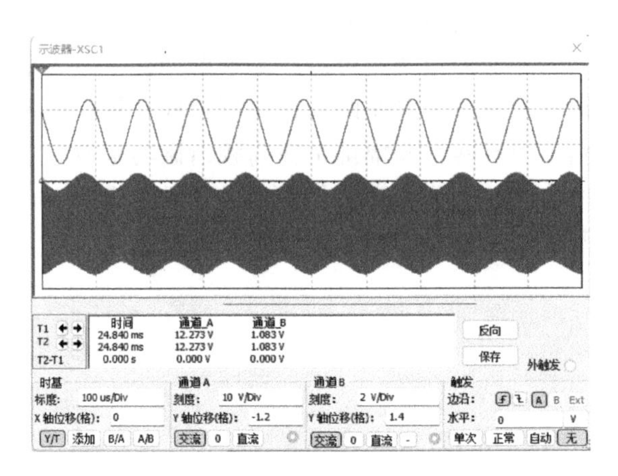

图 11-40 集电极调幅电路的输出波形

（2）低电平调幅电路

从已调波信号的数学表达式不难看出，把调制信号与特定的直流信号叠加，再与载波信号相乘，就可得到振幅调制信号。因此，可以利用乘法电路实现振幅调制。常见的乘法电路有二极管电路、差分对电路和模拟乘法器电路等。

二极管平衡电路如图 11-41 所示，其输出的波形如图 11-42 所示。在电路中为减少无用组合频率分量，应使二极管工作在大信号状态，即起控制作用的载波信号电压（图中 V1、V2）的幅度至少应大于 0.5 V。

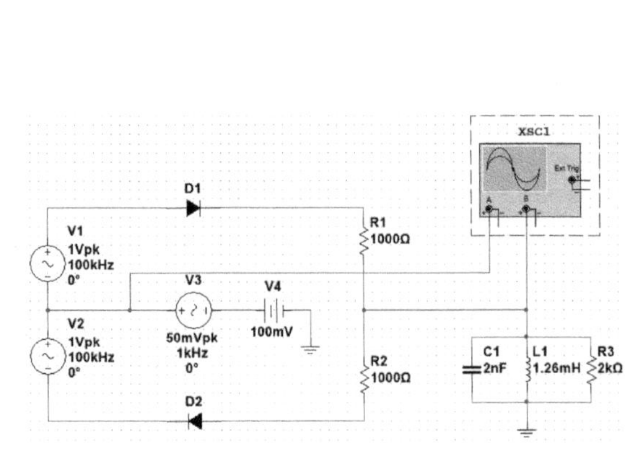

图 11-41 二极管平衡电路

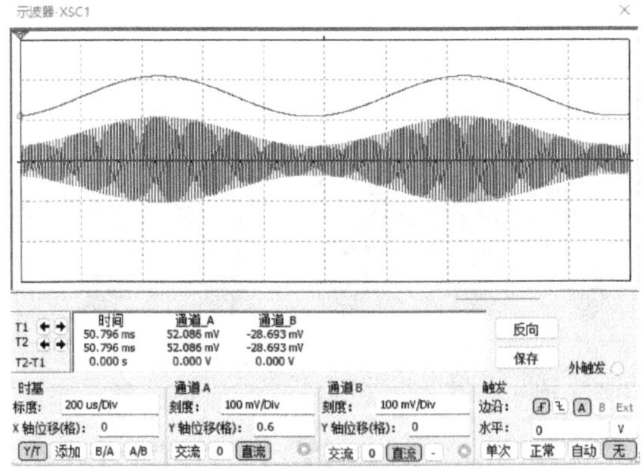

图 11-42 二极管平衡电路的 AM 信号输出波形

差分对电路是模拟乘法器的核心电路，可实现振幅调制，其电路如图 11-43 所示，输出的仿真波形如图 11-44 所示。

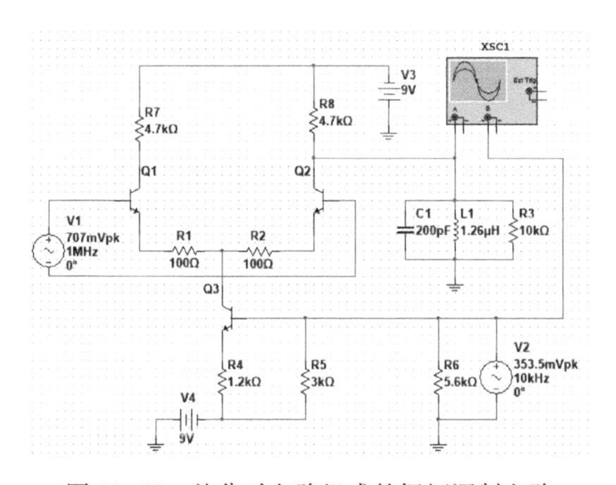

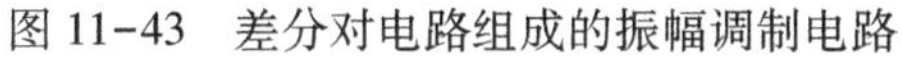
图 11-43　差分对电路组成的振幅调制电路

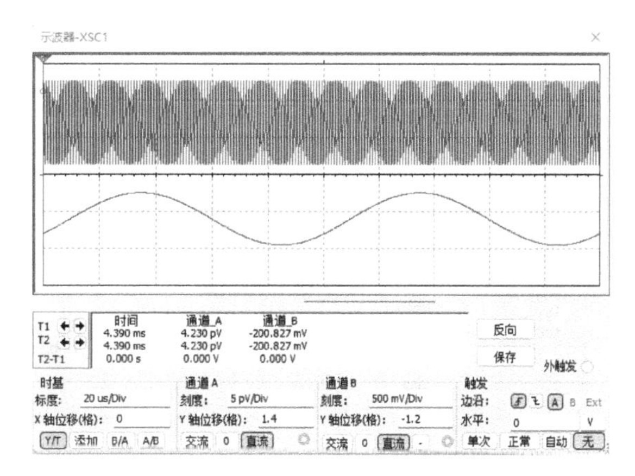

图 11-44　差分对电路的 AM 信号输出波形

模拟乘法器在完成两个输入信号相乘的同时，不会产生其他无用组合频率分量，因此输出信号中的失真最小。实现 AM 调制的模拟乘法器电路如图 11-45 所示，其输出的波形如图 11-46 所示。

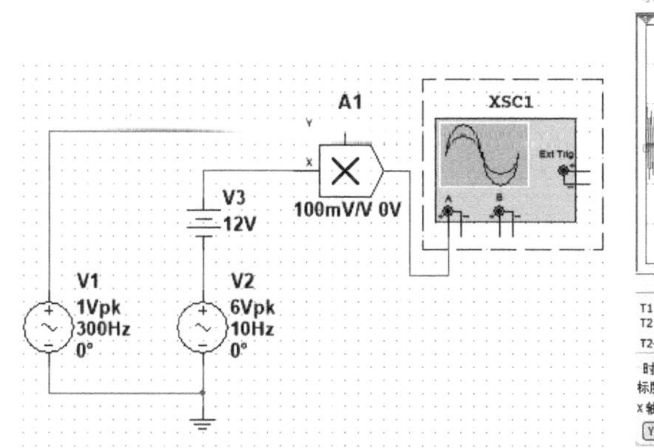

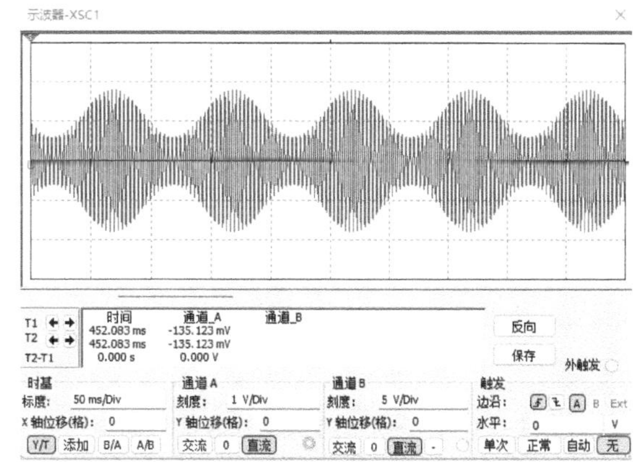

图 11-45　可实现 AM 调制的模拟乘法器电路

图 11-46　模拟乘法器 AM 信号输出波形

11.4.2　抑制载波的双边带调制（DSB）

1. DSB 信号的特点

在 AM 信号中去除载波分量后，可以得到抑制载波的双边带信号 DSB：

$$v_{\mathrm{DSB}}(t)=kV_{\mathrm{cm}}V_{\Omega}\cos\Omega t\cos\omega_{\mathrm{C}}t \tag{11-20}$$

由式（11-20）可知，DSB 信号能通过调制信号与载波信号直接相乘获得。

2. DSB 信号的实现

由于 DSB 信号可以通过调制信号与载波信号直接相乘获得，因此，可以通过二极管电路、差分对电路、模拟乘法器等电路获得 DSB 信号。

利用二极管平衡电路实现 DSB 调制如图 11-47 所示。同样的理由，二极管平衡电路中的二极管也应在大信号条件下工作，且 $V_{\mathrm{cm}}(V_1、V_2)\gg V_{\Omega}(V_3)$。输出信号的波形如图 11-48 所示。

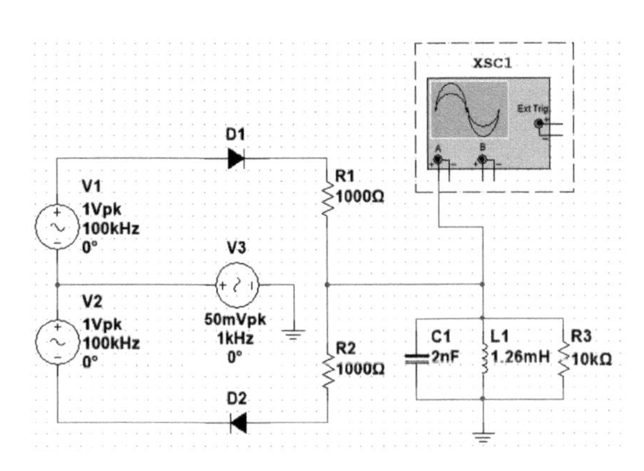

图 11-47　二极管平衡电路实现 DSB 调制

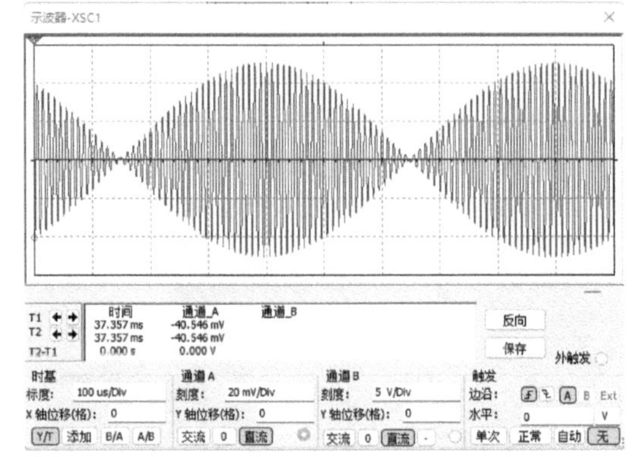

图 11-48　二极管平衡电路输出的 DSB 信号波形

利用差分对电路实现 DSB 信号调制的电路如图 11-49 所示，输出信号的波形如图 11-50 所示。

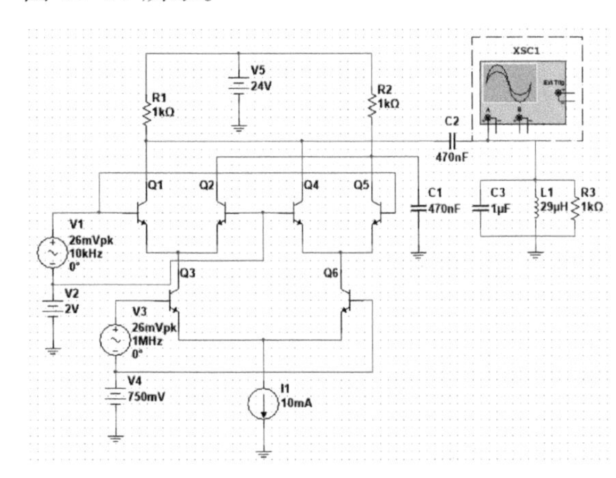

图 11-49　差分对电路实现 DSB 信号调制

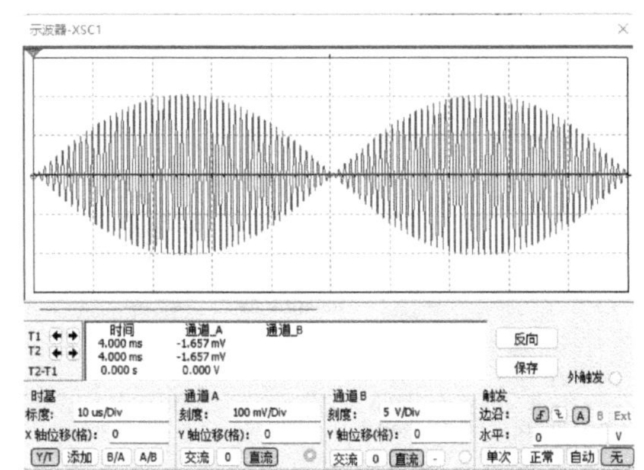

图 11-50　差分对电路输出的 DSB 信号波形

利用模拟乘法器电路实现 DSB 调制的电路如图 11-51 所示，其输出信号的波形如图 11-52 所示。

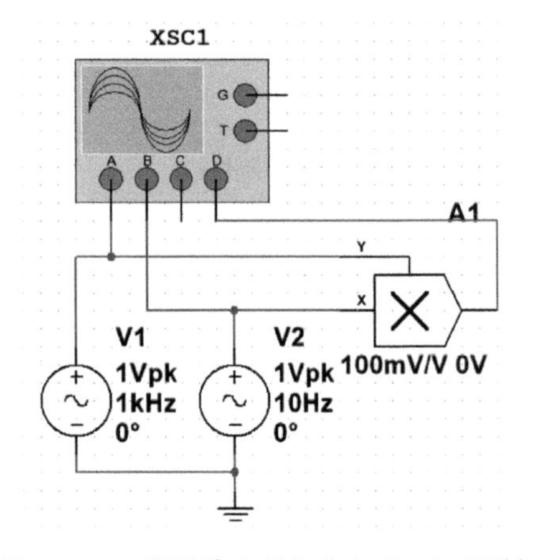

图 11-51　模拟乘法器电路实现 DSB 调制

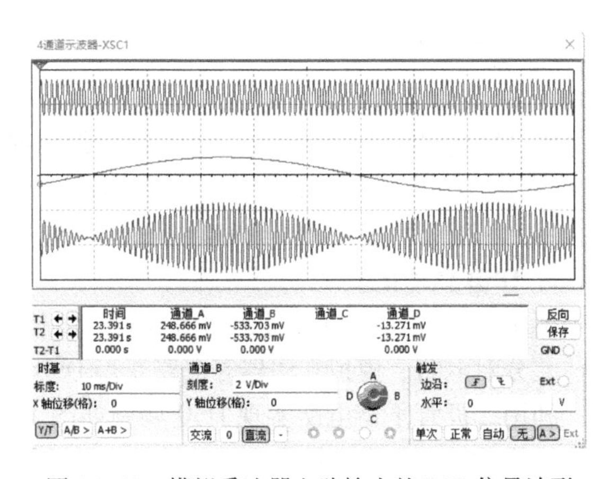

图 11-52　模拟乘法器电路输出的 DSB 信号波形

11.4.3 单边带调制（SSB）

为了提高频带利用率，可以只传输两个带有相同信息的边带中的一个，这就是单边带调制（SSB）。实现 SSB 的方法有滤波法和移相法。滤波法就是利用滤波器滤除 DSB 信号中的一个带有相同信息的边带，通过剩余的另一个边带传输信息。滤波法的难点在于滤波器的设计，特别是当调制信号的最低频率比较低时，要求滤波器的下降沿非常陡峭，这是难以实现的。

对 SSB 信号进行函数分解为：

$$\begin{aligned} v_{\mathrm{SSB+}}(t)&=V_{\mathrm{S}}\cos(\omega_{\mathrm{C}}+\Omega)t=V_{\mathrm{S}}(\cos\omega_{\mathrm{C}}t\cos\Omega t-\sin\omega_{\mathrm{C}}t\sin\Omega t)\\ v_{\mathrm{SSB}}(t)&=V_{\mathrm{S}}\cos(\omega_{\mathrm{C}}-\Omega)t=V_{\mathrm{S}}(\cos\omega_{\mathrm{C}}t\cos\Omega t+\sin\omega_{\mathrm{C}}t\sin\Omega t)\end{aligned} \tag{11-21}$$

可见，单边带调制可以利用两个 DSB 信号叠加实现，其中一个 DSB 信号由载波信号和调制信号直接相乘产生，而另一个 DSB 信号则由载波信号和调制信号分别经过 90°移相后相乘产生。两路 DSB 信号在加法器中相加，即可获得下边带信号输出，而相减则可获得上边带信号输出。移相法的 SSB 调制电路如图 11-53 所示，其信号输出波形如图 11-54 所示。

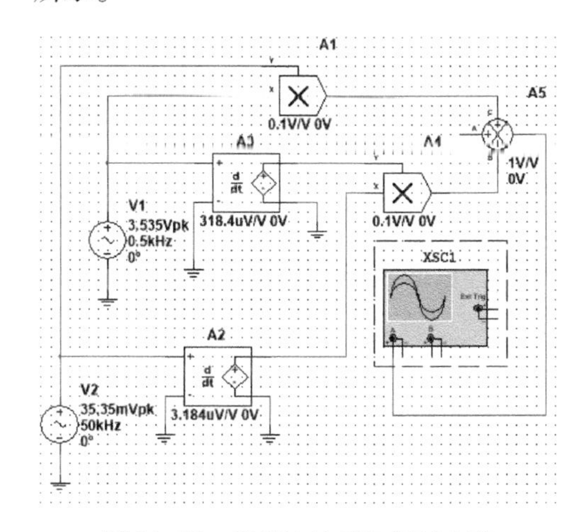

图 11-53 移相法的 SSB 调制电路

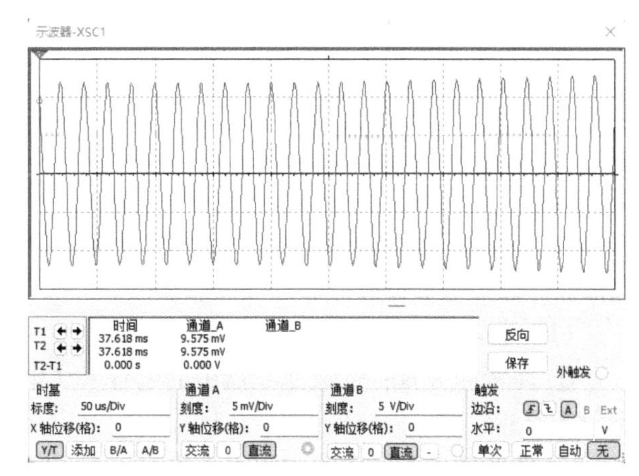

图 11-54 SSB 调制电路的信号输出波形

从示波器中观察到的单音频调制的 SSB 信号不是等幅波，这一情况与理论分析不符。产生这一现象的原因在于，仿真电路中是利用微分电路来实现 90°移相的。由于载波信号和调制信号的频率不同，微分时产生的系数就不同（分别为 $\pi\times10^{5}$ 和 $\pi\times10^{3}$），尽管通过调整微分电路的增益（分别为 3.184×10^{-6} 和 3.184×10^{-4}）进行了补偿，但因所取的增益值只能是近似的（$1/\pi$ 无法整除），造成了送入加法器的两路 DSB 信号幅度不严格相等，从而使输出的 SSB 信号存在失真现象。

11.4.4 检波电路

根据调幅已调波的不同，采用的检波方法也不相同。对于 AM 信号，由于其包络与调制信号呈线性关系，通常采用二极管峰值包络检波器电路；而对于 DSB 和 SSB 信号则必须采用同步检波的方法进行解调。

1. 二极管峰值包络检波器电路

二极管峰值包络检波器电路如图 11-55 所示，由输入回路、二极管及低通滤波器（电路中的 C_1、R_1）3 部分组成。利用电容的充、放电作用，在低通滤波器两端获得与输入 AM 信号成正比的输出电压，从而完成对输入信号的解调，利用隔直流电容（电路中 C_2）去除直流后，就得到了恢复的调制信号。

在 Multisim 14 工作界面上，创建如图 11-55 所示的检波电路，设置调制度为 0.3。检查无误后，启动电路仿真，从示波器中观察到的输入、输出信号波形如图 11-56 所示。

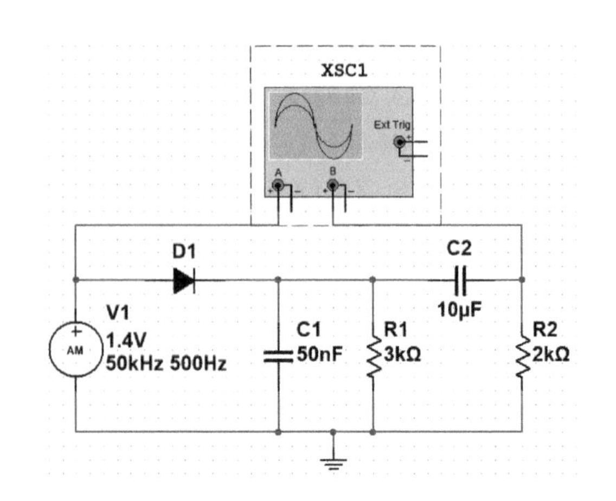

图 11-55　二极管峰值包络检波器电路

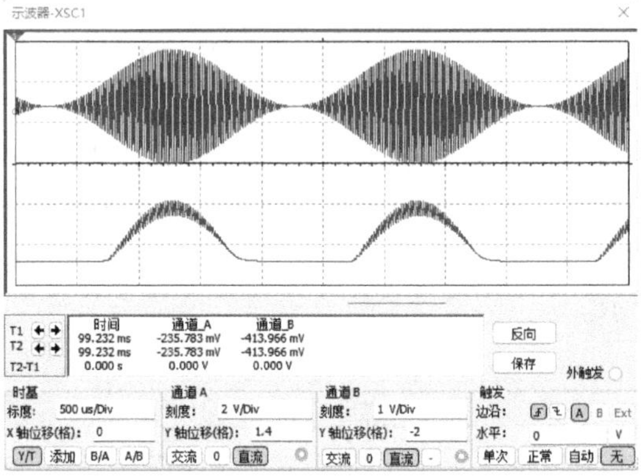

图 11-56　二极管峰值包络检波器的输出波形

如果电路参数选择不合适，在检波时会引起输出失真，包括频率失真和两种非线性失真（惰性失真、负峰切割失真）。

（1）频率失真

① 高音频失真：低通滤波器中的电容 C（电路中 C_1）取值不够小，调制信号的高频部分被短路；

② 低音频失真：电路中隔直流电容 C_c（电路中 C_2）取值不够大，调制信号的低频部分被开路。

避免产生频率失真的条件为：

$$\begin{aligned} \frac{1}{\Omega_{\max} C} &\gg R_1 \\ \frac{1}{\Omega_{\max} C_c} &\ll R_2 \end{aligned} \tag{11-22}$$

（2）惰性失真

惰性失真产生的原因：低通滤波器 C_1、R_1 取值过大，使得电容的放电速度跟不上输入信号包络的下降速度，导致输出信号波形产生失真。

在 Multisim 14 工作界面上，将图 11-55 中所示的检波电路的相关参数改为 $C_1=0.5\ \mu\text{F}$，$R_1=50\ \text{k}\Omega$。检查无误后，激活电路仿真，从示波器中观察到的输入信号与输出信号波形如图 11-57 所示。

为避免惰性失真，上述参数间应满足：

$$R_1C_1 \leqslant \frac{\sqrt{1-m^2}}{m\Omega} \tag{11-23}$$

（3）底部切割失真（负峰切割失真）

底部切割失真产生的原因：由于各直流电容的存在，使得交、直流负载电阻不等，造成已调波的底部（即负峰）被切割。

在 Multisim 14 工作界面上，将图 11-55 所示的检波电路中的相关参数改为 $R_2=1\ \text{k}\Omega$。检查无误后，激活电路仿真，从示波器中观察到的输入信号与输出信号波形如图 11-58 所示。

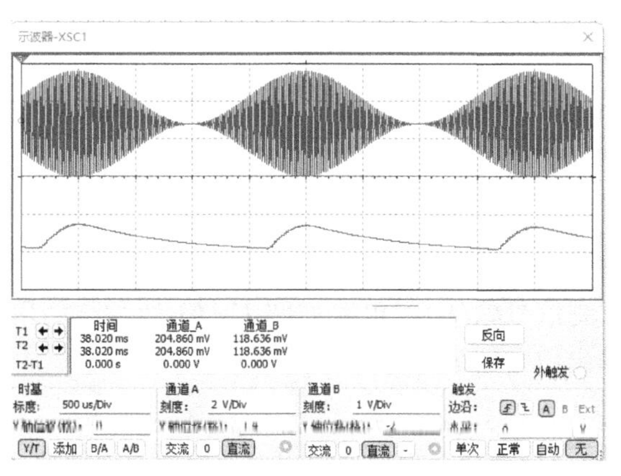

图 11-57　惰性失真波形

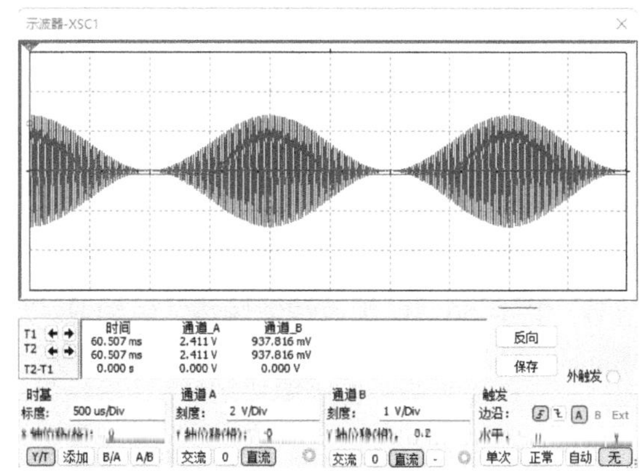

图 11-58　底部切割失真输入与输出信号波形

避免底部切割失真的条件：

$$m_{\max} \leqslant \frac{R_{\Omega}}{R} \tag{11-24}$$

式中，$R_{\Omega}(=R_1//R_2)$为交流负载；$R(=R_1)$为直流负载。

为使交流负载与直流负载尽可能相等，可采用分负载的方法。

2. 同步检波器

对于 DSB、SSB 信号则必须采用同步检波电路进行解调。对于乘积型同步检波器，若设输入已调波信号 $v_s(t)=V_s\cos\Omega t\cos\omega_c t$，插入载频 $v_r(t)=V_r\cos\omega_c t$，则乘法器的输出为：

$$V_1(t)=V_sV_r\cos\Omega t\cos\omega_c t\cos\omega_c t=\frac{1}{2}V_sV_r\cos\Omega t(1+\cos2\omega_c t)$$

经低通滤波器滤除第二项高频分量，取出第一项可得

$$v_{\Omega}(t)=\frac{1}{2}V_sV_r\cos\Omega t \tag{11-25}$$

式（11-25）正是所需的调制信号项。

乘法器既可以采用模拟乘法器电路，也可以通过二极管平衡电路、环形电路等来实现输入已调波信号与插入载频信号的相乘作用。图 11-59 即为模拟乘法器实现同步检波的电路。电路中第一个乘法器的输出为一个 DSB 信号，该信号作为输入信号送入第二个乘法器中，与插入载频（与载频同频同相）相乘。第二个乘法器的输出经低通滤波器，即可得解调输

出。在 Multisim 14 用户界面上，创建如图 11-59 所示的检波电路。检查无误后，启动电路仿真，从示波器中观察到的输入信号与输出信号的波形如图 11-60 所示。

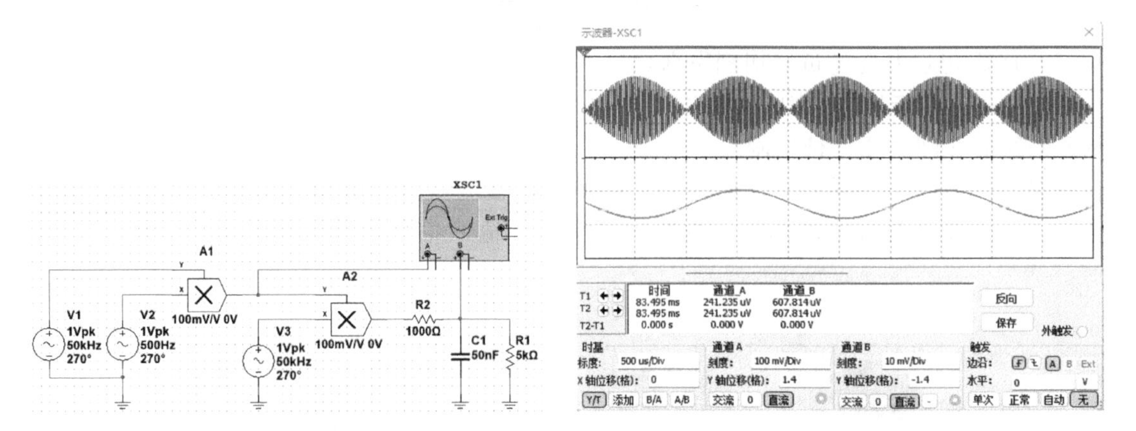

图 11-59　模拟乘法器实现同步检波的电路 1　　图 11-60　模拟乘法器实现同步检波的输入输出信号波形 1

将电路中第二个乘法器的输入改为单音调制的 SSB 信号（取频率为 50.5 kHz 的上边带信号，其中 50 kHz 为原载波频率。0.5 kHz 为调制信号频率)，电路如图 11-61 所示。利用 Multisim 14 仿真，从示波器中观察到的输入、输出信号的波形如图 11-62 所示。

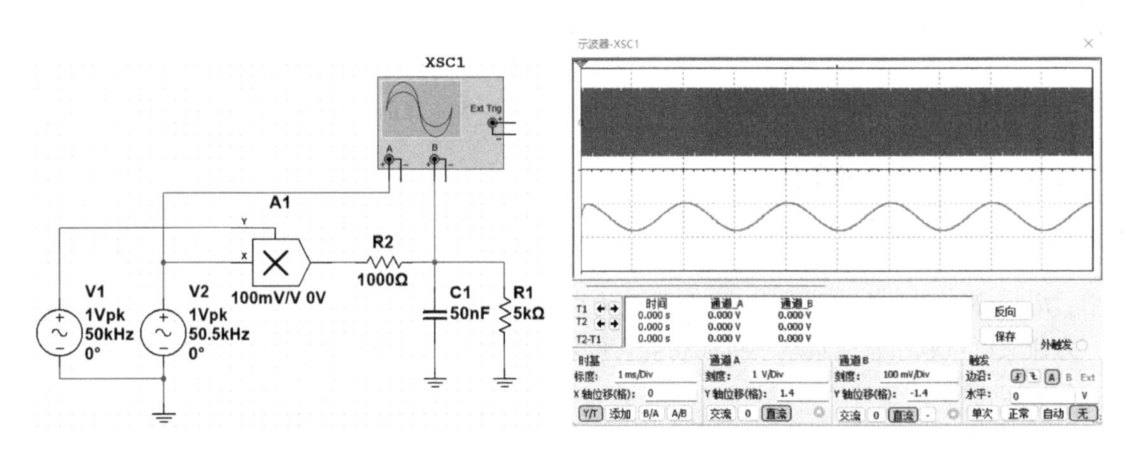

图 11-61　模拟乘法器实现同步检波的电路 2　　图 11-62　模拟乘法器实现同步检波的输入输出信号波形 2

利用二极管电路的相乘作用也可以完成同步检波。图 11-63 即为 DSB 信号的二极管平衡解调器电路。电路中的乘法器用来产生一个 DSB 信号作解调的输入。插入载频（与载频同频同相）则作为控制信号。平衡电路的输出经低通滤波器，即可恢复出原调制信号。在 Multisim 14 用户界面中，创建电路参数如图 11-63 所示的检波电路。检查无误后，启动电路仿真，从示波器中观察到的输入信号与输出信号波形如图 11-64 所示。

同步检波电路不但可以解调 DSB、SSB 信号，还可以用来解调 AM 信号。其电路如图 11-65 所示，输出信号波形如图 11-66 所示。

由于电路中低通滤波器性能的影响（非理想滤波器），所以在输出低频解调信号上还叠加有高频纹波信号，造成了输出波形不光滑。

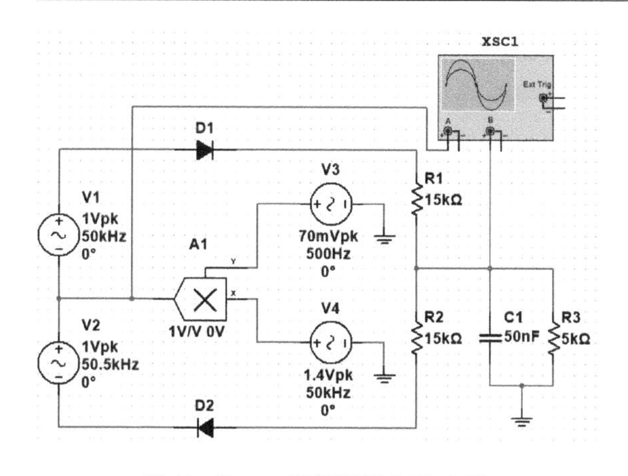

图 11-63　二极管解调 DSB 电路

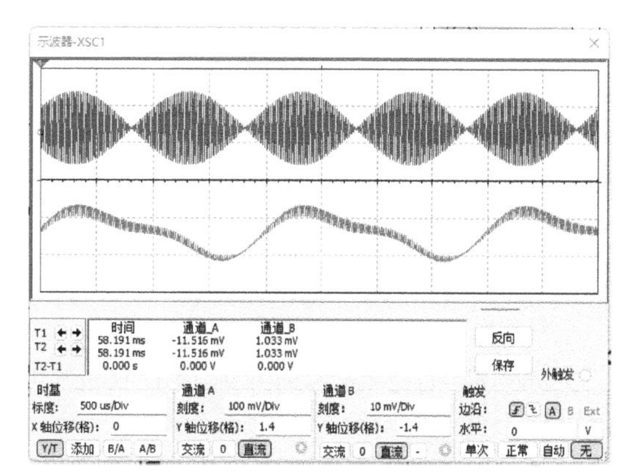

图 11-64　二极管解调 DSB 电路输出信号波形

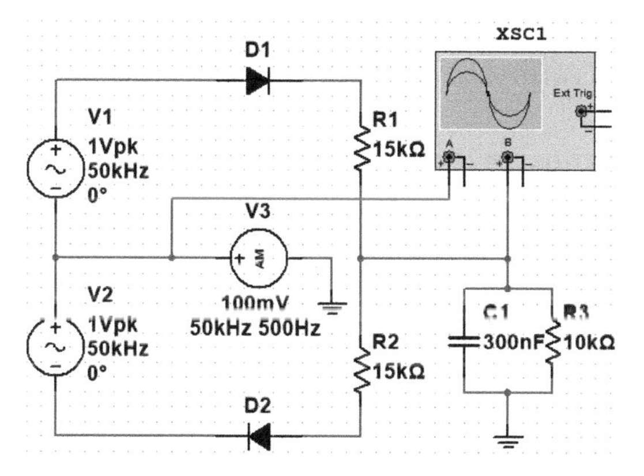

图 11-65　二极管平衡电路解调 AM 电路

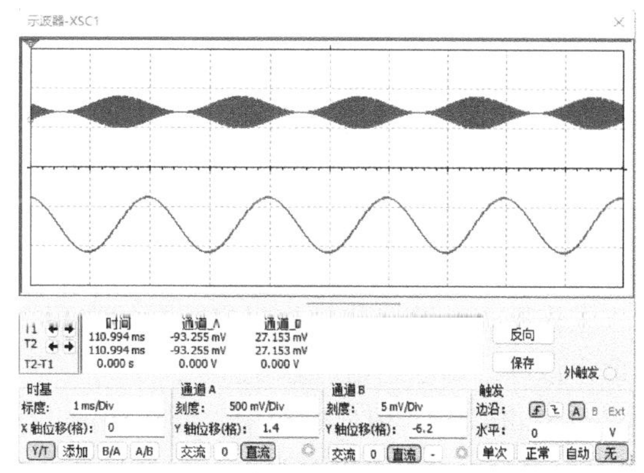

图 11-66　二极管平衡电路解调 AM 电路输出信号波形

利用差分对电路解调 AM 信号的电路如图 11-67 所示（其中输入 AM 信号的 $m_a=0.8$），输出的信号波形如图 11-68 所示。

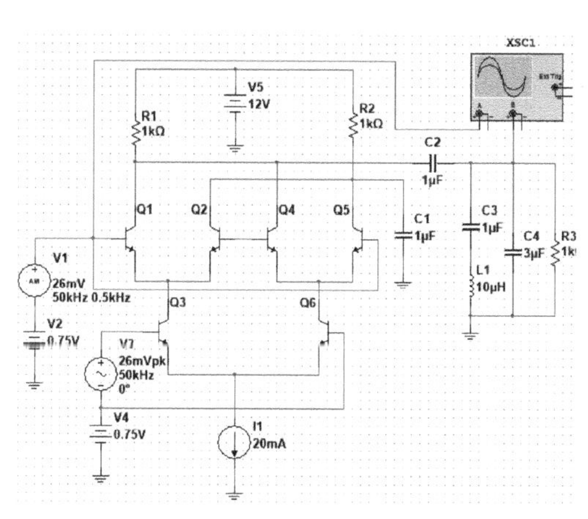

图 11-67　差分对电路解调 AM 信号电路

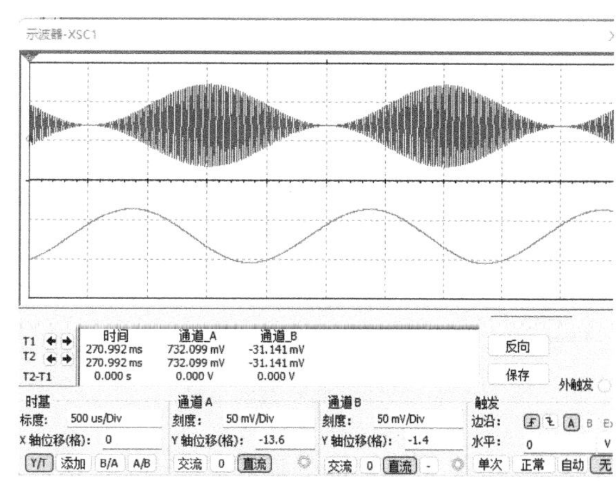

图 11-68　差分对电路解调 AM 电路的输入输出信号波形

实现同步检波电路的难点在于要使恢复的插入载频与载波严格同步，因为如果两者不同步，将引起输出失真。对于 DSB 信号解调，两者同频不同相时，将在输出中引入振幅衰减因子 $\cos\varphi$，当 $\varphi=\pi/2$ 时，输出将为零；两者同相不同频时，则会在输出中引入 $\cos\Delta\omega_{c}t$ 项，使检波输出信号的振幅出现随时间变化的衰减，即产生失真。

11.5　混频器

混频器的作用是使信号的频率从载波的频率变换到另一频率，但在变换前后，信号的频谱结构不变。

11.5.1　晶体管混频器电路

晶体管混频器的电路如图 11-69 所示，它包括晶体管、输入信号源、本振信号源、输出回路和馈电电路。电路特点如下：

1）输入回路工作在输入信号的载波频率上，而输出回路则工作在中频频率 f_{I}（即 LC 选频回路的固有谐振频率为 f_{I}）；

2）输入信号幅度很小，在输入信号的动态范围内，晶体管近似线性工作；

3）本振信号与基极偏压 V_{BB} 共同构成时变工作点，由于晶体管工作在线性时变状态，存在随 v_{L} 周期变化的时变跨导 $g_{m}(t)$。

工作原理：输入信号与时变跨导的乘积中包含有本振与输入载波的差频项，用带通滤波器取出该项，即获得混频输出。

在 Multisim 14 用户界面中，创建如图 11-69 所示的混频器电路，检查无误后，启动电路仿真。从示波器中观察到输入、输出信号的波形如图 11-70 所示，图中最上面的波形为由示波器 C 通道输入的输入信号(v_{1})的波形，中间为由 A 通道输入的晶体管输入信号($v_{1}+v_{2}$)的波形，最下面是 B 通道输入的混频输出信号波形。

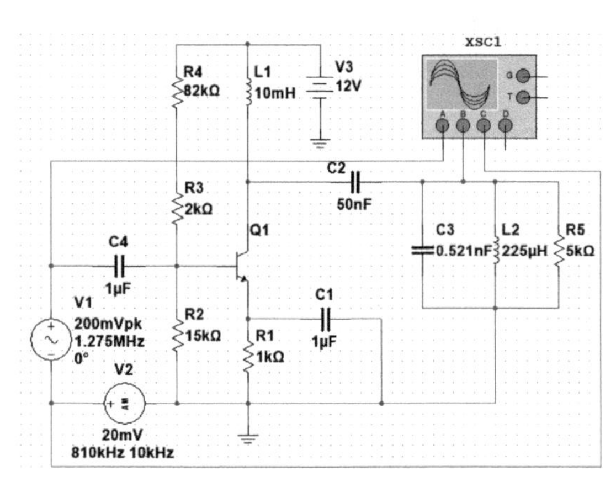

图 11-69　晶体管混频器的电路

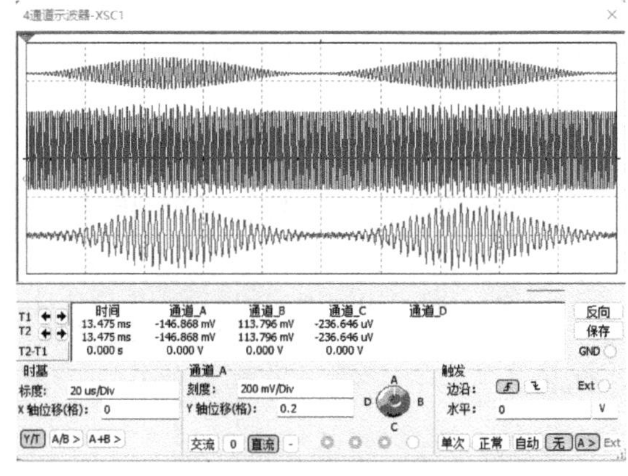

图 11-70　晶体管混频器的输入输出信号波形

由图 11-70 可见，混频输出波形存在失真，这是因为晶体管为非线性器件，在混频的过程中除有用的混频输出信号（455 kHz、465 kHz、475 kHz）外，还产生了一些无用的频率分量，当这些频率分量位于负载的通频带内时，将叠加在有用输出信号上，引起失真。输出信号中所包含的频谱分量可以通过频谱分析仪对输出信号进行观测得到。

另外，在混频器中，变频跨导的大小与晶体管的静态工作点、本振信号的幅度有关，通常为了使混频器的变频跨导最大（进而使变频增益最大），总是将晶体管的工作点确定在：$V_L=50\sim200\,\mathrm{mV}$，$I_{EQ}=0.3\sim1\,\mathrm{mA}$。而且，此时对应混频器噪声系数最小。

11.5.2　模拟乘法器混频电路

模拟乘法器能够完成两个信号的相乘，在其输出中会出现混频所要求的差频$(\omega_L-\omega_c)$，然后利用滤波器取出该频率分量，即完成了混频。模拟乘法器混频电路如图 11-71 所示，其输出信号波形如图 11-72 所示。与晶体管混频器电路相比较，模拟乘法器混频器的优点如下：输出电流频谱较纯，可以减少接收系统的干扰；允许动态范围较大的信号输入，有利于减少交调、互调干扰。

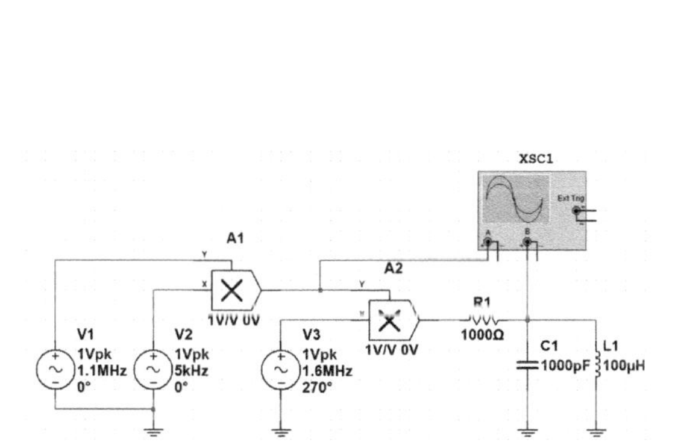

图 11-71　模拟乘法器混频电路

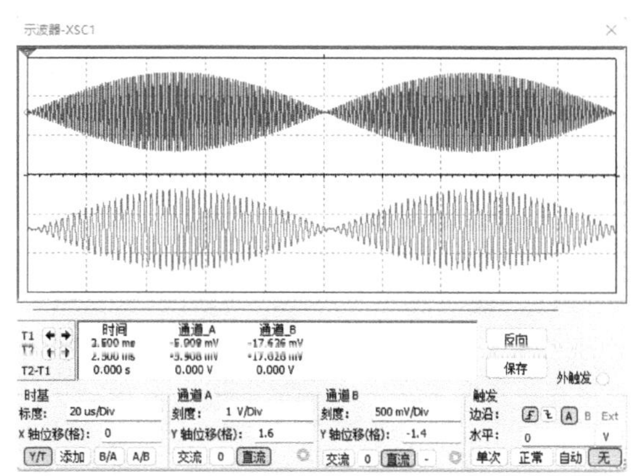

图 11-72　模拟乘法器混频电路输入输出信号波形

另外，二极管平衡电路和环形电路也具有相乘作用，也可用来构成混频电路。二极管混频电路具有电路简单、噪声低、组合频率分量少和工作频率高等优点，多用于高质量通信设备中。

11.6　频率调制与解调电路

所谓频率调制（即调频），是指用调制信号控制载波的瞬时频率，使其随调制信号线性变化，同时保持载波幅度不变的过程。调频因其抗干扰能力强等特点，在模拟通信中被广泛使用。

11.6.1　频率调制

若设调制信号为$f(t)$，载波信号为：

$$v_c(t)=V_{cm}\cos\varphi(t)=V_{cm}\cos(\omega_c t+\varphi_0) \tag{11-26}$$

式中，$\varphi(t)$为载波信号的瞬时相位；ω_c为载波角频率；φ_0为载波的初始相位，通常为分析方便，令$\varphi_0=0$。

根据频率调制的定义，调制信号为$f(t)$的调频波瞬时角频率为：

$$\omega(t)=\omega_{\mathrm{c}}+\Delta\omega(t)=\omega_{\mathrm{c}}+k_f f(t) \tag{11-27}$$

式中，k_f为调频灵敏度，是一个由调频电路决定的常数；$\Delta\omega(t)$为调频波的瞬时角频率变化值，与调频信号成正比。

调频波的瞬时相位为：

$$\varphi(t)=\int_0^t \omega(\tau)\mathrm{d}\tau=\omega_{\mathrm{c}}t+k_f\int_0^t f(\tau)\mathrm{d}\tau \tag{11-28}$$

即调频波的瞬时相位与调制信号关于时间的积分呈线性关系，而调频波信号则可表示为：

$$v_{\mathrm{FM}}(t)=V_{\mathrm{cm}}\cos\varphi(t)=V_{\mathrm{cm}}\cos\left[\omega_{\mathrm{c}}t+k_f\int_0^t f(\tau)\mathrm{d}\tau\right] \tag{11-29}$$

根据产生获得调频已调信号原理的不同，可将调频电路分为直接调频和间接调频两类。其中直接调频就是在振荡器电路的基础上，用由调制信号控制的可变电抗（如变容二极管）替换振荡元件（如振荡电容）。此时，振荡电路的输出信号频率将随调制信号变化而变化，从而实现频率调制。

图 11-73 所示为一个实用的变容二极直接管调频电路，其信号的输入输出波形如图 11-74 所示，由于调制信号的频率远远小于振荡器的自由振荡频率，所以在示波器窗口内波形的疏密变化很小，很难察觉。

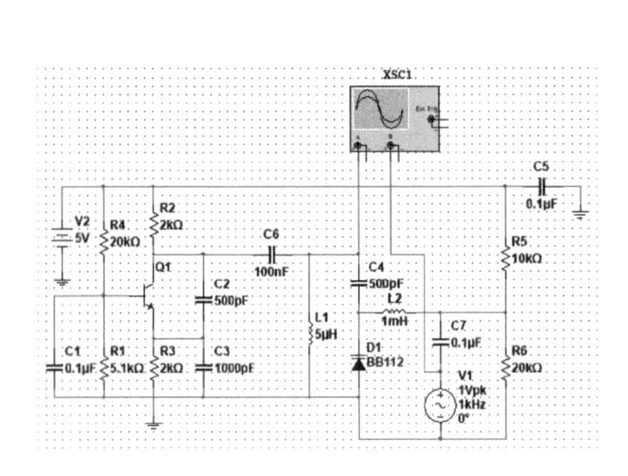

图 11-73　变容二极管直接调频电路

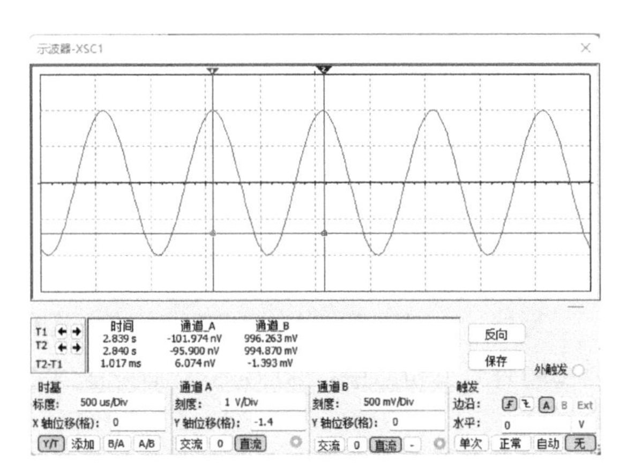

图 11-74　变容二极管直接调频电路输出信号波形

11.6.2　调频解调

鉴频就是从 FM 信号中恢复出原调制信号的过程，又称为频率检波。鉴频的方法很多，主要有振幅鉴频器、相位鉴频器、正交鉴频器、锁相环鉴频器等。下面分别以振幅鉴频器、锁相环鉴频器为例，说明 Multisim 14 仿真软件仿真鉴频的输入、输出信号。

如图 11-75 所示电路是利用失谐的 *LC* 谐振回路实现振幅鉴频，它利用 *LC* 谐振回路构成的频-幅变换网络将等幅的 FM 信号变换为 FM-AM 信号，然后利用包络检波电路恢复出原调制信号，其输出的波形如图 11-76 所示，上面波形为输入调频波信号，下面波形为鉴频输出信号。

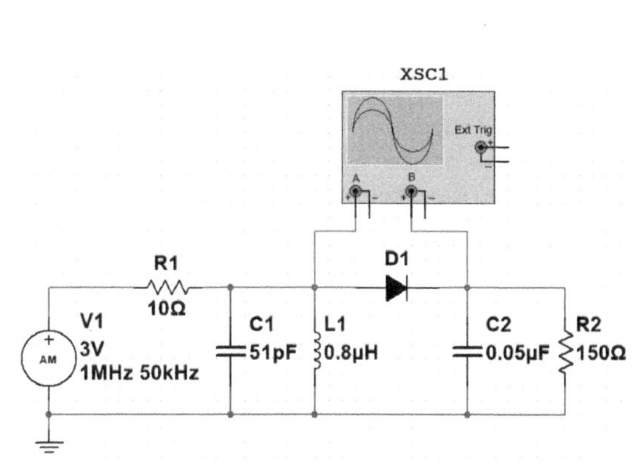

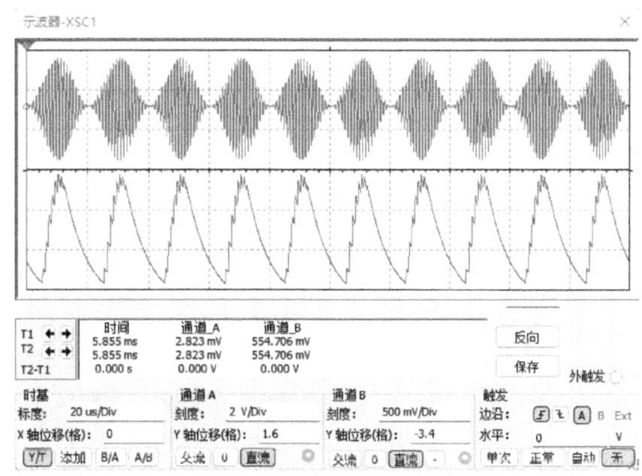

图 11-75 利用失谐 *LC* 谐振回路实现振幅鉴频　　图 11-76 振幅鉴频电路的信号输入输出波形

如图 10-77 所示为锁相环（PLL）鉴频器电路，该电路是利用锁相环能够实现无频差的频率跟踪这一特性，完成对 FM 信号的解调。Multisim 14 仿真软件提供了一个虚拟的 PLL，与真实的 PLL 一样，也由鉴相器（PD）、环路滤波器（LPF）、压控振荡器（VCO）3 部分组成。锁相环在环路锁定时，送入鉴相器的信号（分别连接在 PLLin、PDin 两个引脚上）频率相等，即此时 VCO 的输出与 FM 信号频率相等，而 VCO 之所以能够得到这样的输出信号，是因为 LPF 输出信号的控制，由此可以推断出，LPF 的输出（LPFout 引脚）与生成 FM 的原调制信号呈线性关系，可以作为鉴频输出信号。

图 11-78 所示为 PLL 的参数设置，图 11-79 所示为 PLL 鉴频器的输出波形。其中，上面的波形是输入鉴频器的 FM 信号，中间的波形是 VCO 的输出，而最下面的波形是 LPF 的输出，即恢复出的原调制信号。

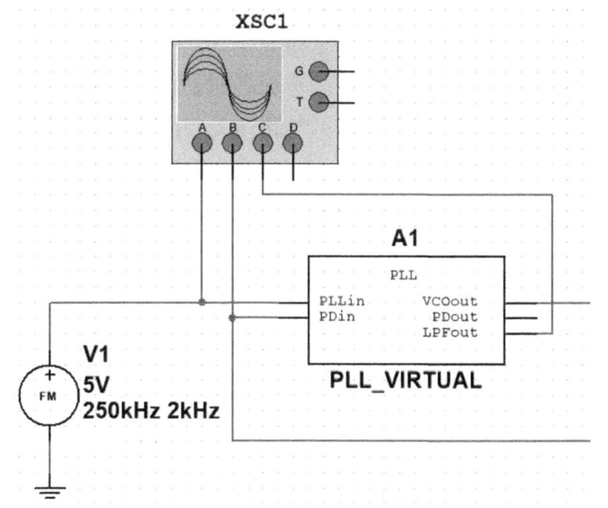

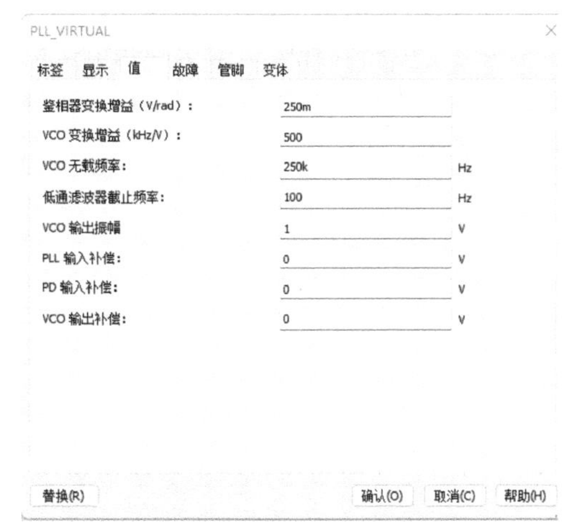

图 11-77 PLL 鉴频器电路　　图 11-78 PLL 参数设置

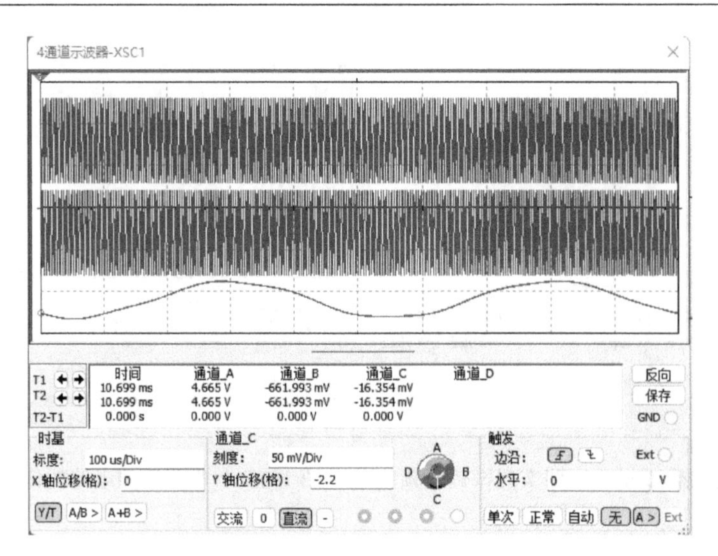

图 11-79　PLL 鉴频器输出波形

11.7　本章小结

本章介绍了高频小信号谐振放大电路、高频谐振功率放大电路、正弦波振荡器、振幅调制与解调电路、混频器以及频率调制与解调电路。高频电子电路与低频电子电路一样，有电压增益和功率增益的指标，在民用和军用领域均有非常重要和广泛的作用。在民用领域，以通信系统为例，高频电路用于收发信号，包括天线、射频前端模块等。在通信设备中，高频电路还被应用于频率分配、频带滤波、信号整形等系统中。在军用领域，以雷达系统为例，高频电路起着至关重要的作用。雷达系统主要通过射频信号来探测目标，高频电路用于射频信号的发射、接收、放大、滤波等，也可用于雷达系统的信号处理和数据传输等方面。在实际高频电子电路设计中，由于高频电子电路的特殊性，其信号更容易受各种因素影响，由于仿真分析不能考虑到所有影响因素，实际电路设计还需要搭建真实电路进行测试以达到实际应用要求。

第 12 章　MultiMCU 单片机仿真

12.1　MultiMCU 单片机仿真平台介绍

MultiMCU 是 Multisim 14 的一个嵌入组件，可以支持对微控制器（MCU）的仿真。对于很多的电路设计，MCU 是一个非常有用，而且不可缺少的部件。大多数的嵌入式控制系统或智能设备，都是以某种 MCU 为控制核心，所以在电路仿真中加入对 MCU 仿真的支持可以大大拓展 Multisim 14 电路仿真的适用范围。一个现代的 MCU 一般就是一个包括了 CPU、数据存储器、程序存储器和外围设备的芯片。应用 MCU 可以大大减少元器件的数量和尺寸，有助于获得高效率和高可靠性。

应用 MultiMCU 进行带 MCU 的系统仿真，能够帮助设计者快速创建高效的代码，方便设计者进行分析和调试，节约了开发成本，提高了开发效率。

采用 MultiMCU 进行单片机仿真，包括 3 个步骤，即建立单片机仿真电路、编写和编译单片机仿真程序和在线调试。下面以开关量的输入/输出为例，介绍基于 MultiMCU 的单片机仿真。

12.2　单片机仿真电路的建立

1. 添加单片机

在菜单栏中单击“New”命令，新建一个电路窗口。单击元器件工具栏中的 按钮，或者在 Multisim 菜单中选择“Place”→“Component”命令，系统弹出如图 12-1 所示的单片机元器件库选择窗口。

在图 12-1 中选择单片机的型号，本例中选择 8051 单片机，其他选项使用默认设置，单击“OK”按钮将单片机添加到电路中，同时系统弹出“MCU Wizard”界面，如图 12-2 所示。

在第一步中指定 MCU 工作空间的路径及工作空间名，本例中将工作空间命名为“input_output”，单击“Next”按钮进入第二步，设置工程属性，如图 12-3 所示。工程类型有 Standard 和 Load External Hex File 两种：Standard 为标准类型，需要用户自行设计仿真程序，然后经过编译生成可执行代码进行仿真；而 Load External Hex File 类型则是通过导入第三方的编译器生成的可执行代码进行仿真。编程语言有汇编语言和 C 语言两个选项。只有在 Standard 类型下才能选择编程语言。汇编和编译工具有 8051/8052 Metalink assemble 和 Hi-Tech C51-Lite compiler 两个选项，它们对应汇编语言和 C 语言两种编程语言。这一步中还要设定工程名称。本例中，工程类型选择 Standard，编程语言选择 C 语言，编译工具选择 Hi-Tech C51-Lite compiler，工程名设为 input_output。单击“Next”按钮进入第三步，指定工程

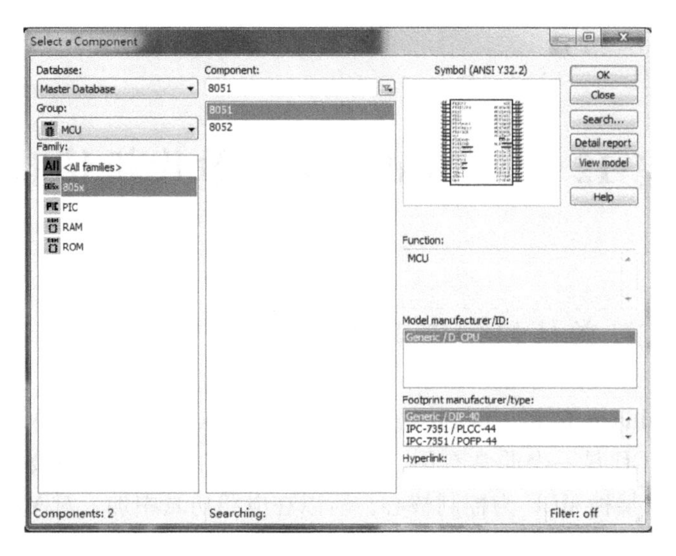

图 12-1　单片机元器件库选择窗口

文件，如图 12-4 所示。这一步中有“Creat empty project”和“Add source file”两个选项。当第二步中的工程类型选择“Load External Hex File”后，则只能选择“Creat empty project”。本例中选择“Add source file”，并命名为“input_output. c”。最后，单击“Finish”按钮，完成“MCU Wizard”的界面设置。

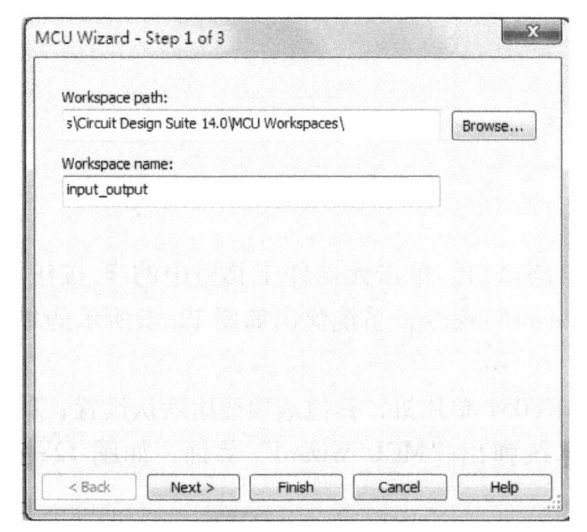

图 12-2　“MCU Wizard”界面设置第一步

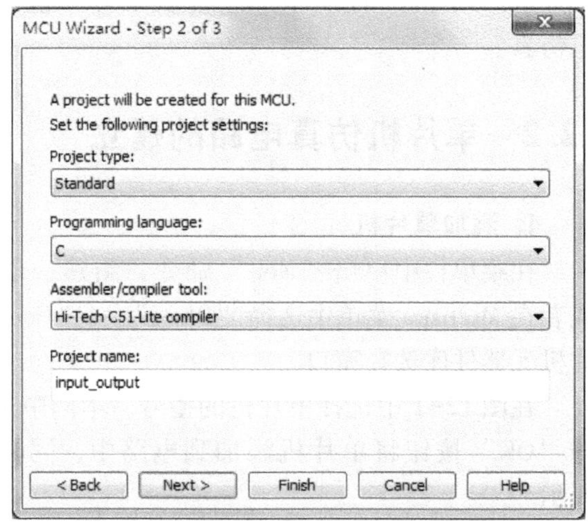

图 12-3　“MCU Wizard”界面设置第二步

2. 设置单片机

双击电路窗口中的单片机，系统弹出如图 12-5 所示的单片机设置窗口。

在此窗口中可以对单片机的属性进行设置。本例中主要对“Value”选项卡进行设置，包括 RAM、ROM 和 Clock 频率等，具体参数如图 12-5 所示。

3. 添加其他外围设备

按照前面章节中介绍的方法添加其他外围设备。本例中还需要添加开关组、LED、电源和地。通过连线构建出如图 12-6 所示的电路图。

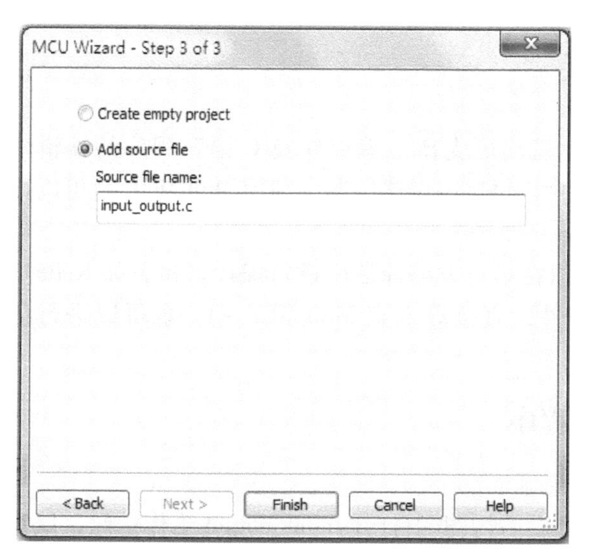

图 12-4　“MCU Wizard”界面设置第三步

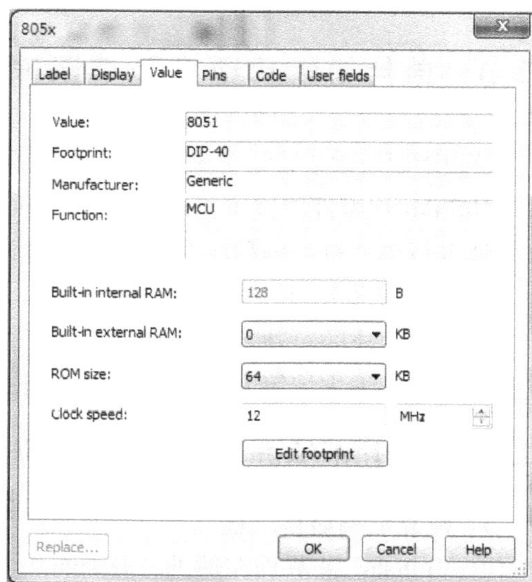

图 12-5　单片机设置窗口

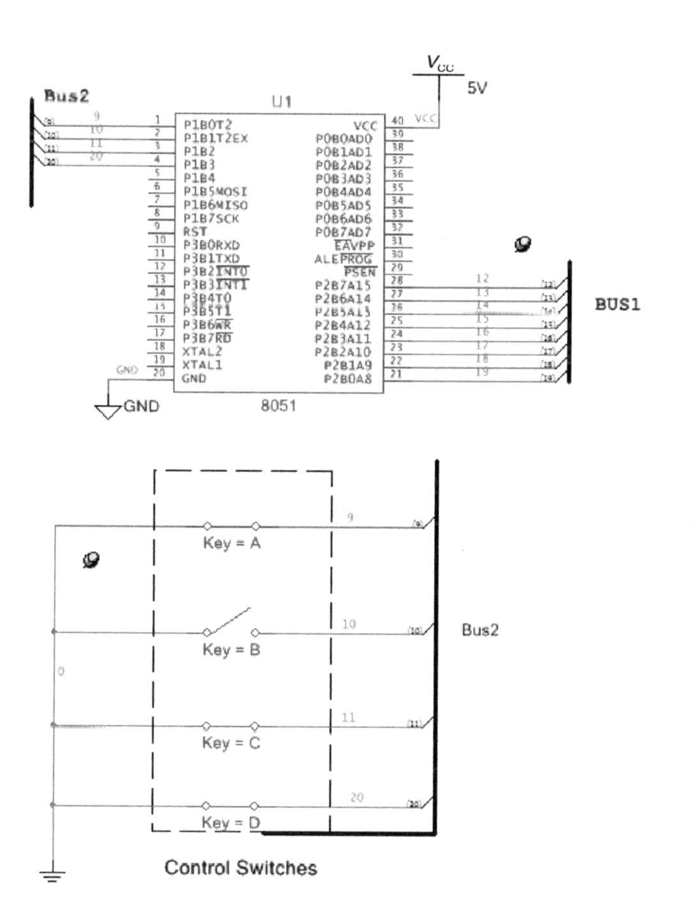

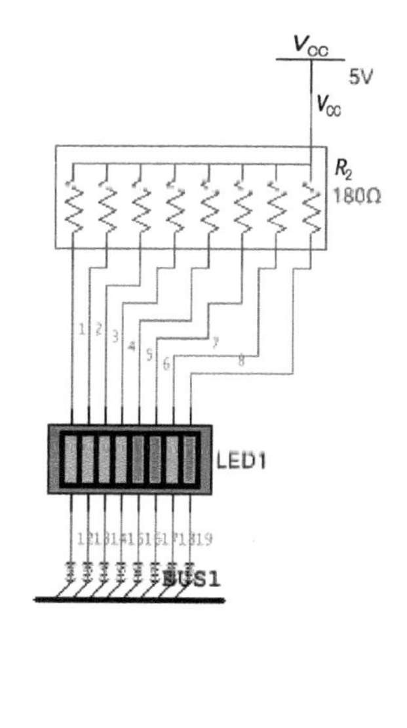

图 12-6　开关量输入/输出仿真电路

12.3　单片机编程语言及编译连接

MultiMCU 中的 805x 系列和 PIC 系列单片机均可支持汇编程序及 C 语言程序的编辑输入。MultiMCU 组件内嵌了汇编器及 Hi-Tech 的 C 语言编译连接器，利用 MultiMCU 就可以很方便地进行单片机汇编程序和 C 语言的开发。

MultiMCU 同时还支持第三方编译器，可以在第三方编译器中进行编译连接，如 Keil51。完成后，将生成的可执行代码，如 *.hex 文件，直接导入到 MultiMCU 中，也可以进行仿真，但目前还不支持第三方工具的在线调试。

12.3.1　应用汇编语言编写单片机应用程序

1. 建立汇编语言工程

在 Multisim 14 界面左侧的“Design Toolbox”列表框中打开 input_output 工作空间，鼠标右键单击工作空间名，选择“Add MCU Project”选项，系统弹出如图 12-7 所示的“New”（添加新工程）对话框，在“Project type”下拉列表框中选择“Standard”选项，并命名为“input_output_asm”。

2. 编写汇编语言应用程序

鼠标右键单击“input_output_asm”工程名，选择“Add New MCU Source File”命令，系统弹出如图 12-8 的对话框，选择“Assembly files(.asm)”选项，并命名为“input_output_asm”。单击“OK”按钮，打开 input_output_asm.asm 程序。

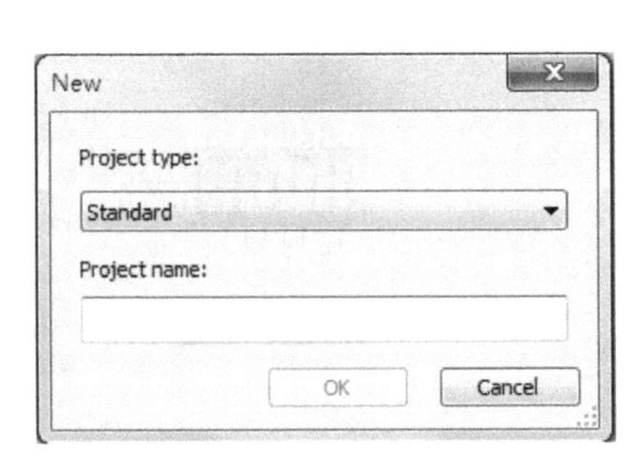

图 12-7　“New”对话框

图 12-8　新建汇编语言源程序对话框

在 input_output_asm.asm 程序编辑框中编写汇编语言程序。源程序如下：

```
$MOD51  ;该库包含了 8051 汇编语言的预定义符号
ORG 00H
AJMP START
ORG 30H
START:
MOV A,P1
NOP
NOP
MOV P0,A
```

```
AJMP START
END
```

3. 设置 MCU Code Manager

“MCU Code Manager”对话框用来管理 MCU 工作空间中的 MCU 文件，并对每个 MCU 工程的编译进行设置。通过 MCU Code Manager 同样可以完成以上两步。在“MCU Code Manager”对话框中可以添加和删除工程、添加文件到指定的工程、激活指定的工程；针对每个 MCU 工程，可以指定中间文件和可执行文件所在的目录、汇编/编译工具、可执行文件的类型，以及用于仿真的机器代码文件。

在 Multisim 14 菜单中选择“MCU”→“MCU 8051 U1”→“MCU Code Manager”命令，打开如图 12-9 所示的“MCU Code Manager”对话框。

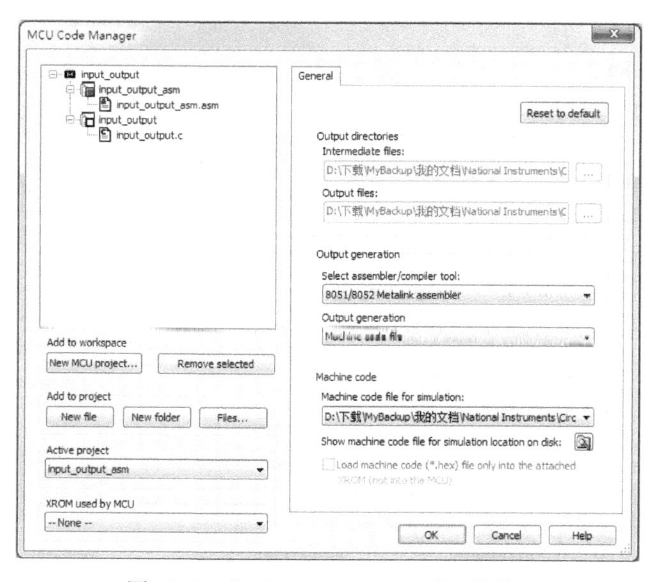

图 12-9　“MCU Code Manager”对话框

在“MCU Code Manager”对话框中激活“input_output_asm”工程，并指定汇编/编译工具为 8051/8052 Metalink assemble，可执行文件为 Machine Code File，并选择机器代码 input_output_asm. hex 进行仿真。单击“OK”按钮，返回到程序编辑框。

4. 编译程序

在 Multisim 14 菜单中选择“MCU”→“MCU 8051 U1”→“Build”命令，对激活的工程进行编译，执行结果在下方的编译结果窗口中显示，如图 12-10 所示。

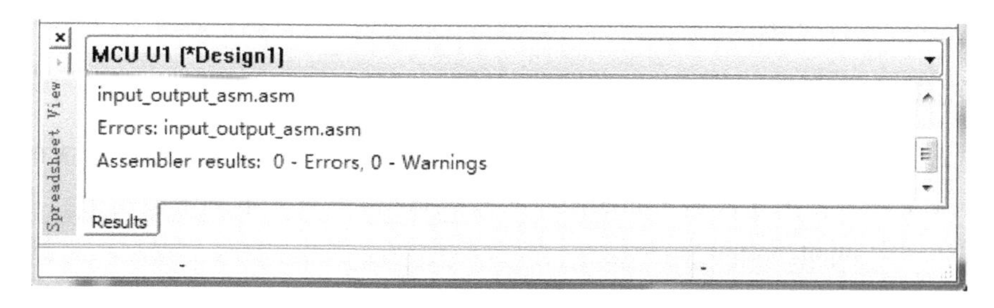

图 12-10　编译结果窗口

如果编译成功，会显示“0-Errors”；如果编译出错，则会出现错误提示。双击出错的提示信息，定位到出错的程序行，检查错误的原因并修改，直至编译通过。

12.3.2　应用C语言编写单片机应用程序

应用C语言编写单片机程序的过程和汇编语言相似，可参考12.3.1节相关内容。下面针对它们之间的不同之处作简要介绍。

1. 建立C语言工程

打开如图12-7所示的“New”对话框，新建C语言工程，并命名为input_output_c。

2. 编写C语言应用程序

打开如图12-8所示的“新建源程序”对话框，建立名称为input_output_c.c的源程序。具体程序如下：

```
#include <htc.h>
delay(unsigned char t)
{
  unsigned char i;
  for(i=0;i<t;i++);
}

void main()
{
  unsigned char switchs;
  while(1)
  {
    P2=P1;

    delay(3);
  }
}
```

3. 设置MCU Code Manager

打开如图12-9所示的“MCU Code Manager”对话框，激活input_output_c工程，并指定汇编/编译工具为Hi-Tech C51-Lite compiler，指定中间文件和可执行文件所在的目录为“\input_output_c\”，可执行文件类型为Machine Code File，可执行文件为input_ output_c.hex。

4. 编译程序

此过程与汇编语言相同。

12.3.3　应用第三方编译器生成可执行文件

MultiMCU支持第三方的编译器。可以将第三方编译器（如Keil C51）生成的可执行代码，如*.hex文件，直接导入到MultiMCU中，然后进行仿真。本例中假定第三方编译器生成的可执行文件为input_output_e.hex。

1. 建立外部可执行文件工程

打开如图12-7所示的“New”对话框，单击“Project Type”下拉菜单，选择

“External Hex File” 命令，并命名为 input_output_e。

2. 添加外部可执行文件

打开如图 12-9 所示的 “MCU Code Manager” 对话框，激活 input_output_e 工程，并在右侧添加用于仿真的外部可执行文件。

12.4　单片机在线调试

12.4.1　MultiMCU 在线调试功能介绍

MultiMCU 不仅可以进行 MCU 的仿真，而且还支持在线调试功能，可以一边调试，一边在电路仿真窗口上观察仿真输出结果，非常便于设计者进行设计开发。MCU 具有各种调试工具，不仅给用户提供了在指令级别（断点和单步执行）上执行代码的控制功能，也提供了 MCU 内部存储器和寄存器查看功能，可以在仿真过程中实时察看 MCU 内部寄存器的变化。

12.4.2　单步在线调试应用程序

下面以 12.3.2 节建立的 C 语言程序为例，对其进行单步在线调试。

1. 打开调试窗口

在 Multisim 14 菜单中首先选择 “Simulate” → “Run” 命令，然后选择 “MCU” → “MCU 8051 U1” → “Debug View” 命令，打开如图 12-11 所示的调试窗口。点击窗口顶端的 “Project disassembly:input_output_c”，调试窗口可在反汇编或源代码两种方式之间切换。

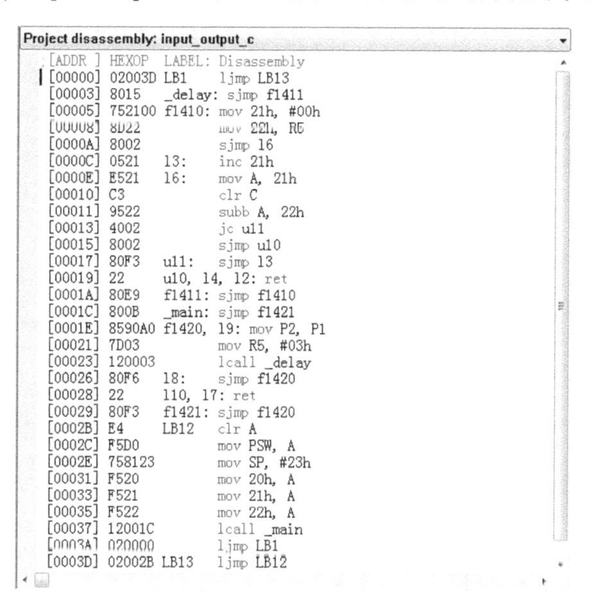

图 12-11　调试窗口

2. 打开内部寄存器窗口

在 Multisim 14 菜单中选择 “MCU” → “MCU 8051 U1” → “Memory View” 命令，打开如图 12-12 所示的内部寄存器窗口，包括特殊功能寄存器、内部程序存储器、内部数据存储器，以及外部程序存储器等。通过内部寄存器窗口，可以查看调试过程中内部寄存器的变化。

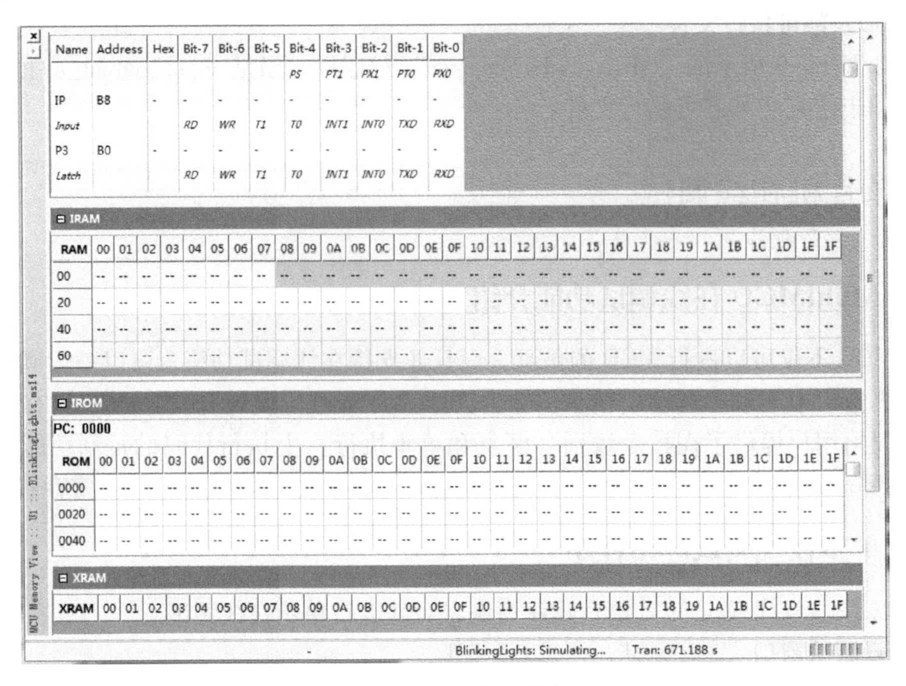

图 12-12 内部寄存器窗口

3. 调试程序

将调试窗口和电路窗口纵向排列，如图 12-13 所示。在这个窗口中对程序进行调试，

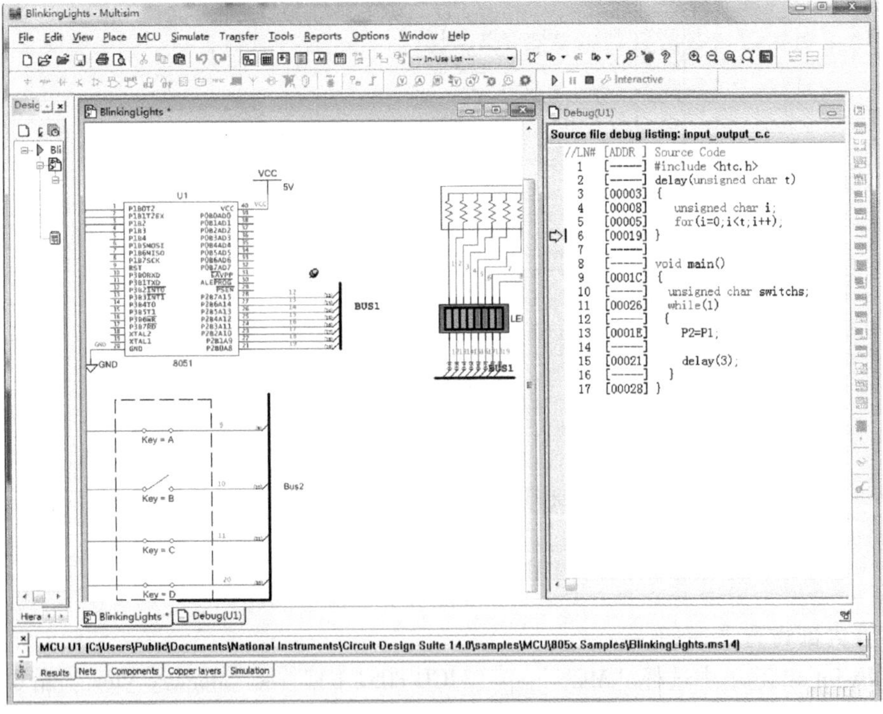

图 12-13 同步在线调试窗口

可以方便地查看程序运行过程以及电路的同步仿真结果。在线调试可以帮助用户快速准确地发现程序中存在的语法错误与逻辑错误，并加以排除纠正。

切换到独立调试窗口，在工具栏可见如图 12-14 所示的调试工具。通过调试工具，可以进行单步调试、运行和停止、设置和取消断点等。

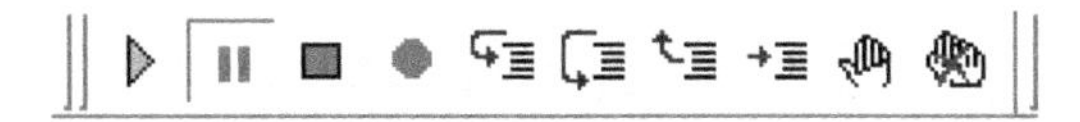

图 12-14　调试工具

12.5　单片机系统仿真实例

按照前面章节介绍的采用 MultiMCU 进行单片机仿真的步骤，介绍几个单片机系统的仿真设计。

12.5.1　用 8051 单片机实现波形发生器的仿真

通过向 P0 口输出波形采样值，经过一个 8 位的数/模转换器，把相应的数字信号转换成模拟信号。木例采用 C 语言编写应用程序。

1. 仿真电路的建立

在 Multisim 14 单片机仿真界面的电路窗口中，搭建如图 12-15 所示的波形发生器电路图。当单片机运行锯齿波和三角波程序时，C1 的值为 1 pF。当单片机运行正弦波程序时，C1 的值为 1 mF。

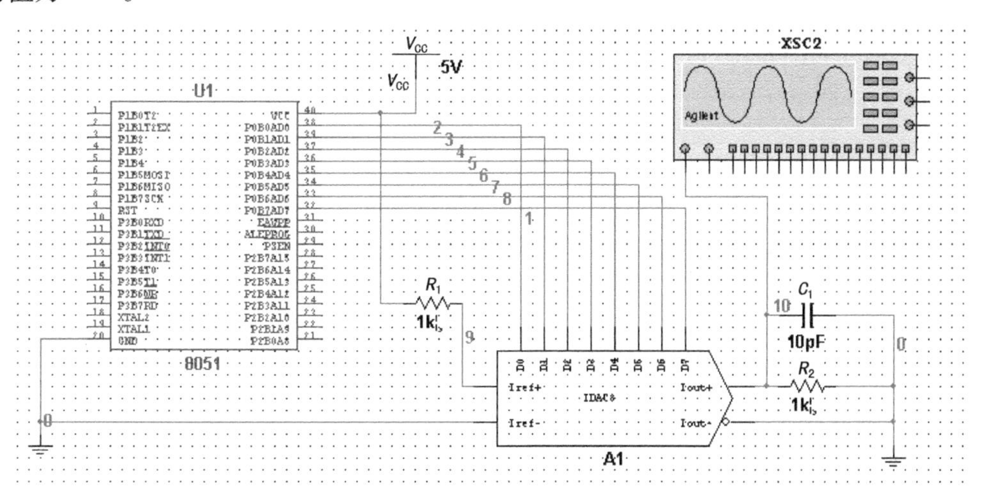

图 12-15　波形发生器电路图

关于数-模转换器和安捷伦示波器的使用，参见前面章节的介绍。

注意： 在进行单片机仿真时，一定要接上+5 V 的电源 V_{CC} 和地线 GND。

2. 应用程序的编写及编译

（1）编写应用程序

应用程序中可设计锯齿波发生函数、三角波发生函数和正弦波发生函数。采用 C 语言编写锯齿波和三角波发生函数，具体程序如下：

```
#include <htc.h>
#include <math.h>
void sanjiaobo(void);
void juchibo(void);
void sanjiaobo()
{
    unsigned int i;
    for(i=0;i<254;i++)
    {
        P0=i;
        i++;
    }
    for( ;i>0;i--)
    {
        P0=i;
        i--;
    }
}
void juchibo()
{
    unsigned char i;
    for(i=0;i<255;i++)
        P0=i;
}
void main()
{
    unsigned char i;
    while(1)
    {
        //juchibo();
        //sanjiaobo();
    }
}
```

采用汇编语言编写正弦波发生函数，具体程序如下：

```
$MOD51   ;该库包含了 8051 汇编语言的预定义符号
ORG 00H
AJMP START
ORG 30H
START:
```

```
MOV R1,#00H
MOV DPTR,#SIN_TAB
SINE:
MOV A,R1
MOVC A,@ A+DPTR
MOV P0,A
INC R1
MOV R2,#10
DELAY:
DJNZ R2,DELAY
CJNE R1,#0FFH,SINE
AJMP START

SIN_TAB:    DB 7FH,82H,85H,88H,8BH,8FH,92H,95H
            DB 98H,9BH,9EH,0A1H,0A4H,0A7H,0AAH,0ADH
            DB 0B0H,0B2H,0B5H,0B8H,0BBH,0BEH,0C0H,0C3H
            DB 0C6H,0C8H,0CBH,0CDH,0D0H,0D2H,0D4H,0D7H
            DB 0D9H,0DBH,0DDH,0DFH,0E1H,0E3H,0E5H,0E7H
            DB 0E9H,0EAH,0ECH,0EEH,0EFH,0F0H,0F2H,0F3H
            DB 0F4H,0F5H,0F7H,0F8H,0F9H,0F9H,0FAH,0FBH
            DB 0FCH,0FCH,0FDH,0FDH,0FDH,0FEH,0FEH,0FEH
            DB 0FEH,0FEH,0FEH,0FEH,0FDH,0FDH,0FDH,0FCH
            DB 0FCH,0FBH,0FAH,0F9H,0F9H,0F8H,0F7H,0F5H
            DB 0F4H,0F3H,0F2H,0F0H,0EFH,0EEH,0ECH,0EAH
            DB 0E9H,0E7H,0E5H,0E3H,0E1H,0DFH,0DDH,0DBH
            DB 0D9H,0D7H,0D4H,0D2H,0D0H,0CDH,0CBH,0C8H
            DB 0C6H,0C3H,0C0H,0BEH,0BBH,0B8H,0B5H,0B2H
            DB 0B0H,0ADH,0AAH,0A7H,0A4H,0A1H,9EH,9BH
            DB 98H,95H,92H,8FH,8BH,88H,85H,82H
            DB 7FH,7CH,79H,76H,73H,6FH,6CH,69H
            DB 66H,63H,60H,5DH,5AH,57H,54H,51H
            DB 4EH,4CH,49H,46H,43H,40H,3EH,3BH
            DB 38H,36H,33H,31H,2EH,2CH,2AH,27H
            DB 25H,23H,21H,1FH,1DH,1BH,19H,17H
            DB 15H,14H,12H,10H,0FH,0EH,0CH,0BH
            DB 0AH,09H,07H,06H,05H,05H,04H,03H
            DB 02H,02H,01H,01H,01H,00H,00H,00H
            DB 00H,00H,00H,00H,01H,01H,01H,02H
            DB 02H,03H,04H,05H,05H,06H,07H,09H
            DB 0AH,0BH,0CH,0EH,0FH,10H,12H,14H
            DB 15H,17H,19H,1BH,1DH,1FH,21H,23H
```

```
            DB 25H,27H,2AH,2CH,2EH,31H,33H,36H
            DB 38H,3BH,3EH,40H,43H,46H,49H,4CH
            DB 4EH,51H,54H,57H,5AH,5DH,60H,63H
            DB 66H,69H,6CH,6FH,73H,76H,79H,7CH
    END
```

（2）编译应用程序

在 Multisim 14 菜单中选择“MCU”→“MCU 8051 U1”→“Build”命令，对应用程序进行编译。编译结果如图 12-16 所示。

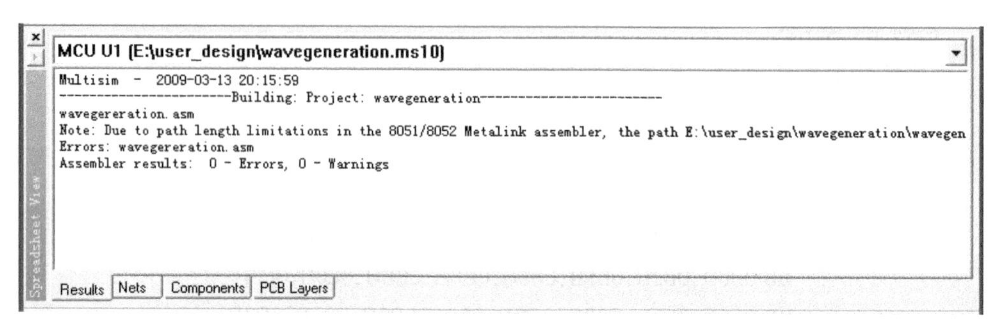

图 12-16　编译结果

在下方的编译信息栏中显示了编译时间和编译结果。如果编译通过，就会给出“0 error (s)”的提示。如果编译出错，就会提示出错的位置，修改程序，直至编译通过。

3. 仿真及调试

应用程序编译通过后，就可以加载到硬件电路中进行仿真。

1）单击菜单栏中的“Simulation”选项，选择“Run”命令。

2）单击工具栏中的 ▷ 按钮。

仿真结果可以通过观察示波器输出波形得到，如图 12-17 所示。

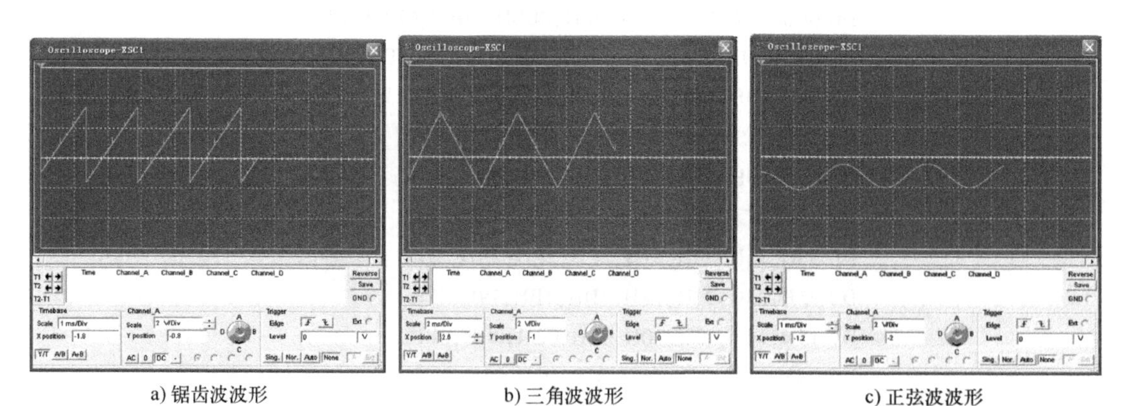

a) 锯齿波波形　　b) 三角波波形　　c) 正弦波波形

图 12-17　示波器输出波形

如果示波器上的输出波形不正确，则可以使用调试工具对应用程序进行调试，找出出错的程序段，修改后再调试，直至仿真结果正确。

12.5.2　用 8051 单片机实现流水灯的仿真

1. 仿真电路的建立

在 Multisim 14 单片机仿真界面的电路窗口中，搭建如图 12-18 所示的流水灯电路图。

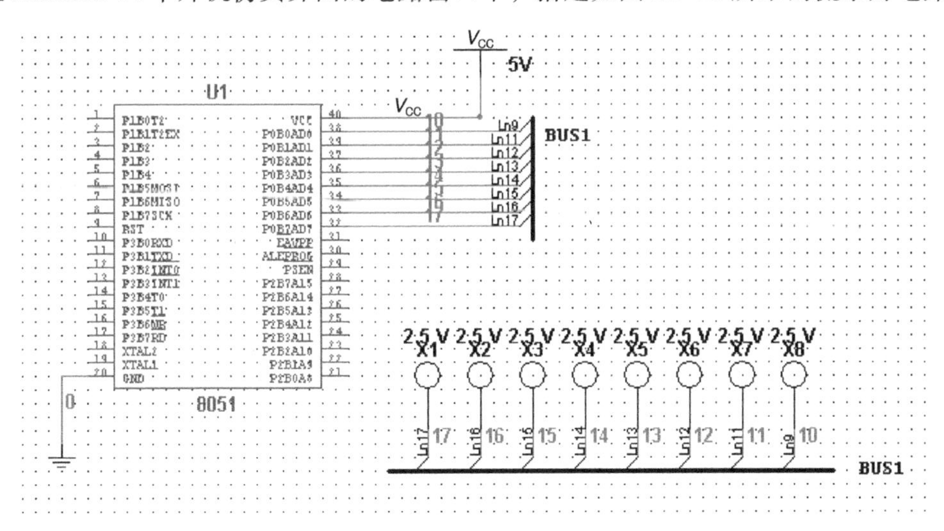

图 12-18　流水灯电路图

为了电路简洁明了，在电路图中采用总线接法。有关总线接法，参见前面章节中的介绍。

2. 应用程序的编写及编译

（1）编写应用程序

应用程序可实现 8 个 LED 灯的逐个点亮，相向点亮和逆向点亮等效果。具体程序如下：

```
#include <htc.h>
void delay(t)
{
    int j;
    for(j=0;j<t;j++);
}
void main()
{
    unsigned char i,v1=1,v3=128,v4=1;
    P0=0;
    while(1)
{
    delay(2);
    P0=0;
    for(i=0;i<7;i++)
    {
        P0=v1;
```

```
            v1=v1<<1;
            delay(2);
        }
        for(i=0;i<8;i++)
        {
            P0=v1;
            v1=v1>>1;
            delay(2);
        }
        v1=1;
        P0=0;
        delay(2);
    for(i=0;i<8;i++)
        {
            P0=v3|v4;
            v3=v3>>1;
            v4=v4<<1;
            delay(3);
        }
        v3=128;
        v4=1;
    }
    }
```

（2）编译应用程序

对应用程序进行编译，如果出现错误，就修改错误，直至编译成功。

3. 仿真及调试

应用程序编译通过后，就可以加载到硬件电路中进行仿真。图 12-19 为流水灯仿真结果。

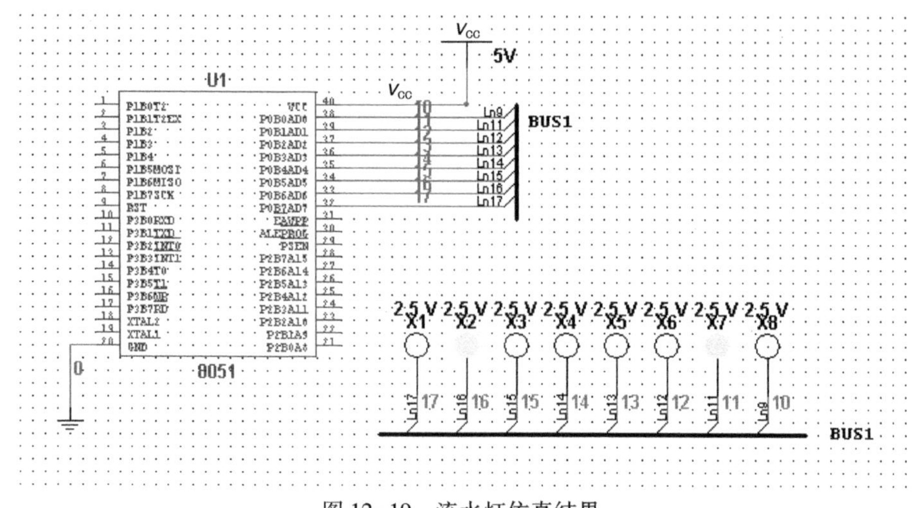

图 12-19　流水灯仿真结果

如果 LED 灯的输出效果和设计的效果不同，则可以使用调试工具对应用程序进行调试，找出出错的程序段，修改后再调试，直至仿真结果正确。

12.5.3　用 PIC 单片机实现液晶显示流动字符的仿真

1. 仿真电路的建立

在 Multisim 14 单片机仿真界面的电路窗口中，搭建如图 12-20 所示的电路图。

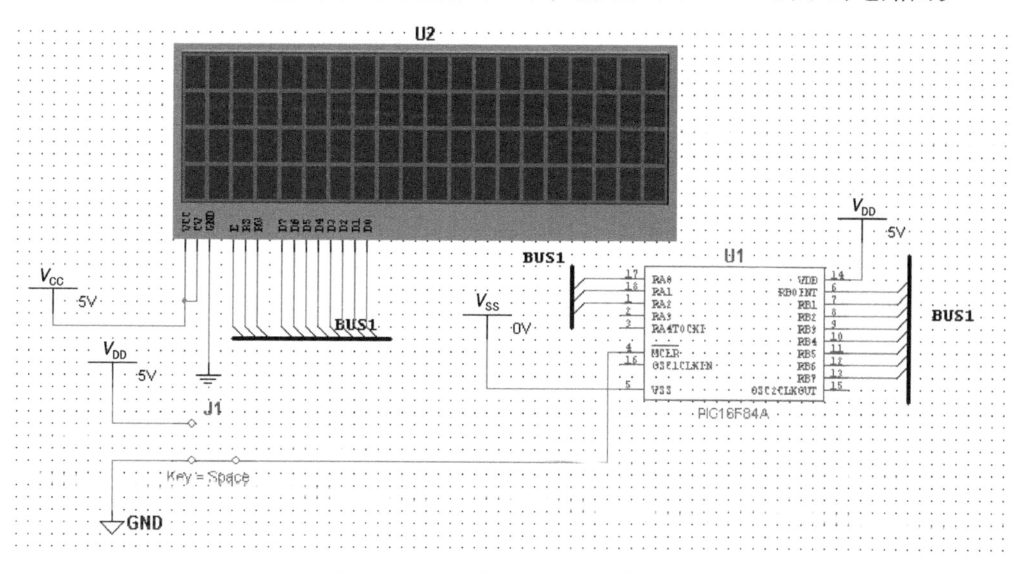

图 12-20　液晶显示流动字符电路

2. 应用程序的编写及编译

1）应用程序可实现单片机对液晶显示器的时序控制，并显示流动的字符“Welcome to MCU”。本例采用汇编语言编写程序，程序来自 Multisim 14 软件自带例程，具体程序如下：

```
#include "p16f84a. inc"                           ;PIC16F84A 型单片机汇编程序宏定义
CHAR    EQU0x0C
CHAR_COUNT EQU 0x0D
ADDR_INDEX  EQU 0x0E                              ;ROM 起始地址
TEMP          EQU 0x10
    CONSTANT START_ADDR =   0x00
    CONSTANT LCD_CAPACITY   =0x50                 ;LCD 显示字符数量
    ;显示编译器警告消息 302
    errorlevel   -302
    BSF          STATUS,RP0
    MOVLW        0x80
    MOVWF        OPTION_REG
    MOVLW        0x00                             ;将端口 A 设定为输出端口
    MOVWF        TRISA
    MOVLW        0x00                             ;将端口 B 设定为输出端口
    MOVWF        TRISB
```

```
    BCF       STATUS,RP0
    MOVLW     0x00
    MOVWF     CHAR_COUNT
    ;向 LCD 发送清屏和光标转换指令
    CALL      CLEAR_DISPLAY
    CALL      ENAB_DISPLAY_CURSOR
MAIN
    MOVLW     START_ADDR                ;设定 ROM 起始地址
    MOVWF     ADDR_INDEX
READ_CHAR
    MOVF      ADDR_INDEX,0
    MOVWF     EEADR
    BSF       STATUS,RP0
    BSF       EECON1,RD
    BCF       STATUS,RP0
    MOVF      EEDATA,0
    MOVWF     CHAR                      ;导出从 ROM 中读出的字节
    CALL      WRITE_CHAR                ;写字节,并显示
    INCF ADDR_INDEX,1
    INCF CHAR_COUNT,1
    SUBLW     0x00                      ;判断,如果 CHAR=00H,则跳出循环
    BTFSS     STATUS,2                  ;如果零位被设定,则退出
    GOTO      READ_CHAR
;开始移动字符
SHIFTING
    MOVLW     LCD_CAPACITY
    SUBWF     CHAR_COUNT,0
    MOVWF     TEMP
    COMF      TEMP,1
    MOVLW     0x02
    ADDWF     TEMP,1
SHIFTRIGHT
    MOVLW     0x1C                      ;LCD 显示右移指令
    CALL      MOVE_CURSOR_SHIFT_DISPLAY
    DECFSZ    TEMP,1
    GOTO      SHIFTRIGHT
    MOVLW     LCD_CAPACITY              ;TEMP=CHAR_COUNT-LCD_CAPACITY
    SUBWF     CHAR_COUNT,0
    MOVWF     TEMP
    COMF      TEMP,1
    MOVLW     0x02                      ;地址偏移
    ADDWF     TEMP,1
SHIFTLEFT
```

```
        MOVLW   0x18                        ;LCD 显示左移指令
        CALL    MOVE_CURSOR_SHIFT_DISPLAY
        DECFSZ  TEMP,1
        GOTO    SHIFTLEFT
        GOTO    SHIFTING
;功能块
CLEAR_DISPLAY
        MOVLW   0x01
        MOVWF   PORTB
        BCF     PORTA,1                     ;R/S=0    R/W=0
        BCF     PORTA,0
        CALL    TOGGLE
        RETURN
ENAB_DISPLAY_CURSOR
        MOVLW   0x0D
        MOVWF   PORTB
        BCF     PORTA,1                     ;R/S=0    R/W=0
        BCF     PORTA,0
        CALL    TOGGLE
        RETURN
MOVE_CURSOR_SHIFT_DISPLAY
        MOVWF   PORTB
        BCF     PORTA,1                     ;R/S=0    R/W=0
        BCF     PORTA,0
        CALL    TOGGLE
        RETURN
WRITE_CHAR
        MOVF    CHAR,0                      ;将字节送到端口
        MOVWF   PORTB
        BSF     PORTA,1                     ;R/S=1    R/W=0
        BCF     PORTA,0
        CALL    TOGGLE
        RETURN
TOGGLE
        BSF     PORTA,2                     ;设置使能位
        BCF     PORTA,2                     ;清除使能位
        RETURN
        END
```

2）编译应用程序。对应用程序进行编译，如果出现错误，就修改错误，直至编译成功。

3. 仿真及调试

应用程序编译通过后，就可以加载到硬件电路中进行仿真。图 12-21 为仿真结果图。

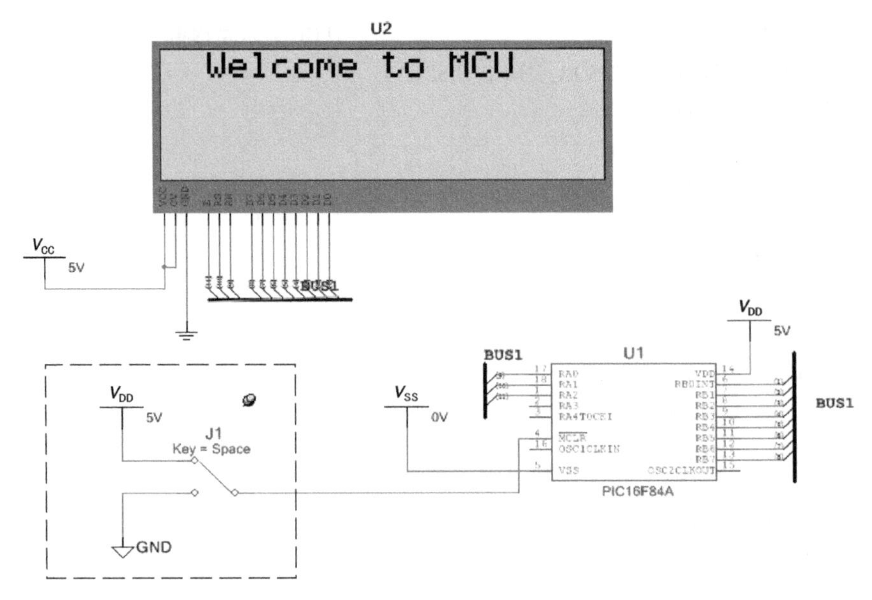

图 12-21　液晶显示流动字符仿真结果

如果液晶显示的字符效果和设计的效果不同，则可以使用调试工具对应用程序进行调试，找出出错的程序段，修改后再调试，直至仿真结果正确。

12.6　本章小结

本章系统介绍了如何利用 Multisim 进行单片机仿真，单片机仿真属于仿真的高级阶段，涉及编程控制，难度较大，需要通过实例反复练习。单片机在嵌入式控制中被广泛应用，本章节仿真涉及的 8051 单片机和 PIC 单片机，均是美国在数十年前推出的单片机架构，经过几十年发展，在全世界仍然被大量使用，其知识产权始终掌握在西方国家手中。当前，我国是世界最大的工业产品生产国，单片机使用量居全球第一，期待我国能够推出自己的单片机架构或标准，并在全世界推广应用。

第13章　Multisim 14在电路故障诊断中的应用

Multisim 14不仅对电子电路的分析设计具有重要作用，而且对教学和工程中常见的电路故障诊断等问题也有积极的意义。本章将在简介电路故障诊断基本概念和方法的基础上，介绍Multisim 14在模拟电路故障诊断中的应用。

13.1　电路故障诊断概述

13.1.1　电路故障诊断的基本概念

电路故障诊断是电路理论中继电路分析和电路设计之后建立的第三个分支。在电路应用的早期，一直是借助一般的测试仪器，依靠维修人员的经验、常识和逻辑判断对电路进行故障诊断的。通常认为，作为理论研究的电路故障诊断技术始于20世纪中后期。1959年，Eldred发表了第一篇关于组合电路的测试报告，揭开了数字电路故障诊断的序幕；1962年，R. S. Berkowitz有关网络元件值可解性的论文被认为是模拟电路故障诊断理论研究的开端。电路故障诊断是近代电路理论研究的难点和前沿领域。

电路故障诊断的主要任务是，在已知电路的拓扑结构、输入激励信号和部分响应输出的条件下，确定故障元件的物理位置和参数。电路故障产生的原因通常来自设计、制造和使用3个阶段。有些故障是设计不当的产物，有些故障是制造工艺缺陷造成的，但大量的故障是由长期使用过程中元器件的磨损、老化、损耗和疲劳等因素造成的。

电路故障的类型：

1）按故障程度可分为软故障和硬故障。其中，软故障是指元件的参数值随时间或环境变化偏离至不能允许的程度，即超出了该元件参数的容差范围；硬故障则是故障元件参数突然发生大的变化，如短路、开路或元件损坏等。据估计，在电路的故障中，硬故障约占故障总数的80%。

2）按故障数可分为单故障和多故障。其中，单故障是指电路中只有一个元件发生故障；多故障则是电路中同时出现两个或两个以上的元件发生故障。据估计，在电路的故障中，70%~80%的故障是单故障。

3）按故障间的关系可分为独立故障和从属故障。其中，独立故障是指电路中两个或多个元件发生故障时，彼此不存在因果关系；而从属故障的情况是，当一个元件发生故障后，导致另一个元件发生故障，这个被诱发的故障被称为从属故障。

4）按故障随时间的表现形式可分为永久性故障和间歇性故障。永久性故障是指故障不能自动恢复原状，如开路、短路等；而间歇性故障是指暂时发生、时有时无的故障，如接触不良等。

电路故障诊断的研究内容主要包括故障检测、故障定位、故障识别和故障预测。故障检测是根据电路结构和采样数据，判断电路是否存在故障，这是故障诊断的最低要求；故障识别则是在已经判定电路发生故障的前提下，确定电路中故障元件的参数值，这对故障诊断的要求较高；故障定位是确定故障的物理位置，通常是确定故障所在的子网络、支路或结点，其对故障诊断的要求介于故障检测及故障识别之间；故障预测则是指故障元件的提前预报，以便在故障发生之前及时更换元件，确保电路长期正常稳定工作。目前，电路故障诊断的研究主要集中在故障检测、故障定位和故障识别。

由于数字电路与模拟电路的特性明显不同，所以相应的诊断方法也有很大区别，通常分为数字电路故障诊断和模拟电路故障诊断。比较而言，模拟电路的故障诊断比数字电路的故障诊断更困难。因为时间和电压电流状态的连续性会导致故障状态的多样性；元件参数的离散性（即容差特性）会使诊断结果失去准确性和稳定性；电路中普遍存在的非线性和反馈回路会使测试的复杂性大大增加。

13.1.2 电路故障诊断的常用方法

1. 故障字典法

故障字典法的基本思路是：首先，根据经验或实际需要，建立故障诊断需要的故障集，然后，通过故障模拟或仿真求出电路对应故障集中每个故障发生时的响应，将其编撰成一部故障与响应特征一一对应的字典。实测时，将故障电路的测试结果与故障字典中的相应数据做比较，在字典中检索出相应的故障。这种诊断方法速度快，需要的测试点少，故障定位效果较好，对数字和模拟电路的故障诊断均有效，并且适用于非线性电路。所以，故障字典法是目前能较好地应用于工程实际的少数方法之一。但是，这种方法为产生故障字典，需预先对待测电路进行大量的故障模拟，且易受元件参数容差和噪声的影响，通用性较差。所以，故障字典法通常只适用于单故障和硬故障诊断。

2. 故障识别法

故障识别法也称参数识别法，其基本原理是：首先，建立电路的参数方程，实测后代入故障电路可测试点的测量数据，求解电路的参数方程，得到故障电路的所有元件的参数值，再将其与标称参数值比较，在容差条件下辨识故障元件，进行故障定位。该方法能计算出所有元件的参数值，不受容差的影响。但是，该方法需要足够的独立测试点，才能把电路中的全部元件值识别出来，特别当电路复杂时，求解故障诊断方程的计算量大，实用性较差。

3. 基于神经网络的方法

应用神经网络技术进行电路故障诊断的原理是：根据诊断问题组织学习样本，根据问题和样本构造神经网络，选择合适的学习算法和参数，通过反复大量的训练，建立故障模式与输出响应的对应关系。该方法能解决非线性、容差和多故障诊断等问题，能对单故障和多故障的软、硬故障进行有效识别。但是，由于神经网络技术本身还不够完善，在设计阶段需要大量的故障样本对网络进行训练，存在着学习速度慢、训练时间长等问题，影响了它的实用性。为此，近期的研究热点是利用专家系统、小波变换和模糊模式识别等技术优化神经网络方法，提高神经网络方法的实用性。

4. 端口UI曲线测试法

端口UI曲线测试即网络端口阻抗特性测试，是断电排除电路故障时的常用方法。其基本原理是：将电路中的电源置零并选定一个参考点，然后向被测结点施加一定的扫描电压，即可得到被测结点处电流随电压变化的 UI 曲线。UI 曲线的形状由被测结点相对于参考点的特性阻抗决定，通过比较有故障和无故障电路板上相同结点的 UI 曲线，可以发现特性阻抗发生改变的结点，通常即为故障点。由于这种方法只做好、坏电路板相应端口的特性比对，不涉及功能测试，所以，原则上讲，该方法可适用于任何器件组成的电路，而且维修人员无须太多的维修经验，容易掌握，具有通用性和实用性较强、诊断成本较低的特点。但是，该方法只能将故障定位到测试点，而且需要较多的测试点。

另外，近年来在电路的非接触式故障诊断方面也取得了一些研究成果。例如，利用元器件失效时的噪声变化提出了基于噪声检测的故障诊断法。利用元器件失效时故障元件附近磁场的变化提出了基于磁场映像技术的故障诊断法等。

13.2　仿真实验在端口 UI 曲线测试法中的应用

工程上在使用端口 UI 曲线测试诊断法时，常用无故障的标准电路板作为对照用电路板。而当拥有 Multisim 14 仿真软件后，就可以考虑利用仿真电路替代无故障标准电路板进行电路的故障诊断。此时，只要配置了直流电源、交流信号源和万用表，利用 Multisim 14 仿真软件即可进行一般电路的故障诊断，降低了诊断成本，提高了诊断的灵活性。

下面是应用 Multisim 14 的仿真实验。通过端口 UI 曲线测试进行电路故障诊断的步骤如下：

1）在 Multisim 14 仿真环境下输入电路的原理图，并仿真其功能。电路原理图如图 13-1 所示。

2）在 Multisim 14 仿真环境和实际测试环境下分别设置相同的 UI 测试电路。

① 分别将待测电路和仿真电路中的独立电源和信号源置零，并选定一个参考点。

② 分别在实际测试环境和仿真环境下用扫描电压源、响应电流的采样电阻和示波器构建图 13-2 所示的 UI 测试电路。其中，示波器的 A 通道接扫描电压源，B 通道接在响应电流的采样电阻上（采样电阻的端电压反映了响应电流的变化），示波器的“时基”（Timebase）设置成 A/B 或 B/A 状态。这样，示波器显示的曲线就是反映被测试端口阻抗特性的 UI 曲线。

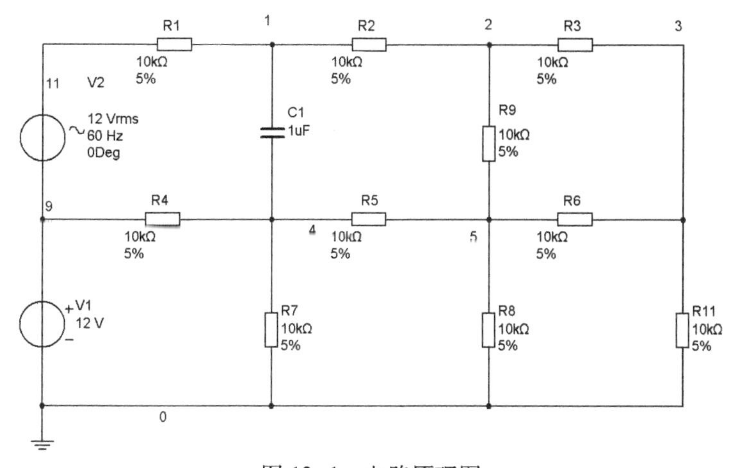

图 13-1　电路原理图

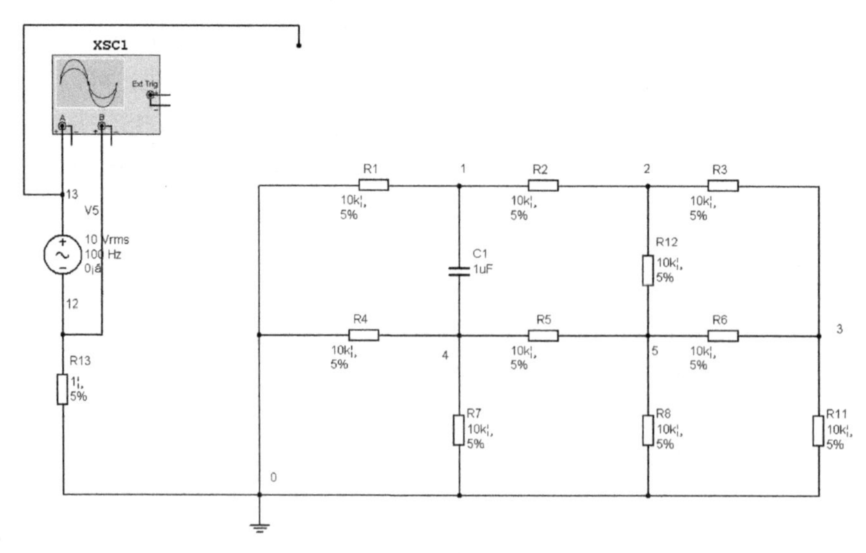

图 13-2　UI 测试电路图

3）分别在仿真环境和实际测试环境下将测试线接至相同的被测结点，观察被测结点的 UI 曲线。

当实际测试环境下被测结点的 UI 曲线与仿真环境下被测结点的 UI 曲线相同时，被测结点不是故障点，与被测结点相连的元件一般无故障；反之，若实际测试环境下被测结点的 UI 曲线与仿真环境下被测结点的 UI 曲线不同，则被测结点很可能是故障点，与被测结点相连的元件中很可能有故障元件。

在上例中，仿真环境下被测结点 1、2、3、4 的 UI 曲线分别如图 13-3～图 13-6 所示。

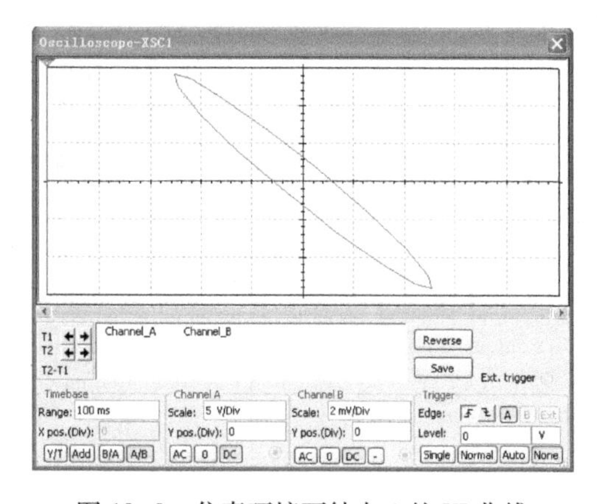

图 13-3　仿真环境下结点 1 的 UI 曲线

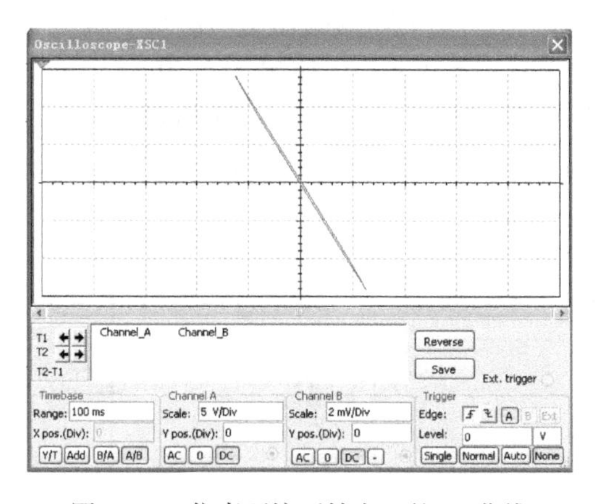

图 13-4　仿真环境下结点 2 的 UI 曲线

当电容 C1 存在击穿故障（短路）时，可测得结点 1、2、3、4 的 UI 曲线分别如图 13-7～图 13-10 所示。

可见，结点 1 和结点 4 的 UI 曲线发生了明显改变，对应之最可能发生故障的元件是 C1，与假设一致，诊断结果正确。

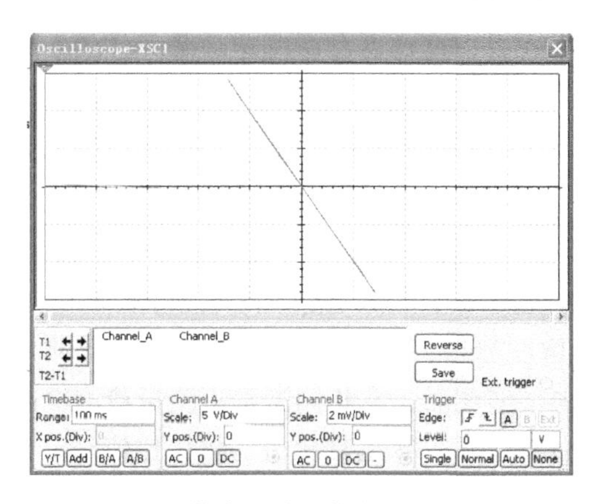

图 13-5　仿真环境下结点 3 的 UI 曲线

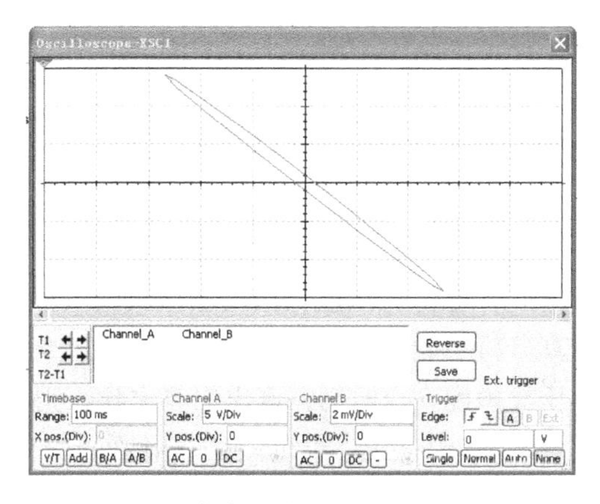

图 13-6　仿真环境下结点 4 的 UI 曲线

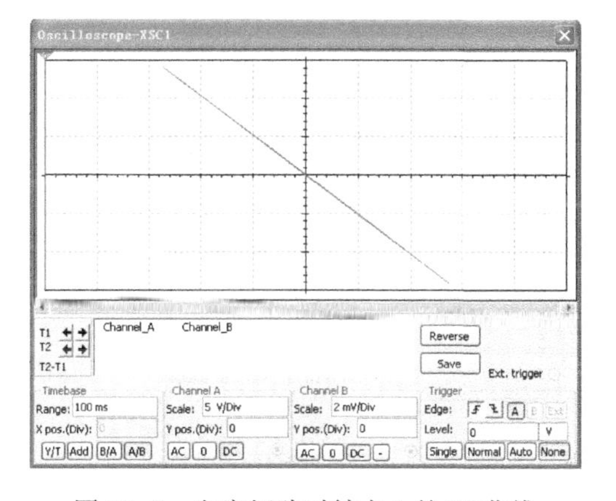

图 13-7　电容短路时结点 1 的 UI 曲线

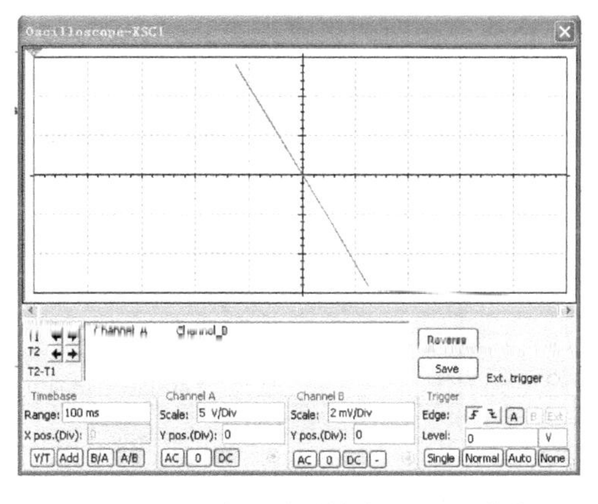

图 13-8　电容短路时结点 2 的 UI 曲线

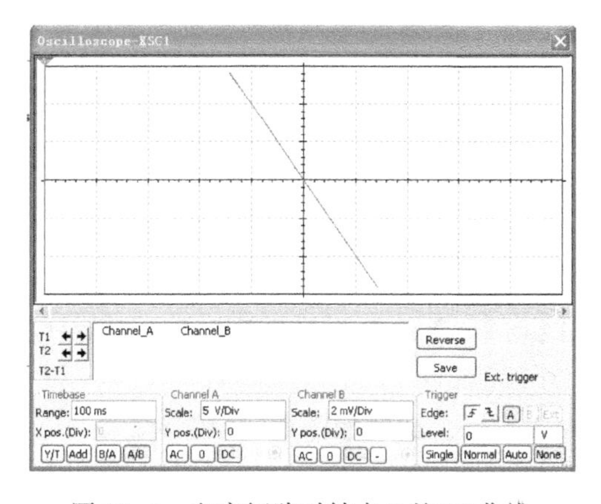

图 13-9　电容短路时结点 3 的 UI 曲线

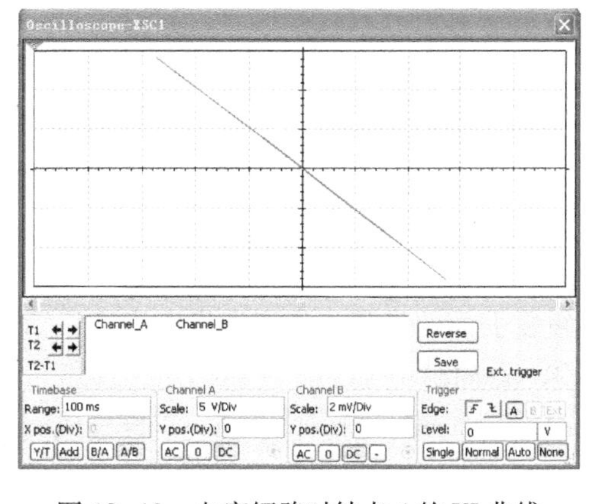

图 13-10　电容短路时结点 4 的 UI 曲线

13.3　仿真分析在故障字典法中的应用

故障字典法在应用中的问题之一是：为形成故障字典，需要事先对待测电路进行大量的故障模拟，费时、费力。为此，可利用电路的仿真软件，通过仿真实验或仿真分析高效率、低成本地形成故障字典。本节介绍一种利用结点电压灵敏度仿真分析确定故障元件的、改进的故障字典法。

理论上可以证明：在线性电路中，任一元件参数 Z_k 的变化引起的结点电压 V_i 与 V_j 的变化量 ΔV_i 与 ΔV_j 之比等于相应结点的电压灵敏度之比：$\dfrac{\Delta V_i}{\Delta V_j}=\dfrac{S_{Z_k}^{V_i}}{S_{Z_k}^{V_j}}$。

据此，可得到模拟电路故障诊断的一种方法：选择 2 个测试结点 i 和 j，利用 Multisim 14 的仿真分析功能，对无故障电路进行结点电压灵敏度分析，求出每个元件参数 Z_k 对测试点的电压灵敏度 $S_{Z_k}^{V_i}$ 和 $S_{Z_k}^{V_j}$，算出二者之比，形成字典。实测时，在相同激励下测量待测电路中测试点 i 和 j 的电压，求出测试点电压的变化量 ΔV_i 与 ΔV_j，算出其比值。将该比值与字典中的电压灵敏度比值进行比对，相同者对应的 Z_k 即为故障元件。

下面说明如何应用 Multisim 14 的仿真分析功能。通过电压灵敏度比值建立故障字典，进行电路故障诊断的步骤如下：

1）在 Multisim 14 仿真环境下输入电路的原理图，并仿真其功能。电路图同图 13-1。

2）选择测试结点 1、2、3，进行电路的结点电压灵敏度分析，并将结果输出至 Excel。图 13-11 为电阻 $R1\sim R11$ 对结点 1 电压灵敏度分析结果。

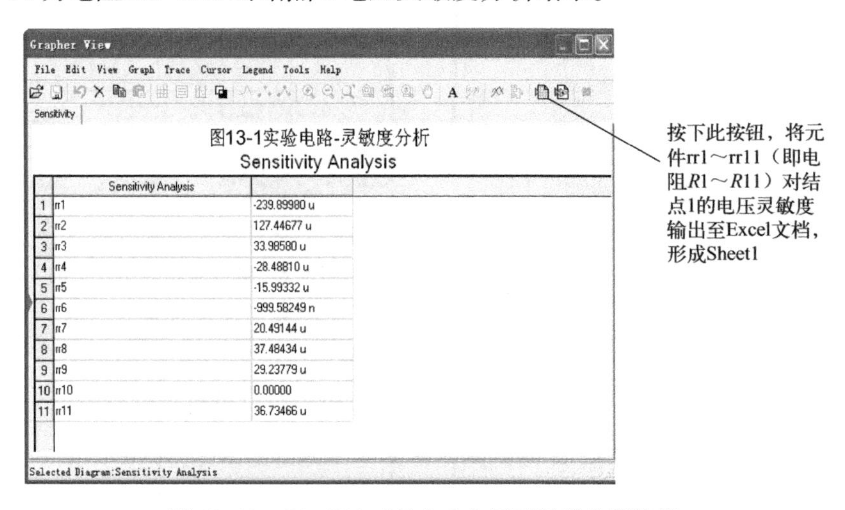

图 13-11　$R1\sim R11$ 对结点 1 电压灵敏度分析结果

重复上面的步骤，分别做出电阻 $R1\sim R11$ 对结点 2、3 的电压灵敏度，形成 Excel 文档 Sheet2、Sheet3。

3）将 Sheet1、Sheet2、Sheet3 合并成一个 Excel 文档，结果如图 13-12 所示。

4）利用 Excel 提供的计算功能，求出每个元件参数对测试结点电压的灵敏度之比。结果如图 13-13 所示。

5）诊断时，测量待测电路中相应的结点电压，并与无故障时的结点电压比较，求出测试结点电压的变化量及其比值。本例中，无故障时电路的结点电压为 $U_1=7.28796\text{ V}$、$U_2=4.27225\text{ V}$、$U_3=2.45026\text{ V}$。若设电阻 $R5$ 开路，则对应的结点电压为 $U_1=7.38462\text{ V}$、$U_2=3.69231\text{ V}$、$U_3=1.84615\text{ V}$。与无故障时的结点电压比较，各结点电压的变化量为：$\Delta U_1=0.096657\text{ V}$、$\Delta U_2=0.57994\text{ V}$、$\Delta U_3=0.60411\text{ V}$。进一步算出各结点电压变化量之比：

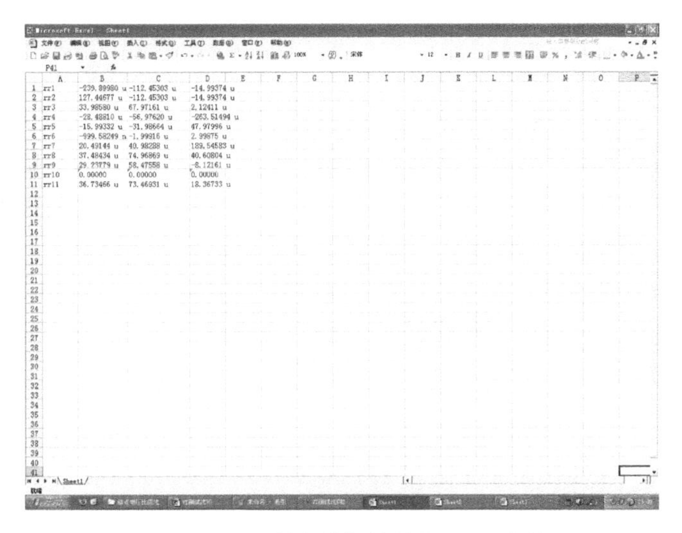

	A	B	C	D
1	rr1	-239.89980 u	-112.45303 u	-14.99374 u
2	rr2	127.44677 u	-112.45303 u	-14.99374 u
3	rr3	33.98580 u	67.97161 u	2.12411 u
4	rr4	-28.48810 u	-56.97620 u	-263.51494 u
5	rr5	-15.99332 u	-31.98664 u	47.97996 u
6	rr6	-999.58249 n	-1.99916 u	2.99875 u
7	rr7	20.49144 u	40.98288 u	189.54583 u
8	rr8	37.48434 u	74.96869 u	40.60804 u
9	rr9	29.23779 u	58.47558 u	-8.12161 u
10	rr10	0.00000	0.00000	0.00000
11	rr11	36.73466 u	73.46931 u	18.36733 u

图 13-12　灵敏度分析结果的 Excel 文档

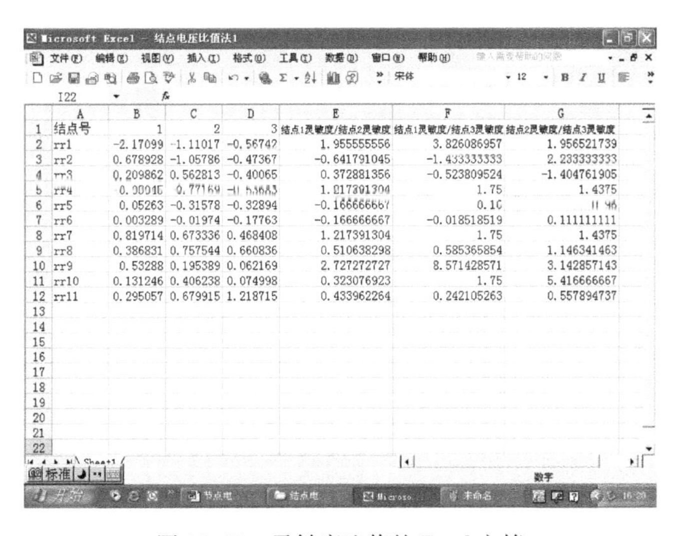

	A	B	C	D	E	F	G
1	结点号	1	2	3	结点1灵敏度/结点2灵敏度	结点1灵敏度/结点3灵敏度	结点2灵敏度/结点3灵敏度
2	rr1	-2.17099	-1.11017	-0.56742	1.955555556	3.826086957	1.956521739
3	rr2	0.678928	-1.05786	-0.47367	-0.641791045	-1.433333333	2.233333333
4	rr3	0.209862	0.562813	-0.40065	0.372881356	-0.523809524	-1.404761905
5	rr4	-0.00016	0.77169	-0.55683	1.217391304	1.75	1.4375
6	rr5	0.05263	-0.31578	-0.32894	-0.166666667	0.16	0.96
7	rr6	0.003289	-0.01974	-0.17763	-0.166666667	-0.018518519	0.111111111
8	rr7	0.819714	0.673336	0.468408	1.217391304	1.75	1.4375
9	rr8	0.386831	0.757544	0.660836	0.510638298	0.585365854	1.146341463
10	rr9	0.53288	0.195389	0.062169	2.727272727	8.571428571	3.142857143
11	rr10	0.131246	0.406238	0.074998	0.323076923	1.75	5.416666667
12	rr11	0.295057	0.679915	1.218715	0.433962264	0.242105263	0.557894737

图 13-13　灵敏度比值的 Excel 文档

$|\Delta U_1|/|\Delta U_2|=0.1666672$，$|\Delta U_1|/|\Delta U_3|=0.159999$，$|\Delta U_2|/|\Delta U_3|=0.9599907$。

6）将各结点电压变化量之比与各结点电压灵敏度之比做比较，相同者对应的元件即为故障元件。本例中，上述各结点电压变化量之比的结果与 rr5 对应的各结点电压灵敏度之比的结果最接近：结点 1 灵敏度/结点 2 灵敏度 = 0.166666667，结点 1 灵敏度/结点 3 灵敏度 = 0.16，结点 2 灵敏度/结点 3 灵敏度 = 0.96。因此，故障元件为 $R5$，与假设一致，诊断正确。

由于该方法对元件的性质没有限制，所以，该方法不仅能诊断硬故障，也能诊断软故障。加之该方法测试前可利用 Multisim 14 的仿真分析方便、快速地得到无故障电路的电压灵敏度分析结果，形成字典，测试后仅需算出 2～3 个测试点的电压变化量及其比值，因此，该方法算法简单，诊断速度快。实际应用中，考虑到元件均存在容差，其影响将使结点电压灵敏度之比不再是一个数值，而是一个比值域。此时可通过容差条件下结点电压的蒙特卡罗分析，得到结点电压灵敏度的比值域，将结点电压灵敏度比值法推广至含有容差的实际电路。

13.4　本章小结

Multisim 14 仿真分析功能强大，在电路故障诊断领域应用可以为故障诊断提供自动化仿真分析工具，相对于实际搭建电路进行测试分析，通过仿真分析方法可以大幅提高测试分析的效率并降低成本，特别是对于一些在实际电子电路中很难进行测试的数据，可以通过电路仿真相对容易地获取测试数据。除了在电路故障诊断领域应用外，Multisim 14 以其强大的电路仿真分析功能，还可以在电子系统设计更多相关领域得到应用。有了好的软件工具，更需要读者脚踏实地、潜心钻研，才能充分发挥软件的功能并更好地应用于实践。

附录　常用逻辑符号对照表

名　称	国标符号	曾用符号	国外常用符号	名　称	国标符号	曾用符号	国外常用符号
与门	&			基本 RS 触发器	S R	S Q R $\overline{Q}$	S Q R $\overline{Q}$
或门	≥1	+		同步 RS 触发器	1S C1 1R	S Q CP R $\overline{Q}$	S Q CK R $\overline{Q}$
非门	1						
与非门	&			正边沿 D 触发器	S 1D C1 R	D Q CP $\overline{Q}$	D S_D Q CK R_D $\overline{Q}$
或非门	≥1	+					
异或门	=1	⊕		负边沿 JK 触发器	S 1J C1 1K R	J Q CP K $\overline{Q}$	J S_D Q CK K R_D $\overline{Q}$
同或门	=	⊙					
集电极开路与非门	& ◇			全加器	Σ CI CO	FA	FA
三态门	1 EN ▽			半加器	Σ CO	HA	HA
施密特与门	&			传输门	TG	TG	

参 考 文 献

[1] 周润景，李波，王伟．Multisim 14 电子电路设计与仿真实战［M］. 北京：化学工业出版社，2023.

[2] 熊伟，侯传教，梁青，等．基于 Multisim 14 的电路仿真与创新［M］. 北京：清华大学出版社，2021.

[3] 周润景，托亚．Multisim 和 LabVIEW 电路与虚拟仪器设计技术［M］. 北京：北京航空航天大学出版社，2014.

[4] 梁清，侯传教．Multisim 11 电路仿真与实践［M］. 北京：清华大学出版社，2012.

[5] 马场清太郎．电源电路设计技巧［M］. 丁志强，译．北京：科学出版社，2013.

[6] 黄智伟．电子系统的电源电路设计［M］. 北京：电子工业出版社，2014.

[7] 王连英．基于 Multisim 11 的电子线路仿真设计与实验［M］. 北京：高等教育出版社，2013.

[8] 李明，杨光．高频电子线路［M］. 郑州：黄河水利出版社，2011.

[9] 聂典，丁伟．基于 NI Multisim10 的 51 单片机仿真实战教程［M］. 北京：电子工业出版社，2010.